T0291837

CAMBRIDGE LIBRARY COLLECTION

*Books of enduring scholarly value*

## History of Medicine

It is sobering to realise that as recently as the year in which On the Origin of Species was published, learned opinion was that diseases such as typhus and cholera were spread by a 'miasma', and suggestions that doctors should wash their hands before examining patients were greeted with mockery by the profession. The Cambridge Library Collection reissues milestone publications in the history of Western medicine as well as studies of other medical traditions. Its coverage ranges from Galen on anatomical procedures to Florence Nightingale's common-sense advice to nurses, and includes early research into genetics and mental health, colonial reports on tropical diseases, documents on public health and military medicine, and publications on spa culture and medicinal plants.

## Histoire naturelle des drogues simples

The French pharmacist Nicolas Jean-Baptiste Gaston Guibourt (1790–1867) first published this work in two volumes in 1820. It provided methodical descriptions of mineral, plant and animal substances. In the following years, Guibourt became a member of the Académie nationale de médicine and a professor at the École de pharmacie in Paris. Pharmaceutical knowledge also progressed considerably as new methods and classifications emerged. For this revised and enlarged four-volume fourth edition, published between 1849 and 1851, Guibourt followed the principles of modern scientific classification. For each substance, he describes the general properties as well as their medicinal or poisonous effects. Illustrated throughout, Volume 1 (1849) begins with an introduction that clarifies Guibourt's approach to pharmaceutical science. The volume then goes on to describe the properties of minerals.

Cambridge University Press has long been a pioneer in the reissuing of out-of-print titles from its own backlist, producing digital reprints of books that are still sought after by scholars and students but could not be reprinted economically using traditional technology. The Cambridge Library Collection extends this activity to a wider range of books which are still of importance to researchers and professionals, either for the source material they contain, or as landmarks in the history of their academic discipline.

Drawing from the world-renowned collections in the Cambridge University Library and other partner libraries, and guided by the advice of experts in each subject area, Cambridge University Press is using state-of-the-art scanning machines in its own Printing House to capture the content of each book selected for inclusion. The files are processed to give a consistently clear, crisp image, and the books finished to the high quality standard for which the Press is recognised around the world. The latest print-on-demand technology ensures that the books will remain available indefinitely, and that orders for single or multiple copies can quickly be supplied.

The Cambridge Library Collection brings back to life books of enduring scholarly value (including out-of-copyright works originally issued by other publishers) across a wide range of disciplines in the humanities and social sciences and in science and technology.

# Histoire naturelle des drogues simples

*Ou, cours d'histoire naturelle professé à l'École de Pharmacie de Paris*

Volume 1

N.J.-B.G. Guibourt

CAMBRIDGE
UNIVERSITY PRESS

University Printing House, Cambridge, CB2 8BS, United Kingdom

Cambridge University Press is part of the University of Cambridge.
It furthers the University's mission by disseminating knowledge in the pursuit of education, learning and research at the highest international levels of excellence.

www.cambridge.org
Information on this title: www.cambridge.org/9781108069168



This edition first published 1849
This digitally printed version 2014

ISBN 978-1-108-06916-8 Paperback

# HISTOIRE NATURELLE

DES

# DROGUES SIMPLES.

---

TOME PREMIER.

***On trouve chez le même Libraire.***

**PHARMACOPÉE RAISONNÉE,** ou Traité de pharmacie pratique et théorique, par N.-E. Henry et N. J.-B. G. Guibourt; *troisième édition*, revue et considérablement augmentée, par N. J.-B. G. Guibourt, professeur à l'École de pharmacie, membre de l'Académie nationale de médecine. Paris, 1847, in-8 de 800 pages à deux colonnes, avec 22 planches. 8 fr.

Paris. — Imprimerie de L. MARTINET, rue Mignon, 2.
Quartier de l'Ecole-de-Médecine.

# HISTOIRE NATURELLE
DES
# DROGUES SIMPLES
OU
## COURS D'HISTOIRE NATURELLE
**Professé à l'École de Pharmacie de Paris**

PAR

**N. J.-B. G. GUIBOURT,**

Professeur titulaire à l'École de pharmacie de Paris, membre de l'Académie nationale de médecine
de l'Académie nationale des sciences et belles lettres de Rouen, etc.

**QUATRIÈME ÉDITION,**

CORRIGÉE ET CONSIDÉRABLEMENT AUGMENTÉE,

ACCOMPAGNÉE

**De plus de 600 figures intercalées dans le texte.**

TOME PREMIER.

PARIS,
CHEZ J.-B. BAILLIÈRE,
LIBRAIRE DE L'ACADÉMIE NATIONALE DE MÉDECINE,
Rue de l'École-de-Médecine, 17.

A LONDRES, CHEZ H. BAILLIÈRE, 219, REGENT-STREET.
A MADRID, CHEZ CH. BAILLY-BAILLIÈRE, LIBRAIRE.

1849.

A M. THÉNARD,

MEMBRE DE L'INSTITUT DE FRANCE,

CHANCELIER DE L'UNIVERSITÉ, ETC.

HOMMAGE

DE RESPECT ET DE RECONNAISSANCE.

GUIBOURT.

# PRÉFACE.

L'ouvrage dont je publie aujourd'hui la quatrième édition a paru pour la première fois en 1820, sous le titre d'*Histoire abrégée des Drogues simples.* Il formait alors deux volumes contenant ensemble 863 pages. Sans avoir rien négligé des données scientifiques qui pouvaient éclairer sur les rapports naturels des substances, je dois avouer cependant que le principal mérite de cet ouvrage consistait dans l'exactitude des descriptions. Ainsi que je le disais alors, c'était une exposition des substances rangées méthodiquement dans un droguier, contenant, en fait de CORPS INORGANIQUES, les *métaux;* leurs *oxides*, leurs *sulfures*, leurs *chlorures*, les *acides*, les *sels*, etc.; comprenant les SUBSTANCES VÉGÉTALES rangées d'après leur similitude de parties ou de composition, telles que *racines*, *bois*, *écorces*, *bulbes*, *bourgeons*, *feuilles*, *fleurs*, *fruits*, *cryptogames*, *excroissances*, *fécules*, *pâtes tinctoriales*, *sucs épaissis*, *produits sucrés*, *gommes*, *gommes-résines*, *résines*, *baumes*, *huiles*, etc.; contenant, enfin, les SUBSTANCES ANIMALES divisées en *animaux entiers*, *parties solides*, *humeurs et sécrétions*, *huiles animales.* Cet ordre était d'une grande simplicité, et tellement propre à faciliter la recherche d'une substance, qu'on avait rarement besoin de recourir à la table; il a donc été suivi dans la seconde édition publiée en 1826, et dans la troisième qui a paru en 1836. Seulement, dans cette dernière, les deux volumes contenaient 1472 pages, au lieu des 863 qui formaient la première.

Cependant, dès l'année 1832, j'avais été appelé à professer l'histoire naturelle à l'École de pharmacie de Paris, et là, dans un établissement d'instruction publique, j'avais senti la nécessité de donner à mon enseignement un cadre plus étendu, appuyé sur les meilleures méthodes naturelles. D'ailleurs, M. Pelletier, auquel je succédais, avait fondé à l'Ecole l'enseignement de la minéralogie, et je devais me faire un devoir de le continuer. Il en est résulté naturellement que j'ai donné une forme différente et une plus grande extension à cette partie de mon ouvrage, dont le premier volume tout entier forme aujourd'hui un traité succinct de minéralogie, suffisant pour donner aux élèves le désir d'entrer plus avant dans une science aussi attrayante pour ceux qui la cultivent qu'utile à la prospérité d'un pays. Ceux qui céderont à cet attrait trouveront le complément de connaissances nécessaires dans les ouvrages *ex professo* de M. Beudant et de M. Dufrénoy.

Déjà, dans ma troisième édition, tout en conservant la disposition adoptée pour les deux premières, j'avais indiqué, pour les minéraux, l'ordre que j'ai suivi dans celle-ci. Cet ordre est fondé sur une classification naturelle des corps simples, dont les premières bases ont été posées par Ampère, mais à laquelle j'ai dû faire subir plusieurs modifications rendues nécessaires par les progrès incessants de la chimie. Au tableau que j'ai donné de cette classification, j'ai ajouté une colonne de *multiplicateurs moléculaires*, sur laquelle j'appelle l'attention des chimistes et des minéralogistes, à cause de la facilité avec laquelle, par le moyen de ces multiplicateurs, on opère la conversion des poids fournis par une analyse en nombres moléculaires. Cette facilité, jointe à une plus grande exactitude dans les résultats, m'a permis de calculer de nouveau la plupart des formules admises par les minéraux, et j'ai pu en rectifier un certain nombre.

Avec le second volume commencent les végétaux. Après quelques notions élémentaires sur les parties dont ils se composent, je fais l'exposition du système de Linné, de la méthode de Jussieu et de celle de De Candolle que j'ai suivie en réalité, tout en la commençant par les acotylédonées, à l'exemple du plus grand nombre des botanistes modernes. Dans cette partie, comme dans la première, sans avoir la prétention déplacée de remplacer par un seul ouvrage les ouvrages spéciaux des hommes les plus compétents, tels que De Candolle, de Jussieu et Richard, j'ai cependant exposé, pour chaque famille :

Ses caractères principaux ;

Sa division, lorsqu'elle a lieu, en sous-familles ou en tribus ;

Ses propriétés générales, médicinales, alimentaires ou vénéneuses et les exceptions qui peuvent s'y trouver ;

Enfin, ses produits utiles, dont le nombre, augmenté de tous ceux que le commerce m'a procurés ou qui m'ont été bénévolement donnés, de France, d'Allemagne, d'Angleterre ou d'Amérique, est au moins double de ceux que j'ai précédemment décrits.

Le deuxième volume contient les végétaux acotylédonés, les monocotylédonés et les deux premières classes de dicotylédonés. Le troisième volume comprend les dicotylédones caliciflores et thalamiflores, qui égalent presque en nombre et en importance les végétaux des six premières classes ; il contient enfin les animaux ou leurs produits utiles, précédés de l'exposition de la classification de Cuvier et rangés suivant cette classification.

De nombreuses figures ont été jointes au texte de l'ouvrage : le premier volume en contient 233 pour les formes dominantes des principaux minéraux ; le deuxième volume, 231 pour les végétaux et pour leurs parties ; le troisième volume n'en contient pas moins. Beaucoup de ces figures se rapportant aux plantes ou aux animaux, ont été choisies parmi les meilleures dans les nombreuses iconographies que nous possédons ; un grand nombre d'autres sont originales, principalement celles qui appartiennent à des drogues officinales qui demandent à être distinguées d'autres plus ou moins semblables, ou qui se rapportent à quelques substances rares, qu'une simple description, si parfaite qu'elle fût, n'aurait pu faire suffisamment connaître. Toutes ces figures ont été dessinées par M. Chazal, professeur de dessin au Muséum d'histoire naturelle, avec le soin et l'exactitude qu'on lui connaît, et ont été gravées sous sa direction. Il eût sans doute été à désirer que toutes les plantes et drogues simples eussent été ainsi représentées; mais le prix de l'ouvrage en eût été trop augmenté, et c'est un devoir pour un éditeur de ne pas mettre un livre hors de la portée de ceux à qui il peut être utile.

---

# ORDRE DES MATIÈRES

## DU TOME PREMIER.

## ERRATUM.

Page 94, ligne 7; *au lieu de* ou $Ca^3 Si^2$, *lisez* ou $Ca^3 Si^2$.

# HISTOIRE NATURELLE

DES

# DROGUES SIMPLES.

## INTRODUCTION.

L'HISTOIRE NATURELLE PHARMACEUTIQUE est une science qui nous apprend à connaître l'origine et les caractères distinctifs des corps qui sont employés par les pharmaciens et qui forment le *sujet* ou la *matière* de leurs opérations. Elle diffère de l'*histoire naturelle générale* en ce que celle-ci embrasse la description de tous les êtres, tels qu'on les trouve dans la nature, tandis que la première peut se borner à étudier ceux qui sont appliqués à la guérison des maladies, et comprend en outre la description de leurs *parties* ou *produits utiles*, qui nous sont fournis par le commerce.

EXEMPLES

| *d'êtres naturels.* | *de parties* ou *produits utiles.* |
|---|---|
| Bi-oxyde de manganèse, | Litharge |
| Scolopendre, | Quinquina gris, |
| Bourrache, | Gomme adraganthe, |
| Pavots, | Opium, |
| Sangsues, | Miel, |
| Cantharides. | Cire jaune. |

Il résulte de ce qui précède que l'histoire naturelle pharmaceutique tire, sans aucun doute, ses principales connaissances des trois branches de l'histoire naturelle générale, qui sont la *Minéralogie*, la *Botanique* et la *Zoologie ;* mais qu'elle emprunte aussi des indications très utiles et très nombreuses à la science du commerçant et du droguiste. C'est une étude qui, pour être mixte et variée comme les corps qui en sont l'objet, n'en est pas moins indispensable au pharmacien. Sans elle, en effet, il risquerait de compromettre journellement la vie des hommes, soit en recevant et délivrant une substance pour une autre, soit en remplacant une bonne *drogue simple*, sur l'efficacité de laquelle le médecin est en droit de compter, par une sorte inférieure ou de vertu nulle. C'est ce qui arriverait infailliblement si le pharmacien délivrait, par exemple,

| | | |
|---|---|---|
| Conyze squarreuse | pour | Digitale, |
| Angusture fausse | — | Angusture vraie, |
| Quinquina carthagène | — | Quinquina calisaya, |
| Opium d'Egypte ou Opium faux | — | Opium de Smyrne, |
| Redoul | — | Séné, |
| etc., | | etc. |

Les *corps naturels* qui, par eux-mêmes ou par leurs produits, nous fournissent tous les médicaments que nous employons, ont été, presque de tout temps, partagés en trois grandes divisions auxquelles on a donné le nom de *règnes*. Ce sont les règnes *minéral*, *végétal* et *animal*. Linné a exprimé d'une manière aussi heureuse que laconique ce qui les distingue principalement ; il a dit : *les minéraux croissent; les végétaux croissent et vivent; les animaux croissent, vivent et sentent.*

On peut remarquer cependant à l'égard de cette ancienne division que, depuis que la chimie nous a fait connaître l'existence de plusieurs corps (*air*, *acide carbonique*, *hydrogène carburé*) qui n'appartiennent à aucun des deux derniers règnes, et qu'il serait difficile de conserver dans le premier, en lui conservant son nom ; depuis, surtout, qu'on a mieux apprécié la distance infinie qui sépare la matière inerte de la matière vivante, comparativement à celle que l'on observe entre les deux classes d'êtres vivants, on a été porté à changer la première division, et à ne plus distinguer que deux grands règnes dans la nature : le *règne inorganique* et le *règne organique.*

Le *règne inorganique* comprend tous les corps qui ne sont soumis dans leur *structure*, leur *durée* et leurs autres qualités, qu'aux lois générales de la matière agrégée, telles que l'*étendue*, la *porosité*, l'*inertie*, la *pesanteur*, et aux lois de l'*affinité chimique.* Ce règne comprend les *minéraux*, l'*eau*, l'*air* et les autres fluides aériformes naturels.

Le *règne organique* renferme tous les corps doués d'une structure autre que celle qui résulte des lois générales de la matière, ou qui sont formés de parties distinctes et agissantes nommées *organes*, dont le but commun et l'effet sont l'entretien de la *vie*. Ce règne comprend les *végétaux* et les *animaux.*

Voici d'ailleurs les principaux caractères qui différencient ces deux grands règnes.

Les *corps inorganiques* sont formés de particules toutes semblables entre elles, jointes par simple *juxtaposition*, en vertu de la force d'attraction universellement répandue, et pouvant se réunir, toutes les fois qu'elles se trouvent en contact. Ces corps peuvent, à la rigueur, avoir une *croissance* et une *durée indéfinies ;* et si une cause extérieure vient a séparer leurs parties, chacune d'elles, considérée isolément, sera encore un corps complet, *existant de la même manière que le tout primitif.*

Les *corps organisés*, au contraire, sont formés de parties hétérogenes, qui ne peuvent se réunir ou s'accroître que par un travail intérieur nommé *intus-susception*, et qui, séparées, *ne peuvent vivre ou exister de la même manière que le tout qu'elles formaient par leur réunion.* Ces corps ne peuvent *naître* que d'individus préexistants et semblables à eux ; ne *croissent* qu'autant que le permet le développement des organes dont ils sont formés, et ne peuvent vivre indéfiniment ; car ces organes, après avoir atteint leur plus grand développement, ne tardent pas à dépérir. D'abord leurs fonctions s'affaiblissent, bientôt elles cessent entièrement, et l'individu n'existe plus.

Eclaircissons ces différentes propositions par quelques exemples.

J'ai dit que les corps inorganiques étaient formés de *parties similaires*, jointes par simple *juxtaposition.* Prenons une eau terrestre saturée d'acide carbonique et contenant du *carbonate de chaux* en dissolution. Cette eau, en coulant à l'air libre, perd son acide et le carbonate calcaire se précipite. Mais, en se déposant, les petites particules de ce sel, qui sont déjà toutes du carbonate de chaux, ou qui sont similaires et qui ont une forme déterminée, bien qu'elle échappe à nos sens par sa petitesse, ces particules, dis-je, se juxtaposent par certaines faces, adhèrent entre elles, et forment des masses dont l'accroissement n'aura d'autre borne que celle de la cause qui les produit. N'est-ce pas ainsi que s'est formée, à Clermont du Puy-de-Dôme, cette masse énorme de dépôt calcaire, nommée le *Pont de Saint-Allyre*, qui n'a pas moins de 80 mètres de longueur, sur une hauteur de 6 à 7 mètres? ou bien ces belles et grandes stalactites formées dans les grottes d'Antiparos, l'une des îles grecques, par l'infiltration des eaux calcaires qui y tombent goutte à goutte?

Au contraire des minéraux, les corps organisés, par exemple les végétaux, sont formés de particules *hétérogènes* qu'ils puisent dans la terre et dans l'air, et qui sont principalement de l'*eau*, de l'*acide carbonique*, de l'*oxygène*, de l'*azote*, et quelques oxydes ou sels métalliques (les animaux ajoutent à ces substances premières celles qu'ils prennent à des êtres déjà organisés). Mais jamais ces divers éléments juxtaposés, et soumis a la seule influence des forces qui régissent la nature inorganique, ne pourront former un *végétal* ou un *animal.* Il faut qu'il existe un *noyau primitif* ou *embryon*, pourvu en lui-même d'une force en core inconnue, nommée *force vitale*, qui lui donne le pouvoir *d'attirer dans son intérieur*, d'absorber et de combiner de mille manières les éléments qu'il puise au dehors, pour en former du *ligneux*, de la *gomme*, de la *matière verte*, des *feuilles*, des *fleurs*, des *fruits*, ou bien de la *bile*, du *sang*, de la *chair musculaire* et des *os*.

Les *minéraux peuvent croître indéfiniment*, c'est-à-dire, au moins, tant que les circonstances de leur formation ne changent pas. J'en citerai encore pour exemple le pont de Saint-Allyre, qui n'a cessé de s'accroître que lorsqu'une circonstance fortuite eut changé le cours de l'eau qui lui a donné naissance. Dans les êtres organisés, la croissance est limitée, au contraire, sans que les conditions premières paraissent changées. Prenons, par exemple, un végétal en germination, fixé au sol, et qui sera entouré toute sa vie des mêmes sucs nourriciers de la terre et des mêmes circonstances atmosphériques : pourquoi ce végétal s'arrêtera-t-il tantôt à la hauteur de quelques centimètres, et tantôt parviendra-t-il à celle de 10, 20, 30, 50 mètres, suivant son espèce, comme si l'arbre, l'herbe, et l'on peut en dire autant du jeune animal, avaient autour d'eux un espace limité par une enveloppe invisible, qu'ils sont tenus de remplir, sans pouvoir la dépasser?

Les *corps inorganiques peuvent avoir une durée indéfinie*, à moins que des causes extérieures ne viennent s'opposer à leur conservation. Tel est le *feldspath*, composé minéral contemporain de la première solidification du globe, qui fait partie du *granite* et des autres *roches primitives;* qui dure, par conséquent, depuis un nombre incommensurable de siècles, et qui ne se détruit que lorsque l'eau, jointe à des forces électriques qui, dans des circonstances peu connues, se développent entre les minéraux, parvient à en dissocier les éléments. Alors, mais seulement alors, le feldspath, qui peut être considéré comme un *silicate double d'alumine et de potasse*, perd toute sa potasse et une certaine quantité de silice, et se convertit en un silicate d'alumine hydraté, qui est le kaolin.

Par opposition aux corps inorganiques, les êtres organisés n'ont qu'une durée limitée, passé laquelle ils ne peuvent plus vivre. Alors leurs éléments se dissocient et rentrent sous l'empire des lois de la nature inorganique. Il est vrai qu'un certain nombre d'animaux et plusieurs grands végétaux peuvent avoir une durée considérable. Les carpes, par exemple, peuvent vivre deux ou trois cents ans, et on a vu, dans les forêts du Liban, des cèdres et des chênes tellement gros, qu'en calculant leur durée par le diamètre de leur tronc, on ne pouvait pas leur accorder moins de neuf à dix siècles d'existence. Il existe aussi à Ténériffe, une des îles Canaries, un dragonnier (*Dracæna draco*) dont le tronc a 15 mètres de circonférence à sa base, et dont l'âge paraît être de quatorze ou quinze cents ans. Enfin, on voit encore sur l'Etna, en Sicile, les débris d'un châtaignier, dont le tronc, à la fin du siècle dernier, n'avait pas moins de 52 mètres de circonférence, et dont on estime la durée à quatre mille ans.

Ces exemples sembleraient montrer que les êtres organisés peuvent quelquefois avoir autant de durée que les corps inorganiques, mais ils ont plus d'apparence que de réalité.

Les corps inorganiques peuvent bien réellement avoir une durée indéfinie, et si l'un de ces corps, le *granite*, par exemple, s'est formé avant presque tous les autres minéraux, et bien auparavant tous les végétaux et les animaux ; à partir de l'instant de sa formation, et depuis un temps véritablement incalculable, *c'est bien la même matière qui existe sans aucune espèce de modification.* Mais dans les végétaux et dans les animaux, *la matière se renouvelle sans cesse* par celle qu'ils tirent de l'air, de la terre ou de leurs aliments : cette matière remplace celle qui s'en échappe continuellement par *exhalation*, *exsudation*, *respiration* ou *sécrétion ;* de telle sorte que la matière dont ils se composent aujourd'hui n'est pas celle qui les constituait hier, et que, au bout d'un certain temps, ils ne conservent plus rien de la substance qui les avait formés à une époque antérieure.

Il y a plus, non seulement la matière se renouvelle, mais l'individu lui-même peut être supposé ne plus exister. Ce châtaignier de l'Etna, que je citais tout à l'heure, dont le tronc a 52 mètres de circonférence, laisse au milieu un espace vide si considérable qu'on y a construit une maison avec ses dépendances, et un four pour faire sécher les fruits mêmes qu'on y récolte. Or, un arbre dicotylédone pouvant être considéré comme une réunion d'individus qui naissent chaque année les uns des autres, en s'appliquant à l'extérieur de leurs devanciers, il en résulte que l'arbre d'aujourd'hui est formé par la soudure des individus annuels les plus nouveaux, et que les milliers d'individus antérieurs, qui occupaient le centre de l'arbre, ont été rendus aux éléments où va se confondre tout ce qui a vécu sur la terre.

Il est à peine nécessaire que je revienne sur la différence qui ressort de la division mécanique, lorsqu'on l'applique aux corps inorganiques et aux êtres organisés. Les premiers, *divisés* ou *atténués autant que l'on pourra*, ne changeront pas de nature, et chacune de leurs particules existera toujours de la même manière que le tout. Les seconds, *divisés suffisamment*, perdront toujours la vie, ne constitueront plus ni un animal ni un végétal, et n'offriront qu'une *matière morte*, propre à subir toutes les modifications que les agents chimiques viendront lui imposer.

Si nous comparons maintenant les deux classes d'êtres organisés, ou les *végétaux* et les *animaux*, nous y verrons aussi des distinctions marquées, mais d'un ordre inférieur à celles que nous avons signalées entre les corps organisés et non organisés, et qui ne seront, pour ainsi dire, que des modifications de la même manière d'exister.

Les *végétaux*, qui sont ceux de ces êtres dont l'organisation est la plus simple, *sont dépourvus de sensibilité et de la faculté de se mouvoir volontairement*. D'après cela, ne pouvant aller chercher leur nourriture, ils doivent se nourrir et se nourrissent, en effet, de substances *universellement répandues*, *inertes* et *déjà très divisées :* tels sont l'*eau*, l'*air* et les corps qui peuvent s'y trouver dissous.

*Ils n'ont pas de cavité pour recevoir leurs aliments*, et l'absorption de leur nourriture paraît se faire par tous les points de leur surface. Enfin, n'ayant pas d'estomac, ils peuvent être souvent partagés en plusieurs individus, et peuvent se propager par boutures.

*Les animaux ont la faculté de se mouvoir selon leur volonté*, et, par suite, celle de chercher leur nourriture. Alors cette nourriture peut être plus diversifiée et moins abondamment répandue. Devant chercher leur nourriture, et pouvant rester un certain temps sans trouver celle qui leur est propre, il faut aux animaux une cavité pour déposer celle qu'ils prennent, et qui leur serve comme de magasin : cette cavité est leur *estomac*, et c'est vers lui que sont dirigés leurs vaisseaux absorbants. Enfin de ce que leur centre de nutrition est unique, ils ne peuvent être divisés en plusieurs individus. A la vérité, cependant, quelques animaux des classes les plus inférieures paraissent pouvoir se diviser; mais c'est qu'ils ont plusieurs centres de nutrition, ou plutôt c'est parce qu'ils sont formés de plusieurs animaux réunis et vivant en commun, d'une manière analogue à celle des végétaux.

En résumé, on a établi une première grande division entre tous les corps de la nature, savoir, le *règne inorganique*, comprenant principalement les *minéraux*, et le *règne organique*, formé des *végétaux* et des *animaux*.

Les minéraux, les végétaux et les animaux, considérés sous le rapport de leurs produits utiles à l'art de guérir, forment l'objet de la science que nous avons nommée précédemment l'*histoire naturelle pharmaceutique*.

Mais avant de commencer la description particulière des corps naturels, il ne sera pas inutile d'expliquer comment ces corps, dont je viens de présenter les caractères généraux, ne se sont pas toujours trouvés dans les mêmes conditions d'existence; comment le monde qui les contient a revêtu successivement différentes formes propres à la production de certains êtres, contraires à la vie de beaucoup d'autres : de telle sorte que la Terre et ses attributs ont continuellement varié avant d'arriver à l'état actuel qui, bien que plus stable que ceux qui l'ont précédé, et durant déjà depuis un grand nombre de siècles, pourra cependant faire place à d'autres conditions, par suite de la succession des temps.

Il convient d'établir d'abord l'exactitude du fait qui vient d'être énoncé, que le globe n'a pas toujours été ce qu'il est aujourd'hui. Pour se convaincre de cette vérité, il suffit de creuser la terre ou d'examiner la coupe des terrains que différentes exploitations ont mis à découvert. En étudiant alors la disposition des parties dont le sol se compose, on voit qu'il est généralement formé, surtout dans sa partie superficielle, de couches superposées dont chacune renferme des débris de corps organisés. Or, ces débris varient de nature avec le nombre et la profondeur des couches : provenant d'abord de végétaux et d'animaux semblables à ceux qui existent à présent, on les voit s'en éloigner à mesure que l'on s'enfonce dans la masse du globe. Après ceux de même espèce, on en trouve d'autres qu'on ne peut rapprocher de ceux du monde actuel que par les caractères plus généraux qui constituent les ordres ou les familles; puis ils forment des ordres différents, ou ne montrent plus que des rapports de classes; enfin ces classes elles-mêmes manquent, et telle classe, par exemple celle des dicotylédones, qui comprend la plus grande partie des végétaux actuels, disparaît dans les anciennes couches du globe, et par conséquent n'existait pas lorsque ces couches ont été formées. On en peut dire autant des mammifères, qui constituent aujourd'hui la classe la plus élevée des animaux vertébrés : aucun mammifère n'existe dans les profondeurs de la terre; on n'y trouve que des reptiles et des poissons marins, puis des mollusques. Enfin, en creusant toujours, on arrive à des assises encore nombreuses et puissantes, dans lesquelles on n'observe aucune trace d'être organisé. Ainsi l'observation des stratifications du globe montre la vérité du fait qui se trouve énoncé plus haut : savoir que la Terre a présenté autrefois une physionomie toute différente de celle qu'elle nous offre aujourd'hui; et nous voyons, de plus, qu'elle a pu exister pendant une longue suite de temps avant qu'aucun être organisé, végétal ou animal, soit venu en animer la surface.

Un fait en apparence étranger aux deux précédents, s'y rattache cependant de la manière la plus heureuse, et conduit à en trouver une explication très plausible. C'est que la Terre possède dans son intérieur une chaleur considérable, bien supérieure à celle qui peut lui être communiquée par le soleil, et qui d'ailleurs croît avec la profondeur; tandis que si elle était le résultat de l'action solaire, elle serait plus forte à la surface, ou du moins, en supposant qu'elle ait eu le temps de se mettre en équilibre, serait sensiblement égale dans toute la masse.

Mais il n'en est pas ainsi : toutes les expériences qui ont été faites dans ces derniers temps sur la température des mines et sur les eaux des puits artésiens, ont prouvé que la température de la Terre croît avec la profondeur. A la vérité la progression n'est pas la même partout, et elle éprouve même d'assez grandes variations; ce qui est cause que tandis que Fourier estimait l'augmentation moyenne de température à 1 degré pour 32 mètres de profondeur, M. Cordier lui donne 1 degré pour 25 mètres. En admettant la première donnée, qui est la plus faible et la plus appropriée aussi à la température devenue à peu près stationnaire du globe (1), il en résulte encore qu'à une profondeur de 3200 mètres (deux tiers de lieue) l'eau devrait bouillir et se vaporiser, si d'ailleurs, ainsi que j'en ai fait la remarque (*Ann. de chim. et phys.*, t. XLVII, p. 42), la haute pression à laquelle elle se trouve soumise ne la maintenait à l'état liquide. A la profondeur de 3520 mètres (7 neuvièmes de lieue), le soufre serait liquide; le plomb le serait à 8320 mètres (2 lieues), et le fer à 40000 mètres (ou à 9 lieues). En suivant ainsi les degrés de fusibilité des substances connues, on voit qu'il n'en est aucune qui pût rester solide à la profondeur de 20 ou 25 lieues. La Terre est donc un globe de matière fondue, d'une température intérieure qui dépasse tout ce que nous pouvons produire et imaginer, et dont la surface seule, en se refroidissant par le rayonnement dans l'espace, s'est condensée en une croûte solide sur laquelle nous marchons, et qui forme à peine un cinquante-septième de son rayon.

Faut-il s'étonner, d'après cela, des ondulations et des secousses que cette croûte éprouve, des ouvertures qui s'y forment, et des matières en état de fusion ignée qu'elle déverse au dehors, lorsque l'eau, que sa volatilité a placée beaucoup plus haut, parvient cependant, par voie d'infiltration, jusqu'aux couches incandescentes? Alors, en effet, doit se développer une action chimique des plus intenses, dont les produits gazeux, joints à l'eau vaporisée, soulèvent et déchirent les parties les moins résistantes de cette enveloppe solide.

La terre a donc été d'abord un globe en pleine fusion ignée. C'est déjà beaucoup d'être remonté jusque-là; mais l'homme a voulu passer outre, et s'est demandé d'où elle venait et comment elle avait été produite. Buffon, qui a soutenu, un des premiers, la fluidité ignée de la terre, a supposé qu'elle résultait d'une portion de la matière du soleil, détachée par le choc d'un astre errant.

M. Boubée, lui, considérant que la masse de toutes les planètes

(1) Cette évaluation de Fourier a été justifiée par les expériences faites lors du percement du puits de l'abattoir de Grenelle à Paris. Ces experiences ont donné 1 degré d'élévation de température pour 31 mètres de profondeur.

réunies ne forme pas la 8000e partie de celle du soleil (1), et que toutes se meuvent autour de cet astre dans un même sens (d'occident en orient) et à peu près dans le même plan, suppose que toutes les planètes sont sorties en même temps du soleil, par une sorte d'éruption ou de déjection fondue et incandescente, qui s'est divisée dans l'espace en plusieurs masses, lesquelles ont continué de tourner d'après leur impulsion première.

Ces opinions et d'autres plus ou moins analogues, que l'on pourrait émettre, peuvent avoir quelque probabilité; mais il suffit de les avoir énoncées, et nous devons nous attacher à des faits plus positifs. Or, nous en avons plusieurs à développer qui sont une conséquence forcée de l'état igné primitif du globe, et qui s'accordent merveilleusement avec ce qu'on observe aujourd'hui dans le sein de la terre.

Lorsque le globe était en état de fusion, il est évident que l'eau ne pouvait pas exister à sa surface, et qu'elle faisait tout entière partie de son atmosphère, avec le soufre, le mercure et quelques autres des corps les plus volatils; non pas avec tous, car un grand nombre de corps qui se volatiliseraient aujourd'hui, si on pouvait les soumettre isolément à la chaleur primitive, étaient alors maintenus à l'état liquide en raison de l'énorme pression exercée par l'atmosphère, et exerçaient les uns sur les autres une action chimique qu'il nous est difficile d'imaginer. L'atmosphère devait être immense, peu perméable à la lumière solaire, et *lumineuse*, soit par elle-même, soit en réfléchissant les rayons solaires. Elle devait ressembler, vue du dehors, à l'atmosphère lumineuse des comètes, et peut-être les comètes ne sont-elles que des planètes moins anciennement détachées d'un soleil et non encore refroidies.

Quoi qu'il en soit, il est évident, car ici les conséquences sont toujours rigoureuses, qu'il ne pouvait y avoir à cette époque sur la terre ni végétaux, ni animaux, ni rien qui leur ressemblât.

Mais le globe, en roulant dans l'espace, perdit continuellement une partie de son calorique; il vint un moment où sa surface dut commencer à se solidifier, et si l'on remarque qu'à ce moment, l'eau était bien loin encore de pouvoir se condenser à l'état liquide, on concevra qu'une certaine épaisseur de terrains se soit formée hors de toute influence de l'eau, et que ces terrains doivent offrir, non la disposition stratifiée des dépôts formés au milieu d'un liquide aqueux, mais la structure massive et cristalline des corps qui, après avoir éprouvé la fusion ignee, se sont lentement solidifiés. Telle est la manière dont se sont formés le *marbre*

(1) Ce rapport ne se trouve pas sensiblement changé par la masse de la nouvelle planete si admirablement découverte par M. Leverrier.

*saccharoïde*, le *micaschiste*, le *gneiss*, le *granite* et les autres roches qui composent les terrains que tous les géologues ont dotés du surnom de *primitifs*. C'est au milieu de ces terrains, dans les fentes ou crevasses qui s'y sont formees par le retrait de la matière solidifiée, que se sont sublimées ou condensées la plupart des substances métalliques, et beaucoup de composés siliceux, tous cristallisés par suite de fusion ignée (*tourmaline*, *topaze*, *hyacinthe*, *améthyste*, *cristal de roche*, etc.). On n'y trouve aucune trace d'être organisé, et cela doit être, puisqu'il n'y avait pas encore d'eau à la surface. Toute cette période peut être considérée comme formant la première époque de la durée du globe terrestre.

La seconde époque commence avec la condensation de l'eau, condensation qui a dû se faire bien avant que la surface du globe fût refroidie à 100 degrés, à cause de la pression encore très grande de l'atmosphère; et cette eau, en raison de sa température et de la pression, devait exercer une action dissolvante énergique sur beaucoup de corps qui s'y montrent insolubles aujourd'hui. Ces substances, en se déposant ensuite avec les débris atténués des terrains primitifs, ont formé des roches qui, recouvertes par d'autres et soumises de nouveau à l'action de la chaleur centrale, paraissent tenir à la fois de la disposition stratifiée des matières de sédiment et de la structure cristalline des corps fondus ou ramollis par le calorique; aussi a-t-on affecté à l'ensemble de ces roches le nom de *terrains intermédiaires* ou *de transition*. On y trouve entre autres les *phyllades*, les *stéaschistes*, le *schiste ardoise* et le *schiste novaculaire* ou *pierre à rasoir*.

Malgré la pression et l'impureté de l'atmosphère, malgré la température élevée de l'eau et la quantité de composés minéraux qu'elle tenait en dissolution, il est remarquable que presque aussitôt que ce fluide se fut condensé sur la terre, des êtres organisés s'y sont montrés. Mais il est facile de comprendre que les circonstances au milieu desquelles ils vivaient étant très différentes de celles d'aujourd'hui, ces êtres devaient être fort différents de ceux que nous voyons. Il est remarquable aussi que ces premiers êtres organisés appartenaient tous aux classes les plus simples des animaux marins et des végétaux. Ainsi, pour les animaux, c'étaient des *trilobites* (genre de crustacés propre à ces anciens terrains), des *mollusques* et des *zoophytes;* et pour les végétaux, c'étaient des *prêles*, des *fougères* et des *lycopodiacées*, accompagnées seulement de quelques monocotylédones phanérogames. Ce sont ces plantes, toutes remarquables par leur taille gigantesque, et couvrant avec profusion tous les points du globe qui sortaient de l'eau, comme des îles éparses au milieu d'un vaste océan, ce sont ces plantes dont le *détritus* enfoui dans la terre, et soumis ensuite à l'action de la chaleur centrale et d'une forte pression, a formé la *houille* ou *charbon de terre*, que l'on trouve répandu dans les terrains de cette époque; car, suivant une remarque de M. Adolphe Brongniart, à l'évidence de laquelle il est difficile de se refuser, excepté le diamant et le graphite peut-être, qui appartiennent aux terrains primitifs, tout le charbon que l'on trouve aujourd'hui dans la terre existait d'abord dans l'atmosphère à l'état d'acide carbonique, d'où il a été soustrait par les végétaux. Et même la prédominance de cet acide dans l'atmosphère, jointe à une chaleur humide et constante, permet d'expliquer le prodigieux développement du règne végétal à cette ancienne époque; tandis qu'au contraire les animaux, et surtout les animaux à sang chaud, n'auraient pu y vivre, s'ils eussent été créés. Alors, aussi, le sol était loin d'être accidenté comme il l'est aujourd'hui, sa surface n'offrait d'autres inégalités que celles causées par le flux et le reflux de la matière intérieure liquide, ou celles résultant de la pression exercée sur cette même matière par le resserrement de la croûte superficielle. En effet, cette pression était cause que la matière liquide soulevait les endroits les plus faibles de la croûte, et se faisait jour au dehors, en produisant des *épanchements* qui couvraient les parties précédemment solidifiées. C'étaient déjà, si l'on veut, des éruptions volcaniques; mais des éruptions dépourvues de flamme, de fumée et de cet appareil formidable de phénomènes qui caractérisent les volcans d'aujourd'hui.

A partir de cette époque, l'atmosphère perdit chaque jour de sa hauteur et de sa pression. Elle devenait également plus translucide, et la lumière solaire, en pénétrant jusqu'à la surface du globe, y exerça une plus grande influence et y amena l'inégalité des saisons. L'eau fut moins chaude et moins chargée de substances salines; les terrains sous-jacents s'en accrurent d'autant, mais leur nature avait changé. C'étaient ou des *sédiments* de matières insolubles détachées des parties élevées par les eaux, ou des corps cristallisés que ce liquide ne pouvait plus dissoudre. En même temps, les êtres organisés qui avaient été formés pour vivre dans le monde primitif, au milieu d'une atmosphère épaisse, chaude, humide et ténébreuse éprouvaient des modifications correspondantes dans leurs fonctions, ou périssaient. Ils périrent même nécessairement, lorsque quelque grande catastrophe (la terre porte les empreintes de plusieurs) amenait un brusque changement dans les conditions de leur existence; mais, dans le cas contraire, lorsque le refroidissement du globe agissait seul pour en modifier la surface, rien n'empêche de croire que les végétaux et les animaux aient pu se modifier eux-mêmes peu à peu, et produire par voie de génération ceux que nous voyons aujourd'hui. Cette supposition, toute singulière qu'elle puisse sembler aux uns, toute hardie qu'elle paraîtra à d'autres, est cependant la plus raisonnable que l'on puisse faire; car, étant prouvé que les animaux et les végétaux d'aujourd'hui n'ont pas toujours été, qu'avant eux il en existait d'autres qui ont disparu et qui avaient succédé eux-mêmes à d'autres plus anciens dont les espèces sont également anéanties, il faut, *de toute nécessité*, ou qu'à la disparition de chaque ancienne espèce d'autres espèces aient été formées *d'un seul jet*, *aux dépens de la matière inerte*, et qu'il y ait eu, par conséquent, *autant de créations successives qu'il y a d'espèces distinctes sur la terre;* ou bien il faut que ces espèces *aient pris leur point de départ de celles déjà existantes*, en se multipliant même conformément à la plus grande diversité des conditions amenées par la plus grande élévation des montagnes, et par la diversité des climats et des saisons; toutes les probabilités ne sont-elles pas pour cette dernière supposition?

Les géologues, tout en reconnaissant la série non interrompue des phénomènes qui ont amené le globe de son état primitif à sa forme actuelle, ont cependant distingué plusieurs époques ou plusieurs *formations de terrains* auxquelles ils ont assigné des noms particuliers. J'ai déjà indiqué la nature des *terrains primitifs* et de ceux *de transition.* Après ceux-ci viennent les *terrains secondaires*, ou *terrains de sédiment inférieurs*, qui se rapportent à l'apparition des *reptiles* et des *poissons*, et à celle des *conifères* et des *cycadées*, et dans lesquels on ne trouve encore aucun mammifère ni aucune vraie dicotylédone. Ces terrains comprennent, entre autres, en commençant par les couches les plus anciennes, la *houille*, le *schiste bitumineux*, le *calcaire pœnéen*, le *grès bigarré*, le *sel marin*, le *calcaire conchylien*, le *lias*, les *terrains jurassiques*, le *calcaire corallique* et la *craie blanche*, qui forme la partie supérieure des terrains secondaires.

C'est dans les couches du lias que l'on commence à trouver ces immenses sauriens qui devaient être les dominateurs et l'effroi de la nature vivante : tels étaient les *Ichthyosaures*, reptiles marins très carnassiers, longs de 6 à 10 mètres, dont la tête se prolongeait en un museau armé de dents coniques et pointues, et dont les yeux énormes offraient une sclérotique renforcée de pièces osseuses (fig. 1). Ils avaient la

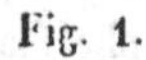
Fig. 1.

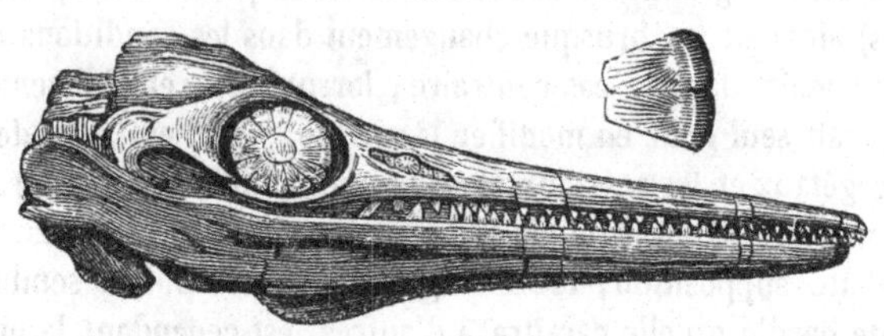

forme générale des marsouins, mais ils étaient pourvus de quatre membres aplatis en forme d'avirons, et d'une queue longue et puissante qui devait ajouter considérablement à la force et à la vigueur de leurs mouvements. A côté se trouvaient les *Plésiosaures*, inférieurs en force et en agilité, dont la tête assez petite était portée sur un cou long comme le corps d'un serpent (fig. 2); les plus grands pouvaient avoir de 10 à 13 mètres de long. Ces deux genres de reptiles paraissent avoir vécu pendant toute la formation du lias et des terrains jurassiques.

Fig. 2.

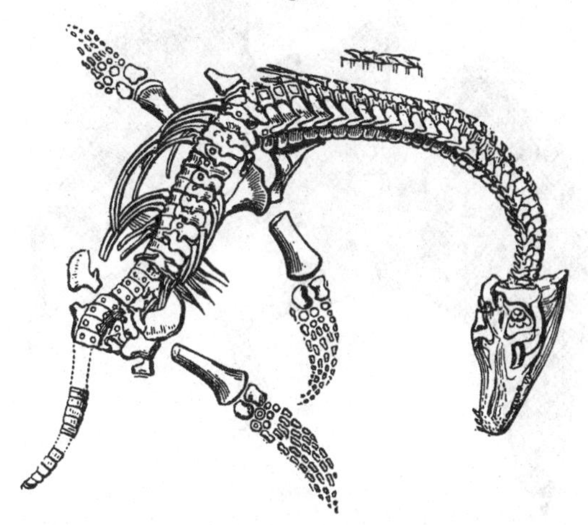

Au-dessus de ceux-ci, dans un terrain d'eau douce qui porte le nom de *formation weldienne*, se trouvent trois reptiles terrestres véritablement monstrueux. Le premier, le *Mégalosaure*, long de 13 à 16 mètres, tenait à la fois du crocodile et du monitor; il était très carnivore. Le second, nommé *Hylœosaure* ou lézard des bois, également carnassier, avait 8 mètres de longueur; enfin, le troisième (*Iguanodon*), très voisin des Iguanes modernes, mais long de 17 mètres, était *herbivore*. Tous ces reptiles disparaissent avant le terrain crétacé, dans lequel on trouve de nouveau un Saurien marin carnassier nommé *Mosasaurus*, voisin des Monitors et des Iguanes, et long seulement de 8 mètres. Avec lui a fini l'empire des Sauriens.

Déja la nature, comme cherchant de nouveaux dominateurs au monde, avait essayé, dans un temps contemporain du calcaire schistoïde des terrains jurassiques, de produire des êtres d'une organisation plus compliquée. Elle avait pris quelques Sauriens, non des plus puissants, car c'est souvent chez les plus humbles que naissent les rénovateurs du monde; et leur donnant des membres ongulés, propres à marcher sur la terre, elle y joignit des ailes membraneuses semblables à celles des chauves-souris, qui leur permettaient de s'élever dans l'air (fig. 3); mais cette tentative ambitieuse n'avait pas eu de suite: le monde attendait une transformation nouvelle, et la mer et la terre et l'air, désormais bien distincts, ne devaient plus plier sous une seule domination.

Fig. 3.

Les *terrains tertiaires*, nommés aussi terrains de *sédiment supérieur*, ou terrains *thalassiques*, ont donc vu naître des *Cétacés*, vrais géants du règne animal, auxquels a été dévolu l'empire des mers, et la terre a nourri d'innombrables et puissants Pachydermes qui se la sont partagée, jusqu'à ce qu'ils aient cédé, en nombre ou en puissance, aux ruminants et aux carnassiers.

Parmi ces Pachydermes, dont aucun n'existe aujourd'hui, se trouvent les *Palæoteriums* (fig. 4, 5) et les *Lophiodons*, semblables à de

Fig. 4.

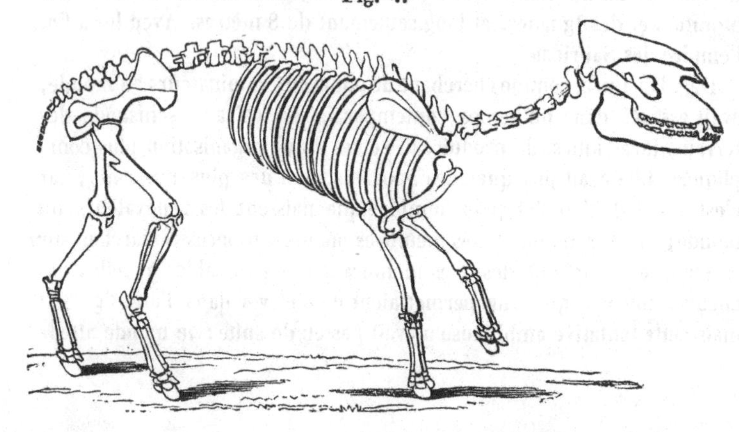

grands Tapirs, dont les restes se trouvent dans les plâtrières de Montmar-

Fig. 5.

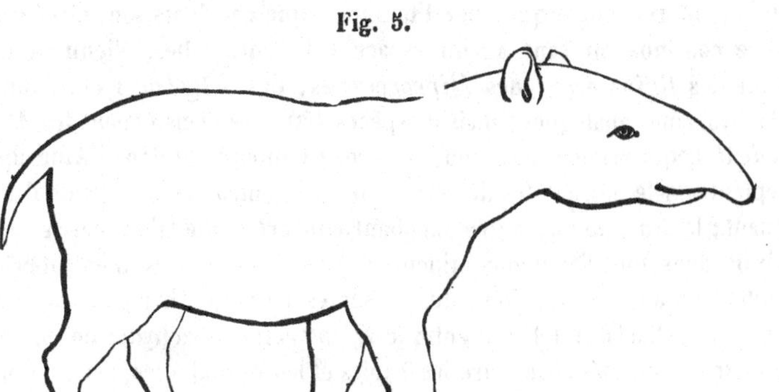

tre; et les *Anoploteriums* (fig. 6, 7) qui se rapprochent des ruminants par leurs pieds fourchus, et des carnassiers par leurs trois espèces de

Fig. 6.

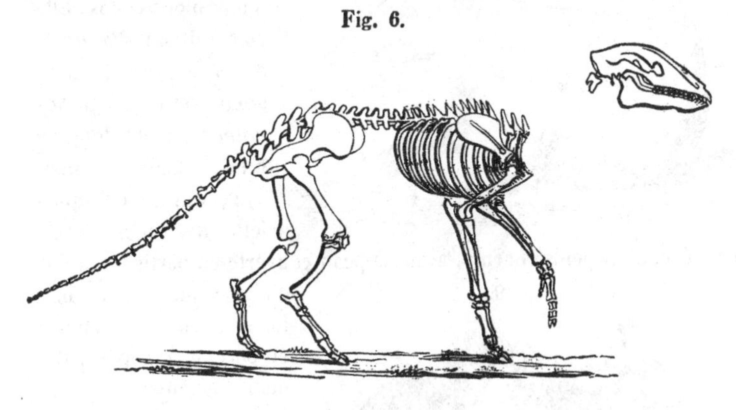

Fig. 7.

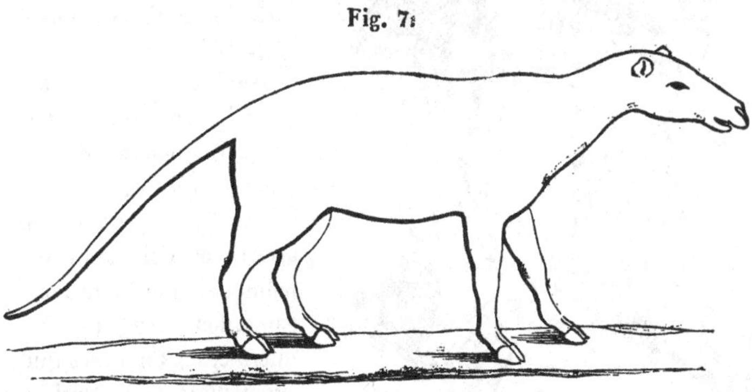

dents, incisives, canines et molaires, avec cette disposition particulière qu'on ne rencontre que chez l'homme, que ces dents sont placées en série continue ou sans aucun espace vide entre elles. Viennent ensuite des *Rhinocéros*, des *Hippopotames*, des *Éléphants* et d'autres Pachydermes analogues, mais d'espèces détruites. Tels étaient les *Mastodontes*, qui vivaient dans toute l'Europe tempérée et dans l'Amérique septentrionale, offrant des défenses énormes semblables à celles de l'Éléphant; le *Mammouth*, autre Éléphant couvert d'une laine épaisse, qui vivait dans tout l'ancien continent, depuis l'Espagne jusqu'en Sibérie, et dont on a trouvé des individus conservés avec leur chair sur les bords de la mer Glaciale; tel était enfin le *Dinotherium*, Pachyderme long de 6 mètres, intermédiaire entre les Tapirs et les Mastodontes, ayant l'omoplate des animaux fouisseurs, et deux énormes défenses sorties de la mâchoire inférieure et recourbées vers la terre (fig. 8). A la même époque, la famille des édentés, si faible et si restreinte aujourd'hui, se trouvait représentée par des animaux non moins monstrueux. Elle comptait un *Pangolin* de 8 mètres de longueur, et un *Megatherium* (fig. 9) long de 6 mèt., haut de 3 mèt. 1/2, offrant un squelette disproportionné, massif, et d'un poids énorme, ayant la peau couverte en partie au moins d'une armure osseuse analogue à celle des Tatous, et portant aux pieds des ongles gigantesques destinés à fouir la terre (fig. 10).

Fig. 8.

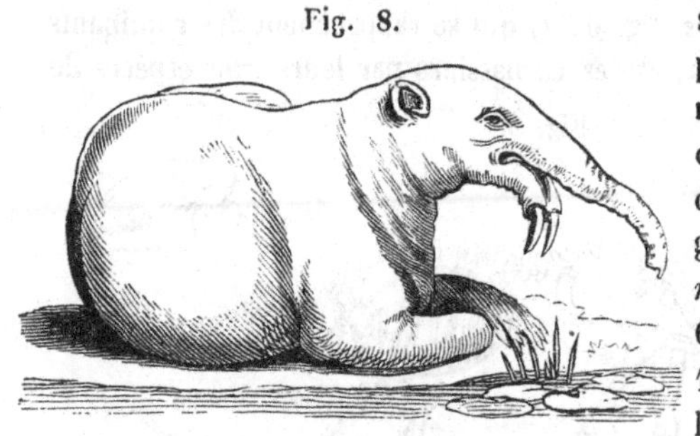

Fig. 9.

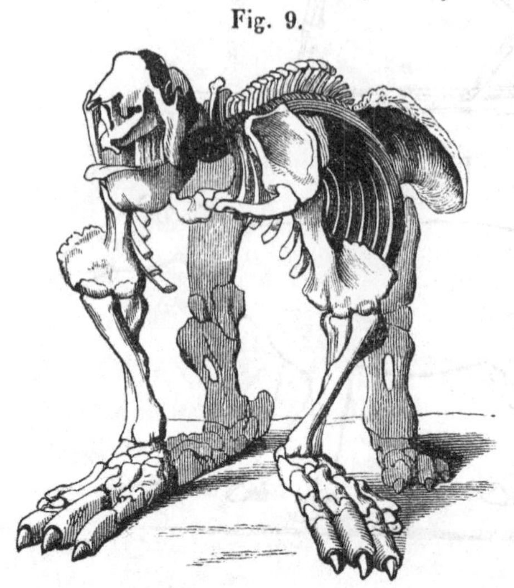

Pendant que le règne animal éprouvait des transformations aussi profondes, les végétaux ne devaient pas rester en arrière et s'élevaient de même dans l'ordre de l'organisation. Avec les Palmiers et les Conifères qui augmentaient en nombre et en espèces, se montraient des *Amentacées*, des *Juglandées*, des *Acérinées*, et probablement beaucoup d'autres dicotylédones, mais dont les restes, d'une plus facile destruction, ont complétement disparu. Car, dès cette époque, l'air devait être assez pur et analogue à celui que nous respirons; la terre offrait des continents plus étendus, formés par le soulèvement de plusieurs de ses parties; tandis que d'autres, creusées

Fig. 10.

plus profondément, permettaient à l'eau de se circonscrire dans un plus petit espace. Cette eau, vaporisée par la chaleur solaire, retombait en pluie sur la terre; et c'est ici que l'on voit d'une manière évidente la séparation des sédiments d'eau douce d'avec ceux produits par l'eau marine. Mais, par des retours alternatifs de l'une à la place de l'autre, il n'est pas rare de voir les couches qui appartiennent à chaque formation se succéder plusieurs fois. C'est ce qu'on observe très bien dans les terrains qui composent le bassin de Paris, où l'on voit, à deux fois différentes, des dépôts marins prendre la place des sédiments d'eau douce. En effet, l'*argile plastique* qui recouvre immédiatement la craie, avec les sables et les lignites qui l'accompagnent, appartient à une formation d'eau douce; au-dessus se trouve une *glauconie grossière* et un *calcaire grossier* caractérisé par une innombrable quantité de cérites qui en prouvent l'origine marine. Ce terrain fait place à un second terrain d'eau douce renfermant de la *magnésite*, du *calcaire siliceux* et du *gypse grossier*; vient alors un second terrain marin, où l'on trouve des coquilles ostracées, du sable micacé et un *grès blanc*, très abondant surtout dans la forêt de Fontainebleau, et qui sert au pavage de Paris. Le tout est recouvert par un *calcaire lacustre* et par une *marne argileuse*, au milieu de laquelle se trouve le *silex molaire*, si utile pour la fabrication des meules de moulin.

Arrivée à cette époque de sa longue durée, la terre a éprouvé une violente catastrophe, dont elle offre partout les traces et qui a modifié les accidents antérieurs de sa surface, pour lui donner ceux qu'elle nous présente aujourd'hui. Cette catastrophe fut une irruption des eaux de la mer sur la terre, qui la creusa de profondes vallées, forma partout d'immenses dépôts de cailloux roulés, enfin arracha des montagnes des blocs énormes appelés *erratiques* (blocs errants), que l'on voit dispersés dans les plaines, à de très grandes distances des monts qui les ont fournis, et même sur des pentes ou des montagnes opposées, à des hauteurs qui prouvent une force motrice énorme, qu'il serait impossible d'expliquer par des accidents locaux, et qu'on peut tout au plus concevoir en invoquant l'effort de toutes les mers réunies.

La plupart des races des grands animaux disparurent brusquement à cette même époque, et c'est très probablement le même phénomène qui les aura anéantis; car le simple décroissement de la chaleur du globe et de la pression atmosphérique était une modification trop lente et trop insensible pour frapper de mort tout d'un coup, et en même temps, un si grand nombre de races vigoureuses.

Une circonstance remarquable se joint à cette disparition. Ces animaux, d'après leur organisation, devaient habiter les parties les plus chaudes du globe, et leurs ossements se trouvent plus abondamment, au contraire, dans les climats froids et tempérés; de telle sorte qu'on est porté à conclure que le globe a subi un déplacement dans ses pôles; qu'il a éprouvé un retournement marqué sur lui-même, qui a rendu froides les parties qui étaient alors les plus chaudes, et réciproquement.

Enfin, une dernière circonstance vient s'ajouter à tous ces phénomènes, c'est la chute des *aérolithes.* Jusque-là la terre n'avait pas reçu de ces pierres tombées du ciel; du moins on n'en a découvert aucun indice dans les terrains antérieurs, tandis que maintenant il en tombe fréquemment dans toutes les parties du monde, et que les voyageurs en découvrent chaque jour de nouvelles et d'énormes, au milieu des sables et des déserts, et toujours à la surface du sol.

En remarquant la coïncidence de tous ces phénomènes, qui doit leur faire assigner une seule et même cause, plusieurs géologues, entre autres M. Boubée, ont été amenés à penser qu'une comète étant venue heurter obliquement la terre, l'avait fait dévier de son premier mouvement de rotation, et qu'en même temps la comète ayant été mise en éclats, les débris en avaient été repoussés et dispersés dans l'espace.

Je sais qu'un illustre savant a rejeté cette hypothèse. M. Arago, *dans un plaidoyer en faveur des comètes*, qu'on me passe cette expression, paraît avoir eu pour but surtout de nous rassurer sur le choc futur d'un de ces astres errants. Mais si la discussion a laquelle ce grand académicien s'est livré nous montre, en effet, le peu de probabilité d'un choc semblable, elle n'en démontre nullement l'impossibilité. Or, si à un fait seulement possible on accorde une immensité de temps pour se produire, il est probable qu'il arrivera, s'il n'est déjà arrivé. Voyons donc avec quelle facilité on peut expliquer, moyennant le choc d'une comète, les grands phénomènes dont je viens de parler.

Par ce choc, en effet, la terre a pu se trouver un moment arrêtée, ou plutôt sa vitesse étant un instant ralentie, les eaux et tout ce qui n'était pas fixé au sol, conservant le mouvement de rotation ordinaire, qui est, à l'équateur, de six lieues par minute, les eaux, dis-je, durent s'élancer en masse hors de leur lit, tourner encore autour du globe arrêté, franchir le sommet des plus hautes montagnes, battre et déchirer les points qui s'opposaient le plus à leur passage, en faire rouler les débris, les disperser dans les plaines, et les faire même remonter en partie sur les pentes opposées; enfin, ouvrir et creuser de grandes vallées sur tous les points sillonnés par leur cours impétueux.

» L'idée que l'on doit se faire de ce grand phénomene est donc que les eaux de toutes les mers, abandonnant à la fois leur séjour et conservant la vitesse de rotation qu'elles avaient avant le choc, se roulaient avec fracas dans la même direction. On conçoit cependant qu'à la rencontre de quelques puissants obstacles, tels que des massifs de montagnes, les eaux durent être détournées et obligées de creuser dans une autre direction.

» Ainsi, d'après cette hypothèse, s'expliquent facilement la dispersion des globes erratiques, la formation des dépôts caillouteux, le creusement des grandes vallées, la direction généralement uniforme dans laquelle cet ensemble de faits se trouve compris, et même les exceptions nombreuses que l'on pourrait y signaler. De plus, on voit que la disparition subite d'un grand nombre d'animaux et le changement de polarité du globe, sont tout aussi faciles à concevoir, et qu'il n'y en a même pas qui puisse mieux les expliquer.

» Enfin, les éclats de la comète brisée ayant été repoussés et dispersés dans l'espace, ils n'eurent plus de course réglée, et ils doivent encore errer dans toutes les directions, jusqu'à ce que rencontrant la sphère d'attraction d'une planète, ils soient entraînés à se précipiter sur elle. » (*Géologie populaire*, par M. Boubée; Paris, 1833.)

La grande catastrophe dont je viens de parler porte généralement encore le nom de *déluge*, bien qu'il faille s'en faire une idée très différente du déluge décrit par la Genèse. L'homme, d'ailleurs, n'existait pas encore, puisqu'on n'en trouve aucun vestige dans le terrain contemporain. Ce terrain porte le nom de *diluvium*, de *terrain clysmien*, et celui plus ancien de *terrain de transport*, qui répond parfaitement à l'idée qu'on doit se faire de sa formation.

C'est à ce terrain ou à cette époque que l'on rapporte le plus grand nombre des *cavernes à ossements*, où sont entassés les squelettes brisés d'un si grand nombre de mammifères pachydermes, ruminants, carnassiers et autres, et quelques uns d'oiseaux, les premiers dont il soit fait mention.

Un aussi grand désordre ne pouvait pas durer, ou tout se serait abîmé sur la terre. Mais le globe dut reprendre bientôt la régularité de son mouvement annuel, et obéir à un nouveau mouvement diurne qui finit par se communiquer aux eaux. Celles-ci rentrèrent donc dans leur ancien lit, ou se rassemblèrent dans de nouveaux bassins creusés à la surface du sol. Elles y formèrent des *alluvions* considérables, qui s'augmentent encore de nos jours de tout ce que leur fournit le sol de ses débris atténués, et les corps organisés de leur *détritus*. Enfin, à cela près de ces *alluvions* et de quelques *soulèvements* ou *abaissements* partiels causés par l'ensemble des phénomènes volcaniques, le globe présente aujourd'hui la même distribution de continents et les mêmes mers que ceux formés par le déluge. Mais dans l'éspace de temps qui nous en sépare, l'homme est venu habiter la terre, et avec lui le restant des êtres dont l'organisation est la plus compliquée ; et ils pourront y rester une longue suite de siècles, à moins qu'une nouvelle cause fortuite, prise en dehors des lois du refroidissement, ne vienne changer l'état de stabilité auquel il est aujourd'hui parvenu.

## Sur les volcans et les soulèvements des montagnes.

Ainsi que je l'ai dit précédemment, la Terre a été primitivement dans un état complet de fusion, et sa surface seule s'est solidifiée avec le temps, en se refroidissant dans l'espace. Ce refroidissement a été d'abord très rapide, mais il s'est ralenti à mesure que l'excès de température du corps échauffé sur l'espace diminuait; et aujourd'hui, quelle que soit encore l'intensité de la chaleur centrale, le refroidissement produit à la surface par le rayonnement est devenu presque nul, ou se trouve compensé par l'échauffement qui nous vient du soleil. De sorte que la terre paraît avoir atteint un état d'équilibre dans lequel elle pourra persévérer très longtemps.

J'ai dit également qu'en se fondant sur l'accroissement de température observée lorsqu'on descend dans les mines, ou en creusant des puits artésiens, on était en droit de conclure que la croûte solide du globe avait au plus 20 à 25 lieues de profondeur, et que, au-delà, se trouvait encore une masse immense de matière en pleine fusion, et d'une température qui dépasse tout ce que nous pouvons imaginer.

Cet état de choses bien compris, on concevra également la possibilité qu'une cause fortuite vienne ébranler, soulever ou rompre cette croûte solide, et pousser jusqu'à sa surface une partie de la matière fondue et incandescente renfermée au-dessous ; alors on aura des *tremblements de terre*, des *soulèvements de montagnes* ou des *volcans*, phénomènes formidables, au travers desquels des populations entières pourront disparaître avec leurs cités et les champs qui les nourrissent.

Des phénomènes si grands et souvent si désastreux ont dû attirer l'attention des naturalistes, et ce ne sont pas les théories qui nous manquent pour les expliquer. Ainsi Lemery, ayant observé qu'un mélange de limaille de fer, de soufre et d'eau, pouvait s'enflammer lorsqu'il était exposé en masse assez considérable au contact de l'air, en avait conclu que l'inflammation des volcans était due à un mélange semblable opéré dans le sein de la terre.

Plus tard, Buffon et Werner ont admis que les volcans sont produits par les *houilles* et les *bitumes* mélangés de *pyrite*, qui s'embrasent souvent lorsqu'ils ont à la fois le contact de l'air et de l'eau ; mais ces théories ne peuvent soutenir aujourd'hui le moindre examen.

D'abord elles ne peuvent se passer du contact de l'air, et elles placent nécessairement le foyer des volcans près de la surface de la terre ; tandis que tout démontre qu'il est situé au moins dans les terrains primitifs, dont les produits fondus ou altérés par le feu accompagnent constamment les éruptions volcaniques. Or, il est impossible d'admettre que l'air puisse pénétrer à d'aussi grandes profondeurs, lorsque, au contraire, il existe dans les foyers volcaniques une pression de dedans au dehors, capable d'élever jusqu'à la surface du sol des masses énormes de laves et d'autres produits. Ensuite les effets de l'embrasement des houilles sont connus ; car plusieurs houillères de France et d'Allemagne sont embrasées depuis un temps considérable. La combustion en est lente, paisible, et donne tout au plus lieu à quelques éclairs de flamme, à une sublimation de sel ammoniac dans les fissures des roches supérieures, et à une demi-vitrification des argiles qui avoisinent la masse embrasée ; mais des tremblements de terre, des soulèvements de terrains, des déjections de pierres, de cendres ou de laves fondues ou brûlantes, point.

Enfin, quand même la houille, les bitumes et le sulfure de fer, en brûlant, pourraient donner lieu à d'aussi grands effets, comme ils ne peuvent se reproduire après leur destruction, les phénomènes volcaniques ne pourraient durer pendant des siècles dans le même terrain, et surtout ne pourraient pas y reparaître à des intervalles presque périodiques. Il faut donc chercher à ces phénomènes des causes beaucoup plus puissantes et plus générales.

Je passe sous silence beaucoup d'hypothèses qui ne sont pas mieux fondées, pour arriver à celle que le célèbre Davy a soutenue pendant quelque temps : *c'est que les phénomènes volcaniques sont dus à l'action de l'eau de la mer et de l'air sur les métaux alcalins et terreux qui se trouvent dans les profondeurs de la terre, à l'état métallique.* Antérieurement à Davy, M. Gay-Lussac avait eu la même idée, mais il ne l'avait publiée que pour la combattre par deux raisons auxquelles il est difficile de répondre.

La première, c'est que, ainsi que je l'ai déjà dit, en raison de la grande pression de dedans au dehors, observée dans les foyers volcaniques, l'air ne peut y pénétrer. La seconde est que, si c'était l'eau qui oxydât le potassium, le sodium, l'aluminium, etc., il devrait en résulter un dégagement énorme de gaz hydrogène; or, il ne paraît pas fort commun de trouver l'hydrogène au nombre des produits volcaniques (1).

M. Gay-Lussac rejette donc l'idée de la décomposition de l'eau par les métaux alcalins et terreux. Il n'admet pas non plus que l'eau puisse parvenir aux couches incandescentes du globe, *parce qu'elle serait volatilisée auparavant*. Enfin, il pense que le foyer des volcans *est situé dans une région moyenne*, où l'eau venant à rencontrer non des métaux mêmes, mais des *chlorures de silicium*, *d'aluminium* (2), *de fer*, etc., les décompose en formant de l'*acide chlorhydrique* et des *oxydes*, et *en donnant lieu à une élévation de température suffisante pour produire tous les effets des volcans.*

Mais c'est là, il faut l'avouer, la pierre d'achoppement de toutes les théories purement chimiques, et puisque nous avons au centre de la terre une masse immense de matière fondue par le feu, dont la nature, à la partie supérieure, attestée par les roches primitives, est analogue à celle des laves volcaniques, pourquoi chercher ailleurs une source incertaine et toujours insuffisante de chaleur?

Je me crois obligé de me défendre du reproche qu'on pourrait me faire de combattre les opinions de ceux qui ont été ou qui sont encore nos maîtres à tous; mais je dois dire avant tout ce que je crois être la

(1) Une autre objection a été faite à la théorie de Davy par M. Girardin. Si l'intérieur du globe contenait une quantité de métaux alcalins et terreux suffisante pour expliquer le grand nombre de volcans repandus sur toute sa surface, le noyau de la terre aurait une pesanteur spécifique très faible et au plus égale à celle de l'eau, tandis que les calculs astronomiques lui donnent une densité au moins 5 fois plus grande. La théorie de Davy doit donc être rejetée.

(2) Ces deux chlorures étant très volatils, ne peuvent exister dans les couches ignées.

vérité. Je continue donc l'examen des principales théories volcaniques.

M. Cordier est un des géologues qui ont le plus et le mieux contribué à prouver que le centre de la terre est à l'état de fusion ignée, et que sa croûte solide et flexible ne dépasse pas une profondeur moyenne de 25 lieues. Suivant lui, la masse interne se trouve soumise à deux forces comprimantes, dont la puissance doit être immense, quoique les effets en soient lents et insensibles. D'une part, l'écorce solide se contracte de plus en plus à mesure que sa température diminue; de l'autre, cette même enveloppe, *par suite de l'accélération insensible du mouvement de rotation*, perd de sa capacité intérieure, à mesure qu'elle s'éloigne davantage de la forme sphérique. La matière fluide intérieure est donc forcée de s'épancher au dehors sous forme de *lave*, par des évents qui ont reçu le nom de *volcans*, et avec les circonstances *que l'accumulation préalable des matières gazeuses, produites à l'intérieur*, donne aux éruptions.

Cette théorie est séduisante par la simplicité et par la généralité de son application à tous les volcans de la terre; mais elle est loin de suffire à l'explication des phénomènes volcaniques.

Et d'abord, il est bien difficile d'admettre que le mouvement de rotation de la terre aille en s'accélérant, et que, par suite, la terre continue de plus en plus à s'éloigner de la forme sphérique, pour s'aplatir aux pôles et s'allonger suivant le plan de l'équateur (1). Si, en effet, comme on ne peut guère en douter, et comme M. Cordier l'admet lui-même, la terre a été primitivement dans un état de fluidité ignée, il est certain que son diamètre a dû atteindre son *maximum* d'allongement à l'équateur, lorsque cette fluidité favorisait l'action centrifuge du mouvement de rotation.

D'ailleurs, l'effet inévitable de l'accélération dans la rotation diurne de la terre serait d'abréger la durée du jour, et tous les documents historiques et astronomiques les plus anciens montrent que cette durée n'a subi aucune variation. Ainsi, le mouvement de rotation de la terre ne va pas en s'accélérant; ainsi sa forme ne devient pas de plus en plus ellip-

(1) Le mouvement de rotation de la terre imprime aux particules situees à l'équateur une force centrifuge qui est de 1/289 de la pesanteur, de sorte qu'elle se borne à diminuer la pesanteur d'autant.

Le calcul montre que, par cette seule consideration, le rayon terrestre a l'équateur doit surpasser le demi-axe des pôles de 1/578$^{e}$ de la longueur de celui-ci; mais, comme ensuite les parties situées en dehors de la sphère inscrite agissent pour diminuer la pesanteur de celles qui se trouvent placées au-dedans, il en résulte un nouvel allongement à l'équateur qui porte l'allongement total à 1/306$^{e}$ du rayon, ou à 4,65 lieues. Si l on suppose une boule de 1 metre de rayon, l'exces de longueur du rayon équatorial sur le demi-axe sera seulement de 3$^{mm}$,2.

soïde, et cette cause de diminution de volume et de dépression sur la masse fluide interne n'existe pas.

Reste la contraction égale et continue de la croûte du globe par suite de son refroidissement. Mais si l'on considère, avec Fourier, que la terre est aujourd'hui parvenue à une temperature à peu près stationnaire; que l'effet de la chaleur centrale est devenue presque nul à sa surface, et n'y élève pas le thermomètre d'un trentième de degré; enfin, que depuis deux mille ans, ce faible excès de température n'a pas diminué d'un 300e de degré, on trouvera difficilement, dans la contraction qui peut en résulter, une force suffisante pour expulser de la terre l'énorme quantité de lave produite par les deux ou trois cents volcans qui agissent à la fois sur toute la surface du globe.

Indépendamment de ces deux objections qui me paraissent très fortes, l'hypothèse de M. Cordier rendrait difficilement compte de la présence de l'eau dans toutes les éruptions volcaniques; des tremblements de terre qui les accompagnent; pourquoi il se forme un volcan là où il n'y en a jamais eu; enfin, pourquoi, une fois formé, ce volcan ne continue pas sans interruption comme la cause toujours agissante qui l'aurait formé.

Je viens de combattre les principales théories qui ont été proposées pour les volcans; il me faut maintenant essayer de leur en substituer une qui s'accorde mieux avec les faits.

Quels sont les produits des volcans qui dominent tous les autres? l'*eau* d'abord, qui fait partie de toutes les éruptions, et une *lave* fondue et brûlante qui paraît provenir des plus grandes profondeurs de la croûte terrestre. Or, qu'arriverait-il si *de l'eau liquide* pouvait arriver jusqu'à la couche incandescente du globe, ou beaucoup de métaux, en raison du grand éloignement de l'air, doivent se trouver à tout autre état qu'a celui d'oxide, soit à l'état métallique, soit sous celui de chlorure ou de sulfure? N'est-il pas certain qu'en raison de la haute température de ces corps l'eau sera décomposée? qu'il se formera des oxides, plus de l'acide chlorhydrique ou sulfhydrique? N'est-il pas certain aussi que ces produits gazeux, formés instantanément, et joints à l'effort de l'eau vaporisée, suffiront pour ébranler la croûte terrestre, la soulever et même la déchirer, en projetant au dehors des amas de pierres brisées et calcinées, de l'*eau*, des *acides*, et enfin le *liquide terrestre* lui-même, coulant et rouge de feu? Tous ces effets ne s'expliquent-ils pas alors avec une grande facilité?

Cette théorie n'est pas celle de M. Gay-Lussac, *qui ne supposait pas que l'eau pût parvenir à l'état liquide jusqu aux couches incandescentes*, et qui était obligé de mettre la haute température nécessaire pour opérer la fusion des laves sur le compte de l'action chimique; tandis que, suivant mon idée, la température est fournie par la masse centrale, et que c'est elle, au contraire, qui détermine l'action chimique. La seule chose qu'il me faille donc démontrer, c'est que l'eau peut, en effet, parvenir, *à l'état liquide*, jusqu'aux couches incandescentes du globe.

On sait que, pendant longtemps, on a cru que l'eau était incompressible; mais trois physiciens, Canton, M. Perkins et M. Oersted, en ont prouvé la compressibilité, et l'ont trouvée de 0,000044 à 0,000048 de son volume pour une pression égale à celle de l'atmosphère, ou à une colonne d'eau de 10,31 mètres de hauteur. Oersted, le dernier, l'a fixée à 0,000045. Ainsi, une colonne d'eau qui irait de la surface au centre de la terre diminuerait de 0,000045 de son volume par chaque 10,31 mètres d'enfoncement, ou de trois fois cette quantité, c'est-à-dire de 0,000135 pour 31 mètres. Mais pour 31 mètres, si on se le rappelle, l'eau s'échauffe d'un degré; il suffira donc, pour savoir si l'eau peut rester à l'état liquide en s'enfoncant dans la terre, de comparer la diminution de volume qu'elle éprouve par la pression avec la dilatation causée par le calorique. Or, en partant de la table des densités de l'eau, donnée par M. Biot, dans son *Traité de Physique*, on trouve que la densité de l'eau à 10 degrés est 0,9998041, et 0,9997148 à 11 degrés; et comme les volumes sont en raison inverse des densités, si l'on représente le volume à 10 degrés par 1, à 11 degrés ce volume deviendra $1 \times \frac{0,9998041}{0,9997148} = 1,000089$;

c'est-à-dire que, à la température de 10 degrés, une élévation de 1 degré ne dilate l'eau que de 0,000089 (1), tandis que sa propre pression la comprime de 0,000135. On voit bien que, à quelque profondeur qu'on suppose l'eau parvenue, et à quelque température qu'elle puisse s'élever, elle ne sera pas réduite en vapeur, *tant qu'elle ne sera soumise qu'à ces deux conditions, sa propre pression et la température du lieu.*

Nous avons la preuve d'ailleurs que l'eau, dont la pluie et les autres météores aqueux imprègnent la surface de la terre, peut pénétrer très avant dans son intérieur, par les fissures dont il est traversé. Nous trouvons cette preuve dans les *eaux thermales*, qui, après s'être échauffées dans le voisinage des couches centrales, reviennent à la surface du sol, en conservant d'autant plus de la chaleur acquise que la route de retour est plus directe et plus à l'abri du mélange de l'eau des couches supérieures. Si l'eau parvient jusqu'à ces couches brûlantes, elle peut, sans

(1) D'après une table plus récente publiée par Hallstrom (*Traité de physique* de M. Péclet), la dilatation de l'eau est encore plus faible, car le volume de l'eau à 10 degrés étant 1,000220, et 1,000297 à 11 degrés, la différence n'est que de 77 millioniémes.

aucun doute, étant pressée de tout son poids, pénétrer encore plus bas, parvenir aux couches incandescentes et liquides, et produire alors, par suite d'une action chimique, les phénomènes volcaniques dont j'ai parlé précédemment.

Indépendamment de l'*eau* en vapeur et de la *lave*, il n'y a pas d'éruption volcanique qui ne soit accompagnée d'une abondante émission de *chlorure de sodium* ou *sel marin*. Cette circonstance, jointe à ce que le plus grand nombre des volcans est situé dans des îles ou près de la mer, avait fait supposer à plusieurs physiciens que c'était l'*eau de la mer* spécialement qui pénétrait dans les entrailles de la terre pour y produire les phénomènes volcaniques. On a objecté à cette opinion que beaucoup de volcans aussi se trouvent au centre des continents, et d'autres naturalistes en ont conclu que l'eau était étrangère à ces phénomènes. Mais, d'une part, il est impossible que l'eau soit étrangère aux phénomènes volcaniques, car il n'y a pas une éruption qui n'en émette une quantité considérable à l'état de vapeur; et, de l'autre, il n'est pas indispensable de faire intervenir la mer pour expliquer la présence toujours constante du sel marin dans les produits des volcans; car il est peu de points de la terre qui n'offrent des couches de sel marin au nombre de leurs anciens terrains de sédiment. Ces couches se trouvent sur le trajet que l'eau parcourt, en pénétrant de la surface du sol aux foyers volcaniques, et c'est toujours en réalité de l'eau saturée de sel qui arrive à la profondeur de ces foyers.

Il est aussi facile d'expliquer la présence presque constante de l acide chlorhydrique parmi les produits volcaniques, depuis que MM. Thénard et Gay-Lussac nous ont appris que le chlorure de sodium était décomposé, à une haute température, par l'action simultanée de l'eau et de la silice, et qu'il en résultait de l'acide chlorhydrique qui se dégageait à flots, et de la soude qui se combinait à l'acide silicique. On peut expliquer de même, par des réactions chimiques bien connues, la présence du *soufre*, de l'*acide sulfureux*, de l'*acide sulfurique*, du *fer oxydé spéculaire*, du *chlorhydrate d'ammoniaque*, etc., parmi les produits les plus ordinaires des volcans (1).

Il est inutile que je m'appesantisse sur le phénomène des *tremblements de terre*, qui précède et accompagne presque toujours les éruptions volcaniques. C'est une secousse imprimée à la croûte terrestre par les gaz et vapeurs qui veulent se faire jour au travers; mais je dois m'arrêter davantage sur le *soulèvement des montagnes*, effet de la même

(1) La théorie que je viens d'exposer sur la cause des éruptions volcaniques se trouve développée dans un Mémoire inséré dans les *Annales de chimie et de physique*, t. XLVII, p. 39.

cause, qui nous permettra de comprendre avec facilité des faits qui n'embarrassaient pas peu les géologues, avant que M. Elie de Beaumont en eût fait connaître une aussi heureuse explication.

L'un de ces faits est la présence de coquillages marins sur le sommet des plus hautes montagnes. Cette présence est une preuve non équivoque de celle de la mer. Et comment croire, cependant, que la mer ait couvert des montagnes de 3 à 4,000 mètres de hauteur? Quelle masse d'eau n'aurait-il pas fallu pour que toute la terre en fût entourée et couverte jusqu'à une pareille élévation! N'est-il pas certain, au contraire, que jamais cette masse d'eau n'a pu exister; car, la terre ayant été autrefois plus chaude qu'aujourd'hui, et l'atmosphère également plus chaude, plus humide et plus étendue, il y avait moins d'eau condensée à la surface du globe, et certainement la mer n'a jamais pu être formée de plus d'eau qu'aujourd'hui. La présence des coquillages sur le sommet des montagnes resterait donc inexplicable, si on n'admettait que le sol des montagnes, au lieu d'être primitivement plus élevé que la mer, était autrefois plus bas, et qu'il s'est soulevé depuis avec les débris d'animaux qui s'y trouvaient déposés.

Un autre phénomène, qui n'a pas moins exercé la sagacité des géologues, est la disposition diverse des couches dont se composent les terrains stratifiés. Toutes ces couches ayant été formées par voie de dépôt au milieu des eaux, devraient offrir une disposition horizontale : et cependant celles qui avoisinent les montagnes suivent l'inclinaison de leurs flancs, et s'y dressent quelquefois jusqu'à prendre une direction presque verticale.

Ce phénomène s'explique encore avec une grande facilité, si l'on suppose que les montagnes soient sorties de terre après la formation de ces couches, et les aient soulevées avec elles. Or, c'est une conséquence presque nécessaire de la théorie que j'ai développée sur les volcans, que, lorsque la vapeur d'eau et les gaz formés sous la croûte solide du globe ne sont pas assez forts pour la déchirer, ils doivent se borner à la soulever à la manière d'une ampoule, et cette conséquence est vérifiée par tous les soulèvements de terrains qui ont été observes dans les temps modernes.

« Dans la nuit du 28 au 29 septembre 1759, dit M. de Humboldt, à qui j'emprunte cette relation, un terrain de 3 à 4 milles carrés, situé dans l'intendance de Valladolid, au Mexique, se souleva en forme de vessie. On reconnaît encore aujourd'hui, par les couches fracturées, les limites du soulèvement Sur ces limites, l'élévation du terrain sur son niveau primitif n'est que de 12 mètres; mais vers le centre de l'espace soulevé, l'exhaussement total n'était pas moins de 160 mètres. Ce phénomène avait été précédé de tremblements de terre qui durèrent près de deux mois; et quand la catastrophe arriva, elle fut annoncée par un horrible fracas souterrain qui eut lieu au moment où le sol se souleva. Des milliers de petits cônes brûlants, hauts de 2 à 3 mètres, que les indigènes nomment *fours* (*hornitos*), sortirent sur tous les points. Enfin, le long d'une crevasse dirigée du N.-N.-E. au S.-S.-O, il se forma subitement six grandes buttes hautes de 400 à 500 mètres, et dont une est un véritable volcan, nommé le *Jorullo.* »

On voit que les phénomènes volcaniques les mieux caractérisés ont accompagné le soulèvement du Jorullo; mais ils en ont amoindri l'effet: car, si toutes les ouvertures, qui agissaient comme *soupapes de sûreté* ne se fussent pas formées, si le terrain eût mieux résisté, la plaine de Jorullo, au lieu de devenir une simple colline de 160 mètres de hauteur, aurait peut-être atteint le relief d'une des sommités des Cordillières.

Je pourrais citer beaucoup d'autres exemples de soulèvements de la croûte solide du globe; mais je me bornerai à la suivante, qui montre directement que le fond de la mer peut s'élever au-dessus de l'eau, en soulevant avec lui les coquillages et les couches qui le composent.

Le 18 et le 22 mai 1707, de légères secousses de tremblement de terre eurent lieu à Santorin, l'une des îles de l'archipel grec.

Le 23, au lever du soleil, on aperçoit, à une certaine distance, sur l'eau, un objet que l'on prend pour un vaisseau naufragé ; on se rend sur le lieu, et l'on trouve qu'un rocher est sorti des flots. La mer avait auparavant, en cet endroit, de 80 a 100 brasses de profondeur.

Le 24, beaucoup de personnes visitent l'île nouvelle, et y ramassent des huîtres qui n'avaient pas cessé d'y adhérer. L'île montait à vue d'œil.

Du 24 mai au 13 ou 14 juin, l'île augmenta graduellement en étendue et en élévation, sans secousse et sans bruit ; mais, le 15 juin, l'eau qui l'entourait devint presque bouillante; et les 16, 17 et 18, des roches noires sortent de la mer.

Le 17, ces roches acquièrent une hauteur considérable ; le 18, il s'en élève de la fumée, et l'on entend de forts mugissements souterrains; le 19, toutes les roches noires forment une île continue distincte de la première qui avait paru, et pendant plus d'un an il en sort des flammes, des colonnes de cendre et des pierres incandescentes. A cette époque, l'île Noire avait acquis 5 milles de tour et plus de 60 mètres d'élévation.

On voit, par cet exemple, qui s'est presque renouvelé dans ces dernières années, par l'apparition éphémère d'une île entre Malthe et la Sicile, que le fond de la mer peut être soulevé, et peut former des montagnes dont les coquillages attestent l'origine sous-marine. Mais M. Élie de Beaumont est allé plus loin car tenant compte des couches de terrains relevées par les montagnes qui les ont traversées, et de celles qui plus tard s'y sont déposées horizontalement, il est parvenu à établir l'âge relatif d'un assez grand nombre de chaînes de montagnes.

Par exemple, en examinant les terrains qui avoisinent les montagnes de la Saxe et celles de la Côte-d'Or et du Forez en France, on trouve que les terrains tertiaires, la *craie* et le *grès vert*, qui forment les dernières couches des terrains secondaires, se prolongent en lignes horizontales jusqu'aux flancs des collines; mais que le *calcaire jurassique* et toutes les formations antérieures sont relevées. La conséquence inévitable de cette observation, c'est que l'Erzgebirge de Saxe, la Côte-d'Or et le mont Pilas du Forez, sont sortis de terre après la formation du calcaire jurassique et avant celle du grès vert et de la craie.

Pareillement, sur les pentes des Pyrénées et des Apennins, outre le calcaire jurassique, le grès vert et la craie se trouvent relevés, tandis que les terrains tertiaires et le terrain d'alluvion ont conservé leur horizontalité primitive. Il faut en conclure que les montagnes des Pyrénées et des Apennins sont plus modernes que le calcaire du Jura, et que le grès vert et la craie, qu'elles ont soulevés, et plus anciennes que les terrains tertiaires et celui d'alluvion.

Les Alpes occidentales, qui comprennent le Mont-Blanc, ont soulevé, de même que les Pyrénées, le calcaire du Jura et le grès vert, et de plus le terrain tertiaire. Le seul terrain de transport et d'alluvion est horizontal dans le voisinage de ces montagnes. D'après cela, la date de la sortie du Mont-Blanc doit être placée entre l'époque de la formation du terrain tertiaire et celle du terrain d'alluvion.

Enfin, sur les flancs des monts Ventoux et Leberon, près d'Avignon, et sur la chaîne principale des Alpes qui se dirige du Valais en Autriche, le terrain de transport lui-même est relevé, ce qui montre que quand ce système de montagnes, qui est le plus nouveau de tous, s'est développé, le terrain de transport lui-même était déjà formé.

Nous pourrions nous étendre beaucoup plus sur ces notions générales touchant la constitution du globe; mais comme notre objet principal est la connaissance des *espèces*, soit *minérales*, soit *végétales*, soit *animales*, utiles à la pharmacie, je ne crois pas devoir tarder davantage à m'en occuper. Nous commencerons naturellement par les *minéraux*, et encore aurons-nous auparavant à nous occuper d'une manière générale des *caractères* qui servent à les étudier et à les reconnaître.

# PREMIÈRE PARTIE.

## MINERALOGIE.

### CARACTÈRES DES MINÉRAUX.

Les caractères qui servent à décrire et à reconnaître les minéraux sont de deux sortes : *physiques* et *chimiques*. Les premiers sont ceux dont l'observation n'apporte aucun changement à la nature du corps que l'on examine : tels sont l'*état d'agrégation*, la *forme cristalline*, la *structure*, la *cassure*, la *pesanteur spécifique*, l'*impression sur les sens du toucher, du goût et de l'odorat;* les effets de *lumière*, d'*électricité* et de *magnétisme*.

Les seconds sont ceux qui résultent de l'action de différents agents chimiques sur la substance soumise à l'examen, et qu'on ne peut observer sans altérer plus ou moins la nature de celle-ci. Les agents que l'on emploie le plus ordinairement sont le *calorique*, l'*eau*, les *acides*, quelques sels, différentes *teintures végétales*, etc.

#### Caractères physiques.

*États d'agrégation.* Les corps se présentent à nous sous trois états principaux, qui sont l'*état solide*, l'*état liquide* et l'*état gazeux* ou *aériforme*. Dans le premier, le corps résiste plus ou moins au choc, à la pression ou à la force de pesanteur.

Dans le second, les particules ne conservent qu'une si faible cohésion, qu'elles cèdent isolément à la force de pesanteur qui les attire vers le centre de la terre, et qu'elles roulent les unes sur les autres jusqu'à ce qu'elles se soient mises en équilibre par rapport à cette force, et que la surface du corps soit *horizontale*, c'est-à-dire parallèle à la surface de la terre. Dans le troisième état, la cohésion est à peu près nulle, et le corps ne paraît soumis qu'à l'influence du calorique, qui, en lui supposant une tension constante, en écarterait les molécules indéfiniment, si elles n'étaient coercées par la pression de l'atmosphère.

L'état d'agrégation d'un corps, ou la distance à laquelle se tiennent ses particules, dépend d'une sorte d'équilibre qui s'établit entre la force attractive des molécules, plus la pression de l'atmosphère d'une part, et la force élastique du calorique de l'autre; plus la première a de prépondérance sur la dernière, plus le corps est solide. Quant à la pression de l'atmosphère, elle n'ajoute pas sensiblement à la force d'agrégation, lorsque le corps est solide ; mais elle contribue puissamment à retenir un certain nombre de corps à l'état liquide; et, comme je viens de le dire, elle seule limite le volume des corps gazeux.

Ces différents états ont chacun des degrés différents, et il est probable qu'ils passent à peu près de l'un à l'autre. Cela est très sensible pour les corps solides, dont les uns sont *très durs* et très difficiles à rompre, et dont les autres ont une *mollesse* qui les approche des corps liquides. Il est facile de constater que la liquidité n'est pas non plus la même pour tous les corps; par exemple, l'*eau*, le *mercure*, le *naphthe* et le *pétrole*. On peut se convaincre également que les corps gazeux ne jouissent pas au même degré de la fluidité aériforme, en les faisant passer, sous une même pression, à travers des tubes d'un même diamètre. En général, ce sont les gaz les moins denses qui s'écoulent avec la plus grande vitesse, quoique l'écoulement ne soit pas exactement en raison inverse de la pesanteur spécifique.

Mais c'est surtout aux différentes modifications de l'état de solidité qu'il convient de nous attacher.

On reconnaît ces modifications, en essayant, de différentes manières, de désunir les particules des corps solides ; tels sont : le *frottement réciproque des corps*, le *frottement de la lime*, le *choc du briquet*, la *percussion du marteau*, la *flexion*, la *pression du laminoir*, la *traction à la filière*, la *suspension d'un poids augmenté jusqu'à fracture*.

### *Frottement réciproque des corps.* DURETÉ.

Le frottement des parties anguleuses d'un corps contre la surface d'un autre corps indique la *dureté* relative de chacun. Ainsi le *carbonate de chaux* cristallisé raie le *sulfate de chaux* et est rayé par le *fluorure de calcium* ou *spath fluor*. Le diamant raie tous les corps et ne peut être usé que par le frottement de sa propre poussière.

Pour donner une certaine précision à ce caractère, les minéralogistes ont choisi une série de dix corps disposés de telle manière qu'une substance minérale quelconque raiera toujours l'un de ces corps, et ne raiera pas le corps plus dur qui le suit. Voici cette série, commencant par le corps le plus tendre et finissant par le plus dur :

1. Talc laminaire blanc.
2. Chaux sulfatée limpide.
3. Chaux carbonatée rhomboédrique.
4. Chaux fluatée octaédrique.
5. Chaux phosphatée cristallisée.

---

6. Feldspath adulaire limpide.
7. Quarz hyaline prismé.
8. Topaze jaune prismatique du Brésil.
9. Corindon transparent cristallisé.
10. Diamant limpide octaèdre.

Le *frottement de la lime* et le *choc du briquet* peuvent aussi servir à reconnaître la dureté des corps; mais ils donnent un résultat moins précis que la comparaison des minéraux entre eux, puisqu'ils ne peuvent les diviser qu'en deux séries, savoir :

1° Ceux qui sont attaqués par la lime et qui cèdent au choc du briquet ; tels sont les cinq premiers des dix corps nommés tout à l'heure ;

2° Ceux qui ne sont pas attaqués par la lime et qui font feu sous le choc du briquet ; tels sont les cinq derniers corps de la série précédente, à commencer par le feldspath.

Cependant ce caractère peut être utile pour distinguer certains minéraux : par exemple, l'antimoine natif ressemble pour la couleur au *mispickel* ou *sulfo-arséniure de fer;* mais celui-ci étincelle sous le briquet, et le premier cède à son choc. Quand on dit qu'un corps *étincelle sous le briquet*, on se sert souvent d'une expression inexacte. C'est le briquet, au contraire, qui étincelle le plus ordinairement par le choc du corps dur, lequel en détache des parcelles d'acier, qui brûlent vivement au contact de l'air, en raison de la haute température à laquelle la compression du choc les a portés.

Il y a deux propriétés opposées à la dureté : ce sont la *tendreté* et la *mollesse*. Un corps est *tendre* lorsqu'il joint la friabilité à l'absence de la dureté : exemple, la *craie*. Il est *mou* lorsque le manque de dureté est associé à la ductilité : exemple, le *plomb*.

### *Percussion du marteau*, MALLÉABILITÉ, etc.

La percussion du marteau sert à séparer les corps en deux autres catégories, qui sont les corps *malléables* et les corps *cassants*. Les premiers s'aplatissent et s'étendent sans se rompre : exemples, le *cuivre*, l'*argent*, l'*or* et le *platine*. Les seconds, au contraire, se brisent sans s'étendre; tels sont l'*antimoine*, le *bismuth*, le *marbre*, le *grès*.

Les corps qui se brisent sous le marteau ne le font pas de la même manière, ce qui permet encore de distinguer : 1° ceux qui se brisent difficilement, effet dû à une certaine ténacité jointe à la dureté : exemple, le *fer chromité* du Var; 2° les corps qui étant durs, mais dépourvus de toute ténacité, se brisent très facilement; on les nomme *fragiles :* exemple, l'*enclose ;* 3° les corps qui se divisent en grains faiblement agglomérés : on dit qu'ils sont *friables*, par exemple, certains *grès.* On peut remarquer que la friabilité de la masse n'exclut pas la dureté des particules. Lorsqu'au contraire celles-ci sont privées de dureté, alors le corps est dit *tendre*, par exemple, la *craie.*

### *Flexion;* TÉNACITÉ, ÉLASTICITÉ, etc.

L'effort de la flexion étant appliqué à des lames, ou à des prismes d'une certaine épaisseur, les corps qui composent ces lames ou ces prismes se conduisent de l'une quelconque des manières suivantes.

1° Ils rompent sans ployer avec un degré de plus ou moins grande facilité qu'il est souvent très important de connaître, par exemple, lorsqu'il s'agit de déterminer la force de résistance ou la *ténacité* de la fonte, du marbre, de la pierre à bâtir, d'un ciment solidifié. A cet effet, on forme une barre, ou un prisme carré, de la substance que l'on veut essayer; on fixe ce prisme horizontalement à l'extrémité d'un support solide et invariable, de manière qu'il le dépasse d'une certaine quantité, et on applique sur la partie libre un poids que l'on augmente jusqu'à fracture. On trouve alors qu'il y a des substances très *tenaces*, comme le *jade* et l'*émeri ;* ce sont ceux qui résistent également le mieux au choc du marteau ; viennent ensuite le *jaspe*, le *quarz*, le *silex pyromaque* ou *pierre à fusil*, le *fer oligiste*, etc. Parmi les plus fragiles, au contraire, il faut citer le *fer sous-sulfaté résinite,* l'*euclase* et le *soufre.*

2° Les corps ploient sans se rompre, et reviennent à leur premier état lorsqu'on fait cesser la force de flexion. On appelle ces corps *élastiques*, et l'on remarque qu'en général leur élasticité est en raison de leur dureté.

3° Les corps fléchissent et gardent la forme qu'on leur a donnée, même après que la force de flexion a cessé d'agir. On dit que ces corps sont *mous* ou *non élastiques*, parce que, effectivement, cette propriété de plier sans être élastique ne va jamais sans la mollesse.

### *Pression du laminoir, filière*, etc.

La pression graduée du laminoir et la traction à la filière servent à séparer les corps en deux classes, savoir : les corps *ductiles* ou qui peuvent s'étendre sans se rompre, et les corps *non ductiles.* On trouve parmi les premiers tous les corps qui s'étendent également sous le marteau ou qui sont *malléables*. Les seconds comprennent tous les corps *cassants*.

Le *laminoir* est composé de deux cylindres d'acier placés horizontalement l'un au-dessus de l'autre, pouvant être rapprochés et fixés à volonté, et tournant en sens contraire. On aplatit par un bout le corps que l'on veut y faire passer, et on l'engage par cette extrémité entre les deux cylindres dont le mouvement contraire tend à l'y faire entrer. La résistance opposée par l'axe des cylindres à leur écartement étant plus grande que celle du corps soumis à l'expérience, celui-ci est forcé de s'aplatir et de se réduire en une lame d'autant plus mince que les cylindres sont plus rapprochés. Il n'y a que les métaux, et encore un petit nombre de métaux, qui puissent passer au laminoir.

La *filière* est une plaque rectangulaire d'acier, percée de trous de différents diamètres, à travers lesquels on fait passer le corps que l'on veut réduire en fils. Il n'y a de même que les métaux non cassants qui puissent se prêter à cette opération. On les coule en lingots allongés dont on amincit une extrémité, de manière à pouvoir l'engager dans un des trous de la plaque disposée verticalement et fixée avec beaucoup de solidité. On saisit l'extrémité amincie avec une pince fortement serrée et tirée à l'aide d'une force mécanique. La filière offrant encore plus de résistance que le corps métallique, c'est lui qui, lorsqu'il en est susceptible, s'étend dans le sens de sa longueur, s'amincit et se réduit en un fil d'autant plus délié que le trou de la filière est plus petit.

Il faut remarquer que les métaux ne suivent pas le même ordre dans leur faculté de pouvoir se réduire en fils d'un très petit diamètre au moyen de la filière, ou en lames très minces par le laminoir ou le marteau, ce qui dépend de leur degré de dureté ou de mollesse, et de leur texture fibreuse ou lamellaire. L'or est le plus malléable de tous les métaux, et peut être réduit en feuilles si légères que le moindre souffle les enlève ; mais sa mollesse s'oppose à ce qu'on en tire des fils très fins; tandis que le fer, dont la dureté est plus considérable, et qui a d'ailleurs une texture fibreuse, se réduit en fils d'une ténuité extrême. Voici donc l'ordre de la malléabilité des métaux : *or*, *argent*, *cuivre*, *platine*, *étain*, *plomb*, *zinc*, *fer*, *nickel*, *palladium*. Voici celui de leur ductilité à la filière : *fer*, *cuivre*, *platine*, *argent*, *or*, *étain*, *zinc*, *plomb*.

J'ai parlé précédemment de la *ténacité* des corps cassants, qui se mesure par la difficulté que l'on éprouve à les rompre sous le choc du marteau, ou par la suspension d'un poids appliqué à l'extrémité libre d'un prisme carré de la substance. La même propriété existe dans les métaux ductiles, mais on la mesure d'une manière différente. A cet effet, on fixe un fil métallique d'un diamètre connu, par une de ses extrémités, et l'on suspend à l'autre, qui tombe librement, un poids que l'on augmente graduellement jusqu'à ce que le fil vienne à se rompre. Or, il est évident que la *ténacité*, ainsi mesurée, n'est que la limite de celle en vertu de laquelle les métaux peuvent se tirer en fils plus ou moins déliés au moyen de la filière ; car il est évident que la force qui tend à faire passer le fil à travers la filière peut être assimilée à un poids suspendu à l'extrémité de ce fil, pris à l'endroit où son diamètre est le plus petit, et que, dans les deux cas, le fil se rompra au même diamètre, pour une égale force de traction. L'ordre des ténacités pour les métaux est donc le même que celui de leur plus grande ductilité à la filière.

### *De la cristallisation ou de la forme plus ou moins régulière des minéraux.*

Les minéraux sont des assemblages de particules similaires, liées entre elles par une force qui a reçu le nom de *cohésion*. Or, ces particules ayant déjà une figure déterminée (qui paraît être le résultat de la disposition et du nombre de leurs atomes élémentaires), lorsqu'elles viennent à se réunir lentement, après avoir été dissoutes d'une manière quelconque ; elles s'unissent, à ce qu'il paraît, par leurs faces similaires avec plus de facilité et plus de force que si elles le faisaient autrement ; et de cet assemblage résultent des *corps polyédriques*, terminés par des surfaces planes, et semblables ou analogues aux solides de la géométrie. On donne à ces corps polyédriques le nom de *cristaux*.

En parlant, dans notre introduction, des différences qui distinguent les corps inorganiques des corps organisés ou doués de vie, nous avons omis de faire mention de la *faculté de cristalliser*, ou d'offrir des solides terminés par des surfaces planes et des arêtes rectilignes, qui appartient exclusivement aux corps inorganiques, tandis que les corps organisés offrent toujours des formes plus ou moins arrondies, et sans véritable surface plane, ni arête rectiligne.

A la vérité, cependant, les êtres organisés produisent un assez grand nombre de substances cristallisées, telles que le *camphre*, le *sucre*, l'*oxalate de chaux*, la *cholestérine*, l'*acide urique*, etc.; mais ces substances, entièrement privées de vie, sont de véritables corps inorganiques, analogues par leur manière de se former et de croître aux composés minéraux.

De quelque manière que se soient formés les cristaux, ils offrent un nombre plus ou moins considérable de *surfaces planes* dont l'étendue est extrêmement variable, et des *angles* qui ont une ouverture constante pour chaque espèce minérale.

On donne aux surfaces le nom de *faces*, quand elles offrent une assez grande dimension comparativement à la grandeur du cristal, et qu'elles déterminent la *forme dominante* de celui-ci.

On donne le nom de *facettes* à des faces plus petites, qui paraissent se former par la troncature des angles ou des arêtes, et qui altèrent plus ou moins la forme principale.

Quant aux angles, on en distingue trois espèces : 1° des *angles plans*, formés par deux arêtes contiguës appartenant à une même face ; 2° des *angles dièdres* ou *angles saillants*, formés par l'incidence de deux faces; 3° des *angles solides*, formés par la réunion de plus de deux angles plans, ou par l'incidence de plus de deux faces.

Il existe dans les cristaux des joints naturels qui sont quelquefois visibles et d'autres fois invisibles, mais que l'on peut presque toujours mettre en évidence, en frappant les faces du cristal suivant certains sens, soit avec une lame d'acier, soit avec un marteau. Ces joints naturels portent le nom de *clivage*, et servent à diviser les cristaux en cristaux plus petits, quelquefois semblables aux premiers, mais très souvent aussi différents, et qui sont d'une grande importance pour la détermination des espèces minéralogiques. En effet, le célèbre Haüy, que l'on peut regarder comme le fondateur de la science cristallographique, a vu que, qu'elles que soient les formes cristallines sous lesquelles se montre un même minéral, ces formes peuvent être ramenées par le clivage, ou par la séparation mécanique des lames fournies par les joints naturels, *à une seule et même forme*, qui en est comme le noyau commun. Cette forme est quelquefois réductible elle-même en une autre encore plus simple ; de sorte que Haüy a distingué trois sortes de formes cristallines pour la même substance minérale :

1° Les *formes secondaires*, qui sont celles naturelles, et souvent très variées, sous lesquelles se montre un même minéral : par exemple, la *chaux carbonatée spathique*, qui offre pour formes secondaires cinq rhomboèdres différents, deux prismes hexaèdres réguliers, quatre dodécaèdres triangulaires scalènes, etc. ;

2° La *forme primitive*, que l'on peut mettre à découvert, en séparant mécaniquement les lames des différentes formes secondaires, et qui est *unique* pour chaque espèce minérale. Je prends pour exemple la même *chaux carbonatée spathique*, dont toutes les formes secondaires, si diverses et si nombreuses qu'elles soient, se réduisent à un noyau identique, qui est un *rhomboïde obtus ;*

3° La *forme de la molécule intégrante*, que l'on peut obtenir par une division ultérieure de la forme primitive. Lorsque cette division ne peut plus s'effectuer que par des plans parallèles aux faces de la forme primitive, et de plus en plus rapprochés entre eux, la forme reste la même, seulement le noyau devient de plus en plus petit : par exemple, encore, la *chaux carbonatée spathique*. Quand, au contraire, la division peut s'effectuer suivant d'autres sens que ceux des faces, alors la forme change en se simplifiant : par exemple, la *baryte sulfatée*, dont la forme primitive est un prisme droit rhomboïdal, et la forme de la molécule intégrante un *prisme triangulaire.*

Haüy n'admettait que trois formes principales de molécules intégrantes : le *tétraèdre*, le *prisme triangulaire* et le *parallèlipipède.* Ces formes ont cela de remarquable que ce sont les plus simples que l'on puisse concevoir. En effet, il faut au moins quatre plans pour circonscrire un espace, et trois lignes pour borner un plan. Le solide le plus simplè sera donc terminé par quatre faces triangulaires : c'est le *tétraèdre.* Le *prisme triangulaire* est de même le solide le plus simple que l'on puisse former avec cinq plans, et le *parallèlipipede* avec six.

Quant aux formes primitives, Haüy en reconnaissait six, qui sont : 1° le *tétraèdre régulier;* 2° le *parallèlipipède* rhomboïdal ou cubique; 3° l'*octaèdre*, dont les faces sont des triangles équilatéraux, isocèles ou scalènes, suivant les espèces; 4° le *prisme hexaèdre régulier;* 5° le *dodécaèdre* à plans rhombes; 6° le *dodécaèdre triangulaire*, formé de deux pyramides droites, hexaèdres, opposées base à base.

Ces mêmes six formes primitives de Haüy, jointes à trois autres formes plus compliquées, composent ce que d'autres minéralogistes ont nommé depuis les *formes dominantes* des cristaux, obtenus d'une manière moins rigoureuse que par le clivage, en ne considérant que l'ensemble des faces les plus étendues, qui déterminent en effet la forme extérieure dominante du cristal. Ces trois nouvelles formes ajoutées aux primitives de Haüy, sont : 7° le *dodécaèdre pentagonal*; 8° l'*icosaèdre triangulaire*, formé de vingt faces triangulaires, et 9° le *trapézoèdre*, solide terminé par vingt-quatre faces trapézoïdales.

Les caractères que l'on peut tirer de la forme des cristaux, pour la distinction de l'*espèce minérale*, ont perdu de leur importance, aujourd'hui qu'on a reconnu qu'ils étaient loin d'avoir la généralité et la certitude que leur accordait Haüy. Ainsi, d'une part, il y a des minéraux qui peuvent offrir plusieurs systèmes de cristallisation, c'est-à-dire qui offrent des formes secondaires dérivant de deux formes primitives ; par exemple, le *soufre natif*, la *chaux carbonatée*, le *fer persulfuré ;* et, de l'autre, M. Mitscherlich a vu qu'il suffisait que deux corps chimiques différents fussent composés d'un même nombre de molécules groupées semblablement pour qu'ils présentassent le même système de cristallisation. Par exemple, tous les oxides formés d'une molécule d'oxigène et d'une molécule de métal (*magnésie*, *chaux*, *protoxide de fer*, *protoxide de manganèse*, *peroxide de cuivre*), ou bien de deux molécules de métal sur trois d'oxigène (*alumine* et *peroxide de fer*), offrent, pour chaque genre de composition, très sensiblement la même forme primitive, et peuvent se substituer l'un à l'autre dans les composés minéraux, sans en changer le système de cristallisation.

Pareillement l'*acide phosphorique* et l'*acide arsénique*, qui sont également composés de deux molécules de radical sur cinq molécules d'oxigène, et qui saturent la même quantité d'oxigène dans les bases, produisent des sels tout à fait semblables par leurs formes cristallines, très souvent confondus les uns avec les autres dans la nature, et dont la détermination précise ne peut être faite qu'à l'aide de l'analyse chimique. On a donné aux corps qui peuvent ainsi cristalliser de la même manière, le nom d'*Isomorphes*, de ἴσος égal, et μορφὴ forme.

Il résulte évidemment de là qu'une même forme cristalline prouve une disposition semblable dans l'arrangement des molécules bien plus qu'une identité de nature, et qu'ainsi le caractère donné par la forme, pour l'établissement de l'espèce minéralogique, ne peut, dans beaucoup de cas, être mis sur la même ligne que celui fourni par l'analyse chimique. Nous verrons cependant par la suite que, dans quelques circonstances, on s'est fondé sur le caractère cristallographique, combiné avec le nombre et la disposition des molécules, plutôt que sur la nature chimique, pour l'établissement de quelques silicates d'une composition très compliquée.

### Mesure des angles.

Romé de Lisle est le premier qui ait fait l'observation que dans une forme donnée d'une espèce minérale, les faces pouvaient avoir une étendue très variable; mais que les angles offraient une constance qui en formait un élément important de la détermination de l'espèce. Les instruments dont on se sert pour mesurer les angles portent le nom de *goniomètres* (de γωνία, *angle*, et μετρον, *mesure*), et on en emploie de deux sortes, à savoir ceux qui mesurent les angles dièdres des cristaux par le moyen de lames métalliques qui s'appliquent sur deux faces contiguës, on les nomme *goniomètres par application ;* secondement ceux qui font connaître la valeur d'un angle au moyen de la réflexion d'un objet éloigné sur les deux faces adjacentes : on les nomme *goniomètres par réflexion.* Ces derniers sont beaucoup plus exacts, et doivent être employés lorsqu'on veut déterminer, avec une grande précision, les caractères cristallographiques d'une substance; mais les premiers suffisent pour l'étude ordinaire, et c'est d'un de ceux-ci que nous nous servirons pour vérifier les angles des cristaux que nous devons apprendre à connaître.

**Goniomètre par application.**

Cet instrument (fig. 11), tel que l'a imaginé Carangeot, se compose d'un demi-cercle gradué, en cuivre ou en argent, divisé en 180 parties, et de deux alidades, la première ne pouvant se mouvoir que dans le sens du diamètre et répondant toujours au *o* de l'échelle; la seconde pouvant tourner sur le centre, et indiquant par son arête tranchante, qui parcourt le cercle répétiteur, le nombre de degrés de l'angle supérieur

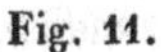

Fig. 11.

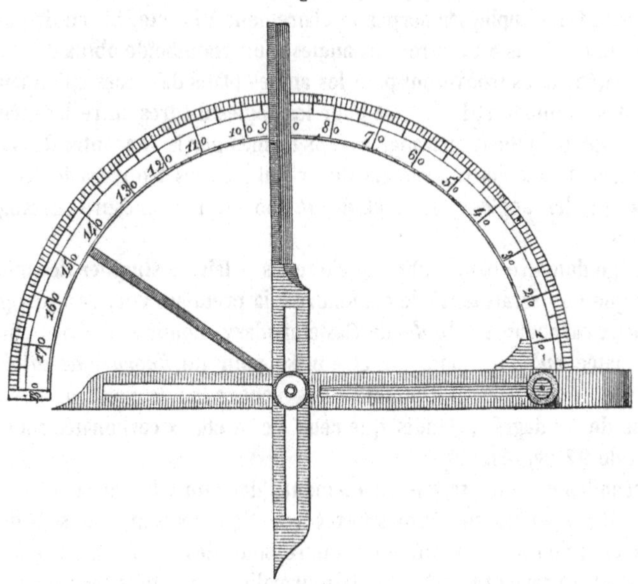

qui est égal à l'angle opposé formé par l'application immédiate des branches les plus courtes des deux alidades sur les arêtes ou sur les faces du cristal. On peut d'ailleurs allonger ou raccourcir à volonté ces dernières branches, suivant la grandeur ou la petitesse du cristal à examiner, en faisant glisser les alidades sur le centre du cercle, au moyen des rainures à jour qui s'y trouvent pratiquées. La seule observation à faire pour obtenir avec cet instrument une mesure aussi bonne que possible d'un angle plan, c'est d'appliquer exactement les branches libres de l'instrument sur les deux arêtes contiguës d'une même face, qui forment l'angle; et lorsqu'il s'agit d'un angle saillant en dièdre, d'appliquer les deux branches de l'instrument sur les deux faces qui forment l'angle, en ayant le soin de les placer bien perpendiculairement à l'intersection des faces.

Prenons pour premier exemple un cristal cubique de *spath fluor* ou *fluorure de calcium*. Dans ce cristal, les angles plans et les angles dièdres sont tous égaux et sont des angles droits : aussi, soit que nous appliquions les arêtes du goniomètre sur deux arêtes contiguës d'une même face, ou sur deux faces contiguës et *perpendiculairement* à leur arête d'intersection, nous trouverons également 90 degrés, ce qui est la mesure de l'angle droit ; mais si, au lieu d'appliquer les deux alidades perpendiculairement à l'arête d'intersection de deux faces, on les appliquait obliquement à cette arête, l'angle serait trouvé d'autant plus petit que l'obliquité serait plus grande, d'où l'on reconnaît bientôt la nécessité de les appliquer perpendiculairement à l'arête. Si, au lieu d'un cube, nous avons à mesurer les angles d'un rhomboïde obtus de chaux carbonatée, nous trouverons pour les angles plans des faces culminantes au même sommet 101° 32′, et pour les angles dièdres entre les mêmes faces 105° 5′. Quant aux angles aigus formés par la rencontre des faces appartenant aux deux sommets du cristal, on les trouvera de 78° 27′ s'il s'agit des angles plans, et de 74° 55′ si l'on mesure les angles dièdres.

Le goniomètre peut suffire quelquefois à faire distinguer des minéraux que l'on serait tenté de confondre à la première vue. Par exemple, la chaux carbonatée *cuboïde* de Castelnaudary, nommée d'abord chaux carbonatée *cubique*, pourrait être prise pour du *fluorure de calcium* cubique ; mais celui-ci, comme nous venons de le voir, a tous ses angles de 90 degrés, tandis que ceux de la chaux carbonatée sont de 88 et de 92 degrés.

Secondement, on trouve en Piémont, dans un talc schistoïde, des *tourmalines noires* en prismes hexaèdres, dont les sommets sont oblitérés et qu'on serait tenté de prendre pour des *amphiboles ;* mais le goniomètre prévient la méprise, la tourmaline ayant tous ses pans inclinés entre eux de 120 degrés, tandis que, dans l'amphibole, il y a deux inclinaisons de 124° 30′ et quatre de 117° 45′.

Troisièmement, le *sulfate de strontiane* de Sicile forme souvent des cristallisations magnifiques en prismes transparents et limpides, que l'on prenait pour du *sulfate de baryte* avant que Vauquelin eût montré par l'analyse leur véritable composition. Mais avant Vauquelin, Haüy avait prévu que les cristaux de Sicile devaient différer par leur nature de ceux du sulfate de baryte, parce que ceux-ci ont des angles dièdres de 101° 42′ et 78° 18′, que ceux de sulfate de strontiane ont des angles de 104° 30′ et 75° 30′, et qu'il ne pouvait faire dériver les uns des autres par aucune loi de décroissement connue.

**Formes cristallines.**

*Tétraèdre régulier* (fig. 12). Solide formé par quatre faces triangulaires équilatérales, également inclinées entre elles, sous un angle dièdre de 70° 31′ 44″, et également distantes d'un point intérieur qu'on peut regarder comme le centre du cristal, et qui est aussi le centre de la sphère circonscrite, ou dont la surface passerait par les quatre angles solides. Le *cuivre gris* cristallise souvent en tétraèdre, qui est aussi sa forme primitive.

*Parallélipipède.* Solide terminé par six faces parallèles deux à deux. La grandeur relative des faces et l'ouverture des angles peuvent lui faire prendre neuf formes différentes.

1° Le *cube* (fig. 13). Parallélipipède dont tous les angles sont droits ou de 90 degrés, et dont toutes les faces sont égales et carrées. De

Fig. 12.

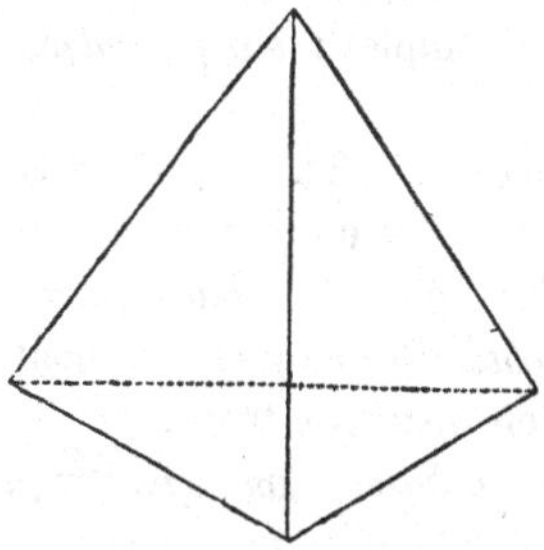

Fig. 13.

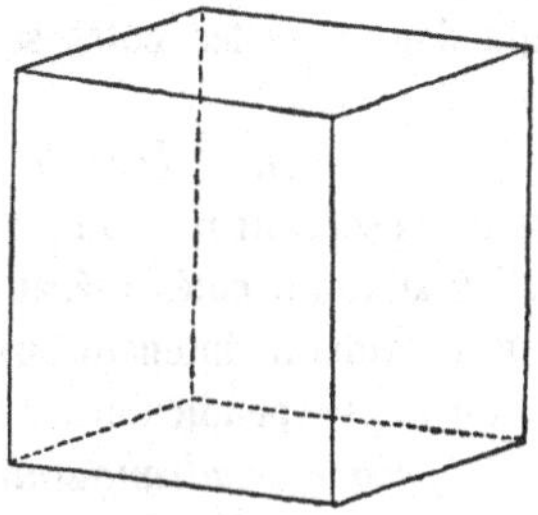

même que dans le tétraèdre, toutes les faces et tous les sommets, ou angles solides, sont également distants d'un point central qui est aussi le centre de la sphère circonscrite. Le *plomb sulfuré* cristallise presque toujours en *cube*, qui est également sa forme primitive.

2° *Prisme droit à base carrée* (fig. 14). — Ce solide diffère du cube en ce que quatre de ses faces sont des carrés allongés ou des *rectangles.* Ces plans rectangulaires sont alors considérés comme les *faces* principales du prisme. Les deux autres faces, tout à fait carrées, portent le nom de *bases.* L'*axe* du prisme est une ligne idéale qui le traverse dans sa longueur parallèlement aux faces latérales, et vient aboutir au centre des deux bases.

Fig. 14.

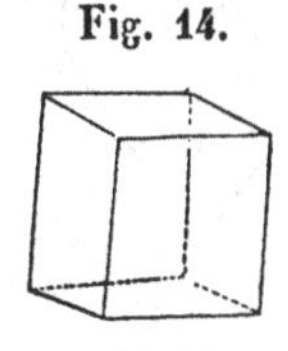

Exemples de cristallisation en prisme droit à base carrée : *idocrase*, *magnésie sulfatée*, *plomb chromaté.*

3° *Prisme droit à base rectangle* (fig. 15). Ce cristal diffère du cube, en ce que toutes ses faces sont des rectangles qui sont égaux deux à deux. Pour six faces, il y a donc trois grandeurs différentes. Tous les angles sont droits.

4° *Prisme droit rhomboïdal* (fig. 16). Ce prisme est *droit* comme les precédents; c'est-à-dire que les faces latérales sont perpendiculaires sur la base; mais celle-ci, au lieu d'être un carré ou un rectangle, est un

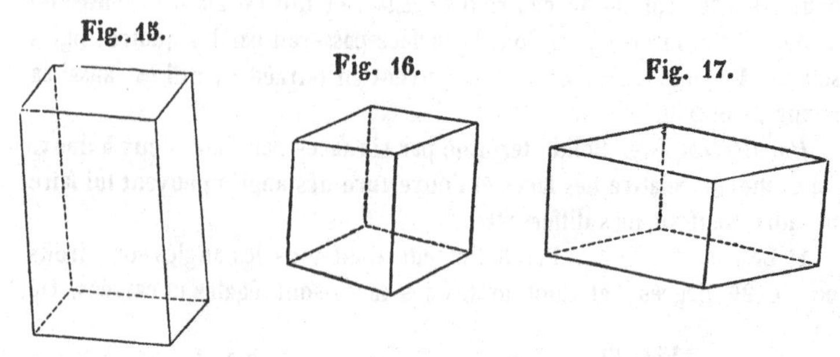
Fig. 15. Fig. 16. Fig. 17.

*rhombe* ou *lozange*, c'est-à-dire qu'elle est un parallélogramme obliquangle dont tous les côtés sont égaux. Exemples : *baryte sulfatée, topaze.*

5° *Prisme droit à base de parallélogramme* (fig. 17). Ce prisme diffère du précédent par sa base, qui, au lieu d'être un lozange, est un parallélogramme à côtés inégaux. Exemples : *épidote, chaux sulfatée.*

Nous arrivons maintenant aux prismes *obliques*, c'est-à-dire dont la base n'est pas perpendiculaire à l'axe. On en distingue trois :

6° Le *prisme quadrangulaire oblique à bases non symétriques* (fig. 18). Cette forme se présente lorsque la base d'un prisme se trouve inégalement inclinée sur toutes les faces, ou forme avec toutes les faces des angles inégaux. Exemples : le *cuivre sulfaté*, l'*axinite.*

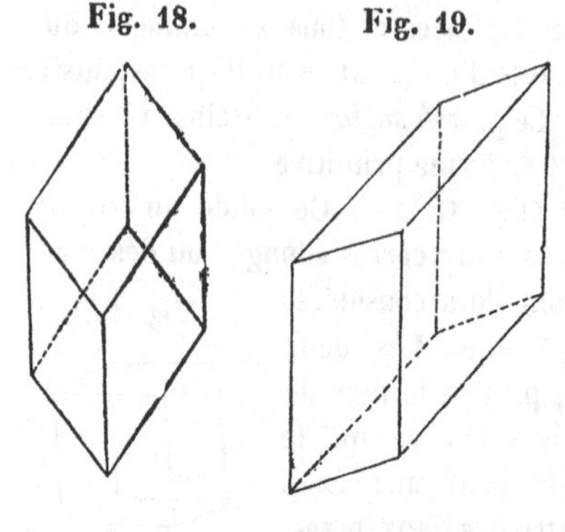
Fig. 18. Fig. 19.

7° Le *prisme quadrangulaire oblique, à base reposant sur une face* (fig. 19). Dans cette espèce de prisme, la base forme avec deux faces opposées deux angles, l'un obtus, l'autre aigu, supplémentaires l'un de l'autre, de même que cela a lieu pour le toit d'une petite maison par rapport aux murs de face et de fond. Exemple : le *feldspath.*

8° Le *prisme quadrangulaire oblique à base reposant sur une arête* (fig. 20). Ce prisme prend naissance lorsque la base ou le toit s'incline sur une arête, en formant deux angles égaux avec les deux faces contiguës. Exemples : *pyroxène*, *amphibole*.

Fig. 20.

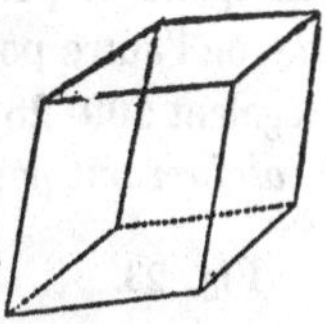

9° Ce dernier solide présente un cas bien remarquable, c'est lorsque l'angle que la base fait avec deux faces contiguës est égal à celui que ces deux faces font entre elles. Alors l'angle solide *a*, résultant de la base et des deux faces, se trouve formé de trois angles dièdres ou de trois angles plans égaux; et comme la même disposition se répète à l'angle solide opposé, il en résulte que le cristal, présenté de manière que la diagonale passant par les deux sommets soit verticale (cette diagonale devient alors l'*axe* du cristal), paraît formé de deux pyramides triangulaires opposées, mais dont les arêtes, au lieu de coïncider, seraient dirigées respectivement sur le milieu d'une des faces de l'autre sommet. Ce cristal, un des plus importants de la cristallographie, porte le nom de *rhomboèdre*. On le dit *obtus* (fig. 21) lorsque l'angle-sommet *a* est formé d'angles plans plus grands que 90°, par exemple la *chaux carbonatée;* et *aigu* (fig. 22) quand les angles plans du sommet sont plus petits que 90°, par exemple encore la *chaux carbonatée.*

Fig. 21. Fig. 22.

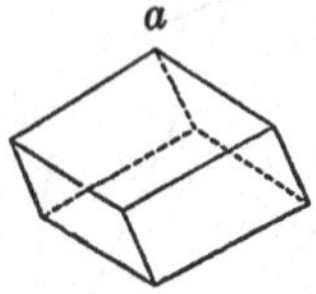

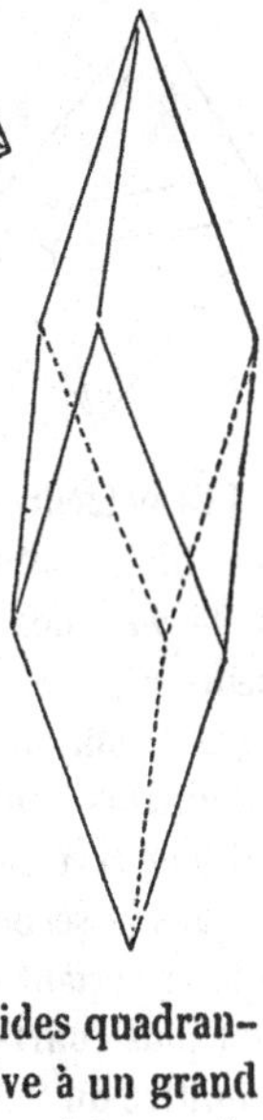

**Solides à huit faces.**

*Octaèdre.* A la rigueur, le nom d'*octaèdre* pourrait convenir à tout solide à huit faces; par exemple, il suffirait que deux arêtes d'un parallélipipède fussent remplacées chacune par une facette, pour que ce solide devînt un *octaèdre;* mais on réserve ce nom pour un solide beaucoup plus important, formé de deux pyramides quadrangulaires opposées base à base, et qui sert de forme primitive à un grand nombre d'espèces minérales. Ce solide a huit faces triangulaires, six angles et douze arêtes; il peut être *régulier, symétrique* ou *irrégulier*.

L'octaèdre est *régulier* (fig. 23) lorsqu'il est formé par huit triangles équilatéraux et dont par conséquent tous les angles et tous les côtés sont égaux. On peut faire passer par les douze arêtes, prises quatre à quatre, trois plans ou trois coupes, qui sont égales, *carrées* et perpendiculaires entre elles; les trois diagonales de ces carrés sont donc aussi égales et perpendiculaires, et l'on peut prendre indifféremment l'une ou l'autre pour l'axe du cristal. Tous les angles dièdres sont égaux et égalent 109° 28′ 16″. Le *fer oxidulé* et le *spath fluor* ou *fluorure de calcium* ont pour forme primitive un octaèdre régulier.

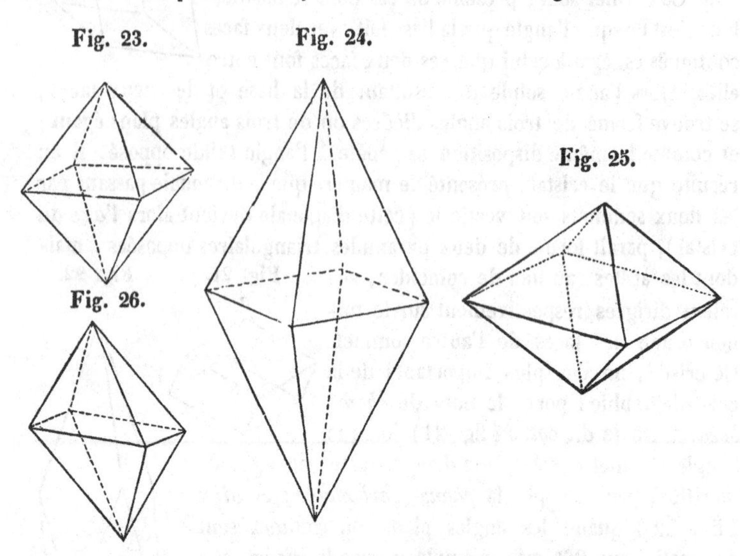
Fig. 23. Fig. 24. Fig. 25. Fig. 26.

Les octaèdres *non réguliers* sont au nombre de quatre. Le premier (fig. 24), nommé *octaèdre aigu*, a lieu lorsque la coupe horizontale, ou la *base* des deux pyramides, restant un *carré*, comme dans l'octaèdre régulier, les deux pyramides deviennent plus allongées ou plus *aiguës*, offrant alors pour faces des triangles *isocèles*, dont les côtés culminants sont égaux entre eux, et plus longs que le troisième côté qui leur sert de base. Le *titane anatase* cristallise de cette manière.

Dans le second octaèdre non régulier (fig. 25), dit *octaèdre obtus*, la base restant toujours un carré, les côtés culminants de la pyramide sont plus courts que le côté de la base. On en a pour exemple la forme primitive du *zircon*.

Le troisième octaèdre non régulier (fig. 26) diffère des précédents en ce que la base, ou la coupe horizontale, est un *rectangle* ou un carré long. Les faces sont des triangles isocèles, mais ordinairement de deux espèces dans la même pyramide; deux de ces triangles ayant les côtés isocèles plus courts, et les deux autres plus longs que le côté qui leur sert de base. On nomme ce cristal *octaèdre à base rectangle*. Exemple : le *plomb sulfaté*.

Le quatrième octaèdre irrégulier (fig. 27), dit *octaèdre à triangles scalènes*, appartient au *soufre natif*. Dans ce cristal les huit faces sont des triangles scalènes égaux; les trois coupes diagonales sont perpendiculaires entre elles, comme dans l'octaèdre régulier; mais elles sont toutes trois rhomboïdales et inégales.

Enfin on emploie très souvent l'expression d'*octaèdre cunéiforme* (fig. 28) (en forme de coin) pour désigner une modification de l'un des octaèdres précédents qui se produit lorsque le cristal s'allonge dans le sens de deux arêtes parallèles de la base ou de la coupe horizontale; auquel cas cette base devient un rectangle lorsqu'elle est un carré, en même temps que l'angle-sommet de la pyramide se convertit en une

Fig. 27. Fig. 28. Fig. 29. Fig. 30.

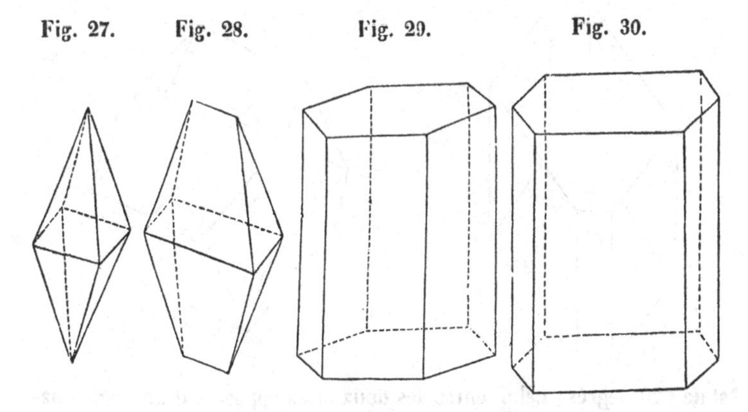

arête parallèle à la base. Alors aussi deux des côtés de la pyramide deviennent des *trapèzes* inclinés entre eux comme les côtés d'un *coin*. L'*or natif*, le *fer* et le *cuivre oxidulés*, le *soufre natif*, se présentent souvent en octaèdres cunéiformes.

En continuant l'examen des solides qui servent de forme primitive aux minéraux, nous arrivons au *prisme hexagonal* ou *prisme hexaèdre* (fig. 29), qui a pour base un hexagone et qui présente par conséquent six faces latérales. Ce prisme est *régulier* lorsque la base est un hexagone régulier et que les faces sont perpendiculaires sur la base. Alors comme chaque angle de l'hexagone régulier égale 120 degrés, les angles dièdres qui joignent deux faces latérales sont également de 120 degrés. Exemple : la *chaux phosphatée*.

Le prisme hexaèdre (fig. 30) est-dit *symétrique* lorsque l'hexagone de la base, au lieu d'être régulier, offre deux côtés plus grands que les autres, d'où résulte que deux faces du prisme sont plus étendues que les quatre autres.

Enfin le prisme hexaèdre (fig. 31) peut être *oblique* sur sa base, ce qui apporte une grande modification dans sa forme et dans ses propriétés.

Après le prisme hexagonal, vient le *dodécaèdre* ou solide à douze faces, dont il y a plusieurs espèces.

1° Le *dodécaèdre rhomboïdal* (fig. 32), formé de douze faces rhomboïdales égales, et également distantes d'un point intérieur qui est le centre du cristal : il a vingt-quatre arêtes et quatorze angles solides, dont six sont quadruples et égaux, tandis que les huit autres sont triples, et de même égaux entre eux. L'angle dièdre entre deux faces quelconques

Fig. 31.

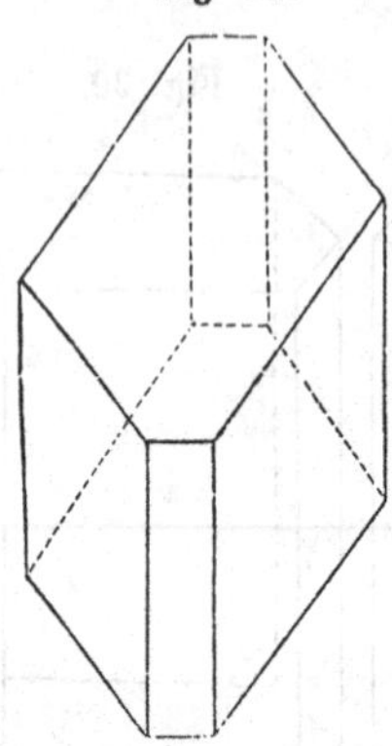

Fig. 32.

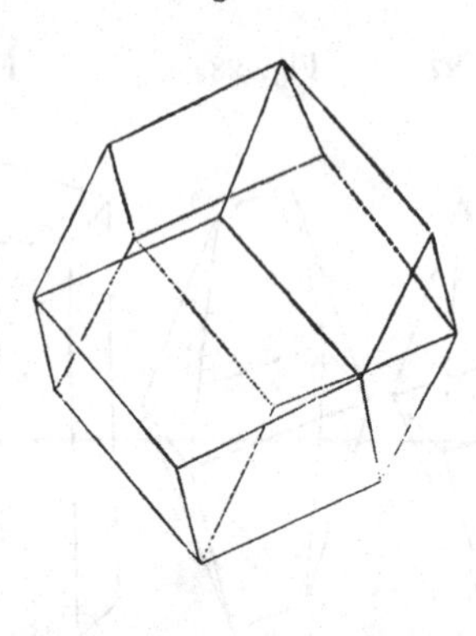

est de 120 degrés ; celui entre les deux faces opposées d'un angle quadruple est de 90 degrés ; enfin l'angle plan obtus de chaque face est égal à 109° 28′ 16″, comme l'angle dièdre de l'octaèdre régulier.

2° Le *dodécaèdre pentagonal* (fig. 33), terminé par douze plans pentagones égaux et semblables. Ce solide, supposé régulier, devrait avoir tous ses côtés égaux et tous ses angles plans égaux ou de 108 degrés (le cinquième de six angles droits). Mais le dodécaèdre pentagonal régulier n'existe pas dans la nature, et le seul qu'on y connaisse (parmi les formes secondaires du *fer sulfuré* et du *cobalt gris*) a bien toutes les faces égales et semblables ; mais ses pentagones ne sont pas réguliers, et l'un des côtés, qui prend le nom de *base*, est plus grand que les autres. Les deux angles adjacents n'ont que 102° 26′ 19″ ; l'angle opposé, qui est le plus grand, = 121° 35′ 17″. Les deux angles latéraux sont de 106° 36′ 2″.

Fig. 33.

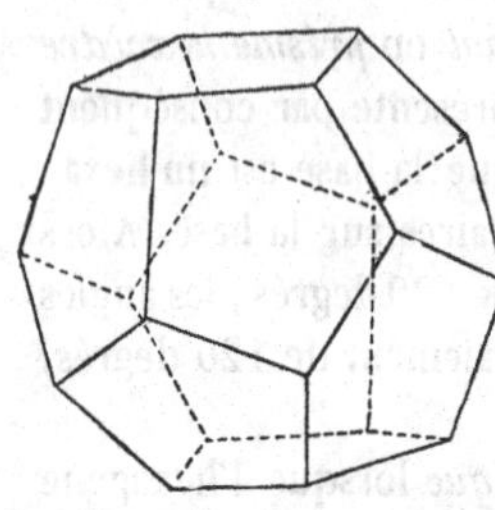

Dans ce dodécaèdre, les faces sont disposées de manière que deux ont toujours un même côté pour base; il n'y a donc que six bases pour douze faces. Tous les angles sont trièdres et au nombre de vingt; mais sur ce nombre il y en a huit qui sont symétriques entre eux et composés chacun de trois angles plans égaux, qui sont les angles latéraux des pentagones; les douze autres angles solides sont formés de l'angle-sommet d'un pentagone et de deux angles de la base de deux autres faces.

Les huit angles solides symétriques sont rigoureusement placés entre eux comme les huit angles d'un cube, et le sont en effet; car nous verrons bientôt que ce dodécaèdre pentagonal provient de lames progressivement décroissantes ajoutées sur les six faces d'un cube.

3° Le *dodécaèdre triangulaire* (fig. 34) est un solide formé de deux pyramides à six faces jointes base à base. Le quartz se présente quelquefois cristallisé de cette manière. Après les dodécaèdres viennent l'icosaèdre et le trapézoèdre dont je ne dirai que quelques mots.

Fig. 34.

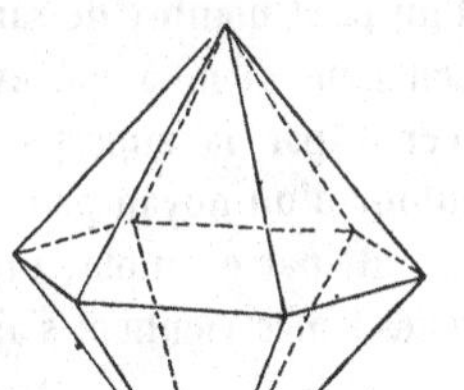

L'*icosaèdre* (fig. 35) est un solide à vingt faces triangulaires qui serait régulier si toutes les faces étaient des triangles équilatéraux; mais cet icosaèdre régulier n'existe pas dans la nature, et le seul que l'on trouve, appartenant au fer persulfuré et au cobalt gris, comme le dodécaèdre pentagonal, est formé de huit triangles équilatéraux et de douze isocèles. Ces triangles se réunissent cinq à cinq pour former un angle solide, de sorte qu'il n'y a que douze angles solides.

Le *trapézoèdre* (fig. 36) est un solide à vingt-quatre faces quadrilatères toutes semblables et semblablement placées. Il est terminé par

Fig. 35.

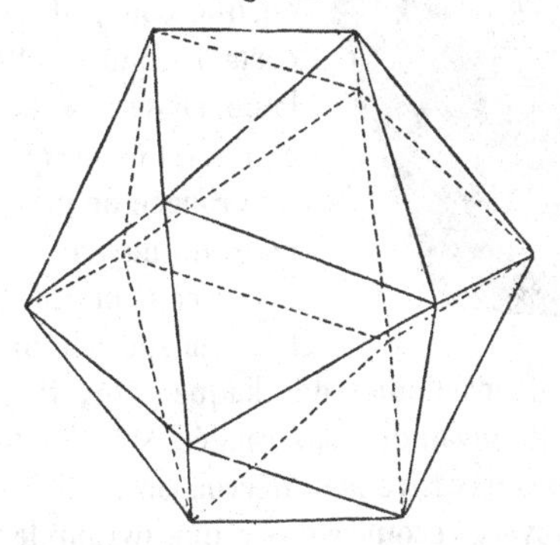

Fig. 36.

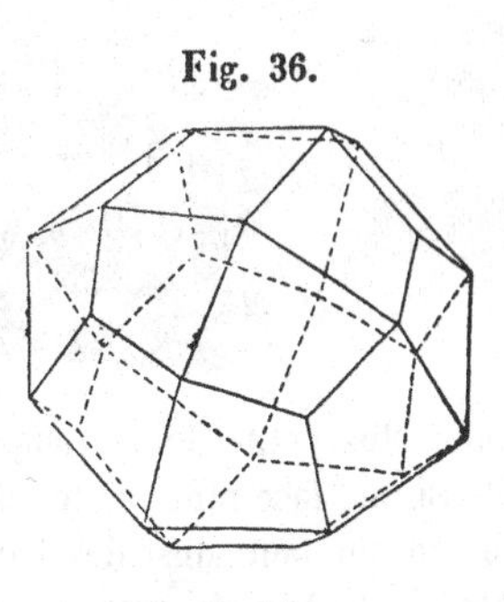

vingt-six angles solides, dont huit angles triples disposés comme les angles d'un cube, et dix-huit angles quadruples. Ceux-ci sont encore de deux espèces : il y en a six plus aigus qui sont disposés entre eux comme les angles d'un octaèdre, et douze autres plus obtus situés entre les premiers suivant la direction des arêtes du même solide. Le *fer persulfuré*, le *cobalt gris*, le *grenat*, se présentent souvent sous cette forme.

**Idée de la structure des cristaux et passage d'une forme à une autre.**

J'ai dit précédemment qu'il existait dans les cristaux des joints naturels par lesquels on pouvait les diviser sur certains sens, en lames plus ou moins minces. Or on peut concevoir ces lames divisées au point de n'être plus formées que par des séries parallèles d'une seule rangée, ou d'un petit nombre de rangées de particules en épaisseur. Cette supposition nous mène à concevoir que les cristaux se sont en effet formés et accrus par la superposition de ces lames, appliquées successivement autour d'un noyau primitif.

Soit, par exemple, un *cube* (fig. 37) pour noyau primitif. Si de nouvelles lames viennent s'ajouter également à toutes ses faces, de manière à se recouvrir les unes les autres entièrement, il est évident que le solide restera toujours un cube; mais si la nouvelle lame qui vient s'ajouter sur une des faces offre une rangée de moins sur chaque côté, il est certain que cette lame laissera à découvert, tout autour, une rangée de particules du noyau.

Fig. 37.

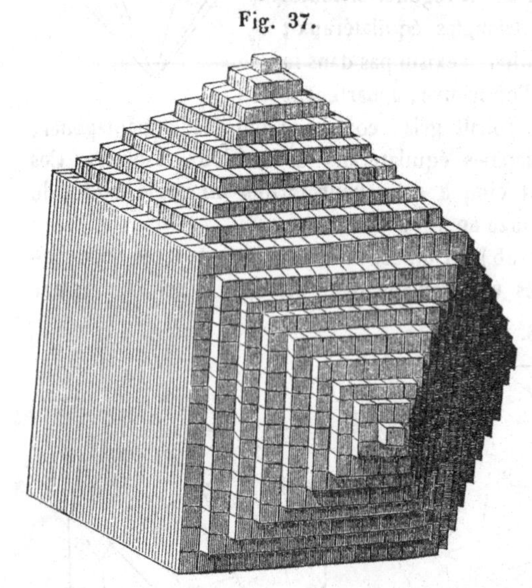

Si à cette première lame en succède une seconde plus petite d'une rangée de particules de chaque côté, il en résultera une face plus petite que le noyau de deux rangées sur chaque arête; en ajoutant ainsi des lames successivement décroissantes, il est visible que la face du cube se trouvera recouverte par une pyramide à quatre faces.

Si le même décroissement a lieu sur une autre face du cube adjacente à la première, il en résultera une autre pyramide semblable, et il arrivera de plus que les deux nouvelles faces triangulaires contiguës à l'arête du cube, se trouveront dans un même plan et formeront une seule face rhomboïdale, à laquelle l'arête du cube servira de diagonale. Or, comme la même transformation doit s'opérer sur chaque arête et qu'il y en a douze, on voit que, par un décroissement d'une rangée de particules sur chaque arête du cube, ce solide se trouvera changé en un *dodécaèdre rhomboïdal*.

Si nous prenons les solides les plus réguliers de la minéralogie, qui sont le *tétraèdre*, le *cube*, l'*octaèdre*, le *dodécaèdre rhomboïdal* et le *trapézoèdre*, nous verrons que ces solides peuvent sortir les uns des autres par des décroissements analogues à celui que je viens de développer.

Par exemple, le *tétraèdre* (fig. 38) peut donner naissance au *cube* par un décroissement égal sur chacune de ses six arêtes ; car alors les quatre faces du tétraèdre formeront des triangles de plus en plus petits, tandis qu'au contraire les six arêtes se trouveront former six faces de plus en plus grandes qui, venant à se joindre et à se borner l'une par l'autre, constitueront six faces carrées et perpendiculaires entre elles. Cette disposition constitue un *cube*. (Voir la figure 47.)

D'un autre côté, le *tétraèdre* (fig. 39) donne naissance à l'*octaèdre*, si le décroissement, au lieu de se faire sur les arêtes, se fait sur les quatre angles, parce que chaque angle, laissé à découvert, se convertit

Fig. 38.

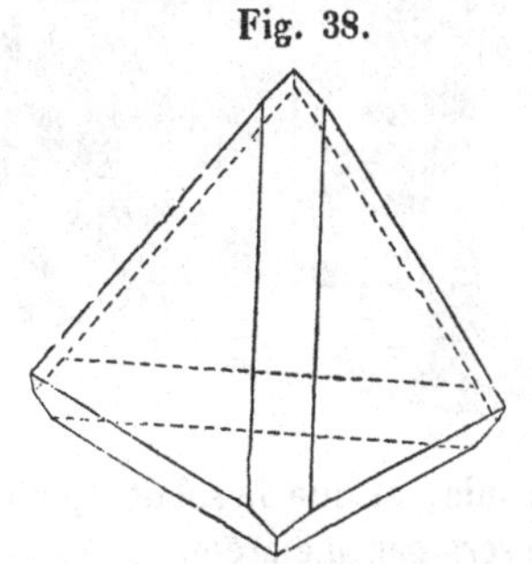

Fig. 39.

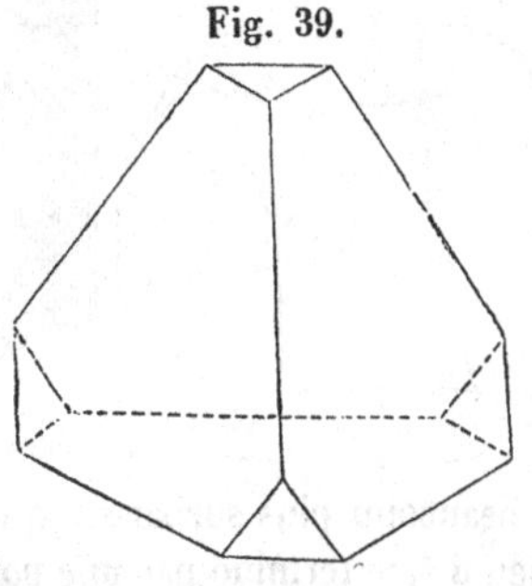

en une facette triangulaire et équilatérale. A mesure que ces facettes s'agrandissent, les quatre faces du tétraèdre diminuent au contraire, de sorte qu'il arrive un moment où elles se trouvent égales aux premières. A ce moment, le solide présente huit faces triangulaires égales, équilatérales et symétriques autour d'un même centre, ce qui constitue l'*octaèdre régulier*.

Si l'on suppose que les quatre nouvelles faces continuent à s'étendre, de manière à se joindre et à faire entièrement disparaître les anciennes faces du noyau, alors le cristal redeviendra un *tétraèdre*, mais qui sera *inverse* au premier, ses faces correspondant aux angles de celui-ci et réciproquement.

Le tétraèdre (fig. 40) passe au *dodécaèdre rhomboïdal* par un *pointement* symétrique à trois faces sur chacun des quatre angles, chaque face du pointement étant tournée vers une des faces adjacentes.

### Autres modifications du cube.

Nous avons vu tout à l'heure que le cube, par un décroissement d'*une rangée de particules sur toutes les arêtes*, se changeait en dodécaèdre rhomboïdal; mais si le décroissement se fait inégalement sur les arêtes continues (fig. 41), de manière, par exemple, que le solide surajouté diminue d'un côté de *deux rangées de particules en largeur sur une en hauteur*, et de l'autre d'*une seule rangée en largeur pour deux de hauteur*, il en résultera nécessairement que la première face

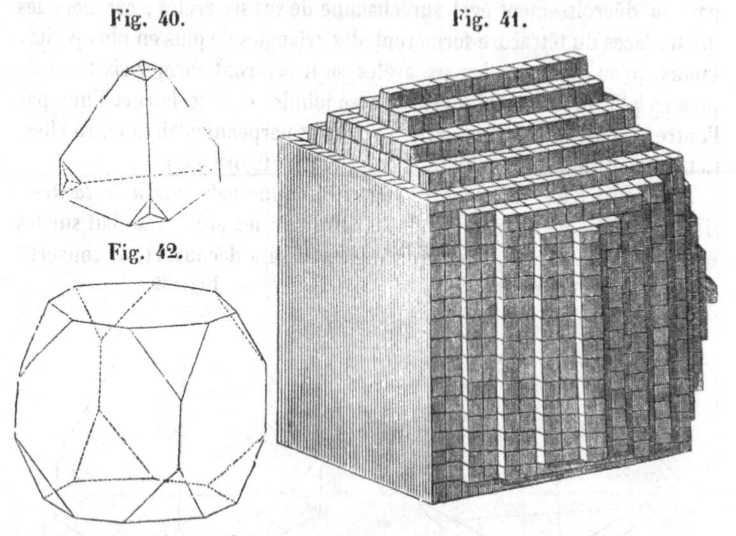
Fig. 40. Fig. 41. Fig. 42.

sera beaucoup plus surbaissée que la seconde, et que le solide ajouté, au lieu d'être terminé par une pointe, le sera par une arête.

Si maintenant un décroissement semblable, mais en sens contraire, a lieu sur les faces contiguës, il en résultera, d'une part, que les nouvelles faces formées contiguës seront sur un même plan, et que, se terminant d'une part par une arête, de l'autre par un angle, chaque face sera un pentagone. Or, comme il y en aura douze semblables, le nouveau solide formé sera un *dodécaèdre pentagonal*.

Si le cube, au lieu d'éprouver un décroissement sur les arêtes, en éprouve un sur chaque angle, qui se fasse par une rangée de molécules, suivant la diagonale opposée à l'angle (fig. 42), alors cet angle se trouvera changé en une face triangulaire équilatérale ; et lorsque les huit nouvelles faces formées auront entièrement recouvert celles du cube, le solide se trouvera changé en octaèdre régulier (fig. 43).

Réciproquement l'octaèdre régulier (fig. 44) conduit au cube par un décroissement régulier sur chacun de ses six angles solides.

Nous avons vu tout à l'heure le *dodécaèdre pentagonal* provenir d'un décroissement inégal mais symétrique sur les arêtes du *cube*. Nous allons voir maintenant ce même *dodécaèdre pentagonal* donner naissance à

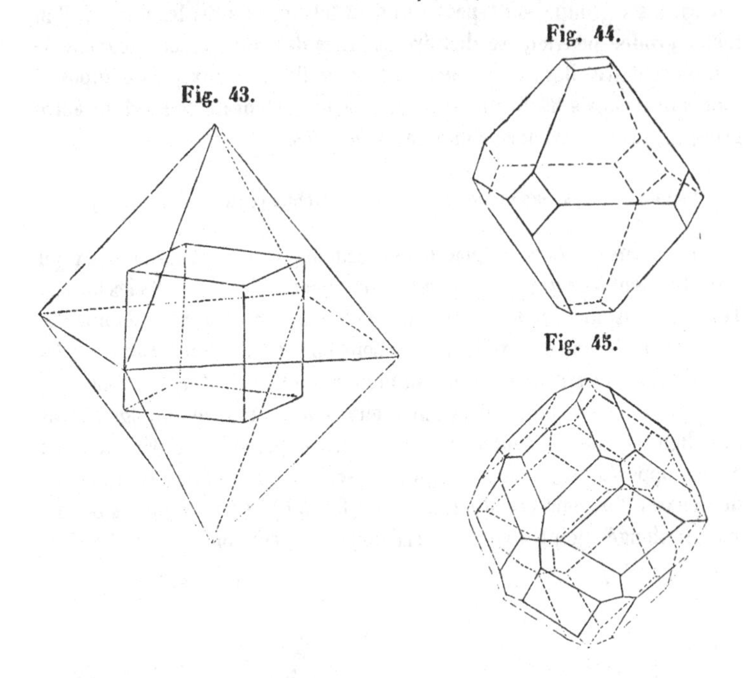
Fig. 43.
Fig. 44.
Fig. 45.

l'*icosaèdre* au moyen d'un décroissement égal sur les huit angles symétriques formés de trois plans égaux. Par ce décroissement, chacun de ces angles se trouve remplacé par un triangle équilatéral, et ce qui reste des douze faces du dodécaèdre forme douze autres triangles, mais qui sont isocèles.

Quant au *trapézoèdre*, solide à vingt-quatre faces quadrilatères, il provient de la troncature tangente des vingt-quatre arêtes du dodécaèdre rhomboïdal (fig. 45), lequel provient lui-même du décroissement d'une rangée de particules sur les douze arêtes du cube.

#### Des systèmes ou des types de cristallisation.

Lorsque l'on considère le nombre presque infini de formes cristallines que présentent les minéraux, il semble, au premier abord, que leur étude doive être plutôt embarrassante qu'utile à la détermination de ces derniers ; mais déjà nous avons vu que Haüy avait fait tourner ce luxe de formes au profit de la distinction des espèces, en montrant que tous les cristaux d'un même minéral pouvaient être ramenés par le clivage à une forme unique, que l'on doit considérer comme la forme primitive ou fondamentale de toutes les autres. Depuis, les cristallographes ont encore simplifié ce résultat, en ramenant toutes ces formes, primitives ou autres, à six groupes ou types, qui sont tels que toutes les formes d'un même groupe peuvent se déduire les unes des autres, ou peuvent se combiner entre elles, de manière à fournir des cristaux plus composés, tandis que jamais les formes d'un groupe ne sortent de celles d'un autre groupe, ou ne peuvent se combiner avec elles.

1^er^ TYPE. — *Système cubique*, dit aussi *système régulier* ou *isoaxique.*

Nous avons vu, dans le chapitre précédent, comment les cristaux qui appartiennent à ce groupe peuvent se transformer les uns dans les autres. Tous ces cristaux ont leurs axes de même nature égaux et semblablement disposés entre eux. Ces axes sont en effet de deux natures : les uns, dits *perpendiculaires,* sont au nombre de trois (*aa'*, *ee'*, *ii'*, fig. 46), tous égaux et perpendiculaires entre eux. On les trouve en joignant par une ligne droite le centre de deux faces opposées du cube, ou deux angles opposés de l'octaèdre régulier inscrit dans le cube, ou le milieu de deux arêtes opposées du tétraèdre (fig. 47). Chacun de ces mêmes axes prolongés joint deux des six angles quadruples du *dodécaèdre*

Fig. 46.

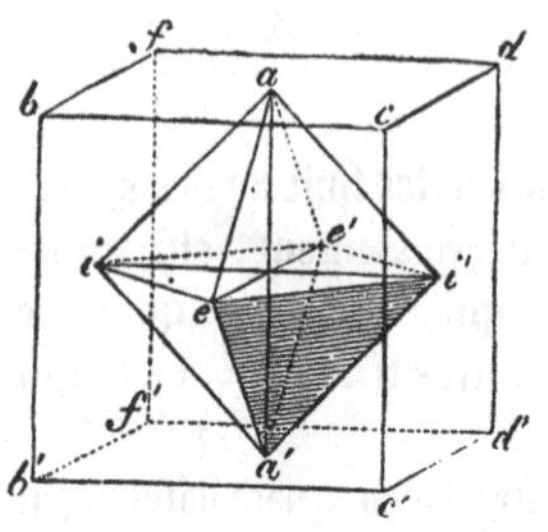

Fig. 47.

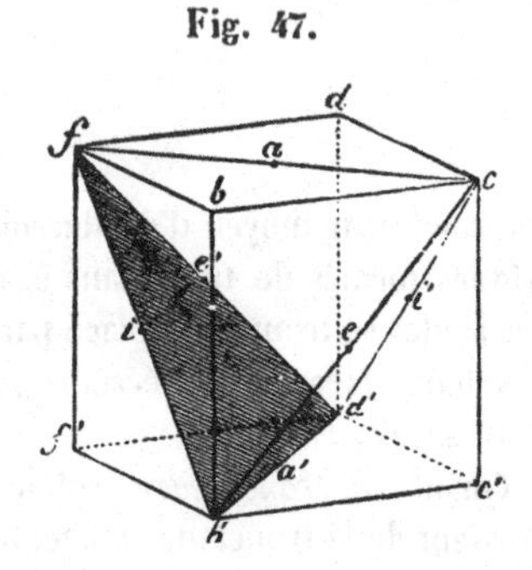


rhomboïdal, ou deux des six angles octaédriques du trapézoèdre, ou divise en deux parties égales deux des six grandes arêtes du dodécaèdre pentagonal.

Les autres axes, dits *axes obliques,* sont au nombre de quatre (*b'd*, *c'f*, *cf'*, *bd'*, dont deux seulement, *b'd* et *bd'*, sont représentés dans la figure 48). Ces axes, non egaux aux premiers, mais égaux entre eux, sont également inclinés les uns sur les autres de 70° 32′. Chacun de ces axes joint deux angles diamétralement opposés du cube; ou tombe perpendiculairement d'un des angles du tétraèdre régulier sur le centre de la face opposée; ou joint le centre de deux faces opposées de l'octaèdre; ou joint deux à deux les huit angles triples du dodécaèdre rhomboïdal, ou les huit angles réguliers du dodécaèdre pentagonal, ou les huit angles triples réguliers du trapézoèdre : tous ces angles répondant par leur position aux huit angles primitifs du cube.

Fig. 48.

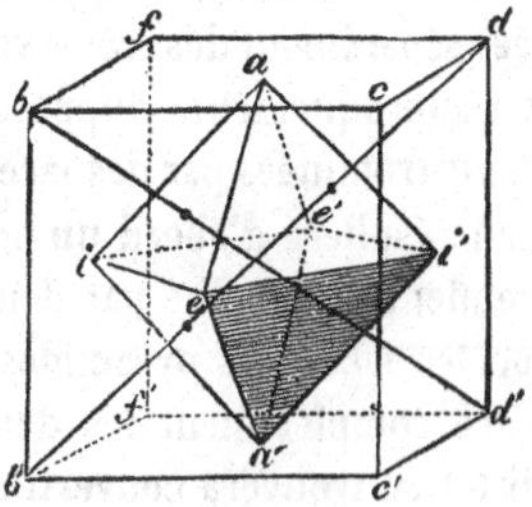

Les principaux cristaux qui appartiennent à ce groupe sont ceux que nous venons de nommer, et dont nous avons précédemment exposé les transformations. Les principales substances minérales qui cristallisent suivant ce système sont les suivantes :

Alun.
Argent natif.
— chloruré.
— sulfuré.
Calcium fluoruré.
Cobalt arsenical.
— sulfuré.
— sulfo-arsénié.
Cuivre natif.
— oxidulé.
— gris.
Diamant.
Fer oxidulé.
— sulfuré.
Grenats.
Magnésie boratée.
Mercure argental.
Nickel sulfo-arsénié.
Or natif.
Platine natif.
Plomb sulfuré.
Sel gemme.
Spinelle.
Zinc sulfuré.

2ᵉ TYPE. — *Système du prisme droit à base carrée. Système tétragonal* (Naumann), *quadra-octaédrique* (Rose), *bino-singulaxe* (Weiss).

Le prisme droit à base carrée (fig. 49), que l'on peut prendre pour type de ce système, présente, comme le cube, trois axes perpendiculaires qui aboutissent au milieu des faces opposées deux à deux; mais ici, tandis que les deux axes horizontaux sont égaux, l'axe vertical est plus petit ou plus grand que les deux autres, suivant la hauteur du prisme, et de là résulte une inégalité semblable entre les arêtes verticales du prisme et les arêtes horizontales des deux bases.

Fig. 49.

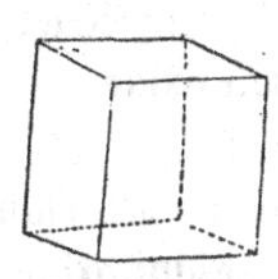

La conséquence de cette disposition est que tous les angles solides du prisme, étant égaux et dans une position identique par rapport au centre du cristal, seront modifiés tous à la fois et de la même manière, lorsqu'ils se modifieront, tandis que les arêtes des deux bases pourront être modifiées séparément des arêtes verticales, ou le seront d'une autre manière, et réciproquement. Supposons que ce soient les arêtes des bases qui soient tronquées par des facettes également inclinées sur l'axe principal, il en résultera d'abord un prisme carré qui semblera plus court que le premier, et terminé par deux pyramides tronquées. Mais ensuite, lorsque les faces des pyramides se seront accrues au point de faire disparaître complétement les deux bases et les quatre faces du prisme, le cristal se trouvera converti en un *octaèdre à base carrée* qui aura les mêmes axes que le prisme, et que beaucoup de minéralogistes, à l'exemple de Haüy, prennent pour forme primitive ou pour type de tout le système.

Les principales formes qui en dérivent sont :

1° Un prisme à base carrée formé par la troncature limite des arêtes verticales du prisme principal, et dont les faces sont parallèles aux plans diagonaux de celui-ci ;

2° Des prismes à huit, douze ou seize faces ;

3° Des octaèdres à base carrée, obtus ou aigus, provenant de la troncature des arêtes ou des angles des deux bases du prisme carré ;

4° Des prismes carrés terminés par un pointement à quatre faces reposant sur les faces ;

5° Des prismes carrés terminés par un pointement à quatre faces reposant sur les arêtes ;

6° Des prismes semblables aux précédents, offrant sur les arêtes latérales une rangée de huit facettes qui représentent les faces d'un dioctaèdre (double pyramide à huit faces), dont la forme est combinée avec celle du cristal précédent.

EXEMPLES DE SUBSTANCES MINÉRALES QUI CRISTALLISENT SUIVANT CE SYSTÈME.

Chaux tungstatée.
Cuivre pyriteux.
Étain oxidé.
Idocrase.
Manganèse oxidulé (hausmanite).
— sesqui-oxidé (braunite).
Meïonite.
Mellite.
Mercure chloruré.
Plomb chloro-carbonaté.
— molybdaté.
— tungstaté.
Titane anatase.
— rutile.
Urane phosphaté.

3ᵉ TYPE. — ***Système du prisme droit rectangulaire* ou *du prisme droit rhomboïdal; système de l'octaèdre à base rectangle* (Haüy); *singulaxe binaire* (Weiss). *Rhomboctaèdre* (Rose); *rhombique* (Naumann).**

Le prisme droit rectangulaire (fig. 50), que plusieurs minéralogistes regardent comme le type de ce système, partage avec le cube et le prisme droit à base carrée la propriété d'avoir trois axes perpendiculaires entre eux; mais ces trois axes sont inégaux. De plus, ce solide présente :

Huit angles trièdres égaux et semblablement placés qui devront se modifier également;

Quatre arêtes verticales, égales et semblablement placées par rapport à l'axe principal, et qui devront aussi se modifier simultanément et d'une manière semblable;

Enfin huit arêtes sur les bases, mais dont quatre plus longues et quatre plus courtes, qui pourront se modifier séparément et différemment.

*Modification sur les angles.* Soit le prisme droit rectangulaire *b f c' d'* (fig. 51), dont les trois axes *aa' ee' ii'* joignent chacun le centre de deux faces opposées. Si nous supposons qu'il se fasse sur l'angle *d*, et en dehors du prisme, un décroissement parallèle au plan *a i' e'* qui joint les extrémités des axes, ou si nous admettons, ce qui revient au même, qu'il se fasse, par voie de clivage, sur le même angle *d*, une troncature *g k h* parallèle au même plan *a i' e'*, la troncature étant répétée sur tous les angles et poussée jusqu'à ce que les plans de troncature viennent se

Fig. 50.

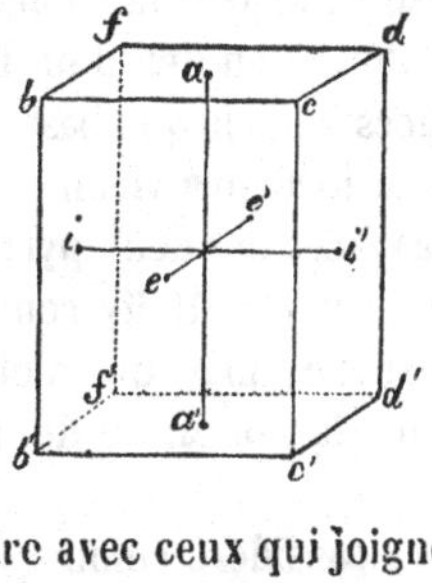

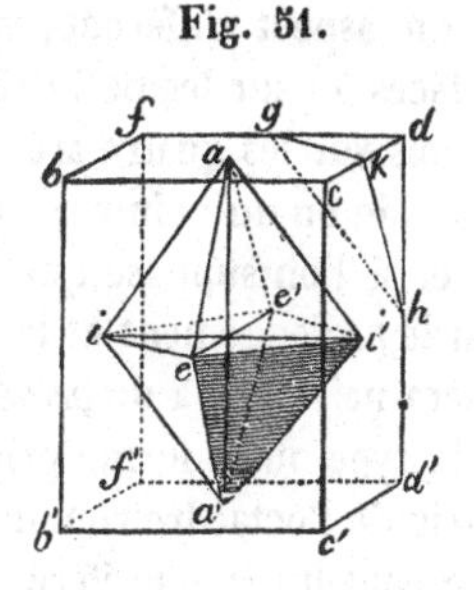


Fig. 51.

confondre avec ceux qui joignent les extrémités des axes, il en résultera évidemment un octaèdre à base rhomboïdale, ayant les mêmes axes que le prisme rectangulaire. Cet octaèdre, malgré l'irrégularité de ses faces, qui sont des triangles scalènes (le côté *ai'*, par exemple, étant plus grand que *ae*, et celui-ci plus grand que *ei'*), offre encore une symétrie remarquable; car toutes ses faces sont semblables et égales, et ses trois coupes diagonales sont des rhombes perpendiculaires entre eux, comme les axes qui les déterminent.

*Modification sur les arêtes verticales.* Soit toujours (fig. 50) le prisme droit rectangulaire $bfc'd'$. Si l'on suppose qu'il se produise sur une des arêtes verticales $cc'$ une troncature parallèle à la diagonale $bd$, il est visible, lorsque cette troncature se trouvera répétée sur toutes les arêtes et qu'elle aura atteint le milieu des faces, que le prisme rectangulaire sera converti en un prisme droit rhomboïdal qui aura les mêmes axes que le premier, et dont la base $ei'e'i$ (fig. 52) sera inscrite dans celle du prisme rectangulaire. Ce nouveau prisme, dont toutes les faces verticales sont égales et semblablement situées par rapport à l'axe, présente plus de simplicité et de symétrie que le prisme rectangulaire, et devrait lui être préféré comme type du système; mais l'octaèdre rhomboïdal, que la nature nous présente comme forme primitive d'un assez grand nombre d'espèces minérales, nous paraît encore préférable.

Fig. 52.

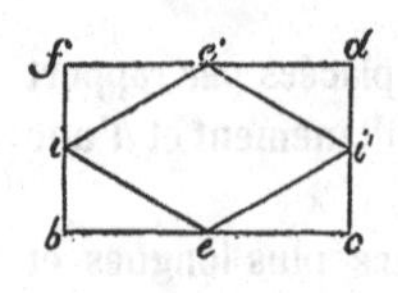


Il peut se produire, sur les arêtes verticales, d'autres troncatures non parallèles à la diagonale opposée, et qui conduisent à d'autres prismes rhomboïdaux, dont il est inutile de nous occuper.

*Modifications sur les arêtes de la base.* Nous avons dit que ces arêtes étaient de deux espèces, deux longues et deux courtes, et qu'elles pouvaient se modifier ensemble ou séparément. Si l'on suppose que deux seulement de ces arêtes se modifient par une troncature inclinée vers l'axe, il en résultera sur chaque base un *biseau* qui donnera au cristal primitif un aspect différent, suivant que le biseau reposera sur les grandes faces ou sur les petites faces du prisme; mais si la troncature a lieu à la fois sur les quatre arêtes, il en résultera, au lieu d'un biseau, une pyramide ou un pointement à quatre faces sur chaque base rectangulaire; et si l'on suppose que le prisme intermédiaire vienne à disparaître par le prolongement et la rencontre des faces des deux pyramides, on donnera naissance à un *octaèdre rectangulaire* que Haüy considérait comme le type ou la forme primitive du système, mais qui n'offre pas la symétrie de l'octaèdre rhomboïdal formé par la troncature des angles, et qui ne peut lui être préféré.

En résumé, le prisme droit rectangulaire, considéré comme type de ce système, produit :

1° Des prismes rectangulaires terminés en biseau par la troncature de deux des arêtes de la base;

2° Des prismes rectangulaires pyramidés, provenant de la troncature des quatre arêtes de la base;

3° Des octaèdres rectangulaires résultant de la même troncature portée à sa limite ;

4° Un prisme rhomboïdal principal dont les faces sont parallèles aux plans diagonaux du prisme rectangulaire ;

5° D'autres prismes rhomboïdaux à faces non parallèles à ces mêmes plans ;

6° Un octaèdre rhomboïdal principal, formé par la troncature tangente des angles du prisme ;

7° D'autres octaèdres rhomboïdaux résultant de modifications inégalement inclinées sur les mêmes angles ;

8° Des modifications plus compliquées ou combinaisons des formes précédentes.

EXEMPLES DE MINÉRAUX CRISTALLISANT DANS CE SYSTÈME.

| | |
|---|---|
| Andalousite. | Cymophane. |
| Arragonite. | Péridot. |
| Arsenic sulfuré jaune. | Plomb carbonaté. |
| Baryte carbonatée. | — sulfaté. |
| — sulfatée. | Soufre natif. |
| Chaux arséniatée. | Staurotide. |
| — sulfatée anhydre. | Strontiane carbonatée. |
| Cuivre arséniaté. | — sulfatée. |
| — oxichloruré. | Topaze. |
| — phosphaté. | Zinc sulfaté. |

4ᵉ TYPE. — *Système rhomboédrique, système hexagonal* (Naumann), *terno-singulaxe* (Weiss).

Le *rhomboèdre* est un solide à six faces rhombes et égales (fig. 53) qui se réunissent trois à trois par leurs angles semblables, autour d'un même sommet, de manière à former deux angles-sommets solides, réguliers, et six angles solides latéraux, irréguliers, mais placés d'une manière symétrique autour de l'axe qui joint les deux sommets. Ce solide a donc des angles de deux espèces qui pourront être modifiés séparément. Il présente de même des arêtes de deux espèces, à savoir six arêtes culminantes qui se réunissent trois à trois à chaque sommet, et six arêtes latérales, disposées en zigzag autour du milieu de l'axe vertical. Si donc l'on suppose cet axe coupé au milieu par un plan horizontal, ce plan coupera également les six arêtes par le milieu, et les points d'intersection, se trouvant à égale distance du centre, répondront aux six sommets d'un hexagone régulier. La projection perpendiculaire des six arêtes elles-mêmes, sur le plan horizontal, formera un hexagone régulier circonscrit au précédent. Enfin les diamètres qui joindront les sommets de l'hexagone inscrit se couperont au milieu de l'axe princi-

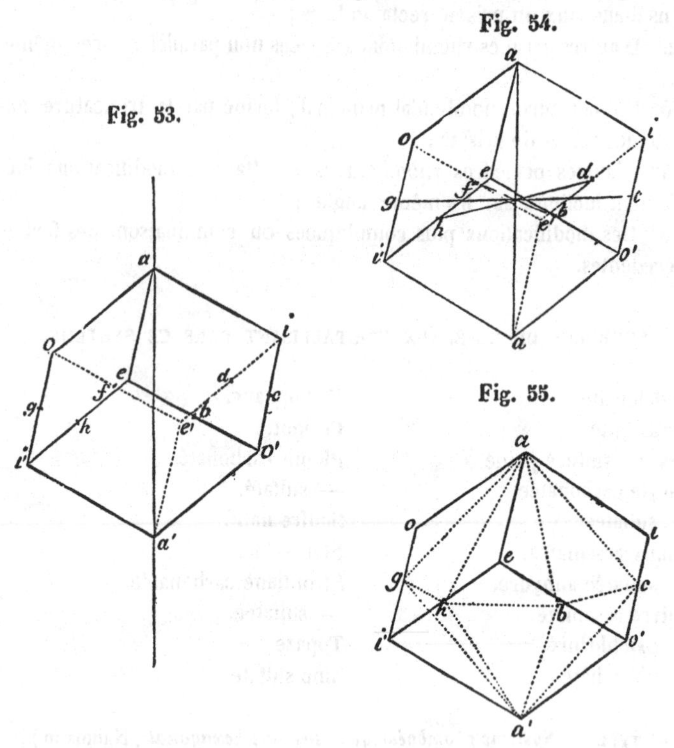


pal, et formeront trois axes secondaires, perpendiculaires au premier et inclinés entre eux de 60 degrés, comme les rayons de l'hexagone régulier (fig. 54).

Toutes ces propriétés du rhomboèdre justifieraient seules le nom de *système hexagonal* donné par Naumann au système qu'il représente. Ce nom paraîtra encore mieux motivé quand on verra le rhomboèdre conduire à des cristaux de forme hexagone, par la plupart de ses modifications.

Supposons en effet qu'une troncature oblique sur l'angle *e* (fig. 55) atteigne pour limite l'angle *a* et la ligne *hb* qui joint le milieu des deux arêtes *i'e* et *eo'*. Si nous enlevons le tétraèdre limité par les lignes *ah*, *ab*, *hb*, l'angle solide *e* se trouvera remplacé par une face triangulaire isocèle *ahb*; et comme la même troncature oblique se répétera sur les six angles latéraux, les six arêtes culminantes se trouveront remplacées par six faces triangulaires semblables.

Mais il est facile de voir que ces nouvelles faces ne font pas disparaître la totalité des six faces du rhomboèdre, et qu'il reste de chacune de celles-ci une face triangulaire isocèle, telle que *abc*, *agh* ou *ha'b*, exactement semblable et égale aux premières Le nouveau solide formé par la roncature oblique des six angles latéraux sera donc terminé par douze faces triangulaires ; en un mot, c'est celui que nous avons nommé *dodécaedre triangulaire* (fig. 56), que M. Gustave Rose appelle *hexagon-dodécaèdre*, et qu'il prend pour type de tout le système. M. Rose

Fig. 56.

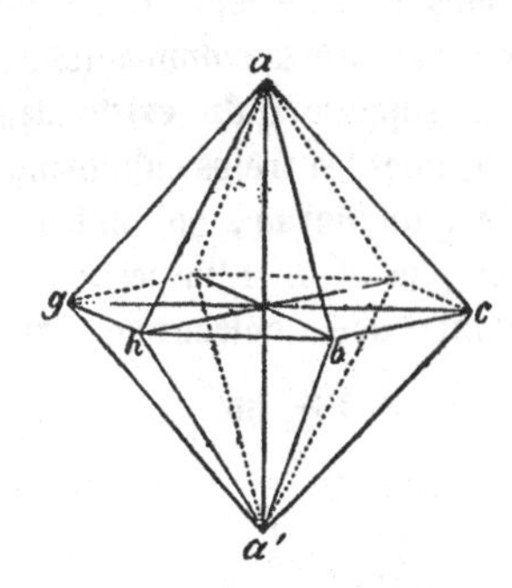


Fig. 57.

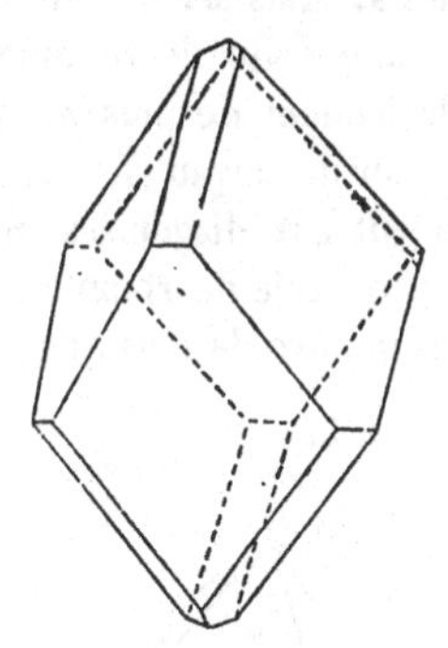

explique d'ailleurs facilement comment cette forme cristalline passe au rhomboèdre, au moyen de ce qu'il nomme une transformation *hémiédrique*, laquelle consiste dans une extension de la moitié des faces du cristal, suffisante pour faire disparaître les autres faces. Supposons en effet que, dans la figure 55, les faces *abc*, *agh* et *a'hb* du dodécaèdre s'étendent jusqu'à se rencontrer ; il est évident qu'elles reformeront l'angle solide *e* du rhomboèdre, et comme la même transformation aura lieu sur toutes les faces, le rhomboèdre se trouvera constitué.

Le rhomboèdre, que nous conservons néanmoins comme la forme type du système, donne lieu à un grand nombre de modifications que l'on peut ranger sous quatre chefs différents : 1° cristaux rhomboédriques ; 2° prismes hexaedres ; 3° dodécaèdres à triangles scalènes, dits *cristaux métastatiques ;* 4° dodécaèdres à triangles isocèles.

1° *Cristaux rhomboédriques dérivés.* Si l'on suppose un rhomboèdre primitif quelconque qui s'accroisse par des lames superposees, et que ces lames recouvrent toutes les parties du rhomboèdre, à l'exception des six arêtes culminantes qui resteront à découvert, à cause d'un décroissement d'une rangée de molécules ayant lieu également de chaque côté de l'arête, il en résultera un solide tel que celui représenté figure 57, dans lequel les trois arêtes culminantes d'un même sommet se trouveront remplacées par trois facettes tangentes et également inclinées sur l'axe ; et lorsque ces facettes, en s'agrandissant et en se joignant, auront fait disparaître ce qui reste des faces du premier cristal, il en résultera un nouveau rhomboèdre qui sera moins aigu ou plus obtus que le premier ; car ayant conservé la même hauteur ou le même axe principal, comme on le voit figure 58, il se sera considérablement accru en largeur.

Ce nouveau rhomboèdre, en subissant un décroissement semblable sur chacune de ses arêtes culminantes, donnera naissance à un troisième cristal encore plus obtus que le premier, et tel qu'on le voit figure 59. Mais si, au lieu de construire ainsi à l'extérieur du premier cristal une suite de rhomboèdres tangents aux arêtes culminantes, et qui deviennent de plus en plus obtus, on suppose qu'il existe dans l'intérieur du noyau (fig. 58) un rhomboïde dont les arêtes culminantes répondent aux diagonales *as*, *ar*, *ap*, etc., du noyau, on obtiendra une autre série de rhomboèdres de plus en plus aigus. L'inspection des figures montre de plus que, dans un rhomboèdre quelconque, exté-

Fig. 58. Fig. 59.

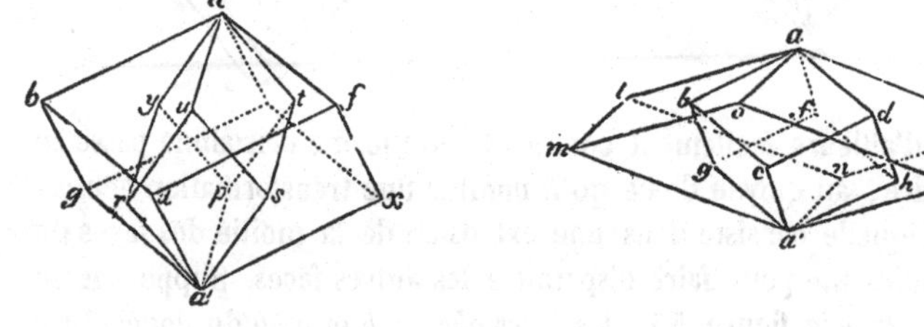


rieur et tangent à un autre, chaque diagonale des faces du rhomboèdre tangent, qui répond à une arête culminante du noyau, est double en longueur de cette arête, et que chaque diagonale horizontale du rhomboèdre tangent est double également de la diagonale horizontale du noyau. La *chaux carbonatée spathique* (spath d'Islande) nous présente ainsi une série de quatre rhomboèdres tangents les uns aux autres, que Haüy a désignés sous les noms de *contrastant*, *inverse*, *primitif* et *équiaxe*. L'équiaxe, qui est le plus obtus des quatre, et qui est représenté figure 59, est tangent au primitif; le primitif, qui est encore obtus, est tangent à l'inverse qui forme le noyau de la figure 58; l'inverse lui-même est tangent au *contrastant*. Les diagonales horizontales, et pareillement les axes horizontaux de ces cristaux, sont entre eux comme 2 : 1 : 0,50 : 0,25 ; 1 représentant la longueur de la diagonale horizontale ou de l'axe secondaire du rhomboèdre primitif de la chaux carbonatée.

2° *Prismes hexaèdres.* Lorsque le décroissement, au lieu de se montrer sur les arêtes culminantes du rhomboèdre, se produit suivant la direction tangente ou parallèle à l'axe principal, sur les six arêtes latérales (fig. 60) que nous savons être disposées comme les côtés de l'hexagone régulier, il en résultera six faces de prisme hexaèdre, qui, étant suffi-

Fig. 60.

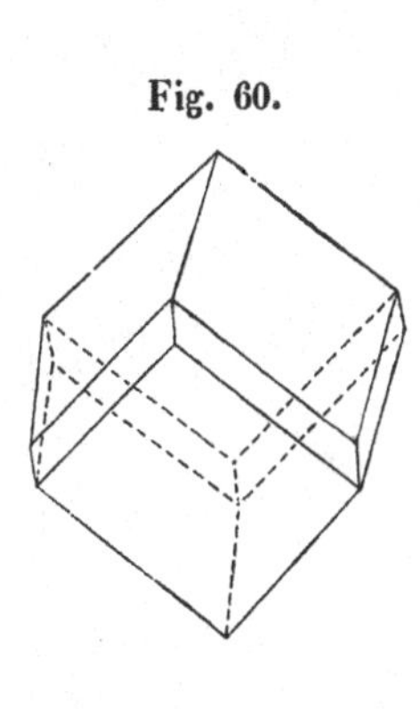

Fig. 61.

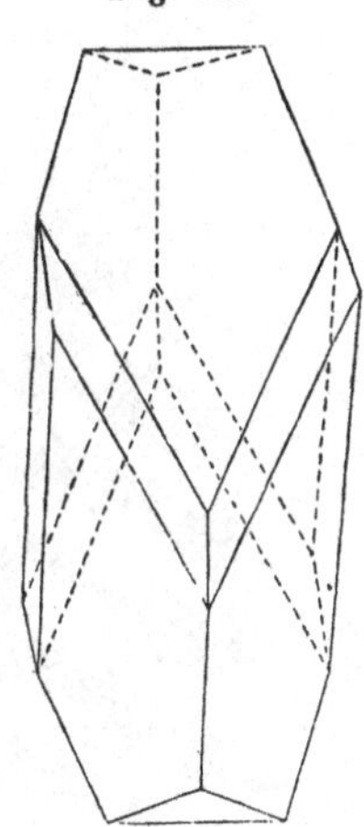

samment accrues, pourront donner lieu à un *dodécaèdre rhomboïdal*, et qui, plus allongées encore dans le sens vertical, formeront un *prisme hexagonal* terminé par un pointement à trois faces ou par les faces culminantes du rhomboèdre primitif.

Lorsque, au décroissement précédent sur les six arêtes latérales, se joint un décroissement sur les deux sommets, capable de produire une face tangente à chaque sommet ou perpendiculaire à l'axe, on obtient un solide tel que celui représenté figure 61, qui est une des formes naturelles de la chaux carbonatée. Si l'on suppose alors que toutes les nouvelles faces s'accroissent et viennent à se joindre, de manière à faire disparaître ce qui reste des faces primitives, il est évident que le nouveau cristal sera un *prisme hexaèdre régulier*.

Le rhomboèdre peut produire un autre prisme hexaèdre régulier par un décroissement tangent sur tous les angles; car alors les six angles latéraux fournissent les six faces du prisme, et les deux angles-sommets les bases.

3° *Cristaux métastatiques.* Le rhomboèdre peut se convertir en un *dodécaèdre à triangles scalènes* par un décroissement de deux rangées en largeur sur une rangée en épaisseur, opérée sur les arêtes latérales (fig. 62 et 63); car alors la face qui se forme au-dessus de chaque arête et la face qui se forme au dessous n'étant plus situées dans le même plan et s'inclinant vers le sommet, il en résulte de chaque côté une pyramide à six faces dont l'axe se confond avec celui du rhomboèdre prolongé, et dont la base repose sur les six arêtes latérales.

Fig. 62.

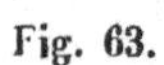

Fig. 63.

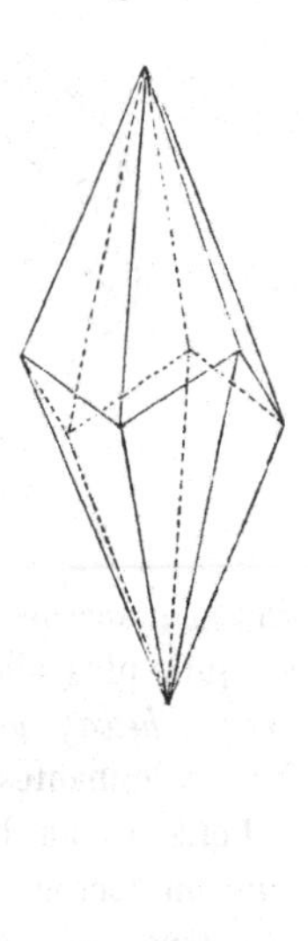

4° *Dodécaèdres à triangles isocèles.* J'ai indiqué plus haut comment cette forme dérive de celle du rhomboèdre, et réciproquement.

EXEMPLES DE MINÉRAUX CRISTALLISANT DANS LE SYSTÈME RHOMBOÉDRIQUE OU HEXAGONAL.

Argent antimonial.
— sulfuré.
— sulfo-antimonié.
— sulfo-arsénié.
Chaux carbonatée.
— phosphatée.
Corindon.
Cuivre dioptase.
Cuivre sulfuré.
Émeraude.
Fer carbonaté.
— oligiste.
Magnésie carbonatée.
Manganèse carbonaté.
Mercure sulfuré.
Mica.

Molybdène sulfuré.
Plomb arséniaté.
— phosphaté.
— carbonaté.
— vanadaté.
Pyrite magnétique.
Quartz.
Soude nitratée.
Talc.
Tourmaline.
Zinc carbonaté.

5e TYPE. — ***Système du prisme rhomboïdal oblique symétrique; système du prisme rectangulaire oblique* (Beudant); *système monoclinique* (Muller).**

On donne le nom de *prisme rhomboïdal oblique symétrique* (fig. 64) à un prisme à bases rhombes, dont les bases s'inclinent sur une des arêtes, et font avec les deux faces adjacentes deux angles dièdres égaux. On place ce prisme de manière à rendre ses deux bases horizontales, et on lui reconnaît trois axes : deux qui sont alors horizontaux, *ee'*, *ii'*, coupent les quatre arêtes obliques par la moitié, et sont perpendiculaires l'une sur l'autre comme étant les diagonales d'un rhombe ; le troisième, *aa'*, qui joint le milieu des deux bases, est oblique sur les deux autres.

Fig. 64.

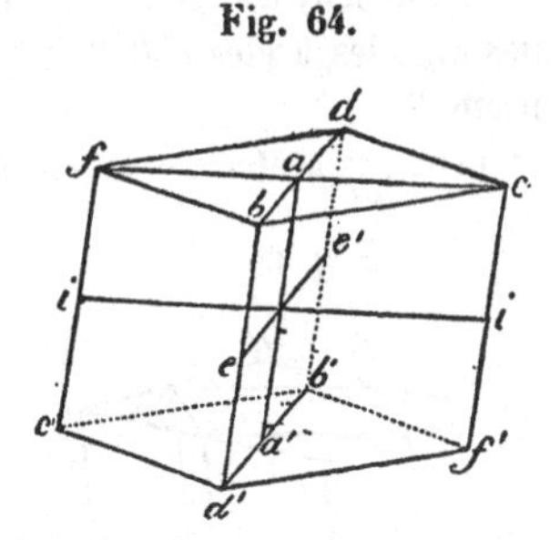


Ce prisme offre beaucoup de parties symétriques et d'autres dissemblables qu'il est nécessaire de connaître.

Supposons que la base *bcdf* s'incline sur l'arête antérieure *bd'*, en faisant avec les deux faces adjacentes *fd'* et *d'c* deux angles dièdres égaux. La même disposition a lieu sur l'arête postérieure *db'*, avec cette différence que si l'angle *dbd'* formé par la diagonale de la base et l'arête *bd'* est obtus, l'angle *bdb'* sera aigu et supplémentaire du premier; et par suite, les angles plans adjacents *cbd'* et *fbd'* étant obtus, quoique non égaux aux premiers, les angles *cdb'* et *fdb'* seront aigus. Il résulte de là que les angles solides *b* et *d* ne sont pas symétriques, puisque sur les trois angles plans qui les forment, il y en a un seul semblable et deux dissemblables. C'est l'angle diamétralement opposé *b'* qui est véritablement symétrique avec l'angle *b*, de même que l'angle *d* est symétrique avec l'angle *d'*, car tous leurs angles plans sont homologues et semblablement situés par rapport à l'axe.

Quant aux quatre angles latéraux *f*, *c*, *c'*, *f'*, ils sont symétriques, étant formés d'angles plans homologues et semblablement situés par rapport à l'axe principal *aa'*.

Ainsi, des huit angles du prisme rhomboïdal oblique et symétrique, un des angles antérieurs *b* et l'angle postérieur *b'* qui lui est diamétralement opposé, sont symétriques et seront nécessairement modifiés ensemble.

L'autre angle antérieur *d'* et l'autre angle postérieur *d* sont symétriques et seront modifiés de la même manière.

Les quatre angles latéraux sont symétriques et se modifieront à la fois.

Pour ce qui est des arêtes, leur connexion avec les angles indique suffisamment ceux qui sont symétriques. Ainsi, les deux arêtes antérieures *fb* et *bc* de la base supérieure, qui se joignent à l'angle *b*, sont symétriques avec les arêtes postérieures *c'b* et *b'f'* de la base inférieure, qui se joignent à l'angle *b'*, et elles se modifieront toutes à la fois.

Pareillement les arêtes *fd* et *dc* de la base supérieure sont symétriques avec les arêtes *c'd'* et *d'f'* de la base inférieure, et se modifieront ensemble.

Quant aux arêtes des faces, elles sont symétriques deux à deux : les deux arêtes antérieures et postérieures, qui joignent quatre angles inversement symétriques, sont symétriques ; les deux arêtes latérales, qui joignent quatre angles symétriques, sont également symétriques. Ces deux espèces d'arêtes pourront donc être modifiées séparément; mais elles pourront aussi l'être simultanément, comme dans la fig. 65, et, dans ce dernier cas, si les troncatures sont parallèles aux plans diagonaux du prisme rhomboïdal, il arrivera, lorsque les troncatures auront fait disparaître les faces, que le prisme rhomboïdal se trouvera converti en *prisme rectangulaire oblique*, que M. Beudant a pris pour type du système.

Fig. 65.

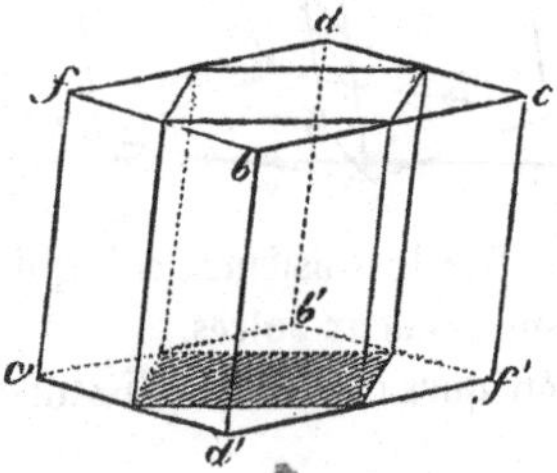

## EXEMPLES DE MINÉRAUX QUI CRISTALLISENT DANS LE 5$^{e}$ SYSTÈME.

Actinote.
Amphibole.
Argent sulfuré.
— sulfo-antimonié (myargyrite).
Arsenic sulfuré rouge.
Chaux arséniatée.
— sulfatée.
— titano-silicatée (sphène).
Cobalt arséniaté.
Cuivre arséniaté (aphanèse).
— carbonaté bleu.
— carbonaté vert.
Épidote.
Euclase.
Feldspath.
Fer sulfaté.
— tungstaté (wolfram).
Magnésie phosphatée (wagnérite).

| | |
|---|---|
| Mésotype. | Soude carbonatée (natron). |
| Plomb chromaté. | — et chaux carbonatées (gay-lussite). |
| — sulfato-carbonaté. | — sulfatée. |
| Pyroxène. | — et chaux sulfatées (glaubérite). |
| Soude boratée. | |

6ᵉ TYPE. — *Système du prisme oblique non symétrique, ou Système triclinique.*

Le prisme qui sert de type à ce système a trois axes inégaux, tous obliques entre eux. Il peut être à base rhombe comme le précédent, ou à base de parallélogramme obliquangle, comme celui de la figure 66 ; mais ce qui le caractérise essentiellement, c'est que la base *bcdf* forme avec chaque face et chaque arête un angle différent. Il en résulte qu'il n'y a d'autre symétrie à observer que celle qui résulte du parallélisme et de l'égalité de deux faces, de deux arêtes ou de deux angles diamétralement opposés.

Fig. 66.

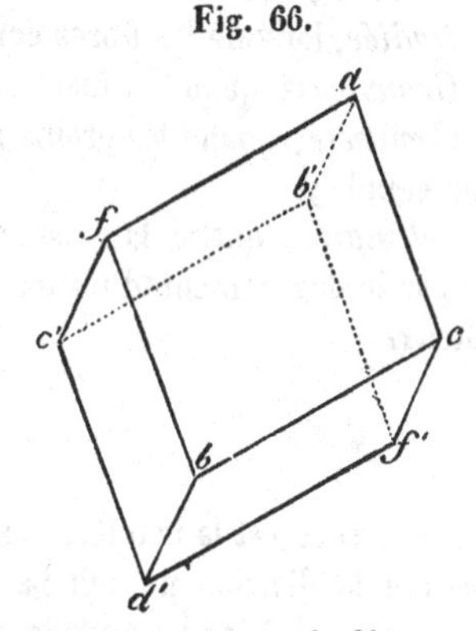


Par exemple, l'angle *b* est symétrique seulement avec l'angle *b'* ;
l'angle *c* — — avec l'angle *c'* ;
l'arête *bd'* — — avec l'arête *db'*, etc.

et comme il y a huit angles et douze arêtes, ou vingt éléments du cristal, symétriques deux à deux, il en résulte que le cristal peut subir dix genres de modifications. Il semblerait d'après cela que ce système devrait donner lieu à un très grand nombre de modifications; mais c'est le contraire qui a lieu, parce que chaque modification n'agit que sur deux éléments, et ne donne lieu qu'à des troncatures peu étendues. Enfin, ce système ne s'applique qu'à un petit nombre de minéraux, parmi lesquels je citerai :

| | |
|---|---|
| L'albite, | Le disthène, |
| L'anorthite, | Le labradorite, |
| L'axinite, | L'oligoklas. |
| Le cuivre sulfaté, | |

**Structure.**

La structure d'un minéral résulte de la disposition intérieure ou du groupement des parties dont se compose la masse.

Elle est *laminaire* ; lorsque le minéral est facilement séparable en lames d'une certaine étendue ; qui paraissent être des faces de cristaux ;

*Lamellaire*, lorsque les lames sont plus petites, mais toujours perceptibles à la vue simple ;

*Stratiforme*, lorsque la masse paraît formée de couches superposées non séparables ;

*Feuilletée* ou *schisteuse*, quand les couches sont facilement séparables ;

*Fibreuse*, quand la masse est formée de fibres sensiblement parallèles ;

*Radiée*, lorsque les fibres convergent vers un centre ;

*Granuleuse*, quand la masse est formée de grains distincts ;

*Compacte*, quand les grains sont très fins, serrés et non visibles à la vue simple ;

*Cellulaire*, quand la masse offre des espaces vides formés par retrait ou par le dégagement d'un gaz, lorsque le corps était encore à l'état pâteux.

### Cassure.

La cassure est la manière dont les parties d'un minéral se séparent, lorsque la division ne suit pas les sens de la structure. Par exemple, elle est *conchoïde*, lorsqu'elle présente des concavités et des convexités qui imitent l'empreinte de coquilles. Elle peut être *lisse*, *raboteuse*, *écailleuse* ; etc. Ces mots n'ont pas besoin d'explication.

### Pesanteur spécifique.

Il ne faut pas une longue observation des substances minérales pour s'apercevoir que, à peu près sous le même volume, il en est qui sont beaucoup plus pesantes que d'autres. La différence est telle pour quelques unes que, en les soutenant seulement dans la main, on saura toujours les distinguer : ainsi on ne confondra jamais de cette manière le platine avec l'argent, le plomb avec l'étain, ni même le bismuth avec l'antimoine. Mais, pour donner à ce caractère toute la précision dont il est susceptible, il faut trouver le moyen de peser toutes les substances exactement sous le même volume : alors on a ce qu'on nomme la *pesanteur spécifique* ou la *densité* des corps. On compare ordinairement toutes ces densités à celle de l'eau prise pour unité.

D'abord l'eau étant liquide, et tous les liquides prenant facilement la forme des vases dans lesquels on les renferme, il suffit pour peser différents liquides sous le même volume, ou pour en prendre la pesanteur spécifique, d'avoir un flacon bouché en verre, de le remplir successivement de tous ces liquides et de prendre le poids de chacun.

Je suppose avoir, par exemple, un petit flacon qui, bien séché en dedans comme au dehors, pèse, plein d'air, 50gr,92. Je le remplis entièrement d'eau distillée bouillie (1), et je mets en place le bouchon dont la partie inférieure doit être coupée obliquement, afin qu'il ne reste aucune bulle d'air au-dessous. Le bouchon étant appuyé sur le flacon, et le liquide répandu à l'extérieur ayant été bien essuyé, on le pèse de nouveau.

| | |
|---|---|
| Supposons que le poids, plein d'eau distillée, soit . . . . . | 78gr,93 |
| La tare était de . . . . . . . . . . . . . . . . . . . . . . . . | 50gr,92 |
| La différence est de . . . . . . . | 28gr,01 |

Cette différence pourrait être prise pour le poids de l'eau. Cependant comme on a pesé le flacon plein d'air et que l'air a un certain poids, en réalité le flacon seul pèse un peu moins que 50gr,92, et par suite l'eau pèse un peu plus que 28gr,01.

Pour trouver le poids de l'air contenu dans le flacon, afin de le diminuer de 50gr,92, et d'avoir la tare réelle du verre, il faut considérer que la pesanteur spécifique de l'air est à celle de l'eau comme 0,00125 : 1, ou est égale à 0,00125 de celle de l'eau. Par conséquent le poids de l'air contenu dans le flacon égale le poids de l'eau multiplié par $0,00125 = 28^{gr},01 \times 0,00125 = 0^{gr},035$.

En retranchant cette quantité du poids du flacon plein d'air, on trouve 50gr,885 pour la tare réelle du flacon. En ajoutant, au contraire, 0,035 à 28,01, on trouve 28gr,045 pour le poids réel de l'eau. Quand une fois on a un flacon ainsi bien jaugé, on le conserve pour prendre la pesanteur spécifique de tous les liquides qui se présentent.

Soit de l'acide sulfurique : on vide le flacon, on le sèche, on le remplit entièrement d'acide, comme on a fait pour l'eau; on le lave et on l'essuie à l'extérieur; enfin on le pèse. Supposons que son poids soit de . . . . . . . . . . . . . . . . . . . . . . . . . . . . . . 104gr,768

| | |
|---|---|
| La tare réelle étant. . . . . . . . . . . . . . . . . . . . . . | 50gr,885 |
| Le poids net de l'acide est. . . . . . . . . . . . . . . . | 53gr,883 |

(1) Il faut prendre de l'eau distillée et bouillie, car l'eau ordinaire contient des sels qui en augmentent la pesanteur spécifique, et de l'air qui la diminue; mais de manière que le premier effet l'emporte ordinairement sur le second. Il faut de plus opérer autant que possible à une basse température, l'eau se dilatant par la chaleur, à partir du quatrième degré au-dessus de la glace fondante, et ayant une pesanteur spécifique d'autant moins considérable que sa température est plus élevée. Il est par cela même nécessaire, lorsqu'on indique la pesanteur spécifique d'un corps, de faire mention de la température à laquelle on a opéré.

d'où l'on trouve la pesanteur spécifique de l'acide au moyen de la proportion suivante :

Le poids de l'eau *est au* poids de l'acide *comme* la densité de l'eau *est à* la densité de l'acide.

$$28{,}045 \quad : \quad 53{,}883 \quad :: \quad 1 \quad : \quad x$$

$$x = \frac{53{,}883 \times 1}{28{,}045} = 1{,}85$$

on voit, par cet exemple, que la densité de l'eau étant toujours 1, pour trouver la densité cherchée d'un corps, il suffit de diviser le poids trouvé de ce corps par le poids d'un égal volume d'eau.

**Naphte d'Amiano.**

| | |
|---|---|
| Le même flacon plein de naphte pèse . . . . . . . . . . . | 74,341 |
| Tare réelle. . . . . . . . . . . . . . . . . . . . . . . . . | 50,885 |
| Poids du naphte . . . . . . . . . . . . . . . . . . . . . . | 23,456 |

Le poids de l'eau étant toujours 28,045, on trouve la densité du naphte en divisant 23,456 par 28,045, ce qui donne 0,836.

Rien n'est plus facile, comme on le voit, que de prendre la pesanteur spécifique des liquides. Celle des corps solides peut s'obtenir par trois procédés : 1° au moyen d'un flacon à large ouverture ; 2° à l'aide d'une balance hydrostatique ; 3° par la balance Nicholson.

*Première méthode.* Supposons que j'aie un flacon en verre, à ouverture suffisante pour y introduire des fragments ou des cristaux d'un corps solide, et dont le bouchon en verre soit coupé obliquement par la partie inférieure, afin que l'eau ne puisse pas s'y arrêter. Supposons que ce flacon plein d'eau distillée pèse 156gr.,67 : je prends quelques cristaux d'un corps quelconque insoluble dans l'eau, par exemple, de cobalt gris de Tunaberg ; je les pèse d'abord ensemble dans l'air, et j'en fixe le poids à 24gr.,98 ; j'introduis ces cristaux dans le flacon plein d'eau, ce qui force nécessairement un volume de liquide égal au leur propre à s'épancher au dehors. Je bouche le flacon, je l'essuie et je le pèse en cet état : je trouve 177gr.,77.

S'il n'était pas sorti d'eau du flacon, le poids du flacon plein + le cobalt aurait dû égaler. . . . . . . . . . . . . . . . . . . . 181,65

Je n'ai trouvé que . . . . . . . . . . . . . . . . . . . . . . 177,77

La différence . . . . . . . . . . . . 3,88

représente le poids de l'eau déplacée par le cobalt, c'est-à-dire que, sous le même volume, quand le cobalt gris pèse 24,98, l'eau pèse 3,88; d'où la densité du cobalt gris $= \frac{24,98}{3,88} = 6,44$. Haüy la fixe à 6,50.

Dans le même flacon, pesant, plein d'eau, . . . . . . . . . 156,67
j'introduis une petite pépite d'or natif dont le poids dans l'air est
de . . . . . . . . . . . . . . . . . . . . . . . . . . . . . . 5,66

Les deux ensemble devraient peser . . . . . . . . . . . . . 162,33
mais, à cause de l'épanchement de l'eau hors du flacon, je ne
trouve que. . . . . . . . . . . . . . . . . . . . . . . . . . 161,93

L'eau déplacée pèse donc. . . . . . . . . . . . . . . . . . 0,40

D'où je tire $\frac{5,66}{0,40} = 14,15$; c'est-à-dire que l'or qui forme cette pépite ne pèse que 14,15, ce qui indique un alliage d'environ 15,5 d'argent pour 84,50 d'or ($Au^6 Ag$). L'or pur, qui est très rare dans la nature, pèserait 19,5.

### Balance hydrostatique.

Cet instrument ne diffère d'une balance ordinaire qu'en ce que la tige qui supporte le centre de mouvement peut s'élever ou s'abaisser à volonté, et que les plateaux portent au dessous un petit crochet destiné à suspendre le corps solide au moyen d'un crin. On pèse d'abord le corps ainsi suspendu dans l'air, et ensuite on abaisse la balance de manière à faire plonger le corps dans un vase plein d'eau distillée, placé au-dessous. On observe alors que le corps pèse moins sur le bras de la balance auquel il est suspendu, et que les poids placés de l'autre côté l'emportent. Cet effet est dû à ce que, le corps plongé dans l'eau ayant pris la place d'un volume d'eau égal au sien, l'eau environnante, qui soutenait le poids de ce volume, soutient une partie égale dans le poids du corps, et diminue d'autant son action sur la balance. Il suit de là qu'en pesant de nouveau le corps plongé dans l'eau, la différence des deux poids fera connaître le poids d'un volume égal à celui du corps, d'où l'on pourra conclure la pesanteur spécifique de celui-ci.

Soit, par exemple, un morceau de fer pesant dans l'air . . . $85^{gr.}$
Ce fer plongé dans l'eau ne pèse plus que . . . . . . . . 73,946

La différence donne le poids d'un égal volume d'eau, ou . . 11,054
D'où l'on tire, pour la pesanteur spécifique du fer,

$$\frac{85}{11,054} = 7,78$$

**Balance de Nicholson.**

Cet instrument (fig. 67), beaucoup plus portatif qu'une balance ordinaire, a presque la forme d'un aréomètre. Il consiste dans un tube de verre ou de fer blanc, d'un assez grand diamètre, surmonté d'une tige de verre ou de laiton très mince, laquelle supporte elle-même une petite cuvette destinée à recevoir des poids. A la partie inférieure du tube se trouve suspendu un petit vase lesté avec du plomb, de manière à ce que l'instrument, plongé dans l'eau distillée, puisse s'y tenir dans une position verticale, et qu'il s'y enfonce jusqu'à la partie supérieure du tube ou du cylindre.

Fig. 67.

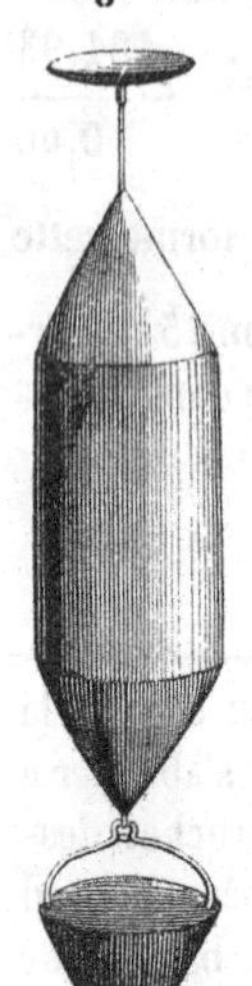

L'instrument ainsi disposé, on met dans le bassin supérieur une quantité de poids telle que l'instrument s'enfonce jusqu'à un trait, fait au moyen d'une lime sur le milieu de la tige supérieure. La quantité de poids nécessaire pour produire cet effet se nomme la *première charge ;* supposons qu'elle soit de $61^{gr.},85$ : il est évident que le poids de l'instrument, quel qu'il soit, augmenté de $61^{gr},85$, égale le poids du volume de l'eau déplacée, lorsque l'instrument est enfoncé jusqu'au trait de la tige. Maintenant retirons les poids du plateau et mettons en place un corps quelconque, soit un cristal de *baryte sulfatée*, dont le poids doit toujours être moindre que la première charge. On voit de suite que l'instrument s'enfonce moins, et que pour le ramener au trait gravé sur la tige, il faut y ajouter un certain nombre de poids, lesquels joints au poids du cristal complètent $61^{gr.},85$. Ce second poids forme la *seconde charge ;* supposons qu'il soit de $46^{gr.},14$ : il suffit, pour trouver le poids du cristal, de retrancher 46,14 de 61,85, ou la deuxième charge de la première ; la différence, qui est ici de 15,71, forme le poids du sulfate de baryte, pesé dans l'air.

Alors, sans rien changer aux poids, on enlève le cristal de la cuvette supérieure, et on le place dans le vase inférieur, qui se trouve plongé dans l'eau. De cette manière, ce corps perd, de son poids, ce que pèse le volume d'eau qu'il déplace, et l'instrument s'élève de nouveau hors de l'eau ; pour le ramener au trait de la tige, il faut ajouter dans la cuvette une certaine quantité de poids, qui forme la *troisième charge*, et qui n'est autre chose que le poids de l'eau déplacée par le corps. Dans le cas présent, la troisième charge sera d'environ $3^{gr.},35$. Divisant donc le poids du sulfate de baryte par le poids de l'eau, ou 15,71 par 3,35, on trouve 4,69 pour la pesanteur spécifique de la baryte sulfatée.

Il me reste à parler de la manière de déterminer la pesanteur spécifique des corps solubles dans l'eau et celle des corps poreux.

Pour peser un corps soluble dans l'eau, il faut remplacer l'eau par un liquide qui ne puisse pas dissoudre le corps, soit l'alcool, l'éther ou le naphte; mais ce dernier vaut mieux. Le naphte ordinaire pèse environ 0,830, ainsi que nous l'avons vu plus haut. Lorsqu'il est bien rectifié et parfaitement pur, il ne pèse plus que 0,758; par une rectification ordinaire, on l'amène facilement à 0,800. Il faut toujours, d'ailleurs, en déterminer la pesanteur spécifique : supposons-la de 0,800; prenons un cristal de nitrate de potasse qui pèse 10^gr dans l'air; plongeons-le dans du naphte à 0,800, il ne pèsera plus que 5^gr.,855, ou perdra 4,145, ce qui est le poids du naphte déplacé par le cristal; nous trouverons donc la pesanteur du nitre comparée à celle du naphte au moyen de cette proportion

$$x \quad 0{,}800 :: 10 : 4{,}145$$

$$x \quad \frac{0{,}800 \times 10}{4{,}145} = 1{,}93$$

La pesanteur spécifique du nitrate de potasse est 1,93.

Les corps poreux ont deux pesanteurs spécifiques : dans l'une on regarde les pores remplis d'air comme faisant partie du minéral, et l'on trouve ainsi une pesanteur spécifique qui peut quelquefois être moindre que celle de l'eau; tel est l'asbeste, dont la pesanteur spécifique, *faible* ou *apparente*, en y comprenant l'air, est seulement de 0,9088. Pour déterminer la pesanteur spécifique *forte* ou *réelle*, on regarde les vides comme accidentels, et l'on cherche la densité de la matière solide seule.

Pour déterminer les deux densités, apparente et réelle, d'un corps poreux, voici comment on s'y prend.

On pèse d'abord le corps bien séché dans l'air, soit 11^gr,5; on le pèse ensuite dans l'eau, soit à l'aide de la balance hydrostatique, soit avec celle de Nicholson; mais bientôt le corps s'imbibe, devient plus lourd et emporte le bras de la balance hydrostatique, ou fait descendre celle de Nicholson. Lorsque cet effet est terminé, que la balance ne bouge plus, et que, par conséquent, l'eau a remplacé l'air autant que possible, on pèse définitivement le corps dans l'eau. Supposons qu'il pèse alors 9^gr., ou qu'il ne perde plus que 2^gr.,5, ce qui est égal au poids de l'eau qu'il déplace *actuellement*, on trouvera la pesanteur spécifique réelle en divisant 11,5 par 2,5 = 4,6.

Pour trouver la pesanteur spécifique apparente, il faut ajouter aux

2$^{gr.}$,5 d'eau déplacée par le corps, après l'imbibition, celle qui y est entrée. Celle-ci se trouve en repesant promptement dans l'air le corps imbibé d'eau. Supposons qu'il pèse alors 12$^{gr.}$, comme il en pesait sec 11,5; le poids de l'eau imbibée est de 0,5, lesquels joints aux 2,5 d'eau déplacée portent à 3 grammes le poids de l'eau que le corps aurait déplacée s'il n'eût pas été poreux. La pesanteur spécifique apparente du corps est donc égale à $\frac{11,5}{3} = 3,8333$.

### Impression sur le goût.

Les corps soumis à cette épreuve sont dépourvus de saveur, ou en offrent une qui leur est particulière. Dans le premier cas, on dit que le corps est *insipide*, et dans le second *sapide*.

La saveur des corps peut être aussi variée que leur propre nature; mais on remarque surtout, comme pouvant se présenter le plus souvent, la saveur

| | Exemples : |
|---|---|
| *Salée*. . . . . . . . . . . . . . | Sel marin. |
| *Astringente*. . . . . . . . . . . | Alun. |
| *Styptique* . . . . . . . . . . . | Sulfate de zinc. |
| *Amère*. . . . . . . . . . . . . . | Sulfate de magnésie. |
| *Piquante*. . . . . . . . . . . . | Chlorhydrate d'ammoniaque. |
| *Sucrée*. . . . . . . . . . . . . | Sels solubles de glucine et de plomb. |
| *Urineuse*. . . . . . . . . . . . | Chaux. |
| *Sulfureuse*. . . . . . . . . . . | Eaux chargées d'acide sulfhydrique ou de sulfhydrates. |
| *Ferrugineuse* ou *atramentaire*. . | Sels solubles de protoxide de fer. |
| *Cuivreuse*, *mercurielle*, etc. | |

Indépendamment de la saveur proprement dite, quelques sels, abondants en eau de cristallisation, occasionnent dans la bouche un sentiment de *fraîcheur*, par la promptitude avec laquelle ils passent de l'état solide à l'état liquide. Exemples : *phosphate de soude*, *tartrate de potasse et de soude;* exemple encore : le *nitrate de potasse*, quoique anhydre.

D'autres corps ont une saveur *chaude:* ce sont ceux qui, étant desséchés, ont une forte affinité pour l'eau. Ils commencent par solidifier celle qui humecte la langue, et en dégagent une quantité sensible de calorique. Exemples : le *chlorure de calcium calciné* et la *chaux vive.*

Quelques autres corps, quoique insipides, font éprouver à la langue un effet nommé *happement*. Ces corps sont toujours poreux et avides d'eau, non à la manière de la chaux, mais seulement à l'instar d'une éponge. Ils absorbent l'humidité de la langue, dessèchent cet organe, et s'y attachent, en raison du liant qu'acquiert leur mélange avec l'eau. Exemples : les *argiles*, les *marnes*, la *craie*.

*Action sur le toucher*. Les corps soumis au sens du toucher offrent une surface *onctueuse*, comme le *talc;* ou *douce* sans onctuosité, comme l'*asbeste* et le *mica;* ou *rude*, comme la pierre ponce, etc.

*Action sur l'odorat*. — Les corps peuvent être odorants par eux-mêmes, comme le *naphte* et le *pétrole;* ou le deviennent par la chaleur, comme le bitume de Judée et le succin.

D'autres acquièrent par le frottement des mains une odeur très marquée ; tels sont le *fer*, le *cuivre*, l'*étain* et le *plomb*. Enfin il y a des corps terreux qui, bien secs, sont complétement inodores, mais qui prennent une odeur particulière sous l'influence de la vapeur de l'haleine ; telles sont les *argiles* et la *craie*.

*Action sur l'ouïe, sonorité*. Les corps librement suspendus dans l'air et soumis au choc d'un corps dur, sont *sonores* ou ne le sont pas. Pour qu'ils puissent être sonores, il faut qu'ils soient à la fois durs et élastiques ; c'est-à-dire que ces corps doivent posséder la propriété de pouvoir être altérés dans leur forme, par le choc, sans en être brisés, et de revenir peu à peu à cette forme par des oscillations décroissantes qui communiquent leur ébranlement aux particules de l'air.

Cette propriété est très développée dans plusieurs métaux, tels que l'argent, le cuivre et le fer, et dans plusieurs alliages, comme le *bronze* et le *gong* ou métal du *tam-tam*. Parmi les minéraux, elle est remarquable surtout dans une roche feldspathique homogène, que l'on emploie comme l'ardoise à la couverture des maisons, et nommée *phonolithe*. L'ardoise, elle-même, jouit d'une certaine sonorité, et est jugée d'autant plus propre à résister aux effets destructeurs des agents atmosphériques, qu'elle possède cette propriété à un plus haut degré.

### Impression sur la vue.

Les impressions que les corps exercent sur ce sens sont très variées, et offrent plusieurs caractères importants ; tels sont la *couleur*, l'*éclat de la surface*, la *transparence* ou l'*opacité*, la *réfraction simple* ou *double*.

*Couleur*. La couleur d'un corps, vu en masse, peut être *uniforme*, comme dans l'*émeraude*, le *soufre* et les *métaux*. Elle est *variée* dans la plupart des marbres secondaires ; *chatoyante*, dans l'opale et le labradorite ou pierre de Labrador. Ce dernier effet a lieu lorsque la lumière, ayant pénétré à une certaine profondeur dans un minéral d'une transparence imparfaite, ou coupé par de nombreuses fissures, est réfléchie vers l'extérieur en rayons vifs et diversement colorés comme ceux de l'iris. Très souvent la couleur d'un corps réduit en poudre n'est pas la même que celle de la masse. C'est ainsi que le *cinnabre*, qui est d'un gris violet en masse, est d'un rouge vif lorsqu'il est pulvérisé.

| Minéraux. | En masse : | En poudre : |
|---|---|---|
| *Réalgar*. . . . . . . . . | rouge, | orangé ; |
| *Fer oligiste*. . . . . . | gris noirâtre, | brun-rouge ; |
| *Sulfure d'antimoine*. . | gris bleuâtre, | noir. |

Quelquefois, lorsque le corps est tendre, il n'est pas nécessaire de le pulvériser et d'en détruire une partie pour l'examiner sous ce point de vue : il suffit de le frotter sur un corps plus résistant que lui, et même sur du papier. Il en résulte une trace dont on note la couleur. Par exemple, le *molybdène sulfuré* et le *graphite* forment tous les deux sur le papier une trace grise noirâtre, et qui ne peut servir à les distinguer ; mais, vient-on à les frotter sur de la porcelaine blanche, le graphite y forme toujours une trace grise noirâtre, tandis que le molybdène sulfuré en produit une verdâtre.

*Éclat de la surface*. La surface d'un corps peut être *brillante*, comme celle de la plupart des corps cristallisés ; ou *terne*, comme dans les corps amorphes ou mélangés de substances terreuses. Elle peut avoir un éclat *onctueux*, par exemple le *jade* poli ; *soyeux*, comme une variété de cuivre carbonaté vert, ou l'asbeste ; *nacré*, par exemple la stilbite ; *métallique*, comme tous les métaux ; n'ayant que l'*apparence métallique*, exemple le *mica*.

La *transparence* est la propriété dont jouissent certains corps de se laisser traverser par la lumière. Elle peut être *parfaite*, *imparfaite* ou *nulle*. Pour que la transparence soit parfaite, il faut qu'on distingue nettement, au travers du corps, le contour des objets ; c'est alors seulement que le corps est dit *transparent* : par exemple, le *verre* et le *spath d'Islande* ou *carbonate de chaux rhomboédrique*. Lorsque les corps ne laissent passer qu'imparfaitement les rayons lumineux, et sans qu'on puisse distinguer au travers les lignes et les contours des objets, ils sont dits *translucides*, tels sont la *cornaline* et l'*argent chloruré*. Enfin les corps qui ne laissent passer aucun rayon lumineux sont *opaques* ; tels sont principalement les métaux, qui doivent leur éclat et leur aspect miroitant à la réflexion presque complète qu'ils font éprouver à la lumière.

*Réfraction.* Propriété des corps transparents qui consiste en ce que, lorsqu'un rayon lumineux AB (fig. 68) vient à passer obliquement d'un milieu peu dense, comme est l'air, dans un milieu plus dense, comme sont l'*eau*, le *verre*, le *cristal de roche*, etc., ce rayon, au lieu de suivre directement sa route vers E, s'incline en se rapprochant de la perpendiculaire NN, menée à la surface du corps au point d'incidence, et suit une nouvelle direction BC. Et réciproquement, lorsque le rayon BC, après avoir traversé le corps, repasse obliquement dans l'air, il s'écarte de la perpendiculaire N'N' menée à la surface du corps au point de sortie, et, si les deux surfaces du corps sont parallèles, la nouvelle direction sera elle-même parallèle à la direction primitive du rayon et se trouvera située dans un même plan perpendiculaire à la surface, seulement elle sera placée plus bas.

Fig. 68.

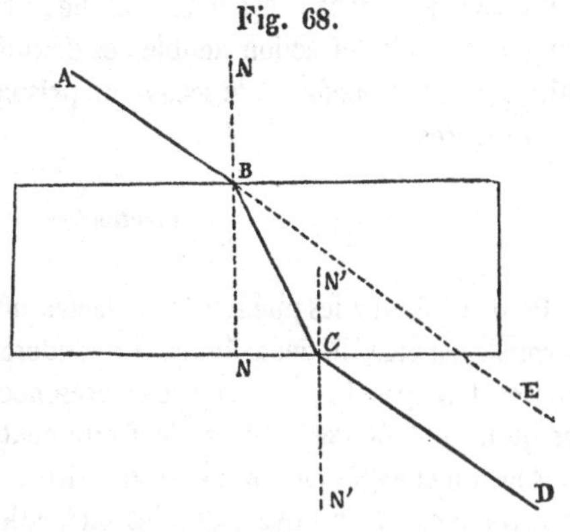


Voilà donc en quoi consiste le phénomène de la *réfraction*, qui paraît dû à l'attraction de la lumière pour les particules matérielles, et qui est généralement en raison directe de la densité des corps et de leur combustibilité; mais il y a des substances dans lesquelles non seulement le rayon incident se réfracte, mais encore se divise en deux rayons distincts; de telle sorte que lorsqu'on regarde un objet à travers un de ces corps, on le voit généralement double. C'est ce qu'on peut observer très facilement avec un rhomboèdre de *chaux carbonatée limpide* ou *spath d'Islande*, et avec un grand nombre d'autres substances, lorsqu'elles sont convenablement taillées. Le caractère de la réfraction, simple ou double, peut servir à déterminer le système de cristallisation, et quelquefois la nature spécifique d'un grand nombre de substances, lors même qu'elles sont privées des formes naturelles qui pourraient les faire reconnaître, par exemple lorsqu'elles sont en fragments, ou lorsqu'elles ont été taillées; parce qu'on a remarqué que tous les corps qui ont la réfraction simple sont privés de cristallisation ou sont cristallisés dans le système cubique, tandis que ceux pourvus de la réfraction double sont tous cristallisés et appartiennent à l'un des autres systèmes. C'est ainsi que l'on pourra distinguer le *verre* qui n'est pas cristallisé, et qui ne possède que la réfraction simple, du *cristal de roche* cristallisé dans le système rhomboédrique et pourvu de la réfraction double; ou bien le *rubis spinelle* et le *grenat*, qui ne possèdent que la réfraction simple et qui cristallisent dans le système cubique, du *rubis oriental* et du *zircon*, qui possèdent la réfraction double, et dont le premier a pour forme primitive un rhomboèdre et le second un prisme droit ou un octaèdre obtus à base carrée.

### Électricité.

Pour expliquer les phénomènes électriques, on suppose dans tous les corps l'existence de deux fluides impondérables tellement unis et neutralisés l'un par l'autre, que leur présence ne devient manifeste que lorsqu'ils ont été séparés par le frottement des corps ou par d'autres moyens que l'expérience a fait reconnaître. On admet également, et les faits semblent le prouver, que les molécules d'un même fluide se repoussent, et qu'elles attirent au contraire les molécules de l'autre fluide ; de sorte que, lorsque des corps d'un poids peu considérable, relativement aux forces qui peuvent agir sur eux, se trouvent sous l'influence de ces deux fluides à l'état d'activité, ils obéissent à leurs mouvements d'attraction et de répulsion, et rendent ainsi visible l'action des fluides eux-mêmes.

Tous les corps paraissent pouvoir s'électriser par frottement ; mais les uns ne conservent aucune trace de l'électricité développée à leur surface, parce qu'ils sont *conducteurs* du fluide et le laissent échapper ; tandis que les autres conservent pendant un certain temps l'électricité développée et permettent ainsi d'en observer les effets.

Parmi les corps qui s'électrisent par frottement, il y en a, tels que le verre, le cristal de roche et les substances qui leur ressemblent, qui prennent une espèce d'électricité, qui en a reçu, à cause de cela, le nom d'*électricité vitrée*, et que l'on nomme également *électricité positive.* Les autres, qui sont de nature combustible, comme le *soufre*, le *succin*, le *copal* et toutes les *résines*, prennent l'autre espèce d'électricité qui est appelée *résineuse* ou *négative*. Cependant l'espèce d'électricité developpée dans un corps dépend beaucoup de l'état de la surface du corps et de la nature du frottoir.

Ainsi le verre poli, frotté avec une étoffe de laine, s'électrise vitreusement ; mais si sa surface a été dépolie, il s'électrisera résineusement, et le même résultat sera obtenu si, le verre restant poli, on remplace le frottoir de laine par une peau de chat.

Pour reconnaître si un corps est électrisé par frottement, il faut, après l'avoir frotté pendant quelques instants avec un morceau de drap, l'approcher de quelque corps léger, tel qu'une petite barbe de plume ou un cheveu suspendu. Si le corps léger est attiré, c'est une preuve que le corps est électrisé. Pour déterminer l'espèce d'électricité, il faut donner préalablement au corps mobile et isolé une électricité connue, soit, par exemple, de l'électricité résineuse. Si le corps mobile est attiré, l'électricité cherchée sera vitrée ; s'il est repoussé, ce sera, au contraire, de l'électricité résineuse.

*Électricité par la chaleur.* Certains minéraux isolants ou non conducteurs, tels que la *tourmaline* et la *topaze*, deviennent électriques lorsqu'on les chauffe, et prennent ordinairement deux pôles, c'est-à-dire que l'une des extrémités du cristal manifeste l'électricité positive et l'autre extrémité l'électricité négative. Ce qu'il y a de plus remarquable, c'est que les minéraux cristallisés et prismatiques qui offrent cette propriété ont toujours les extrémités du prisme terminées par des sommets non symétriques. Que l'on chauffe, par exemple, très progressivement et bien également, une tourmaline suspendue à un fil non tordu, on verra bientôt qu'elle acquerra deux pôles électriques, et que le sommet trièdre sera vitré, et l'autre, composé de six facettes, résineux. Cette opposition électrique augmentera avec la température, mais disparaîtra aussitôt que celle-ci deviendra stationnaire. Elle reparaît ensuite pendant le refroidissement, mais en sens inverse, c'est-à-dire qu'alors le sommet qui a le moins de facettes devient résineux et l'autre vitré.

### Magnétisme.

On entend par *magnétisme* un ordre de phénomènes attribués à deux fluides analogues à ceux qui produisent l'électricité, mais qui s'en distinguent par plusieurs circonstances principales : 1° leur action paraît bornée à un petit nombre de corps, qui sont le *fer*, le *nickel*, le *cobalt* et quelques uns des composés du fer ; 2° cette action, une fois développée dans ces corps, mais surtout dans l'*acier*, persiste pendant un temps considérable, quels que soient les corps qui les touchent et les fassent communiquer avec le sol ; 3° enfin, les corps dans lesquels on a développé l'action magnétique présentent toujours deux points vers lesquels s'accumulent les deux fluides opposés, ou deux *pôles ;* et de ces pôles, l'un, animé par le fluide austral, se dirige constamment vers le pôle nord de la terre, l'autre, occupé par le fluide boréal, se dirige vers le pôle sud.

Cependant, à l'exception de quelques lignes, nommées *méridiens magnétiques*, sur lesquelles l'aiguille aimantée se dirige exactement vers les pôles terrestres, dans tous les autres lieux l'aiguille fait avec le méridien terrestre un angle plus ou moins marqué, et qui varie suivant les lieux et le temps. A Paris, par exemple, en l'année 1580, l'aiguille *déclinait* de 11 degrés vers l'est ; en 1666 la déclinaison était nulle, et l'aiguille se dirigeait exactement vers le nord. Plus tard, la déclinaison a passé à l'ouest, et de 1792 à l'époque actuelle, elle est restée fixée, à de légères variations près, à 22 degrés vers l'ouest; de sorte que pour avoir véritablement le nord, il faut le porter à 22 degrés vers la droite ou vers l'est de l'aiguille.

Des trois métaux que j'ai nommés, le fer est le plus magnetique, et le seul qui conserve cette propriété dans quelques uns de ses composés; le nickel et le cobalt ne le sont qu'à l'état métallique; et comme ces deux métaux ne se trouvent pas à l'état natif, il n'y a dans la nature que le *fer métallique*, le *fer oxidulé* ou *oxide ferroso-ferrique*, le *fer oligiste* ou *oxide ferrique cristallisé*; la *pyrite magnétique* ou *fer protosulfuré*, et les minéraux qui contiennent à l'état de mélange l'un ou l'autre de ces composés, qui soient sensibles à l'action de l'aiguille aimantée.

Pour reconnaître cette propriété, on présente, à distance convenable; le minéral à une aiguille aimantée, librement suspendue et en repos. Si le corps est magnétique, il sera attiré par l'aiguille; mais comme il est retenu par la main, c'est l'aiguille qui marche et qui vient se réunir au corps.

C'est de cette manière qu'agissent le *fer natif*, le *fer oxidulé cristallisé*, le *fer oligiste cristallisé*, et la *pyrite magnétique*. Ces corps n'étant pas pourvus de magnétisme propre, et étant seulement attirés par le fluide magnétique de l'aiguille, agissent sur l'un et l'autre pôle et les attirent également; mais il en est autrement pour le *fer oxidulé massif* ou *amorphe*, qui porte aussi le nom d'*aimant*. Ce corps est ordinairement magnétique par lui-même et pourvu de deux pôles; alors il ne peut attirer également les deux pôles de l'aiguille; il attire l'un et repousse l'autre.

### Caractères chimiques.

Ces caractères résultent de l'action chimique de différents corps sur la substance dont on cherche à découvrir la nature. Les agents dont on se sert le plus ordinairement sont le *calorique*, l'*eau*, les *acides*, quelques *sels*, et différentes teintures végétales.

On essaie les corps par le moyen du calorique, soit en les projetant sur un charbon allumé, soit en les chauffant dans un tube de verre; soit en les exposant à la flamme du chalumeau.

La simple projection d'un corps sur un charbon allumé peut faire connaître la nature de plusieurs : ainsi le *nitrate de potasse fuse*, c'est-à-dire qu'il se fond et s'étend sur les charbons, en faisant brûler avec éclat tous les points du combustible qu'il touche.

Le *chlorure de sodium*, obtenu par évaporation d'une solution aqueuse, décrépite sur les charbons, tandis que les cristaux de sel gemme n'en éprouvent aucune altération.

Le *sulfate de chaux hydraté* cristallisé (gypse ou sélénite) s'exfolie et devient opaque. Le *sulfate de chaux anhydre* conserve sa forme et sa transparence.

Fig. 69.

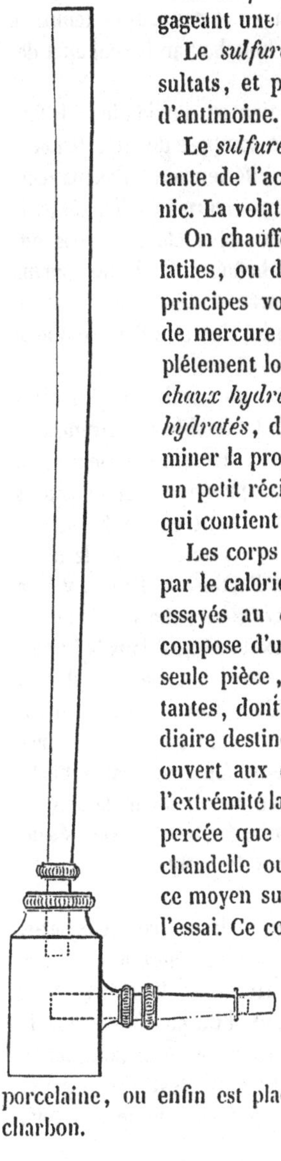

Le *soufre* brule avec une flamme bleuâtre, en dégageant une odeur d'acide sulfureux.

Le *sulfure d'antimoine* donne lieu aux memes resultats, et produit en outre un cercle blanc d'oxide d'antimoine.

Le *sulfure d'arsenic* développe à la fois l'odeur irritante de l'acide sulfureux et l'odeur alliacée de l'arsenic. La volatilisation est complète.

On chauffe dans un tube de verre les substances volatiles, ou dans lesquelles on suppose la présence de principes volatils. Tels sont les sulfures d'arsenic et de mercure, qui se subliment sans altération et complétement lorsqu'ils sont purs. L'*argile* et le *sulfate de chaux hydraté*, l'*oxide ferrique* et l'*oxide manganique hydratés*, dégagent de l'*eau* dont il est facile de déterminer la proportion, en la condensant et la pesant dans un petit récipient adapté au tube ou à la petite cornue qui contient l'hydrate.

Les corps qui ne sont pas susceptibles d'être altérés par le calorique par l'un des moyens précédents, sont essayés au *chalumeau* (fig. 69). Cet instrument se compose d'un tube de verre ou mieux de métal d'une seule pièce, ou composé de plusieurs parties emboîtantes, dont l'une forme une petite chambre intermédiaire destinée à condenser l'eau de l'air insufflé. Il est ouvert aux deux bouts : on souffle avec la bouche par l'extrémité la plus ouverte, et l'on dirige l'autre, qui n'est percée que d'un très petit trou, vers la flamme d'une chandelle ou d'une lampe à huile, que l'on darde par ce moyen sur un très petit fragment du corps soumis à l'essai. Ce corps est fixé à l'extrémité d'une petite pince de platine, ou contenu dans une petite cuiller du même métal, ou posé sur une toute petite coupelle composée avec partie égale d'os calcinés à blanc et de terre à porcelaine, ou enfin est placé au fond d'une cavité creusée dans un charbon.

L'emploi du chalumeau demande beaucoup d'habitude, d'abord pour souffler longtemps, également, et sans discontinuer; ensuite pour tirer à volonté du même instrument des effets d'oxidation ou de réduction tout à fait opposés, mais qui sont, il faut le dire, assez difficiles à obtenir d'une manière nette et tranchée.

Pour souffler sans interruption, il suffit de remplir de temps en temps la poitrine, en aspirant l'air par le nez, et pendant ce temps de continuer à expulser l'air contenu dans la bouche par le seul effet des muscles des joues.

Pour opérer à volonté des effets de réduction ou d'oxidation, il faut remarquer que la flamme d'une chandelle se compose de trois flammes partielles (fig. 70) : 1° d'une flamme bleue inférieure AA dont la température est peu élevée; 2° d'une flamme intérieure BC allongée, nébuleuse ou obscure, où la température est plus élevée, mais qui contient encore des gaz combustibles non brûlés; 3° d'une flamme extérieure DE allongée, blanche et très éclairante, où s'opère l'entière combustion du charbon. C'est vers l'extrémité de cette flamme que se trouve le point de la plus forte chaleur.

Si donc, lorsque la combustion est rendue plus active et plus complète par le chalumeau, on présente un métal oxidable à l'extrémité E' de la flamme extérieure, où les principes combustibles sont entièrement brûlés, et où rien ne préserve le métal de l'action de l'air, il y aura *oxidation*; mais si l'on porte l'oxide jusque dans la flamme obscure intérieure, il sera réduit. Ces résultats peuvent facilement être obtenus plusieurs fois, alternativement, avec le plomb et le cuivre; moins facilement avec l'étain.

Fig. 70.

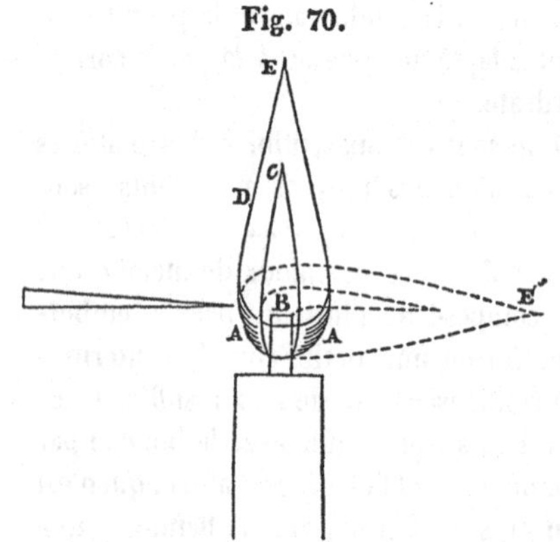


Voici quelques autres résultats qui peuvent être obtenus à l'aide du chalumeau.

Prenez un fragment d'un minerai quelconque de cuivre; réduisez-le en poudre très fine dans un mortier d'agate, et mélangez-le avec une certaine quantité de carbonate de soude sec. Humectez le mélange avec une petite goutte d'eau, placez-le dans le creux d'un charbon et chauffez graduellement, au feu de réduction, jusqu'à ce que le mélange fondu ait été entièrement absorbé par le charbon. Si tout n'est pas disparu, on ajoute un peu de carbonate de soude et l'on chauffe de nouveau, jusqu'à ce que tout soit absorbé. Alors, le charbon étant éteint, on enlève avec un couteau toute la partie qui se trouve imprégnée du mélange fondu, et on la broie avec de l'eau, dans le mortier d'agate. On laisse reposer; on décante l'eau, qui entraîne avec elle la soude et le charbon et laisse la substance métallique. On recommence le broiement et le lavage jusqu'à ce que le métal reste seul sous la forme de particules rouges du plus bel éclat métallique. Cet essai fait découvrir les moindres quantités de cuivre dans un minerai, et peut également servir pour le bismuth, l'étain, le plomb, le nickel et le fer. Il est inutile pour l'or et l'argent, qui se réduisent facilement sans addition, à l'état d'un bouton métallique fixe et malléable.

Le borax purifié et fondu peut servir à reconnaître un certain nombre d'oxides métalliques, en formant avec eux des verres diversement colorés, et dont la couleur varie avec leur degré d'oxidation, et par conséquent avec l'espèce de flamme à laquelle l'essai se trouve soumis.

Ainsi, une parcelle presque imperceptible d'*oxide de manganèse* étant triturée avec du borax fondu, placée sur une petite coupelle d'os et d'argile, et chauffée au feu d'oxidation, produit un verre transparent d'une belle couleur améthyste. Ce verre devient incolore au feu de réduction.

Un fragment de *cobalt gris* (sulfo-arséniure de cobalt) ou de *cobalt arsenical*, étant grillé d'abord à la flamme oxidante, pulvérisé avec du borax et fondu sur une petite coupelle, forme un verre transparent d'une magnifique couleur bleue.

L'*oxide de chrome* et les *chromates* colorent le borax en vert d'émeraude; les *oxides d'urane* en jaune verdâtre, qui devient d'un vert sale au feu de réduction; l'*oxide* et les *sels de cuivre* en un beau vert; ce verre vert devient incolore au feu de réduction, et reste tel tant qu'il est fondu; mais il prend une couleur rouge et devient opaque en se refroidissant.

Le *peroxide de fer*, fondu avec le borax au feu d'oxidation, forme un verre d'un rouge sombre, qui pâlit et devient jaunâtre en refroidissant. Au feu de réduction, le verre prend la couleur verte des sels de protoxide de fer. On peut en général accélérer les différentes réductions qui viennent d'être indiquées et les rendre plus tranchées, en introduisant dans le verre fondu une petite parcelle d'étain.

Les autres caractères chimiques des minéraux se tirent de l'action qu'exercent sur eux l'*eau*, les *acides*, les *alcalis* et quelques autres *réactifs*.

L'eau dissout très facilement quelques sels minéraux, tels que le *sulfate de fer*, le *nitrate de potasse*, le *chlorure de sodium;* quelquefois elle les dissout très difficilement et en petite quantité : exemple, le *sulfate de chaux;* d'autres fois encore elle ne les dissout pas du tout, comme le *carbonate de chaux*, le *carbonate de baryte*, les *sulfates de baryte et de strontiane* et beaucoup d'autres.

Les acides agissent sur les minéraux de plusieurs manières différentes; mais c'est surtout l'acide nitrique qui est d'un usage très fréquent.

Tantôt il est tout à fait sans action, comme sur l'*or*, le *platine*, le *quartz*, le *sulfate de baryte*.

Tantôt il les dissout sans effervescence, comme les *phosphates de chaux et de plomb*.

D'autres fois il les dissout avec effervescence d'acide carbonique: exemples, les *carbonates de chaux et de magnésie;* mais non le *carbonate de baryte* naturel, qui ne s'y dissout qu'après avoir été désagrégé par la calcination ou la pulvérisation. Quelques métaux natifs ou oxidulés se dissolvent dans l'acide nitrique avec une effervescence de gaz nitreux qui devient rutilant au contact de l'air; tels sont le *mercure*, l'*argent*, le *cuivre*, le *bismuth natif* et le *cuivre oxidulé*.

Du reste, les actions chimiques qui servent à distinguer les minéraux sont tellement variées et propres à chacun, qu'il n'est guère possible de les énoncer d'une manière générale, et qu'il faut les renvoyer à leur histoire particulière.

## CLASSIFICATION MINÉRALOGIQUE.

Si l'on s'en rapportait aux opinions émises dans un grand nombre d'ouvrages, on devrait distinguer plusieurs écoles ou plusieurs systèmes de classifications minéralogiques, les premières étant fondées uniquement sur les caractères extérieurs, les secondes se trouvant établies à la fois sur la composition chimique et sur les caractères physiques, enfin d'autres reposant uniquement sur la composition chimique; mais, en réalité, toutes ces classifications sont fondées principalement sur la nature chimique des minéraux, autant qu'elle a pu être connue de leurs auteurs; et la classification d'Avicenne, par exemple, que l'on donne comme un exemple d'une classification fondée uniquement sur les caractères extérieurs, et qui divisait les minéraux en *pierres*, *sels*, *bitumes* et *métaux*, était une classification chimique telle qu'Avicenne pouvait la faire, et tout aussi chimique que celles de Werner, d'Hausmann, de Haüy, de M. Beudant, de M. Brongniart, et que les deux de M. Berzélius. Seulement la chimie venait éclairer de plus en plus la vraie nature des minéraux, et leur classification en devenait plus parfaite. C'est donc, à mon avis, la meilleure classification chimique qui sera la meilleure base de la classification minéralogique. Or, en comparant les classifications chimiques les plus récemment publiées, je persiste dans l'opinion que la meilleure est celle qui range tous les corps simples en une série fondée, autant que possible, sur leur caractère électro-chimique, et séparée en genres naturels par un ensemble de propriétés communes à chaque groupe partiel.

Mais il se présente ici une assez grande difficulté à résoudre : étant donnée la série électro-chimique des corps simples, est-il préférable de fonder les familles sur les éléments les plus électro-négatifs, comme en chimie, et de comprendre dans chaque famille les composés d'un même corps négatif, par exemple l'*oxigène*, avec tous ceux qui sont plus positifs que lui (*soufre*, *carbone*, *fer*, *cuivre*, etc.) ; ou bien faut-il faire le contraire ?

Jusque dans ces dernières années, la plupart des minéralogistes, Haüy, M. Brongniart, et M. Berzélius, dans son *Système de minéralogie* publié en 1819, avaient disposé les minéraux de cette dernière manière; c'est-à-dire, par exemple, que le *fer*, métal positif, formait une famille dans laquelle se trouvaient rangés d'abord le *fer natif*, puis tous les composés naturels du fer avec les corps électro-négatifs, tels que l'*oxigène*, le *soufre*, l'*arsenic;* enfin les composés d'*oxides de fer* (éléments positifs des combinaisons) avec les acides *sulfurique*, *carbonique*, *phosphorique*, etc. Mais, en 1825, M. Berzélius a publié une méthode tout opposée, se fondant surtout sur ce qu'un grand nombre de bases oxidées, composées d'un même nombre d'atomes élémentaires, peuvent se remplacer dans les minéraux, sans en changer la forme cristalline, ni d'autres principales propriétés, de sorte que l'analogie naturelle demande le rapprochement de ces composés salins qui, dans l'autre méthode, se trouvent dispersés dans autant de familles différentes (1). Malgré l'autorité d'un si grand nom, et malgré celle de M. Beudant, qui a publié un système de minéralogie en partie fondé sur le même principe (2), je pense que, pour la minéralogie *appliquée*, il est préférable de ranger les corps d'après leur radical *cuivre*, *fer*,

(1) Ainsi que je l'ai déjà dit, on nomme *isomorphes* les corps qui peuvent ainsi se substituer dans les combinaisons, sans en changer le système de cristallisation. Ainsi l'acide phosphorique $P^2O^5$, et l'acide arsenique $As^2O^5$, sont isomorphes et forment des sels presque semblables, et qui se mélangent dans la nature sans aucun rapport fixe. Pareillement la chaux, la magnésie, l'oxide de zinc et les protoxides de fer et de manganèse, tous formés suivant la formule RO, nous offrent des sels dont la cristallisation est presque identique, et que l'on trouve très souvent mélangés. Il en est encore de même de l'alumine et des sesqui-oxides de fer, de cobalt et de manganèse, dont la formule générale est $R^2O^3$ ; R représentant le radical métallique, et O l'oxigène.

(2) *Traité élémentaire de minéralogie*, Paris, 1830, 2 vol. in-8. — *Cours élémentaire d'histoire naturelle*, *Minéralogie*, Paris, 1842, in-12.

*plomb*, *zinc*, etc., parce que, en effet, c'est presque toujours le radical qui donne aux minéraux l'importance dont ils jouissent, et qui détermine leur mode d'exploitation et leurs applications industrielles.

La méthode que nous suivrons est donc calquée sur celle que M. Berzélius a publiée en 1819, et que MM. Girardin et Lecoq ont adoptée dans leurs *Éléments de minéralogie* publiés en 1826. C'est-à-dire que nous commencerons par les corps les plus électro-négatifs, ou par les métalloïdes, tels que le *soufre*, le *carbone*, le *bore* et le *silicium*. Puis viendront les métaux électro-négatifs, comme l'*arsenic*, l'*antimoine*, l'*or*, le *platine*, etc.; et à la fin se trouveront placés les métaux les plus électro-positifs, tels que le *fer*, le *manganèse*, l'*aluminium*, le *magnésium*, le *calcium*, le *strontium*, le *barium*, le *sodium* et le *potassium*.

Chacun de ces corps sera le type ou le fondement d'une famille qui sera composée, outre le corps lui-même, de ses composés naturels avec les corps plus électro-négatifs que lui. Ainsi la famille du soufre sera formée du *soufre natif*,

de l'*acide sulfureux* (gaz des volcans),
de l'*acide sulfurique* (lacs acides).

Le bore n'existe pas natif, et ne se trouve qu'à l'état d'acide borique; la famille du bore ne comprendra donc qu'une seule espèce, l'*acide borique*. Quant au *borate de soude*, dans lequel l'acide borique est négatif par rapport à la soude, ou le bore par rapport au sodium, c'est évidemment dans la famille du *sodium* que ce sel devra être rangé.

La famille de l'arsenic comprendra quatre espèces:

Arsenic natif,
Arsenic sulfuré rouge ou *réalgar*,
Arsenic sulfuré jaune ou *orpiment*,
Arsenic oxidé ou *acide arsénieux*.

Tandis que l'*arséniate de cobalt* fera partie des composés cobaltiques: ainsi des autres.

Ampère est le premier qui ait tenté d'établir une classification naturelle des corps simples fondée à la fois sur leurs rapports électriques et sur l'ensemble de leurs propriétés chimiques. J'ai fait subir à cette classification plusieurs modifications nécessaires que l'on peut voir exposées dans les diverses éditions de la *Pharmacopée raisonnée* (1). Aujourd'hui je fais éprouver à cette classification un nouveau changement qui consiste à retirer les chromides d'entre les borides et les platinides, quels que soient les rapports qui les rapprochent de ces deux genres de corps, pour les placer entre les cassitérides et les sidérides auxquels ils

(1) *Pharmacopée raisonnée*, ou *Traité de pharmacie pratique et théorique*, par MM. Henry et Guibourt, troisième édition, Paris, 1841, in-8.

s'unissent, d'une part par le tantale et le titane, et de l'autre par le chrome et l'urane. Mais alors le zinc, et le cadmium qui le suit nécessairement, ne peuvent plus rester avec l'étain, et doivent descendre jusqu'au magnésium, avec lequel le zinc offre de très grands rapports naturels.

Je n'admets pas que le fluore doive quitter le chlore pour passer avec le soufre, ni que le bismuth doive être séparé du plomb pour aller joindre l'antimoine et l'arsenic. Je laisse l'hydrogène avec le carbone, quelles que soient les différences qu'ils présentent dans leurs composés, à cause de leur origine commune, de leur combustibilité à peu près égale et de leur union constante dans les corps minéraux dérivés d'origine organique. En prenant cette classification ainsi modifiée pour base de la classification minéralogique, il me restera deux observations à faire. La première est qu'il n'y a pas autant de familles minéralogiques que de corps simples; d'abord parce que l'*oxigène*, qui est le premier de tous, n'existe libre que dans l'air atmosphérique, et qu'il ne peut se combiner à aucun autre corps plus électro-négatif que lui-même; ensuite parce que les quatre corps qui le suivent (*fluore, chlore, brome, iode*) ne se trouvent ni libres ni combinés entre eux, ou à l'oxigène, de sorte que tous leurs composés naturels se trouvent compris dans les familles suivantes, à la suite du corps électro-positif qui leur sert de radical.

Nous devrions donc commencer les familles minéralogiques au *soufre*, au *sélénium* et au *tellure;* viendraient ensuite l'*arsenic* et l'*antimoine;* puis le *carbone*, le *bore* et le *silicium;* enfin les métaux proprement dits. Mais voici en quoi consiste ma seconde observation : c'est que, pour éloigner le moins possible le tellure, l'arsenic et l'antimoine des métaux, avec lesquels ils présentent de grands rapports physiques; enfin pour mettre hors de ligne l'acide silicique qui ne ressemble à rien qu'à lui-même, ou à l'acide borique, et qui est incomparablement à tous les autres corps le plus abondant de la croûte solide du globe, je suis d'avis de commencer les familles minéralogiques par celles du silicium, du bore et du carbone; puis viendront celles du soufre, du sélénium, du tellure, de l'arsenic et de l'antimoine; enfin celles formées par les métaux proprement dits. Voici le tableau de cette classification :

# CLASSIFICATION NATURELLE

## DES CORPS SIMPLES

### SERVANT DE BASE A LA CLASSIFICATION MINÉRALOGIQUE.

| | GENRES. | ESPÈCES. | SIGNES. | DENSITÉ (*d*). | POIDS moléculaire (*m*). | MULTIPLIC. moléculaire $\frac{1000}{m}$. |
|---|---|---|---|---|---|---|
| I. | ZOÉRIDE . . . | 1. Oxigène | O | 1,1057 (1) | 100 | 10 |
| II. | BROMOÏDES . . | 2. Fluore | F | | 117,70 | 8,496 |
| | | 3. Chlore | Cl | 1,33 (2) | 221,64 | 4,5118 |
| | | 4. Brome | Bm | 2,966 (2) | 500, | 2, |
| | | 5. Iode | I | 4,948 | 793, | 1, |
| III. | THIONIDES . . | 6. Soufre | S | 2,086 | 200, | 5, |
| | | 7. Sélénium | Se | 4,320 | 494,58 | 2,0219 |
| | | 8. Tellure | Te | 6,258 | 800, | 1,25 |
| IV. | ARSÉNIDES . . | 9. Azote | Az | 0,972 (1) | 87,50 | 11,4285 |
| | | 10. Phosphore | P | 1,77 | 200, | 5, |
| | | 11. Arsenic | As | 5,959 | 468,75 | 2,1333 |
| | | 12. Antimoine | Sb | 6,8 | 806,45 | 1,24 |
| V. | ANTHRACIDES. | 13. Hydrogène | H | 0,0689 (1) | 6,25 | 160. |
| | | 14. Carbone | C | 3,5 (3) | 75, | 13,33 |
| VI. | BORIDES. . . . | 15. Bore | B | » | 136,20 | 7,3421 |
| | | 16. Silicium | Si | » | 266,84 | 3,7475 |
| VII. | PLATINIDES. . | 17. Osmium | Os | 10, | 1244,49 | 0,8035 |
| | | 18. Iridium | Ir | 18,65 | 1233,50 | 0,8107 |
| | | 19. Platine | Pt | 21,46 | 1233,50 | 0,8107 |
| | | 20. Palladium | Pd | 11,3 | 665,90 | 1,5017 |
| | | 21. Rhodium | R | 11, | 651,39 | 1,535 |
| | | 22. Ruthénium | Rt | » | 651,39 | 1,535 |
| | | 23. Or | Au | 19,258 | 1229,40 | 0,8134 |
| VIII. | ARGYRIDES . . | 24. Argent | Ag | 10,474 | 1350 | 0,7407 |
| | | 25. Mercure | Hg | 13,568 (2) 14,391 (4) | 1250 | 0,8 |
| | | 26. Plomb | Pb | 11,35 | 1294,6 | 0,7724 |
| | | 27. Bismuth | Bi | 9,83 | 1330,37 | 0,7517 |
| IX. | CASSITÉRIDES. | 28. Étain | Sn | 7,29 | 735,3 | 1,36 |

(1) Gazeux.
(2) Liquide.
(3) Diamant. — (4) Solide.

| | GENRES. | ESPÈCES. | SIGNES. | DENSITÉ (*d*). | POIDS moléculaire (*m*). | MULTIPLIC. moléculaire $\frac{1000}{m}$. |
|---|---|---|---|---|---|---|
| X. | TITANIDES. . . | 29. Niobium | Nb | » | » | » |
| | | 30. Pélopium | Pp | » | » | » |
| | | 31. Tantale | Ta | » | 1537,62 | 0,6504 |
| | | 32. Ilménium ? | Im | » | » | » |
| | | 33. Titane | Ti | 5,3 | 303,66 | 3,0956 |
| XI. | CHROMIDES. . | 34. Tungstène | Tg | 17,6 | 1183 | 0,8453 |
| | | 35. Molybdène | Mo | 8,636 | 596,86 | 1,6754 |
| | | 36. Vanadium | V | » | 856,89 | 1,167 |
| | | 37. Chrome | Cr | 5,9 | 328,29 | 3,0461 |
| | | 38. Urane | U | 9, | 750 | 1,3333 |
| XII. | SIDÉRIDES. . . | 39. Cuivre | Cu | 8,85 | 396,63 | 2,5212 |
| | | 40. Nickel | Nk | 8,279 | 369,67 | 2,7051 |
| | | 41. Cobalt | Co | 8,513 | 368,99 | 2,71 |
| | | 42. Fer | Fe | 7,788 | 350 | 2,857 |
| | | 43. Manganèse | Mn | 8,013 | 355,78 | 2,8107 |
| XIII. | CÉRIDES. . . . | 44. Didymium | D | » | » | » |
| | | 45. Cérium | Ce | » | 575 | 1,7391 |
| | | 46. Erbium | E | » | » | » |
| XIV. | ZIRCONIDES. . | 47. Terbium | Tb | » | » | » |
| | | 48. Yttrium | Y | » | 402,51 | 2,4846 |
| | | 49. Thorium | Tr | » | 744,90 | 1,3425 |
| | | 50. Norium ? | Nr | » | » | » |
| | | 51. Lanthanium | La | » | 554,88 | 1,8022 |
| | | 52. Glucium | G | » | 58 | 17,2414 |
| | | 53. Zirconium | Zr | » | 425,7 | 2,3491 |
| | | 54. Aluminium | Al | 2,67 | 171,17 | 5,8421 |
| XV. | MAGNÉSIDES . | 55. Cadmium | Cd | 8,604 | 696,77 | 1,4352 |
| | | 56. Zinc | Zn | 6,86 | 412,16 | 2,4262 |
| | | 57. Magnésium | Mg | » | 158,35 | 6,3151 |
| XVI. | CALCIDES. . . | 58. Calcium | Ca | » | 250 | 4, |
| | | 59. Strontium | Sr | » | 548 | 1,8248 |
| | | 60. Barium | Ba | » | 858 | 1,1655 |
| XVII. | TÉPHRALIDES. | 61. Lithium | Li | » | 80,33 | 12,4486 |
| | | 62. Sodium | Sd ou Na | 0,972 | 287,50 | 3,4783 |
| | | 63. Potassium | Ps ou K | 0,865 | 488,86 | 2,0456 |
| | | 64. Ammonium | Am. | » | 112,50 | 8,8889 |

## Tableau des Acides principaux.

| ACIDES. | SIGNES. | POIDS moléculaire. | MULTIPLICATEUR moléculaire. | OXIGÈNE pour 100. |
|---|---|---|---|---|
| Antimonieux. . . . . . . . . . . | $Sb^2O^4$ | 2012,90 | 0,4968 | 19,87 |
| Antimonique. . . . . . . . . . . | $Sb^2O^5$ | 2112,90 | 0,4733 | 23,66 |
| Arsénieux . . . . . . . . . . . . | $As^2O^3$ | 1237,50 | 8,8081 | 24,24 |
| Arsénique . . . . . . . . . . . . | $As^2O^5$ | 1437,50 | 0,6957 | 34,78 |
| Azotique . . . . . . . . . . . . . | $Az^2O^5$ | 675 | 1,4815 | 74,07 |
| Borique. . . . . . . . . . . . . . | $BO^3$ | 436,20 | 2,2925 | 68,78 |
| Carbonique. . . . . . . . . . . . | $CO^2$ | 275 | 3,6364 | 72,73 |
| Chromique. . . . . . . . . . . . | $CrO^3$ | 628,29 | 1,5918 | 47,75 |
| Molybdique. . . . . . . . . . . | $MoO^3$ | 896,86 | 1,1125 | 33,38 |
| Phosphorique. . . . . . . . . . | $P^2O^5$ | 900, | 1,1111 | 55,56 |
| Silicique . . . . . . . . . . . . . | $SO^3$ | 566,82 | 1,7642 | 52,93 |
| Stannique. . . . . . . . . . . . | $SnO^2$ | 935,3 | 1,0692 | 21,38 |
| Sulfurique . . . . . . . . . . . . | $SO^3$ | 500 | 2 | 60 |
| Tantalique . . . . . . . . . . . . | $TaO^2$ | 1737,62 | 0,5755 | 11,51 |
| Titanique. . . . . . . . . . . . . | $TiO^2$ | 503,66 | 1,9855 | 39,71 |
| Tungstique. . . . . . . . . . . . | $TgO^3$ | 1483 | 0,6743 | 20,23 |
| Vanadique . . . . . . . . . . . . | $VO^2$ | 1156,89 | 0,8643 | 25,93 |

## Tableau des Bases.

| BASES. | SIGNES. | POIDS moléculaire. | MULTIPLICATEUR moléculaire. | OXIGÈNE pour 100. |
|---|---|---|---|---|
| Oxure hydrique ou *eau*. . . . . | $H^2O$ ou Aq | 112,50 | 8,8889 | 88,89 |
| — antimonique. . . . . . . . | $Sb^2O^3$ | 1912.90 | 0,5228 | 15,68 |
| — argentique. . . . . . . . | $AgO$ | 1450 | 0,6897 | 6,90 |
| — mercurique . . . . . . . | $HgO$ | 1350 | 0,7407 | 7,41 |
| — plombique. . . . . . . . | $PbO$ | 1394,6 | 0,7170 | 7,17 |
| — bismuthique. . . . . . . | $Bi^2O^3$ | 2960,74 | 0,3377 | 10,13 |
| — chromique. . . . . . . . | $Cr^2O^3$ | 956,58 | 1,0454 | 31,36 |
| — uranique. . . . . . . . . | $U^2O^3$ | 1800, | 0,5556 | 16,67 |
| — cuivreux. . . . . . . . . | $Cu^2O$ | 893,26 | 1,1195 | 11,19 |
| — cuivrique . . . . . . . . | $CuO$ | 496,63 | 2,0136 | 20,14 |
| — nickeleux.. . . . . . . . | $NiO$ | 469,67 | 2,1292 | 21,29 |
| — nickelique. . . . . . . . | $Ni^2O^3$ | 1039,37 | 0,9621 | 28,86 |
| — cobalteux . . . . . . . . | $CoO$ | 468,99 | 2,1322 | 21,32 |
| — cobaltique . . . . . . . . | $Co^2O^3$ | 1037,98 | 0,9634 | 28,90 |
| — ferreux . . . . . . . . . | $FeO$ | 450, | 2,2222 | 22,22 |
| — ferrique . . . . . . . . . | $Fe^2O^3$ | 1000, | 1 | 30 |
| — manganeux . . . . . . . | $MnO$ | 455.78 | 2,1940 | 21,94 |

| BASES. | SIGNES. | POIDS moléculaire. | MULTIPLICATEUR moléculaire. | OXIGENE pour 100. |
|---|---|---|---|---|
| Oxure manganoso-manganique. | $Mn^3O^4$ | 1467,34 | 0,6816 | 27,26 |
| — manganique . . . . . . . | $Mn^2O^3$ | 1011,56 | 0,9886 | 29,66 |
| Bi-oxure manganique. . . . . . | $MnO^2$ | 555,78 | 1,7993 | 35,98 |
| Oxure céreux. . . . . . . . . . . | CeO | 675 | 1,4815 | 14,81 |
| — cérique. . . . . . . . . . | $Ce^2O^3$ | 1450 | 0,6897 | 20,69 |
| — yttrique. . . . . . . . . | YO | 502,51 | 1,99 | 19,90 |
| — thorique. . . . . . . . . | ThO | 844,90 | 1,1836 | 11,84 |
| — lanthanique . . . . . . . | LaO | 654,88 | 1,527 | 15,27 |
| — glucique. . . . . . . . . | GO | 158 | 6,3291 | 63,29 |
| — zirconique. . . . . . . . | $Zr^2O^3$ | 1151,4 | 0,8685 | 26,05 |
| — aluminique . . . . . . . | $Al^2O^3$ | 642,34 | 1,5568 | 46,71 |
| — cadmique . . . . . . . . | CdO | 796,77 | 1,2551 | 12,55 |
| — zincique. . . . . . . . . | ZnO | 512,16 | 1,9525 | 19,52 |
| — magnésique . . . . . . . | MgO | 258,35 | 3,8707 | 38,71 |
| — calcique . . . . . . . . . | CaO | 350 | 2,8571 | 28,57 |
| — strontique . . . . . . . . | SrO | 648 | 1,5432 | 15,43 |
| — barytique. . . . . . . . . | BaO | 958 | 1.0438 | 10,44 |
| — lithique . . . . . . . . . | LiO | 180,33 | 5,5454 | 55,45 |
| — sodique . . . . . . . . . | SdO | 387,50 | 2,5806 | 25.81 |
| — potassique. . . . . . . . | PsO | 588,86 | 1,6982 | 16,98 |

**Conversion d'une analyse chimique en formule.**

J'ai fait suivre le tableau des corps simples de celui des principaux acides et des bases qui constituent le plus ordinairement les minéraux, et j'ai ajouté aux uns et aux autres leurs signes ou formules chimiques, leur poids moléculaire, et une dernière colonne comprenant ce que j'appelle leur *multiplicateur moléculaire*, dont l'usage est de faciliter considérablement la conversion de l'analyse quantitative d'un minéral en sa formule chimique. Voici d'ailleurs de quelle manière on s'y prend ordinairement pour déduire la composition moléculaire d'un minéral des résultats de son analyse.

Prenons pour premier exemple l'analyse suivante de l'*or telluré argentifère* (*tellure graphique* ou *sylvane*) faite anciennement par Klaproth :

| | | |
|---|---|---|
| Tellure | 60 | parties. |
| Or | 30 | |
| Argent | 10 | |
| | 100 | |

Il est évident que, pour trouver le nombre des molécules de tellure, d'or et d'argent contenues dans les quantités ci-dessus, il faut diviser ces quantités par le poids moléculaire de chaque corps; et comme ces poids moléculaires sont beaucoup plus grands que les quantités données par l'analyse, il en résulte que les quotients n'offriront que des fractions assez minimes des molécules, mais dont la comparaison fera toujours connaître le rapport de ces molécules.

Par exemple, dans l'analyse de l'*or telluré argentifère*, en divisant, ainsi qu'il est indiqué ci-dessous, les quantités de l'analyse par le poids moléculaire de chaque substance, on trouve :

| | | | Poids moléculaire. | | Rapports moléculaires. | |
|---|---|---|---|---|---|---|
| Tellure | 60 | : | 800 | = | 0,075 | 10 |
| Or | 30 | : | 1229,4 | = | 0,024 | 3 + |
| Argent | 10 | : | 1350 | = | 0,007.4 | 1 |

Les quotients 0,075, 0,024 et 0,007.4, indiquent le rapport des molécules de chaque substance; et comme ces nombres sont entre eux très sensiblement comme 10, 3 et 1, on en conclut que le minéral analysé est formé de $Te^{10}Au^3Ag$.

Maintenant, il est certain qu'au lieu de représenter le nombre des molécules par les fractions 0,075, 0,024 et 0,007,4, il serait préférable de multiplier ces fractions par 1000 et de représenter le nombre des molécules par 75, 24 et 7,4. Or, au lieu de diviser les quantités de l'analyse par le nombre moléculaire, ou par $m$, et de multiplier le quotient par 1000; ou, ce qui revient au même, au lieu de multiplier les quantités de l'analyse par 1000 et de les diviser par $m$, il est bien préférable d'opérer par avance la division de 1000 par $m$ et de multiplier les quantités de l'analyse par le produit. L'opération se dispose de la manière suivante, en empruntant au tableau des corps simples les multiplicateurs du tellure, de l'or et de l'argent.

| | | | | | Rapports moléculaires. | |
|---|---|---|---|---|---|---|
| Tellure | 60 | × | 1,25 | = | 75 | $Te^{10}$ |
| Or | 30 | × | 0,8134 | = | 24,4 | $Au^3$ |
| Argent | 10 | × | 0,7407 | = | 7,4 | Ag |

Après avoir tiré de l'analyse les nombres moléculaires les plus probables de chaque corps, il reste deux choses à faire pour se former une idée plus nette de la composition du minéral. La première est de repasser de la formule chimique à la composition en centièmes, et d'obtenir ainsi la composition du minéral dégagée du mélange possible de particules étrangères et des erreurs inévitables de l'analyse; la seconde est de disposer les molécules du principe minéralisateur ou électro-négatif, qui est ici le tellure, par rapport aux deux métaux, de manière à savoir sous quel état de combinaison chacun de ceux-ci se trouve dans le minéral.

Le premier résultat s'obtient très facilement en multipliant les nombres de molécules déduits de l'analyse par le poids moléculaire de chaque corps, et formant une somme du tout.

| | | |
|---|---|---|
| Ainsi 10 molécules de tellure ou $10 \times 800$ | = | 8000 |
| 3 molécules d'or ($3 \times 1229,4$) | = | 3688 |
| 1 molécule d'argent ($1 \times 1350$) | = | 1350 |
| | Somme. | 13038 |

Ce nombre représente le poids moléculaire du composé minéral; mais si on le prend pour la quantité du minéral qui ait été analysée, on réduira facilement le poids des composants en centièmes, au moyen des proportions suivantes :

$$13038 : 100 :: 8000 : x = 61,36$$
$$13038 : 100 :: 3688 : x = 28,29$$
$$13038 : 100 :: 1350 : x = 10,35$$
$$100,00$$

Enfin il nous reste à déterminer l'état de combinaison de chaque métal avec le tellure. Pour arriver à ce résultat, il faut remarquer que les combinaisons des métaux avec le chlore, le soufre, le tellure, etc., répondent le plus ordinairement à leurs combinaisons avec l'oxigène. Or, l'oxure d'argent contenant une seule molécule d'oxigène et l'oxide d'or en contenant trois, il est probable que tel est aussi le rapport du tellure combiné à l'or et à l'argent. Si donc, sur les 10 molécules de tellure donnés par l'analyse, nous en prenons une pour former du tellurure d'argent AgTe, il en restera neuf pour les trois molécules d'or, et la composition du minéral pourra être représentée par $AgTe + Au^3Te^9$, ou mieux par $AgTe + 3AuTe^3$, qui indique la combinaison d'une molécule de tellurure d'argent avec trois molécules de tri-tellurure d'or.

Il est d'autant plus probable que telle est la composition réelle du tellure graphique analysé par Klaproth, que des analyses plus récentes conduisent à admettre l'éxistence des mêmes tellurures d'or et d'argent, bien que réunis en proportion différente. Par exemple, l'analyse du tellure graphique d'Offenbanya par M. Pest, présente :

| | | | | | Rapports moléculaires. | |
|---|---|---|---|---|---|---|
| Tellure | 59,97 | × | 1,25 | = | 75 | 17 |
| Or | 26,97 | × | 0,8134 | = | 22 | 5 |
| Argent | 11,47 | × | 0,7407 | = | 8,5 | 2 |
| Plomb | 0,25 | | | | | |
| Antimoine | 0,58 | | | | | |
| Cuivre | 0,76 | | | | | |

D'où l'on tire la formule $2AgTe + 5AuTe^3$.

La méthode que je viens d'indiquer peut être employée sans exception pour régulariser toutes les analyses minérales, même celles des minéraux oxigénés. C'est par cette raison que j'ai fait suivre la liste des corps simples de celle des acides et des bases oxidées que l'on rencontre le plus ordinairement dans les minéraux, en y joignant leur multiplicateur moléculaire ou $\frac{1000}{m}$.

Prenons pour exemple l'analyse du *plomb chromaté* ou *plomb rouge de Sibérie*, faite par M. Berzélius, et traitons cette analyse comme nous avons fait précédemment. Nous aurons :

| | | | | | Rapports moléculaires. | |
|---|---|---|---|---|---|---|
| Acide chromique | 31,5 | × | 1,5918 | = | 50 | 1 |
| Oxure plombique | 68,5 | × | 0,717 | = | 49,3 | 1 |
| | 100 | | | | | |

Il résulte évidemment de ce calcul que le chromate de plomb naturel est un chromate neutre, formé d'une molécule d'acide chromique et d'une molécule d'oxide de plomb, et que sa formule est $PbO,CrO^3$, que l'on peut écrire Pb Cr, en remplacant les molécules d'oxigène par un nombre égal de points placés sur le signe de chaque radical.

Les minéralogistes emploient presque toujours de préférence une autre méthode pour trouver la formule des composés salins oxigénés, et cette méthode consiste à comparer les quantités d'oxigène de l'acide et de la base. Par exemple, étant donnée l'analyse ci-dessus du chromate de plomb, on calcule combien il y a d'oxigène dans l'acide chromique et dans l'oxure de plomb, au moyen des tables précédentes qui donnent en centièmes la quantité d'oxigène de ces deux corps. On trouve alors que

Si 100 parties d'acide chromique contiennent 47,75 d'oxigène,
31,5 d'acide en contiennent . . . . . . . . . . 15,04

et que

Si 100 parties d'oxure de plomb contiennent 7,17 d'oxigène,
68,5 d'oxure en contiennent. . . . . . . . . 4,91

On compare alors les deux nombres 15,04 et 4,91, qui sont très sensiblement entre eux comme 3 et 1 ; et comme une molécule d'acide chromique contient en effet trois molécules d'oxigène, tandis qu'une molécule d'oxure de plomb n'en contient qu'une, on en conclut, comme nous l'avons fait précédemment, que le chromate de plomb naturel est composé d'une molécule d'acide et une d'oxure, et que sa formule est $PbO,CrO^3$ ou Pb Cr. Cette méthode conduit au même résultat que la première, mais elle est moins directe.

Voici cependant sur quoi se fonde la préférence qu'on lui accorde généralement. On connaît bien en réalité la composition en centièmes des acides et des bases, et l'on sait par exemple que

L'acide silicique contient 52,93 d'oxigène pour 100.
L'acide borique. . . . . 68,78
L'acide carbonique . . . 72,73
L'alumine. . . . . . . . 46,71
La glucine . . . . . . . . 63,29
La zircone . . . . . . . . 26,05, etc.

Mais on n'est pas certain que cette quantité d'oxigène représente trois molécules d'oxigène dans l'acide silicique, trois dans l'acide borique, deux dans l'acide carbonique, un dans la glucine, etc., parce que l'acide silicique, par exemple, étant le seul degré d'oxidation connu du silicium, on ne voit pas pourquoi on ne le supposerait pas formé de SiO, auquel cas le poids moléculaire du silicium se trouverait au moyen de la proportion suivante :

$$52{,}93 \; : \; 47{,}07 \; :: \; 100 \; : \; x \; = \; 88{,}94$$

et le poids moléculaire de la silice serait 188,94.

Mais on pourrait supposer aussi que la quantité d'oxigène trouvée dans la silice en représentât deux molécules, et dans ce cas le poids moléculaire du silicium deviendrait

$$\frac{52{,}93}{2} \; : \; 47{,}07 \; :: \; 100 \; : \; x \; = \; 177{,}98$$

celui de la silice serait 377,99 et sa formule $SO^2$.

Enfin, si on admet que l'acide silicique renferme trois molécules d'oxigène comme l'acide chromique et l'acide sulfurique, le poids moléculaire du silicium devient

$$\frac{52{,}93}{3} \; : \; 47{,}07 \; :: \; 100 \; : \; x \; = \; 266{,}82$$

la molécule de la silice pèse 566,82, et sa formule est $SiO^3$.

Prenons maintenant l'analyse de la *wollastonite* dont la composition, débarrassée de quelques substances hétérogènes, est de :

| | | Oxigène. | |
|---|---|---|---|
| Acide silicique | 51,92 | 27,48 | 2 |
| Chaux | 48,08 | 13,74 | 1 |

En cherchant, au moyen des tables précédentes, les quantités d'oxigène contenues dans l'acide silicique et la chaux, on trouve 27,48 d'oxigène pour le premier, et 13,74 pour la chaux, et l'on voit que l'acide contient deux fois autant d'oxigène que la base. Or, pour remplir cette condition avec la formule SiO, il faut prendre deux molécules d'acide silicique et écrire pour la wollastonite $CaO + 2SiO$ ou $Ca\,Si^2$.

Si l'on adopte $SiO^2$ pour la formule de l'acide silicique, celle de la wollastonite devient $CaO + SiO^2$ ou $\dot{Ca}\,\ddot{Si}$.

Si l'on prend enfin $SiO^3$ pour la formule de l'acide silicique, il faut écrire pour la wollastonite $3CaO + 2SiO^3$ ou $Ca^3Si^2$.

Dans ces trois formules de la wollastonite il n'y a qu'une chose qui ne varie pas et qui soit indépendante de l'opinion qu'on peut se former sur la constitution de l'acide silicique, c'est le rapport de l'oxigène de l'acide à celui de la base. C'est pour cette raison même que M. Berzélius a proposé pour les minéraux oxidés un système de formules différent du système chimique, et qui consiste à écrire seulement le signe des radicaux et le rapport de l'oxigène qui s'y trouve combiné. Dans ce système, on représente la wollastonite par $CaSi^2$, parce que Ca et Si ne représentent plus seulement du calcium et du silicium, mais représentent de la chaux et de la silice, et que l'exposant 2 placé à la droite de Si exprime que la silice contient deux fois autant d'oxigène que la base. Quel que soit l'avantage attaché à cette notation, nous nous en tiendrons presque toujours à la formule chimique, qui exprime d'une manière bien plus explicite la composition des corps, et quand il s'agira des minéraux formés de bases et d'acides oxigénés, nous en déterminerons indifféremment la formule par l'une ou l'autre des méthodes que nous avons exposées.

## FAMILLE DU SILICIUM.

Dans la classification des corps simples que nous avons adoptée, le silicium et le bore composent un genre tellement naturel qu'il est véritablement impossible en chimie d'étudier ces deux corps autrement que l'un auprès de l'autre. Tous deux, en effet, sont solides, fixes au feu, pulvérulents, d'un brun foncé, privés de tout éclat métallique. Tous deux forment par leur combinaison avec l'oxigène un acide peu soluble dans l'eau, fixe au feu, produisant par la voie sèche des sels fusibles et vitreux avec un grand nombre d'oxides métalliques. Tous deux forment avec le fluore un gaz permanent et d'une forte acidité, et le chlore forme avec tous les deux des chlorides dont l'un, celui de bore, est un acide gazeux, et dont l'autre, celui de silicium, est un liquide acide et très volatil. Enfin leurs oxides, nommés *acide borique* et *acide silicique*, se combinent de la même manière avec les éthers éthylique, méthylique et amylique, et forment des éthers composés de propriétés très analogues; de sorte que, malgré l'opinion de M. Ebelmen, auteur de la découverte de ces composés très remarquables, je persiste à penser qu'on ne peut pas adopter pour les acides borique et silicique deux formules différentes. Et puisque l'acide borique, en raison de la composition du borax, ne peut guère être représenté autrement que par la formule $BO^3$, il me semble qu'on doit aussi représenter l'acide silicique par $SiO^3$. C'est donc cette formule que j'adopterai.

Le bore, pas plus que le silicium, ne se trouve à l'état natif dans la terre. Peut-être tous deux se trouvent-ils sous quelque état de combinaison non oxigénée, au-dessous des terrains primitifs et dans la masse encore fondue du globe; mais, à la surface, ces deux corps n'existent que combinés à l'oxigène, et constituent les acides *borique* et *silicique*, qui tantôt sont libres et tantôt sont combinés aux bases oxigénées. Nous ne parlerons ici que de ces acides à l'état de liberté.

### Acide silicique ou Silice.

La silice est sans contredit la substance la plus abondante de la croûte solide du globe, et celle qui la forme principalement; car elle domine dans toutes les roches primitives et de transition, dans les porphyres, les basaltes, les laves et les autres produits volcaniques. On la trouve également dans les *grès* et les *argiles* qui forment la plus grande masse des terrains de sédiment et d'alluvion. Mais ces différentes roches nous offrent, la plupart du temps, la silice à l'état de combinaison, et c'est de la silice pure ou peu mélangée que nous devons nous occuper présentement.

Ainsi restreinte, la silice se présente encore sous un grand nombre de formes, que l'on désigne ordinairement en masse sous le nom de *quarz*, et dont on distingue plusieurs variétés, qui sont :

Le quarz hyalin ou vitreux,
— agate,
— jaspe,
— silex,
— terreux.

Enfin la silice se trouve combinée avec de l'eau, ou à l'état d'*hydrate*, et constitue une espèce distincte qui offre encore plusieurs variétés.

### *Quarz hyalin* ou *vitreux*.

Ce corps, lorsqu'il est transparent et incolore, porte communément le nom de *cristal de roche* et nous offre la silice à l'état de pureté. Sa forme dominante est celle d'un prisme hexaèdre terminé par deux pyramides à six faces (fig. 71); mais sa forme primitive est un rhomboïde obtus dont les angles dièdres culminants sont de 94° 15′ et les angles dièdres latéraux de 85° 45′ (fig. 72).

On le trouve également sous forme d'un dodécaèdre triangulaire formé par la réunion de deux pyramides hexaèdres jointes base à base, sans prisme intermédiaire (fig. 73).

Le clivage est très difficile à opérer, les cristaux ayant très généralement une cassure irrégulière et conchoïde. On ne peut même obtenir

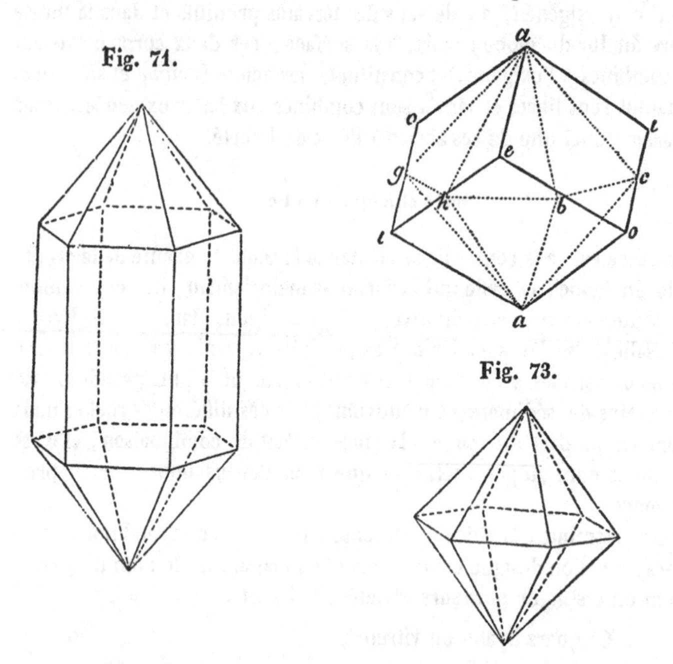

Fig. 72.
Fig. 71.
Fig. 73.

le clivage qu'avec des cristaux noirs des montagnes de la Toscane, que l'on fait rougir au feu et que l'on plonge ensuite dans l'eau froide, afin de faciliter la séparation des lames.

Le quarz pur est donc tout à fait incolore et transparent. Il pèse spécifiquement 2,653. Il raie la chaux fluatée, le verre et le feldspath, et fait feu avec le briquet; mais il est rayé par la topaze, le corindon et le diamant. Il fait éprouver à la lumière la double réfraction, mais seulement en allant d'une des faces de la pyramide a la face opposée du prisme. Il ne conduit pas l'électricité et prend l'électricité vitrée par le frottement de la laine. Il devient lumineux dans l'obscurité par le frottement réciproque de ses morceaux. Il est infusible au chalumeau ordinaire et au foyer du miroir ardent; mais il fond au chalumeau alimenté par le gaz oxigène. Il est inattaquable par tous les acides, hormis l'acide fluorhydrique qui le corrode et le dissout. Il se dissout à la chaleur rouge dans la potasse et la soude, et forme avec ces deux alcalis, mis en excès, des sous-silicates solubles dans l'eau, d'où les acides précipitent la silice hydratée et gélatineuse (1).

Le quarz cristallisé pourrait être confondu à la vue avec la chaux phosphatée cristallisée en prisme hexaèdre pyramidé (*chrysolite*), si ce n'était sa dureté bien plus grande et sa pyramide plus aiguë. Ainsi, la chaux phosphatée est rayée par le feldspath, et les faces de la pyramide font avec les faces du prisme un angle de 129° 13′, tandis que le quarz raie le feldspath et offre des angles correspondants de 141° 40′.

Le quarz taillé en diamant simule assez bien ce dernier corps; mais le quarz ne pèse que 2,653, et est rayé par la topaze et le corindon, tandis que le diamant pèse 3,5, raie les deux corps désignés, et offre un éclat de surface bien plus considérable, qui lui est particulier, et qui porte le nom d'*éclat adamantin.*

Quelquefois les cristaux de quarz offrent des cavités intérieures disposées sur un même plan et qui contiennent soit de l'eau, soit du naphte, soit un gaz qui paraît être de l'azote, et quelquefois ces trois corps ensemble. Quelquefois aussi le quarz se présente sous des formes qui appartiennent à d'autres minéraux qu'il a remplacés peu à peu dans le lieu qu'ils occupaient. C'est ainsi qu'on le trouve modelé en chaux carbonatée métastatique, dans le département des Côtes-du-Nord;

En *chaux carbonatée équiaxe* à Schneeberg en Saxe;

En *chaux sulfatée lenticulaire* dans les couches de marne des collines de Passy;

En *chaux fluatée cubo-octaedre*, en *fer oxidé primitif*, etc.;

Enfin, le quarz qui provient de la destruction des terrains anciens par les eaux de la mer ou des fleuves, se trouve sous forme de *galets* ou de *cailloux* roulés et plus ou moins arrondis (tels que les cailloux du Rhin, de Cayenne, de Médoc, etc.), ou bien sous la forme de *sable* plus ou moins fin, qui constitue des terrains modernes d'une étendue très considerable; et ce sable, lorsqu'il se trouve agglutiné et solidifié par une infiltration de carbonate de chaux (qui communique quelquefois à la masse sa forme rhomboédrique), constitue une espèce de *grès*, tel que celui de Fontainebleau, qui sert au pavage des rues de Paris.

Le quarz est souvent coloré par des oxides métalliques qui, en raison de leur faible quantité, ne lui ôtent pas sa transparence. Alors il imite certaines pierres précieuses dont il usurpe le nom.

Ainsi, on donne le nom d'*améthyste* ou de *quarz améthyste* au quarz

(1) Il faut souvent chauffer le mélange à l'ébullition pour operer la précipitation de l'acide silicique.

coloré en violet par de l'oxide de manganèse, tandis que la vraie améthyste orientale est du *corindon* ou alumine cristallisée de couleur violette.

Le *quarz rose*, dit *rubis de Bohême*, est une très jolie pierre fort rare que l'on croit aussi colorée par du manganèse.

Le *quarz jaune*, ou *topaze d'Inde*, est sous forme de petites masses roulées que l'on fait passer pour des *topazes du Brésil*. Celles-ci sont un fluo-silicate d'alumine. Quant à la *topaze orientale*, c'est du corindon jaune. On suppose que le quarz jaune est coloré par de l'oxide de fer.

*Quarz enfumé*, dit *topaze de Bohême* ou *diamant d'Alençon*. Pierre assez commune, mais d'une belle transparence et d'un bel effet de lumière, qui paraît colorée par une matière organique.

Indépendamment des variétés précédentes, le quarz est quelquefois mélangé de matières diverses qui lui ôtent sa transparence. Ainsi on en trouve de *noir* coloré par une matière carbonée; de *blanc laiteux*, devant sa couleur et son opacité à un mélange intime de carbonate de chaux ; de *rouge jaunâtre*, dit *quarz hématoïde* ou *hyacinthe de Compostelle*, coloré par de l'oxide de fer hématite. Ces trois variétés sont généralement en prismes hexaèdres pyramidés très réguliers. La dernière tire son nom, *hyacinthe de Compostelle*, du lieu d'Espagne où on la trouve, et de l'usage qu'on en faisait autrefois pour les compositions de pharmacie, au lieu de la vraie hyacinthe de Ceylan. Le même quarz hématoïde massif et non cristallisé se nomme *sinople*.

*Quarz aventuriné*, ou *aventurine*. Matière siliceuse, rougeâtre ou verdâtre, offrant des points scintillants dus à la réflexion de la lumière à la surface des particules distinctes dont la pierre est composée. D'autres fois cette scintillation est produite par des paillettes de mica disséminées dans le quarz. On imite assez bien l'aventurine avec un verre coloré mélangé de limaille de cuivre.

### Quarz agate.

Translucide, à cassure terne et cireuse, mais susceptible de prendre un poli brillant; dureté aussi grande que celle du quarz hyalin; couleurs variables souvent vives et tranchées; blanchit et devient opaque à une haute température, sans dégager sensiblement d'eau.

Le quarz agate reçoit différents noms, suivant sa couleur : ainsi on nomme *calcédoine* celui qui est doué d'une transparence nébuleuse uniforme, avec une teinte blanchâtre, ou bleuâtre ou verdâtre. On en connaît une variété de Kapnik, en Transylvanie, d'une couleur azurée, et nommée *saphirine*, qui se présente sous forme de cristaux agglomérés en plaques plus ou moins épaisses. D'après Haüy, ces cristaux sont des rhomboèdres presque cubiques et appartiennent en propre a la calcédoine ; suivant d'autres minéralogistes, ce sont des cubes appartenant primitivement à du fluorure de calcium qui a été remplacé par de la calcédoine.

La calcédoine est souvent colorée en brun noirâtre par une matière carbonée qui peut s'y trouver uniformément répandue, ou disposée en dentrites, en zones, etc. ; on dit alors qu'elle est *enfumée*, *ponctuée*, *herborisée*, *zonée*, *rubanée*, etc. La calcédoine zonée porte spécialement le nom d'*onyx* (mot grec qui signifie *ongle*) parce qu'il est facile, en la taillant, d'y produire des taches arrondies d'une des couleurs sur l'autre; mais son plus grand usage est pour la gravure des camées, qui offrent une figure en relief prise dans l'une des couches de la pierre, sur un fond différent, formé par la couche immédiatement inférieure.

*Cornaline :* c'est une agate d'un rouge orangé assez homogène. Elle devient opaque a une forte chaleur, sans perdre sa couleur rougeâtre, à moins que des vapeurs combustibles ne viennent réduire le peroxide de fer qui l'a colore. Elle contient aussi un peu d'alumine.

On nomme *sardoine* une agate qui doit sa couleur brune orangé foncée au mélange des deux matières colorantes de l'onyx et de la cornaline.

*Prase* ou *chrysoprase :* agate colorée en vert pomme par de l'oxide de nickel.

Le quarz hyalin se trouve dans tous les terrains, mais surtout dans les terrains primitifs, dont il remplit les fissures et où on le trouve souvent cristallisé et servant de gangue aux substances métalliques. Le quarz agate appartient plutôt aux terrains volcaniques anciens, de nature trapéenne, comme en Auvergne, en Irlande, en Islande, en Sicile, dans le duché des Deux-Ponts, le Palatinat, etc. Il est le plus ordinairement en masses concrétionnées ou en nodules formés de couches concentriques, qui paraissent s'être déposées et solidifiées en allant de la circonférence au centre, et qui offrent souvent au milieu une *géode* occupée par du quarz cristallisé ou par d'autres substances telles que du soufre ou de la chaux carbonatée. On fabrique avec les différentes variétés d'agate des objets d'ornements, des bijoux et des mortiers pour l'analyse chimique. Presque tous ces objets viennent aujourd'hui d'Obestein, dans la Prusse rhénale.

### *Quarz jaspe.*

Il diffère du quarz agate par son opacité, par ses couleurs quelquefois uniformes, souvent variées et rubanées, mais non concentriques. Il contient toujours beaucoup d'alumine et d'oxide de fer et est quelquefois magnétique.

Le jaspe constitue quelquefois des collines entières, sous forme de bancs épais et continus. C'est à lui également qu'il faut rapporter la plupart des *bois silicifiés* ou qui, s'étant détruits peu à peu dans le sein de la terre, ont été remplacés, molécule à molécule, par du quarz qui en a pris exactement la forme et la structure; on en trouve aussi cependant changé en calcédoine ou en quarz hydraté.

### *Quarz silex* ou *Silex.*

Quarz translucide sur les bords, à cassure terne, de couleurs ternes et non concentriques, à pâte moins fine que celle des agates et non susceptible de poli. On en distingue trois variétés nommées *silex corné*, *silex pyromaque*, *silex molaire.*

*Silex corné*, *kératite*, *hornstein infusible* des Allemands. Substance rayant fortement le verre, tenace, à cassure droite mais inégale et comme esquilleuse. Elle présente la translucidité de la corne et ressemble à une matière gélatineuse endurcie. On trouve cette variété de silex à peu près dans tous les terrains; par exemple remplissant en partie les filons de la mine de plomb de Huelgoët (Finistère); dans le calcaire compacte fin des environs de Grenoble, dans les assises inférieures du terrain crétacé, dans le calcaire grossier et dans le calcaire siliceux du bassin de Paris, et enfin dans le terrain d'eau douce superieur du même terrain. Il renferme dans ces dernières positions des coquilles marines ou d'eau douce, des graines de chara et d'autres débris organiques qui ont été pénétrés et agglutinés au moyen de la substance siliceuse.

*Silex pyromaque* ou *pierre à fusil*. Silex translucide à pâte uniforme, de couleur noirâtre, rougeâtre, blonde ou verdâtre; il est divisible par le choc en fragments conchoïdes et à arêtes tranchantes, qui, frappées sur l'acier, en tirent de vives étincelles. Ce silex contient environ 0,01 d'eau interposée qui est nécessaire à son emploi, et sans laquelle on ne pourrait pas le tailler; car lorsqu'on le laisse exposé à l'air sec, il devient plus opaque, et perd sa cassure conchoïde pour en prendre une fragmentaire; il blanchit et devient opaque par l'application du feu. On le trouve surtout dans la craie sous forme de rognons isolés, mais disposés par lits horizontaux.

*Le silex molaire* ou *pierre meulière*, se trouve dans certains terrains tertiaires, *lacustres* ou d'eau douce, supérieurs au gypse à ossements et au terrain de sable ou de grès marin qui le recouvre. Telle est spécialement sa position géologique dans le bassin de Paris, qui offre les meulières les plus estimées et dont on fait un commerce qui s'étend à toutes les parties du monde. Les plus belles viennent de la Ferté-sous-Jouarre.

La pierre meulière se trouve en bancs peu épais et souvent interrompus ; sa texture est le plus souvent cellulaire, et les cellules sont très irrégulières et souvent traversées par des lames ou des fibres grossieres de silex.

La cassure de ce silex est *droite*, et il est plus difficile à casser et plus tenace que le silex pyromaque. Il est faiblement translucide, d'une couleur terne, blanchâtre, jaunâtre ou rougeâtre.

A la Ferté-sous-Jouarre, l'exploitation de la meulière se fait à découvert. Lorsqu'on est parvenu au banc de silex, on taille dans la masse un cylindre qui, selon sa hauteur, doit fournir une ou deux meules, rarement trois. On creuse sur la circonférence du cylindre une forte rainure qui détermine la hauteur de la meule, et on y fait entrer de force des calles de bois et des coins de fer, qui séparent la meule. Une belle pierre de la Ferté se vend jusqu'à 1200 francs. Les morceaux d'un certain volume ne sont pas perdus ; on les taille en parallèlipipèdes et on en forme des meules assujetties au moyen de cercles de fer.

Le silex molaire qui ne se trouve pas en bancs assez continus pour en faire des meules, sert aux constructions, principalement pour les parties exposées à l'humidité. Il se lie très bien avec le mortier. Telles sont les meulières de Montmorency, Sanois, Cormeil et Meudon.

### *Quarz terreux.*

Les différentes variétés de silex disséminées dans les terrains calcaires sont ordinairement recouvertes d'une couche mince, blanche, opaque et d'apparence terreuse, que l'on prendrait en apparence pour de la craie, mais qui est de la silice sensiblement pure. Ces silex eux-mêmes, par suite de quelque circonstance qui n'a pas permis au suc siliceux de s'isoler complétement du milieu calcaire, peuvent offrir tous les degrés possibles d'opacité et d'apparence terreuse, et il n'est pas rare d'en trouver des rognons plus ou moins translucides, denses et tenaces au centre, qui se convertissent peu à peu à l'extérieur en une matière très blanche, opaque, légère, happant à la langue, et dont la masse est souvent considérable. Cette substance contient environ 20 p. 100 de carbonate de chaux et le reste en silice blanche et anhydre. Enfin, il peut arriver que le carbonate de chaux se trouve éliminé après la formation du mélange précédent, et laisse la silice sous la forme de rognons poreux et légers, qui ont recu le nom de *quarz nectique*, ce qui veut dire *surnageant l'eau.* Ce quarz se trouve principalement à Saint-Ouen, près de Paris, dans un terrain de marne d'eau douce. Il se présente sous forme de masses sphéroïdales ou tuberculeuses, opaques, blanches ou grises, à cassure facile et inégale. Il est plus léger que l'eau et la surnage jusqu'a ce que l'imbibition l'ait rendu plus pesant. Vauquelin l'a trouvé composé de 0,98 de silice et 0,02 de carbonate de chaux.

*Quarz thermogène.* On donne ce nom à la silice terreuse qui forme les parois des sources bouillantes du Geiser en Islande, et qui provient de celle qui était dissoute dans l'eau; la température à laquelle cette silice se sépare de l'eau la rend anhydre. Elle forme des masses concrétionnées et ondulées qui empâtent fréquemment des plantes, à la manière des eaux calcaires incrustantes.

### Quarz hydraté (*quarz résinite*, Haüy).

C'est de la silice contenant de 6 à 10 centièmes d'eau combinée; il est quelquefois presque transparent; mais il a le plus souvent un aspect laiteux ou gélatineux, avec des reflets plus ou moins vifs. Dans tous les cas, il blanchit au feu, et perd en poids la quantité d'eau qu'il contient. Sa pesanteur spécifique varie, en raison des oxides métalliques qui s'y trouvent mélangés; mais elle est généralement moindre que celle du quarz et ne dépasse pas 2,11 à 2,35. Il a une cassure conchoïde, luisante, semblable à celle de la résine. Il ne fait pas feu avec le briquet et est rayé par une pointe d'acier. On en distingue plusieurs variétés.

*Hyalite :* substance mamelonnée, d'un gris de perle, presque transparente, contenant de 6 à 8 centièmes d'eau. On la trouve à la surface ou dans les fissures de roches d'origine ignée (trachytes et basaltes). Elle provient, à n'en pas douter, de la silice dissoute dans les eaux chargées de soude des terrains volcaniques, et déposée à l'état gélatineux, sous la forme de petites concrétions globuliformes aplaties; telle est celle de Bohüniez, en Hongrie.

*Girasol :* aspect gélatineux, d'un blanc bleuâtre, avec des reflets rougeâtres ou d'un jaune d'or, lorsqu'on le regarde au soleil.

*Opale noble :* substance d un très haut prix, d'apparence laiteuse et d'une teinte bleuâtre, mais offrant des reflets irisés qui jaillissent de son intérieur et produisent les teintes les plus vives et les plus variées.

*Résinite :* silice hydratée en rognons quelquefois très volumineux, translucide ou opaque, contenant toujours de l'alumine et de l'oxide de fer. On en trouve de toutes les couleurs, comme de blanche, de jaunâtre, de jaune-roussâtre, de brune, de verte, de rose, etc. Les variétés blanchâtres et roussâtres ressemblent, à s'y méprendre, à des gommes-résines végétales.

*Ménilite :* variété de quarz hydraté particulière au terrain de Paris, et qui tire son nom de la butte de Ménilmontant, où on la trouve principalement au milieu d'une marne argileuse et magnésienne. Elle se présente en masses fissiles ou en rognons mamelonnés et déprimés, d'un gris bleuâtre ou jaunâtre. Sa cassure est d'un gris brunâtre, un peu conchoïde et luisante ; elle pèse 2,18 ; elle contient 0,11 d'eau et de la magnésie.

*Hydrophane :* cette substance n'est autre chose que de l'opale devenue poreuse et opaque par la perte de son eau d'hydratation. Elle reprend une certaine transparence lorsqu'on la plonge dans l'eau, ce qui lui a valu son nom.

*Cacholong :* quarz presque opaque et d'un blanc d'ivoire, à cassure unie, luisante ou terne, happant souvent à la langue, qui paraît être produit par la déshydratation d'un quarz résinite.

*Silice hydratée terreuse :* substance blanche ou jaunâtre, tendre et friable comme la craie, qui se distingue du quarz terreux, dont il a été question précédemment, par son état d'hydratation et par sa solubilité dans les solutions d'alcalis caustiques. On en trouve des couches puissantes à Bilin, en Bohême, à Ebstorf, dans le Hanovre, à Ceissat et à Randan, dans le département du Puy-de-Dôme. Ce qu'il y a de remarquable dans l'origine de cette silice, c'est qu'elle paraît être entièrement formée de dépouilles d'animaux infusoires. Elle contient de 10 à 16 pour 100 d'eau. La *terre pourrie* d'Angleterre, qui se trouve en couches épaisses sur la chaux carbonatée compacte, près de Bakewel en Derbyshire, est probablement de même nature; elle est d'un gris cendré, très fine et très estimee pour polir les métaux.

Le *tripoli* est une silice terreuse, qui paraît encore avoir une origine semblable; mais qui a subi l'action d'une forte chaleur par le voisinage des volcans ou des houillères embrasées, ce qui a changé l'état d'agrégation de la silice. Le plus estimé vient de l'île de Corfou. I est schisteux, rougeâtre, imprégné d'une petite quantité d'acide sulfurique ou de persulfate de fer, qui le rend très hygrométrique. On en trouve d'analogue à Ménat, près de Riom (Puy-de-Dôme), à Valckeghem, près d'Oudenarde, en Belgique; en Toscane, en Saxe, etc. Dans les arts, on donne indifféremment le nom de *tripoli* à toutes les silices fines et terreuses qui peuvent servir à polir. Mais il faut alors en distinguer trois sortes : 1° ceux anhydres et produits par voie chimique, qui peuvent être considérés comme une modification des silex; 2° ceux hydratés produits par voie de sédiment, avec les dépouilles d'innombrables infusoires qui ont habité les eaux où ils se sont formés; 3° ceux d'origine semblable présumée, mais qui ont subi l'action du feu des volcans ou des houillères.

## FAMILLE DU BORE.

### Acide borique.

L'acide borique a longtemps été un produit de l'art. On le retirait du borate de soude par l'intermède de l'acide sulfurique. Aujourd'hui, au contraire, on fabrique le borax avec l'acide borique que l'on retire des lagoni de Toscane, où il a été observé, pour la première fois, en 1776, par Hoefer et Mascagni.

En 1819, Lucas fils l'a également trouvé cristallisé dans le cratère du Vulcano, qui est une des îles Lipari. Il y forme des croûtes de 2 à 3 centimètres d'épaisseur, mélangées de soufre. On n'aurait presque qu'à le ramasser pour le livrer au commerce.

Les lagoni de Toscane sont des lacs boueux qui doivent leur formation à des bouches de vapeur d'eau qui prennent naissance, à ce qu'il paraît, dans des terrains de transition profondément situés, et qui traversent les terrains supérieurs pour se faire jour au dehors. Cette vapeur d'eau entraîne avec elle un volume considérable de gaz, composé principalement d'acide carbonique et d'azote, mais contenant aussi un peu d'oxigène et d'acide sulfhydrique; et elle entraîne de plus une petite quantité d'*acide borique*, et des *sulfates de fer, de chaux, d'alumine, de magnésie et d'ammoniaque*. Autrefois cette vapeur se condensait en partie sur le sol qui entoure l'ouverture, le délayait et en formait une boue liquide et bouillante, chargée des corps susnommés. Aujourd'hui, on la recoit dans des bassins glaisés, creusés dans le sol même, sur l'ouverture des *suffioni*, et disposés en gradins, suivant l'inclinaison du terrain. On fait parvenir de l eau de source dans le bassin supérieur, où elle se charge des principes fixes amenés par la vapeur. Après vingt-quatre heures, on la fait écouler dans le second bassin, où elle reste le même temps, puis dans un troisième et dans un quatrième; et comme on remplace à chaque fois le liquide supérieur par de l'eau, l'opération marche sans interruption. La solution sortie du quatrième bassin, et marquant seulement 1 degré ou 1 degré 1/2 au pèse-sel de Baumé, est mise à reposer dans un réservoir, puis écoulée dans une série de chaudières en plomb, très étendues et peu profondes, chauffées par-dessous avec la vapeur même des suffioni; de sorte que le feu est banni de cette exploitation, qui, bien dirigée, produit jusqu'à 3000 kilogrammes d'acide borique par jour. Mais cet acide contient de 18 à 25 pour 100 de matières étrangères, dont on peut le séparer en le faisant redissoudre et cristalliser plusieurs fois, ou mieux en l'amenant à l'état de borax, dont on le retire ensuite par l'intermède de l'acide chlorhydrique. Il est alors sous forme de petites paillettes éclatantes, peu sapides et très peu solubles, qui contiennent 3 atomes doubles d'eau, ou 43,62 pour 100. Chauffé à 100 degrés, il perd la moitié de cette eau et n'en conserve que 27,9 pour 100. Enfin, fondu au feu jusqu'à ce qu'il cesse de se boursoufler, et qu'il soit en fonte tranquille, il perd toute son eau et prend en se refroidissant la forme d'un verre incolore et transparent, composé de

| | | |
|---|---|---|
| Bore | 136,204 | 31,19 |
| Oxigene | 300. | 68,81 |
| | 436,204 | 100 |

## FAMILLE DU CARBONE.

### Carbone pur ou Diamant.

Corps vitreux, en cristaux plus ou moins parfaits qui dérivent de l'octaèdre régulier. Ainsi, on le trouve cristallisé en *octaèdre* (fig. 74), en *cube*, *cubo-octaèdre*, *cubo-dodécaèdre*, *dodécaèdre rhomboïdal* (fig. 75), enfin sous forme d'un solide *sphéroïdal* (fig. 76), terminé

Fig. 74.

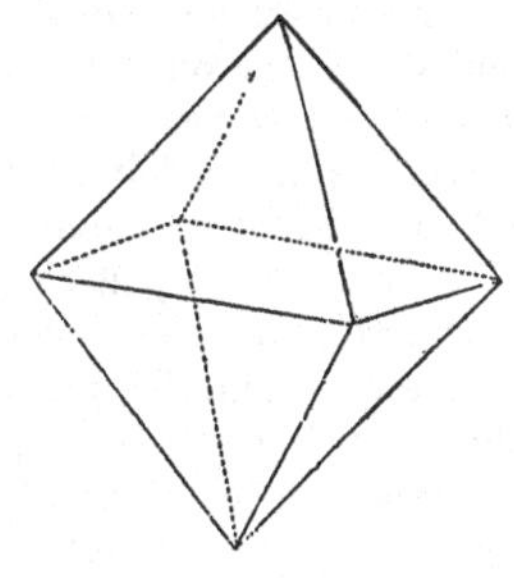

Fig. 75.

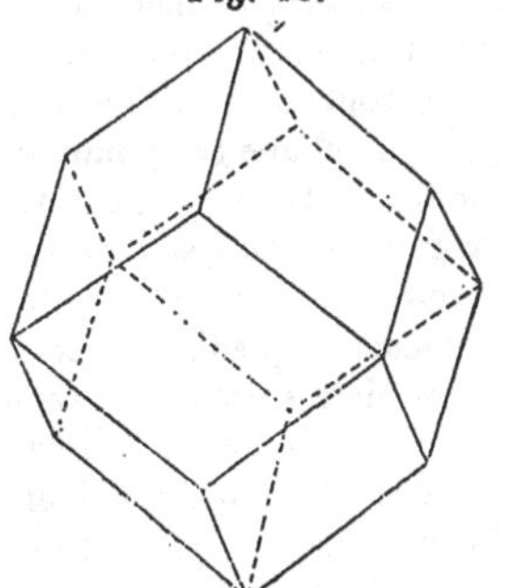

par quarante-huit facettes triangulaires curvilignes, dont six répondent à chacune des faces de l'octaèdre.

Fig. 76.

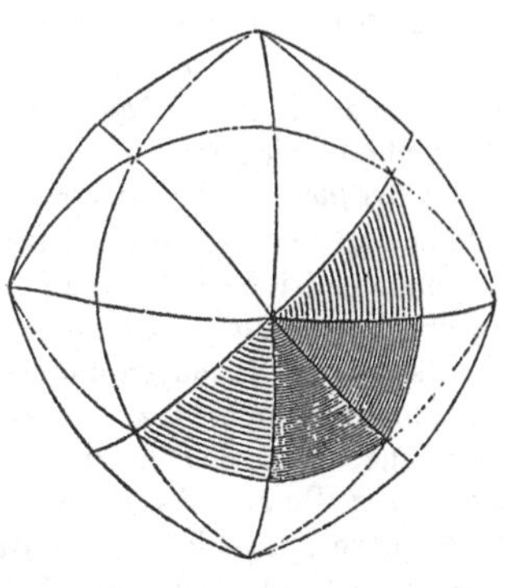

*Pesanteur spécifique* 3,52. *Dureté* plus grande que celle de tous les corps; il les raie tous, même le corindon, et n'est rayé par aucun. *Réfraction* simple, mais très forte, qui a fait penser à Newton que le diamant devait être combustible. Cette opinion a été rendue plus probable, en 1694, par les académiciens de Florence qui, ayant exposé le diamant au feu du miroir ardent, ont vu qu'il paraissait y brûler et qu'il y disparaissait. Après eux, plusieurs chimistes français ont prouvé cette combustibilité en montrant que le diamant ne disparaissait ainsi qu'autant qu'il avait le contact de l'air ; mais la nature n'en fut véritablement connue que lorsque Lavoisier eut montré que le produit de la combustion était de l'acide carbonique ; et que, par conséquent, le diamant était du carbone à l'état de pureté (1).

Le diamant jouit d'un éclat très vif et en quelque sorte demi-métallique, auquel on donne le nom d'*éclat adamantin ;* il prend l'électricité vitrée par frottement.

*Gisement.* — Le diamant se trouve dans des dépôts qui appartiennent aux terrains de transport (terrains clysmiens, Br.), c'est-à-dire qui ont été formés à une époque où les eaux paraissent avoir envahi violemment les continents et les avoir labourés dans toute leur étendue ; d'où il est

(1) On fait généralement honneur à Newton d'avoir deviné le premier la combustibilité du diamant ; mais cet honneur revient à Ans. Boëce de Boot, auteur du *Parfait joaillier*, publié dans les premières années du XVII$^{e}$ siècle. Le propre du vrai diamant, dit Boëce de Boot, est de recevoir *la teinture*, qui s'y applique et s'y unit tellement que les rayons qu'il jette en sont considérablement augmentés. Aucune autre pierre précieuse ne produit cet effet. Or cette *teinture* se fait avec du mastic épuré, noirci avec un peu de noir d'ivoire. Le diamant chauffé, étant appliqué sur ce mastic un peu chauffé lui-même, il y adhère incontinent d'une vraie et forte union que toutes les autres pierres précieuses repoussent. « J'estime que cette mutuelle union du diamant et du mastic *procède d'une ressemblance dans leur matière et qualités ;* car les choses semblables se plaisent et s'unissent avec leurs semblables. Ainsi les choses aqueuses se mêlent aux aqueuses, les huileuses avec les huileuses, les ensoufrées avec les ensoufrées (pour parler en chimiste). Les choses qui ont une matière dissemblable ne se conjoignent pas : ainsi l'eau ne peut être mêlée à l'huile, quoique l'huile soit liquide, parce qu'elle est de la nature du feu. La gomme de cerisier peut se dissoudre dans l'eau, à cause qu'elle est de la matière de l'eau ; la gomme de mastic jamais, parce qu'elle est de la nature du feu (combustible), et pour cette raison elle est jointe facilement à l'huile, comme toutes les choses qui sont de nature du feu *et qui peuvent être facilement changées en flamme.* Donc, puisque le mastic, qui est de nature ignée, peut être uni facilement au diamant, c'est un signe que cette union se fait à cause de la ressemblance de la matière, *et que la matière du diamant est ignée et sulfurée* et que l'humide intrinsèque et primogène d'icelui, par le moyen duquel il a été coagulé (c'est-à-dire que le dissolvant primitif duquel il a été séparé à l'état solide) a été entièrement huileux et igné, tandis que l'humide (le dissolvant) des autres pierres précieuses a été aqueux. De plus, à cause qu'étant échauffé il attire (comme l'ambre qui est de nature ignée) les petites paillettes, il ne faut pas s'étonner si la substance grasse, huileuse et ignée du mastic lui puisse tellement etre appliquée et unie que la vue n'en soit pas terminée, et qu'il n'en soit pas ainsi pour les autres pierres précieuses : que celui à qui mon opinion ne satisfera pas en apporte une meilleure. »

résulté que les substances tendres ont été broyées, tandis que les plus dures, ou les plus ductiles, ont pu seules résister au choc et au frottement qui les ont détachées de leur gîte naturel. Et comme les substances qui se trouvent ordinairement dans ces sortes de dépôts (*corindon*, *spinelle*, *zircon*, *topaze*, *émeraude*, *or*, *platine*, *quarz*, *diorite*, etc.) appartiennent toutes aux terrains primitifs, il faut en conclure que le diamant appartient aussi aux mêmes terrains (1), qu'il s'est formé avec les premières dans les premiers âges du globe ; qu'il a cristallisé à la suite d'une sublimation ou d'une fusion ignée, et que si on le trouve à la surface actuelle de la terre, c'est que les terrains qui le contenaient ayant été soulevés, puis exposés à l'action des eaux, se sont détruits, à l'exception des corps les plus durs qui ont pu résister au broiement, dont ils offrent toujours des traces cependant, par leurs surfaces et leurs angles plus ou moins altérés et arrondis.

Le terrain meuble qui renferme le diamant se trouve à la surface de la terre, dans l'Inde, aux royaumes de Golconde et de Visapour; au Brésil, dans la province de *Minas-Geraès ;* dans l'île de Bornéo et sur la pente occidentale des monts Ourals, qui séparent la Russie de la Sibérie. Ce terrain repose immédiatement sur les roches primitives et est formé principalement de fragments de quarz roulés, liés entre eux par une argile sableuse et ferrugineuse qui porte, au Brésil, le nom de *cascalho.* Les diamants s'y trouvent toujours en très petite quantité et très écartés les uns des autres. Les minéraux qui l'accompagnent plus spécialement sont : le fer oxidulé, le fer oxidé micacé, le fer oxidé pisiforme, des fragments de jaspe et d'améthyste, des grains d'or, etc.

Aux Indes, la recherche des diamants est à peu près libre, et donne lieu seulement à un droit établi au profit des chefs; mais au Brésil, l'exploitation est faite par le gouvernement, par l'intermédiaire d'esclaves nègres rigoureusement surveillés; ce qui n'empêche pas qu'un tiers environ du produit ne s'échappe par la contrebande. Cependant, pour les attacher à l'administration, on les encourage par des primes, et on leur donne leur liberté lorsqu'ils apportent un diamant de 17 karats 1/2 (3,71 grammes, le karat valant 4 grains poids de marc, ou 212 milligrammes).

Pendant longtemps on n'a connu que les diamants bruts, et les plus

(1) Le diamant a été trouvé en place, il y a quelques années, au Brésil, dans les massifs d'une roche nommée *itacolumite*, parce qu'on la trouve surtout au pic d'*Itacolumi.* Cette roche est composée, comme l'*hyalomicte*, de quarz grenu et de mica ; mais elle contient en plus du fer oligiste, de l'or et du soufre. La roche à diamant a été trouvée sur la rive gauche du *Corrego dos Rois*, sur la *Serra du Grammagoa*, à quarante-trois lieues au nord de la ville de *Tijuco* ou *Diamantina.*

estimés étaient ceux qui présentaient naturellement une forme pyramidale et assez de transparence pour réfracter la lumière. En 1576, Louis de Berquem, ouvrier de Bruges, découvrit la manière de travailler le diamant, d'abord par le clivage pour lui donner une forme plus régulière, ensuite par le frottement et le polissage à l'aide de sa propre poussière, qui porte le nom d'*égrisée*. Pour donner une idée de la perte que les diamants éprouvent dans cette opération, il me suffira de dire que le diamant dit *le Régent*, qui pesait brut 410 karats, ou 86,92 grammes, a été réduit par la taille à 136 karats, ou 28,83 grammes.

Le diamant est toujours d'un prix très élevé. Il revient, brut, à plus de 38 francs le karat au gouvernement brésilien. Les plus défectueux, que l'on destine pour l'*égrisée*, se vendent de 30 à 36 francs; les petits diamants bruts et de bonne forme pour la taille s'achètent en gros 48 francs le karat. Lorsqu'ils pèsent plus d'un karat, on les estime par le carré de leur poids × 48. Par exemple, un diamant brut de 2 karats vaut 4 × 48 = 192 francs; un diamant de 3 karats vaut 9 × 48 = 432 francs. Le diamant taillé est d'un prix beaucoup plus élevé. Les très petits diamants (de 40 au karat) taillés *en rose* (en pyramide), se vendent de 60 à 80 francs le karat. Lorsqu'ils sont plus gros, on les vend 125 francs et plus. Le brillant (à face supérieure plane et rectangulaire, de belle qualité et du poids de 1/2 grain à 3 grains, se vend à raison de 168 à 192 francs le karat.

| | | | | | |
|---|---|---|---|---|---|
| Le brillant de | 3 grains (16 centigrammes) | vaut | 216 | | francs le karat. |
| — | 4 grains (216 milligramm.) | = | 240 | à | 288 francs. |
| — 5 à | 6 grains (26 à 32 centigr.) | = | 312 | à | 336 fr. |
| — | 6 grains. . . . . . . | = | 400 | à | 480 fr. |
| — | 12 grains (64 centigrammes) | = | 1700 | à | 1900 fr. |
| — | 16 grains. . . . . . . | = | 2400 | à | 3100 fr. |
| — | 17 grains. . . . . . . | = | 3800 | | fr. |

Le diamant est souvent coloré. Lorsqu'il est jaunâtre ou d'une couleur quelconque peu marquée, il est moins estimé que le diamant blanc. Mais quand la couleur est pure et bien décidée, il augmente beaucoup de prix. Ainsi un diamant de 8 grains (43 centigrammes) d'un beau vert, s'est vendu 900 francs, et un diamant rose de 11 grains (58 centigrammes) a valu 2000 francs.

Le plus gros diamant connu est celui du rajah de Matan, à Bornéo; il pèse 367 karats, ou 77,804 grammes. Celui de l'empereur du Mogol pesait 279 karats, ou 49 grammes; il a été estimé, par Tavernier, à près de 12 millions. Le diamant de l'empereur de Russie pèse 193 karats, ou 40,92 grammes; il a été achete 2160000 francs, plus 96000 francs de pension viagère. Le diamant de l'empereur d'Autriche égale 139 karats : il est jaunâtre, taillé en rose, et de mauvaise forme. Enfin, le principal diamant de la couronne de France, nommé *le Régent*, pesait brut 410 karats, et a été acheté, par le duc d'Orléans, régent, 2225000 francs. Il a coûté deux ans de travail pour la taille, et s'est trouvé réduit à 136 karats (28,32 grammes). Il est de la plus belle forme, d'une limpidité parfaite, et est estimé plus du double du prix d'achat.

### Graphite.

Le graphite se présente en masses amorphes, d'un gris bleuâtre foncé, joint à l'état métallique. Il est très tendre, facile à entamer par l'ongle, et s'use par le frottement sur le papier, en y produisant une trace semblable à celle du plomb, ce qui lui fait donner les noms vulgaires de *mine de plomb* et de *plombagine*. Il offre un toucher gras et onctueux, et se divise par la pression en petites lames écailleuses, quelquefois hexagones. Il pèse spécifiquement 2,089.

Il acquiert l'électricité résineuse par le frottement, est infusible au chalumeau, et y brûle très difficilement ; à plus forte raison est-il incombustible dans un creuset. Il ne brûle bien que par l'intermède du nitre, et laisse pour résidu du *carbonate de potasse*. Ce résultat prouve que le graphite est du charbon ; mais est-ce du carbone pur comme le diamant, ou du carbone mélangé ou combiné avec quelque autre substance ? Cette question a longtemps partagé les chimistes.

D'abord le graphite contient toujours du fer, mais en quantité petite et variable. De Saussure en a trouvé 0,04, et Berthollet 0,09. Pour expliquer cette quantité petite et variable, M. Berzélius a supposé que le graphite était un mélange de décarbure de fer avec du carbone ; mais il est évident qu'il aurait pu admettre toute autre combinaison ; et l'on sait d'ailleurs aujourd'hui que le graphite est du carbone libre de toute combinaison, comme le diamant, dont il ne diffère que par son état d'agrégation.

D'abord on a trouvé qu'il se déposait dans les fentes qui se forment aux parois des hauts-fourneaux où l'on réduit le fer, une matière noirâtre, d'aspect métallique, tendre au toucher, enfin, possédant tous les caractères physiques du graphite ; et l'analyse a montré que cette substance produite par la décomposition du gaz hydrogène carburé, à une haute température, était du carbone pur.

Ensuite, M. Berthier a vu qu'en traitant du graphite naturel par de l'acide chlorhydrique pur, on le privait complétement de fer, sans en changer les caractères physiques, et sans dégagement d'hydrogène, soit pur, soit carburé ; preuve que le fer ne s'y trouve ni métallique ni carburé, qu'il y est à l'état d'*oxide*, et qu'il appartient par conséquent à la *gangue* disséminée dans l'intérieur du graphite. Enfin, M. Regnault ayant brûlé dans du gaz oxigène un graphite d'Allemagne, très brillant, onctueux et écailleux, a trouvé qu'il était formé de 97,27 de carbone, et de 2,73 de gangue quarzeuse en petits grains, sans un atome de fer. Il résulte de tous ces faits, que le fer n'est pas essentiel au graphite, et que celui-ci doit être considéré comme une forme naturelle et particulière du carbone.

Le graphite ressemble beaucoup au *sulfure de molybdène* : ces deux corps ont même couleur, même éclat, même onctuosité, et forment une même tache grise noirâtre sur le papier. Mais le sulfure de molybdène pèse de 4,5 à 4,7 ; il forme sur la porcelaine une tache verdâtre ; il dégage au chalumeau de l'acide sulfureux et une fumée blanche. Il se dissout dans l'acide nitrique en formant un précipité blanc d'acide molybdique, qui bleuit sur une lame de zinc. Le même effet de coloration peut être produit dans la liqueur.

*Gisement.* Le graphite se trouve dans le *gneiss*, le *micaschiste* et le *calcaire saccharoïde* des terrains primitifs, dans les montagnes du Labour, dans les Pyrénées. Il y forme des filons, des amas ou des rognons. On le trouve aussi dans les schistes intermédiaires, comme à Pluffier, près de Morlaix, et à Borrodale, dans le Cumberland, qui en présente le plus beau gisement connu, tant par l'étendue que par la pureté de la masse ; on en cite aussi dans les calcaires intermédiaires, dans le grès houiller, et jusque dans les schistes alpins, comme au col du Chardonet, dans les Hautes-Alpes, où il accompagne les anthracites.

Le principal usage du graphite est pour la fabrication des crayons à dessiner. Les plus estimés sont fabriqués en Angleterre, avec le graphite lui-même scié en petites baguettes carrées que l'on renferme dans des cylindres de bois de genévrier de Virginie. On en fait d'inférieurs avec la poudre du graphite liée par un mucilage. On emploie aussi le graphite dans les arts mécaniques, pour adoucir le frottement des rouages, pour préserver la tôle de la rouille, pour fabriquer des creusets, etc.

Les deux formes naturelles du carbone dont nous venons de parler, à savoir le *diamant* et le *graphite*, appartiennent essentiellement aux terrains primitifs, et ce n'est que par suite de quelque révolution du globe que le diamant se trouve dans un terrain de transport qui paraît beaucoup plus moderne, mais qui n'est formé que des débris du premier. Ces deux substances prouvent donc l'existence du carbone dans les premiers matériaux de la terre, et bien avant l'apparition des êtres organisés ; mais ce sont les seules. Tous les autres charbons terrestres sont postérieurs à l'existence des végétaux, qui en ont puisé le carbone dans l'atmosphère, où il existait à l'état d'acide carbonique, et qui l'ont déposé dans la terre, comme une preuve de leur passage. Ce sont ces *charbons*, ou composés dans lesquels le carbone domine, que nous allons décrire présentement, en commençant par les plus anciens et finissant par les plus modernes.

### Anthracite.

Il existe quelque confusion entre cette espèce et la *houille* ou *charbon de terre*, causée parce que toutes deux proviennent de l'action du feu central sur d'anciens végétaux enfouis dans la terre et qu'elles passent quelquefois de l'une à l'autre. Pour nous, l'*anthracite* ( à part le quarz et les autres composés minéraux qu'il peut contenir par mélange) sera du *carbone* presque entièrement privé de principes volatils pyrogénés par suite de la haute température qu'il a subie; comme le serait un charbon formé en exposant, dans une cornue, une matière organique à la plus forte chaleur que nous puissions produire.

L'anthracite est noir, mais doué d'un grand éclat métallique, assez dur pour rayer la chaux sulfatée, mais non la chaux carbonatée spathique dont la dureté est égale à la sienne. Il ne tache pas les doigts et laisse difficilement sa trace sur le papier. Il acquiert l'électricité résineuse par le frottement, mais seulement lorsqu'il est isolé, car il conduit assez l'électricité pour qu'on puisse en tirer des étincelles, lorsqu'il fait suite à un conducteur électrisé.

On a cru remarquer que l'anthracite se divisait suivant les faces d'un prisme rhomboïdal; mais ce caractère est douteux. Il est ordinairement en masses lamelleuses, dont les feuillets sont fortement ondulés. Il est infusible et inaltérable par l'action de la chaleur. Il ne dégage aucune odeur au chalumeau et y brûle d'autant plus difficilement.

*Gisement.* L'anthracite se montre d'abord dans les terrains intermédiaires ou de transition, et le plus souvent au milieu des roches schisteuses et arénacées (comme dans les Vosges, au Harz, en Saxe, en Bohême). Il est alors antérieur à la houille, et l'on concoit qu'il ait pu subir une chaleur plus forte; mais on le trouve aussi plus haut dans la série des formations. Par exemple, avec la houille, au milieu de laquelle il forme des veines, des rognons ou même des couches, comme à Anzin, département du Nord; puis principalement dans le *lias* ou calcaire bleu du Dauphiné, de la Tarentaise et du Valais. Mais, dans ce dernier cas, on observe que l'anthracite se trouve toujours dans le voisinage des *roches amygdaloïdes*, des *dolérites* et des *porphyres*, qui sont le produit d'anciens cratères ayant épanché à la surface du globe sa matière intérieure, obligée de céder à la contraction de sa couche solide. Et l'on concoit que ces roches brûlantes aient pu carboniser des amas de végétaux enfouis à leur portée. Il y a d'ailleurs une circonstance essentielle, indépendamment d'une haute température, à la conversion d'un végétal en *anthracite.* C'est que les produits pyrogénés volatils aient pu trouver une issue. Supposez, en effet, qu'une matière végétale soit fortement chauffée dans une capacité fermée, qui offre une résistance insurmontable au dégagement des vapeurs; cette substance ne pourra se diviser en *charbon fixe* et en *produits volatils*, et le tout restera forcément combiné d'une manière homogène. Telle est positivement la différence qui existe entre l'*anthracite* et la *houille.* Tous deux ont pu être également chauffés, comme, par exemple, lorsqu'ils se trouvent ensemble dans le même terrain; mais certaines portions se sont trouvées placées de manière à dégager leurs produits volatils et se sont convertis en pur charbon, ou en *anthracite;* d'autres se sont trouvées renfermées sous un obstacle qui s'est opposé à ce dégagement, et se sont converties en un produit homogène particulier qui est la *houille.*

L'anthracite ne peut pas être employé pour combustible dans les usages ordinaires, en raison de la grande difficulté que l'on éprouve pour le brûler; mais, une fois embrasé dans de grands fourneaux chauffés d'abord avec un autre combustible, il dégage une chaleur très intense qui le rend très utile pour la fusion des métaux ou pour la fabrication de la chaux dure.

Voici le résultat de l'analyse de plusieurs variétés d'anthracite, tiré d'un mémoire de M. Regnault, *sur les combustibles minéraux* (*Annales des mines*, 1837, t. XII, p. 161).

| Anthracite. | 1. | 2. | 3. | 4. | 5. | Moyenne. |
|---|---|---|---|---|---|---|
| Cendres. . | 4,67 | 0,94 | 1,58 | 4,57 | 26,47 | |
| Carbone. . | 94,89 | 92,85 | 94,05 | 94,07 | 97,23 | 94,62 |
| Hydrogène | 2,55 | 3,96 | 3,38 | 1,75 | 1,25 | 2,58 |
| Oxigène. . Azote. . . | 2,56 | 3,19 | 2,57 | 4,18 | 1,52 | 2,80 |
| | 100,00 | 100,00 | 100,00 | 100,00 | 100,00 | 100,00 |

1. Anthracite de Pensylvanie, dans un schiste argileux de transition.
2. Anthracite du département de la Mayenne, dans les schistes argileux de transition.
3. Anthracite du pays de Galles, de la partie inférieure du terrain houiller. Cassure vitreuse et conchoïde.

4. Anthracite de la Mure ou de la Motte, département de l'Isère, du terrain du lias, avec empreintes végétales du terrain houiller. Ce terrain a été fortement bouleversé par des roches primitives. Anthracite très dur, d'un noir brillant avec des parties ternes. Arêtes tranchantes. Pesanteur spécifique, 1,362.

5. Anthracite de Macot, dans la Tarentaise; même gisement que le précédent.

### Houille.

Ce combustible est en partie connu par la manière dont je viens d'expliquer sa formation. Il résulte de l'enfouissement des énormes et innombrables végétaux cryptogames (prêles, fougères et lycopodes) qui avaient envahi la terre au commencement de la vie organique.

Ces dépôts sont en général circonscrits dans des bassins formés par des montagnes primitives et de transition, dont ils ont pris la forme curviligne, en suivant toutes les sinuosités du terrain. Ils sont généralement disposés par couches d'une épaisseur variable, entremêlées d'autres couches de nature arénacée, solidifiées par l'imprégnation de matières combustibles pyrogénées, et formant des schistes charbonneux ou bitumineux. On y observe ordinairement plusieurs couches alternatives de houille et de schistes, et quelquefois jusqu'à soixante, et le tout est entouré de masses puissantes d'un grès rougeâtre qui porte le nom de grès houiller.

Cette disposition de la houille dans des dépôts profonds, de forme concave (*en bateau* ou *en cul-de-chaudron*), entourés de tous côtés de roches compactes et résistantes, est bien à remarquer, car elle explique parfaitement comment, une fois rendus à l'influence de la chaleur centrale, par la masse des terrains accumulés au-dessus, les végétaux qui l'ont formée ont dû se décomposer en conservant la plus grande partie de leurs principes volatils, et constituer une espèce différente de l'anthracite. En résumé, *la houille est un combustible fossile*, *formé par l'action du feu*, *jointe à une grande pression*, sur des masses de végétaux cryptogames enfouis dans les plus anciens terrains de sédiment.

*Caractères.* Solide, opaque, noire, plus ou moins brillante, insipide, inodore même par frottement, et non électrique, à moins qu'elle ne soit isolée. Elle pèse 1,3, est plus dure que l'asphalte et moins dure que le jayet.

La houille brûle au chalumeau et même à la simple flamme d'une bougie, avec une flamme fuligineuse et une odeur désagréable et non piquante, qui lui est propre. Elle laisse, après sa combustion complète, un résidu terreux plus ou moins considérable. Distillée dans une cornue, elle fournit beaucoup d'huile et de goudron, dont on extrait plusieurs matières particulières, et entre autres la *naphtaline;* elle produit également de l'eau qui contient du *carbonate* et du *sulfite d'ammoniaque;* beaucoup de gaz *hydrogène carburé* qui sert aujourd'hui à l'éclairage des villes; enfin elle laisse un charbon volumineux, d'un gris métallique, nommé *coak* ou *coke*, qui sert de combustible dans les usines.

M. Regnault, dans le Mémoire cité, divise les houilles en cinq genres.

I. *Houille anthraciteuse*, comme est celle de *Rolduc*, pres d'Aix-la-Chapelle. Elle forme le passage de l'anthracite à la houille. Elle offre l'éclat métallique de l'anthracite avec la texture feuilletée des houilles; elle brûle difficilement et sans s'agglutiner. A la distillation, elle donne une petite quantité de matière huileuse, mais change peu d'aspect. Densité 1,343. Cendres 2,25.

| | |
|---|---|
| Carbone. . . . . . . . | 93,56 |
| Hydrogène. . . . . . . | 4,28 |
| Oxigène et azote. . . . | 2,16 |
| | 100 |

II. *Houille grasse et dure.* Telle est celle de Rochebelle à Alais (Gard), pesanteur spécifique 1,322; et celle du puits Henri, à Rive-de-Gier (Loire), densité 1,315. Véritable houille brûlant avec flamme fuligineuse, mais ne s'agglutinant pas en brûlant comme la houille maréchale. Elle donne à la distillation un coke métalloïde boursouflé, mais moins gonflé et plus dur que celui de la houille maréchale.

| | Rochebelle. | Puits Henri. | Moyenne. |
|---|---|---|---|
| Carbone. . . . | 90,55 | 90,53 | 90,54 |
| Hydrogène. . . . | 4,92 | 5,05 | 4,99 |
| Oxigène . . . . | 4,53 | 4,42 | 4,57 |
| | 100 | 100 | 100 |

III. *Houille grasse maréchale.* D'un beau noir, d'un éclat gras et vif; brûle avec une flamme fuligineuse et s'agglutine beaucoup en brûlant. Coke très volumineux. Est fragile et se divise en fragments rectangulaires. Telle est la houille de la Grande-Croix de Rive-de-Gier, et le *cacking-coal* de Newcastle, en Angleterre.

| | Grande-Croix. 1 | Grande-Croix. 2 | Newcastle. | Moyenne. |
|---|---|---|---|---|
| Pesanteur spécifique. | 1,298 | 1,302 | 1,280 | 1,293 |
| Cendres. . . . . . . | 1,78 | 1,44 | 1,10 | 1,44 |
| Carbone. . . . . . . . | 89,04 | 89,07 | 89,19 | 89,10 |
| Hydrogène . . . . . | 5,23 | 4,93 | 5,31 | 5,16 |
| Oxigène. . . . . . . | 4,03 | 6. | 5,50 | 5,74 |
| Azote. . . . . . . . | 1,70 | | | |
| | 100 | 100 | 100 | 100 |

IV. ***Houille grasse à longue flamme.*** Houille très huileuse, s'agglutinant comme la maréchale, mais donnant une flamme beaucoup plus longue, ce qui la fait préférer pour brûler dans les foyers d'appartements. Exemples le *Fléau de Mons*, les houilles du Cimetière et de Couzon de Rive-de-Gier.

En prenant pour type le *Fléau de Mons*, nous voyons une houille d'apparence schisteuse, qui se laisse diviser en fragments rhomboïdaux.

| | I. | II. | Moyenne. |
|---|---|---|---|
| Densité. . . . . | 1,276 | 1,292 | 1,284 |
| Cendres . . . . . | 1,10 | 3,68 | 2,39 |
| Carbone . . . . . | 86,49 | 87,07 | 86,78 |
| Hydrogène. . . . | 5,40 | 5,63 | 5,52 |
| Oxigène . . . . . | 8,11 | 7,30 | 7,70 |
| | 100 | 100 | 100 |

On doit rapprocher des houilles grasses à longue flamme celles d'*Epinac*, de *Commentry* et de *Céral*, bien que la proportion de carbone s'y montre moins forte, et celle de l'oxygène, au contraire, plus considérable.

| | Épinac. | Commentry. | Céral. | Moyenne. |
|---|---|---|---|---|
| Densité. . . . . . . | 1,353 | 1,349 | » | » |
| Cendres. . . . . . . | 2,53 | 0,24 | 10,86 | » |
| Carbone. . . . . . . | 83,22 | 82,92 | 84,56 | 83,57 |
| Hydrogène . . . . . | 5,23 | 5,30 | 5,32 | 5,28 |
| Oxigène et azote . . | 11,55 | 11,78 | 10,12 | 11,15 |
| | 100 | 100 | 100 | 100 |

Les houilles d'Épinac (Saône-et-Loire) et de Commentry (Allier) appartiennent au véritable terrain houiller ; la première est schisteuse, très brillante, mais remplie de pyrite qui, en s'effleurissant à l'air, en détruit la cohésion. La houille de Commentry a la cassure conchoïde et compacte du *cannel-coal*, mais elle est beaucoup plus brillante, plus dure et ne se laisse pas tailler. Elle fournit un coke métalloïde presque blanc et seulement frité. La houille de Céral forme deux couches assez étendues dans les marnes inférieures de l'oolithe inférieure, dans la commune de Lavencas (Aveyron). Elle est très fragile et se divise en fragments rhomboïdaux.

IV bis. *Houille compacte* ou *cannel-coal*. Cette houille est légère, quoique d'une apparence compacte, uniforme et sans fissures. Elle est d'un noir un peu terne; la cassure en est terne, droite ou conchoïde; elle peut se tailler et se polir; aussi l'emploie-t-on comme le jayet, pour faire des objets d'ornements, mais elle n'en a pas la solidité. Elle brûle très facilement, avec une flamme longue et brillante, d'où le nom anglais de *cannel-coal*, c'est-à-dire *chandelle-charbon*. Pesanteur spécifique 1,317. On la trouve principalement en Angleterre, dans le Lancashire.

Le cannel-coal, quelle que soit sa ressemblance extérieure avec le jayet, qui l'en a fait rapprocher par quelques minéralogistes, est une véritable houille par la manière dont elle brûle et par les produits de sa combustion. Il est remarquable d'ailleurs qu'elle a presque exactement la même composition que la houille de Mons, comme on peut le voir par l'analyse suivante.

Cannel-coal du Vigan dans le Lancashire :

| | |
|---|---|
| Carbone. . . . . . . . . . | 85,81 |
| Hydrogène . . . . . . . . | 5,85 |
| Oxigène et azote . . . . . | 8,34 |
| | 100,00 |

V. *Houilles sèches à longue flamme*. M. Regnault forme cette division pour des houilles non collantes, brûlant cependant avec une longue flamme, mais qui dure peu, et qui se rapprochent du jayet par ces deux caractères et par leur composition chimique, laquelle offre une dose d'oxygène beaucoup plus considérable que les houilles précédentes. Telles sont la houille de Blanzy (Ardennes) et celle de Noroy, département de la Haute-Saône. Celle-ci appartient aux marnes irisées des Vosges, et se trouve sans doute au nombre des houilles qui ont reçu le nom particulier de *stipite*, en raison des tiges de cycadées qu'on y rencontre, et de leur origine plus moderne.

| | Blanzy. | Noroy. | Moyenne. |
|---|---|---|---|
| Densité . . . . . . | 1.362 | » | » |
| Cendres . . . . . . | 2.28 | 19,20 | » |
| Carbone . . . . . . | 78,26 | 78,32 | 78,29 |
| Hydrogène . . . . . | 5,35 | 5,38 | 5,36 |
| Oxigène et azote . . | 16,39 | 16,30 | 16,35 |
| | 100,00 | 100,00 | 100,00 |

Beaucoup d'ouvrages font mention d'une *houille papyracée.* Mais cette substance n'est pas une houille ; c'est un *schiste siliceux imprégné d'un bitume fétide.* Ce schiste est sous forme de feuillets minces, papyracés, tendus et flexibles, d'un gris jaunâtre ou verdâtre ; il est peu combustible et laisse un résidu considérable. Il dégage en brûlant une odeur si fétide qu'il en a reçu le nom de *stercus diaboli* ou de *merda di diavolo.* M. Cordier l'appelle *dusodyle.* On trouve cette substance en Sicile, entre des bancs de calcaire tertiaire ; car on y observe des empreintes de poissons et de végétaux dicotylédones qui annoncent une formation beaucoup plus récente que la houille. On en trouve également à Châteauneuf, près Viviers, département du Rhône.

### Lignite.

Matière noire ou brune, opaque, tantôt compacte, dure, à cassure conchoïde ou résineuse, privée de toute apparence d'organisation, tantôt offrant une texture ligneuse, qui en fait reconnaître l'origine végétale.

Exposé à l'action du feu, le lignite brûle avec une flamme assez longue et fuligineuse, comme la houille ; mais il n'éprouve aucun boursouflement ni ramollissement, et dégage une odeur toute différente, toujours forte, aromatique, âcre et acide, souvent bitumineuse et fétide. Après la combustion complète, il reste une cendre ferrugineuse contenant de la potasse.

Le lignite, distillé en vase clos, produit des matières goudronneuses privées de naphtaline, et toujours de l'acide acétique impur nommé *acide pyroligneux.* Il reste un charbon brillant, ayant conservé, comme celui du bois, la forme des fragments employés. Le lignite n'est donc autre chose qu'un bois profondément altéré ; ajoutons que toutes les fois qu'une altération moins profonde a permis d'examiner l'espèce de bois qui lui a donné naissance, on y a reconnu la structure des tiges de dicotylédones.

Le lignite commence à se montrer un peu avant la craie dans les couches sableuses qui préludent à cette formation (comme à l'île d'Aix, au Havre, à Anzin, immédiatement au-dessus du grès houiller dans des matières nommées *tourtia,* qui appartiennent à la craie ; à Entreverne, près d'Annecy, en Savoie, etc.). Mais c'est surtout dans la période des terrains tertiaires que les véritables lignites, accompagnés de débris de végétaux dicotylédones, deviennent abondants et se présentent à divers étages : d'abord au-dessous du calcaire grossier parisien et dans l'argile plastique (on lui donne le nom de *lignite soissonnais;* exemples : dans les environs de Soissons et de Laon ; à Bagneux et à Auteuil, près de Paris; à Saint-Paulet, près le Pont-Saint-Esprit; à Roquevaire, Marseille, Toulon, etc.); ensuite dans les dépôts supérieurs au gypse parisien, comme à Vevay, Lausanne et dans tous les dépôts de la Suisse, d'ou ce lignite a pris le nom de *lignite suisse.*

Les grands dépôts de lignite se trouvent en général, comme ceux des houilles, dans des bassins particuliers formés par les gorges ou vallées que des montagnes plus anciennes laissaient entre elles. Ils se composent de plusieurs couches séparées les unes des autres par des matières pierreuses; ces couches sont fréquemment ondulées, mais jamais repliées en zigzag, comme celles de la houille. Le lignite y est souvent accompagné de bitume, de mellite, de succin ou d'autres résines d'origine végétale.

La décomposition plus ou moins avancée du bois qui a servi à la formation du lignite peut en faire distinguer plusieurs sous-espèces ou variétés.

1. *Lignite piciforme polissable*, *jayet* ou *jais.* Lignite solide, dur, inodore, d'un noir pur et foncé, d'une texture dense, compacte, égale; non friable comme la houille et l'asphalte, offrant une cassure conchoïde, susceptible d'être travaillé au tour et de prendre un beau poli; pesanteur spécifique, 1,26. On le trouve en petites masses, au milieu des autres variétés de lignite, à Roquevaire, près de Marseille ; à Belestat, dans les Pyrénées; à Bains et à Sainte-Colombe, dans le département de l'Aude; dans les Asturies, la Galice et l'Aragon, en Espagne ; près de Wittemberg, en Saxe; en Prusse, dans un gîte où se trouve le succin en abondance, etc.

On fabrique avec le jayet toutes sortes d'ornements et de bijoux de deuil. Il en existait autrefois à Sainte-Colombe des fabriques considérables qui ont beaucoup perdu de leur importance aujourd'hui.

2. *Lignite piciforme commun.* D'un noir luisant comme le précédent, mais offrant une densité inégale, et une structure schistoïde ou fragmentaire qui s'oppose à son emploi sur le tour. Il forme souvent des bancs assez puissants, que l'on exploite comme une espèce de houille, dont il offre toute l'apparence. Il sert aux mêmes usages que la houille. En France, on le trouve principalement aux environs d'Aix, de Marseille et de Toulon ; à Ruelle, département des Ardennes ; à Lobsann,

près de Weissembourg, dans le Bas-Rhin ; en Suisse, près de Vevay, de Lausanne, sur la rive gauche du lac de Zurich, etc.

3. *Lignite terne.* D'un noir brunâtre terne, à cassure raboteuse ou imparfaitement conchoïde, à structure massive, schistoïde ou fragmentaire, mais non ligneuse, brûlant avec une fumée abondante et souvent fétide.

Le *lignite terne massif* se trouve en couches assez puissantes, que l'on exploite comme combustible, principalement à Sainte-Marguerite, près de Dieppe; aux environs de Soissons, de Cassel, où il prend le nom de *terre de Cassel;* à Putschern, près de Carlsbad. Le *lignite terne schistoïde* se trouve principalement en France, aux mines de Piolène, près d'Orange ; de Ruelle, dans les Ardennes, et généralement dans tous les lieux où se trouve la variété précédente. Enfin le *lignite terne fragmentaire* ou *friable* forme des dépôts étendus dans les environs de Soissons, de Laon, département de l'Aisne, et dans ceux de Montdidier, département de la Somme. Il est trop chargé de pyrites et d'argile pour former un combustible avantageux; mais en le laissant se déliter à l'air humide, on y forme des sulfates de fer et d'alumine qu'on en retire par lixiviation.

4. 5. *Lignite fibreux* et *bois fossile.* Le *lignite fibreux*, ou le vrai lignite, offrant encore un indice plus ou moins marqué de la structure du bois, peut être observé dans la plupart des dépôts des variétés précédentes; mais on trouve en outre dans les terrains beaucoup plus modernes, provenant d'alluvions, d'éboulements ou de dislocations volcaniques, des bois enfouis et à peine altérés, qui ne peuvent être confondus avec les lignites des terrains plus anciens; tels sont les amas d'arbres couchés pêle-mêle, ensevelis dans les alluvions de la Seine, au Port-à-l'Anglais et à l'île de Chatou, près de Paris ; et les *forêts sous-marines* de Morlaix, en Bretagne, du comté de Lincoln et de l'île de Man, en Angleterre. Tels sont aussi les bois fossiles comprimés et aplatis d'Islande et de plusieurs parties des Alpes, dans lesquels on reconnaît facilement des bouleaux, des chênes, des ifs et autres conifères, avec leur écorce parfaitement conservée.

6. *Bois bitumineux.* C'est une vraie *momie végétale*, ou un bois fossile complétement imprégné de bitume odorant, ou de *Malthe.* Tel est le bois bitumineux de la Tour-du-Pin, département de l'Isère.

7. *Ulmite* ou *terre de Cologne; lignite terreux*, Brongniart. Cette matière forme, aux environs de Cologne, sur les bords du Rhin, un dépôt considérable, qui a jusqu'à 13 mètres d'épaisseur et plus de 1 myriamètre d'étendue. Elle est tendre et pulvérulente, d'une couleur brune de girofle, et s'allume avec facilité, mais brûle sans flamme et presque sans fumée, comme le bois pourri. Elle offre dans ses parties

solides des traces évidentes d'organisation de troncs ligneux, appartenant pour la plupart à des végétaux dicotylédones. Sous ce rapport, la terre de Cologne se rapproche donc du lignite proprement dit; mais ce qui établit une grande différence entre eux, c'est que le lignite a évidemment éprouvé une décomposition semblable à celle produite par le feu, soit que, en effet, il ait été soumis à une température élevée, soit que, par suite de sa situation prolongée dans un terrain très sec, il ait éprouvé à la longue une décomposition analogue; tandis que la terre de Cologne est le résultat de l'action décomposante *de l'air et de l'humidité* sur le bois, décomposition qui le rapproche de la nature de l'acide ulmique, sans cependant lui en donner l'exacte composition. Mais, de même que l'acide ulmique, la terre de Cologne se dissout dans les alcalis, et forme des dissolutions brunes qui sont précipitées par les acides et par les sels métalliques. C'est en raison de cette similitude de propriétés que j'ai proposé de donner à cette substance le nom d'*ulmite*. Je termine cette description des diverses espèces de lignites par le tableau de leur composition chimique, qui nous offrira une diminution continue dans la proportion du carbone, à partir de la composition de la houille sèche, presque jusqu'à celle du bois non altéré.

| | (1). | (2). | (3). | (4). | (5). | (6). | (7). | (8). |
|---|---|---|---|---|---|---|---|---|
| Densité. . . | 1,316 | 1,305 | 1,272 | 1,185 | 1,100 | 1,107 | » | » |
| Cendres . . | 4,08 | 0,89 | 4,99 | 9,02 | 5,49 | 2,19 | » | » |
| Carbone . . | 76,05 | 76,09 | 74,19 | 67,28 | 66,96 | 57,29 | 56,7 | 49,07 |
| Hydrogène . | 5,69 | 5.84 | 5,88 | 5,49 | 5,27 | 5,83 | 4.8 | 6,31 |
| Oxigène . . | 18,26 | 18,07 | 20,13 | 27,23 | 27,77 | 36,88 | 38,5 | 44,62 |
| | 100 | 100 | 100 | 100 | 100 | 100 | 100 | 100 |

(1) *Jayet de Saint-Girons* (Ariége). En couches fort minces dans des bancs de grès correspondant au grès vert. Ce jayet, très dur, très brillant, et à cassure conchoïde, a longtemps servi à la fabrication des bijoux.

(2) *Jayet de Belestat* ou *de Sainte-Colombe* (Aude). Se trouve dans un gisement semblable au précédent, et sa composition est identique.

(3) *Lignite de Dax* (Landes). D'un beau noir, à cassure inégale, peu éclatante. Ne se ramollit pas par la chaleur.

(4) *Lignite de la Grèce*, des bords de l'Alphée, en Élide; feuilleté, d'un noir terne, offrant souvent la structure du bois.

(5) *Ulmite de Cologne.* Sa composition chimique est semblable à celle du lignite précédent.

(6) Bois fossile d'Usnach.

(7) Composition de l'acide ulmique, d'après P. Boullay.

(8) Composition du ligneux.

### Tourbe.

Matière brune qui se forme sous les eaux stagnantes par la décomposition de plantes herbacées, de mousses et de conferves qui s'y développent et s'y accumulent avec une grande rapidité. Elle est homogène et compacte dans les parties inférieures du dépôt, grossière et remplie de débris herbacés dans les parties supérieures. Elle brûle facilement, avec ou sans flamme, en dégageant une odeur désagréable.

La tourbe se forme encore journellement dans nos marais; elle couvre quelquefois des espaces considérables dans les parties basses de nos continents. En France, les plus grands dépôts se trouvent dans la vallée de la Somme entre Amiens et Abbeville, dans les environs de Beauvais, dans la vallée de l'Ourcq, dans les environs de Dieuze. Il y en a une exploitation dans la vallée d'Essonne, près de Paris. La plupart des fertiles vallées de la Normandie reposent sur de la tourbe.

**Analyse de la tourbe, par M. Regnault.**

| | (1). | (2). | (3). | Moyenne. |
|---|---|---|---|---|
| Cendres. . . . . . . . | 5,58 | 4,61 | 5,33 | 5,17 |
| Carbone. . . . . . . . | 60,40 | 60,89 | 61,05 | 60,78 |
| Hydrogène . . . . . . | 5,96 | 6,21 | 6,45 | 6,21 |
| Oxigène. . . . . . . . | 33,64 | 32,90 | 32,50 | 33,01 |
| | 100,00 | 100,00 | 100,00 | 100,00 |

(1) Tourbe de Vulcaire, près d'Abbeville (Somme).

(2) Tourbe de Long, *id.*

(3) Tourbe du Champ-du-Feu, près de Framont (Vosges).

### Terreau.

Les matières végétales qui pourrissent à la surface de la terre finissent par se convertir en une masse brune noirâtre, pulvérulente, qui a reçu le nom d'*humus végétal* ou de *terreau*. Cette substance est principalement composée d'*acide ulmique*, insoluble dans l'eau, mais soluble avec la plus grande facilité dans les alcalis; d'un *extrait brun*, soluble dans l'eau, qui n'est peut-être qu'une combinaison soluble du même acide ulmique; d'un résidu *charbonneux*, insoluble dans l'eau et les alcalis; enfin, d'une quantité variable de matière terreuse ou sablonneuse, provenant du sol.

Le terreau se forme principalement dans les forêts, par l'accumulation des feuilles d'arbres et des herbes qui y périssent tous les ans. Celui que l'on consomme à Paris pour la culture des plantes de serre et d'agrément y est apporté des forêts de Sénart et de Sanois.

Les substances animales qui se pourrissent dans les cavernes d'animaux ou dans les cimetières, forment aussi un *terreau*, mais d'une nature différente et moins connue.

### Bitume.

Nous comprendrons sous ce nom des composés naturels du carbone fort différents en apparence, mais qui ont une origine commune due à l'action du feu central sur des masses de végétaux enfouies dans les anciennes couches du globe. Mais il y a cette différence entre ces substances et la *houille* et l'*anthracite*, que, tandis que celui-ci est un charbon comparable au résidu d'une distillation opérée à l'aide d'une très forte chaleur, et la *houille* une matière organique décomposée sous une forte pression qui a forcé la plus grande partie des produits volatils à rester unie à la masse, *le bitume est une substance volatilisée*, comparable aux produits de la distillation des substances végétales, et variant comme eux en couleur et en consistance, suivant le point de décomposition de la matière soumise au calorique. Quelles que soient les différences physiques de ces nouveaux composés, c'est donc avec raison que le célèbre Haüy les a regardés comme dépendant d'une même espèce minérale. Ces corps d'ailleurs passent de l'un à l'autre par l'action de l'air ou du feu, absolument de la même manière que le produit de la distillation du bois s'épaissit et se solidifie à l'air; on le sépare, par une seconde distillation, en huile volatile, d'abord liquide et incolore, puis de plus en plus colorée et épaisse, en laissant un résidu noir et solide.

*Asphalte* ou *bitume de Judée.* Noir, tout à fait solide, sec et friable; inodore à froid, mais prenant une odeur assez forte par le frottement et prenant en même temps l'électricité résineuse. Il offre une cassure conchoïde et brillante, pèse spécifiquement 1,104, fond à la flamme d'une bougie. Il brûle avec flamme, et laisse après sa combustion complète un très petit résidu terreux.

L'asphalte se trouve principalement à la surface des eaux du *lac Asphaltique*, en Judée. Ce lac, sans issue, porte également le nom de *mer Morte*, soit à cause de la stérilité de ses bords, soit parce que la forte salure de l'eau et l'odeur du bitume en éloignent les oiseaux et les quadrupèdes.

Les anciens Égyptiens employaient l'asphalte à l'embaumement des corps, et les momies d'Égypte en sont même complétement imprégnées. On assure également que les murs de Babylone étaient construits en briques cimentées avec de l'asphalte; peut-être cependant était-ce le bitume suivant qui servait à cet usage.

Un asphalte du Mexique, analysé par M. Regnault, était composé de :

| | | |
|---|---|---|
| Cendres. . . . . . . | 2,80 | » |
| Carbone. . . . . . . | 79,18 | 81,46 |
| Hydrogène. . . . . . | 9,30 | 9,57 |
| Oxigène. . . . . . . | 8,72. | 8,97 |
| | 100,00 | 100,00 |

*Molthe* ou *pissasphalte*, *bitume glutineux*, *poix minérale*. Bitume d'un brun noir, glutineux, presque solide dans les temps froids. Il exhale une odeur forte, il se fond dans l'eau bouillante, est en grande partie soluble dans l'alcool. Il se dessèche et se durcit à l'air, mais sans acquérir la dureté, l'éclat et la friabilité de l'asphalte. Le malthe sort de terre par des fissures formées dans les roches de terrains tertiaires, surtout à Orthez et à Campenne, près de Dax; à Gabian, près de Pézénas; à Seissel, près de la perte du Rhône, etc. On le recueille quelquefois à l'état de pureté; mais le plus souvent il imprègne des matières terreuses et arénacées qui entourent la source et constituent ce qu'on appelle *argile bitumineuse* ou *grès bitumineux*. On le retire de ces matières soit en les chauffant avec de l'eau dans de grandes chaudières, soit en formant des tas considérables au centre desquels on met le feu. Le bitume devenant plus liquide s'écoule de toutes parts dans des bassins où on le recueille.

On emploie le malthe pour goudronner le bois et les cordages; mais son plus grand usage aujourd'hui est pour former des ciments presque indestructibles, qui servent au dallage des places et des promenades publiques. A cet effet, on le mêle de nouveau avec du sable quarzeux qui lui donne de la solidité et une grande résistance au frottement.

*Pétrole*, *oleum petræ*, *huile de pierre*. Bitume liquide, onctueux, rougeâtre ou d'un brun noirâtre, pesant spécifiquement 0,85; d'une odeur très forte et très tenace, très combustible.

Le pétrole, soumis à la distillation, laisse de l'asphalte pour résidu, et donne, comme produit distillé, un liquide incolore, nommé *pétro-*

*lène*, bouillant à 280 degrés, et composé de $C^{40}H^{64}$, pour quatre volumes. Exposé à l'air, il passe à l'état de malthe. On le trouve dans les mêmes lieux que le malthe; mais surtout à Gabian, département de l'Hérault, et au *Puits-de-la-Pège*, près de Clermont-Ferrand. Il sert à graisser les charrettes et les machines à engrenage. On cite en Asie la ville de Rainangboun (empire Birman), située au centre d'un petit district, qui renferme plus de cinq cents sources de pétrole, exploitées et d'un revenu considérable. Le terrain consiste en une argile sablonneuse qui repose sur des couches alternes de grès et d'argile durcies. Au-dessous se trouve une couche puissante d'un schiste argileux bleu pâle, reposant sur la houille; et c'est ce schiste qui est imprégné de pétrole. On y creuse des puits dans lesquels le bitume se rassemble. A Coalbrookdale, en Angleterre, il existe une source analogue de pétrole qui prend son origine dans une couche de houille.

*Naphte.* Bitume liquide, très fluide, transparent, d'un jaune clair, d'une odeur forte non désagréable; très inflammable, même à distance, par l'approche d'un corps embrasé. Pesanteur spécifique, 0,836.

Le naphte, distillé à plusieurs reprises, devient incolore, aussi fluide que l'alcool le mieux rectifié, et plus léger, car il ne pèse plus que 0,758 à 19 degrés centigrades. Il a une odeur faible et fugace, est presque sans saveur. Il bout à 85 degrés. Il brûle avec une flamme blanche et dépose beaucoup de charbon. Il est uniquement composé de carbone et d'hydrogène dans la proportion de

| | | |
|---|---|---|
| Carbone | 3 atomes. | 88,2 |
| Hydrogène | 5 | 11,8 |
| | | 100 |

Le naphte est très abondant dans certains pays, et notamment auprès de Bakou, sur la côte occidentale de la mer Caspienne, dans la province de Schirvan. Dans cette contrée, la terre consiste en une marne argileuse, imbibée de naphte. On y creuse des puits, jusqu'à 30 pieds de profondeur, dans lesquels le naphte se rassemble, comme l'eau dans nos puits. Dans quelques endroits, le naphte s'évapore en si grande quantité, par des ouvertures naturelles du terrain, qu'on peut l'enflammer, et qu'il continue à brûler en produisant une chaleur considérable que les habitants utilisent pour leurs usages domestiques. En Europe on recueille une grande quantité de naphte près d'Amiano, dans le duché de Parme, dans une vallée, auprès du mont Zibio, dans les environs de Modene; et sur le Monte-Ciaro, non loin de Plaisance. Il sert à l'éclairage des villes environnantes. En médecine, le naphte est quelquefois employé comme vermifuge. Il sert en chimie à conserver le potassium et le sodium.

*Élatérite, bitume élastique, caoutchouc minéral.* Cette substance ressemble au malthe par son odeur, sa couleur et son état de mollesse; mais elle jouit d'une élasticité analogue à celle du caoutchouc, et lorsqu'elle est durcie par une longue exposition à l'air, elle efface les traces de graphite sur le papier; mais elle le salit elle même, et ne peut à cet égard remplacer le caoutchouc. Elle est ordinairement plus légère que l'eau, se fond facilement, et présente, du reste, presque tous les caractères du malthe, dont on peut la regarder comme une variété.

Le bitume élastique n'a encore été trouvé que dans trois localités: 1° dans la mine de plomb d'Odin, dans le Derbyshire, au milieu d'un calcaire qui encaisse le dépôt métallifère; 2° dans une mine de houille de South-bury, dans le Massachusetts; 3° dans une mine de houille de Montrelais, près d'Angers, dans des veines de quarz et de carbonate de chaux.

*Dusodyle, houille papyracée.* Schiste tendre, de nature siliceuse, imprégné de bitume fétide. Nous en avons parlé précédemment (p. 117).

*Ozokérite, cire fossile de Moldavie.* Matière bitumineuse, trouvée en Moldavie, près de Slanik, sous des sables, près de la houille et d'une couche de sel gemme. Elle est en morceaux irréguliers, formés de couches fibreuses et contournées. Elle est d'un jaune brunâtre, avec reflet verdâtre, et translucide dans ses lames minces. Elle est un peu plus dure que la cire d'abeilles, d'une odeur assez forte, non désagréable, analogue à celle du pétrole. Cette substance paraît formée de plusieurs principes pyrogénés, que je compare aux derniers produits cireux de la distillation du succin, ou à la matière jaune toute formée dans la houille, et qui s'en dégage à la première impression du feu; et c'est à cause du mélange inégal de ces principes pyrogénés que l'ozokérite ne présente pas toujours les mêmes propriétés. Celle qui a d'abord été examinée par M. Magnus fondait à 82 degrés, était à peine soluble dans l'éther et l'alcool, et se dissolvait complétement à chaud dans l'essence de térébenthine; M. Magnus l'a trouvée composée de

| | |
|---|---|
| Carbone. . . . . . | 85,75 |
| Hydrogène. . . . . | 15,15 |

L'ozokérite de Slanik, examinée ensuite par le professeur Schrœtfer, pesait spécifiquement 0,953, était soluble dans l'éther, le naphte, l'essence de térébenthine, le sulfure de carbone; mais se dissolvait à peine dans l'alcool, même bouillant. Elle fondait à 62 degrés centigrades, et entrait en ébullition à 210 degrés. Composition :

| | |
|---|---|
| Carbone. . . . . . | 86,20 |
| Hydrogène. . . . . | 13,79 |

Enfin l'ozokérite de la montagne de *Zietrisika*, examinée par M. Malaguti, est très peu soluble dans l'alcool et l'éther bouillant, et très soluble, au contraire, dans le naphte, l'essence de térébenthine et les huiles grasses. Elle pèse 0,946, se fond à 84 degrés, et bout vers 300 degrés. Elle est d'une indifférence complète à l'action des alcalis; elle est formée de

| | |
|---|---|
| Carbone. . . . . . | 86,07 |
| Hydrogène. . . . . | 13,95 |

c'est-à-dire que sa composition, pour 100 parties, est la même que celle de la paraffine et du gaz oléifiant.

Si nous jetons en ce moment un coup d'œil en arrière sur les composés carboniques d'origine végétale que nous avons décrits, nous pourrons les diviser en quatre genres :

1° Charbons provenant de l'action d'une forte chaleur sur les végétaux enfouis dans la terre : *anthracite* et *houille.*

2° Charbons provenant d'une décomposition analogue, dans laquelle le faible degré de chaleur s'est trouvé compensé par le temps : ce sont les *vrais lignites.*

3° *Ulmites* résultant de la décomposition des végétaux par l'action réunie de l'air et d'une forte humidité : ce sont l'*ulmite de Cologne*, la *tourbe* et le *terreau.*

4° *Bitumes*, ou corps oléo-résineux séparés de l'*anthracite* et en partie de la *houille* par l'action du feu ; tels sont le *naphte*, le *malthe*, l'*asphalte*, et même l'ozokérite, que je regarde comme les compléments nécessaires de la formation des deux premiers corps.

Maintenant il nous reste à voir s'il n'y aurait pas des produits analogues aux bitumes pour les lignites et l'ulmite. Nous les aurons, en effet : pour les lignites, nous trouvons la *schéérérite*, hydrogène carburé analogue à l'ozokérite, mais avec une double proportion de carbone. Quant aux ulmites, il est évident que l'action qui les produit ne peut former des corps oléo-résineux; mais cette action peu énergique respecte au moins ceux de ces corps qu'elle trouve tout formés dans les végétaux, et ce sont eux qui, pour les ulmites, représentent les bitumes des premiers charbons minéraux.

Nous mentionnerons la *schéérérite*, l'*hatchétine*, la *rétinite*, le *copal fossile* et le *succin.*

### Schéérérite.

Cette substance a été trouvée à Utznach, canton de Saint-Gall, en Suisse, dans une couche de lignite tertiaire, et exclusivement dans les troncs de pins qu'on y rencontre en grande quantité et à peine altérés.

Elle se trouve entre l'écorce et le bois, ou dans les fentes du bois même, sous forme de couches minces, lamelleuses, d'un aspect gras, mais très fragiles et faciles à pulvériser. Elle fond à 45 degrés d'après Stromeyer, et à 114 degrés seulement d'après M. E. Krauss, ce qui semble indiquer une confusion de plusieurs substances. Elle cristallise en refroidissant; elle bout à 200 degrés, et distille en formant un liquide incolore d'abord, puis brun, enfin noir, et d'une odeur de goudron. Elle brûle avec flamme, sans laisser de résidu et en dégageant une odeur aromatique. Elle est insoluble dans l'eau, facilement soluble dans l'éther et les huiles, soluble également dans l'alcool, qui la laisse cristalliser par le refroidissement. La potasse ne la dissout pas. D'après M. E. Krauss, elle est formée d'une molécule d'hydrogène et d'une molécule de carbone, ou de

| | |
|---|---|
| Carbone. . . . . . | 92,44 |
| Hydrogène. . . . . | 7,56 |
| | 100,00 |

**Halchétine ou Suif de montagne.**

Substance jaunâtre, d'un éclat gras et nacré, translucide, fusible à 77 degrés, donnant à la distillation une substance butyreuse, jaune-verdâtre et d'une odeur bitumineuse. Cette substance, qui a beaucoup de rapport avec la précédente, a été trouvée dans un minerai de fer argileux, à Merthyr-Tydvil, dans le sud du pays de Galles. On en a trouvé une autre espèce à Loch-Fine (Écosse). Celle-ci est incolore et bien plus légère que l'eau; car, dans son état naturel, elle ne pèse que 0,608; mais, fondue, elle pèse 0,983. Elle fond à 47 degrés, et distille à 143 degrés.

**Rétinite ou Rétinasphalte.**

Substance solide, d'un brun clair, opaque, et d'un aspect plutôt terreux que résineux. Elle fond à une faible température, et brûle avec une odeur d'abord agréable, puis bitumineuse. Elle est composée, suivant l'analyse de Hattchett, de

| | |
|---|---|
| Résine soluble dans l'alcool . . . . . . . . | 55 |
| Matière bitumineuse insoluble. . . . . . . | 41 |
| Matière terreuse . . . . . . . . . . . . . . | 3 |
| Perte. . . . . . . . . . . . . . . . . . . . | 1 |
| | 100 |

On la trouve en rognons isolés dans le terrain de lignites de Bowey-

Tracey, dans le Devonshire. On a trouvé près de la rivière de Magoshy, dans le Maryland, une substance analogue à la précédente, se présentant sous forme de petits rognons à couches concentriques jaunes et grises, et à cassure conchoïde; elle est composée de

| | |
|---|---|
| Résine soluble dans l'alcool. . . . . . . . | 42,5 |
| Matière bitumineuse insoluble. . . . . . | 55,5 |
| Oxide de fer et alumine. . . . . . . . . | 1,5 |
| Perte. . . . . . . . . . . . . . . . . . . . | 5,5 |
| | 100,0 |

Une autre matière, trouvée à Laugenbogen, près de Halle, sur la Saale, a donné à Bucholz:

| | |
|---|---|
| Résine soluble dans l'alcool. . . . . . . . | 91 |
| Matière insoluble ressemblant au succin. . | 9 |
| | 100 |

Enfin M. Beudant, ayant examiné des rognons de matière résineuse trouvés dans les lignites de Saint-Paulet (Gard), les a trouvés formés de

| | |
|---|---|
| Résine soluble dans l'alcool. . . . . . . | 22,55 |
| Matière brune jaunâtre insoluble. . . . } Substance terreuse . . . . . . . . . . . } | 77,45 |
| | 100,00 |

Comme on le voit, ces substances sont loin d'être identiques; mais on doit les considérer toutes comme des résines végétales enfouies dans la terre, et les différences qu'on y trouve peuvent être raisonnablement expliquées par la différence originaire des résines, et par l'altération plus ou moins grande qu'elles ont éprouvée.

### Copal fossile ou Résine de Highgate.

Substance résineuse, jaune ou brunâtre, très fragile, facilement fusible en un liquide transparent, en donnant une odeur aromatique végétale; ne donnant pas d'acide succinique à la distillation, ou en donnant très peu. Cette résine, à peine altérée, a été trouvée en grande quantité dans les argiles bleues, à la colline de Highgate, près de Londres. On en cite d'analogues dans plusieurs autres localités.

### Succin.

*Ambre jaune, karabé.* Corps combustible minéral qui abonde en Prusse, sur les bords de la mer Baltique, de Mémel à Dantzick, et qui paraît au jour par la destruction mécanique du terrain qui la renferme. Il est accompagnée de cailloux roulés et de lignite. On l'exploite pour le compte du gouvernement prussien ; mais une partie est dispersée par les vagues, et les habitants la pêchent, à la marée montante, avec de petits filets.

Le succin se rencontre en beaucoup d'autres lieux, en Angleterre, en Allemagne, en France, dans les terrains de lignite. On en trouve à Auteuil près de Paris, à Soissons dans le département de l'Aisne, à Fîmes près de Reims, à Noyer près de Gisors, auprès du château d'Eu (Seine-Inférieure), etc.

Le succin est solide, dur, cassant, mais non friable. Il est susceptible d'être tourné et poli, et l'on en fait des bijoux d'ornement. Le plus pur est transparent et d'un jaune doré, mais il est souvent opaque et blanchâtre. Il pèse de 1,065 à 1,070. Il est insipide et paraît inodore à froid, mais renfermé dans un bocal, frotté ou pulvérisé, il développe une odeur assez prononcée qui lui est propre.

Le succin acquiert par le frottement une electricité résineuse très marquée. De là est venu le nom de *karabé* qui, en persan, dit-on, signifie *tire-paille ;* de là sont aussi venus les mots *électrique* et *électricité*, dérivés d'*electron*, qui est le nom grec du succin.

Le succin, exposé à la flamme d'une bougie, brûle avec flamme en se boursouflant, mais sans se fondre complétement et sans tomber en gouttes, ce qui le distingue du copal; il dégage en même temps l'odeur forte qui lui est propre. Chauffé dans une cornue, il se fond en se boursouflant beaucoup au commencement, et en dégageant des vapeurs blanches formées d'eau, d'acide succinique et d'huile volatile. Il se dégage, en outre, un mélange d'acide carbonique et d'hydrogène carburé. L'huile distillée, qui forme environ les trois quarts du produit, est d'une odeur très forte, d'une couleur brune et d'une consistance qui augmentent avec la marche de l'opération et la température. Sur la fin il se condense une matière jaune particulière, et il reste dans la cornue un charbon volumineux.

Le succin est complétement insoluble dans l'eau. L'acide succinique cependant y existe tout formé ; mais il ne peut guère en être séparé que par le moyen des alcalis, ou par l'éther qui dissout environ un dixième du succin, composé d'acide succinique, d'huile volatile et de deux résines inégalement solubles dans l'alcool. Le reste, formant 0,88 à 0,90 du poids du succin, est un corps bitumineux tout à fait insoluble dans l'éther et l'alcool.

Le succin est évidemment un produit direct d'anciens végétaux, ou une résine découlée d'arbres vivants, comme la térébenthine ou le copal, et qui n'a subi d'autre altération que celle apportée par un séjour de quelques milliers de siècles dans le sein de la terre. On trouve la preuve tout à la fois que le succin n'est pas un produit pyrogéné, et qu'il a découlé à l'état fluide d'un végétal, dans les fleurs et les insectes qu'il renferme et qui sont très souvent parfaitement intacts. Mais ces insectes et ces fleurs n'appartiennent pas au pays où se trouve le succin et n'ont pas été rencontrés ailleurs à l'état vivant. Ils faisaient donc partie d'un monde qui n'est plus ! Cette conséquence montre combien sont peu fondés en raison ceux qui veulent que le succin soit un produit de nos pins et sapins, et cela parce qu'on trouve une minime quantité d'acide succinique dans la térébenthine de nos arbres conifères. Dernièrement encore, M. Alessi, de Catane, sur l'observation d'une résine trouvée dans un terrain arénacé, en Sicile, encore fixée après un tronc d'arbre qu'il a cru reconnaître pour un pin sauvage, a conclu que le succin était un produit de cet arbre. Mais on a tant de fois confondu avec le succin des résines fossiles qui n'en sont pas, qu'il ne serait pas étonnant qu'il en eût été encore de même cette dernière fois. C'est dans les contrées les plus chaudes de la terre qu'il convient de chercher des arbres analogues à ceux qui, dans les temps anciens, ont donné naissance au succin ; et sans compter les *hymenæa* qui produisent de nos jours le copal et l'animé, résines déjà si semblables au succin, n'avons-nous pas le *pinus dammara* des îles Moluques, dont le produit résineux s'en rapproche encore plus ? De tous les végétaux connus, c'est donc le *pinus dammara* qui nous représente le mieux celui qui a dû produire le succin.

Pour ne rien omettre des états naturels du carbone, je dois faire mention maintenant de deux de ses composés gazeux assez abondants dans la nature ; ce sont l'*hydrogène protocarburé* et l'*acide carbonique*.

Le gaz *hydrogène protocarburé*, nommé également *gaz des marais*, se dégage en abondance, pendant les temps chauds, des eaux stagnantes au fond desquelles se trouvent des matières organiques en décomposition. On peut le recueillir en renversant dans l'eau d'un marais un flacon plein d'eau, dont le col est garni d'un large entonnoir, et remuant la vase du fond avec un bâton : il s'en élève des bulles qui passent de l'entonnoir dans la bouteille et qui finissent par la remplir. Il est toujours mêlé d'un peu d'acide carbonique et d'azote. Mais ce gaz est bien plus abondant dans les mines de houille, qui le tiennent renfermé dans leurs interstices à l'état d'une grande condensation, de sorte qu'il suffit souvent d'un coup de pioche ou d'un trou de sonde pour donner lieu à un jet de gaz susceptible d'être enflammé sans danger à sa sortie. Mais lorsque, au lieu d'être brûlé de cette manière, le gaz se mêle à l'air de la mine, il arrive bientôt, à moins d'une ventilation puissante, qu'il forme un mélange détonant par l'approche d'une lumière.

et alors il cause des explosions fatales aux ouvriers. Pour remédier à ces malheurs trop fréquents, Humphry Davy a imaginé une *lampe de sûreté*, qui consiste à renfermer la flamme d'une lampe à huile ordinaire dans un cylindre fermé de toutes parts par une toile métallique à mailles serrées. Le gaz détonant qui arrive dans l'intérieur du cylindre brûle bien au contact de la flamme, mais il ne peut pas transmettre la combustion au dehors, en raison du refroidissement que le métal fait éprouver au gaz enflammé. Enfin le gaz hydrogène protocarburé, souvent accompagné de naphte ou de pétrole, se dégage dans un grand nombre de lieux de l'intérieur de la terre, tantôt à travers les fissures de couches solides, d'autres fois accompagné de matières terreuses délayées dans de l'eau salée; ce qui a fait donner à cet ensemble de phénomènes le nom de *salses* ou de *volcans boueux*.

Lorsque le jet de gaz se trouve accidentellement enflammé, il constitue des *feux naturels* ou des *fontaines ardentes* qui peuvent ainsi brûler pendant un grand nombre d'années et même de siècles; on en observe de semblables au mont Chimère, sur les côtes de l'Asie-Mineure; auprès de Bakos, précédemment cité; auprès de Cumana, en Amérique; en divers lieux des Apennins, en Italie, etc.

### Acide carbonique.

Dans la nature, l'acide carbonique est un gaz incolore, mais il se liquéfie sous une forte pression, et peut même être obtenu à l'état solide, en se refroidissant lui-même lorsqu'il repasse en partie à l'état gazeux. L'acide carbonique gazeux est une fois et demie plus pesant que l'air atmosphérique, et peut se transvaser d'une cloche dans une autre à travers l'air, comme le ferait un liquide. Il éteint les corps en combustion, asphyxie les animaux, rougit la teinture de tournesol, précipite l'eau de chaux, et est entièrement absorbé par les solutions alcalines. L'eau, à la température ordinaire et sous une pression de 76 centimètres, en dissout une fois son volume. La solubilité augmente avec la pression et le froid, et diminue dans les deux circonstances contraires. L'acide carbonique contient son propre volume de gaz oxigène, ou est formé du poids de

| | |
|---|---|
| Carbone. . . . . . | 27,27 |
| Oxigène. . . . . . | 72,73 |

Sa formule est $CO^2$, c'est-à-dire qu'on le suppose formé d'un volume de carbone et de deux volumes d'oxigène condensés en deux volumes.

Ainsi que je l'ai dit précédemment (pag. 11), l'acide carbonique était autrefois beaucoup plus abondant dans l'air qu'aujourd'hui, et il en a été soustrait par les végétaux, qui l'ont ensuite déposé dans la terre à l'état d'*anthracite*, de *houille* et de *lignite*. Aujourd'hui il ne forme guère que 1/2000ᵉ du volume de l'air que nous respirons ; mais il est plus abondant dans les lieux bas et fermés, comme les grottes et les cavernes. Il se dégage du sol de ces cavernes et y forme, avant de se mêler à l'air, une couche de 5 à 6 décimètres, où les animaux périssent, tandis que l'homme, en raison de sa station verticale, peut y respirer. Tels sont : la *Grotte du Chien*, sur les bords du lac Aguano, près de Naples ; la grotte de Tiphon, en Cilicie, dans l'Asie-Mineure ; celle d'Aubenas, dans l'Ardèche ; celle de l'*Estoufli*, au mont Joli, près de Clermont-Ferrand.

L'acide carbonique se trouve aussi dissous dans un grand nombre d'eaux minérales, tant froides que thermales : telles sont celles de *Seltz*, de *Vichy*, de *Carlsbad*, etc. Nous en traiterons plus tard, et nous allons présentement nous occuper de la famille minéralogique du soufre, dans laquelle nous ne comprendrons que le *soufre natif*, l'*acide sulfureux* et l'*acide sulfurique* ; les nombreux composés du soufre avec les métaux devant faire partie de la famille du métal positif, ou le plus électro-positif, qui leur sert de base.

## FAMILLE DU SOUFRE.

### Soufre natif.

Le soufre est un corps simple non métallique, d'un jaune citron, solide, très fragile, insipide et inodore. Il pèse 1,99. Le frottement lui communique l'électricité résineuse et une odeur très marquée. Il fond à 108 degrés centigrades, et s'enflamme à une température plus élevée, s'il a le contact de l'air. Il brûle alors avec une flamme bleuâtre et forme de l'acide sulfureux gazeux, reconnaissable à son action irritante et suffocante sur les organes de la respiration. Quand, au contraire, le soufre n'a pas le contact de l'air, lorsque, par exemple, on le chauffe dans une cornue, il se sublime ou distille sans altération.

Fig. 77.

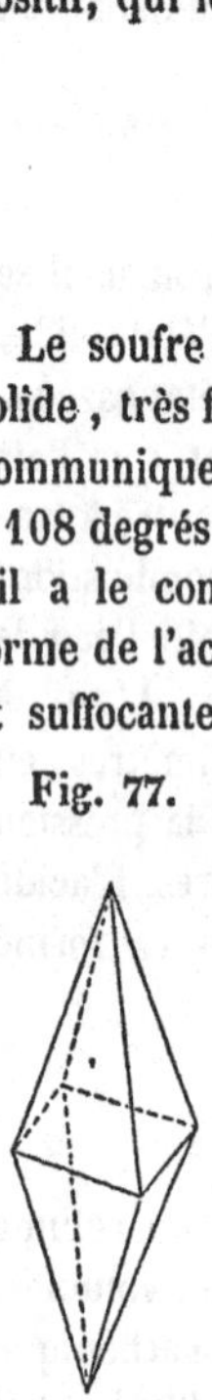

Le soufre natif se trouve sous plusieurs formes dans la terre : *cristallisé*, *en masses amorphes*, ou *pulvérulent*.

Le soufre cristallisé a pour forme primitive un octaèdre aigu (fig. 77) à base rhombe, dépendant du système du prisme droit rhomboïdal (3ᵉ type). Les angles, entre les plans d'un même sommet, sont de 106°,38′ et de 84°,58′; l'inclinaison des faces d'un des sommets sur celles de l'autre est de 143°17′ ; les faces sont des triangles scalènes, c'est-à-dire à trois côtés inégaux. Les formes secondaires ne sont que de légères modifications de la forme primitive, et qui n'empêchent pas de la reconnaître ; telles sont les variétés *cunéiforme* (fig. 78), *basée* (fig. 79), *prismée* (fig. 80), *dioctaèdre* (fig. 81), etc.

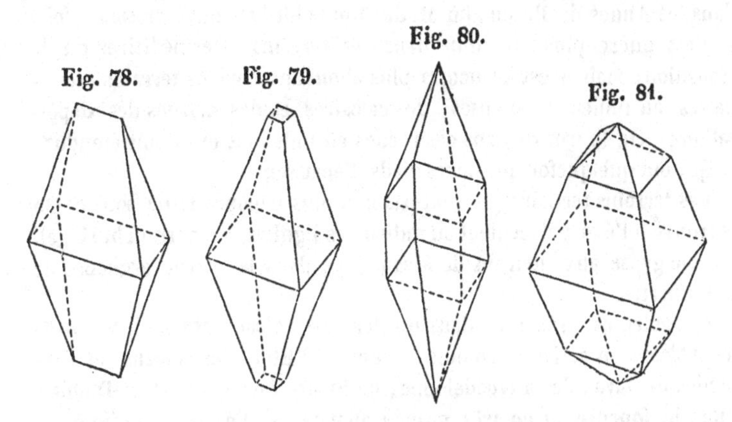

Fig. 78. Fig. 79. Fig. 80. Fig. 81.

Le soufre cristallisé est transparent, et d'un jaune pur ou d'un jaune verdâtre. Il réfracte très fortement la lumière, et jouit d'une réfraction double entre deux faces parallèles ; mais il est souvent mélangé de particules argileuses ou bitumeuses qui lui ôtent sa transparence, et s'opposent à la vérification de cette propriété. Souvent aussi il est coloré en rouge, soit par du réalgar, comme on l'a supposé pour les cristaux de Sicile, soit par du sélénium, comme l'a constaté Stromeyer pour le soufre sublimé de Vulcano ou des îles Lipari.

D'après M. Mitscherlich, le soufre est susceptible de deux systèmes de cristallisation, ou d'avoir deux formes primitives différentes. Celui qui cristallise par refroidissement, après avoir été fondu, se forme en cristaux aiguillés qui sont des prismes obliques à base rhombe (5e type), susceptibles de clivage parallèlement à leurs faces, et cette forme ne peut conduire à l'octaèdre à triangles scalènes du soufre natif, tandis que celui-ci se produit quand on fait cristalliser du soufre après l'avoir dissous dans du carbure de soufre ou dans de l'essence de térébenthine.

Cette observation semble démontrer que ce n'est pas par refroidissement succédant à la fusion ignée que le soufre naturel a été produit.

*Gisement.* Le soufre ne forme pas de *roche* proprement dite, c'est-à-dire qu'on ne le trouve pas en masses d'une grande étendue ; mais on le rencontre dans les terrains de diverses époques, tantôt en *cristaux déterminés* implantés sur les roches qui composent ces terrains, tantôt disséminé dans leur intérieur en *lits* de peu d'étendue, en *nodules* ou en *amas* plus ou moins volumineux, quelquefois en enduit pulvérulent à leur surface.

Le soufre est assez rare dans les terrains primordiaux cristallisés (*granite*, *gneiss*, *micaschiste*, *calcaire saccharoïde*, etc.), si ce n'est dans les Andes du Pérou, où M. de Humboldt l'a trouvé plusieurs fois. Il n'est guère plus commun dans les terrains intermédiaires ou de transition; mais il est beaucoup plus abondant dans les terrains secondaires, au milieu des gypses, des calcaires et des marnes des dépôts salifères. On le trouve dans ces roches en nids plus ou moins étendus, et qui ont quelquefois plusieurs pieds d'épaisseur.

Les terrains tertiaires ne sont pas non plus dépourvus de soufre. On le trouve à l'état pulvérulent au milieu des lignites, à Artern (Thuringe), dans le gypse aux environs de Meaux, et dans la marne argileuse de Montmartre.

Le soufre est très rare dans les terrains volcaniques anciens: mais les volcans en activité, comme le Vésuve, l'Etna, les volcans de l'Islande, de Java, de la Guadeloupe, de Sainte-Lucie, de Saint-Domingue, le fournissent en très grande abondance. Le soufre sublimé par l'action des feux volcaniques se dépose à la surface des laves, où il forme des croûtes et des concrétions, et on le retrouve, à la profondeur de quelques pieds, dans le sol encore fumant qui avoisine les vieux cratères.

C'est ainsi qu'il abonde à Vulcano, et qu'en Islande, dans les districts de *Husevik* et de *Krysevik*, le soufre se trouve en si grande quantité qu'on le ramasse à la pelle jusqu'à la profondeur de 10 à 13 décimètres.

Mais c'est surtout dans les *solfatares* ou *soufrières* naturelles, qui sont des volcans à demi éteints, ou des cratères encore fumants d'anciens volcans affaissés, que le soufre est le plus abondant. La soufrière la plus célèbre de ce genre, celle qui porte spécialement le nom de *Solfatare*, est située à Pouzzoles, près de Naples. Le soufre y est exploité de toute antiquité sans pouvoir s'y épuiser, car il s'y renouvelle perpétuellement.

Le soufre se rencontre fréquemment aussi dans le voisinage des eaux thermales sulfureuses, dans lesquelles il existe à l'état de *sulfure de sodium*, de *calcium* ou de *magnésium*. Par l'action de l'oxigène de l'air qui oxide la base, et de l'acide carbonique qui la change en carbonate, le soufre se dépose. Enfin, ce corps combustible se forme journellement au fond des marais, des étangs, et dans tous les lieux où se trouvent des matières organiques en putréfaction. On explique alors facilement sa formation en considérant que toutes les matières végétales et animales contiennent des sulfates alcalins; que, par la putréfaction, ces sulfates se changent en sulfures, et que ces sulfures, par l'action simultanée de l'acide carbonique et d'une certaine quantité d'oxigène, se changent en carbonate et en soufre. C'est ainsi que, lorsqu'on détruisit la porte Saint-Antoine, en 1778, on retira d'une fouille que l'on fit des platras qui avaient servi à combler une ancienne voirie, et qui s'étaient trouvés exposés aux émanations des matières enfouies en dessus. La surface de ces platras était recouverte de soufre cristallisé.

*Extraction.* Les différents procédés usités pour extraire le soufre se réduisent à le volatiliser, ou au moins à le fondre, et à le séparer par ce moyen des composés terreux qui lui servent de gangue. A la Solfatare, on chauffe le minerai de soufre dans de grands pots en terre cuite rangés sur les deux côtés et dans l'intérieur d'un fourneau long nommé *galère*. Chacun de ces pots est fermé par un couvercle, et est muni, en outre, vers sa partie supérieure, d'un tuyau qui conduit le soufre à l'extérieur du fourneau dans un autre pot percé par le fond, et placé au-dessus d'un baquet plein d'eau. C'est dans cette eau que le soufre coule et se solidifie.

Mais ce soufre n'est pas pur, car il est passé pour la plus grande partie dans les récipients sous forme de liquide, en se boursouflant dans les premiers pots, et en élevant des matières terreuses jusqu'au tuyau d'écoulement. Il faut donc le purifier.

La plus ancienne manière d'y procéder consiste à refondre le soufre dans une chaudière de fonte, et à le tenir fondu jusqu'à ce que les matières terreuses soient précipitées au fond; alors on le puise avec une cuiller, et on le coule dans des moules cylindriques en bois dont il prend la forme. Ce soufre porte le nom de *soufre en canons*. Il est encore impur et d'une jaune terne et grisâtre.

Aujourd'hui on obtient le soufre beaucoup plus pur en le distillant dans une grande chaudière de fonte couverte d'un chapiteau, et communiquant avec une chambre en maçonnerie qui sert de récipient. On obtient même à volonté, par ce moyen, du soufre en canon ou du soufre en poudre.

Pour cela, il suffit de faire varier la grandeur de la chambre, et la quantité de soufre qui y passe dans un temps donné. Lorsque la chambre est très grande et que la distillation du soufre est lente, ou qu'on l'interrompt pendant la nuit, les murs s'échauffent peu, et le soufre s'y condense *à l'état solide* sous la forme d'une poussière jaune nommée *fleur de soufre* ou *soufre sublimé*. Lorsque la chambre est petite et que la distillation du soufre est accélérée et non interrompue, les parois s'échauffent, le soufre ne s'y condense qu'à l'état liquide, et coule vers le sol qui le conduit, suivant son inclinaison, dans un grand nombre de moules en bois légèrement coniques, où il se solidifie. Ce soufre est tout à fait exempt de matières terreuses, et est d'un jaune pur. Celui qui est sublimé renferme dans sa masse pulvérulente une petite quantité d'acide sulfureux, qui passe ensuite, par l'influence réunie de l'air et de l'humidité, à l'état d'acide sulfurique. Il est nécessaire de le priver de cet acide par le lavage, lorsqu'on le destine à quelques usages pharmaceutiques.

Le soufre en canons donne lieu à un effet singulier, lorsqu'on le presse pendant quelques instants dans la main : il craque et se brise en plusieurs morceaux. Cet effet est vraisemblablement dû à deux causes : d'abord à ce que, les couches extérieures du soufre s'étant solidifiées lorsque l'intérieur était encore liquide et dilaté par le calorique, la masse totale occupe un espace plus grand que si toutes les parties s'étaient solidifiées isolément, ce qui la met dans un état de tension que la moindre pression peut détruire. Secondement, le calorique qui se transmet inégalement de la main au soufre, y occasionne encore un tiraillement qui favorise la rupture.

Dans les pays qui n'offrent pas de soufre natif, mais qui sont riches en sulfures métalliques, principalement en *pyrite* ou bisulfure de fer ($Fe\,S^2$), on obtient une certaine quantité de soufre en chauffant la pyrite dans des vases fermés. On ne retire par ce moyen qu'un peu moins de la moitié du soufre du bisulfure, car ce n'est pas du protosulfure qui reste, mais un sulfure intermédiaire formé de $Fe\,7\,S^8$, ou de $6\,Fe\,S + Fe\,S^2$. Il est facile de voir que dans cette transformation le protosulfure perd les 3/7 de son soufre, et comme il en contient 53,3 pour 100, il en perd 22,9. Mais ce soufre est rarement pur, en raison de ce que la pyrite est souvent mélangée de *mispikel* ou de *sulfo-arseniure de fer*, dont l'arsenic se mélange en partie au soufre distillé. Ce sont ces soufres arsénifères, principalement obtenus en Allemagne, qui produisent par leur combustion, dans les chambres de plomb, de l'acide sulfurique arsenical, lequel, servant ensuite à la fabrication de l'acide nitrique, de l'acide chlorhydrique, de l'acide phosphorique et de beaucoup d'autres produits chimiques, leur transmet plus ou moins de l'acide arsénieux qu'il contient, et nécessite un examen minutieux de ces matières, lorsqu'on veut les employer dans des recherches judiciaires.

### Acides sulfureux et sulfurique.

Il ne s'agit pas ici des composés salins que ces acides peuvent former avec les bases salifiables, et qui existent dans la nature, mais seulement de ces deux acides à l'état de liberte. Or, l'acide sulfureux se transforme si facilement en acide sulfurique, et celui-ci présente une telle tendance à la combinaison, que tous deux ne peuvent avoir qu'une existence rare et momentanée.

L'acide sulfureux ($SO^2$) est au nombre des gaz qui s'échappent des volcans en activité, tels que le Vésuve, l'Etna et l'Hécla; la formation en est toute naturelle, puisque le soufre volatilisé des terrains échauffés par les laves rencontre, dans le cratère même du volcan ou dans les crevasses qui l'avoisinent, de l'air atmosphérique qui le brûle. Mais cet acide, emporté par les vents et bientôt condensé avec l'eau atmosphérique, retombe sur la terre, où il se combine aux bases terreuses ou alcalines. D'autres fois, en traversant les fissures des terrains volcaniques, l'acide sulfureux rencontre des réservoirs d'eau qu'il sature d'abord ; bientôt après, il se convertit en acide sulfurique par l'absorption de l'oxigène de l'air.

M. Leschenault a rapporté de l'acide sulfurique puisé dans le cratère-lac du mont Idienne, à Java, dans lequel Vauquelin a trouvé une petite quantité d'acide chlorhydrique, du sulfate de soude et du sulfate d'alumine. Il existe également proche de la ville de Popayan, dans la Colombie, une rivière nommée *Rio-Vinagre*, à cause de sa forte acidité, prenant sa source sur le revers de la rivière de Puracé, et dont l'eau, analysée par M. Mariano de Rivero, contient par litre 1,080 gram. d'acide sulfurique, 0,184 gram. d'acide chlorhydrique, 0,24 d'alumine, 0,1 de chaux et des indices de fer (*Ann. chim. phys.*, t. XXVII, 113). Mais puisqu'on cite ces faits et quelques autres comme des cas remarquables, il est évident que ce n'est pas dans la nature qu'il faut chercher la source de l'acide que nous employons.

*Fabrication de l'acide sulfurique.* Autrefois on obtenait généralement cet acide en chauffant fortement du sulfate de fer, préalablement desséché, dans une cornue munie d'un récipient. Il distillait encore de l'eau que l'on séparait. Ensuite une partie de l'acide se décomposait pour faire passer le fer au *maximum* d'oxidation, et l'autre partie distillait dans un grand état de concentration, mêlée d'acide sulfureux, et colorée par une matière charbonneuse due aux substances organiques accidentellement mêlées au vitriol.

On prépare encore de l'acide sulfurique par ce procédé, à Nordhausen, petite ville de Saxe; et comme cet acide, en partie anhydre et imprégné d'acide sulfureux, cristallise avec une grande facilité et répand d'épaisses vapeurs à l'air, on lui a donné le nom d'*acide sulfurique glacial* ou *fumant de Nordhausen.*

Maintenant presque tout l'acide sulfurique consommé en France s'y prépare, à Rouen, à Paris, et dans les autres villes manufacturières, par la combustion du soufre. A cet effet, on fait construire une grande caisse ou *chambre* en lames de plomb, soutenues par une charpente en bois. Le sol de cette chambre est légèrement incliné et se recouvre d'une couche d'eau. Vers l'un des côtés, il est traversé par un fourneau recouvert d'une plaque de fonte, et dont le foyer ne communique pas avec la chambre; au moyen d'une trappe pratiquée à la paroi latérale de la chambre, on porte sur la plaque un mélange de huit parties de soufre et d'une partie d'azotate de potasse, et l'on chauffe le fourneau. Bientôt le soufre s'enflamme et donne lieu, d'une part, à de l'acide sulfurique qui reste combiné à la potasse, sur la plaque de fonte; de l'autre, à de l'*acide sulfureux* qui se mêle à l'air de la chambre et au *deutoxide d'azote* provenant de la décomposition de l'acide azotique. Ce deutoxide d'azote ($Az^2O^2$) se transforme en *acide nitreux* ($Az^2O^3$), en absorbant l'oxigène de l'air. Mais sous l'influence de la vapeur d'eau, il cède à l'instant même cet oxigène à l'acide sulfureux, qu'il change en acide sulfurique, en redevenant lui-même deutoxide d'azote. Ce gaz s'ajoute à celui qui ne cesse de se produire dans l'opération, et recommence, à l'aide de l'air de la chambre et de la vapeur d'eau, la même transformation de l'acide sulfureux en acide sulfurique.

Lorsque le soufre est entièrement brûlé, ce dont on peut s'apercevoir par un petit carreau adapté à la trappe, on retire le sulfate de potasse; on renouvelle l'air de la chambre, on recharge la plaque d'un nouveau mélange de soufre et de nitre, et après avoir refermé toutes les ouvertures, on chauffe le fourneau. On brûle ainsi de nouveaux mélanges jusqu'à ce que l'acide ait acquis de 50 à 55 degrés. Alors on le retire de la chambre au moyen d'un siphon plongeant dans une petite cavité extérieure qui communique avec la partie la plus basse de la chambre. On introduit cet acide dans de grandes cornues de verre placees sur des bains de sable, ou mieux dans des vases distillatoires en platine, et on le concentre jusqu'a ce qu'il marque 66 degrés au pèse-acide, ce qui revient à 1,842 de pesanteur spécifique. On le laisse refroidir, et on le renferme dans de grandes bouteilles de verre ou de grès, pour le verser dans le commerce.

L'acide sulfurique obtenu par ce procédé est un liquide épais, oléagineux, transparent, incolore, d'une saveur caustique. Il contient encore une molécule d'eau à l'état de combinaison, ou 18,32 pour 100. Il se congèle à 4 degrés au-dessous de 0, et cristallise en prismes hexaèdres terminés par des pyramides à six faces. Il bout à 285 degrés du thermomètre centigrade.

L'acide sulfurique mêlé avec de l'eau lui fait éprouver une si grande condensation, que le mélange s'élève à près de 150 degrés de chaleur. Exposé à l'air, il en attire l'humidité, devient plus fluide, et augmente de poids absolu. En même temps aussi, il acquiert une couleur brune due aux particules organiques qui voltigent dans l'air et qui se carbonisent en se déposant à la surface de l'acide. Cette carbonisation et cette coloration ont lieu sur-le-champ, en plongeant dans l'acide sulfurique concentré du papier ou un éclat de bois.

L'acide sulfurique chauffé sur du charbon ou du mercure, se décompose en partie et exhale l'odeur vive, irritante et suffocante de l'acide sulfureux. Un dernier caractère est de former dans les dissolutions de plomb ou de baryte un précipité insoluble dans l'acide nitrique.

Les usages de l'acide sulfurique sont très nombreux. On s'en sert, en effet, pour obtenir presque tous les autres acides, pour décomposer le sel marin et former du sulfate de soude, dont ensuite on peut extraire la soude; pour faire de l'alun, du sulfate de fer, du sublimé corrosif, etc.; pour préparer l'éther sulfurique; pour décomposer les os calcinés et en extraire le phosphore. On s'en sert également pour dissoudre l'indigo; mais pour cet usage, l'acide sulfurique de Nordhausen, qui contient une certaine quantité d'acide anhydre, l'emporte beaucoup sur l'acide hydraté préparé dans les chambres de plomb.

### Sélénium et Tellure.

Après le soufre, dont nous venons de décrire les états naturels et le principal dérivé, l'acide sulfurique, viennent le *sélénium* et le *tellure*, corps que plusieurs chimistes rangent encore parmi les métaux, mais que leur grande analogie avec le soufre ne permet pas d'en séparer, et qui, dans notre classification naturelle des corps simples, forment avec lui le genre des *thionides*.

Le sélénium, en effet, à part son éclat métallique gris foncé et sa pesanteur spécifique, qui est de 4,3, est presque le *sosie* du soufre.

Il est solide, cassant comme du verre, non conducteur du calorique, et à peine conducteur du fluide électrique (il n'isole pas assez pour s'électriser par frottement).

Il est fusible à une température un peu supérieure à 100 degrés, et se volatilise au-dessous de la chaleur rouge, en un gaz jaune, moins foncé que celui du soufre. Il brûle avec une flamme bleue par le contact d'un corps en combustion, et exhale une odeur de rave ou de chou pourri.

Il se combine avec l'oxigène dans le rapport de 1 molécule de sélénium avec 1, 2, 3 molécules d'oxigène, et cette dernière combinaison forme un acide difficile à distinguer de l'acide sulfurique.

Enfin le sélénium combiné à l'hydrogène, dans le rapport de 1 à 2 en volumes, forme du *sélénide hydrique*, gaz tellement semblable au *sulfide hydrique* ou *acide sulfhydrique*, qu'on a encore peine à les distinguer.

Le *tellure* se rapproche davantage des métaux; car il est opaque, très éclatant, et pèse 6,1379; mais, de meme que le sélénium, il se dissout sans altération dans l'acide sulfurique concentré, et peut en être précipité par l'eau. On ne lui connaît jusqu'ici qu'un seul degré d'oxigénation ($Te\ O^2$), qui répond à l'acide sulfureux; mais il forme avec l'hydrogène un acide gazeux et fétide, tellement semblable à ceux produits par le soufre et le sélénium, qu'on a peine à les reconnaître. Enfin on trouve entre ces trois corps la même ressemblance de propriétés et la même similitude de gisement que celles observées entre le chlore, le brome et l'iode.

Le sélénium ne se trouve pas pur dans la nature, et il y est d'ailleurs peu abondant. Ainsi que je l'ai dit, c'est à lui que paraît due la teinte rougeâtre observée souvent dans le soufre de Sicile et de Lipari. Il se trouve en petite quantité, combiné aux mêmes métaux que le soufre, dans quelques mines de Suède, du Harz et du Mexique. On le trouve en Norwége combiné au tellure et au bismuth, et il accompagne le tellure dans quelques mines de la Transylvanie. Il a été découvert par M. Berzélius dans l'acide sulfurique préparé avec du soufre obtenu du grillage des pyrites cuivreuses de Fahlun, en Suède.

Le *tellure* est presque aussi rare que le sélénium; car on ne l'a encore trouvé que dans la mine de bismuth de Norwége, dont je viens de parler, et dans quelques minéraux de Transylvanie, connus sous les noms d'*or blanc*, d'*or graphique*, d'*or problématique*. Nous parlerons de ces différentes combinaisons, qui contiennent ordinairement de l'*or*, de l'*argent* et du *plomb*, à l'article de ces différents métaux, qui leur servent de bases, et nous ne mentionnerons ici que celle qui porte le nom de *tellure natif*, bien que ce ne soit pas du tellure pur, et qu'elle contienne, sur 100 parties, 7,20 de fer et 0,25 d'or.

Ce tellure se trouve à *Fazbay*, en Transylvanie, en veines dans de la chaux carbonatée manganésifère ou dans d'autres matières terreuses, où l'on trouve également des sulfures de plomb et de zinc, du sulfoantimoniure d'argent, de l'or, etc. Il se présente sous forme de petits cristaux hexaédriques aplatis, de petites lames brillantes ou de grains; il est d'un blanc d'étain sombre, tendre et fragile, et tachant légèrement le papier. Il décrépite au chalumeau, se fond et brûle avec une flamme vive et brunâtre, et en répandant une odeur âcre, souvent mêlée de l'odeur de rave pourrie propre au sélénium.

---

En suivant l'ordre naturel des corps simples, tel que nous l'avons établi précédemment, nous arrivons au genre des *arsenides*, composé de l'*azote*, du *phosphore*, de l'*arsenic* et de l'*antimoine*; mais nous laisserons aux professeurs de chimie à parler de l'azote, gaz incolore, inodore, impropre à la combustion et à la respiration, qui forme les 79 centièmes en volume de l'air atmosphérique. Je ne parlerai pas davantage des cinq composés qu'il forme avec l'oxigène, puisque aucun d'eux n'existe dans la nature à l'état de liberté, et que l'acide azotique est même le seul que l'on trouve combiné à différentes bases alcalines, à la suite desquelles nous étudierons ces combinaisons.

Par une raison semblable, nous ne parlerons pas du phosphore ni de ses acides oxigénés, qui sont toujours le résultat d'opérations chimiques; mais nous devrons nous arrêter à l'*arsenic*, corps simple électro-négatif, que les chimistes rangent ordinairement parmi les métaux; mais qui ne peut pas plus être séparé du phosphore que le sélénium du soufre, l'iode ou le brome du chlore, etc.

## FAMILLE DE L'ARSENIC.

L'arsenic pur est un corps solide, très fragile, opaque, d'un gris d'acier et d'un grand éclat métallique, mais qui se ternit très promptement à l'air. Il pèse 5,959 et non 8,308, comme on le répète encore par erreur dans quelques ouvrages modernes. Chauffé dans un vase fermé, il se sublime sans entrer en fusion, et sa vapeur cristallise en lames brillantes par le refroidissement.

Chauffé au contact de l'air, il se volatilise à une température beaucoup plus basse, et telle qu'il n'est pas entièrement oxidé; de sorte que les parties qui échappent à l'oxidation répandent l'odeur alliacée caractéristique du métal chauffé; car l'oxide est inodore.

L'arsenic existe dans la nature à l'état *natif*, à l'état de *sulfure rouge*, nommé *réalgar*, à l'état de *sulfure jaune* ou *orpiment*, à l'état d'*acide arsénieux*, enfin formant des *arséniures* avec un grand nombre de métaux, et des *arsenites* ou des *arséniates* avec plusieurs oxides salifiables. Ainsi que je l'ai déjà exposé précédemment, nous n'examinerons que l'arsenic natif, ses deux sulfures et l'acide arsénieux.

### Arsenic natif (As).

Substance assez commune, quoique peu abondante. On la trouve principalement dans les mêmes gîtes que l'*argent sulfuré*, que l'*étain oxidé;* plus rarement avec la *galène* ou sulfure de plomb. Elle y accompagne généralement les minerais arsénifères de cobalt et de nickel, comme à Allemont, en France; à Wittiken, en Souabe; à Andreasberg, au Harz, etc. On ne le trouve guère que sous la forme de baguettes prismatiques rectangulaires simples ou réunies en faisceaux (*arsenic bacillaire*);

ou en masses mamelonnées à leur surface, compactes à l'intérieur, et composées de couches courbes et concentriques qui, par la cassure, imitent la forme d'une coquille (*arsenic testacé*), ou bien enfin en masses grenues (*arsenic granulaire*). Dans tous les cas, il est presque entièrement volatil dans un tube de verre ou sur un charbon, en répandant l'odeur alliacée qui lui est propre.

**Arsenic sulfuré rouge ou Réalgar. — Sulfure arsénique.**

Ce sulfure n'a pas de correspondant parmi les oxides d'arsenic. Il est formé de 1 molécule d'arsenic et de 1 molécule de soufre (As S), ou de

| | |
|---|---|
| Arsenic. . . . . . | 70,03 |
| Soufre. . . . . . . | 29,97 |
| | 100,00 |

On le trouve dans les gîtes argentifères, plombifères et cobaltifères, en Saxe, en Bohême, à Kapnick, en Transylvanie, qui fournit les plus beaux cristaux; au Vésuve, à l'Etna et dans les environs d'autres volcans. Les cristaux dérivent d'un prisme rhomboïdal oblique, dont la base repose sur une arête (5ᵉ type). L'incidence de la base sur l'arête est de 113° 55′, et l'incidence réciproque des faces latérales est de 74° 26′ et 105° 34′.

Le réalgar *en stalactites volumineuses*, dont les Chinois font des pagodes et des vases, se trouve également près d'un volcan, dans l'île de Ximo, au Japon.

Le réalgar acquiert l'électricité résineuse par le frottement; il est très fragile, et produit une poudre d'une belle couleur orangée. J'en possède un échantillon, venant de Chine, qui répand une odeur d'arsenic, même à froid. Il est entièrement volatil au chalumeau, avec une odeur d'ail. Pesanteur spécifique, 3,5.

*Caractères distinctifs* du réalgar et d'autres minéraux que l'on pourrait confondre avec lui.

*Sulfo-antimoniure d'argent* ou *argent rouge :* poudre rouge; pesanteur spécifique 5,5886; non électrique par frottement; réductible au chalumeau en un bouton d'argent.

*Plomb chromaté :* pesanteur spécifique 6,0269 ; non électrique; réductible au chalumeau.

*Mercure sulfuré* ou *cinabre :* poudre d'un rouge vermillon ; pesanteur spécifique 8,09 ; entièrement volatil au chalumeau, mais sans odeur alliacée. La fumée blanche se condense sur un corps froid en globules métalliques.

*Stilbite rouge* ou *zéolithe rouge d'Ædelfors* (silicate d'alumine et de chaux hydratée) : raie la chaux carbonatée spathique; pesanteur spécifique 2,5. Blanchit et s'exfolie sur un charbon allumé; se fond et se boursoufle au chalumeau sans se volatiliser.

Le réalgar est employé en peinture. Les Grecs, qui le connaissaient sous le nom de *sandaraque*, s'en servaient pour le même usage, et le prenaient à l'intérieur comme médicament. On dit aussi que les Chinois se purgent en avalant un liquide acide qu'ils laissent séjourner dans des vases faits de réalgar natif. Frédéric Hoffmann rapporte, dans ses *Observations physiques et chimiques*, en avoir fait prendre des doses considérables à des chiens sans leur causer la mort, ni même aucune sorte d'accident fâcheux. Le docteur Regnault en a obtenu le même résultat. On peut croire, d'après cela, que le véritable réalgar est peu vénéneux; mais loin de conseiller d'en introduire de nouveau l'usage dans la thérapeutique, la facilité avec laquelle on peut le confondre avec le *faux réalgar* ou *arsenic rouge*, lequel est un poison assez actif, doit faire désirer qu'on ne le tire pas de l'oubli dans lequel il est tombé.

### Arsenic sulfuré jaune ou Orpiment.

Ce sulfure, formé de $As^2 O^3$, ou de 60,90 d'arsenic et de 39,10 de soufre, répond à l'acide arsénieux pour sa constitution; aussi doit-on le nommer *sulfide arsénieux*. On le trouve dans les mêmes gîtes que le réalgar, c'est-à-dire parmi les filons argentifères, plombifères et cobaltifères des terrains primitifs, et de plus dans les calcaires secondaires de Tajova, en Hongrie. On le trouve très rarement sous forme de cristaux déterminables, qui dérivent d'un prisme droit rhomboïdal, sous l'angle de 117° 49′, dans lequel le rapport de l'un des côtés de la base est à la hauteur comme 50 est à 29. Le plus souvent l'arsenic sulfuré jaune se présente en petites masses composées de lames tendres et flexibles, très faciles à séparer, et d'un jaune doré très éclatant et nacré. Sa pesanteur spécifique est 3,45. On le trouve également sous forme *granulaire*, *compacte* ou *terreuse*. Sa poudre est d'un jaune d'or magnifique; il acquiert l'électricité résineuse par le frottement; il est entièrement volatil au chalumeau, avec dégagement d'odeur alliacée.

L'orpiment fournit une superbe couleur jaune à la peinture. On le tire surtout de Perse et de Chine. Celui de Perse appartient, pour la plus grande partie, à la variété laminaire, et il est souvent mêlé de réalgar qui en rehausse encore la couleur. L'orpiment de Chine est en morceaux compactes, amorphes, mats, d'un jaune mélangé d'orangé, d'une structure écailleuse; il est moins estimé que le précédent.

L'orpiment paraît peu vénéneux, de même que le sulfure jaune bien lavé, qui provient de la précipitation de l'acide arsénieux par le sulfide hydrique, et qui a été proposé par M. Braconnot pour teindre les étoffes. Il est permis de croire que les sulfures d'arsenic ne sont véritablement vénéneux que lorsqu'ils renferment de l'oxide; mais il faut ajouter qu'ils en contiennent presque toujours, qui se forme à leur surface ou entre leurs larmes, par l'action de l'air humide.

### Acide arsénieux.

Formé de $As^2O^3$ ou de 75,81 d'arsenic et de 24,19 d'oxigène. Il est blanc, volatil, sans odeur lorsqu'il n'est pas décomposé, comme lorsqu'on le chauffe sur de la porcelaine, du platine et même du fer; mais répandant une odeur alliacée sur les charbons ardents, qui le réduisent partiellement.

L'acide arsénieux se trouve dans la nature à la surface ou dans le voisinage de certaines substances arsenicales, telles que l'*arsenic natif*, le *cobalt arsenical* et le *cobalt arséniaté*. Il est quelquefois sous forme d'aiguilles divergentes très déliées, et le plus ordinairement sous celle d'une poussière blanche. Mais les quantités que l'on en trouve ainsi sont très petites, et tout celui du commerce est un produit de l'art. Nous allons maintenant parler de ces substances arsenicales du commerce qu'il est très important de connaître, indépendamment de celles qui existent dans la nature.

*Arsenic métallique.* Cette substance provient des mines de *cobalt arsenical*, dont elle n'est qu'un produit très secondaire. Pour priver cette mine de l'arsenic qu'elle contient, on la grille dans un fourneau à réverbère, terminé par une longue cheminée horizontale. L'arsenic, volatilisé et brûlé en grande partie par l'oxigène de l'air, se condense à l'état d'*oxide blanc* ou d'*acide arsénieux* dans la cheminée, tandis que la portion qui a échappé à la combustion étant moins volatile, s'arrête presque à la naissance du tuyau. On recueille cet arsenic et on le sublime de nouveau dans des cornues de fonte avant de le verser dans le commerce.

Cet arsenic est en masses noirâtres formées d'aiguilles prismatiques lamelleuses, peu adhérentes les unes aux autres, jouissant d'un grand éclat métallique lorsque leur surface est récemment mise à nu; sa pesanteur spécifique en masse n'est que de 4,166, à cause des vides que les aiguilles laissent entre elles; mais celle des cristaux isolés est de 5,789, ce qui est aussi sensiblement la densité de l'arsenic natif. Cet arsenic, chauffé sur des charbons ardents ou dans un creuset de terre, se réduit en vapeurs blanches qui répandent une forte odeur alliacée. Il ne laisse pas sensiblement de résidu étant chauffé dans un tube de verre fermé, il se volatilise également et se sublime sous forme de cristaux très éclatants, d'un gris d'acier.

L'arsenic métallique porte, dans le commerce, le nom de *cobolt*, qui est l'ancien nom vulgaire du cobalt, des mines duquel on le retire. On le nommè aussi *poudre à mouches*, parce qu'un de ses usages est de servir à la destruction de cet insecte ailé. A cet effet, on le réduit en poudre et on le mêle avec de l'eau dans des assiettes exposées à l'air. Le métal s'oxide peu à peu par l'oxigène de l'air que l'eau contient ou qu'elle absorbe successivement. L'oxide se dissout dans l'eau et tue les mouches qui viennent y boire.

L'arsenic ne sert dans les arts qu'à composer quelques alliages que leur éclat rend propres à faire des miroirs de télescope, mais qui ont l'inconvénient de se ternir par le contact prolongé de l'air. On remarque en général qu'il blanchit les métaux colorés et rend aigres et cassants ceux qui sont ductiles.

*Acide arsénieux* ou *arsenic blanc*. Cet acide provient aussi du grillage des mines de cobalt arsenical. On le sublime une seconde fois dans des cucurbites de fonte surmontées d'un chapiteau de même matière. Lorsqu'il vient d'être fabriqué, il est sous la forme de masses transparentes comme du cristal, tantôt incolores, tantôt colorées en jaune pâle, et offrant souvent des couches concentriques, dues à ce qu'on fait plusieurs sublimations dans le même vase avant d'en retirer le produit. La transparence de ces masses ne tarde pas à se perdre, d'abord superficiellement, puis en pénétrant peu à peu jusqu'au centre; et alors l'oxide, tout en conservant un éclat vitreux, a pris la blancheur et l'opacité du lait. Quelquefois aussi il devient tout à fait mat, friable et pulvérulent.

Cette altération que l'acide arsénieux éprouve au contact de l'air, a lieu sans qu'il perde ou acquière aucune particule matérielle, et provient d'un changement de disposition entre ses propres particules, changement auquel on a donné le nom de *dimorphisme*, et qui lui communique des propriétés physiques et chimiques différentes. Ainsi, l'acide arsénieux transparent pèse 3,7391; il est soluble à la température de 15 degrés centigrades dans 103 parties d'eau, et se dissout dans 9,33 d'eau bouillante. Son dissoluté rougit faiblement la teinture de tournesol.

L'acide arsénieux devenu opaque ne pèse plus que 3,695; il se dissout dans 80 parties d'eau à 15 degrés, et dans 7,72 parties d'eau bouillante. Son dissoluté rétablit la couleur bleue du tournesol rougi par un acide.

L'acide arsénieux vitreux et transparent étant dissous dans de l'acide chlorhydrique étendu et bouillant, cristallise en grande partie par le refroidissement de la liqueur. Or, tant que dure la cristallisation, si on opère dans l'obscurité, on observera une vive lumière à chaque formation de cristal, et l'acide cristallisé jouira des propriétés de l'acide opaque. En opérant avec l'acide opaque, ce curieux phénomène n'a pas lieu. Du reste, les deux acides se volatilisent complétement sur les charbons ardents en répandant une forte odeur alliacée, et peuvent se condenser sur une lame de cuivre en une couche blanche, pulvérulente. Leur dissoluté forme également un précipité jaune par l'acide sulfhydrique; un précipité vert par le sulfate de cuivre ammoniacal, un précipité blanc par l'eau de chaux.

L'acide arsénieux se fabrique surtout en Saxe, en Bohême et en Silésie; c'est un des poisons les plus violents du règne minéral. On s'en est servi longtemps pour *chauler* le blé, opération qui, sans nuire à la germination, avait pour but de détruire les animaux qui mangent le grain. On en employait pour cet usage de grandes quantités, dont la malveillance a souvent abusé. Le chaulage du blé par l'arsenic est aujourd'hui défendu, et cette dangereuse substance ne peut plus être vendue, pour d'autres usages que la médecine (pour la destruction des animaux nuisibles et pour la conservation des objets d'histoire naturelle) que mélangée ou combinée suivant des formules approuvées par le gouvernement.

En pharmacie, l'acide arsénieux sert à la préparation de la *liqueur arsenicale de Fowler* (arsénite de potasse), à celle de l'acide arsénique et des arséniates de potasse et de soude.

*Oxide d'arsenic sulfuré jaune* ou *arsenic jaune du commerce*, *faux orpiment*. L'*arsenic jaune* se prépare en Allemagne, en sublimant, dans des vases de fonte, de l'acide arsénieux avec une certaine quantité de soufre. Il est en masses jaunes, compactes, presque opaques, ayant l'éclat vitreux de l'oxide d'arsenic, et offrant souvent, comme lui, des couches superposées, qui sont le résultat du procédé sublimatoire employé pour sa préparation.

Cet arsenic pèse de 3,608 à 3,648; sa poudre est d'un jaune serin; il se volatilise au feu, comme l'oxide et les sulfures d'arsenic, en répandant une forte odeur d'ail. Il se dissout presque entièrement dans l'eau bouillante, à laquelle il communique tous les caractères d'une forte solution d'acide arsénieux. Je l'ai trouvé composé, sur 100 parties, de 94 d'acide arsénieux et de 6 seulement de sulfure d'arsenic. Il est employé, comme corps désoxigénant, dans la composition des cuves d'indigo. Quelques marchands de couleurs le mêlent en fraude à l'orpiment; mais les autres s'en défendent, en vous répondant : *C'est un arsenic*, c'est-à-dire *c'est un violent poison*.

*Sulfure d'arsenic rouge artificiel*, *arsenic rouge*, *faux réalgar*. Ce sulfure se prépare en Allemagne, et probablement par simple fusion dans un creuset fermé, avec de l'arsenic métallique ou de l'acide arsénieux et un excès de soufre. Il est en morceaux volumineux, d'un rouge tirant sur l'orangé, d'une cassure conchoïde et d'une masse homogène, ou qui n'offre pas les couches concentriques des corps sublimés en plusieurs reprises. Il est un peu translucide dans ses lames minces ; pèse spécifiquement 3,2435 ; acquiert l'électricité résineuse par le frottement, et se volatilise au chalumeau, en répandant une odeur mixte d'ail et d'acide sulfureux ; sa poudre acquiert par le lavage une belle couleur orangée.

Ce sulfure, fort différent du réalgar naturel par sa composition, est probablement identique avec un des sulfures artificiels que Laugier a trouvé contenir de 41,8 à 43,8 de soufre sur 100. Il est loin d'avoir la qualité vénéneuse de l'arsenic jaune; mais il n'a pas non plus l'innocuité des sulfures purs naturels. Il contient, en effet, environ un centième et demi d'acide arsénieux qu'on peut en extraire par l'eau bouillante.

## FAMILLE DE L'ANTIMOINE.

L'antimoine se trouve sous quatre états dans la nature : *natif*, *sulfuré*, *oxidé* et *oxi-sulfuré*.

L'antimoine natif est assez rare ; il a été découvert en 1748, par Swab, à Sahla, en Suède, dans de la chaux carbonatée laminaire. On l'a trouvé depuis à Allemont, dans le département de l'Isère, associé à l'antimoine oxidé, et dans une gangue de quarz. Il existe aussi, comme principe accessoire, dans les filons argentifères d'Huelgoat, dans le Finistère, et à Andreasberg, au Harz (gangue de quarz et de carbonate de chaux.

L'antimoine natif ne se trouve qu'en petites masses laminaires très fragiles, d'un blanc un peu bleuâtre et d'un grand éclat métallique. Il s'oxide sans se dissoudre par le moyen de l'acide nitrique, et reste au fond du liquide sous forme d'un précipité blanc d'acide antimonieux. Il se fond et se volatilise au chalumeau, en dégageant une fumée blanche d'oxide d'antimoine, qui se condense circulairement sur le support à quelque distance du métal ; mais il est rarement pur. Il contient presque toujours un peu d'argent ou d'arsenic ; le premier résiste à l'action du chalumeau et reste sous forme d'un bouton brillant et malléable. Le second se volatilise et donne à la vapeur de l'antimoine une odeur d'ail. La proportion de l'arsenic s'élève même quelquefois jusqu'à 16 pour 100. Alors l'antimoine prend la couleur *gris d'acier*, et la forme testacée et ondulée de l'arsenic natif ; mais comme la quantité d'arsenic est très variable, on ne considère pas cet alliage comme une espèce définie, et on le nomme seulement *antimoine natif arsénifère*.

### Antimoine sulfuré.

*Stibine*, $Sb^2 S^3$, ou antimoine 72,77, soufre 27,23. Substance d'un gris de plomb, éclatante, fragile, friable, tachant le papier en noir et donnant une poudre noire.

Le frottement lui communique une odeur sulfureuse ; il se fond à la flamme d'une bougie, ou sur un charbon ardent, en dégageant une odeur d'acide sulfureux. L'acide chlorhydrique le dissout avec dégagement de sulfide hydrique ; la liqueur étendue d'eau forme un précipité blanc d'oxi-chlorure d'antimoine. Quelques variétés de sulfure d'antimoine peuvent être confondues, à la première vue, avec le bi-oxide de manganèse ; mais celui-ci est d'un gris plus foncé et noirâtre. Il est infusible, même au chalumeau, et dégage du chlore par l'acide chlorhydrique.

*Formes déterminables.* Prismes rhomboïdaux à sommets tétraèdres, et à faces presque rectangulaires (fig. 82), quelquefois deux angles du prisme sont tronqués et transforment le cristal en un prisme hexaèdre (fig. 83). Le clivage conduit à trois formes qui dérivent l'une de l'autre et que l'on peut indifféremment prendre pour forme primitive.

Fig. 82.

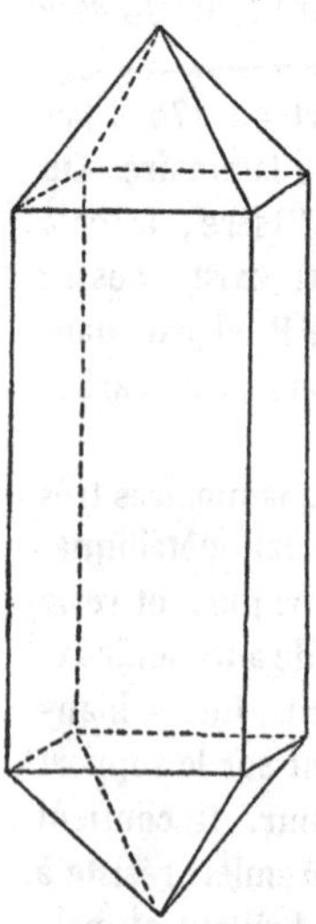

Fig. 83.

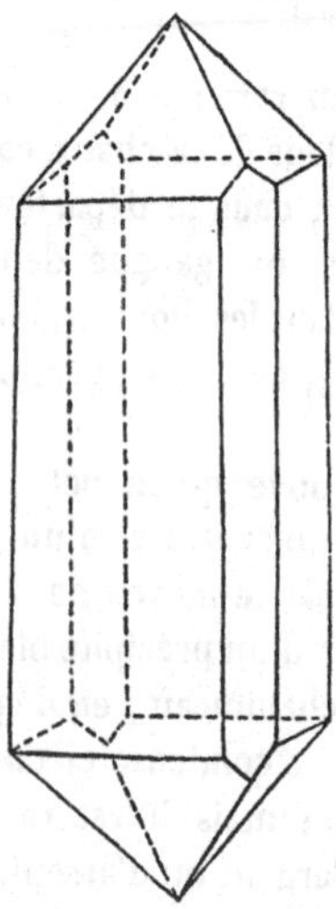

1° *Octaèdre rhomboïdal* presque régulier. Incidence des faces concourant au même sommet 107° 56′ et 110° 58′. Incidence d'une face d'un sommet sur l'autre 109° 24′, angle aigu de la base rhomboïdale 87° 52′.

2° Prisme rhomboïdal droit, aplati.

3° Prisme droit rectangulaire presque cubique.

*Formes indéterminables. Cylindroïde* ou *bacillaire*, *aciculaire*, en formes d'aiguilles tantôt longues et épaisses, tantôt déliées et divergentes.

*Capillaire*, en filaments soyeux et élastiques, d'un gris sombre, souvent orné cependant des plus belles couleurs.

*Granulaire*, *massif* ou *compacte*.

*Gisement*. Le sulfure d'antimoine est assez répandu. Il forme à lui seul des filons plus ou moins puissants qui traversent les roches primitives, tels que le gneiss, le granite et le micaschiste. On le trouve aussi comme principe accidentel dans beaucoup de filons métalliques, surtout argentifères. Alors ses gangues les plus ordinaires sont le quarz, le feldspath, la baryte sulfatée et la chaux carbonatée. On le rencontre, en France, principalement à Dèze (Lozère), à *Malbose* (Ardèche), à Massiac et Lubillac (Cantal), à Portès (Gard), etc. La Hongrie, la Bohême, la Saxe, l'Angleterre, la Suède, en possèdent des mines encore plus abondantes.

Le sulfure d'antimoine est souvent combiné dans la nature à d'autres sulfures métalliques que Haüy regardait comme accidentels, de sorte qu'il formait de ces combinaisons un simple appendice au sulfure pur. Aujourd'hui même encore on regarde comme du sulfure d'antimoine le sulfure *cylindroïde* ou *bacillaire*, mentionné ci-dessus, dont les bâtons prismatiques, souvent courbés ou infléchis, et d'une apparence de plomb métallique, contiennent une quantité notable de sulfure de plomb. J'ajouterai également que, suivant l'observation de Serullas, le sulfure d'antimoine naturel contient presque toujours une petite quantité de sulfure d'arsenic, dont on ne tient pas compte pour sa spécification minéralogique; mais quant aux combinaisons bien définies du sulfure d'antimoine avec les sulfures d'argent, de plomb, de cuivre ou de nickel, dans lesquelles ceux-ci jouent le rôle de base par rapport au premier, nous les rangerons comme espèces distinctes dans la famille du métal le plus positif, soit *argent*, *plomb*, *cuivre*, ou *nickel*.

### Antimoine oxidé.

Il paraît qu'il existe deux oxides d'antimoine naturels : l'un $Sb^2 O^3$, répond à l'oxide de l'émétique et de la poudre d'algaroth ; il est blanc ou grisâtre, comme nacré, facile à entamer avec le couteau, fusible à la flamme d'une bougie et volatil au chalumeau. Il offre une structure lamelleuse, ou se présente en petites aiguilles divergentes, ou bien enfin il est tout à fait terne et amorphe.

Cet oxide est assez rare; on le trouve à la surface de l'antimoine natif, à Allemont, département de l'Isère.

L'autre degré d'oxidation de l'antimoine est l'acide antimonieux, $Sb^2 O^4$. Il est blanc, nacré, pulvérulent, infusible au feu. Il contient de l'eau que la chaleur en sépare dans un tube fermé.

Cet acide antimonieux paraît provenir de la décomposition du sulfure d'antimoine à la surface duquel on le trouve, et dans lequel l'oxigène s'est substitué au soufre, non pas atome à atome, mais quatre atomes pour trois, et pour la raison que j'indiquerai tout à l'heure. On trouve ainsi, parmi les minéraux, un assez grand nombre d'exemples de transformation par laquelle un composé perd un ou plusieurs principes, qui disparaissent sans qu'on sache ce qu'ils deviennent, et qui se trouvent remplacés par un ou plusieurs autres. Généralement cette substitution se fait de la circonférence au centre, et il n'est pas rare que le nouveau composé conserve la forme cristalline de l'ancien, ou que la surface des cristaux soit changée de nature, tandis que l'intérieur a conservé la sienne. On nomme ce singulier phénomène *épigénie;* il paraît dû à une influence électrique de la nature de celle qui opère la substitution d'un métal à un autre dans une dissolution métallique.

### Antimoine oxi-sulfuré.

Nommé aussi *kermès natif*, à cause de sa couleur et de sa composition semblables à celles du kermès minéral des chimistes. Car il est remarquable que bien qu'on doive souvent considérer le kermès des officines comme un mélange d'oxide et de sulfure d'antimoine hydraté, cependant l'analyse l'a presque toujours trouvé composé d'une molécule d'oxide sur deux de sulfure. Telle est aussi la composition du kermès natif, que M. H. Rose a trouvé formé de

| | | |
|---|---|---|
| Oxide d'antimoine. . . . . . . . | 30,14 | 1 moléc. |
| Sulfure d'antimoine . . . . . | 69,86 | 2 |
| | 100,00 | |

Soit $Sb^2 O^3 + 2 Sb^2 S^3$.

Cette substance paraît provenir de l'altération du sulfure d'antimoine par l'air, et voici comment je m'explique la diversité des résultats auxquels cette oxidation peut donner lieu Le *protoxide d'antimoine* ne me paraît se former qu'à la surface de l'antimoine natif, comme à Allemont (Isère), et il est le seul qui puisse en effet se former dans cette circonstance.

L'*oxi-sulfure* d'antimoine se forme par l'action de l'air humide sur le sulfure, lorsque ce sulfure est pur; parce que, là encore, il n'y a aucune raison pour que l'antimoine passe à un degré supérieur d'oxidation, et que le protoxide, une fois formé, a d'ailleurs une tendance manifeste à se combiner à deux molécules de sulfure, ce qui met une borne à la décomposition ultérieure de celui-ci. Mais si le sulfure d'antimoine contient le sulfure d'un métal électro-positif, notamment celui de plomb; en raison de la forte alcalinité de l'oxide de plomb, l'antimoine absorbera un autre atome d'oxigène et passera pour le moins à l'état d'*acide antimonieux*. Aussi n'est-ce guère qu'à la surface du sulfure d'antimoine plombifère et quelquefois ferrifère, cuprifère, nickélifère, que l'on observe la formation de l'acide antimonieux; ajoutons que ce produit épigénique contenant toujours une quantité notable de la base qui en a déterminé la formation, doit être considéré plutôt comme un antimonite que comme de l'acide natif.

Disons maintenant quelques mots de l'exploitation des mines d'antimoine.

Le sulfure est seul assez abondant pour faire le sujet de cette exploitation, et c'est lui qui fournit tous les produits antimoniques du commerce. On le prive de sa gangue à l'aide de plusieurs procédés dont le plus ancien, qui est encore assez généralement suivi, est celui-ci :

On enfonce en terre un grand creuset jusqu'à son bord, et on y fait entrer à moitié un autre creuset plus grand, percé de trous à son fond. On remplit ce dernier de minerai, et on le chauffe en l'entourant de feu : le sulfure étant bien plus fusible que sa gangue, se fond seul, et coule dans le creuset inférieur, où il cristallise en refroidissant. Il est alors tel qu'on le voit dans le commerce, en masses formées d'aiguilles parallèles, très longues, très brillantes et d'un gris bleuâtre. Il pèse environ 4,5; il donne une poudre noire, et jouit des autres propriétés précédemment indiquées.

Pour obtenir l'antimoine métallique, ou le *régule d'antimoine*, comme on le nommait autrefois, on prend le sulfure purifié comme je viens de le dire, on le concasse, on le mêle avec un peu de charbon, et on le grille dans des fours à une chaleur très modérée, afin de ne pas le fondre. Mais à mesure que le soufre se dégage et que l'antimoine s'oxide, la matière devient moins fusible, et on augmente un peu le feu. On continue ainsi jusqu'à ce que le sulfure soit converti en une matière d'un gris terne qui est un mélange, plutôt qu'une combinaison, d'oxide d'antimoine et de sulfure non décomposé.

Suivant un ancien procédé, qui est encore employé dans quelques usines, on mêle cette matière grise avec partie égale de tartre brut pulvérisé, et on projette le tout dans les creusets rouges. L'acide tartrique et la matière colorante du tartre étant composés de principes combustibles non saturés d'oxigène, réduisent l'oxide d'antimoine, en même temps que la potasse du même tartre s'empare du soufre du sulfure. Le résultat de cette double réduction est un culot métallique recouvert de scories qui contiennent du sulfure de potassium uni à de l'antimoine sulfuré. Aujourd'hui on remplace assez généralement le tartre rouge par du charbon imprégné de carbonate de soude. En suivant l'ancien procédé, l'antimoine contient du potassium; d'après le nouveau, il contient du sodium, et dans tous les deux il renferme, en outre, un peu de fer, et demande à être purifié. A cet effet, on le pulvérise, on le mêle avec un tiers de son poids de sulfure grillé, et on le fond de nouveau dans un creuset. On le sépare ainsi des deux métaux étrangers, et on le coule dans des vases hémisphériques, où il prend la forme de pains aplatis, qui offrent à leur surface une cristallisation très marquée, disposée en étoile ou en feuilles de fougère. Il est d'un blanc un peu bleuâtre très éclatant, à structure lamelleuse, et cassant. Il pèse 6,70; se fond à la chaleur rouge, et se volatilise à l'air, qui le change en protoxide fusible, volatil lui-même et cristallisable, autrefois nommé *fleurs argentines d'antimoine*.

*Oxide d'antimoine sulfuré demi-vitreux*. Ce composé porte communément le nom de *Crocus;* mais ce n'est pas le *crocus metallorum* ou *safran des métaux* des anciennes pharmacies. On préparait celui-ci en fondant dans un creuset parties égales de nitrate de potasse et de sulfure d'antimoine, et lessivant le produit jaune sale ou *foie d'antimoine* qui en résultait. L'eau dissolvait le sulfate de potasse et le sulfure de potassium formés pendant l'opération, plus un peu d'oxi-sulfure d'antimoine; mais la plus grande partie de celui-ci restait en poudre insoluble d'un jaune rougeâtre, c'était là le *safran des métaux*. Aujourd'hui on prépare cet oxi-sulfure en fondant simplement dans un creuset le mélange gris d'oxide et de sulfure d'antimoine, qui résulte du grillage du sulfure. Par la fusion les deux composés antimoniques s'unissent, et forment un corps qui, en refroidissant, devient cassant et opaque.

L'oxi-sulfure d'antimoine opaque est d'un gris foncé, éclatant, à cassure conchoïde. Sa poudre, qui est brune, se fond sur les charbons en répandant l'odeur du soufre qui brûle. Traité par l'acide chlorhydrique, il donne lieu à un dégagement de gaz sulfhydrique, et à un dissoluté d'antimoine qui forme un précipité blanc lorsqu'on l'étend d'eau.

*Oxide d'antimoine sulfuré vitreux*, *verre d'antimoine*. Ce composé s'obtient comme le précédent en faisant fondre, dans un creuset, le mélange gris d'oxide et de sulfure d'antimoine, provenant du grillage du sulfure. Seulement on le tient fondu beaucoup plus longtemps, et à une plus haute température. Par ce moyen, une nouvelle quantité de sulfure est décomposée et changée en acide sulfureux qui se dégage, et en oxide d'antimoine qui reste dans le creuset. Mais de plus, en raison de l'élévation de température, cet oxide attaque le creuset et en dissout de l'alumine, de l'oxide de fer et surtout de la silice (quelquefois 8 à 10 pour 100), qui lui donne la propriété de rester à l'état de verre transparent lorsqu'il se refroidit (car l'oxide d'antimoine pur devient opaque). Lorsqu'on s'aperçoit qu'il a acquis cette propriété, on le coule sur une plaque de pierre ou de fonte.

Il se présente alors sous forme de plaques minces et transparentes, d'une couleur d'hyacinthe (rouge jaunâtre) plus ou moins foncée. Sa poudre est d'un jaune fauve. Elle s'agglutine légèrement sur les charbons ardents en dégageant une fumée blanche et une odeur sulfureuse peu marquée. Elle se dissout dans l'acide chlorhydrique avec un faible dégagement de sulfide hydrique. La liqueur étendue d'eau forme un précipité blanc très abondant.

D'après l'analyse de M. Soubeiran, le verre d'antimoine est formé d'environ :

| | |
|---|---|
| Protoxide d'antimoine. . . . . | 90,5 |
| Sulfure d'antimoine. . . . . . | 1,8 |
| Peroxide de fer . . . . . . . . | 3,2 |
| Silice. . . . . . . . . . . . . . | 4,5 |
| | 100,0 |

---

Nous arrivons maintenant aux métaux contenus dans le groupe des *platinides*, et ce nom seul indique que ce seront des métaux très pesants et difficilement oxidables, même par l'action du calorique. Ainsi le *platine*, l'*or* et l'*iridium* sont les plus pesants de tous les métaux, les moins oxidables directement, et les plus indestructibles par conséquent par l'action de l'air et du feu. Les autres (*osmium*, *palladium*, *rhodium*), quoique très pesants et peu oxidables aussi immédiatement, le cèdent cependant à cet égard à trois métaux qui appartiennent à d'autres groupes. Ainsi le *tungstène* et le *mercure* sont plus pesants que le *palladium* et le *rhodium*, et l'argent est moins oxidable que l'*osmium* et le *rhodium*.

Les platinides sont très difficilement attaquables par les acides; le palladium est le seul qui soit soluble dans l'acide nitrique, encore ne jouit-il de cette propriété que quand il est très divisé et non forgé; car sous ce dernier état il est insoluble. L'or et le platine se dissolvent seulement dans l'eau régale, les trois autres (*osmium*, *iridium* et *rhodium*) sont complétement inattaquables par l'un ou l'autre liquide.

Les oxides de ces métaux sont, en général, plus disposés à jouer le rôle d'acide que celui de base. Il en résulte que les métaux, si difficilement attaquables par les acides, le sont très facilement par les alcalis à une haute température. L'or seul peut-être fait exception, à cause de la facilité avec laquelle son oxide se réduit à l'état métallique.

Enfin, la tendance acide des platinides est encore plus marquée dans leurs chlorures que dans leurs oxides; car tous ces chlorures, sans exception, se combinent comme acides avec les chlorures alcalins Il en est de même, proportion gardée, de leurs *fluorures*, *brômures*, *iodures* et *sulfures*.

## FAMILLE DU PLATINE.

Ce métal paraît avoir été découvert, en 1735, par Don Ulloa, savant espagnol qui accompagnait les académiciens francais envoyés au Pérou, et en 1741, par Wood, qui était essayeur à la Jamaïque. Cependant on ne se faisait pas une idée précise de sa nature; on le regardait comme une matière nuisible à l'or; en conséquence, on le rejetait, et il est probable qu'on en a perdu ainsi de très grandes quantités. C'est par le travail de Scheffer, fait en 1752, qu'on apprit que cette substance était un métal particulier, et qu'elle reçut le nom d'*or blanc* ou de *platine*, c'est-à-dire de *petit argent*. Depuis lors, on le recueillit avec plus de soin, et maintenant qu'on sait le travailler de manière à en faire des vases et ustensiles de première nécessité pour la chimie, son exploitation est devenue un des principaux produits des pays qui le présentent.

Le platine appartient aux terrains primitifs, comme l'or et la plupart des métaux. Cependant il n'y a encore été observé qu'une fois en place, par M. Boussingault, qui l'a trouvé sous forme de grains dans les filons aurifères de Santa-Rosa, qui appartiennent aux terrains de diorite (1). Antérieurement Vauquelin avait trouvé du platine dans une mine d'argent de Guadalcanal, en Espagne; et plus récemment, M. Gaultier de Claubry a examiné un minerai de plomb sulfuré de France, qui contenait un peu de platine; mais ce sont les seuls exemples connus.

Il y a vingt-cinq ans, tout le platine du commerce provenait encore des sables aurifères, qui sont si répandus et si abondants au Brésil et dans la Colombie. Il s'y trouve sous forme de paillettes ou de grains compactes, usés et polis par le frottement. On le sépare de l'or par le triage et par l'amalgamation, qui ne dissout que l'or sans toucher au platine. Le volume des grains de ce dernier est généralement inférieur à celui de la semence de lin; il est rare qu'ils atteignent la grosseur d'un pois; on cite comme des exceptions très rares une pépite de platine du poids de 53 grammes, rapportée de Choco par M. de Humboldt, et celle du musée de Madrid, trouvée en 1814 dans la mine d'or de Condoto, qui est plus grosse qu'un œuf de dinde et qui pèse 760 grammes.

Les mêmes sables aurifères qui contiennent le platine ont été trouvés à Haïti, dans le sable de la rivière Jacki, auprès des montagnes de Sibao; ce platine est en petits grains polis et brillants comme celui de Choco.

Enfin, en 1824, on a découvert du platine à l'est des monts Ourals, en Sibérie, et plus récemment encore, dans la partie européenne de la

(1) Roche primitive formée d'amphibole et de feldspath compactes, en particules visibles et uniformément disséminés.

même chaîne. Il s'y trouve dans le même gisement qu'au Brésil; mais il est d'un aspect différent.

Il est moins roulé, moins poli, rempli d'aspérités, sans éclat et d'une teinte noirâtre; mais cet aspect n'est que superficiel, car il devient éclatant dans l'acide chlorhydrique, qui dissout l'oxide de fer qui le recouvre. Il est généralement plus gros que celui du Brésil, et il n'est pas rare d'y trouver des pépites de 2 à 3 grammes, et quelques unes de 30 à 40 grammes, ou même de 250 grammes et plus. On en cite une, trouvée à Nischne-Tagilsk, qui pèse 1750 grammes, et une autre, provenant des mines Demidoff, dont le poids est de 4320 grammes.

En Russie, ce platine paraît être appliqué immédiatement à la fabrication d'une monnaie qui a cours dans cet empire, mais que son état d'impureté rendra probablement un simple objet de curiosité pour les autres peuples.

Le platine d'Amérique, que l'on peut considérer comme le plus pur, est cependant encore d'une composition très compliquée, puisqu'on n'y trouve pas moins de huit métaux (y compris le *ruthénium* nouvellement découvert), dont six lui sont tout à fait particuliers; de plus, en examinant avec soin les grains dont se compose ce platine, tel que le commerce le fournit, on peut y distinguer six sortes de substances :

1° Des grains assez malléables, pesant spécifiquement 17,70, aplatis et lenticulaires. Ils forment, à proprement parler, la *mine de platine*, bien qu'ils n'en contiennent guère que 84 à 85 pour 100. Le reste se compose de

| | | | |
|---|---|---|---|
| Rhodium. . . . . . | 3,46 | Fer. . . . . . . . | 5,31 |
| Iridium. . . . . . . | 1,46 | Cuivre. . . . . . | 0,74 |
| Palladium . . . . . | 1,06 | Quarz et chaux. | 0,72 |
| Osmium. . . . . . | 1,03 | | |

2° Des grains petits peu nombreux, à structure fibreuse et divergente, composés principalement de platine, de rhodium et de palladium; c'est ce qu'on nomme la *mine de palladium*. Les ouvriers exercés les reconnaissent et peuvent les trier.

3° Des grains assez semblables à ceux du platine, mais beaucoup plus durs, cassants et nullement malléables. Ils sont composés principalement d'iridium et d'osmium, et constituent la *mine d'iridium*. C'est dans cet osmiure que M. Claus a récemment découvert le *ruthénium*.

4° Des grains noirs composés des oxides de fer, de chrome et de titane. Ils sont très attirables à l'aimant; mais on ne peut guère les séparer par ce moyen, les grains de platine eux-mêmes étant très souvent magnétiques.

5° Quelques paillettes d'aurure d'argent, appartenant à la mine d'or au milieu de laquelle se trouve le platine, et qui ont échappé à l'amalgamation.

6° Quelques globules de mercure.

Telle est la composition du platine d Amérique. Celui de Sibérie est bien plus impur encore : non seulement il est tout attirable à l'aimant, en raison de la forte proportion de fer qu'il contient à l'état d'alliage, mais beaucoup de grains possèdent par eux-mêmes le magnétisme polaire, font fonction d'aimant et peuvent soulever des parcelles de fer. M. Berzélius ayant analysé séparément les grains magnétiques et ceux qui ne le sont pas, en a retiré :

| | Non magnétique. | Magnétique. |
|---|---|---|
| Platine . . . . . . . . . . . . . | 78,94 | 73,58 |
| Iridium. . . . . . . . . . . . . | 4,97 | 2,35 |
| Rhodium . . . . . . . . . . . | 0,86 | 1,15 |
| Palladium. . . . . . . . . . . | 0,28 | 0,30 |
| Osmium . . . . . . . . . . .<br>Iridium. . . . . . . . . . . . | 1,96 | 2,30 |
| Fer. . . . . . . . . . . . . . | 11,04 | 12,98 |
| Cuivre. . . . . . . . . . . . | 0,70 | 5,20 |
| | 98,75 | 97,86 |

Je n'entreprendrai pas de décrire ici la manière d'analyser la mine de platine; mais je ferai connaître le moyen d'obtenir le platine forgé, propre à la fabrication des ustensiles de chimie.

Le procédé de Janety, qui est aujourd'hui abandonné, consistait à convertir, par la voie sèche, le platine à l'état d'un arseniure fusible, que l'on décomposait ensuite par le grillage afin de rendre au platine sa pureté et son infusibilité. Janety pilait la mine de platine et la lavait ensuite afin de la débarrasser du sable et des grains de fer titané et chromé. Il en prenait alors 3 parties qu'il fondait avec 6 parties d'acide arsénieux et 2 parties de potasse du commerce. L'acide arsénieux, fixé momentanément par la potasse, était décomposé par les métaux oxidables de la mine, et l'arsenic s'unissait au platine. Les métaux oxidés étaient dissous par la potasse; mais comme la séparation était loin d'être complète, on fondait l'alliage trois ou quatre fois avec de la potasse, tant que celle-ci en sortait colorée. Enfin, une dernière fois, on fondait l'alliage avec 1 partie 1/2 d'acide arsénieux et 1/2 partie de potasse. Le produit était un culot très riche en arsenic et bien fusible.

On chassait l'arsenic par plusieurs grillages successifs, en ayant soin, à chaque chaude, de tremper le lingot dans l'huile, destinée à faciliter la volatilisation de l'arsenic. A la fin, on le traitait par l'acide nitrique, puis par l'eau bouillante, et enfin on le chauffait au rouge, afin de le soumettre au martelage.

Le traitement par la voie humide, qui est aujourd'hui le seul employé, est fondé sur la propriété que possède le chlorure de platine d'être précipité plus facilement que les autres chlorures qui l'accompagnent, à l'état de chlorure double, par le sel ammoniac ajouté à la dissolution de platine. Pour arriver à ce résultat, on pourrait, comme le faisait Vauquelin, traiter la mine de platine par l'acide chloronitrique (eau régale) très concentré, afin de dissoudre la mine le plus entièrement possible, et retenir ensuite l'iridium et les autres métaux en acidifiant la liqueur et l'étendant d'une certaine quantité d'eau; mais, à l'exemple de Wollaston, on préfère aujourd'hui traiter le platine brut par un peu d'acide affaibli, en employant un excès de platine et en opérant par digestion. On décante la liqueur et on la mêle directement avec du sel ammoniac dissous dans 5 parties d'eau On obtient ainsi, pour 100 parties de minerai dissous, 165 parties de chlorure double, d'un beau jaune (1), qui peut donner 66 parties de platine pur. L'eau-mère retient environ 11 parties de platine mêlé à un peu des autres métaux. Quant au précipité jaune, on le lave avec une solution saturée de sel ammoniac, et non avec de l'eau, qui le dissoudrait; on le fait égoutter, on le met à la presse, et on le chauffe dans un creuset de graphite, tout juste assez pour chasser le chlorhydrate d'ammoniaque et le chlore, et donner la plus faible adhérence possible au platine. On divise ce métal avec les mains, ou seulement dans un mortier de bois, afin d'éviter de le *brunir* par le frottement d'un corps dur; car alors il perdrait la propriété de pouvoir se souder. On le tamise, on le délaie dans l'eau, et on en forme une boue liquide dont on remplit des moules en laiton, dans lesquels le platine se tasse également et sans aucun vide. On soutire l'eau, on soumet le platine à une forte pression, et déjà il se trouve sous forme de bâtons assez durs pour pouvoir être maniés sans se rompre. On chauffe chacun de ces lingots au rouge sur des charbons, puis dans un fourneau à vent, en le recouvrant d'un creuset réfractaire renversé, afin d'éviter que la cendre vienne s'y attacher; enfin on le forge *debout*, jusqu'à ce qu'il ait l'apparence et la consistance d'un métal solide. Alors on peut le travailler comme tous les métaux durs et ductiles, en le chauffant et le martelant alternativement. Mais auparavant encore, pour enlever toutes les impuretés qui se trouvent à sa surface, on l'enduit d'un mélange humide de borax et de sel de tartre et on le chauffe dans un creuset de platine, au feu d'un fourneau à vent: on dissout le flux par l'acide sulfurique étendu.

(1) Le précipité serait plus ou moins rougeatre s'il contenait de l'iridium.

Le platine pur est presque aussi blanc que l'argent, très éclatant, assez mou, très ductile et très malléable. Il pèse 21,45, et c'est le plus pesant de tous les corps connus. Il résiste au plus violent feu de forge et n'entre en fusion qu'au moyen d'un feu alimenté par le gaz oxigène. Il ne s'oxide à aucune température, est inattaquable par tous les acides. L'acide chloro-nitrique, lui même, l'attaque difficilement lorsqu'il est pur et forgé. C'est cette grande inaltérabilité qui rend le platine si précieux pour faire des creusets, des capsules, des cornues et d'autres ustensiles de chimie. Il faut éviter cependant de mettre ces vases en contact, à une haute température, avec des métaux fusibles, ou des corps propres à en fournir, ou avec des alcalis caustiques. Dans le premier cas, on fondrait le platine; dans le second, on en oxiderait une partie.

Le platine divisé ou *spongieux*, tel qu'il résulte de la calcination du chlorure ammoniacal, jouit d'une propriété qu'il partage avec d'autres métaux, mais qu'il possède à un plus haut degré qu'aucun d'eux. Quand on dirige sur l'*éponge de platine*, et à travers l'air, un jet de gaz hydrogène, il détermine la combinaison de ce gaz avec l'oxigène de l'air; il s'échauffe, rougit bientôt et enflamme le jet gazeux. On a mis cette propriété à profit pour établir des briquets à gaz hydrogène qui joignent la simplicité à l'élégance. Le *platine précipité* de sa dissolution par le zinc agit sur le mélange d'air ou d'oxigène et d'hydrogène d'une manière bien plus marquée que l'éponge de platine : une parcelle introduite dans le mélange gazeux suffit pour en déterminer l'explosion. Enfin le *noir de platine*, qui n'est encore que du platine très divisé (1), jouit de la même propriété à un degré extrême, et possède de plus celle de rougir lorsqu'on l'humecte d'alcool avec le contact de l'air : l'oxigène est absorbé et l'alcool se change en acide acétique. Ce même noir de platine absorbe et retient les gaz avec une très grande force. Il condense 745 fois son volume d'hydrogène. Le platine forme deux oxides composés de PtO et $PtO^2$, et deux chlorures correspondants susceptibles de se combiner comme acides avec les chlorures alcalins. Il se combine également au soufre, au phosphore, au bore, au silicium, etc.

(1) On l'obtient en dissolvant à chaud du chlorure de platine dans un soluté concentré de potasse caustique. On ajoute peu à peu de l'alcool qui produit une vive effervescence d'acide carbonique, réduit le chlorure et en précipite le métal sous forme d'une poudre très pesante d'un noir de velours. On fait bouillir le précipité successivement avec de l'alcool, de l'acide chlorhydrique et de l'eau, et on le fait sécher sur une capsule de porcelaine, en le mettant à l'abri de toute matière organique.

**Métaux de la mine de Platine.**

*Osmium.* Métal blanc grisâtre, dur, non ductile, infusible, dont on estime que la pesanteur spécifique peut être 10 ; mais que l'on est autorisé à croire bien plus considérable. Chauffé avec le contact de l'air, il produit de l'*acide osmique* volatil, d'une odeur très âcre et fort dangereuse à respirer. Lorsqu'il n'a pas été fortement chauffé, il se dissout, à l'aide de la chaleur, dans l'acide nitrique, et donne lieu au même acide volatil qui passe à la distillation. Il forme d'ailleurs au moins cinq combinaisons avec l'oxigène, que l'on se procure par différents procédés, et qui sont représentées par $OsO$, $Os^2O^3$, $OsO^2$, $OsO^3$, $OsO^4$. C'est celle-ci qui constitue l'acide osmique, dont la volatilité rapproche l'osmium des métalloïdes, et peut le faire considérer plutôt comme un minéralisateur des métaux que comme un métal proprement dit.

*Iridium.* Blanc gris, tout à fait infusible au feu et inaltérable à l'air et à tous les acides ; il forme au moins quatre oxides $IrO$, $Ir^2O^3$, $IrO^2$ et $IrO^3$, quatre chlorures correspondants et deux iodures $IrI^2$ et $IrO^4$. Combiné principalement à l'osmium, il constitue, dans la mine de platine, de petites tables hexagonales d'un blanc d'étain, plus dures que le platine natif et plus pesantes; à tel point que tandis que la pesanteur spécifique du platine natif varie de 16,3 à 19,4, celle de l'osmiure d'iridium pèse de 19,47 à 21,118, avec une quantité d'osmium qui varie de 24,5 à 75. Ce résultat indique évidemment que l'osmium ne doit pas avoir une pesanteur spécifique inférieure à 21.

*Palladium.* Métal d'un blanc d'argent, pesant 11,5, dur, très malléable, un peu moins infusible que le platine. Il est inaltérable à l'air et d'une oxidabilité douteuse au feu. Lorsqu'il est divisé et non forgé, il est soluble dans l'acide nitrique qu'il colore en rouge brun. Il forme deux oxures $PdO$ et $PdO^2$, et deux chlorures correspondants. Il se combine facilement au soufre, au phosphore et à l'iode. On le distingue même facilement du platine par le caractère qu'il possède d'être attaqué et taché lorsqu'on pose dessus une goutte de teinture alcoolique d'iode ; tandis que le platine résiste à cette épreuve. Le palladium possède une autre propriété caractéristique et qui sert à le séparer des autres métaux auxquels il est associé ; ses dissolutions forment avec le cyanure de mercure un précipité blanchâtre de cyanure palladeux $Pd\,Cy^2$.

Le palladium se trouve mêlé à la mine de platine sous forme de grains arrondis, à structure fibreuse et divergente, qui le contiennent uni au platine et au rhodium. On l'a trouvé combiné au sélénium, dans un minerai de séléniure de plomb, au Hartz.

*Rhodium.* Métal d'un blanc gris, cassant, très dur, pesant 11 (?), tout à fait infusible au feu, mais pouvant s'y oxider, inattaquable par les acides. Il forme deux oxures RO et $R^2O^3$, et plusieurs oxures intermédiaires. On lui connaît deux chlorures, dont l'un ($R^2Cl^5$) est rose et insoluble, et dont l'autre $RCl^3$ est d'un brun noir très soluble, et donne un soluté d'une belle couleur rouge. Ce même chlorure, combiné aux chlorures alcalins, forme des sels cristallisés d'une belle couleur rouge : c'est ce caractère qui a valu au rhodium le nom qu'il a recu de Wollaston. Ces chlorures doubles sont insolubles dans l'alcool.

*Ruthénium.* Métal d'un gris blanc, beaucoup plus léger que l'iridium, très difficilement fusible, s'oxidant à l'air par la calcination, et formant un oxure bleu foncé irréductible par la chaleur seule. On ne connaît pas encore l'oxure ruthéneux RuO ; mais on a obtenu $3RuO + Ru^2O^3$, $RuO + Ru^2O^3$ et $Ru^2O^3$. Ce métal présente donc les plus grands rapports avec le rhodium, et paraît avoir le même poids moléculaire, de même que la molécule d'iridium a le même poids que celle du platine ; mais il en diffère par des caractères très tranchés.

1° Le ruthénium fondu avec du nitre ou de la potasse se dissout complétement dans l'eau. Le rhodium, par le même traitement, donne un oxide vert-brun insoluble dans l'eau et les acides ;

2° Le ruthénium n'est pas dissous par la fusion avec le bisulfate de potasse ;

3° Le chloride ruthénique ($RuCl^3$) est jaune orange et fournit avec les alcalis un hydrate d'oxide noir. Le chloride de rhodium est rouge et donne avec les alcalis un hydrate d'oxide d'un jaune clair ;

4° L'hydrogène sulfuré qui traverse une solution de chlorure ruthénique convertit celui ci, avec élimination de sulfure de ruthénium, en un chlorure bleu foncé. Le chloride de rhodium est également décomposé en partie, mais la liqueur conserve une couleur rouge rosée.

## FAMILLE DE L'OR.

L'or se trouve presque toujours à l'état natif, non qu'il soit ordinairement véritablement pur ; mais comme les petites quantités d'argent, de cuivre ou de plomb qu'il contient alors ne lui ôtent ni sa couleur, ni son éclat métallique, on le considère comme *pur* ou *natif*. Nous distinguerons cependant de l'or natif différents aurures d'argent, où la proportion de ce dernier métal se trouve plus ou moins considérable, ainsi que les alliages natifs de l'or avec le palladium et le rhodium, et le tellurure d'or.

L'or natif se reconnaît à sa couleur jaune jointe à son éclat métallique et à une grande ductilité; sa pesanteur spécifique ne dépasse pas 19,25. Il est inaltérable au feu; cependant il s'y fond à 32 degrés du pyromètre de Wedgwood.

L'or se trouve quelquefois cristallisé en *cube* ou en formes qui en dérivent, comme en *octaèdre*, en *cubo-octaèdre*, en *dodécaèdre pentagonal*, et en *trapézoèdre*. Les cristaux sont toujours petits et atteignent rarement le volume d'un pois. Le plus souvent l'or est en formes indéterminables, et prend les surnoms de :

1° *Lamelliforme*, en lames planes ou contournées, à surface souvent réticulée.

2° *Ramuleux*, en ramifications ou en dendrites qui paraissent être composées de petits octaèdres ou de prismes carrés implantés les uns sur les autres.

3° *Granuliforme*, en grains aplatis ou en paillettes.

4° *Massif* en grains semblables, sub-orbiculaires, ayant la forme des substances roulées par les eaux, mais d'un volume plus considérable. On donne à ces masses d'or natif le nom de *pépites*. Le muséum d'histoire naturelle de Paris en possède une qui pèse plus de 500 grammes; mais on en cite de bien plus considérables, entre autres une de 21$^{k.}$,7, trouvée en 1821, dans le comté d'Anson aux États-Unis, et une de 36 kil. trouvée en 1842, dans les alluvions de Miask, sur la pente asiatique de l'Oural. Cette dernière localité avait déjà fourni précédemment des pépites de 4 kil., 6$^{k.}$,5 et 10$^{k.}$,113.

L'or appartient essentiellement aux terrains primitifs et de transition, quoiqu'on le trouve aussi dans les terrains trachytiques et trappéens, et surtout dans ceux de transport. Mais les terrains trachytiques et trappéens étant le résultat du feu d'anciens volcans sur les roches primitives, et les seconds provenant de leur destruction par les eaux, il n'est pas étonnant que l'or, l'une des substances les plus indestructibles de la nature, se retrouve dans ces nouveaux terrains avec toutes ses propriétés, et il pourra même arriver, comme cela a lieu dans les terrains de transport, qu'il y paraisse beaucoup plus abondant que dans ses gîtes primitifs, parce que, en raison de son indestructibilité et de sa grande densité, toute la quantité d'or d'une grande étendue de terrains, broyés et détruits par les eaux, pourra se rassembler dans des parties basses où il sera très facile de la trouver.

Cette idee générale des gisements de l'or étant donnée, indiquons plus particulièrement les lieux qui le fournissent.

Dans les terrains primitifs, l'or peut être *disséminé* dans la masse même de la roche, ainsi que cela a lieu au Brésil, dans la Sierra de Cocaës, où l'on a trouvé, dans un terrain de micaschiste, une roche composée principalement de quarz grenu, de fer oligiste micacé et de paillettes d'or disséminées. Mais ce métal est beaucoup plus commun dans les filons des terrains primitifs, quoiqu'il n'y soit jamais assez abondant pour former à lui seul des filons proprement dits, lesquels sont principalement composés en tout ou en partie :

De quarz hyalin ou laiteux (au Pérou, à la Gardette, département de l'Isère);

De silex corné;

De jaspe simple (à Minas Geraë, Brésil) :

De chaux carbonatée spathique;

De baryte sulfatée;

De feldspath compacte.

Quant aux composés métalliques qui accompagnent l'or dans ces filons, ce sont :

Le fer sulfuré intact ou altéré;

Le cuivre pyriteux (Isère);

Le plomb et le zinc sulfurés;

Le mispickel ou fer sulfo-arséniuré;

Le cobalt gris;

L'argent sulfuré (à Konisberg en Hongrie).

Très souvent l'or existe dans les mines pyriteuses, mais tellement divisé ou masqué par la couleur de la pyrite, qu'on ne l'y apercoit pas tant que celle-ci est intacte, et qu'il ne devient visible que lorsqu'elle a été décomposée et hydroxidée; telles sont les pyrites aurifères de Bérésof en Sibérie. Quelquefois l'or ne forme que 0,0000002 de la mine, comme à Ramelsberg, au Harz, et cependant on l'en retire encore avec profit.

J'ai dit que l'or se trouvait en plus grande abondance dans certains terrains de transport qui forment en quelques pays des dépôts plus ou moins étendus. Ces dépôts ont été nommés par M. Brongniart *terrains plusiaques*, c'est-à-dire *riches*, parce qu'ils offrent généralement l'or mélangé avec les substances les plus précieuses, provenant comme lui de la destruction des terrains primitifs : tels sont le platine, les diamants, les corindons, les émeraudes, etc. L'or qui est exporté de la Colombie, du Brésil, du Chili, et celui qui provient de la pente des monts Ourals, ou des gorges de l'Altaï en Sibérie, appartiennent à ce mode de formation.

L'or est aussi fort commun dans le sable des rivières, soit qu'il ait été arraché par les eaux aux roches primitives où les rivières prennent leur source, soit, comme on le pense aujourd'hui, qu'il provienne plutôt du lavage du terrain d'alluvion où coule l'eau; car on le trouve ou on ne le trouve pas dans le sable, suivant la nature du terrain parcouru. Par exemple, en France, l'Ariége offre de l'or aux environs de

Mirepoix ; le Rhône en produit seulement depuis l'embouchure de l'Arve jusqu'à 5 lieues au-dessous ; le Rhin en présente depuis Bâle jusqu'a Manheim, et surtout près de Strasbourg, entre le Fort-Louis et Guermersheim.

Cet or est exploité en beaucoup d'endroits par des hommes nommés *orpailleurs.* La poudre d'or qui est apportée de l'intérieur de l'Afrique par les caravanes paraît venir d'une source semblable.

*Extraction.* Le travail, pour l'exploitation des mines d'or, se réduit à peu de choses. Lorsque c'est du sable des rivières qu'on veut le retirer, on lave ce sable dans des sebiles de bois d'une forme particulière, ou sur des tables inclinées recouvertes d'une étoffe de laine. L'or, en raison de sa grande pesanteur, tombe au fond des sebiles ou s'arrête sur le drap. Lorsqu'il n'est plus mêlé que de peu de sable, on l'amalgame avec du mercure ; on exprime l'amalgame pour en séparer le mercure en excès ; on en retire le reste par la distillation.

L'exploitation des mines d'or en roches ne consiste de même qu'à les pulvériser et à les laver dans des sebiles ou sur des tables inclinées ; lorsque l'or est séparé de sa gangue, on le fond et on l'affine comme les autres espèces d'or.

Quant aux sulfures aurifères, on les grille pour en séparer le soufre et l'arsenic et pour brûler une partie des métaux oxidables ; on les fond ensuite pour rassembler l'or dans une masse métallique moins considérable ; on grille de nouveau, et l'on fond la matière grillée avec du plomb, qui s'empare de l'or, de l'argent qui s'y trouve habituellement, d'un peu de cuivre, de fer et quelquefois d'étain. On coupelle cet alliage de la même manière que lorsqu'on veut obtenir de l'argent. La seule différence est que la matte d'argent, au lieu d'être pure, contient de l'or (1).

D'autres fois, au lieu de fondre la mine grillée avec du plomb, on la traite par le mercure, ce qui se fait de même que pour l'argent. On retire le mercure de l'amalgame par la distillation.

L'or provenant de l'affinage avec le plomb peut encore contenir de l'argent, du cuivre, du fer et de l'étain. Celui obtenu par l'amalgamation ne contient que de l'argent. On sépare le cuivre, le fer et l'étain du premier en le fondant avec du nitre, qui oxide ces trois métaux. On ne peut en séparer l'argent qu'au moyen du *départ*, opération fondée sur

(1) A vrai dire, l'argent retiré des mines de plomb, etc., contient toujours de l'or, ce dont on peut s'assurer en le soumettant aux deux opérations de l'*inquartation* et du *départ;* mais on n'y fait passer que celui qui contient assez d'or pour couvrir les frais du travail, l'autre est regardé comme argent pur.

la propriété que possède l'acide nitrique de dissoudre l'argent sans toucher à l'or.

Mais pour que le départ s'opère exactement, la quantité d'argent contenue dans l'alliage doit être assez grande pour que le métal attaqué devienne très poreux et soit entièrement pénétré par l'acide; car autrement l'or retiendrait une partie de l'argent. Cette quantité d'argent nécessaire est de trois parties contre une d'or. Lorsqu'on s'est assuré, par un essai préliminaire, que l'alliage ne la contient pas, il faut la compléter en y ajoutant de l'argent par la fusion et couler l'alliage en grenaille. Ajouter ainsi à l'or la quantité d'argent nécessaire pour que celui-ci forme les trois quarts de la masse, est ce qu'on nomme en faire l'*inquartation*.

On divise alors la grenaille dans des pots de grès disposés sur un bain de sable, et on la traite à chaud par une égale quantité d'acide nitrique à 25 degrés. On décante la liqueur et on la remplace par de l'acide à 30 ou 32 degrés, que l'on fait bouillir comme le premier. Ensuite, après avoir décanté l'acide et lavé l'or, on traite celui-ci par de l'acide sulfurique concentré et bouillant, qui dissout les portions d'argent échappées au premier acide. On lave l'or de nouveau et on le fond dans un creuset pour le mettre en lingot.

L'argent, qui a été dissous par les acides nitrique et sulfurique, est précipité à l'état métallique en plongeant dans ces liqueurs des lames de cuivre. Mais cet argent contient toujours du cuivre dont on le prive par la coupellation, ou dont on tient compte lorsqu'on amène l'argent à l'un des titres autorisés par la loi.

On appelle *titre* de l'or ou de l'argent la quantité d'alliage que la loi permet d'y introduire pour donner à ces métaux plus de dureté et pour qu'ils résistent mieux au choc et au frottement. En France, l'or des monnaies est au titre de 900 millièmes, c'est-à-dire que, sur 1000 parties, l'alliage contient 900 parties d'or et 100 parties de cuivre ou d'argent. L'or d'orfévrerie peut avoir trois titres, qui sont 0,920, 0,840 et 0,750. Anciennement on estimait le titre de l'or en vingt-quatrièmes de l'unité, que l'on nommait karats : ainsi l'or pur était à 24 karats; l'or qui contenait 2/24 d'alliage était à 22 karats = 0,917. L'or à 20 karats répond au titre actuel de 0,833; et l'or à 18 karats, = 0,750.

Les joailliers, sans recourir à l'analyse de l'or, ou aux procédés chimiques des essayeurs, reconnaissent assez bien le titre de l'or, en frottant ce métal sur une roche dure nommée *pierre de touche*, qui peut être de différente nature, mais qui doit être noire, compacte, unie et inattaquable par l'acide nitrique; tel est surtout le *jaspe noir schisteux* ou *phtanite* de Haüy. En touchant la trace jaune et brillante laissée par l'or sur la pierre avec une goutte d'un acide nitrique à 32 degrés, contenant quelques centièmes d'acide chlorhydrique, on en altère d'autant moins l'éclat que le métal est plus pur; et comme on opère comparativement sur de petits lingots d'or à titre déterminé, on en conclut à peu près celui de la pièce essayée.

### Aurure d'argent.

J'ai dit que l'or pur était très rare. On cite comme deux faits extraordinaires, une pépite d'or du Brésil que Fabroni a trouvée à 24 karats, et un or de Sibérie, probablement aussi pur, que G. Rose a trouvé à 0,993. Ordinairement le titre de l'or vierge varie de 0,940 à 0,980. Alors on peut le considérer comme or natif; mais au-dessous de cette proportion, on doit le considérer comme un *aurure d'argent* dont les proportions paraissent, au premier abord, n'être soumises à aucune règle; mais il est probable que l'or et l'argent s'y trouvent en rapports moléculaires, comme on le voit par la table suivante, qui a été dressée par M. Boussingault.

| | OR. | ARGENT. | FORMULE. |
|---|---|---|---|
| Or de Bogota. . . . . . . . . . . . . . . . | 92 | 8 | $Ag\,Au^{12}$ |
| Or de Llano . . . . . . . . . . . . . . . . | 88,54 | 11,46 | » |
| Malpaso (pes. spéc. 14,706). . . | 88,24 | 11,76 | » |
| Baja. . . . . . . . . . . . . . . . . | 88,15 | 11,85 | » |
| Rio-Sucio. . . . . . . . . . . . . . | 87,94 | 12,06 | $Ag\,Au^8$ |
| Or de Ojas-Anchas. . . . . . . . . . . . | 84,50 | 15,50 | $Ag\,Au$ |
| Or de la Trinitad. . . . . . . . . . . . | 82,40 | 17,60 | $Ag\,Au^5$ |
| Or de Guano. . . . . . . . . . . . . . . . | 73,68 | 26,32 | » |
| Tisiribi. . . . . . . . . . . . . . | 74 | 26 | » |
| Marmato (pes. spéc. 12,666) . . | 73,45 | 26,48 | $Ag\,Au^3$ |
| Otramina . . . . . . . . . . . . . | 73,40 | 26,60 | » |
| Électrum de Schlangenberg. . . . . . . | 64 | 36 | » |
| Or de Transylvanie. . . . . . . . . . . | 64,52 | 35,48 | $Ag\,Au^2$ |
| Santa-Rosa. . . . . . . . . . . . . | 64,93 | 35,07 | » |
| Argent aurifère de Schlangenberg. . . . | 28 | 72 | $Ag^7\,Au^3$ |

C'est tout ce que je dirai de ces alliages naturels de l'or qui sont exploités comme or pur, mais dont on extrait ensuite l'argent par l'inquartation et le départ.

*Or palladié.* Les exploitations de Gongo-Socco, au Brésil, contiennent une variété d'or d'un jaune très pâle et blanchâtre, qui est un alliage d'or et de palladium. Cet alliage est surtout disséminé dans une roche quarzeuse mélangée de fer oligiste, et elle y est accompagnée d'oxide de manganèse. On suppose également que le palladium y est en partie oxidé, parce que l'acide chlorhydrique en dissout beaucoup de palladium ; mais la présence du bi-oxide de manganèse suffirait, à ce qu'il semble, pour expliquer ce résultat. On cite également un alliage d'un jaune d'or, en petits grains cristallisés, qui provient de la capitainerie de Porper, dans l'Amérique méridionale. Cet alliage est composé, suivant l'analyse de M. Berzélius, de

| | |
|---|---|
| Or. . . . . . | 85,98 |
| Palladium. . . | 9,85 |
| Argent . . . . | 4,17 |
| | 100,00 |

**Or tellure.**

J'ai parlé précédemment du *tellure natif*, minéral que l'on trouve à Fazbay, en Transylvanie, et dans le Connecticut, aux États-Unis, et que l'on regarde comme du tellure sensiblement pur, bien qu'il contienne souvent plusieurs centièmes de fer et une petite quantité d'or. Mais nous devons décrire ici d'autres minerais de tellure qui contiennent de l'or en quantité beaucoup plus considérable, et que l'on doit regarder comme renfermant une combinaison définie de ces deux corps. Cependant ce tellurure d'or n'est jamais pur; il est toujours associé à des quantités variables de tellurures d'argent ou de plomb Quelques uns de ces mélanges ont été considérés comme espèces minéralogiques, et ont recu des noms particuliers.

*Or telluré argentifère*, *or graphique*, *tellure graphique*, *sylvane* (Beudant).

Cette substance se trouve dans les dépôts aurifères de Nagyag, en Transylvanie. Elle offre un éclat métallique d'un gris d'acier clair; elle pèse 8,28 ; elle cristallise en prismes rhomboïdaux droits d'environ 107°,40′, ou en aiguilles minces et plates, qui se réunissent à angles droits, de manière à simuler des lettres hébraïques ; elle est fusible au chalumeau et réductible en un alliage d'or et d'argent, ductile et d'un jaune clair. Elle se dissout dans l'acide nitrique, en laissant un résidu d'or métallique. D'après l'analyse de Klaproth, elle est formée de

| | | |
|---|---|---|
| Tellure. . | 60 | 10 molécules. |
| Or. . . . | 30 | 3 |
| Argent. . | 10 | 1 |
| | 100 | |

ce qui donne $AgTe + 3AuTe^3$ (voyez page 90). Deux analyses récentes de M. Petz, sur un tellure graphique d'Offenbanya, ont donné :

| | I. | II. | |
|---|---|---|---|
| Tellure. . . . | 58,81 | 59,97 | 18 molécules. |
| Or. . . . . . | 26,47 | 26,97 | 5 |
| Argent . . . . | 11,31 | 11,47 | 2 |
| Plomb . . . . | 2,75 | 0,28 | » |
| Antimoine. . . | 0,66 | 0,58 | » |
| Cuivre . . . . | » | 0,76 | » |

dont la seconde répond à la formule $2 AgTe + 5 AuTe^3$.

*Argent telluré aurifère.* Deux autres minerais de Nagyag, analysés par M Petz, ont donné :

| | I. pes. spéc. 8,45 | | II. pes. spéc. 8,83 | |
|---|---|---|---|---|
| Tellure. . . . | 37,76 | 1 at. | 34,98 | 9 moléc. |
| Argent. . . . | 61,55 | 1 | 46,76 | 7 |
| Or. . . . . . | 0,69 | » | 18,26 | 3 |

La première substance doit être considérée comme un simple tellurure d'argent, et la seconde comme le même composé mélangé d'une certaine quantité de sous-tellururc d'or ($7 AgTe + Au^3Te^2$).

*Or telluré plombifère*, *or de Nagyag*, *Mullerine* (Beudant), substance métalloïde, d'un blanc jaunâtre, non lamelleuse, cristallisant en prismes droits rhomboïdaux d'environ 105°,30′ et 74°,30′. Pesanteur 9,22. Non flexible, aigre, ne tachant pas le papier. Fusible au chalumeau, couvrant le charbon d'oxide de plomb, et se réduisant en un bouton métallique blanc peu ductile

L'analyse de Klaproth a donné :

| | | | | | Rapports moléculaires. | | |
|---|---|---|---|---|---|---|---|
| Tellure. . | 44,75 | × | 1,25 | = | 55,9 | | 5 |
| Or . . . . | 26,75 | × | 0,8134 | = | 21,8 | | 2 |
| Plomb. . . | 19,50 | × | 0,7724 | = | 15,1 | 21,4 | 2 |
| Argent . . | 8,50 | × | 0,7407 | = | 6,3 | | |
| Soufre . . | 0,50 | × | 5 | = | 2,5 | | » |

Formule : $\left.\begin{matrix}2Pb\\Ag\end{matrix}\right\} Te + Au^2 Te^3$.

*Plomb telluré aurifère, élasmose* (Beudant). Substance métalloïde, d'un gris de plomb foncé, lamelleuse et facilement clivable dans un sens. Fusible sur le charbon en le couvrant d'oxide de plomb; réductible en un globule gris, qui finit par laisser un petit bouton d'or. Attaquable par l'acide nitrique avec résidu blanc de sulfate de plomb mélangé d'or.

La moyenne de deux analyses faites par Klaproth et par Brandes fournit :

| | | Molécules. | | PbTe | + | $Au^2Te^3$ | + | CuTe | + | PbS |
|---|---|---|---|---|---|---|---|---|---|---|
| Tellure. . | 31,93 | 40 | = | 27 | + | 10,5 | + | 3 | | » |
| Plomb . . | 54,57 | 42 | | 27 | | » | | » | + | 15 |
| Or. . . . | 9 | 7 | | » | | 7 | | » | | » |
| Cuivre . . | 1,25 | 3 | | » | | » | | 3 | | » |
| Argent . . | 0,25 | » | | » | | » | | » | | » |
| Soufre . . | 3 | 15 | | » | | » | | » | | 15 |
| | 100,00 | 107 | = | 54 | + | 17,5 | + | 6 | + | 30 |

En répartissant les molécules, comme on le voit ci-dessus : en divisant, par exemple, les 42 *m* de plomb en 2 parts, dont 15 nécessaires pour convertir le soufre en PbS, et 27 pour former du tellurure de plomb avec 27 de tellure; il restera encore 13 de tellure pour convertir presque les 7 atomes d'or en $Au^2Te^3$, et les 3 atomes de cuivre en CuTe; de sorte qu'on est conduit à reconnaître dans l'*élasmose* (Beudant) un mélange de PbTe, de $Au^2Te^3$, de CuTe et de PbS, qui paraît caractériser cette variété de plomb telluré aurifère.

Cette substance, de même que les précédentes, se trouve à Nagyag, en Transylvanie, dans des dépôts aurifères qui paraissent appartenir à la formation trachytique. Elle est souvent accompagnée de manganèse sulfuré et de manganèse carbonaté-silicaté rose.

### Argyrides (de ἄργυρος, argent).

Métaux blancs, ne décomposant l'eau que très difficilement à une haute température, ou ne la décomposant pas du tout; solubles dans l'acide nitrique, insolubles dans l'acide chlorhydrique, formant avec les acides non colorés des sels incolores. Non acidifiables par l'oxigène; formant au contraire des oxides basiques, et qui sont décomposés par l'iode. La pesanteur spécifique de ces métaux est assez considérable et varie entre 9,8 et 13,57. Leur nombre moléculaire est supérieur à 1200. Ils sont au nombre de 4 : l'*argent*, le *mercure*, le *plomb*, le *bismuth*.

### FAMILLE DE L'ARGENT.

L'argent est un métal très anciennement connu, d'un blanc très éclatant, susceptible d'un très beau poli. Plus dur que l'or, un peu moins malléable, mais plus ductile à la filière. Il pèse 10,4 quand il est fondu, et 10,6 après avoir été battu. Il fond à 20 degrés du pyromètre de Wedgwood, avant le cuivre qui fond à 27 degrés, et l'or à 32. A cette température, il est un peu volatil à l'air, sans s'y oxider; cependant, d'après l'observation de M. Chevillot, lorsqu'il reste fondu a l'air, il absorbe une petite quantité d'oxigène, qui s'en dégage sous forme de bulles au moment qu'il se solidifie; le gaz, en sortant, projette même des parties d'argent hors de la masse, et constitue le phénomène du *rochage.*

L'acide chlorhydrique n'attaque pas l'argent hors du contact de l'air; mais, avec ce contact, une petite quantité d'acide se trouve décomposée, il se forme de l'eau et du chlorure d'argent.

L'acide sulfurique n'attaque pas l'argent à froid, mais le dissout a chaud en dégageant de l'acide sulfureux.

L'acide nitrique le dissout à froid, et surtout à chaud, avec un fort dégagement de deutoxide d'azote, qui devient rutilant à l'air. Il se forme du nitrate d'argent, qui est très soluble, mais facilement cristallisable en belles lames incolores et transparentes. Ce sel, fondu dans un creuset et coulé dans une lingotière légèrement enduite de suif, constitue la *pierre infernale.* Dissous dans l'eau, voici comment il se comporte avec les réactifs :

*Acide chlorhydrique :* précipité blanc, caillebotté, qui noircit à la lumière. Ce précipité est insoluble dans l'acide nitrique, et soluble dans l'ammoniaque;

*Sulfide hydrique* et *sulfures dissous :* précipité noir de sulfure d'argent;

*Alcalis fixes :* précipité gris jaunâtre d'oxide d'argent;

*Ammoniaque liquide :* précipité jaunâtre passant au noir, soluble dans un excès d'alcali; par l'évaporation spontanée de la liqueur, il se produit une poussière noire micacée, qui détone fortement par le simple frottement d'un autre corps, c'est l'*argent fulminant.*

Enfin le soluté de nitrate forme, sur le cuivre, une tache blanche qui résiste au feu; il noircit la peau et toutes les matières organiques.

L'argent se trouve sous treize états principaux dans la nature : *natif, aururé, antimonié, arséniuré, telluré, sélénié, sulfuré, sulfo-antimonié, sulfo-arsénié, ioduré, bromuré, chloruré, carbonaté.*

### Argent natif.

Cet argent jouit de toutes les propriétés de celui qui a été obtenu par l'art; cependant il n'est jamais entièrement pur, et contient ordinairement un peu d'or, de cuivre, d'antimoine ou de plomb. Un argent natif de Johann-Georgenstadt, analysé par John, contenait :

| | |
|---|---|
| Argent . . . . . . . . . . . . | 99 |
| Antimoine. . . . . . . . . . | 1 |
| Cuivre et arsenic. . . . . . | traces. |

Un argent de Curcy, analysé par M. Berthier, était formé de

| | |
|---|---|
| Argent . . . . . . . . . . . . | 90 |
| Cuivre . . . . . . . . . . . . | 10 |

ce qui répond exactement à l'argent des monnaies de France.

La surface de l'argent natif est très souvent noircie par du sulfure ou du chlorure d'argent, qui le feraient méconnaître s'il ne suffisait pas de le limer légèrement pour mettre à découvert la couleur blanche et l'éclat qui le caractérisent. On le trouve quelquefois cristallisé en *cube*, ou en formes dérivées, comme l'*octaèdre* ou le *cubo-octaèdre;* mais le plus souvent il est sous forme de *dendrites*, de rameaux ou de filets, engagés dans des filons de quarz, de chaux carbonatée, de chaux fluatée, de baryte sulfatée, etc., et accompagnant les autres minerais d'argent.

On trouve l'argent natif au Pérou, au Mexique et en Sibérie. Il existe en Europe, dans les mines de *Kongsberg* en Norwége, de *Freyberg* et de *Johann-Georgen-Stadt*, en Saxe, d'*Allemont* et de *Sainte-Marie-aux-Mines*, en France. On en a trouvé anciennement, dans ce dernier endroit, des masses de 25 à 30 kilogrammes. On fait aussi mention d'un bloc d'argent natif de 400 quintaux (20,000 k.) trouvé à Schnéeberg; mais ces faits sont rares, et le dernier peut paraître douteux.

### Argent aururé.

J'en ai parlé à l'article de l'or, et j'ai dit que ces deux métaux se trouvaient presque toujours unis en proportions définies; je n'y reviendrai pas.

### Argent antimonié.

Blanc d'argent, tendre, fragile, d'un tissu lamelleux; pesanteur spécifique 9,44.

Il est fusible au chalumeau, en dégageant une vapeur d'antimoine qui se condense en petites aiguilles brillantes à l'entour du point de fusion; il reste un bouton d'argent malléable.

L'acide nitrique le dissout en laissant un résidu blanc d'acide antimonieux. Deux échantillons analysés par Klaproth ont donné :

| | d'Andreasberg. | | de Wolfach. | |
|---|---|---|---|---|
| Argent. . . | 77 | 2 moléc. | 84 | 3 moléc. |
| Antimoine. | 23 | 1 | 16 | 1 |

L'argent antimonié se trouve cristallisé en prismes rectangulaires simples ou modifiés; mais le plus souvent, il est *granulaire* ou *massif;* il est assez rare; il a été trouvé à Andreasberg au Harz, à Wolfach dans le Furstemberg, à Allemont (Isère), et à Gassala, près de Guadalcanal, en Espagne.

**Argent arséniuré.**

Il n'est pas certain que cette espèce existe. Les différents minéraux qui ont été considérés comme tels se sont trouvés être plutôt des mélanges d'antimoniure d'argent avec de l'arséniure ou du sulfo-arséniure de fer.

**Argent telluré.**

Cette substance a été trouvée assez pure par M. G. Rose, parmi des produits de la mine de Sawodinski, dans l'Altaï. Sa pesanteur spécifique est de 8,41 à 8,56; elle est métalloïde, d'un gris de plomb et malléable. J'ai cité également un argent telluré de Nagyag d'une composition semblable (AgTe), comme on peut le voir par les résultats suivants :

| | De l'Altaï, par G. Rose. | De Nagyag, par Petz. | Moyenne. | Molécules. |
|---|---|---|---|---|
| Argent. . . | 62,42 | 61,55 | 61,98 | 1 |
| Tellure. . . | 36,92 | 37,76 | 37,34 | 1 |
| Fer . . . . | 0,24 | » | » | » |
| Or. . . . . | » | 0,69 | » | » |

**Argent sélénié.**

Découvert par M. André del Rio, en petites tables hexagonales, d'un gris de plomb, très ductiles, dans des minerais de Tasco, au Mexique. Il est peu connu, et j'en parle seulement pour en constater l'existence.

**Argent sulfuré** (argyrose, mine d'argent vitreuse).

Sulfure noir, lamelleux, brillant lorsqu'il est cristallisé; mat et informe, quand il se trouve disséminé dans les roches. Pesanteur spécifique 6,9. Il est malléable, tendre, et se laisse entamer au couteau. La flamme d'une bougie suffit pour le fondre. Au chalumeau, il dégage de l'acide sulfureux et laisse un bouton d'argent. Il cristallise en formes qui dérivent du cube. C'est un des composés d'argent les plus répandus. Il occupe des filons dans les montagnes de gneiss, de mica schistoïde et de schiste. Il est très abondant à Valentiana au Mexique, à Freyberg en Saxe, à Joachimstadt en Bohême, à Schemnitz en Hongrie. On a quelquefois profité de la malléabilité de l'argent sulfuré pour en frapper des médailles; on peut même ensuite chauffer peu à peu les pièces pour en dégager le soufre, et l'argent qui reste garde encore assez fidèlement l'empreinte.

D'après les analyses de Klaproth, l'argent sulfuré doit être composé de 1 molécule d'argent et de 1 molécule de soufre ; soit AgS.

| | | |
|---|---|---|
| Argent (1). . . . | 1350 | 87,1 |
| Soufre. . . . . . | 200 | 12,9 |
| | 1550 | 100,0 |

**Argent sulfo-arséniuré** (proustite ; argent rouge en partie).

Substance non métalloïde, rouge, transparente, fragile, devenant d'un rouge clair par la pulvérisation, pesant de 5,524 à 5,552. Elle est fusible au chalumeau, en dégageant des vapeurs d'arsenic très prononcées, et laissant à la fin un globule d'argent. Elle se dissout dans l'acide nitrique sans former de précipité immédiat. Elle cristallise en prismes hexagones réguliers, terminés par des rhomboèdres très surbaissés, qui dérivent d'un rhomboèdre obtus très rapproché de celui de l'argent sulfo-antimonié, avec lequel elle avait été confondue jusqu'à Proust, qui a le premier remarqué qu'il y avait deux espèces d'*argent rouge :* l'une, la plus commune, composée de sulfure d'argent et de sulfure d'antimoine ; l'autre, plus rare, dans laquelle le sulfure d'arsenic remplace celui d'antimoine, sans presque rien changer aux propriétés du minéral.

L'analyse de l'argent sulfo-arsénié de Joachimstadt, faite par Rose, a donné :

| | | Molécules. |
|---|---|---|
| Argent . . . . . . . | 64,67 | 3 |
| Soufre . . . . . . . | 19,51 | 6 |
| Arsenic. . . . . . . | 15,09 | 2 |
| Antimoine. . . . . . | 0,69 | » |

Formule : $As^2S^3 + 3AgS$.

(1) Depuis quelques années les chimistes admettent que la molécule de l'argent est seulement de 675, de sorte que les nombres ci-dessus restant les mêmes, la formule devient $Ag^2S$. Pour opérer ce changement, ils se fondent sur deux raisons : d'une part sur la caloricité spécifique de l'argent, qui semble indiquer qu'en effet l'ancien poids moléculaire de l'argent doit être divisé par 2 ; de l'autre, sur l'isomorphisme qu'ils supposent exister entre le sulfure d'argent et le sulfure de cuivre $Cu^2S$. Mais il est certain que les deux sulfures naturels ne sont pas isomorphes, puisque celui d'argent se présente en cristaux dérivés du cube, et celui de cuivre en prismes hexaèdres dérivés d'un rhomboèdre. Il y a donc autant de raisons pour conserver l'ancien poids moléculaire de l'argent que pour le changer.

### Argent sulfo-antimonié.

Composé naturel de sulfure d'argent et de sulfure d'antimoine, dont il existe trois espèces distinctes, en raison des rapports divers des deux sulfures qui le constituent. La plus commune et la plus importante est connue des minéralogistes sous le nom d'*argent rouge* ou *argyrythrose*. Elle contient 3 molécules de sulfure d'argent contre 1 de sulfure d'antimoine, et présente, par conséquent, une composition correspondante à celle de la *proustite*, dont il vient d'être question. La seconde espèce, nommée autrefois *argent noir*, *argent vitreux fragile*, *argent antimonié sulfuré noir*, et aujourd'hui *psaturose*, contient 6 atomes de sulfure d'argent sur 1 atome de sulfure d'antimoine; enfin, la troisième, nommée, comme la précédente, *argent noir*, etc., et aujourd'hui *myargyrite*, contient 1 atome seulement de chaque sulfure.

*Argent rouge vrai* ou *argyrythrose*. Substance non métalloïde, rouge ou donnant une poudre d'un rouge sombre; fragile, à cassure conchoïde, pesant de 5,83 à 5,91. Au chalumeau, elle dégage une odeur alliacée faible, beaucoup d'acide sulfureux, des vapeurs blanches d'oxide d'antimoine, et laisse un bouton d'argent métallique.

L'argent sulfo-antimonié se trouve en cristaux, tantôt transparents et d'un rouge vif, tantôt opaques et offrant un brillant métallique gris, lorsque la surface en a été altérée; mais il suffit de la gratter pour faire

Fig. 84.

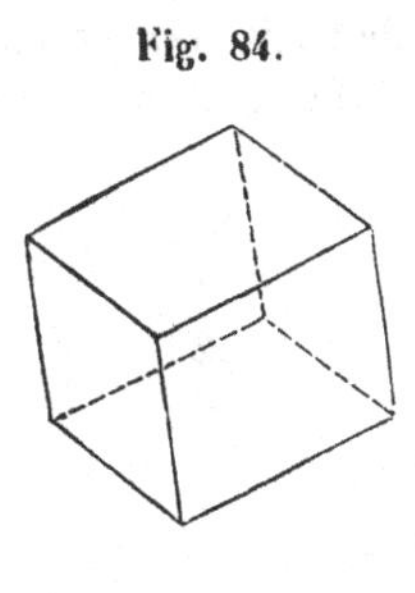

Fig. 85.

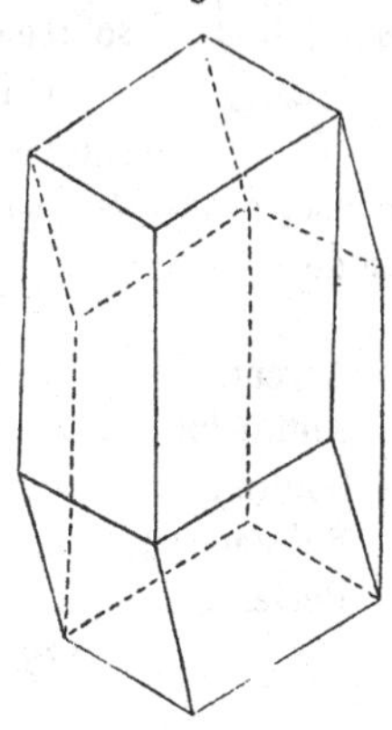

paraître la couleur rouge de la poudre. Ces cristaux dérivent d'un rhomboïde obtus de 108°,50 et de 71°,50 (fig. 84, presque semblable à celui de la chaux carbonatée; et les formes secondaires, qui sont des prismes hexaèdres terminés par des sommets rhomboédriques ou dodécaédriques, ou des dodécaèdres à triangles scalènes, rappellent aussi complétement ceux de la chaux carbonatée. On la rencontre aussi en dendrites, en petits mamelons groupés les uns sur les autres, ou amorphe. En Europe, il ne se trouve jamais qu'en petites quantités, subordonnées aux gîtes d'argent sulfuré ou de plomb sulfuré argentifère (comme à Kongsberg, Joachimstadt, Schemnitz, Sainte-Marie-aux-Mines, etc.). Il est plus abondant en Amérique, où il forme quelquefois la partie principale des dépôts argentifères et est la source de produits immenses en argent.

Fig. 86.

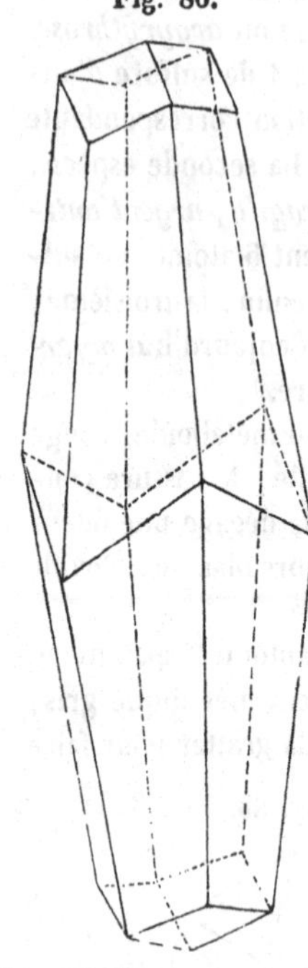

Fig. 87.

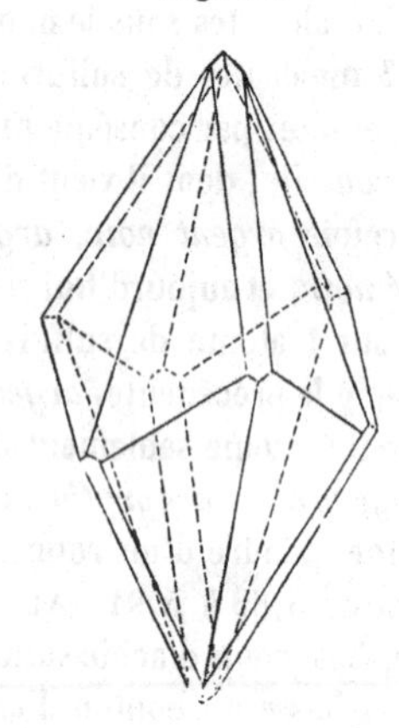

On a supposé pendant longtemps que cette substance contenait de l'oxigène: mais les analyses de Proust, confirmées par celles de Bonsdorff, ont montré qu'elle était formée de

| | | Molécules. |
|---|---|---|
| Argent. . . . . . . | 58,94 | 3 |
| Antimoine . . . . . | 22,84 | 2 |
| Soufre . . . . . . . | 16,61 | 6 |
| Substance terreuse . | 0,30 | » |
| Perte. . . . . . . . | 1,31 | » |

$$Sb^2S^3 + 3AgS.$$

*Psaturose, argent antimonié-sulfuré noir.* Substance métalloïde, d'un gris de fer, pesant de 5,9 à 6,25, aigre, fragile, à poussière noire. Les cristaux dérivent d'un prisme rhomboïdal. Elle fond au chalumeau avec dégagement d'acide sulfureux et de vapeurs d'oxide d'antimoine: elle contient :

| | | Molécules. |
|---|---|---|
| Argent. . . . . . . | 68,54 | 6 |
| Antimoine . . . . . | 14,68 | 2 |
| Soufre. . . . . . . | 16,42 | 9 |
| Cuivre. . . . . . . | 0,64 | » |

Formule : $Sb^2S^3 + 6AgS$.

Cette substance se trouve dans les mêmes gisements que la précédente, mais en plus petite quantité.

*Miargyrite.* Substance métalloïde, noire, à cassure conchoïdale, cristallisant en prismes rhomboïbaux obliques. Pesanteür spécifique de 5,2 à 5,4. Fragile, poussière rouge sombre. Sé conduisant au chalumeau comme les précédentes. Soluble dans l'acide nitrique avec dépôt blanc d'acide antimonieux. La liqueur offre par l'acide chlorhydrique la réaction du nitrate d'argent, et par le nitrate de baryte celle de l'acide sulfurique.

L'analyse de ce minéral a fourni à Henri Rose :

| | | Rapports moléculaires. | | | | Excédant. |
|---|---|---|---|---|---|---|
| Argent. . . . | 36,40 | 27 | = | 24 | + | 3 |
| Antimoine . . | 39,14 | 48 | = | 48 | | » |
| Soufre. . . . | 21,95 | 109 | = | 96 | + | 13 |
| Cuivre. . . . | 1,06 | 2 | = | » | | 2 |
| Fer . . . . . | 0,60 | 1 | = | » | | 1 |

d'où l'on tire $Sb^2S^3 + AgS$, plus un mélange de sulfures d'argent, de cuivre et de fer, avec un excès de soufre que rien ne justifie.

Trouvée à Braunsdorff, en Saxe.

*Argent sulfuré stibio-cuprifère.* Indépendamment des combinaisons précédentes entre les sulfures d'argent et d'antimoine, que l'on peut considérer comme assez simples encore et bien définies, il en existe un grand nombre d'autres qui offrent ces sulfures en proportions plus compliquées et réunis d'ailleurs à d'autres sulfures basiques, tels que ceux de plomb ou de cuivre, ce qui nous engage à renvoyer ces composés aux familles minéralogiques de ces deux métaux. Il en est deux cependant que nous ne pouvons nous dispenser de mentionner ici, à cause de la forte proportion d'argent qui s'y trouve. Le premier a reçu le nom de *polybasite.* C'est une substance métalloïde, d'un gris de fer, cristallisant en prismes hexaèdres; elle pèse 6,21, et possède tous les caractères chimiques des sulfures précédents, sauf que le bouton obtenu au chalumeau contient du cuivre, et que la dissolution nitrique prend une belle couleur bleue par l'addition de l'ammoniaque.

Une polybasite de Guarisamey, analysée par H. Rose, a fourni :

| | | Rapports moléculaires. |
|---|---|---|
| Argent. . . . . . | 64,29 | 47 |
| Cuivre. . . . . . | 9,93 | 25 |
| Fer . . . . . . . | 0,06 | |
| Antimoine. . . . | 5,09 | 14 |
| Arsenic . . . . . | 3,74 | |
| Soufre. . . . . . | 17,04 | 85 |

d'où l'on tire, comme formule très rapprochée :

$$7\binom{Sb^2}{As}S^3 + 48Ags + 12Cu^2S$$

Le second composé est un *weissgultigerz* de Freyberg, analysé par Henri Rose également, et qui lui a donné :

| | | Molécules. | | | | | |
|---|---|---|---|---|---|---|---|
| Argent. . . . | 31,29 | 23 | + 24 S | = | (AgS)24 | ou | 8 |
| Cuivre. . . . | 14,81 | 37 | + 18 | = | $(Cu^2S)18$ | | 6 |
| Fer . . . . . | 5,98 | 17 | + 18 | = | (FeS)18 | | 6 |
| Zinc. . . . . | 0,99 | 2 | | | | | |
| Antimoine. . | 24,65 | 30 | + 45 | = | $(Sb^2S^3)15$ | | 5 |
| Soufre. . . . | 21,17 | 105 | = 105 S | | | | |

Cette analyse, si compliquée, est remarquable en ce que, en ajoutant à chaque métal la quantité de soufre qui lui est nécessaire pour le convertir en sulfure, on tombe exactement sur la quantité de soufre trouvée; ensuite, en réunissant le sulfure d'antimoine au sulfure d'argent, et le sulfure de cuivre à celui de fer, on trouve la formule $5Sb^2S^3,8AgS + 6(Cu^2S + FeS)$, qui indique la combinaison d'un argent sulfo-antimonié particulier avec 6 atomes de cuivre pyriteux.

### Argent ioduré.

Découvert par Vauquelin en analysant un minerai apporté de Mexico sous le nom d'*argent vierge* de Serpentine. Il offrait une couleur blanchâtre avec un reflet vert jaunâtre et une cassure lamelleuse. Il contenait 18 d'iode pour 100, et était accompagné d'argent natif et de plomb sulfuré, sur une gangue calcaire. Ce composé a fourni le premier exemple de l'existence de l'iode dans le règne minéral.

### Argent chloruré.

*Argent corné* ou *kérargyre*. Chlorure lithoïde, translucide, d'une couleur gris de perle, et d'un aspect gras et diamantaire ; il se coupe comme de la cire, offre une cassure écailleuse et pèse 4,74. Il fond à la flamme d'une bougie. Chauffé au chalumeau, il dégage de l'acide chlorhydrique, qui entraîne une partie du chlorure et laisse un bouton d'argent. Frotté sur une lame de fer ou de zinc, il se réduit superficiellement et prend l'éclat de l'argent.

| Composition : | Chlore. . . | 24,67 | 2 molécules. |
|---|---|---|---|
| | Argent . . | 75,35 | 1 |

Le chlorure d'argent forme souvent une couche mince à la surface de l'argent natif, qu'il prive de son éclat. D'autres fois, il est sous forme de lames ou de masses amorphes d'un volume sensible; plus rarement il est en petits cristaux cubiques, souvent allongés en prismes rectangles, ou en octaèdres. Il accompagne toujours les minerais d'argent; mais il est rare en Europe, tandis qu'on le rencontre en grande quantité au Mexique et au Pérou, où on le trouve principalement disséminé en parties invisibles dans les gangues des minerais d'argent, ou dispersé dans un minerai de fer hydraté, nommé *pacos* au Pérou et *colorados* au Mexique. Ce minerai forme des dépôts considérables dans les calcaires pénéens (secondaires inférieurs). Il est en outre traversé par des filets d'argent métallique et est exploité comme mine d'argent.

### Argent bromuré.

Découvert en 1841 par M. Berthier, dans un minerai provenant de la mine de Saint-Onofre, district de Plateros, au Mexique.

Ce minerai est un hydrate de fer compacte, mélangé de quarz et percé de petites cavités tapissées de cristaux incolores et transparents de *chloro-arséniate de plomb*. Ces cristaux sont accompagnés de *carbonate de plomb* compacte et d'autres cristaux d'un vert olive, qui sont le *bromure d'argent*.

Composition de l'incrustation :

| | |
|---|---|
| Quarz et argile. . . . . . . . . . . | 54 |
| Hydrate de fer. . . . . . . . . . . | 11 |
| Chloro-arséniate de plomb . . . . | 22 |
| Carbonate de plomb . . . . . . . | 7,50 |
| Bromure d'argent . . . . . . . . | 5,50 |
| | 100,00 |

Pour extraire le bromure, on traite d'abord l'incrustation par l'acide acétique, qui dissout le carbonate de plomb, puis par l'acide nitrique faible, qui dissout l'arséniate; en troisième lieu, par l'acide oxalique bouillant, qui s'empare de l'oxide de fer. Le résidu, bien lavé et séché, est alors traité par l'ammoniaque liquide, qui dissout le bromure. Si l'on veut en extraire le brôme, on ajoute à la liqueur de l'acide sulfhydrique, qui en précipite l'argent à l'état de sulfure et amène le brôme à l'état d'acide bromhydrique; on filtre et l'on sature la liqueur bouillante par du carbonate de potasse. On forme ainsi du bromure de potassium, qu'on amène à siccité afin de le dissoudre dans l'alcool. L'alcool étant évaporé, on traite le bromure dans un petit appareil convenable avec un peu d'acide sulfurique et d'oxide de manganèse, pour en extraire le brôme.

*Argent carbonaté.* Ce sel est très rare, puisqu'il a été observé une seule fois par M. Selb, dans la mine de Wenseslas, dans le Furstemberg. Il y est mélangé avec de l'antimonite d'argent dans une gangue de baryte sulfatée; il est composé de $AgO,CO^2$.

Indépendamment des états naturels précédents qui, réunis, forment la famille des *argentiques*, on trouve encore l'argent amalgamé au mercure, ou *mercure argental* de Haüy, susceptible de cristalliser.

Secondement, sous un état de combinaison très compliqué, nommé autrefois *argent gris*, puis *cuivre gris*, et aujourd'hui *panabase*. Cette substance varie par le nombre et la proportion de ses éléments; mais, le plus ordinairement, elle contient du *cuivre*, de l'*antimoine*, de l'*argent*, du *fer* et du *soufre*. Quelquefois l'arsenic remplace en tout ou en partie l'antimoine, de même que le zinc et le manganèse peuvent y prendre la place du fer.

Enfin, on trouve l'argent disséminé dans le sulfure de plomb (galène), surtout dans celui qui est en masses cristallines *à petites facettes* ou *à grains d'acier*. Ces sulfures contiennent de 30 à 900 grammes d'argent par 50 kilogrammes, de sorte que ce métal devient le produit principal de l'exploitation.

### Extraction de l'argent.

Les mines d'argent les plus considérables sont celles du Mexique et du Pérou, qui en fournissent incomparablement plus à elles seules que les mines réunies des autres parties du monde. En Europe, c'est la mine de Kongsberg qui est la plus riche; viennent ensuite celles de Hongrie et de Saxe : nous n'avons en France que les mines d'Allemont, dans le département de l'Isère, et de Sainte-Marie-aux-Mines dans le Haut-Rhin, qui produisent fort peu actuellement. On en obtient davantage des mines de plomb argentifère de Huelgoat et de Poullaouen, exploitées dans le département du Finistère.

Les procédés employés dans ces différents pays pour extraire l'argent varient en raison de la nature des mines, de leur richesse et des localités; cependant, en dernier résultat, ces procédés consistent à ramener l'argent à l'état métallique lorsqu'il n'y est pas, à l'allier au plomb ou au mercure pour le séparer des autres métaux, à l'isoler enfin de ces derniers.

*De l'argent natif.* A Kongsberg, où la mine consiste principalement en argent natif, on la fait fondre avec partie égale de plomb, après l'avoir bocardée et séparée de sa gangue par le lavage : il en résulte un alliage qui contient de 0,30 à 0,35 d'argent; on en retire celui-ci par la *coupellation.* Voici en peu de mots comment on procède à cette opération :

On fabrique un très grand creuset avec des os calcinés, pulvérisés et mis en pâte avec de l'eau; lorsque ce creuset, qui se nomme *coupelle*, est bien sec, on le place au milieu de l'aire d'un four à réverbère ce qui se fait en l'élevant peu à peu à travers le sol du fourneau qui est à jour, jusqu'à ce que le bord supérieur de la coupelle se trouve de niveau avec l'aire du four; alors, on l'assujettit avec la même pâte qui a servi à le former, de manière qu'il fasse corps avec le fourneau.

Quelquefois la coupelle n'est autre chose que l'aire même du four qui est creusée en coupe, et recouverte d'une couche de cendre lessivée et fortement battue; dans les deux cas, la voûte du four qui recouvre la coupelle est très surbaissée; d'un côté de la coupelle se trouve le foyer; la cheminée est à l'opposé : dans un des côtés attenants au foyer est placée la douille d'un fort soufflet, et dans l'autre, vers la partie supérieure de la coupelle, on a pratiqué une rigole.

On remplit la coupelle de plomb argentifère, et l'on chauffe le fourneau : bientôt l'alliage fond; alors le vent du soufflet étant dirigé vers sa surface, le plomb s'oxide, et avec lui le cuivre et le fer qui peuvent s'y trouver. Ces oxides, étant moins pesants que l'argent, restent à la surface du bain, et s'écoulent par la rigole pratiquée vers la partie supérieure de la coupelle. A mesure que cet effet a lieu, on verse de nouveau plomb dans la coupelle, pour l'entretenir toujours convenablement pleine, et l'on continue ainsi pendant plusieurs jours, ou jusqu'à ce que la coupelle contienne une forte masse d'argent. Alors, on achève de faire écouler l'oxide de plomb qui la recouvre, en creusant l'échancrure d'écoulement jusqu'à la surface du bain d'argent. On retire celui-ci, en y plongeant à plusieurs reprises, et jusqu'à la fin, des ringards froids sur lesquels l'argent se solidifie et s'attache.

*Du cuivre gris.* Dans les pays où cette mine est abondante, on la pulvérise, on la grille pour volatiliser le soufre et l'antimoine, et l'on traite le résidu avec un fondant convenable, pour en retirer un culot de cuivre et d'argent, le fer n'ayant pas été réduit. Le culot est rouge, et contient beaucoup plus de cuivre que d'argent.

On fond cet alliage avec environ trois fois et demie son poids de plomb (1), et on le coule en lingots carrés ou orbiculaires, nommés *pains de liquation*. Ces pains sont ensuite placés de champ dans des fourneaux à réverbère, dont le sol est disposé de manière à pouvoir recueillir le plomb qui se liquéfie. On chauffe d'abord doucement, et l'on n'augmente le feu que graduellement, à mesure que l'alliage devient moins fusible par la séparation du plomb : ce métal, en fondant, entraîne avec lui l'argent. Mais, comme une seule opération n'enlève pas tout l'argent au cuivre, on fait refondre les pains de liquation avec de nouveau plomb : on répète même quelquefois l'opération une troisième et une quatrième fois, en diminuant à chaque fois la dose du métal ajouté. Le plomb des dernières opérations est refondu pour servir à de nouvelles liquations ; quant à celui de la première, on le passe à la coupelle pour en retirer l'argent.

Le cuivre qui reste des pains de liquation retient toujours un peu de plomb ; on le purifie, comme nous le dirons en parlant de l'extraction de cuivre.

*Du sulfure de plomb argentifère.* Cette mine est, comme les autres, bocardée, lavée et grillée. Le grillage se fait à une chaleur modérée dans un fourneau à réverbère, en remuant continuellement la matière avec les râbles de fer, et en y ajoutant, par intervalles, de la poudre de charbon, qui ramène le sulfate de plomb formé à l'état de sulfure et favorise la séparation d'une partie du soufre : le résultat de cette opération est un mélange grisâtre d'oxide, de sulfate et de sulfure de plomb.

On mêle cette matière avec de la poudre de charbon, de la menue ferraille ou de la mine de fer oxidé, et assez d'eau pour en former une pâte, que l'on introduit par portion, et alternativement avec du charbon, dans un fourneau à manche. Dans ce fourneau, qui est quadrangulaire et assez haut, le feu est activé par deux forts soufflets : le fer se réduit, se combine au soufre du sulfate et du sulfure, et coule avec le plomb réduit également à l'état métallique, vers la partie la plus basse et antérieure du fourneau, d'où ils s'écoulent tout rouges de feu dans un bassin destiné à les recevoir. C'est dans ce bassin que se fait la séparation du plomb et du sulfure de fer : celui-ci, étant plus léger, reste à la surface ; l'autre, plus pesant, gagne le fond, et s'écoule seul dans un second bassin inférieur au premier, nommé *bassin de percée*. (Le premier se nomme *bassin de réception*.)

(1) Ou plus exactement la quantité de plomb est proportionnée à celle de l'argent qui existe dans l'alliage. On s'assure de cette quantité par une analyse préliminaire.

Le plomb argentifère, ainsi obtenu, porte le nom de *plomb d'œuvre ;* on le passe à la coupelle pour en extraire l'argent.

*Des pyrites argentifères de Freyberg.* On suit à Freyberg deux procédés, dont un surtout mérite d'être connu : il est applique a un minerai de sulfure d'argent disséminé dans une grande quantité de pyrites de fer et de cuivre, et ne contenant guère que deux millièmes et demi d'argent.

Après avoir mêlé cette mine avec un dixième de sel marin, ou chlorure de sodium, on la grille dans un fourneau à réverbère, en la remuant fréquemment. Le soufre des pyrites se brûle et se change, partie en acide sulfureux qui se dégage, partie en acide sulfurique qui se combine au sodium, au fer et au cuivre, passés à l'état d'oxides, tandis que le chlore se porte sur l'argent et sur une partie des autres métaux : le résultat du grillage est donc un mélange de sulfates de soude, de fer et de cuivre, de chlorures d'argent, de fer et de cuivre, d'oxides de fer et de cuivre. On réduit ce mélange en poudre fine, et on le met dans des tonneaux traversés par un axe horizontal qui tourne au moyen d'une roue mue par l'eau. On y ajoute, sur 100 parties de poudre, 50 de mercure, 30 d'eau et 6 de disques de fer, de la grandeur et de la forme de dames à jouer. On fait tourner ce mélange pendant seize à dix-huit heures. Voici alors ce qui se passe : le chlorure d'argent est décomposé par le fer, et donne lieu à du chlorure de fer qui se dissout dans l'eau, et à de l'argent métallique très divisé qui s'unit au mercure ; les sulfates de soude, de fer et de cuivre se dissolvent également dans l'eau.

On retire l'amalgame des tonneaux, on le lave et on l'exprime fortement pour en séparer l'excès du mercure. L'amalgame est ensuite moulé en boules de la grosseur d'un œuf, et placé sur une sorte de *trépied* ou de *chandelier* en fer muni par étages de plusieurs plateaux ou soucoupes de même matière. Le tout est recouvert d'une cloche de fer autour de laquelle on allume du feu. Le mercure se volatilise ; mais, ne pouvant s'échapper par le haut, il est obligé de gagner le bas de l'appareil, qui est formé par une caisse de fer continuellement rafraîchie par un courant d'eau, et il s'y condense à l'état liquide. L'argent reste sur les plateaux du chandelier.

Les quatre procédés que je viens de décrire peuvent suffire pour donner une idée générale de l'exploitation des mines d'argent ; les personnes qui voudront plus de détails, et surtout connaître les appareils dont on se sert pour l'extraction des différents métaux, devront recourir au *Traité de minéralogie* de M. Brongniart, ou au *Traité de chimie appliqué aux arts* de M. Dumas.

*Usages.* Les usages de l'argent sont généralement connus : on en fait des monnaies, des ustensiles et des bijoux ; mais, avant de l'employer, on l'allie toujours avec une certaine quantité de cuivre qui lui donne de la dureté et le rend plus propre à résister aux effets de l'usure. Cette quantité de cuivre est déterminée par la loi, et forme ce qu'on nomme *le titre* de l'argent. Le titre de l'argent des monnaies de France est de 0,900 pour la monnaie blanche, c'est-à-dire que 1000 parties d'alliage contiennent 900 parties d'argent pur ; celui de la monnaie de billon est de 0,200. L'argent d'orfévrerie peut avoir deux titres : le premier à 0,950, le second à 0,800.

On bat l'argent pur en feuilles, et on le réduit en fils comme l'or : il faut dire même que ce qu'on nomme fil d'or n'est que de l'argent doré ; l'or seul étant trop mou et trop peu tenace pour être tiré en fils très fins.

L'argent est employé en chimie et en pharmacie pour préparer le nitrate d'argent cristallisé et fondu.

## FAMILLE DU MERCURE.

Le mercure se trouve sous cinq états dans la terre : *natif, allié à l'argent, sulfuré, sulfo-sélénié, chloruré.*

Le mercure natif ne peut être confondu avec aucun autre corps : sa liquidité, qui persiste jusqu'à 40 degrés au-dessous de zéro ; sa pesanteur spécifique, qui égale 13,568 ; son opacité complète, sa blancheur et son grand éclat métallique le font reconnaître à l'instant.

Lorsqu'il est solidifié par le froid, il est malléable et peut être étendu sous le marteau. Il se volatilise à 350 degrés, et forme un gaz incolore, qui se condense sur les corps froids en un enduit blanc composé d'une infinité de globules métalliques.

Le mercure natif se trouve sous forme de petits globules dans la plupart des mines de sulfure de mercure, ou disséminé dans les roches qui lui servent de gangue. Souvent les gouttelettes se détachent des masses et coulent à travers les fissures des rochers, jusqu'à des cavités où l'on va le puiser de temps à autre. Ce mercure ne demande d'autre préparation que d'être passé à travers une peau de chamois ; mais la quantité qu'on en obtient ainsi est toujours fort petite ; la presque totalité de celui qui est employé provient de la réduction du sulfure.

J'ai déjà parlé du mercure amalgamé à l'argent ou *mercure argental* de Haüy, à l'occasion des différents états sous lesquels on trouve l'argent. Cet amalgame ne se trouve qu'en petite quantité dans quelques mines de mercure, comme à Almaden, en Espagne, à Idria, dans le Frioul, dans le duché de Deux-Ponts, à Allemont, en France. Il est solide, d'un blanc d'argent, très éclatant, tendre et fragile. Il cristallise en dodécaèdre rhomboïdal, en octaèdres ou en formes qui en sont dérivées. Il blanchit le cuivre à l'aide du frottement et donne du mercure à la distillation. Il pèse 14,12. Cette densité, qui est plus forte que celle du mercure lui-même, est très remarquable et indique une grande condensation des éléments; car, en partant de la composition du mercure argental, telle que l'a déterminée Klaproth,

| | | |
|---|---|---|
| Argent. . . . . . | 36 | 1 molécule. |
| Mercure . . . . . . | 64 | 2 |
| | 100 | $Ag\,Hg^2$ |

et des densités des deux métaux 10,47 et 13,568, on trouve par le calcul que la densité de l'alliage serait de 12,26, s'il n'y avait pas de condensation.

On connaît deux autres amalgames naturels d'argent, formes, comme le premier, de proportions définies des deux métaux constituants : l'un, qui a été analysé par M. Cordier, était composé de

| | | | | | | Rapports moléculaires. |
|---|---|---|---|---|---|---|
| Argent. . . . | 27,5 | × | 0,7407 | = | 20 | 1 |
| Mercure . . . | 72,5 | × | 0,8 | = | 58 | 3 |
| | 100 | | | | | $Ag\,Hg^3$ |

l'autre, bien différent des deux précédents, constitue la principale richesse de la mine d'Arqueros, au Chili; il est tout à fait solide, malléable comme l'argent, et peut être coupé au couteau. Il est cristallisé en octaèdres, ou sous forme de dendrites ou de masse grenue. Il pèse seulement 10,80, et contient :

| | | | | | | Rapports moléculaires. |
|---|---|---|---|---|---|---|
| Argent. . . . | 86 | × | 0,7407 | = | 63,7 | 6 |
| Mercure. . . | 13,5 | × | 0,8 | = | 10,8. | 1 |
| | 100 | | | | | $Ag^6\,Hg$ |

Ce dernier amalgame a reçu le nom d'*arquérite*.

#### Mercure sulfuré ou Cinabre.

Sulfure solide, rouge et transparent lorsqu'il est pur et cristallisé; mais il est souvent opaque et pourvu d'un éclat demi-métallique d'un brun foncé. Il devient toujours d'un rouge vif par la pulvérisation. Il est fragile et assez tendre pour laisser une trace rouge sur le papier. Il pèse 8,098 lorsqu'il est pur. Il se volatilise complétement par l'action du feu; projeté sur un charbon allumé, il dégage de la vapeur mercurielle qui blanchit le cuivre ou l'or.

Le mercure sulfuré offre quelque ressemblance de couleur avec l'argent sulfo-antimonié (argent rouge), avec l'arsenic sulfuré rouge (réalgar), et avec le plomb chromaté. Mais le premier ne laisse pas de trace sur le papier, et laisse un bouton d'argent lorsqu'on le chauffe au chalumeau.

Le réalgar donne une poudre *orangée* et dégage une forte odeur d'ail lorsqu'on le jette sur des charbons, ou qu'on le chauffe au chalumeau.

Le plomb chromaté donne une poudre aurore; il ne se volatilise pas dans un tube de verre; il se divise parallèlement aux faces d'un prisme quadrangulaire, tandis que le cinabre se divise parallèlement aux plans d'un prisme hexaèdre.

Le sulfure de mercure cristallise en prismes hexaèdres réguliers ou en formes qui dérivent d'un rhomboèdre aigu profondément tronqué au sommet. C'est ce rhomboèdre qui est sa forme primitive. On le trouve aussi sous forme mamelonnée, granulaire, compacte ou pulvérulente. Ce dernier est toujours d'un beau rouge et porte le nom de vermillon natif.

Enfin, le mercure sulfuré est souvent intimement mélangé de bitume ou d'argile bitumineuse, qui lui donnent une couleur noirâtre et la propriété de dégager une odeur bitumineuse par l'action du feu. C'est principalement à Idria, en Illyrie, que le mercure se trouve sous cet état. M. Dumas, en distillant ce minerai bitumineux, en a retiré un carbure d'hydrogène particulier ($C^3H^2$), volatil, solide, blanc, cristallisable, qui paraît y exister tout formé. M. Dumas a nommé ce carbure *idrialine*.

*Mercure sulfo-sélénié.* Minerai du Mexique analysé par M. H. Rose, et qui lui a fourni :

| | | | | | | Rapports moléculaires. |
|---|---|---|---|---|---|---|
| Mercure. . . . | 81,33 | × | 0,8 | = | 65 | 5 |
| Soufre. . . . . | 10,30 | × | 5 | = | 51,5 | 4 |
| Sélénium. . . . | 6,49 | × | 2,02 | = | 13 | 1 |

Formule : $4HgS + HgSe$.

*Mercure chloruré.* Ne se trouve qu'en petite quantité dans les mines de sulfure de mercure et notamment à Mosche-Landsberg, dans le duché de Deux Ponts. Il y occupe les cavités d'un gres ferrugineux; il est quelquefois cristallisé en petits prismes rectangulaires, dont les arêtes sont remplacées par des facettes; mais il est le plus souvent concrétionné et mamelonné dans l'intérieur des cavités de la gangue. Il est d'un gris de perle, fragile, volatil, et peut être sublimé lorsqu'on le chauffe dans un petit tube de verre. Ces deux derniers caractères le distinguent de l'argent chloruré.

Fourcroy supposait que ce minéral était du deutochlorure de mercure ; mais la nature ferrugineuse de sa gangue, son aspect corné, et le mercure métallique qui l'accompagne presque toujours, ne permettent guère de douter que ce ne soit un protochlorure.

D'après ce que j'ai dit jusqu'ici, on a pu voir que quatre des cinq états naturels du mercure, à savoir les mercures natif, argental, sulfo-sélénié, et chloruré, sont très rares et ne forment, pour ainsi dire, que des accidents au milieu du mercure sulfuré, qui constitue partout la masse principale du minerai et celle dont on extrait réellement le mercure du commerce.

Cette substance est même assez rare et d'un gisement très restreint. On en trouve très rarement et très peu dans les terrains primitifs et seulement dans les plus élevés, tels que le micaschiste; c'est ainsi qu'on l'observe à Szlana, sur les bords du Sajo, en Hongrie, et dans quelques endroits de la Saxe, de la Bohême et de la Silésie. Si maintenant on se rappelle que la terre a été primitivement un globe de matière fondue et d'une chaleur excessive, on comprendra, ainsi que je l'ai déjà dit, que le mercure et le soufre devaient faire partie de son atmosphère, et qu'ils n'ont pu se condenser qu'après la solidification des roches de cristallisation, telles que le granite, la syénite, la protogyne, etc. ; tandis que le micaschiste, qui se trouve au-dessus, a pu voir condenser le sulfure de mercure. Mais il faut ajouter qu'il n'y est pas resté, parce que ces couches, d'abord superficielles, ont pu, par l'abaissement du sol et par la superposition de couches nouvelles, se rapprocher du centre et éprouver l'action d'une chaleur intense qui en aura chassé le mercure, lui aura même fait traverser le terrain houiller, soumis à une chaleur encore trop forte pour qu'il pût s'y arrêter, et ne lui aura permis de se condenser que dans les grès rouges et dans les schistes bitumineux superposés à la houille. C'est là, en effet, que se trouve la plus grande partie du sulfure de mercure, dans toute l'étendue du monde : à Mosche-Landsberg, à Almaden, à Idria, à San-Juan de la Chica au Mexique, à Guanca-Vélica au Pérou. Enfin, on le trouve en filons dans le calcaire pénéen, dans la montagne de Silla-Casa, au Pérou.

On voit que presque partout les gîtes de mercure sulfuré sont circonscrits dans un espace très limité entre le grès rouge et le calcaire pénéen. Les schistes bitumineux qui l'avoisinent offrent des empreintes de poissons qui ont quelquefois toutes leurs écailles, et qui, dans toutes les localités, paraissent appartenir à la même espèce. Dans tous les cas, le sulfure se trouve, ou disséminé dans toute la masse du dépôt, ou réuni en petits amas isolés les uns des autres, ou en veines placées dans toutes les directions.

*Extraction.* On retire le mercure de son sulfure par deux procédés principaux : ou l'on décompose le sulfure par un corps fixe qui s'empare du soufre et laisse volatiliser le mercure, ou bien on grille le sulfure de mercure avec le contact de l'air dans un appareil propre à condenser le mercure. Alors le soufre se perd à l'état d'acide sulfureux. Le premier procédé est usité dans les Deux-Ponts, le second est employé à Almaden et à Idria. Dans le duché de Deux-Ponts, on mêle la mine broyée avec de la chaux éteinte, et on la chauffe dans de grandes cornues de fonte, disposées sur une *galère*. La chaux s'empare du soufre, et le mercure, volatilisé par le calorique, vient se condenser dans un pot de terre, en partie rempli d'eau, adapté à chaque cornue.

A Almaden, on chauffe la mine triée, et quelquefois, en outre, bocardée et lavée, dans des fourneaux carrés, disposés de manière que le sulfure, placé sur un sol à jour, est traversé par la flamme du foyer qui se trouve au-dessous. A la partie supérieure de l'une des faces du fourneau sont pratiquées des ouvertures, à chacune desquelles est adaptée une suite de conduits dits *aludels*, qui passent au-dessus d'une terrasse, et vont se rendre dans une grande chambre ou réservoir commun. Au moyen de cette disposition et du courant d'air établi par le feu dans tout l'intérieur de l'appareil, le soufre de la mine se brûle et se dégage à l'état d'acide sulfureux; le mercure, revenu à l'état métallique, se volatilise et se condense dans les aludels, d'où il coule dans le réservoir commun. La terrasse au-dessous de laquelle passent les aludels est inclinée des deux côtes vers son milieu, où elle forme une rigole destinée à recevoir et verser dans la chambre le mercure que les jointures des conduits laisseraient échapper.

A Idria, on emploie un fourneau semblable à celui d'Almaden; mais la condensation du mercure se fait dans une suite de chambres adossées l'une à l'autre, et communiquant alternativement par leur partie inférieure et supérieure, afin d'augmenter le trajet que les vapeurs doivent parcourir. Dans ce procédé, comme dans celui d'Almaden, les produits de la combustion du bois et ceux du bitume forment une suie grasse qui salit le mercure, et dont on le débarrasse par le moyen de la chaux ou de tout autre alcali. La suie mélangée d'alcali est mise à la partie supérieure du fourneau et chauffée dans une autre opération.

Le mercure purifié est versé dans le commerce, renfermé dans des bouteilles en fer ou dans des outres de peau.

Le principal usage du mercure est pour l'exploitation des mines d'or et d'argent, pour la fabrication du cinabre artificiel et du vermillon, pour l'étamage des glaces, pour la construction des baromètres et thermomètres, etc.

Il fournit à la pharmacie son oxide rouge préparé par la calcination du nitrate, ses sulfures, ses deux chlorures, connus sous les noms de *mercure doux* et *sublimé corrosif;* ses deux iodures, et un grand nombre de sels. Il fait la base des pommades citrine et mercurielle, de l'emplâtre de Vigo, etc. Ses composés sont en général vénéneux, ou au moins dangereux; cependant, lorsqu'ils sont employés avec prudence, ils tiennent le premier rang parmi les antisyphilitiques connus.

## FAMILLE DU PLOMB.

Le plomb, nommé *saturne* par les alchimistes, est un des métaux les plus abondamment répandus dans la terre; il y existe sous dix-sept états principaux, savoir :

| | |
|---|---|
| natif, | antimonité, |
| telluré, | arséniaté, |
| sélénié, | phosphaté, |
| sulfuré, | sulfaté, |
| oxidé, | sélénité, |
| tungstaté, | carbonaté, |
| molybdaté, | chloruré, |
| vanadaté, | hydro-aluminaté. |
| chromaté, | |

### Plomb natif.

Très rare et longtemps regardé comme le produit d'anciennes fonderies abandonnées. Ainsi Gensanne père disait avoir trouvé dans le Vivarais (Ardèche) des dépôts considérables de minerai de plomb terreux, dans lequel on voyait du plomb natif en globules; mais son fils même a reconnu, par les scories, la litharge et d'autres indices trouvés sur les lieux, que ce plomb était un produit de l'art. Mais du plomb natif a véritablement été trouvé par un voyageur danois nommé Rathké, dans les laves de l'île Madère, et depuis on l'a observé dans celles du Vésuve. On en a également trouvé dans la galène, à Alstoon-Moore, dans le Cumberland, et en Bohême. Mais il n'en est pas moins très rare.

Le plomb natif présente à peu près les mêmes propriétés que celui obtenu par l'art. Il est solide, d'un blanc bleuâtre, très éclatant, mais se ternissant promptement à l'air. Il est assez mou pour se laisser rayer par l'ongle, sans sonorité et sans élasticité. Il est très malléable, peu ductile et très peu tenace. Il pèse 11,352. Il est fusible à 260 degrés, et un peu volatil à une haute température, avec le contact de l'air. Il se dissout dans l'acide nitrique, même à froid, mais mieux à chaud. La liqueur est incolore, et forme avec les alcalis un précipité blanc soluble dans la potasse et la soude caustiques, mais non dans l'ammoniaque. L'acide sulfhydrique et les sulfhydrates y forment un précipité noir;

l'acide sulfurique et les sulfates, un précipité blanc insoluble dans l'acide nitrique.

Le plomb forme deux oxides principaux, savoir : un oxide jaune salifiable nommé *massicot*, ou *litharge* lorsqu'il est fondu au feu; il est formé de PbO.

Secondement, un oxide puce, formé de $PbO^2$, non salifiable, décomposé par les acides en oxigène et en protoxide.

Le plomb forme en outre un sous-oxide $Pb^2O$, et un oxide intermédiaire, d'un rouge vif ou orangé, nommé *minium*, composé le plus ordinairement de $PbO + PbO^2$ ou $Pb^2O^3$.

*Plomb telluré*. Ce composé existe dans la terre, mais toujours mélangé ou combiné avec les tellurures d'or et d'argent. Il portait autrefois le nom d'*or de Nagyag*, et était exploité comme mine d'or, ce qui m'a autorisé à le ranger au nombre des états naturels de l'or, bien que sa vraie place soit avec les composés plombiques; j'en ai décrit deux espèces nommées *Mullerine* et *Elasmose*, très différentes par la proportion des corps qui les constituent; il est inutile d'y revenir ici.

### Plomb sélénié.

Trouvé au Harz dans des dépôts ferrugineux situés dans les schistes argileux et les diorites, ou engagés dans la dolomie. Il contient un peu de séléniure de cobalt, d'après Stromeyer, qui en a retiré,

| | | Rapports moléculaires. | |
|---|---|---|---|
| Sélénium. . . . . . | 28,11 | 56 | 1 |
| Plomb . . . . . . . | 70,98 | 54 | 1 |
| Cobalt. . . . . . . . | 0,83 | 2 | |

Formule Pb Se. Ce minéral offre presque tous les caractères physiques du sulfure de plomb, de sorte que ce n'est que par l'essai au chalumeau ou l'analyse, qu'on peut le distinguer. Il est d'un gris de plomb, éclatant, non ductile, facile à couper, offrant un clivage cubique. Il pèse spécifiquement 6,8 d'après Sillimann; 7,697 d'après Lévy; 8,2 suivant Haidinger. Au chalumeau, il dégage une odeur de rave pourrie qui caractérise le sélénium, et laisse de l'oxide de plomb ou du plomb métallique, suivant qu'on a dirigé sur le résidu la flamme oxidante ou réductive de l'instrument.

*Plomb sélénié hydrargyrifère.* Combinaison ou mélange à proportions variables de séléniure de plomb et de séléniure de mercure. Une analyse de M. H. Rose a donné :

| | | Rapports. | |
|---|---|---|---|
| Sélénium. . . . . . | 24,97 | 55 | 4 |
| Plomb. . . . . . . . | 55,84 | 43 | 3 |
| Mercure. . . . . . . | 16,94 | 13 | 1 |

ce qui indique une combinaison de 3 Pb Se + Hg Se. Cette substance est métalloïde, d'un gris foncé, lamellaire, non ductile, facile à couper. Elle pèse 7,3. Mélangée avec de la soude et chauffée dans un tube fermé, elle donne des gouttelettes de mercure. On la trouve dans la mine de Tilkerode, au Harz.

*Plomb sélénié cuprifère.* Substance métalloïde, de densité et de couleur variables, suivant les proportions des deux séléniures qui la constituent. On en connaît aujourd'hui trois combinaisons, l'une formée de Pb Se + Cu Se, la seconde de 2 Pb Se + Cu Se, la troisième = Pb Se + Cu Se, toutes trois trouvées dans les mines du Harz, dans des veines de dolomie et accompagnées de cuivre carbonaté vert.

### Plomb sulfuré ou Galène.

Ce sulfure constitue la plus importante des mines de plomb, puisque c'est lui qui fournit tout le plomb, la litharge, le minium et une partie de l'argent du commerce. Il est solide, d'un gris foncé joint à un grand

Fig. 88.

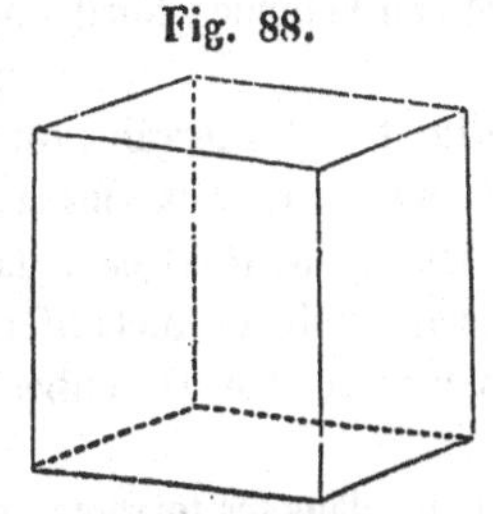

Fig. 89.

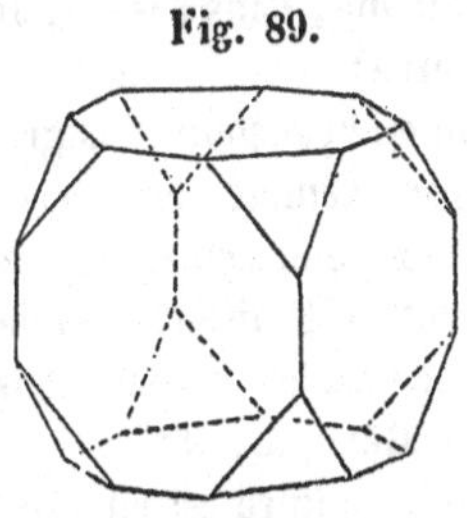

éclat métallique. Sa structure est éminemment lamelleuse et son clivage très facilement cubique. Il est souvent cristallisé en cube, cubo-octaèdre,

Fig. 90.

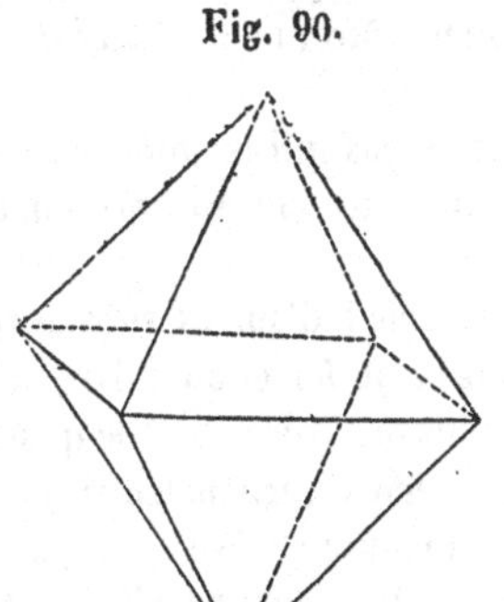

Fig. 91.

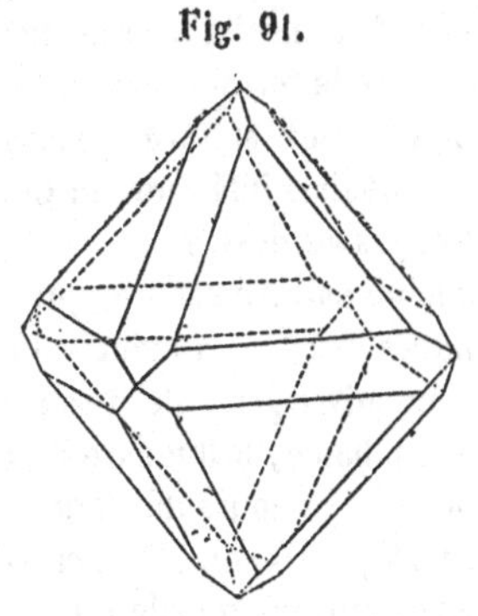

octaèdre, etc. (fig. 88, 89, 90, 91). Il est assez dur, cassant, et se divise en parcelles lorsqu'on veut le rayer avec le couteau. Il pèse 7,58.

Au chalumeau, il décrépite, se fond, dégage de l'acide sulfureux, et laisse de l'oxide jaune de plomb ou du plomb métallique, suivant la flamme employée. Lorsqu'on le réduit en poudre très fine et qu'on le traite par l'acide nitrique concentré, on le convertit entièrement en sulfate de plomb blanc et insoluble, ce qui s'explique facilement lorsque l'on considère que le sulfure de plomb est formé de Pb S, et qu'il n'a besoin que de 4 atomes d'oxigène pour devenir Pb O + $So^3$ ou sulfate de plomb.

Lorsqu'on traite le sulfure par l'acide nitrique affaibli, le résultat est différent : il se forme bien toujours un peu de sulfate de plomb, mais la plus grande partie du soufre reste inattaquée ; le plomb seul s'oxide et constitue, avec l'acide nitrique non décomposé, un *nitrate de plomb*, que l'on trouve dans la liqueur.

Le plomb sulfuré appartient à un grand nombre de terrains. Il commence à se montrer en filons ou en amas peu considérables dans les terrains primitifs supérieurs, tels que le *gneiss*, le *micaschiste* et les phyllades ou schistes siliceux primitifs (Villefort, département de la Lozère ; Vienne, dans l'Isère ; Joachimstal, en Bohême ; Northampton, en Angleterre).

Il existe en beaucoup plus grande quantité dans les terrains intermédiaires, par exemple, en amas irréguliers ou en couches dans la grauwacke grossière et schisteuse de Poullaouen et de Huelgoat, dans le département du Finistère ; ou dans le calcaire noir et métallifère qui termine cette série, comme dans le Derbyshire et le Northumberland, à Dante au Mexique, etc.

Le plomb sulfuré est encore très abondant dans les terrains secondaires inférieurs, où il est presque partout disposé par couches plus ou moins étendues ; d'abord dans le grès rouge ancien qui forme la base de cette période, ensuite dans le calcaire gris ou noirâtre, nommé *zechstein*, qui recouvre le terrain houiller.

Enfin le plomb sulfuré se rencontre dans le *lias* qui termine les terrains secondaires inférieurs (à Combecave, département du Lot). On ne le trouve pas au-dessus.

Le plomb sulfuré est presque toujours associé à d'autres substances métalliques surtout au zinc sulfuré (blende), au fer et au cuivre sulfurés, au cuivre gris, etc. Ses gangues les plus ordinaires sont le quarz, la baryte sulfatée, le fluorure de calcium, la chaux carbonatée. Il contient presque toujours de l'argent, dont la quantité s'élève quelquefois à 10 ou 15 pour cent. A cet égard les mineurs distinguent trois variétés de galène, suivant qu'elle est *à grandes facettes*, *à petites facettes* ou *à grains d'acier*. La première contient fort peu d'argent ; la seconde en renferme davantage, et la dernière beaucoup plus. Il paraît aussi que la galène des terrains primitifs contient plus d'argent que celle des terrains secondaires, et que dans une même exploitation, par exemple en Bretagne; le minerai est d'autant plus riche en argent qu'on s'enfonce davantage.

Les détails dans lesquels je suis précédemment entré sur l'exploitation du sulfure de plomb, comme minerai d'argent, me permettent de la rappeler ici en quelques mots.

Le minerai, bocardé, lavé et grillé, est mêlé avec de la poudre de charbon, de la mine de fer oxidée, de la fonte de fer granulée, ou de la menue ferraille, et projeté par parties dans un *fourneau à manche* rempli de charbon. Le fer, en raison d'une affinité supérieure, s'empare du soufre de la galène et met le plomb en liberté. Ce métal fondu est reçu dans un bassin avec le sulfure de fer, qui, en raison d'une moins grande densité, vient à la surface. On soutire le plomb par la partie inférieure; il porte le nom de *plomb d'œuvre :* on le soumet à la coupellation pour en retirer l'argent; mais alors le plomb se trouve converti en *litharge;* on en conserve une partie sous cet état pour le besoin des arts; le reste est ramené par le charbon à l'état métallique.

Le sulfure de plomb est employé, sous le nom d'*alquifoux*, pour former la couverte des poteries communes. Par l'action du feu, le soufre se brûle, le plomb s'oxide et forme un verre jaunâtre avec la silice de l'argile. Mais cette couverte est dangereuse pour la préparation des aliments, par la propriété qu'elle possède de se dissoudre dans les liqueurs acides ou chargées de sel marin.

Le sulfure de plomb, indépendamment de son mélange habituel avec une quantité indéterminée et variable de sulfure d'argent, se trouve souvent combiné à d'autres sulfures métalliques, en proportions si bien déterminées qu'on est obligé de les considérer comme autant d'espèces minéralogiques, mais tellement nombreuses qu'il n'est plus possible de les distinguer que par des noms insignifiants. Voici celles de ces combinaisons qui sont connues jusqu'ici :

I. Plomb sulfo-arsénié.

1. Dufrénoysite. . . $= 2PbS + As^2S^3$

II. Plombs sulfurés antimonifères.

| | | Rapport des deux sulfures. |
|---|---|---|
| 2. Kilbrickénite . . | $= 6PbS + Sb^2S^3$ | 36 : 6 |
| 3. Géocronite. . . . | $= 5PbS + \left\{ \begin{array}{l} Sb^2S^3 \\ As^2S^3 \end{array} \right\}$ | 30 : 6 |
| 4. Boulangérite. . . | $= 3PbS + Sb^2S^3$ | 18 : 6 |
| 5. Fédérerz. . . . . | $= 2PbS + Sb^2S^3$ | 12 : 6 |

| | | Rapport des deux sulfures. |
|---|---|---|
| 6. Jamesonite. . . . . | $= 3PbS + 2Sb^2S^3$ | 9 : 6 |
| 7. Plagionite . . . . | $= 4PbS + 3Sb^2S^3$ | 8 : 6 |
| 8. Zinkénite . . . . . | $= PbS + Sb^2S^3$ | 6 : 6 |
| 9. Bleischimmer . . | $= 3PbS + 5\binom{Sb}{As}S$ | |

III. Plomb sulfuré stibio-cuprifère.

10. Bournonite. . . . $= (2PbS + Sb^2S^3) + Cu^2S$.
Fédérerz.

IV. Plomb sulfuré stibio-argentifère.

11. Weissgultigers clair de Himmelsfahrt $Pb^{12}Ag\,Fe^2Sb^3S^{20}$.
12. — sombre de Freyber.
13. Schilfglaserz . . . $= 7PbS + 5(Sb^2S^3 + AgS)$.
Myargyrite.

V. Plomb sulfuré bismuthi-argentifère.

14. Wismuth Bleierz.

VI. Plomb sulfuré bismuthi-cuprifère.

15. Nadelerz.

Voici les principaux caractères de ces différents composés.

1. *Dufrénoysite.* Cette substance accompagne l'arsenic sulfuré rouge qui forme de petites veines dans la Dolomie du Saint-Gothard. Elle est en petits trapézoèdres très brillants qui deviennent d'un rouge brun par la pulvérisation. Elle est aigre et fragile; elle pèse 5,549.

Elle se fond aisément sur un charbon, au chalumeau, en dégageant une odeur sulfureuse, puis arsenicale, et en laissant à la fin un petit globule de plomb entouré d'une auréole jaune.

M. Damour, qui l'a découverte et analysée, en a retiré

| | | | | Rapports moléculaires. | |
|---|---|---|---|---|---|
| Plomb . . | 57,09 | × 0,7724 | = | 44 | 2 |
| Arsenic. . | 20,73 | × 2,1333 | = | 44 | 2 |
| Soufre. . | 22,18 | × 5 | = | 111 | 5 |
| | 100,00 | | | | |

Cette composition répond exactement à la formule $2\,PbS + Sb^2S^3$, qui est celle du Fédérerz, dans laquelle l'arsenic est substitué à l'antimoine.

2. *Kilbrickénite.* Trouvée à Kilbricken, dans le comté de Clark, en

Angleterre. Elle se présente en masses métalloïdes d'un bleu grisâtre; sa cassure est à la fois compacte, terreuse et feuilletée; elle pèse 6,4. Elle se dissout lentement à chaud dans l'acide chlorhydrique concentré, avec dégagement d'acide sulfhydrique. La liqueur refroidie et séparée du chlorure de plomb cristallisé forme un précipité blanc d'oxi-chlorure d'antimoine lorsqu'on l'étend d'eau. Ce caractère appartient du reste à tous les plombs sulfo-antimoniés. L'analyse n'en a pas été faite.

3. *Géocronite.* Trouvée dans la mine d'argent de Scala, en Dalécarlie; amorphe, avec cassure lamellaire dans un sens, grenue et écailleuse dans l'autre; couleur gris de plomb; pesanteur spécifique 5,88. Composition :

| | | | | | Rapports moléculaires. |
|---|---|---|---|---|---|
| Plomb. . . . . | 66,452 | × | 0,7724 | = | 51 |
| Antimoine . . | 9,576 | × | 1,24 | = | 12 |
| Arsenic. . . . | 4,695 | × | 2,1333 | = | 11 |
| Soufre. . . . | 16,262 | × | 5 | = | 81 |
| Cuivre. . . . | 1,514 | × | 2,52 | = | 3,8 |
| Fer . . . . . | 0,417 | × | 2,857 | = | 1 |
| Zinc. . . . . | 0,111 | × | 2,43 | = | 0,2 |

Argent et bismuth, une trace.

La quantité de soufre ne suffit pas pour sulfurer tous les métaux. Si l'on suppose, cependant, qu'ils le soient, on pourra représenter le géocronite par 5 PbS + $(Sb,As)^2S^3$, ainsi qu'on le fait ordinairement.

4. *Boulangérite.* Substance éclatante et d'un gris de plomb; en masses fibro-lamellaires, ou en prismes cylindroïdes ondulés et contournés qui sont souvent pris pour de l'antimoine sulfuré, mais qui s'en distinguent par leur couleur de plomb, par le contournement de leurs fibres et par la croûte d'antimonite de plomb qui se forme souvent à leur surface. Pesanteur spécifique 5,97. L'acide chlorhydrique la dissout facilement à chaud, en produisant les résultats ci-dessus décrits. La moyenne de quatre analyses très concordantes, faites par différents chimistes, donne par la composition de ce minéral :

| | | | | | Rapports moléculaires. | |
|---|---|---|---|---|---|---|
| Plomb. . . | 55,65 | × | 0,7724 | = | 43 | 4 |
| Antimoine. | 25,24 | × | 1,24 | = | 31 | 3 |
| Soufre. . . | 18,75 | × | 5 | = | 94 | 9 |

Ces résultats sont exactement représentés par $P^4S^4 + Sb^3S^5$, ou par 8 PbS + 3 $Sb^2$ $S^3$ avec excès de soufre. On admet ordinairement 3 PbS + $Sb^2$ $S^3$.

5. *Federerz.* Substance métalloïde, d'un gris bleuâtre, en petites fibres capillaires agglomérées dans une gangue de quarz. Elle a été trouvée à Wolfsberg, au Harz. Elle contient, d'après M. H. Rose :

| | | Rapports moléculaires. | |
|---|---|---|---|
| Plomb. . . . | 46,87 | 36,2 | 2 |
| Antimoine . . | 31,04 | 38,5 | 2 |
| Soufre. . . . | 19,72 | 98,6 | 5 |
| Fer . . . . . | 1,30 | 3,7 | » |
| Zinc. . . . . | 0,08 | » | » |

ce qui conduit à la formule $2\ PbS + Sb^2 S^3$ avec mélange de fer sulfuré.

6. *Jamesonite.* Substance éclatante, d'un gris d'acier, cristallisant en prisme droit rhomboïdal de 101° 20′ environ ; pesant 5,56 ; trouvée en masses cristallines dans les mines de Cornwall. Analyse par M. H. Rose :

| | | Rapports moléculaires. | | | | | |
|---|---|---|---|---|---|---|---|
| Plomb. . . . | 40,75 | 31,5 | = 31,5 | (3) | | |
| Antimoine. . | 34,40 | 43 | = 43 | (4) | | |
| Soufre. . . . | 22,15 | 111 | = 96 | (9) | + | 15 |
| Fer . . . . . | 2,30 | 6,5 | = » | » | | 6,5 |
| Cuivre. . . . | 0,13 | » | » | » | | » |

d'où l'on tire $Pb^3 Sb^4 S^9$ ou $3\ PbS + 2\ Sb^2 S^3$, avec mélange de bisulfure de fer.

7. *Plagionite.* Métalloïde, d'un gris de plomb foncé ; cristallisée en prismes obliques rhomboïdaux très courts, et dont les arêtes de la base sont remplacées par les faces de l'octaèdre ; de plus, un des angles de la base est remplacé par une facette. Pesanteur spécifique 5,4. La moyenne de trois analyses donne :

| | | | | | Rapports moléculaires. | |
|---|---|---|---|---|---|---|
| Plomb. . . . | 40,71 | × | 0,7724 | = | 31 | 4 |
| Antimoine . . | 37,65 | × | 1,24 | = | 47 | 6 |
| Soufre. . . . | 21,64 | × | 5 | = | 108 | 14 |
| | 100,00 | | | | | |

Si l'on admet pour la plagionite la formule ordinaire $4\ PbS + 3\ Sb^2 S^3$, il reste une molécule de soufre en excès ; mais si l'on admet l'existence du sulfure $Sb^3 S^5$, l'analyse répond très exactement à la formule $4\ PbS + 2\ Sb^3 S^5$. Nous avons déjà vu que la boulangérite est exactement représentée par $4\ PbS + Sb^3 S^5$.

8. *Zinkenite.* Métalloïde, d'un gris d'acier, pesant 5,3 ; cristallisée en prismes à six pans, réguliers, terminés par une pyramide dont les faces répondent aux arêtes du prisme. Trouvée par M. Zinken à Wolfsberg. M. H. Rose en a retiré :

| | | Rapports moléculaires. | |
|---|---|---|---|
| Plomb. . . . | 31,97 | 24,69 | 4 |
| Antimoine. . | 44,11 | 54,7 | 9 |
| Soufre. . . . | 22,58 | 113 | 18 |
| Cuivre. . . . | 0,42 | » | » |

La formule admise est PbS + $Sb^2 S^3$.

9. *Bleischimmer*. Substance métalloïde, d'un gris de plomb, à cassure grenue, très fragile, trouvée à Nertschinsk en Sibérie. Une analyse de M. Pfaff a donné :

| | | Rapports moléculaires. | |
|---|---|---|---|
| Plomb. . . . | 43,44 | 33 | 3 |
| Antimoine. . | 35,47 | 44 } | 5 |
| Arsenic. . . . | 3,56 | 8 } | |
| Soufre. . . . | 17,20 | 85 | 8 |

Cette analyse est remarquable en ce qu'elle conduit à admettre pour l'antimoine l'existence d'un sulfure SbS répondant au réalgar. La formule du minéral est 3 PbS + 5 (Sb, As) S.

10. *Bournonite*. Substance métalloïde, d'un gris de plomb, cristallisant en prisme droit rectangulaire, presque cubique; elle pèse 5,7; elle fond au chalumeau, en donnant comme tous les composés précédents de l'acide sulfureux, des vapeurs d'oxide d'antimoine, de l'oxide jaune de plomb, et enfin du cuivre métallique; traitée par l'acide nitrique, elle laisse un résidu insoluble formé de sulfate de plomb et d'acide antimonieux, et produit une dissolution de sulfate ou de nitrate de cuivre, qui devient d'un bleu très foncé par l'ammoniaque. La bournonite se trouve particulièrement dans les gîtes plombifères et cuprifères de Huel-Boys-mine en Cornwall, et de Pfaffenberg et Klausthal au Harz. Deux analyses faites par H. Rose et Smithson lui assignent la composition suivante :

| | | Rapports moléculaires. | |
|---|---|---|---|
| Plomb. . . . | 41 | 1 ou | 2 |
| Cuivre. . . . | 12,65 | 1 | 2 |
| Antimoine. . | 26,28 | 1 | 2 |
| Soufre. . . . | 20,07 | 3 | 6 |
| | 100,00 | | |

d'où il résulte que la bournonite contient 1 molécule de sulfure d'antimoine, 2 de sulfure de plomb et 1 de sulfure cuivreux; ou bien 1 molécule de Federerz et 1 de sulfure cuivreux.

*Weissgultigers*. Ce nom est donné par les mineurs allemands à un certain nombre de minerais qui tiennent le milieu, par leur composition, entre les différentes espèces d'argent et de plomb sulfo-antimoniés. J'en ai déjà rapporté deux analyses à la suite des espèces d'argent sulfo-antimonié; en voici deux autres qui doivent trouver place ici, en raison de la prédominance du plomb sulfuré :

| | I. | Rapport moléculaire. | II. | Rapport moléculaire. |
|---|---|---|---|---|
| Plomb. . . . | 48,06 | 37 | 41 | 32 |
| Argent. . . . | 20,40 | 15 | 9,25 | 7 |
| Fer . . . . . | 2,25 | 6 | 1,75 | 5 |
| Antimoine . . | 7,88 | 10 | 20,50 | 27 |
| Soufre. . . . | 12,25 | 61 | 22 | 110 |

I. Weissgultigerz clair de Freyberg ou de Himmelsfahrt, analysé par Klaproth.

II. Weissgultigerz sombre de Freyberg.

On ne peut rien conclure de ces analyses, dont la première ne présente guère que la quantité de soufre nécessaire pour sulfurer le plomb, le fer et l'antimoine, et dont la seconde en offre un excès considérable à la sulfuration complète des métaux.

13. *Schilfglaserz.* Cette variété, mieux définie que les précédentes, constitue une matière d'apparence métallique, d'un gris d'acier, pesant 6,194, assez tendre, cristallisant en prisme hexaèdre terminé par une ou deux faces, ou formant plutôt un prisme quadrangulaire oblique, dont l'inclinaison des côtés est des 91°,89, et dont deux arêtes opposées sont remplacées par des faces qui font avec celles du biseau un angle de 146 degrés. M. Wœhler en a retiré :

| | | | Rapports moléculaires. | |
|---|---|---|---|---|
| Soufre . . . | 18,74 | 93,7 | 44 ou | 27 |
| Antimoine. . | 27,38 | 34 | 16 | 10 |
| Plomb . . . | 30,27 | 23,4 | 11 | 7 |
| Argent . . . | 22,93 | 17 | 8 | 5 |

$$= 11PbS + 8\,(Sb^2S^3 + AgS)$$
$$\text{ou } 7PbS + 5\,(Sb^2S^3 + AgS)$$

Myargyrite.

Je parlerai des plombs sulfurés bismuthifères en traitant des états naturels du bismuth.

Nous allons maintenant continuer à examiner les états naturels du plomb.

### Oxides de plomb.

On en trouve deux, le *protoxide* ou *massicot*, et le *minium*. Ces deux oxides sont très rares et ont même été considérés comme le produit d'anciennes exploitations de plomb. Mais rien n'empêche de croire que dans quelques circonstances le sulfure de plomb ne puisse, par une épigénie semblable à celle des sulfures de fer et de cuivre, se transformer en oxide; c'est au moins ce qui a lieu dans quelques échantillons longtemps conservés à l'air humide. L'oxide ainsi formé est jaune ou rouge et pulvérulent; il se réduit au chalumeau à l'état métallique; il se réduit même lorsqu'on brûle le papier sur lequel il a été frotté; il se dissout dans l'acide nitrique, et forme un dissoluté qui jouit de tous les caractères des sels de plomb.

### Plomb tungstaté, Schéelitine.

Le tungstate de plomb n'a encore été trouvé que dans les mines d'étain de Zinwald en Bohême; il est en très petits cristaux octaédriques aigus, à base carrée, jaunâtres ou verdâtres, rayés par le fluorure calcique; il pèse 8; il est fusible au chalumeau, et fournit des globules de plomb avec la soude; traité par l'acide nitrique, il forme un soluté de nitrate de plomb, et laisse un résidu blanc jaunâtre d'acide tungstique; il est formé de

| | | |
|---|---|---|
| Acide tungstique. . . . | 51,75 | |
| Oxide de plomb. . . . . | 48,25 | Pb Tg |

### Plomb molybdaté.

*Plomb jaune de Carinthie.* Jaune; cristaux dérivant d'un prisme court rectangulaire ou d'un octaèdre rectangulaire à triangles isocèles; pesanteur spécifique 6,76; fragile, rayé par le fluorure calcique; fusible au chalumeau, donnant des globules de plomb avec la soude; soluble dans l'acide nitrique, avec résidu d'acide molybdique. La liqueur bleuit par l'immersion d'une lame de zinc; le précipité humide placé sur une lame de zinc prend la même couleur.

Cette substance accompagne dans plusieurs localités les minerais de plomb : on ne l'a connue pendant longtemps qu'au Bleiberg, en Carinthie; on en trouve aussi en Saxe, au Tyrol, à Leadhills en Écosse, à Zimapan au Mexique.

Le plomb molybdaté contient :

| | | |
|---|---|---|
| Acide molybdique. . . | 39,19 | |
| Oxide de plomb. . . . | 60,81 | Formule : $PbO,MoO^3$. |

### Plomb vanadaté.

Le vanadium a été découvert en 1830, comme on le sait, par Sefstroem, dans un fer suédois d'une ductilité extraordinaire, qui provenait de la mine de Talberg; cependant, dès l'année 1801, del Rio, chimiste espagnol, avait annoncé avoir trouvé un nouveau métal dans un minerai de plomb de Zimapan, au Mexique, et lui avait donné le nom d'*Erythronium*. Mais ce minéral ayant été analysé par Collet-Descotils, celui-ci déclara que le nouveau métal n'était que du chrôme impur, et le minéral, qui, du reste, offrait une composition différente du chromate neutre de plomb, fut décrit comme un sous-chromate de la formule $3PbO + CrO^3$. C'est M. Vœlher qui a reconnu que la première assertion de del Rio était exacte, et que le métal particulier du minéral de Zimapan était du vanadium. Enfin, M. Berzélius fit l'analyse du minéral, qui était sous forme d'une masse cristalline blanche, et le trouva composé de sous-vanadate et d'oxi-chlorure de plomb, avec des traces d'arséniate de plomb et d'hydrate de fer et d'alumine. La formule déduite de l'analyse est $Pb^3V^2 + Pb^2, PbCl^2$.

Depuis, le plomb vanadaté a été observé par M. H. Rose à Beresof près de Ekaterinenbourg, dans la Russie d'Europe, associé au phosphate de plomb, et on l'a trouvé également en assez grande abondance dans la mine de Wanlockhead, en Écosse. Dans ce dernier lieu, il est sous forme de mamelons ou de globules d'un brun clair et jaunâtre, disséminés à la surface d'une calamine concrétionnée. D'après l'analyse de Thompson, il paraît être à l'état de sous-vanadate mêlé de sous-vanadate de zinc. La disposition mamelonnée de ce sel, jointe à sa couleur, lui donne beaucoup de ressemblance avec le plomb arséniaté, et il est probable qu'un certain nombre d'échantillons brunâtres de plomb arséniaté, que l'on voit dans les collections, appartiennent au plomb vanadaté. M. Dufrénoy s'est assuré, en effet, qu'une masse concrétionnée d'un brun rougeâtre terne, désignée dans la collection de l'école des mines comme venant de Badenweiler (Bade), était du vanadate de plomb. L'école de pharmacie en possède un bel échantillon de la même localité.

**Plomb chromaté.**

*Plomb rouge de Sibérie. Crocoïse* Beudant. Chromate d'un rouge orangé, cristallisant en prismes obliques rhomboïdaux de 93°,30′ et 86°,30′, dont la base est inclinée sur les faces de 99°,10′. Il pèse 6,60, est fragile et rayé par le fluorure calcique. Il fond au chalumeau sur le charbon, et donne du plomb métallique avec le carbonate de soude; il colore en vert la soude et le borax; il forme avec l'acide nitrique un dissoluté coloré en rouge par l'acide chromique, et précipitant en rouge par le nitrate d'argent. Il contient :

| | | |
|---|---|---|
| Acide chromique. . . . . | 31,5 | |
| Oxide de plomb . . . . . | 68,5 | Pb Chr |

Le plomb chromaté se trouve en veines dans les roches micacées aurifères, avec la galène et l'oxide de fer, à Berezof, en Sibérie; on en trouve aussi à Congonhas do campo, au Brésil. Il est quelquefois accompagné d'une substance verte aiguillée, que l'on a considérée d'abord comme un composé d'oxides de chrome et de plomb, et qui avait reçu, en conséquence, le nom de *plomb chromé;* mais, d'après l'analyse de M. Berzélius, c'est un chromate double de plomb et de cuivre formé de

| | | |
|---|---|---|
| Protoxide de plomb. . . . | 60,87 | 2 atomes. |
| Deutoxide de cuivre. . . . | 10,80 | 1 |
| Acide chromique . . . . . | 28,30 | 2 |

Formule : $(Pb^2,Cu)\ Ch^2$.

Le chromate de plomb rouge de Sibérie, étant pulvérisé, a été longtemps employé par les peintres russes. Mais aujourd'hui on préfère le chromate artificiel obtenu en brûlant avec du nitrate de potasse, dans un creuset, la mine de chrome du Var ou de Baltimore, qui est un composé triple d'oxide de chrome, d'oxide de fer et d'alumine. Par l'action oxigénante de l'acide nitrique décomposé, le fer passe à l'état de peroxide, le chrome devient acide chromique et se combine à la potasse. En traitant par l'eau le produit calciné, on dissout le chromate de potasse et l'aluminate de potasse. On précipite l'alumine en neutralisant la liqueur par de l'acide nitrique, on filtre et l'on décompose alors le chromate de potasse par de l'acétate de plomb, qui produit un précipité de chromate de plomb d'un jaune éclatant, très usité aujourd'hui dans la peinture.

Parmi les composés naturels du plomb que nous avons examinés jusqu'ici, il y en a plusieurs que nous avons vus s'éloigner de l'état de pureté d'un composé chimique défini, pour se mélanger, en un grand nombre de proportions différentes, avec d'autres corps d'une composition analogue. Ainsi le sulfure de plomb est rarement exempt de sulfure d'argent, dont la quantité varie depuis la plus minime jusqu'à 10 et 15 pour 100; et ce même sulfure se trouve également réuni en un grand nombre de combinaisons différentes avec ceux d'argent, de cuivre, de fer, etc. Cette altération ou ce mélange des espèces définies de la chimie, deviendra encore plus sensible dans les sels plombiques qui nous restent à examiner, et qui sont l'*arséniate*, le *phosphate*, le *sulfate*, le *carbonate*, le *chlorure* et l'*aluminate de plomb*. Aucune de ces espèces ne se trouve pure dans la nature. L'arséniate et le phosphate sont presque toujours mélangés ensemble et avec le chlorure; le carbonate avec le sulfate, le chlorure avec le carbonate, etc. Nous décrirons ceux de ces composés qui sont le mieux définis.

### Plomb chloro-arséniaté.

Cette substance, qu'on a longtemps regardée comme un simple arséniate de plomb, cristallise en prismes à base d'hexagone régulier. Elle est fragile, difficilement fusible au chalumeau, et se réduit sur le charbon avec dégagement d'odeur arsenicale. Elle est soluble dans l'acide nitrique; la liqueur précipite du plomb sur le zinc, sans se colorer en bleu comme avec le molybdate de plomb. On trouve le plomb chloro-arséniaté aux environs de Saint-Prix (Saône-et-Loire), dans le Cornwall, dans les montagnes noires du Brisgaw. Un échantillon de Johann-Georgenstadt a donné à M. Wœlher :

| | | |
|---|---|---|
| Acide arsénique. . . . . . | 21,20 | 3 molécules. |
| — phosphorique. . . . | 1,32 | |
| Oxide de plomb. . . . . . | 67,89 | 9 |
| Chlorure de plomb . . . . | 9,60 | 1 |

Formule $3\,Pb^3\underline{\underline{As}} + PbCl^2 =$ 3 atomes d'arséniate de plomb tribasique, plus 1 atome de chlorure de plomb.

### Plomb chloro-phosphaté.

Cristallise en prismes hexaèdres réguliers, tantôt simples, tantôt terminés par des facettes annulaires ou par des pyramides tronquées On le trouve quelquefois en dodécaèdre pyramidal, comme le quarz; mais les deux pyramides sont le plus souvent tronquées. Souvent aussi il est en aiguilles très fines et divergentes, qui offrent l'apparence d'une mousse, surtout lorsqu'il est coloré en vert; on le trouve aussi mamelonné.

Il pèse 6,9 à 7,09; il est fragile et raie à peine la chaux carbonatée. Il ne donne pas d'eau par l'action du feu. Il se fond au chalumeau et prend en se refroidissant une forme polyédrique. Il se dissout dans l'acide nitrique sans effervescence, ce qui le distingue du plomb carbonaté lorsqu'il est blanc, ou du carbonate de cuivre quand il est vert. La liqueur précipite en blanc par l'addition d'un sulfate soluble. Elle précipite du plomb sur une lame de zinc, sans prendre une coloration bleue.

Le phosphate de plomb présente des couleurs très variées. Il est par lui-même jaunâtre; mais on en trouve de rougeâtre, de violâtre, de brun et de vert. Les cristaux verts sont translucides, tous les autres sont opaques. Quelques personnes pensent que ces couleurs si variées résultent de différents arrangements moléculaires du minéral, et qu'elles ne sont pas dues à une matière étrangère; mais cela est peu probable. Il est certain au moins que deux échantillons de phosphate vert, analysés par Fourcroy et par Klaproth, contenaient de l'oxide de fer; et comme il existe d'ailleurs un phosphate de fer vert, il me paraît probable que la coloration en vert du phosphate de plomb est souvent due à ce composé. M. Gustave Rose paraît, d'un autre côté, avoir constaté que certains phosphates de plomb doivent leur couleur verte à de l'oxide de chrome.

M. Wœlher a analysé trois échantillons de phosphate de plomb, dont deux étaient composés de

| | | |
|---|---|---|
| Acide phosphorique. . . | 15,727 | 3 molécules. |
| Protoxide de plomb. . . | 74,216 | 9 |
| Chlorure de plomb . . . | 10,054 | 1 |

Formule $3\ Pb^3\underline{P} + PbCl^2$ = 3 atomes de phosphate de plomb tribasique + 1 atome de chlorure de plomb.

Ce minéral est entièrement semblable par sa composition au plomb chloro-arséniaté. Les atomes sont en nombre égal et semblablement disposés; la seule différence est que l'un contient de l'arsenic et l'autre du phosphore; mais tous deux sont isomorphes et par suite peuvent se substituer l'un à l'autre et se mélanger en toutes proportions : aussi le troisième échantillon analysé par M. Wœlher lui a-t-il donné :

| | |
|---|---|
| Phosphate de plomb . . . | 80,37 |
| Arséniate de plomb. . . . | 9,01 |
| Chlorure de plomb. . . . | 10,09 |

En résumé il n'existe peut-être pas dans la nature d'arséniate ni de phosphate de plomb simple. Ce qu'on nomme communément ainsi paraît toujours être un chloro-arséniate ou un chloro-phosphate de plomb, ou un mélange de tous les deux. Le chloro-phosphate de plomb se trouve dans un grand nombre de lieux; et en France, dans les mines de Huelgoat et de Poullaouen (Finistère).

### Plomb sulfaté.

Substance blanche, très pesante, cristallisant en octaèdres à base

Fig. 92. Fig. 93.

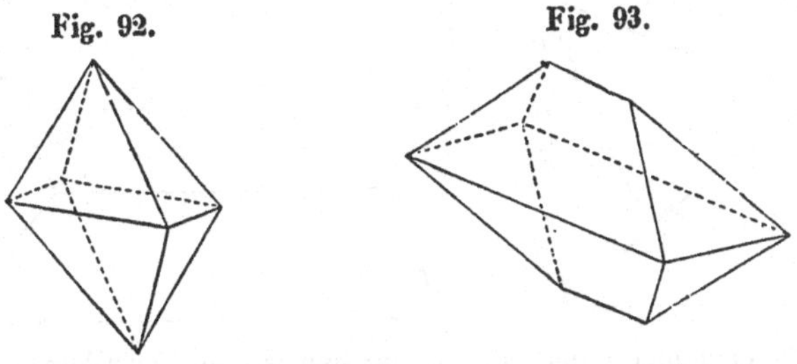

rectangle plus ou moins modifiés (fig. 92, 93, 94, 95). Elle est tendre fragile, insoluble dans l'air nitrique, réductible au chalumeau, surtout à l'aide du carbonate de soude. C'est une des matières accidentelles des mines de plomb sulfuré, et quelquefois des mines de cuivre. On l'a trouvée d'abord dans les mines d'Anglesea, grande île située à l'ouest

Fig. 95.

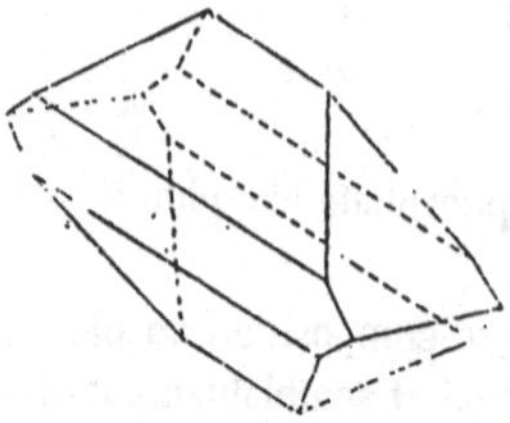

Fig. 94.

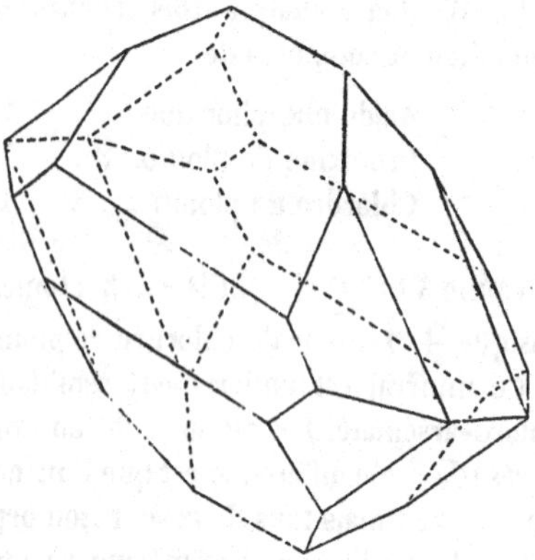

du pays de Galles; ensuite, dans beaucoup d'autres lieux, notamment à Leadhills, en Écosse, où il est accompagné d'un minéral particulier, de couleur bleue, cristallisé en prisme rectangulaire oblique, et qui paraît être formé de sulfate de plomb et d'hydrate de cuivre. Composition :

| | |
|---|---|
| Sulfate de plomb . . . | 74,4 |
| Oxide de cuivre. . . . | 18 |
| Eau . . . . . . . . . . | 4,7 |
| | 97,1 |

**Plomb carbonaté Céruse native.**

Cette substance, dans son état de pureté, se présente sous la forme de cristaux qui dérivent d'un prisme droit à base rhomboïdale ou d'un

Fig. 96. Fig. 97.

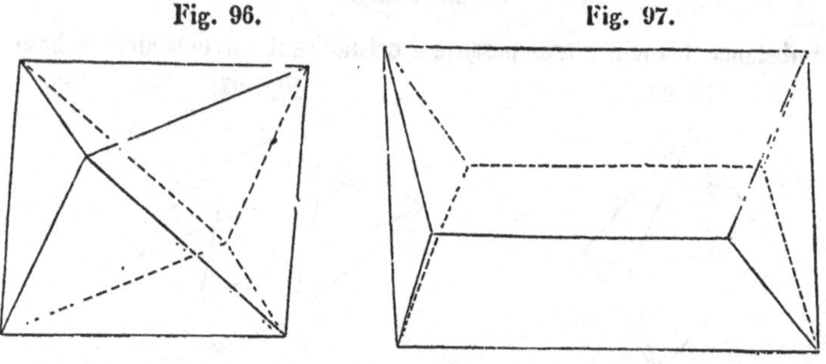

octaèdre rectangulaire (fig. 96), et qui sont le plus généralement des prismes rhomboïdaux, terminés par des sommets dièdres (fig. 97), des prismes hexaèdres réguliers, avec un ou plusieurs rangs de facettes annulaires (fig. 98), ou terminés par des pyramides à six faces (fig. 99). Les cristaux sont généralement petits et ont beaucoup de tendance à se

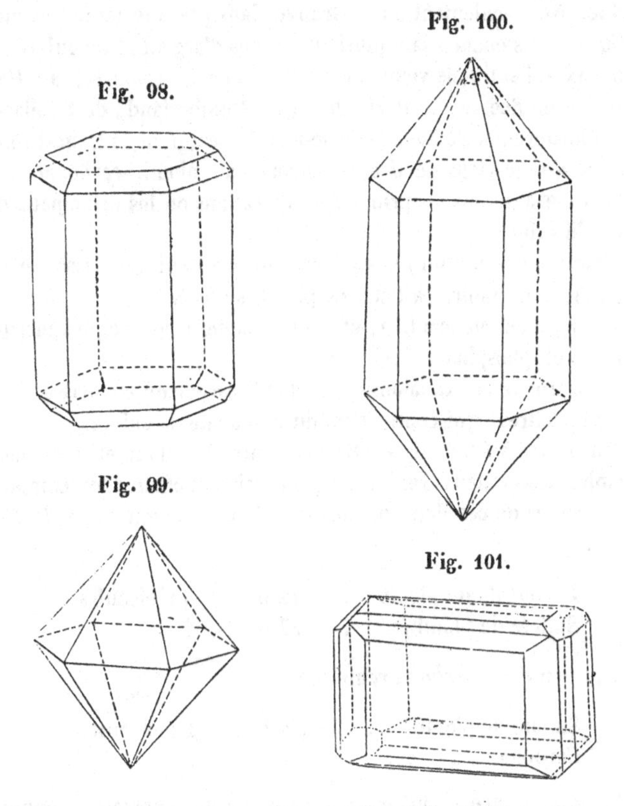

Fig. 98. Fig. 99. Fig. 100. Fig. 101.

grouper. Lorsqu'ils sont purs, ils sont d'une limpidité parfaite, avec un éclat diamantaire à la surface. Ils possèdent une double réfraction très marquée, sont tendres et fragiles, et pèsent 6,729.

Le carbonate de plomb se dissout avec effervescence dans l'acide nitrique, noircit par le contact des sulfhydrates, est très facilement réductible sur les charbons ou sur un papier qui brûle. Il offre quelque ressemblance avec la chaux tungstatée ou carbonatée, et surtout avec la baryte sulfatée, qui affecte plusieurs formes presque semblables.

La *chaux tungstatée* ne se dissout pas dans l'acide nitrique à froid; elle s'y dissout à chaud en produisant du nitrate de chaux et de l'acide tungstique jaune et insoluble. Elle ne noircit pas par les sulfhydrates.

La *chaux carbonatée* ne pèse que 2,72, et ne noircit pas par les sulfhydrates.

La *baryte sulfatée* pèse 4,7, est insoluble dans l'acide nitrique, ne noircit pas par les sulfhydrates.

Le plomb carbonaté est, après le sulfure, la mine de plomb la plus répandue. Non seulement on en trouve dans presque toutes les mines de sulfure, mais encore dans plusieurs mines d'argent et de cuivre. Les plus beaux échantillons viennent de Gazimour en Daourie, du Harz, de Leadhills en Écosse, du Derbyshire, du Cumberland, de Poullaouen dans le Finistère, et de Sainte-Marie-aux-Mines, dans le Haut-Rhin.

Tout ce que je viens de dire se rapporte au plomb carbonaté pur; maintenant examinons les principales altérations ou les principaux mélanges qu'il subit.

1° Haüy mentionne un *plomb carbonaté noir* qui est passé par épigénie, et plus ou moins, à l'état de plomb sulfuré.

Le même phénomène a lieu, et d'une manière encore plus marquée pour le plomb phosphaté.

2° On a trouvé en Andalousie un plomb carbonaté en masses laminaires et bleuâtres, qui contiennent du carbonate de cuivre.

3° On trouve à Leadhills en Écosse, outre le sulfate et le carbonate de plomb, des cristaux verdâtres qui paraissent offrir deux combinaisons différentes de ces deux mêmes sels. L'une, nommée *leadhillite*, contient :

| | | |
|---|---|---|
| Carbonate de plomb . . | 72,6 | 3 molécules. |
| Sulfate de plomb. . . . | 27,5 | 1 |

L'autre, nommée *lanarkite*, renferme :

| | | |
|---|---|---|
| Sulfate de plomb. . . . | 53,1 | 1 molécule. |
| Carbonate. . . . . . . | 46,9 | 1 |

4° Enfin on trouve au même endroit une autre substance, nommée *calédonite*, d'une teinte verte bleuâtre, cristallisée en tables rectangulaires, rhomboïdales ou hexagonales, modifiées de différentes manières; cette substance est composée de

| | | |
|---|---|---|
| Sulfate de plomb. . . . | 55,8 | 3 molécules. |
| Carbonate de plomb . . | 32,8 | 2 |
| Carbonate de cuivre . . | 11,4 | 1 |

### Plomb chloro-carbonaté.

*Kérasine* Beud. J'ai dit précédemment que l'on trouvait le chlorure de plomb combiné au carbonate. C'est ce composé qui a porté pendant longtemps le nom de *plomb corné* ou de *plomb muriaté*. C'est une substance blanche ou jaune, cristallisant en prismes à base carrée, dont la hauteur est au côté de la base comme 6 : 11 ; elle pèse 6,06, n'est pas volatile, mais fond au chalumeau, et se réduit difficilement, si ce n'est avec le carbonate de soude et le charbon; alors elle donne du plomb métallique. Klaproth, le premier, a reconnu dans le plomb muriaté la présence du carbonate de plomb ; mais sa composition est encore plus compliquée, d'après M. Berzélius, et il paraît qu'il faut en distinguer deux variétés. L'une, trouvée à Mandip-Hill, dans le Sommerset, est composée de

| | | |
|---|---|---|
| Chlorure de plomb. . . | 34,78 | 1 molécule. |
| Oxide de plomb . . . . | 57,07 | 2 |
| Carbonate de plomb . . | 6,25 | » |
| Silice. . . . . . . . . | 1,46 | » |
| Eau. . . . . . . . . . | 0,54 | » |

c'est un *oxi-chlorure de plomb* mélangé d'un peu de carbonate.

L'autre, trouvée à Matlock, dans le Derbyshire, serait composée, d'après une analyse de Klaproth corrigée, de

| | | |
|---|---|---|
| Chlorure de plomb, environ | 51 | 3 molécules. |
| Oxide de plomb . . . . . . | 13 | 1 |
| Carbonate de plomb . . . . | 36 | 2 |

ce qui donnerait alors une véritable combinaison d'oxi-chlorure et de carbonate de plomb.

### Plomb hydro-aluminaté, Plomb gomme.

On trouve à Huelgoat, en Bretagne, une bien singulière substance. Elle est solide, jaunâtre, translucide, plus dure que le spath fluor, éclatante, à cassure conchoïde, enfin ayant presque l'apparence de la gomme du Sénégal, ce qui lui a valu son nom. M. Berzélius en a retiré :

| | | Oxigène. | Rapport. |
|---|---|---|---|
| Alumine . . . . . . | 37 | 17,28 | 6 |
| Oxide de plomb. . . | 40,14 | 2,88 | 1 |
| Eau . . . . . . . . | 18,80 | 16,71 | 6 |

Formule : $\dot{P}b$, $\ddot{A}l^2$, $H^6$.

C'est un aluminate de plomb hydraté. En effet, il décrépite par la chaleur, donne de l'eau, et se divise en feuillets opaques. Fondu avec la potasse et traité par l'acide nitrique, il se dissout complétement. La liqueur précipite du plomb par le zinc, et donne ensuite de l'alumine par l'ammoniaque. D'autres analyses du plomb gomme ont offert des quantités variables de phosphate de plomb. M. Damour pense même que le plomb gomme n'est généralement qu'un mélange de phosphate de plomb et d'hydrate d'alumine.

## FAMILLE DU BISMUTH.

Ce métal se trouve sous sept états principaux : *natif*, *arsénié*, *telluré*, *sulfuré*, *oxidé*, *carbonaté*, et *silicaté*.

Le bismuth natif jouit à peu près des caractères de celui du commerce. Il est d'un blanc un peu rougeâtre, lamelleux, fragile, s'égrenant sous le couteau, se clivant suivant les faces d'un octaèdre régulier. Il pèse de 9,02 à 9,7 (le bismuth pur pèse 9,82) ; il fond à la flamme d'une bougie (247°). Il se transforme, au chalumeau, en oxide jaune ; l'acide nitrique le dissout avec un vif dégagement de vapeurs nitreuses. La liqueur précipite en blanc par l'eau, et en noir par l'acide sulfhydrique et les sulfhydrates.

On trouve le bismuth cristallisé en octaèdre et en rhomboèdre aigu de 60 et 120 degrés. Il est également en masses lamellaires ou ramuleux, et engagé dans du quarz jaspe.

Le bismuth natif se trouve comme accessoire et en petite quantité dans les filons d'autres substances métalliques, comme les mines de cobalt, d'argent natif, de plomb sulfuré. A Bieher, dans le Hanau, c'est le cobalt arsenical ; à Wittichen, le cobalt et l'argent natif ; à Poullaouen, le *plomb sulfuré*.

*Bismuth arsénié*. Indiqué dans les mines de Nenglück et Adam-Heber, à Schnéeberg, mais peu connu.

### Bismuth telluré.

Ce tellurure, très rare, n'a encore été trouvé que combiné au sulfure de son propre métal. Il est sous forme de lames hexagonales, ayant l'éclat du zinc ou de l'acier poli, un peu flexibles, et pesant spécifiquement 7,82. Il fond au chalumeau en répandant une odeur de sélénium, dont il contient des traces, et il se réduit en un globule métallique recouvert d'un oxide orangé. Il se dissout dans l'acide nitrique, et le dissoluté précipite en blanc par l'eau.

Deux analyses faites par M. Vehrle et par M. Berzélius sur un bismuth telluré-sulfuré de Schubkau, en Hongrie, ont donné :

| | Wehrle. | Berzelius. | | | | Rapports moléculaires. | |
|---|---|---|---|---|---|---|---|
| Bismuth. | 60 | 58,30 | × | 0,7517 | = | 43,5 | 2 |
| Tellure . . | 34,6 | 36,05 | × | 1,25 | = | 45 | 2 |
| Soufre. . . | 4,8 | 4,32 | × | 5 | = | 21,6 | 1 |
| Sélénium . | traces. | | | | | | |

On ne peut rien déduire de la première analyse, bien qu'on admette généralement qu'elle conduise à la formule $BiTe^2 + BiS$. C'est celle de M. Berzélius, qui conduit très sensiblement à ce résultat, qui peut être également mis sous cette forme $Bi^2(Te,S)^3$, répondant à l'oxide $Bi^2O^3$.

M. Damour a récemment analysé un bismuth telluré-sulfuré du Brésil, qui lui a donné :

| | | | | | | Rapports moléculaires. |
|---|---|---|---|---|---|---|
| Bismuth. . . | 79,15 | × | 0,7517 | = | 59,50 | 6 |
| Tellure . . . | 15,93 | × | 1,25 | = | 19,91 | 2 |
| Soufre . . . | 3,15 | × | 5 | = | 15,75 | 2 |
| Sélénium . . | 1,48 | × | 2,01 | = | 2,97 | |

Formule : $Bi^3Te^2 + Bi^3S^2$ ou $Bi^3(Te,S)^2$.

M. Damour admet la formule $Bi^2S^3 + 3Bi^2Te$, qui me paraît inférieure à la première.

**Bismuth sulfuré.**

Ce sulfure, lorsqu'il est pur, est métalloïde, gris d'acier, en aiguilles rhomboïdales. Il pèse 6,549 : il fond au chalumeau en projetant des gouttelettes de bismuth incandescentes, et couvrant le charbon d'oxide jaune de bismuth. Il se dissout dans l'acide nitrique, mais sans produire l'action violente offerte par le bismuth natif; la solution est troublée par l'eau. Ce sulfure peut exister pur, puisqu'un échantillon analysé par H. Rose a fourni seulement :

| | | | | | | Rapports moléculaires. |
|---|---|---|---|---|---|---|
| Soufre. . . . | 18,72 | × | 5 | = | 94 | 3 |
| Bismuth. . . | 80,98 | × | 0,7517 | = | 61 | 2 |

Formule : $Bi^2S^3$.

Mais la plupart des échantillons présentés pour du bismuth sulfuré donnent à l'essai du cuivre, du plomb et d'autres métaux encore, de sorte que ce sont probablement des mélanges de différents sulfures métalliques (1).

Le bismuth sulfuré pur n'a encore été trouvé qu'à Riddarhytta, engagé dans la cérérite (cérium hydro-silicaté ferrifère). Celui qui est

(1) L'échantillon de bismuth sulfuré de l'École de pharmacie est dans ce cas. Je l'ai grillé et traité par l'acide nitrique : dissolution bleue qui, traitée par l'ammoniaque, fournit une liqueur bleue foncée (cuivre) et un précipité blanc jaunâtre. Ce précipité a été redissous dans l'acide nitrique. La liqueur évaporée à siccité et exposée à l'air est tombée en déliquescence. Étendue d'eau, elle a formé un précipité de *sous-nitrate de bismuth*. La liqueur décantée a formé, à l'aide du sulfate de soude, un précipité *très abondant de*

impur vient de Johann-Georgenstadt, d'Altemberg en Saxe, de Joachimstal en Bohême, de Bieber, dans le Hanau, etc.

*Bismuth sulfuré cuprifère.* Substance métalloïde d'un gris blanc, en aiguilles cristallines ou en petites masses fibreuses, trouvée dans les filons cobaltifères des mines de Neuglück et de Daniel dans le Furstemberg. Klaproth en a retiré :

| | | |
|---|---|---|
| Bismuth . . . . . | 47,24 | 4 moléc. |
| Cuivre . . . . . . | 34,66 | 10 |
| Soufre . . . . . . | 12,58 | 7 |

$5Cu^2S + 2Bi^2S$.

*Bismuth sulfuré plombo-cuprifère* (Nadelerz). Substance métalloïde, d'un gris de plomb, en aiguilles engagées dans du quarz, trouvée dans le district d'Ekatherinenbourg en Russie; pesant 6,12.

Composition :

| | | Rapports moléculaires. | |
|---|---|---|---|
| Soufre . . . . . . . | 11,58 | 57 | 59 |
| Tellure. . . . . . | 1,32 | 2 | |
| Bismuth . . . . . | 43,20 | 32 | 32 |
| Plomb. . . . . . | 24,32 | 18 | 18 |
| Cuivre. . . . . . | 12,10 | 31 | 35 |
| Nickel . . . . . . | 1,58 | 4 | |

ce qui indique un mélange de $Bi^3S^2 + PbS + Cu^2S$.

*Bismuth sulfuré plombo-antimonifère. Kobellite.* Ressemble au sulfure d'antimoine; structure rayonnée; pesanteur spécifique 6,29 à 6,52; poussière noire. Trouvée dans les mines de cobalt d'Huena en Suède.

Composition :

| | |
|---|---|
| Sulfure de plomb . . . . | 46,46 |
| — de bismuth . . . | 33,18 |
| — d'antimoine . . . | 12,70 |
| — ferreux. . . . . . | 4,72 |
| — cuivreux. . . . . | 1,08 |
| Gangue . . . . . . . . . | 1,45 |

*sulfate de plomb*, et ensuite par l'ammoniaque un précipité blanc jaunâtre (oxide de bismuth coloré par du fer).

La partie du minerai grillé, non dissoute par l'acide nitrique, a été traitée par l'acide chlorhydrique; dissolution jaune de perchlorure de fer.

Il résulte de cet essai que le bismuth sulfuré de l'École est formé des sulfures de cuivre, de fer, de plomb et de bismuth.

*Bismuth sulfuré plombo-argentifère* (Wismuth Silber). Métalloïde, gris de plomb, en petites aiguilles implantées dans le quarz ou dans le fluorure de calcium à Schoppoch dans le duché de Bade. Klaproth en a retiré :

| | | | | Rapports moléculaires. |
|---|---|---|---|---|
| Soufre. . . . | 16,3 | 81 | | |
| Plomb. . . . | 33 | 25 | + | soufre 25 |
| Bismuth. . . | 27 | 20 | + | 30 |
| Argent. . . . | 15 | 11 | + | 11 |
| Fer . . . . . | 4,3 | 12 } | + | 14 |
| Cuivre. . . . | 0,9 | 2 } | | |
| | | | | 80 |

$$2Bi^2S^3 + 5PbS + 2AgS + 3FeS \text{ ou } Bi^2S^3 + 5(Pb,Ag,Fe)S.$$

### Bismuth oxidé.

Non métalloïde, pulvérulent, jaune, fusible au chalumeau sur la feuille de platine, très facilement réductible sur le charbon; soluble sans effervescence dans l'acide nitrique, d'où l'eau le precipite à l'état de sous-nitrate blanc.

On le trouve en petites masses pulvérulentes ou en enduit dans les mines de bismuth, de cobalt et de nickel. Il est formé de :

| | | |
|---|---|---|
| Bismuth. . . . | 89,87 | 2 moléc. |
| Oxigène . . . . | 10,13 | 3 |

$Bi^2O^3$.

*Bismuth carbonaté.* Trouvé dans une mine de fer à Ulcrsreuth, dans la principauté de Reuss, où il existe dans un hydrate ferrique, avec du bismuth natif, du bismuth sulfuré, du cuivre pyriteux, etc. Il est sous forme aciculaire ou compacte, d'un jaune verdâtre, un peu translucide sur les bords, et très cassant. Il pèse 7,9. Il contient un peu de sous-sulfate de bismuth.

### Bismuth silicaté.

Ce silicate a été trouvé à Schneeberg, associé aux autres minerais de bismuth. Il cristallise en tétraèdres réguliers dont chaque face porte une pyramide triangulaire. Les cristaux sont demi-transparents ou presque opaques, assez éclatants, d'un brun clair, assez durs pour rayer le feldspath. L'analyse a donné :

| | |
|---|---|
| Silice. . . . . . . . . | 22,23 |
| Oxide de bismuth. . . | 69,38 |
| Acide phosphorique. . | 3,31 |
| Oxide de fer . . . . . | 2,40 |
| — de manganèse. . | 0,30 |
| Eau et acide fluorique. | 1,01 |
| | 98,63 |

*Extraction du bismuth.* Le bismuth est si fusible, qu'il suffit pour l'obtenir, ou de projeter sa mine pulvérisée dans une fosse creusée en terre et remplie de fagots, ou de la mettre avec des copeaux dans une rainure pratiquée longitudinalement à un tronc d'arbre incliné au-dessus d'une fosse, et de mettre le feu aux copeaux; ou enfin de la chauffer dans des tuyaux de fonte qui traversent presque horizontalement un fourneau. Dans tous les cas, le bismuth se fond, ou se réduit s'il est à l'état d'oxide, et coule dans le bassin destiné à le recevoir. On le fond ordinairement une seconde fois, et on le chauffe même assez fortement pour le priver de l'arsenic qu'il contient. Malgré cette précaution, il en retient toujours une portion, et de plus du soufre, du zinc, du cuivre et du fer. Pour l'usage médical, il faut que ce bismuth soit purifié par la fusion avec une petite quantité de nitrate de potasse, qui convertit l'arsenic et le soufre en arséniate et sulfate de potasse, lesquels surnagent le métal fondu. Le zinc, le cuivre et le fer restent unis au bismuth; mais ils n'offrent pas d'inconvénient dans la préparation du sous-nitrate de bismuth, obtenu en précipitant par l'eau la dissolution du métal dans l'acide nitrique, parce qu'ils sont retenus dans la dissolution. Le sous-nitrate de bismuth est blanc, argenté et très éclatant. On le nommait autrefois *magistère de bismuth*, et aussi *blanc de fard*, à cause de l'usage que les femmes en faisaient pour se blanchir la peau; mais son emploi présentait beaucoup d'inconvénients, dont le moindre était de noircir très promptement dans les lieux d'assemblée, en raison des exhalaisons sulfurées dont l'air de ces sortes de lieux est saturé.

## FAMILLE DE L'ÉTAIN.

L'étain se trouve sous deux états seulement dans la nature, *sulfuré* et *oxidé*. Le sulfure est très rare et n'a encore été trouvé que dans le Cornouailles, en Angleterre; encore est-ce plutôt un composé de plusieurs sulfures métalliques qu'un véritable sulfure d'étain, car il contient :

| | | Rapports moléculaires. | |
|---|---|---|---|
| Soufre. . . | 30,5. | 151 | 4 |
| Étain . . . | 26,5 | 35 | 1 |
| Cuivre. . . | 30 | 75 | 2 |
| Fer . . . . | 12 | 35 | 1 |

d'où l'on peut tirer $SnS + Cu^2S + FeS^2$.

Ce sulfure triple est métalloïde, d'un gris jaunâtre, compacte, à cassure granulaire ou conchoïde. Il pèse de 4,35 à 4,78. Il fond au chalumeau, en couvrant le charbon d'une poudre blanche non volatile. Il se dissout dans l'acide nitrique en laissant un résidu blanc d'acide stannique. La liqueur rougit une lame de fer, et prend une belle couleur bleu foncé par l'ammoniaque, qui en précipite en même temps l'oxide de fer.

**Étain oxidé ou Cassitérite.**

Cet oxide, qui n'est autre que l'acide stannique des chimistes ($SnO^2$), se trouve très souvent en cristaux qui dérivent d'un prisme droit à base carrée, dont la hauteur est au côté de la base, comme 43 est à 32; ou d'un octaèdre obtus, à base carrée, dans lequel l'incidence des faces d'une même pyramide est de 133°,36',18'', et celle des faces d'une pyramide sur l'autre de 67°,42',32''. Les cristaux peuvent offrir :

1. Des prismes carrés terminés par des pyramides à 4 faces opposées aux faces du prisme (fig. 102).

2. Des prismes semblables, dont les quatre arêtes verticales sont remplacées par des facettes tangentes (fig. 103).

3. Des prismes carrés terminés par un pointement à 4 faces, qui reposent sur les arêtes du prisme (fig. 104). Ce cristal se rapproche du

Fig. 102. Fig. 103. Fig. 104.

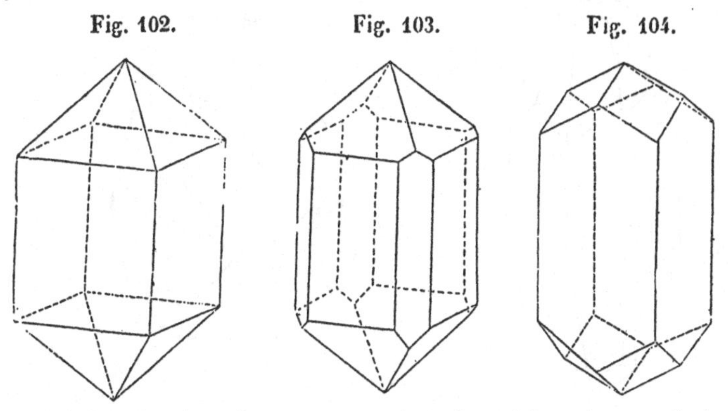

dodécaèdre rhomboïdal, et en deviendrait un, si les arêtes verticales disparaissaient par le raccourcissement du prisme.

4. Des prismes carrés, dont toutes les arêtes verticales et les arêtes des pyramides sont remplacées par des facettes tangentes (fig. 105).

5. Des prismes octogones terminés par un rang de facettes annulaires (fig. 106); c'est la forme précédente modifiée par deux faces terminales perpendiculaires à l'axe.

6. Des prismes carrés terminés par un pointement à 4 faces (forme

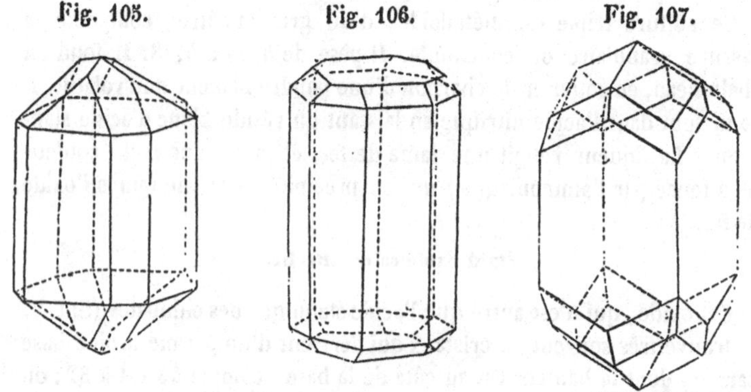

Fig. 105. Fig. 106. Fig. 107.

n° 3), augmentés de part et d'autre de 8 facettes obliques inférieures (fig. 107).

7. Des prismes carrés terminés par des pyramides qui reposent sur les faces du prisme (forme n° 1), mais modifiés de chaque côté par une rangée de 8 facettes intermédiaires très allongées (fig. 108).

Indépendamment des formes précédentes et de quelques autres plus

Fig. 108.

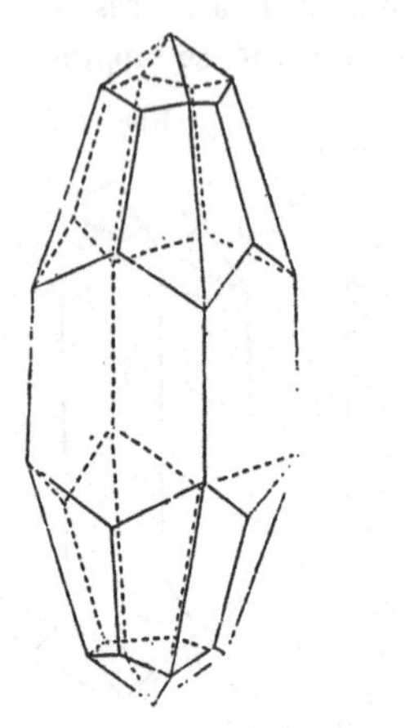

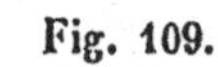

Fig. 109.

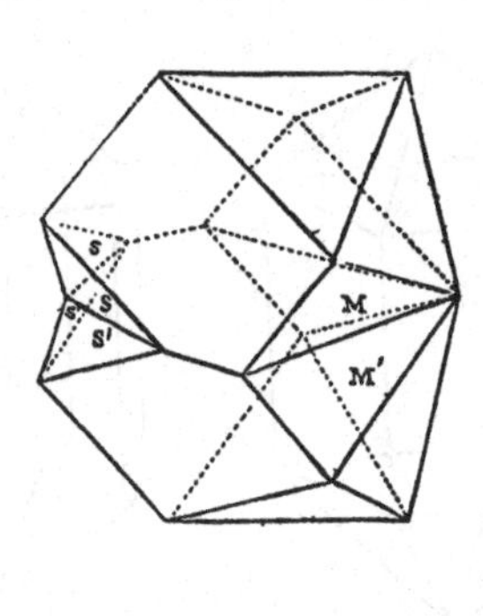


compliquées qui en dérivent, on trouve très souvent l'étain oxidé en cristaux *maclés* ou *hémitropes*. On nomme ainsi des cristaux que l'on peut supposer avoir été formés par un cristal simple qui, après avoir été coupé obliquement en deux parties par un plan, aurait éprouvé, dans l'une de ses parties, un retournement sur son axe, qui en fait coïncider les faces avec celles qui lui étaient opposées dans l'autre partie, et cette coïncidence ne peut se faire sans que, vu l'obliquité de la coupe, plusieurs des faces ne forment des angles rentrants que ne présentent jamais les cristaux simples. D'autres fois aussi, les cristaux maclés offrent, dans chaque partie, plus de la moitié d'un cristal primitif, et semblent provenir de la réunion de deux cristaux, dont une partie a été éliminée. Tel est le cristal maclé d'oxide d'étain, représenté figure 109, lequel provient de la jonction ou de la pénétration oblique de deux prismes pyramidés (fig. 102), qui conservent chacun une pyramide entière et une petite partie de la pyramide opposée. Ce cristal offre trois angles rentrants formés par les faces M,M', s,s' et s s'.

Enfin, on trouve de l'oxide d'étain *concrétionné*, ou en fragments de stalactites, dont l'intérieur offre des couches variées de brun ou de rouge, et qui imitent certains bois, d'où lui vient le nom d'*étain de bois;* on le trouve encore en masses d'une figure globuleuse, ovoïde ou mamelonnée, dont l'intérieur est formé de fibres rayonnantes.

L'oxide d'étain pèse 6,9 à 6,93. Il est plus dur que le quarz et moins dur que la topaze qui le raie. Il étincelle par conséquent très fortement sous le briquet. Il est blanchâtre et translucide, ou même transparent, lorsqu'il est pur; mais il est le plus souvent opaque et coloré en brun par de l'oxide de fer, dont il contient de 0,0025 à 0,09. M. Berzélius a trouvé dans celui de Fimbo de l'oxide de tantale et un peu d'oxide de manganèse.

L'étain oxidé est assez répandu dans la nature; cependant la France n'en offre que des traces, en sorte que tout l'étain qu'on y emploie y est importé de l'étranger. L'Espagne en possède quelques mines dans la Galice. Les lieux où l'on en trouve le plus sont le comté de Cornouailles en Angleterre, la Bohême la Saxe, la presqu'île de Malaca, Banca, le Mexique et le Brésil. On le trouve dans les terrains primitifs les plus anciens avec le titane et le molybdène. Il est en filons, en amas ou disséminé dans les roches. Les terrains intermédiaires en offrent une certaine quantité; les porphyres et les schistes également; les terrains de sédiment n'en contiennent pas. Mais on le retrouve en très grande quantité dans des terrains de transport semblables à ceux où l'on trouve l'or, le platine, le diamant et les autres substances précieuses. Ces terrains proviennent, ainsi que je l'ai déjà dit, de la destruction par les eaux des terrains primitifs; de telle sorte qu'il n'y a que les matières les plus dures ou les plus tenaces qui, ayant résisté à l'usure et au broiement, se retrouvent dans quelques lieux où ils se sont rassemblés. C'est à cette sorte de gisement qu'appartient tout l'étain de Banca et une partie de celui de Cornouailles.

*Extraction de l'étain.* La mine d'alluvion est préférée partout où on la trouve, le roulement des eaux l'ayant débarrassée de sa gangue et de divers composés métalliques qui l'accompagnent. La mine en filon est bocardée et lavée, pour imiter, autant que possible, le procédé de la nature, et lorsqu'elle contient des sulfures ou arséniures de fer ou de cuivre, comme en Bohême ou en Saxe, on la grille dans un fourneau à réverbère. On jette la mine grillée dans l'eau, qui dissout les sulfates de fer et de cuivre formés, et en sépare l'oxide d'étain. On mêle alors cet oxide avec un dixième de charbon, et on le projette par pelletées dans un fourneau à manche très bas et rempli de charbon dont la combustion est activée par deux soufflets : l'étain se réduit et gagne la partie inférieure du fourneau, d'où il s'écoule dans un *bassin d'avant-foyer*; et de là dans un autre, dit *bassin de réception;* le laitier, provenant des terres échappées au lavage, combinées à de l'oxide de fer qui n'a pas été réduit, et à une certaine quantité d'oxide d'étain, reste dans le premier bassin.

L'étain qui résulte de cette opération contient encore de l'arsenic, du fer et du cuivre. On peut, jusqu'à un certain point, le priver de ces deux derniers par une seule fusion à une très douce chaleur ; l'étain pur se fond d'abord, et peut être décanté presque jusqu'à la fin : alors ce qui reste au fond, contenant beaucoup de cuivre et de fer, se solidifie et est mis à part pour quelques usages particuliers.

On trouve dans le commerce plusieurs sortes d'étain : l'*étain de Malaca*, qui est le plus pur et sous la forme de pyramides quadrangulaires tronquées, dont la base aplatie donne au lingot la forme d'un chapeau ; l'*étain d'Angleterre*, qui est en saumons plus ou moins considérables, et qui contient du cuivre et une très petite quantité d'arsenic ; l'*étain d'Allemagne*, qui est encore plus impur.

*Propriétés.* L'étain pur est d'un blanc d'argent ; il pèse 7,296, est un peu moins mou que le plomb, un peu plus élastique, plus sonore et plus fusible ; il fait entendre, lorsqu'on le ploie, un craquement particulier, nommé *cri de l'étain;* lorsqu'on le plie plusieurs fois de suite au même endroit et brusquement, il s'échauffe considérablement et finit par se rompre : le frottement lui communique une odeur fétide.

L'étain fondu avec le contact de l'air s'oxide et se recouvre d'une pellicule irisée, qui se renouvelle à chaque fois qu'on l'enlève : par ce moyen, le métal peut être entièrement transformé en une matière grise, qui est un mélange d'étain et de son oxide au *minimum.* Si l'on expose cette matière au feu de réverbère, et qu'on l'agite avec une tige de fer, elle absorbera une nouvelle quantité d'oxigène, blanchira beaucoup, et finira par passer entièrement au *maximum* d'oxidation. Cet oxide, préparé en grand pour les arts, se nomme *potée d'étain;* c'est lui qui forme la base des émaux et de la couverte des poteries; il sert également à polir l'acier (1).

L'acide sulfurique concentré et froid a peu d'action sur l'étain; concentré et bouillant, il se décompose en partie, oxide le métal au *minimum*, et forme un sulfate presque insoluble, même dans un excès de son acide.

L'acide nitrique concentré exerce une action des plus violentes sur l'étain, même à froid; il se dégage beaucoup de vapeurs nitreuses, et il se forme de l'acide stannique hydraté qui ne se dissout pas dans l'acide nitrique.

L'acide chlorhydrique dissout très facilement l'étain, surtout à l'aide de la chaleur; l'hydrogène de l'acide se dégage, et il se forme un protochlorure d'étain cristallisable, qui sert dans la teinture et pour préparer le *pourpre de Cassius.*

L'étain peut se combiner avec une double proportion de chlore, et former un deutochlorure dont les propriétés sont très remarquables. Ce composé, qu'on obtient en distillant de l'étain avec du sublimé corrosif, est incolore et tout à fait liquide, quoiqu'il ne contienne pas d'eau; il est très volatil, fome une fumée très épaisse à l'air, et se nommait autrefois *liqueur fumante de Libavius;* mis en contact avec l'eau, il la décompose avec bruit et chaleur, et se change en chlorhydrate. Ce chlorhydrate est employé dans la teinture, où il sert surtout à préparer la *couleur écarlate* avec la cochenille, et le *rouge d'Andrinople* avec la garance; mais, pour cet usage, on l'obtient plus directement que je ne viens de le dire, en dissolvant de l'étain dans de l'acide chloro-nitrique (*eau régale*).

L'étain dissous dans les acides jouit des propriétés suivantes:

Au *minimum* comme au *maximum* d'oxidation, il forme, avec les alcalis, un précipité blanc que la potasse et la soude, ajoutées en excès, peuvent redissoudre; il n'est pas précipité par l'acide hydrosulfurique; il forme, avec les hydrosulfates, un précipité dont la couleur varie suivant son degré d'oxidation: s'il est au *minimum*, le précipité sera brun-marron; tandis qu'au *maximum* il sera orangé. Ces deux précipités, qui sont deux sulfures, ne paraissent différer entre eux que par la quantité de soufre qu'ils contiennent, de même que l'état de l'étain dissous variait par la proportion d'oxigène.

*Usages.* L'étain est employé pour faire un grand nombre de vases et

(1) La potée d'étain préparée pour les arts contient ordinairement de l'oxide de plomb dont le métal a été préalablement ajouté à l'étain, parce qu'il en favorise beaucoup l'oxidation et qu'il est à meilleur compte.

d'ustensiles qui sont à la portée de tout le monde par leur bas prix. On peut le nommer l'*argent du pauvre.* On l'emploie aussi allié aux autres métaux; par exemple au cuivre, dans le métal des canons et des cloches; au mercure, dans le *tain* des glaces; au plomb, dans la soudure des plombiers; il sert enfin à étamer les vases de cuivre dont on se sert dans l'économie domestique, et à préserver les aliments des dangers qu'entraîne l'emploi de ce dernier métal.

Les pharmaciens n'emploient l'étain que pour le réduire en poudre, et pour en préparer un sulfure artificiel; ce sont les seuls états sous lesquels on l'administre quelquefois.

### Métaux appartenant aux groupes des Titanides et des Chromides.

Les métaux qui forment ces deux groupes ont été compris d'abord sous la seule dénomination de *chromides;* mais la découverte faite par M. H. Rose, dans les tantalites de Bavière., de deux nouveaux métaux, le *nobium* et le *pélopium*, qui partagent les analogies du tantale et du titane avec l'étain, m'a déterminé à former de ces quatre corps un groupe particulier sous le nom de *titanides*, que je place immédiatement après l'étain.

Ces métaux sont caractérisés principalement par leur bi-oxide ($MO^2$), qui constitue un acide faible, isomorphe avec l'acide stannique, blanchâtre, fixe et infusible au feu, insoluble dans l'eau, susceptible de plusieurs modifications moléculaires qui en changent les affinités chimiques. Mais ils se distinguent de l'étain par leur infusibilité complète et par leur résistance à l'action de tous les acides, si ce n'est à celle d'un mélange d'acide fluorhydrique et d'acide azotique.

Quant aux véritables chromides (tungstène, molybdène, chrôme et vanadium), ils sont également fixes et infusibles, et à peine attaquables par les acides. Ils se combinent avec l'oxigène en plusieurs proportions, dont la première (MO) est à peine réductible à l'aide de la chaleur, par le carbone et l'hydrogène, et dont la plus oxygénée ($MO^3$) constitue un acide qui peut se combiner aux oxides inférieurs du même métal, en formant des composés nombreux et diversement colorés. Ce même acide, en se combinant au chloride correspondant ($MCl^6$), forme un liquide coloré et volatil qui avait été pris pour un simple chlorure avant que M. Rose y eût démontré la présence de l'oxigène.

Presque toutes ces propriétés, si ce n'est toutes, appartiennent également à l'urane qui partage les analogies du chrôme et du vanadium avec le fer, de sorte que sa place est nécessairement marquée auprès d'eux.

Les composés naturels de ces métaux sont peu nombreux, et leurs familles minéralogiques sont d'autant plus restreintes que les composés naturels où ils figurent comme acides doivent appartenir à la famille des métaux qui leur servent de base.

**Tantale, Niobium, Pélopium.**

Le tantale ne peut constituer une famille, puisqu'il n'existe qu'à l'état d'acide tantalique, dans les tantalites de Suède et de Finlande, combiné aux oxides de fer et de manganèse, et mélangé d'une quantité variable d'acide stannique et quelquefois d'acide tungstique.

Dans les *yttrotantalites* des mêmes localités, il est accompagné, indépendamment de l'yttria et de la chaux qui lui servent de base, d'acide tungstique, d'acide stannique et d'oxide d'urane; et ce mélange dans les mêmes gisements, qui caractérise en général les corps de propriétés analogues, est une raison de plus pour les rapprocher dans la classification. Je ne citerai ici que l'analyse de deux tantalites de Finbo, en Suède, dans lesquels l'oxide d'étain se montre tellement prédominant, qu'il faut les considérer plutôt comme oxide d'étain, et les joindre à l'histoire de ce minéral.

**Oxide d'étain tantalifère de Finbo** (Berzélius).

| | I. | II. |
|---|---|---|
| Acide stannique . . . . | 83,65 | 93,6 |
| — tantalique . . . . | 12,22 | 2,4 |
| Oxide de fer. . . . . . . | 1,96 | 1,4 |
| — de manganèse. . | 1,10 | 0,8 |
| Chaux. . . . . . . . . | 1,40 | » |
| | 100,33 | 98,2 |

Pour extraire l'acide tantalique d'un des minéraux qui le contiennent, il faut pulvériser celui-ci et le faire fondre complétement dans un creuset, avec six à huit fois son poids de bi-sulfate de potasse. On pulvérise la masse refroidie et on la fait bouillir dans l'eau, qui dissout tous les sulfates, et laisse l'acide tantalique mêlé d'acide stannique, d'acide tungstique et d'oxide ferrique. On lave le dépôt et on le fait digérer avec du sulfhydrate d'ammoniaque en excès qui décompose et dissout les acides stannique et tungstique, et convertit l'oxide de fer en sulfure. On lave le précipité et on le fait bouillir dans de l'acide chlorhydrique jusqu'à ce qu'il ait repris sa couleur blanche. On le lave exactement et on le fait sécher. C'est là l'acide tantalique.

Disons maintenant quelques mots de la découverte du *niobium* et du *pélopium* et des caractères qui les distinguent du tantale.

M. Henri Rose avait remarqué, de même que Wollaston l'avait fait antérieurement, que les tantalites de différentes localités présentaient, pour une composition presque semblable, une pesanteur spécifique différente, et, de plus, que l'acide qu'on en retirait par le procédé qui vient d'être indiqué, offrait lui-même une densité différente et qui était en rapport avec celle du minéral. C'est en cherchant la cause de cette anomalie que M. Rose a découvert que le véritable acide tantalique, tel qu'il avait été déterminé par M. Berzélius, était propre aux tantalites de Suède et de Finlande, dont la densité varie de 7,9 à 7,05, tandis que les tantalites de Bavière et de l'Amérique du Nord, dont la pesanteur spécifique varie de 5,47 à 6,46, contiennent deux autres acides, dont l'un *l'acide niobique*, est très facile à distinguer de l'acide tantalique ; mais dont l'autre, *l'acide pélopique*, offre de grands rapports avec lui. Pour séparer ces deux acides, on commence par extraire du tantalite de Bavière l'acide mixte, que l'on supposait auparavant être de l'acide tantalique ; on le mêle avec du charbon, et on y fait passer à chaud un courant de chlore. On forme ainsi deux chlorures : l'un, *blanc*, infusible et peu volatil, est du *chlorure de niobium ;* l'autre, *jaune*, facilement fusible et volatil, est le *chlorure de pélopium* Les chlorures, mis en contact avec l'eau, se changent en acide chlorhydrique et en acide métallique qui se précipite ; mais comme la séparation des deux chlorures et des deux acides n'est pas complète par une première opération, on les purifie en réduisant de nouveau les deux oxides en chlorures, etc.

*Caractères distinctifs.* Le *chlorure de niobium* est blanc, infusible et peu volatil. Il se forme cependant à une température plus basse que les autres, en raison de la réduction plus facile du métal.

Le *chlorure de tantale* se forme ensuite ; il est jaune ; il commence à se volatiser à 144 degrés et se fond à 221.

Le *chlorure de pélopium* est jaune comme le précédent ; il exige une température plus élevée pour se former, bien qu'il soit le plus volatil. Il se volatilise à 125 degrés et fond à 212.

Le *chlorure de pélopium* se distingue de celui de tantale en ce que, quand on le produit par l'action du chlore sur un mélange d'acide pélopique et de charbon, il se forme, outre le chlorure pur très volatil, un composé d'acide pélopique et de chlorure, qui se décompose à une plus forte chaleur, en chlorure volatil et acide fixe.

La même chose se produit avec l'acide tungstique qui accompagne souvent les acides précédents. Mais le chlorure de tungstène est *rouge* et encore plus volatil que le chlorure de pélopium.

L'*acide tantalique* soumis à l'action du feu reste incolore ou présente une faible teinte jaune.

L'*acide pélopique* prend une teinte jaune plus marquée.

L'*acide niobique* prend une couleur jaune très prononcée.

Tous trois redeviennent incolores par le refroidissement.

L'*acide stannique* et l'*acide titanique* présentent la même propriété. De plus, tous ces acides, qui sont blancs à l'état d'hydrates, présentent le phénomène d'ignition lorsqu'on les rend anhydres par le moyen du feu.

Les *tantalate* et *niobate de potasse* sont solubles dans l'eau et dans un excès de potasse ou de carbonate de potasse.

Les *tantalate* et *niobate de soude* sont, au contraire, difficilement solubles dans un excès de soude ou de carbonate de soude; et le niobate de soude est bien plus insoluble que le tantalate.

Si on aiguise avec de l'acide sulfurique un soluté de tantalate, de pélopate et de niobate de soude, et qu'on y verse un infusé de noix de galle, on produit :

avec l'acide tantalique, un précipité jaune clair;
— pélopique, — jaune orangé;
— niobique — rouge orangé.

Le cyanure ferroso-potassique forme dans les mêmes dissolutés :

avec l'acide tantalique, un précipité jaune;
— pélopique, — rouge brunâtre;
— niobique — rouge orangé.

Indépendamment des recherches précédentes, M. R. Hermann paraît avoir trouvé dans un nouveau minéral, qu'il a nommé *yttroilmenite*, un acide qui a beaucoup de rapports avec l'acide pélopique, mais qui est regardé comme l'oxide d'un nouveau métal qui a reçu le nom d'*ilménium* (voir les *Annales de chimie et de physique*, 3e série, t. XIII, pag. 350, et t. XIX, p. 165).

## FAMILLE DU TITANE.

Le titane est un métal qui n'existe pas libre dans la nature; mais que l'on a trouvé plusieurs fois cristallisé dans les scories du cendrier des hauts fourneaux qui servent à la réduction du fer. Il se présente alors sous forme de petits cristaux cubiques, d'un rouge de cuivre et très éclatants. Il est assez dur pour rayer l'agate; d'une pesanteur spécifique de 5,3; infusible même au feu du chalumeau et inaltérable à l'air et par les acides. Celui qu'on obtient par la décomposition du chlorure ammoniacal de titane au moyen de la chaleur, est de même d'un rouge cuivré et brillant, mais il est combustible à l'air et soluble dans l'eau régale.

Le titane forme deux oxides, dont le premier ($TiO$) résulte de l'action réductive du charbon, à une haute température, sur l'acide titanique. Celui-ci, composé de $TiO^2$, est blanc, insoluble dans l'eau, infusible au feu, qui lui communique seulement une couleur jaune, qu'il perd par le refroidissement. Tant qu'il n'a pas été calciné, il rougit le tournesol, et se dissout facilement dans les acides et les alcalis. Quand on le dissout dans l'acide chlorhydrique et qu'on plonge dans la liqueur une lame de zinc, de fer ou d'étain, le liquide prend d'abord une teinte bleue et finit par se décolorer après la formation d'un précipité violet, qui paraît être un oxide inférieur à l'acide titanique Le titane forme, avec le fluore et le chlore, un fluoride ($TiF^4$) et un chloride ($TiCl^4$), qui sont liquides, incolores, très acides, fumant à l'air comme le chloride d'étain.

Le titane existe dans la nature à l'état de sous-fluorure ($TiF$), combiné avec une petite quantité de fluorure de fer, et à l'état d'acide titanique. Mais celui-ci se présente sous trois formes moléculaires différentes qui ont conduit les minéralogistes à en former trois espèces sous les noms de *rutile*, *brookite* et *anatase*.

### Titane fluoruré ferrifère ou Warwickite.

Ce minéral a été trouvé dans les environs de Warwick, dans l'État de New-York. Il est cristallisé en prismes obliques rhomboïdaux, modifiés sur les arêtes obtuses et sur les angles. Il est d'un gris brunâtre avec un éclat perlé et demi-métallique. Il pèse de 3,14 à 3,29. Sa poudre est d'un brun chocolat. Il est infusible au chalumeau; il dégage de l'acide fluorhydrique lorsqu'on le traite, dans un creuset de platine, par l'acide sulfurique. M. Shepard en a retiré

| | | | | | | Rapports moléculaires. | |
|---|---|---|---|---|---|---|---|
| Titane. . . . | 64,70 | × | 3,1 | = | | 201 | 10 |
| Fer . . . . . | 7,14 | × | 2,86 | = | | 20 | 1 |
| Yttrium . . . | 0,89 | × | 2,48 | = | | 2 | » |
| Fluore. . . . | 27,33 | × | 8,496 | = | | 232 | 11,6 |

Formule : $10TiF + FeF$.

### Titane oxidé ou Acide titanique.

1. *Rutile* ou *schorl rouge*. Ces noms ont été donnés à cette variété d'acide titanique, à cause de sa couleur rouge habituelle due au mélange d'un à deux centièmes d'oxide ferrique. Il est éclatant, à struc-

ture laminaire, assez dur pour rayer fortement le verre, mais rayant difficilement le quarz. Il pèse de 4,21 à 4,29; il est généralement opaque, mais les cristaux aciculaires sont translucides. Sa forme primitive est un prisme droit à base carrée (fig. 110), dont la hauteur est à un des côtés de la base comme 1 est à 1,55. Les formes secon-

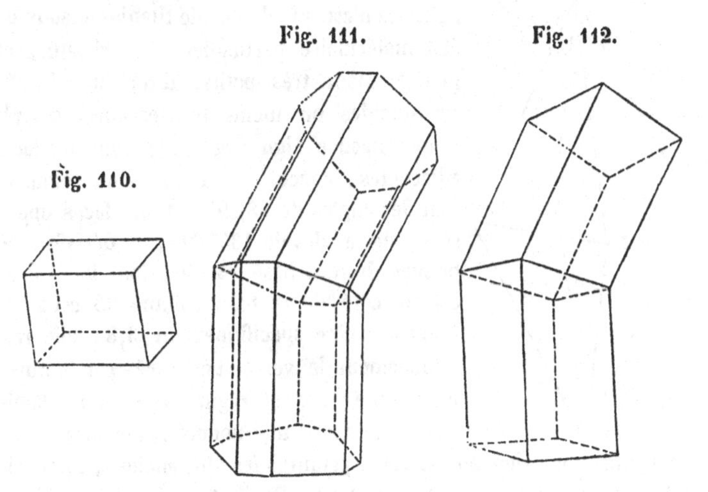
Fig. 110. Fig. 111. Fig. 112.

daires sont peu nombreuses et présentent généralement des prismes octogones ou cylindroïdes terminés par les faces de l'octaèdre formé sur les angles du prisme droit primitif. Les cristaux ont une grande tendance à se macler, et ils le font souvent en se réunissant bout à bout, sous un angle de 114 degrés (*titane géniculé* de Haüy, figures 111 et 112).

Le titane rutile, de même que les autres variétés d'acide titanique, est infusible au chalumeau et insoluble dans tous les acides. L'acide sulfurique bouillant l'attaque à peine.

2. *Brookite* ou *rutile lamelliforme*. Cette substance est exactement composée, comme le rutile, de 98,6 d'acide titanique et de 1,4 d'oxide de fer, et elle offre la même couleur rougeâtre et le meme éclat adamantin ou demi-métallique; mais sa pesanteur spécifique est moins grande, et varie de 4,128 à 4,167; sa dureté ne dépasse pas celle de la chaux phosphatée; enfin ses cristaux sont des tables hexagonales très minces, chargées sur le pourtour d'un très grand nombre de facettes, et dont la forme primitive paraît être un prisme droit rhomboïdal, dont les angles sont de 100 et de 80 degrés, et dont la hauteur est à l'un des côtés de la base comme les nombres 11 et 30. Il est moins insoluble dans les acides que le rutile.

3. *Anatase*, *titane anatase*, *oisanite* ou *schorl bleu*. L'existence pro-

bable d'un oxide bleu de titane, inférieur à l'acide titanique, a fait supposer pendant longtemps que l'anatase était un *oxure de titane* pouvant donner immédiatement, au chalumeau, un verre bleu avec le sel de phosphore. Mais les recherches récentes de M. Dancour semblent prouver que l'anatase n'est que de l'acide titanique sous un état moléculaire particulier. Ses cristaux sont généralement très petits, d'un bleu foncé, translucides ou même transparents, dérivés d'un octaèdre aigu (fig. 113) dont les faces adjacentes, concourant à un même sommet, font des angles de 98° 5′, et les faces opposées, des angles de 137° 10′; ou dérivés d'un prisme droit à base carrée, dont la hauteur est au côté de la base comme 93 est à 37. L'anatase pèse spécifiquement 3,8; elle raie difficilement le verre et est rayée par le quarz et le rutile; elle est fragile, à structure laminaire, et donne une poudre blanchâtre.

Fig. 113.

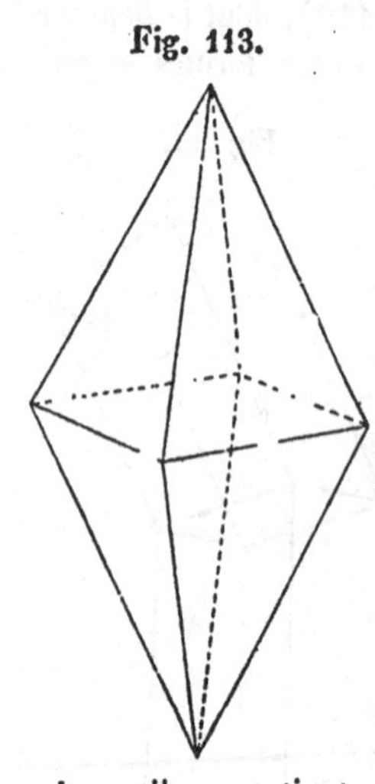

Le rutile appartient aux terrains primitifs les plus anciens, comme le molybdène sulfuré et l'acide stannique. On l'a trouvé à Saint-Yrieix, près de Limoges, au Saint-Gothard, aux monts Carpathes, dans la nouvelle Castille, etc. L'anatase a été trouvée, il y a longtemps déjà, au bourg d'Oisans (Isère), dans les fissures de roches primitives, où il est associé avec de l'albite. On l'a observée depuis dans d'autres localités, et notamment au Brésil, dans la province de Minas-Geraës, dans des agglomérats de quarz et de micaschiste, où se trouvent également des diamants. Quant à la brookite, les premiers cristaux ont été découverts en 1824, au bourg d'Oisans, dans les mêmes roches de quarz et d'albite qui renferment l'anatase. On l'a trouvée depuis au Saint-Gothard et à la montagne de Snowdon, dans le pays de Galles, d'où viennent les plus beaux cristaux.

## FAMILLES DU MOLYBDÈNE ET DU CHROME.

### Molybdène.

Métal blanc, un peu malléable, facile à réduire, mais presque infusible; pesant 8,636.

Ses composés oxigénés sont: 1° un *oxure molybdeux*, Mo, noir, formant des dissolutés noirs avec les acides;

2° *L'oxure molybdique*, Mo, brun-pourpre très foncé, rougeâtre à l'état d'hydrate;

3° *L'acide molybdique*. Mo, blanc jaunâtre, à peine soluble dans l'eau;

4° Un oxide bleu intermédiaire (acide molybdeux) soluble dans l'eau.

Le sulfure de molybdène existe dans la nature; il répond à l'oxure molybdique, et contient $Mo\ S^2$, ou

| | |
|---|---|
| Soufre. . . . . | 40 |
| Molybdène. . . | 60 |

C'est une substance métalloïde, d'un gris de plomb, onctueuse au toucher, et composée de lames flexibles. Il pèse 4,5; il est infusible au chalumeau; mais il s'y volatilise en acide sulfureux, reconnaissable à son odeur, et en acide molybdique, qui apparaît sous forme de vapeurs blanches. Lorsqu'on le traite par l'acide sulfurique, il dégage de l'acide sulfureux et donne un dissoluté bleu d'acide molybdeux. Traité par l'acide nitrique, il produit de l'acide sulfurique et un dépôt blanc d'acide molybdique, devenant bleu lorsqu'on le place humide sur une plaque de zinc.

Le sulfure de molybdène ressemble beaucoup au graphite; mais il est plus blanc, et laisse, par le frottement sur la porcelaine, une trace verdâtre, tandis que celle du graphite est noirâtre, de même que sur le papier.

Le sulfure de molybdène forme des filons ou des amas isolés peu abondants dans diverses roches primitives, telles que le granite, le gneiss, le micaschiste. Quelquefois aussi il y est disséminé à la manière du mica. On le trouve principalement aux Pyrénées, et dans les alpes du Dauphiné, du Piémont et du Tyrol; dans les mines d'étain de Cornwall, etc.

Le *molybdène oxidé* ou *acide molybdique* est fort rare. On le trouve en poussière jaunâtre à la surface du précédent. Il contient toujours un peu d'oxide de fer, et constitue peut-être un sur-molybdate de fer.

### Chrome.

Ce métal est d'un blanc grisâtre, et très dur. Il pèse 5,9; mais comme on n'a pu l'obtenir fondu en culot compacte, il est probable que sa pesanteur spécifique est plus considérable. Il n'est pas magnétique, ne s'oxide pas à l'air et s'oxide même difficilement à la chaleur rouge. Les acides l'attaquent difficilement; mais les alcalis l'attaquent, au contraire, facilement à l'aide de la chaleur et de l'oxigène. Il est susceptible de trois degrés d'oxigénation : 1° un *oxide vert* ($Cr^2\ O^3$), qui existe dans l'émeraude, le diallage, la serpentine, le fer chromé du Var;

2° un acide rouge ($Cr\ O^3$) qui existe dans le *plomb rouge de Sibérie*, ou chromate de plomb, d'où Vauquelin l'a retiré en 1797 ; 3 un *oxide brun intermédiaire* ou *chromate de protoxide de chrome*, très peu stable.

L'oxide vert de chrome se trouve quelquefois isolé, ou du moins simplement mélangé à des matières siliceuses, comme à la montagne des Écouchets, entre Conches et le Creuzot (Saône-et-Loire) ; ou bien au diallage et à la serpentine, comme dans les Alpes de Savoie et de Piémont. C'est du reste tout ce que nous en dirons ici ; les silicates auxquels l'oxide de chrome ne sert que de principe colorant devant être examinés beaucoup plus tard ; le fer chromé du Var faisant partie des états naturels de fer, et le chromate de plomb ayant été décrit avec les sels de plomb.

### FAMILLE DE L'URANE.

L'urane est un métal dont l'existence a été signalée la première fois en 1787, par Klaproth, dans un minéral nommé *pechblende*, que l'on considérait auparavant comme une variété de la blende ou sulfure de zinc. Klaproth a même passé pour en avoir extrait le métal, en traitant l'oxide d'urane, à une haute température, par du charbon, de même qu'on a admis plus récemment que M. Arfvedson était parvenu à obtenir l'urane très pur en réduisant l'oxide ou le chlorure d'urane, à une température peu élevée, par un courant de gaz hydrogène; mais, en 1842, M. Péligot a démontré que le prétendu urane métallique de Klaproth et d'Arfvedson était un protoxide irréductible par le charbon et l'hydrogène, et que pour obtenir l'urane pur, auquel il donne le nom d'*uranium*, il fallait d'abord préparer du protochlorure d'urane, en faisant passer, à la couleur rouge, un courant de chlore sur un mélange d'oxide d'urane et de charbon, et ensuite décomposer le chlorure d'urane par le potassium. On enlève le chlorure de potassium par l'eau, et l'on obtient l'urane sous forme d'une poudre noire, qui prend sous le brunissoir l'éclat de l'argent, en acquérant une certaine malléabilité. Le métal ainsi obtenu brûle à l'air, à une température très peu élevée, avec un très grand éclat. Il ne décompose pas l'eau pure à la température ordinaire; mais il se dissout avec dégagement d'hydrogène dans les acides dilués. D'après M Péligot, l'urane n'aurait pas moins de 5 degrés d'oxidation.

1° Un *sous oxide brun* à l'état d'hydrate, obtenu en décomposant le sous-chlorure par l'ammoniaque. Il est formé de $U^4\ O^3$; il paraît décomposer l'eau et se convertir en un autre sous-oxide vert-pomme indéterminé.

2° Un *protoxide brun*, ancien urane de MM. Arfvedson et Berzélius. obtenu en réduisant les oxures supérieurs de l'urane par l'hydrogène et le charbon, ou en calcinant en vases clos l'oxalate jaune d'urane. Il est quelquefois pyrophorique; il forme avec les acides dilués des dissolutions vertes. Il est formé de

| | | | |
|---|---|---|---|
| Urane . . . . | 1 atome | 750 | 88,24 |
| Oxigène . . . | 1 | 100 | 11,76 |
| | | 850 | 100,00 |

3° Un *deutoxide noir*, obtenu en chauffant fortement le nitrate d'urane. Il est formé de $U^4O^5$ ou de $2\,UO + U^2O^3$.

4° Un *tritoxide d'uranium* ou *oxide vert olive*, obtenu en soumettant les oxides précédents à l'action de l'air ou de l'oxigène, à une température rouge sombre. Il est d'un vert olive et d'un aspect velouté. Traité par les acides, il donne un mélange de sels jaunes et de sels verts. Il est formé de $U^3O^4$ ou de $UO + U^2O^3$; il répond à l'oxide de fer magnétique $FeO + Fe^2O^3$.

5° Le *peroxide d'urane* ou oxide des sels jaunes, jouant le rôle de base avec les acides forts et le rôle d'acide avec les alcalis. Il est formé de

| | | |
|---|---|---|
| $U^2$. . . | 1500 | 83,33 |
| $O^3$. . . | 300 | 16,67 |
| | 1800 | 100,00 |

On l'obtient en exposant à la lumière solaire un soluté d'oxalate jaune d'urane; il se dégage de l'acide carbonique et de l'oxide de carbone, et l'urane se précipite à l'état d'hydrate de tritoxide, qui, bien lavé et exposé à l'air, repasse à l'état d'hydrate d'oxide jaune ( Ebelmen ). On peut également faire évaporer à une douce chaleur un soluté alcoolique de nitrate uranique. A un certain degré de concentration, il se produit une réaction entre l'acide nitrique et l'alcool, d'où résultent de l'éther nitreux, de la vapeur nitreuse, de l'aldéhyde et de l'acide formique. L'oxide d'urane mis à nu se précipite. On évapore presqu'à siccité, on traite par l'eau pour laver l'oxide et on le fait sécher.

L'urane se trouve dans la nature à l'état d'oxide intermédiaire ( urane oxidulé de Haüy ) constituant la *pechblende*, à l'état d'*oxide jaune hydraté*, et à l'état de *phosphate hydraté* combiné au phosphate de chaux ou de cuivre.

### Urane oxidulé, Pechblende ou Pechurane.

L'urane oxidulé constitue la pechblende, et cependant n'est jamais pur dans ce minéral. On y trouve du fer oxidé, des sulfures et arséniures de fer, de plomb, de cuivre, de zinc et quelquefois de cobalt et de nickel. Sa gangue habituelle est un carbonate de chaux, de magnésie et de manganèse. Un échantillon choisi, analysé par Klaproth, lui a donné :

| | |
|---|---|
| Oxide d'urane . . . . . . | 86,5 |
| Sulfure de plomb. . . . . | 6 |
| Silice . . . . . . . . . . . | 5 |
| Protoxide de fer. . . . . | 2,5 |
| | 100,0 |

C'est une substance amorphe, compacte, noirâtre, d'un éclat gras et légèrement métalloïde. Elle pèse de 6,378 à 6,530. Elle est assez difficile à entamer par le couteau. Elle offre une structure un peu feuilletée dans un sens. Elle est presque inattaquable par l'acide chlorhydrique, qui dissout seulement l'oxide de fer, la chaux et la magnésie qui peuvent s'y trouver. Mais elle est facilement dissoute par l'acide nitrique, qui peroxide l'urane et change les sulfures et arséniures de plomb, de fer, etc., en sulfate de plomb, arséniate de fer, etc. On évapore à siccité, on reprend par l'eau froide qui ne redissout guère que le nitrate d'urane. On fait évaporer et cristalliser. Pour obtenir le nitrate d'urane dans un plus grand état de pureté, on le dissout dans l'éther sulfurique, qui l'abandonne ensuite par son évaporation spontanée. On le fait enfin redissoudre dans l'eau et cristalliser. C'est ce nitrate qui sert à la préparation des oxides et de tous les autres composés artificiels de l'urane.

L'urane oxidulé présente quelque ressemblance extérieure avec le zinc sulfuré brun, le wolfram et le fer chromité du Var; mais on peut facilement reconnaître ces trois substances aux caractères suivants :

*Zinc sulfuré brun.* Pesanteur spécifique, 4,166; facilement rayé par le couteau; poudre grise; clivages dirigés en plusieurs sens;

*Wolfram* ou *tungstate de fer et de manganèse.* Pesanteur spécifique 7,3; poudre brune tirant sur le violet; clivage net suivant deux sens perpendiculaires;

*Fer chromité du Var.* Pesanteur spécifique 4,498; fondu au chalumeau avec le borax, le colore en vert;

L'urane oxidulé se trouve principalement à Joachimsthal en Bohême, à Schneeberg et à Johann-Georgenstadt en Saxe, dans des dépôts argentifères et aurifères.

### Urane hydroxidé.

Substance fort peu abondante, jaune, pulvérulente, qui se forme à la surface des morceaux de l'espèce précédente et probablement par l'action de l'air humide. Elle donne de l'eau à la calcination; elle se dissout dans les acides, et offre alors les caractères des dissolutés d'urane peroxidé, qui sont :

Couleur jaune ;
*Alcalis*, précipité jaune d'uranate alcalin ;
*Carbonates alcalins*, précipité jaune-citron, soluble dans un excès de carbonate ;
*Métaux purs*, 0 ;
*Sulfide hydrique*, 0 ;
*Sulfhydrates alcalins*, précipité noir ;
*Cyanure ferroso-potassique*, précipité rouge de sang ;
*Phosphates solubles*, précipité jaune pâle ;
*Arséniates*, précipité blanc jaunâtre ;
*Arsénites*, précipité d'un très beau jaune.

### Urane phosphaté.

Ce sel n'existe que combiné soit au phosphate de chaux, soit à celui de cuivre. Il en résulte deux sels doubles que les minéralogistes ont longtemps confondus avec l'urane oxidé, mais qui forment deux espèces minéralogiques distinctes.

#### 1. *Phosphate urano-calcique, Uranite.*

Se trouve en petits nids dans la pegmatite (1) à Saint-Symphorien de Marmagne, près d'Autun, et à Saint-Yriex, près de Limoges. On l'a indiqué aussi dans le granite, à Chessy, et dans quelques autres lieux. C'est une substance jaune, cristallisant en prismes à base carrée ; sa pesanteur spécifique est 3,12 ; elle est rayée par la chaux carbonatée ; elle donne de l'eau par la chaleur, et fond au chalumeau. Elle donne, avec l'acide nitrique, une liqueur jaune qui est précipitée par l'ammoniaque en devenant incolore. La liqueur ammoniacale précipite par l'acide oxalique.

Suivant l'analyse de M. Berzélius l'uranite d'Autun est composée de

| | | Oxigène. | |
|---|---|---|---|
| Acide phosphorique . . . . . . . | 14,63 | 8,19 | 5 |
| Oxide uranique . . . . . . . . . | 59,37 | 9,90 | 6 |
| Chaux. . . . . . . . . . . . . . | 5,66 | 1,59 | 1 |
| Eau. . . . . . . . . . . . . . . | 14,90 | 13,24 | 8 |
| Magnésie et oxide de manganèse . | 0,19 | | |
| Baryte. . . . . . . . . . . . . . | 2,85 | | |
| Silice . . . . . . . . . . . . . | 1,51 | | |
| | 99,11 | | |

(1) Roche de fusion ignée composée de feldspath laminaire et de cristaux de quarz enclavés ; nommée aussi *granite graphique*.

Dans cet-exemple-ci, pour établir la composition atomique du phosphate double d'urane, au lieu de diviser la quantité de chaque corps constituant par son nombre atomique, on a calculé la quantité d'oxigène contenue dans chacun, et on a obtenu les nombres 8,19; 9,90; 1,59 et 13,24. Cherchant alors les rapports simples entre ces quantités, on trouve 5, 6, 1 et 8; c'est-à-dire que pour une quantité d'acide phosphorique qui contient 5 atomes d'oxigène, l'oxide d'urane en contient 6, la chaux 1, et l'eau 8. D'où il suit que, dans l'uranite d'Autun, 1 atome d'acide phosphorique est combiné avec 2 atomes d'oxide d'urane, 1 atome de chaux et 8 atomes d'eau. Sa formule est, en conséquence,

$$P^2O^5 + 2U^2O^3 + CaO + 8H^2O$$

c'est-à-dire que c'est un phosphate tribasique hydraté.

### 2. *Phosphate urano-cuprique, Chalkolite.*

Couleur verte; prismes à base carrée; pesanteur spécifique 3,33; rayé par la chaux carbonatée, donnant de l'eau par la calcination; fusible au chalumeau. Fournissant du cuivre métallique par la fusion sur un charbon, avec addition de carbonate de soude; soluble dans l'acide nitrique. La liqueur rougit le fer métallique, et forme avec l'ammoniaque un précipité vert surmonté d'une liqueur bleue. L'analyse faite par M. Berzélius a donné :

| | | Oxigène. | |
|---|---|---|---|
| Acide phosphorique. . | 15,56 | 8,71 | 5 |
| Oxide d'urane. . . . . | 60,25 | 10,06 | 6 |
| — de cuivre. . . . | 8,44 | 1,70 | 1 |
| Eau . . . . . . . . . . | 15,05 | 13,37 | 8 |
| Gangue. . . . . . . . | 0,70 | | |
| | 100,00 | | |

$$P^2O^5 + 2U^2O^3, CuO + 8H^2O.$$

Cette composition est exactement celle de l'uranite, dans laquelle la chaux se trouve remplacée par l'oxide de cuivre. On trouve le phosphate urano-cuprique dans les mines d'étain et de cuivre de Cornouailles, de Saxe et de Bohême; dans les filons argentifères ou cobaltifères de Schneeberg, en Saxe, etc.

## FAMILLE DU CUIVRE.

Ce métal, dont la connaissance remonte à la plus haute antiquité, était désigné par les alchimistes sous le nom de *vénus*. Il se trouve sous quatorze états principaux dans la terre, savoir :

| | |
|---|---|
| nátif, | arséniaté, |
| arsénié, | phosphaté, |
| sélénié, | hydro-silicaté, |
| sulfuré, | carbonaté, |
| oxidulé, | hydro-carbonaté, |
| oxidé, | oxi-chloruré, |
| arsénité, | sulfaté. |

### Cuivre natif.

Il offre tous les caracteres du cuivre obtenu par l'art, à cela près que sa surface est ordinairement terne ou noirâtre ; mais par le grattage ou l'action de la lime, il acquiert facilement l'éclat et la couleur rouge qui le caractérisent. Il est malléable, et pèse ordinairement 8,58 (le cuivre pur pèse 8,895). Il est souvent cristallisé en cube ou en formes qui en dérivent, telles que l'octaèdre régulier, le cubo-octaèdre, le cubo-dodécaèdre, etc. Sa forme la plus ordinaire est l'octaèdre cunéiforme. On le trouve aussi en dendrites, en rameaux, en filaments, en petites lames ou en grains, implantés ou dispersés dans diverses gangues ; ou en masses mamelonnées ou botryoïdes isolées.

Le cuivre natif se trouve principalement dans les terrains primitifs supérieurs, où il est presque toujours associé au *cuivre carbonaté*, *sulfuré* et *pyriteux*, ayant une gangue de *micaschiste*, de *gneiss*, de *jaspe ferrugineux*, de *calcaire saccharoïde*, *de calcium fluoruré* ou de *baryte sulfatée*. On le trouve aussi dans les roches amygdaloïdes des terrains secondaires, associé au *cuivre oxidulé*, *carbonaté* ou *hydrosilicaté* ; enfin on le rencontre en masses isolées et quelquefois considérables, dans les sables de transport ; comme au Brésil, au Chili et au Canada. Une masse trouvée ainsi aux environs de Bahia pesait 1,300 kilogrammes.

On connaît une variété de cuivre natif pour ainsi dire artificielle, ou qui se forme sous les yeux des mineurs, dans les mines de cuivre où s'infiltre une dissolution de sulfate, qui se trouve décomposée par le fer ou par des substances organiques. Il est en petites masses poreuses ou granuleuses, et porte le nom de *cuivre de cémentation*.

### Cuivre arsenical.

Ce minéral a été indiqué pour la première fois par Henkel, qui l'a trouvé composé d'environ 0,40 de cuivre et de 0,50 à 0,55 d'arsenic. Il est en masses amorphes, d'un blanc un peu jaunâtre, peu éclatant et très fragile. On l'a trouvé depuis dans plusieurs localités, en Saxe et dans le comté de Cornouailles.

M. Domeyko, professeur de chimie à Coquimbo (Chili), a décrit un autre arséniure de cuivre trouvé en abondance dans une mine d'argent, au mont Calabazo, et dans la mine de San-Antonio, dans le département de Copiapo. Ce nouvel arséniure est amorphe, compacte, à cassure grenue, éclatant et d'un blanc comparable à celui du fer arsenical. Il perd son éclat à l'air et y prend des couleurs irisées, à la manière du cuivre pyriteux. Il est composé de

| | | | | | | | |
|---|---|---|---|---|---|---|---|
| Cuivre. . . . | 71,64 | × | 2,521 | = | 180 | 3 |
| Arsenic. . . . | 28,36 | × | 2,133 | = | 60 | 1 |

Formule : $Cu^3As$.

### Cuivre sélénié.

Très rare, trouvé à Skrikerum, dans le Smoland, en petites veines très minces dans du calcaire spathique. Il est d'un blanc d'argent et ductile. Chauffé au chalumeau, il dégage une odeur de raifort pourri, et se fond en un globule gris légèrement malléable. Sa dissolution dans l'acide nitrique offre toutes les réactions du cuivre.

Suivant l'analyse de M. Berzélius, il est composé de

| | | | | | Rapport moléculaire. | |
|---|---|---|---|---|---|---|
| Sélénium. . . . . . . . . | 40 | × | 2,02 | = | 81 | 1 |
| Cuivre. . . . . . . . . . | 64 | × | 2,52 | = | 161 | 2 |

Formule : $Cu^2Se$.

*Cuivre sélénié argentifère.* Substance métalloïde, d'un gris de plomb, ductile, se laissant couper au couteau, trouvé au même lieu que le précédent, formé de

| | | Rapports moléculaires. | |
|---|---|---|---|
| Sélénium. . . . . . . . . | 26 | 53 | 2 |
| Argent. . . . . . . . . . | 38,93 | 29 | 1 |
| Cuivre. . . . . . . . . . | 23,05 | 58 | 2 |
| Substances terreuses . . . | 8,90 | | |
| Acide carbonique et perte. | 3,12 | | |

Formule : $AgSe + Cu^2Se$

J'ai mentionné, à la suite du séléniure de plomb (page 189), un *plomb sélénié cuprifère* qui offre une combinaison en plusieurs proportions des deux séléniures de cuivre et de plomb, trouvée dans les mines du Harz.

### Cuivre sulfuré.

Ce sulfure existe pur ou mélangé avec un grand nombre de sulfures métalliques. Le sulfure pur portait autrefois le nom de *mine de cuivre vitreuse*, à cause de sa cassure conchoïde et éclatante. Il est d'un gris de plomb, tendre et cassant, à poussière noirâtre. Il s'égrène sous le couteau, et diffère par là de l'argent sulfuré, qui se coupe comme du plomb. Il pèse 5, se fond à la flamme d'une bougie, bouillonne au chalumeau, dégage de l'acide sulfureux et laisse un bouton métallique souvent altérable à l'aimant.

Le cuivre sulfuré se trouve cristallisé, en masse, ou pseudomorphique. Le premier a pour forme primitive un prisme hexaèdre régulier. Les formes secondaires sont modifiées sur les arêtes de la base.

Le sulfure massif est presque toujours accompagné de cuivre carbonaté vert ; il se décompose à la longue à l'air humide, et passe à l'état de *cuivre oxidé*. Il constitue alors le *cuivre sulfuré hépatique* de Haüy.

Le sulfure de cuivre pseudomorphique présente la forme d'un fruit de conifère ou d'un épi de blé (*cuivre en épi*) ; mais comme il se trouve à Frankenberg, dans la Hesse, dans des filons qui traversent un terrain primitif, il est douteux que ces formes soient réellement dues à une pseudomorphose végétale.

Le sulfure de cuivre se trouve dans les mêmes gîtes que le cuivre pyriteux (sulfure double de cuivre et de fer), comme dans le comté de Cornouailles et dans la Hesse, mais toujours en petite quantité. Il prédomine cependant dans les mines des monts Ourals, et devient alors l'objet d'une exploitation particulière. Ce sulfure est composé de

| | | |
|---|---|---|
| Soufre. . . | 20,27 | 1 molécule. |
| Cuivre. . . | 79,73 | 2 |
| | 100,00 | |

Formule : $Cu^2S$ ;

mais il est souvent mélangé de sulfure cuprique (CuS), de cuivre métallique ou de cuivre pyriteux.

Quant au *sulfure cuprique*, il a été trouvé isolé par M. Covelli dans les fumaroles du cratère du Vésuve, sous forme d'un enduit noirâtre ou bleuâtre, lequel paraît résulter de l'action du gaz sulfhydrique sur le chlorure de cuivre qui tapissait les cellules de la lave. L'analyse a donné :

| | | Rapports moléculaires. | |
|---|---|---|---|
| Soufre. . . . . | 32 | 16 | 1 |
| Cuivre. . . . . | 66 | 17 | 1 |
| Perte . . . . . | 2 | | |

Ce même sulfure a été trouvé à Badenweiller, sous forme de masses sphéroïdales, qui présentent à leur surface des traces de cristallisation. M. Beudant lui a donné le nom de *covelline*, du nom du savant qui l'a découvert le premier.

Maintenant commence l'examen des nombreuses combinaisons naturelles du sulfure de cuivre avec d'autres sulfures métalliques. La première est un

### Sulfure double de cuivre et d'argent.

Métalloïde, d'un gris d'acier, éclatant, très fragile, à cassure imparfaitement conchoïde. On l'a trouvé seulement en petites masses compactes dans les mines de Schlangenberg, en Sibérie. Composition $AgS + Cu^2$, ainsi qu'il résulte de l'analyse suivante :

| | | |
|---|---|---|
| Soufre. . . . | 15,96 | 2 molécules. |
| Argent . . . | 52,87 | 1 |
| Cuivre . . . | 30,83 | 2 |
| Fer. . . . . | 0,34 | |

Ce sulfure double présente exactement la même composition moléculaire que le sélénium correspondant.

### Cuivre et fer sulfurés.

Il existe plusieurs combinaisons de sulfures de fer et de cuivre, dont la plus commune a reçu les noms de

#### *Pyrite cuivreuse*, *Cuivre pyriteux* ou *Chalcopyrite*.

Cette substance est, en outre, le plus important des minerais de cuivre, non parce que c'est celui qui contient le plus de métal, mais parce que c'est le plus répandu et le plus exploité.

Le cuivre pyriteux est éclatant et d'un jaune foncé, souvent irisé à sa surface; il est cassant et présente une cassure raboteuse; il cède à la lime et ne fait pas feu avec le briquet, ce qui le distingue du *fer sulfuré* pur. Il pèse 4,16 ; il fond au chalumeau en globules attirables à l'aimant, et qui donnent ensuite des globules de cuivre avec la soude. Il est soluble dans l'acide nitrique et donne une dissolution bleue, qui rougit une lame de fer et qui, étendue d'eau et additionnée d'ammoniaque en excès, forme un précipité abondant de peroxide de fer hydraté, surmonté d'une liqueur transparente d'un bleu céleste très foncé.

Le cuivre pyriteux cristallise en octaèdre à base carrée, très rapproché de l'octaèdre régulier, simple ou modifié. Cet octaèdre passe également à un tétraèdre très voisin du tétraèdre régulier, que Haüy regardait comme la forme primitive du cuivre pyriteux. Mais ce sulfure se trouve bien plus souvent en masses informes plus ou moins considérables ; il abonde principalement dans le gneiss et le micaschiste, comme à Saint-Bel près de Lyon, à Baigorry dans les Pyrénées, à Libethen en Hongrie, en Silésie, en Suède, en Norwége, etc. On le trouve aussi dans les schistes argileux qui se rapprochent le plus des terrains primitifs, comme dans une partie des mines du Cornwall et d'Anglesea, en Angleterre; ou dans la serpentine, qui alterne avec les schistes argileux, comme à Cuba et à Venezuela. Enfin, on le trouve encore en un grand nombre de lieux, soit dans le grès rouge, soit dans un schiste bitumineux, qui porte alors le nom de *schiste cuivreux* ou *kupferschiefer*. Au Potosi, on trouve entre les feuilles du schiste des empreintes de poissons et de plantes lycopodiacées.

Le cuivre pyriteux est composé de

| | | |
|---|---|---|
| Soufre. . . . . | 35,87 | 2 molécules. |
| Cuivre. . . . . | 34,40 | 1 |
| Fer . . . . . . | 30,47 | 1 |

Formule : $FeS + CuS$, ou mieux, en doublant les molécules, $Fe^2S^3 + Cu^2S$, qui indique une combinaison de protosulfure de cuivre avec un sulfure de fer non isolé dans la nature, mais dont la composition répond à celle du sesqui-oxide de fer $Fe^2O^3$.

*Cuivre pyriteux bronzé, Buntkupfererz Phillipsite.*

Cette substance accompagne assez souvent la pyrite de cuivre ordinaire, mais toujours en petite quantité. Elle offre les mêmes caractères chimiques, pèse 5, et cristallise en cube diversement modifié, en octaèdre ou en cubo-octaèdre. Son principal caractère se déduit de sa couleur intérieure, qui est *rougeâtre* et tirant, par conséquent, sur la couleur du cuivre, dont elle contient beaucoup plus que le cuivre pyriteux ordinaire. Sa surface est souvent marquée de taches bleuâtres ou violâtres, ce qui lui a valu aussi le nom de *cuivre pyriteux panaché*. L'analyse d'un échantillon de Ross-Island, faite par M. Richard Philipps, a donné :

| | | Rapports moléculaires, | |
|---|---|---|---|
| Soufre. . . . . | 23,75 | 118 | 3 |
| Cuivre. . . . . | 61,07 | 154 | 4 |
| Fer . . . . . . | 14 | 41 | 1 |
| Silice . . . . . | 0,50 | | |
| Perte. . . . . . | 0,68 | | |

Formule : $FeS + 2Cu^2S$.

Ce qui offre une composition différente de celle de la pyrite cuivreuse commune, de quelque manière qu'elle soit envisagée.

Mais il est probable qu'on confond, sous les noms fixés plus haut, un assez grand nombre de composés différents qui se rapprochent cependant par la forte proportion de cuivre qu'ils contiennent. Tels sont les suivants :

| | 1. | | 2. | | 3. | | 4. | |
|---|---|---|---|---|---|---|---|---|
| Soufre. . . . . . . . . | 26,24 | 6at. | 25,06 | 8at. | 22,65 | 5at. | 22,58 | 6at. |
| Cuivre. . . . . . . . . | 56,76 | 6 | 63,03 | 10 | 69,73 | 8 | 71 | 10 |
| Fer . . . . . . . . . . | 14,84 | 2 | 11,57 | 2 | 7,54 | 1 | 6,41 | 1 |

1. Pyrite en petits cristaux de Condorra-Mine, dans le Cornouailles; sa composition répond à $Fe^2S^3 + 3Cu^2S$.

2. Pyrite bronzée amorphe de Woitski, près de la mer Blanche; composition :

$$Fe^2S^3 + 5Cu^2S.$$

3. Pyrite bronzée de Eisleben, constituant le minerai principal des usines de cuivre de Mansfeld; composition :

$$FeS + 4Cu^2S.$$

4. Pyrite bronzée de Sangershausen = $FeS + 5Cu^2S$.

Ces quatre analyses sont remarquables en ce que les deux premières nous offrent les deux mêmes sulfures que la pyrite cuivreuse commune, mais avec une triple et quintuple proportion de sulfure de cuivre; et les deux dernières, le même sulfure de fer que la phillipsite, mais avec une proportion plus forte également du sulfure cuivreux.

### Cuivre gris.

Les minéralogistes désignent généralement sous le nom de *cuivre gris* une substance minérale qui accompagne très souvent le cuivre pyriteux, jouissant d'un éclat métallique gris d'acier, cristallisant en tétraèdre régulier ou en formes qui en sont dérivées, pesant spécifiquement de 4,79 à 5,10; cassante; fusible au chalumeau avec vapeur de soufre, d'antimoine et souvent d'arsenic; enfin, laissant un résidu scorifié composé de cuivre, de fer, de zinc et quelquefois d'argent.

Cette substance est donc d'une composition très compliquée et variable : cependant on peut, le plus souvent, se la représenter comme une combinaison de *sulfure d'antimoine* et de *cuivre pyriteux*, dans laquelle le sulfure d'arsenic peut remplacer celui d'antimoine, où le sulfure de fer peut être suppléé par ceux de zinc, d'argent ou même de mercure. Ces composés tiennent, dans la famille minéralogique du cuivre, la place que les sulfures doubles d'antimoine et d'argent occupent dans celle de l'argent, ou que les sulfures doubles d'antimoine et de plomb occupent dans la famille du plomb.

Si les minéraux qui ont été ainsi compris sous le nom de *cuivre gris* n'offraient que les substitutions qui viennent d'être indiquées, en conservant la même formule moléculaire, on aurait peut-être raison de les considérer comme appartenant à une même espèce minérale; mais les sulfures qui les constituent paraissent s'unir en un grand nombre de rapports différents, et forment peut-être autant d'espèces distinctes. Nous signalerons les quatre principales :

1° *Panabase* de Beudant, faisant partie du *cuivre gris antimonifère de Haüy*, et du *graugultigerz* (argent gris) de Klaproth et de Karsten. M. H. Rose en a donné cinq analyses, dont voici la première :

Panabase de Markirchen :

| | | Rapports moléculaires. | |
|---|---|---|---|
| Soufre. . . . . | 26,83 | 134 | 134 |
| Antimoine . . . | 12,46 | 15 | 37 |
| Arsenic . . . . | 10,19 | 22 | |
| Cuivre. . . . . | 40,60 | 102 | 102 |
| Fer . . . . . . | 4,66 | 13 | 22 |
| Zinc. . . . . . | 3,69 | 9 | |
| Argent. . . . . | 0,60 | » | » |

Ces résultats donnent immédiatement :

$$18 \left.\begin{matrix}Sb\\As\end{matrix}\right\} {}^2S^3 + 51\,Cu^2S + 22 \left.\begin{matrix}Fe\\Zn\end{matrix}\right\} S + 6\,S$$

Mais M. Rose admet comme composition normale :

$$\begin{aligned} & 18\,Sb^2S^3 + 48\,Cu^2S + 24\,FeS \\ \text{ou}\quad & 3\,Sb^2S^3 + 8\,Cu^2S + 4\,FeS \\ = & 3\,Sb^2S^3 + 4\,(2\,Cu^2S + FeS) \end{aligned}$$

ce qui exprime la combinaison de trois molécules de sulfure d'antimoine avec quatre molécules d'un sulfure répondant à la phillipsite.

L'analyse de la panabase de Gersdorff, presque semblable à la précédente, fournit :

$$18\,Sb^2S^3 + 49\,Cu^2S + 22 \left.\begin{matrix}Fe\\Zn\\Ag\end{matrix}\right\} S + 6\,S$$

La panabase de Zilla, près Klaustal, a donné :

$$18\,Sb^2S^3 + 44\,Cu^2S + 22\,\left.\begin{matrix}Zn\\Fe\end{matrix}\right\}S;$$

celle de Kapnik, en Transylvanie,

$$18\,Sb^2S^3 + 48\,Cu^2S + 20\,\left.\begin{matrix}Zn\\Fe\end{matrix}\right\}S + 6\,S;$$

et celle de Dillenburg,

$$18\,Sb^2S^3 + 49\,Cu^2S + 21\,\left.\begin{matrix}Zn\\Fe\end{matrix}\right\}S.$$

L'excès de soufre trouvé trois fois sur cinq ne peut être accidentel, et semble indiquer que la composition de la panabase n'est pas tout à fait telle qu'elle a été indiquée plus haut.

Je suis d'autant plus porté à le croire, que cet excès de soufre, reporté sur le sulfure d'antimoine, le convertit exactement en $12\,Sb^3\,S^5$, et que l'analyse de plusieurs plombs sulfo-antimoniés nous ont conduits également à admettre l'existence du sulfure $Sb^3\,S^5$. Peut-être aussi cet excès de soufre doit-il être réuni au fer, et peut-être n'est-ce pas du proto sulfure de fer qui est contenu dans la panabase.

2° *Cuivre gris mercurifère.* Il en existe deux analyses : la première, faite par Klaproth, sur un échantillon de Poratsch, en Hongrie ; la seconde, faite par M. Scheidthauer, d'un minerai de Kotterbach, même pays. En voici les résultats :

| | de Poratsch ; | Rapports. | de Kotterback ; | Rapports. | |
|---|---|---|---|---|---|
| Soufre . . . . . | 26 | 130 | 23,34 | 116 | |
| Antimoine . . . | 19,5 | 24 | 18,48 | 23 | 32 |
| Arsenic. . . . . | » | » | 3,90 | 9 | |
| Cuivre . . . . . | 39 | 99 | 35.90 | 98 | |
| Fer. . . . . . . | 7,5 | 22 | 4,90 | 14,4 | |
| Mercure. . . . . | 6,25 | 5 | 7,52 | 6 | 23 |
| Zinc . . . . . . . | » | » | 1,01 | 2,5 | |

La première analyse donne $50\,Cu^2\,S + 12\,Sb^2\,S^3 + 11\,Fe^2\,S^3 + 5\,Hg\,S + 6\,S$.

La seconde donne $49\,Cu^2\,S + 16\,Sb^2\,S^3 + 23\,\left.\begin{matrix}Fe\\Hg\end{matrix}\right\}S$

Ce qui se rapproche beaucoup de la panabase.

3° *Cuivre gris de Saint-Wenzel*, près Wolfach. L'analyse faite par Klaproth a donné :

| | | Rapports atomiques. | | |
|---|---|---|---|---|
| Soufre. . . . . | 23,52 | 116 | 116 | |
| Antimoine . . . | 26,63 | 33 | 32 + | 48 soufre. |
| Cuivre . . . . . | 25,23 | 63 | 64 + | 32 |
| Fer. . . . . . . | 3,72 | 10 | 10 + | 15 |
| Zinc. . . . . . | 3,10 | 7 } | 20 + | 20 |
| Argent. . . . . | 17,71 | 13 } | | |
| | | | | 115 |

Composition : $16Sb^2S^3 + 32Cu^2S + 20\left.\begin{matrix}Ag\\Zn\end{matrix}\right\}S + 5Fe^2S^3$.

4° *Cuivre gris arsenical.* Cette substance paraît aussi être variable dans sa composition que le cuivre gris antimonial. M. Beudant décrit, sous le nom de *tennantite*, une substance métalloïde d'un gris de plomb, cristallisant en dodécaèdre rhomboïdal, pesant 4,375. Dégageant une forte odeur d'arsenic au chalumeau et laissant une scorie qui offre les réactions du cuivre et du fer. L'analyse, faite par M. R. Phillips, a donné :

| | | Rapports atomiques. | |
|---|---|---|---|
| Soufre. . . . . . | 28,74 | 143 | 11 |
| Arsenic . . . . . | 11,84 | 25 | 2 |
| Cuivre . . . . . | 45,32 | 115 | 9 |
| Fer. . . . . . . . | 9,26 | 26 | 2 |

Formule : $9CuS + (FeS^2 + FeAr^2)$.

Ce qui indique une combinaison de deuto-sulfure de cuivre et de mispickel. Mais Klaproth a décrit, sous le nom de *fahlerz*, un cuivre gris arsenical complétement différent, d'un gris d'acier clair, et cristallisant sous forme de deux pyramides triangulaires, opposées base à base et inégales, dans lequel l'analyse a toujours offert moins de soufre et d'arsenic qu'il n'en faut pour amener le fer et le cuivre à l'état de proto-sulfure et d'arséniure. En voici quatre analyses :

| | 1. | | 2. | | 3. | | 4. | |
|---|---|---|---|---|---|---|---|---|
| | | Rapp. | | Rapp. | | Rapp. | | Rapp. |
| Soufre. . . . . . . . | 10 | 50 | 10 | 50 | 10 | 50 | 14,1 | 70 |
| Arsenic . . . . . . . | 24,1 | 51 | 14 | 30 | 15,6 } | 35 | 15,7 | 33 |
| Antimoine. . . . . . | » | » | » | » | 1,5 } | | | |
| Cuivre. . . . . . . . | 41 | 103 | 48 | 121 | 42,5 | 107 | 19,2 | 48 |
| Fer . . . . . . . . . | 22,5 | 57 | 25,5 | 64 | 27,5 | 69 | 51 | 150 |
| Argent. . . . . . . . | 0,4 | » | 0,5 | » | 0,9 | » | » | » |

1° *Fahlerz* du Jung-Hohe-Birke près de Freyberg. L'analyse de Klaproth donne à peu près $Cu^2 S + Fe As$.

2° *Fahlerz* de Kroner, près de Freyberg. L'analyse donne à peu près $2Cu^2 S + Fe^2 As$, avec manque de soufre et d'arsenic.

3° *Fahlerz* de Jonas, près de Freyberg. L'analyse fournit $10 Cu^2 S + 7 Fe^2 As$, avec excès de cuivre.

4° *Schwartzgultigerz* de Airthray, près Stirling. L'analyse faite par Thompson fournit approximativement :

$$9 Fe^2 S + 2 Cu^3 As^2.$$

On voit que les substances désignées sous le nom de *cuivre gris*, quoique très importantes souvent par la quantité d'argent qu'elles contiennent, sont encore mal définies et qu'elles demandent un nouvel examen.

### Cuivre oxidulé.

*Protoxide de cuivre* des chimistes, composé de $Cu^2 O$, ou de cuivre 88,78, oxigène 11,22.

Oxide d'un rouge purpurin, vitreux, translucide ou même transparent dans les petits cristaux, mais le plus souvent gris et d'aspect métallique à la surface ; alors le grattage ou la pulvérisation font reparaître la couleur rouge. Il pèse de 5,4 à 5,6 ; il fond au chalumeau en une matière noire, au feu d'oxidation ; il se réduit en globules de cuivre, au feu de réduction.

Il se dissout dans l'acide nitrique avec dégagement de vapeurs nitreuses. L'acide chlorhydrique le dissout sans effervescence. L'ammoniaque caustique le dissout également. Le dissoluté est incolore lorsqu'il a été fait hors du contact de l'air ; il se colore en bleu céleste aussitôt que l'air fait passer le cuivre de l'état de protoxide à celui de deutoxide.

Le cuivre oxidulé se trouve souvent cristallisé en octaèdre régulier

Fig. 113. Fig. 114.

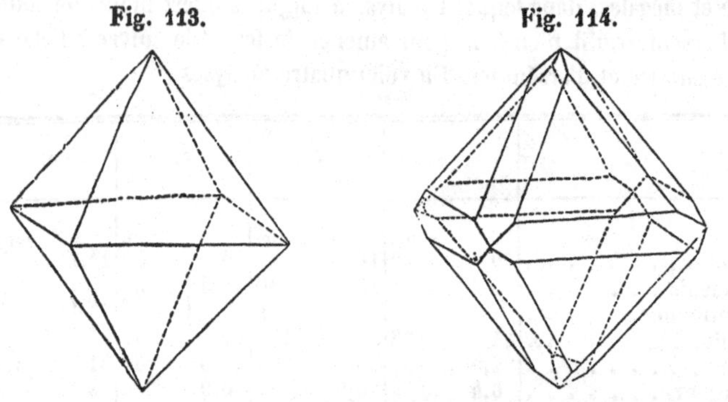

(fig. 113), qui est sa forme primitive, ou en cristaux qui en sont dérivés ; principalement en octaèdre émarginé (fig. 114), qui formele passage de l'octaèdre au dodécaèdre rhomboïdal ; en dodécaèdre rhomboïdal (fig. 115) ; en cubo-octaèdre (fig. 116) ; en cube (fig. 117) ; en cubo-do décaèdre ou dodécaèdre rhomboïdal, dont les six angles qua-

Fig. 115.

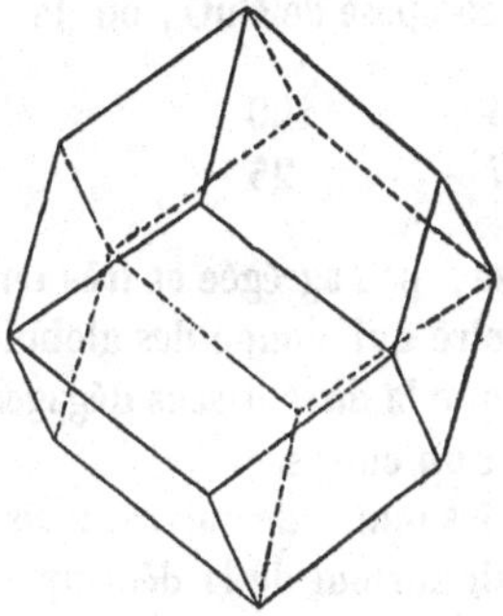

Fig. 116.

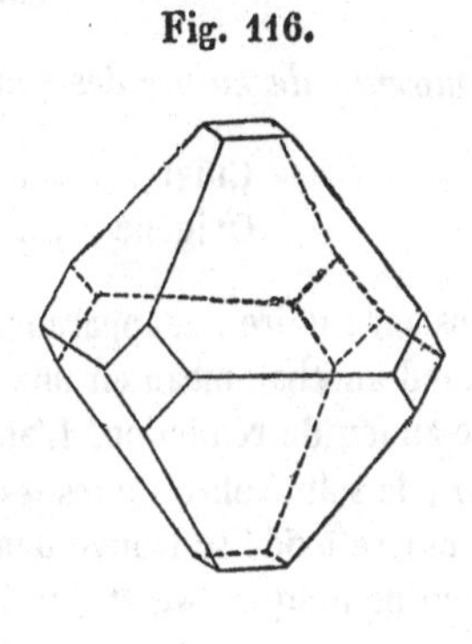

druples sont remplacés ou tronqués par les six faces du cube ; enfin en cristaux *triformes* (fig. 118) qui présentent, sur les douze arêtes de l'octaèdre, les faces du dodécaèdre rhomboïdal ; et sur les six angles, les faces du cube. Tous ces cristaux sont souvent convertis superficiellement en carbonate vert ou malachite (par exemple a Nikolewski en

Fig. 117.

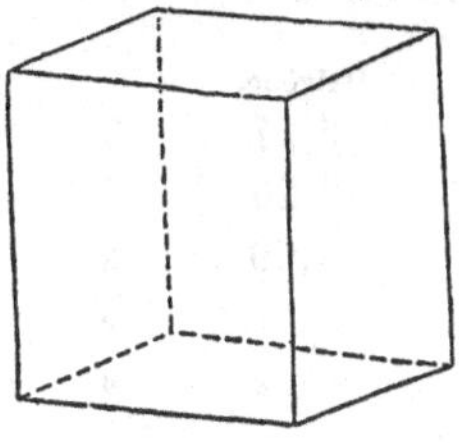

Fig. 118.

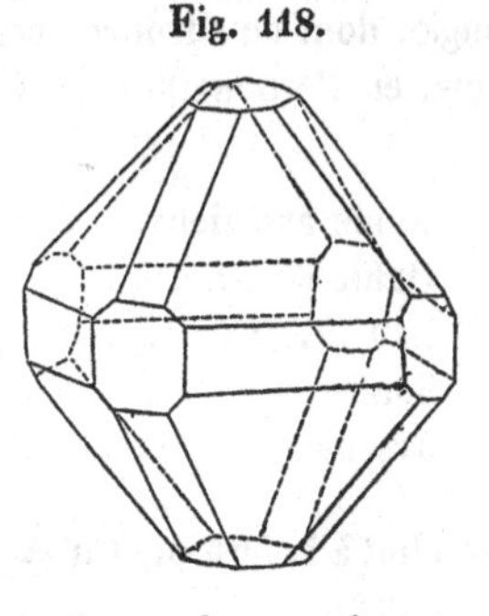

Sibérie), de manière à faire croire à des cristaux de ce carbonate appartenant au système cubique ; tandis que le très petit nombre de ceux qui ont été trouvés véritablement composés de carbonate, sont dérivés d'un prisme oblique rhomboïdal.

Le cuivre oxidulé se trouve aussi sous forme *capillaire* avec un éclat vif et soyeux, comme dans le duché de Nassau, ou *lamellaire*, ou *massif*, ou *terreux*. Ce dernier est toujours mélangé d'oxide de fer qui lui donne la propriété, après avoir été chauffé à la flamme d'une bougie, d'agir sur le barreau aimanté.

Le cuivre oxidulé se trouve dans les terrains primitifs, avec les autres minerais de cuivre, mais principalement avec le cuivre natif, le cuivre carbonaté vert, le cuivre pyriteux et le cuivre sulfuré.

### Cuivre oxidé.

*Deutoxide de cuivre* des chimistes, composé de CuO, ou de

| | | |
|---|---|---|
| Cuivre. . . . | 79,83 | 100 |
| Oxigène . . . | 20,17 | 25 |

Substance noire, d'apparence terreuse, peu agrégée et très tendre. Elle fond au chalumeau en une scorie noire qui donne des globules de cuivre au feu de réduction. L'acide nitrique la dissout sans dégagement de gaz ; le soluté offre toutes les réactions du cuivre.

Le cuivre oxidé se trouve dans toutes les mines de cuivre, mais toujours en petite quantité et paraît provenir surtout de la décomposition du cuivre sulfuré et du cuivre pyriteux. Il donne souvent, au chalumeau, une odeur d'acide sulfureux qui trahit son origine.

### Cuivre arsénité.

*Condurite.* On a donné ce nom à une substance d'apparence terreuse, d'un brun noirâtre passant au bleuâtre, tendre, recevant le poli sous l'ongle, dont on a trouvé une masse considérable dans la mine de Condurow, en Cornouailles. M. Faraday en a retiré

| | | Oxigène. | |
|---|---|---|---|
| Acide arsénieux. . . . | 25,94 | 6,27 | 3 |
| Oxide de cuivre. . . . | 60,50 | 12,20 | 6 |
| Eau . . . . . . . . . | 8,99 | 7,99 | 4 |
| Soufre . . . . . . . . | 3,06 | » | » |
| Arsenic. . . . . . . . | 1,51 | » | » |

ce qui conduit à la formule $\dot{C}u^6 \underline{\dddot{As}} + 4\dot{H}$.

### Cuivre arséniaté.

Cet état naturel du cuivre paraît devoir constituer un certain nombre d'espèces qui diffèrent autant par leur couleur que par leurs formes cristallines et leur composition. Ces arséniates offrent pour caractères communs de se dissoudre sans effervescence dans l'acide nitrique, et de donner alors les réactions ordinaires des dissolutés de cuivre. Ils se dissolvent également dans l'ammoniaque, qu'ils colorent immédiatement en bleu très foncé ; ils se fondent au chalumeau en dégageant une odeur d'arsenic. Voici maintenant leurs différences.

### 1. *Cuivre arséniaté prismatique droit.*

*Cuivre arséniaté en octaèdres aigus*, *olivénite*. Cette substance se présente ordinairement en prismes allongés à 6 ou 8 pans, terminés par un biseau, ou en octaèdres aigus à base rectangle, qui dérivent d'un prisme droit rhomboïdal, dont les faces forment des angles de 110° 47′ et 69° 13′, et dont la hauteur est à un des côtés de la base comme 69 : 88. Elle est d'un vert sombre, raie la chaux fluatée, et pèse 4,378. On la trouve dans plusieurs localités, mais principalement dans les mines de cuivre de Cornouailles, qui fournissent les cristaux les plus nets, et qui la présentent aussi sous forme d'aiguilles déliées ou de masses fibreuses radiées, désignées sous le nom particulier de *wood copper*. La moyenne de quatre analyses très concordantes faites par MM. Kobell, Richardson, Hermann et Damour, donne pour la composition de l'olivénite :

| | | Oxigène. | | Rapports. |
|---|---|---|---|---|
| Oxide de cuivre. . . | 56,58 | 11,40 | | 4 |
| Acide arsénique. . . | 36,22 | 12,60 | 14,35 | 5 |
| — phosphorique. | 3,19 | 1,75 | | |
| Eau. . . . . . . . . | 3,65 | 3,25 | | 1,1 |

$$\text{Formule : } Cu^4, \left.\begin{matrix}\overset{\cdot\cdot\cdot\cdot\cdot}{\underline{As}} \\ \underline{P}\end{matrix}\right\} + \dot{\underline{H}}.$$

### 2. *Cuivre arséniaté euchroïte.*

Cet arséniate a été trouvé à Libethen, en Hongrie, disséminé dans un schiste micacé. Les cristaux sont des prismes peu nets, arrondis et chargés de facettes, qui dérivent d'un prisme droit rhomboïdal de 117° 20′, dont la hauteur est à l'un des côtés de la base comme 180 : 203. Il est d'un vert d'émeraude, est à peu près aussi dur que le fluorure de calcium, et pèse 3,389. La moyenne de trois analyses faites par Turner, M. Vœhler et M. Kuhn, donne, pour sa composition :

| | | Oxigène. | Rapports. |
|---|---|---|---|
| Oxide de cuivre. . . . | 47,64 | 9,59 | 4 |
| Acide arsénique. . . . | 33,59 | 11,68 | 5 |
| Eau. . . . . . . . . . . | 18,81 | 16,72 | 7 |

$$\text{Formule : } \dot{Cu}^4 \overset{\cdot\cdot\cdot\cdot\cdot}{\underline{As}} + 7\dot{\underline{H}}.$$

L'euchroïte diffère donc de l'olivénite parce qu'elle ne renferme pas d'acide phosphorique, et parce qu'elle contient sept équivalents d'eau au lieu d'un.

### 3. *Cuivre arséniaté prismatique oblique.*

*Cuivre arséniaté prismatique triangulaire*, *aphanèse*. Cet arséniate se présente ordinairement en petites aiguilles, en faisceaux de lames courbes ou en masses cristallines testacées, d'un vert très foncé; il pèse 4,312; il est rayé par la chaux carbonatée rhomboïdale; quelques cristaux observés par M. Phillips sont dérivés d'un prisme rhomboïdal, dont les faces font entre elles des angles de 56 et de 124 degrés, et dont la base est inclinée sur les faces de 95 degrés. L'analyse faite par M. Damour, confirmée par une autre plus récente de M. Rammelsberg, a donné :

| | | Oxigène. | | Rapports. |
|---|---|---|---|---|
| Oxide de cuivre. . . . | 62,80 | 12,67 | | 6 |
| Acide arsénique. . . . | 27,08 | 9,40 | 10,24 | 5 |
| — phosphorique. . | 1,50 | 0,84 | | |
| Eau. . . . . . . . . . | 7,57 | 6,74 | | 3 |

$$\text{Formule : } \dot{C}u^6 \left.\begin{matrix}\overset{\cdot\cdot\cdot\cdot\cdot}{\underline{As}} \\ \underline{P}\end{matrix}\right\} + 3\dot{\underline{H}}.$$

### 4. *Cuivre arséniaté rhomboédrique.*

*Cuivre micacé*, *kupfer glimmer*, *érinite*. Cet arséniate est d'un beau vert d'émeraude, cristallisé en lames hexagonales plus ou moins modifiées sur les bords, et qui dérivent d'un rhomboèdre aigu de 69° 48'. Il possède une double réfraction très énergique. Il est rayé par le calcaire rhomboïdal; il pèse 2,659. Chauffé dans un matras, il pétille et se réduit en écailles très légères. La moyenne de deux analyses faites par M. Damour donne :

| | | Oxigène. | | Rapports. |
|---|---|---|---|---|
| Oxide de cuivre. . . | 52,61 | 10,59 | | 6,75 |
| Acide arsénique. . . | 20,31 | 7,06 | 7,85 | 5 |
| — phosphorique. | 1,43 | 0,79 | | |
| Eau. . . . . . . . . | 23,26 | 20,68 | | 13,17 |
| Alumine . . . . . | 1,97 | 0,92 | | » |

M. Damour pense que ces résultats peuvent être représentés par

$$Cu^6 \left.\begin{matrix}\overset{\cdot\cdot\cdot\cdot\cdot}{\underline{A}} \\ \underline{P}\end{matrix}\right\} + 12\,\dot{H}$$

Cette formule ne diffère de celle de l'aphanèse que par une quantité quadruple d'eau.

### 5. *Cuivre arséniaté en octaèdres obtus.*

*Lenzenerz*, *liroconite*. Arséniate d'un bleu céleste ou quelquefois un peu verdâtre, qui se présente cristallisé en octaèdres très obtus à base rectangulaire, dont la forme primitive est un prisme droit rhomboïdal de 107° 5′, dans lequel la hauteur est à l'un des côtés de la base comme 86 : 85. Il raie le calcaire rhomboïdal et pèse 2,964. Il dégage beaucoup d'eau par la calcination, puis il verdit et devient incandescent. Après cette calcination, sa couleur est passée au brun. Quatre analyses très rapprochées, faites par MM. Trolle-Wachtmeister, Hermann et Damour, établissent la composition de cette substance. Voici la moyenne des deux analyses faites par M. Damour :

| | | Oxigène. | | Rapports. | |
|---|---|---|---|---|---|
| Oxide de cuivre. . . | 37,29 | 7,51 | | 75 | 15 |
| Alumine . . . . . . | 9,89 | 4,62 | | 45 | 9 |
| Acide arsénique. . . | 22,31 | 7,76 | 9,63 | 100 | 20 |
| — phosphorique. | 3,37 | 1,87 | | | |
| Eau. . . . . . . . . | 25,47 | 22,64 | | 225 | 45 |

La seule formule qui puisse cadrer avec cette analyse est

$$3\dot{Cu}^5\overset{\therefore}{\underline{As}}+\overset{\cdot\cdot\cdot}{\underline{Al}}^3\overset{\therefore}{\underline{As}}+45\dot{\underline{H}}$$

L'entière solubilité de la liroconite dans l'ammoniaque est une preuve que l'alumine s'y trouve combinée aux acides et non à l'état de simple mélange.

Je viens de décrire les cinq espèces d'arséniates de cuivre qui ont été le mieux déterminées dans ces dernières années ; mais je suis loin de croire que ce soient les seules que l'on doive admettre. On possède, en effet, d'anciennes analyses de Vauquelin, de Klaproth et de Chenevix, assez différentes de celles que nous avons admises pour qu'on ne puisse pas en attribuer les résultats à des erreurs qui n'étaient pas dans les habitudes de ces célèbres chimistes. Par exemple, au nombre des variétés aciculaires confondues avec l'olivénite, on en trouve une analysée par Klaproth, qui paraît formée de $Cu^3\overset{\therefore}{\underline{As}}+\dot{\underline{H}}$; et on en compte trois autres, analysées par Chenevix, qui contiennent 16, 18 et 21 d'eau pour 100, et dont les résultats sont très exactement représentés par $Cu^5\overset{\therefore}{\underline{As}}+$ 7, 8 et 9 $\dot{\underline{H}}$. Pareillement il est difficile de ne pas admettre que plusieurs arséniates de cuivre peuvent affecter la forme *micacée*, et ont été confondus avec l'*érinite :* tels sont, par exemple, le cuivre micacé analysé par Vauquelin, qui était formé de $Cu^8\overset{\therefore}{\underline{As}}{}^3+15\dot{\underline{H}}$; celui de Limerik, analysé par Turner, qui est très exactement formé de $3Cu^5\overset{\therefore}{\underline{As}}+5\dot{\underline{H}}$; le cuivre arséniaté lamelliforme de Chenevix, composé de $\dot{Cu}^8\overset{\therefore}{\underline{As}}+12$

ou 13 $\dot{H}$ ; enfin le *kupfer-glimmer*, analysé tout récemment par M. Hermann, qui contient $\dot{C}u^8 \dddot{\underline{As}} + 23 \dot{\underline{H}}$.

### Cuivre phosphaté.

Le cuivre phosphaté est d'un vert plus ou moins foncé, translucide ou transparent, soluble sans effervescence dans l'acide nitrique, soluble également dans l'ammoniaque avec coloration bleu foncé; enfin donnant toutes les réactions des sels cuivriques Il se distingue de l'oxi-chlorure parce que son dissoluté dans l'acide nitrique ne précipite pas par le nitrate d'argent, et de l'arséniate, parce qu'il ne donne pas d'odeur arsenicale au chalumeau. Il en existe probablement quatre espèces.

#### 1. *Cuivre phosphaté anhydre.*

Ce phosphate se trouve en petites masses mamelonnées, à Rheinbretbach (provinces rhénanes), et à Libethen, en Hongrie. Il est vert, mais noirâtre à sa surface, et même quelquefois à l'intérieur, par stries. Une analyse de Klaproth, confirmée par celle de M. Dumesnil, lui donne pour composition :

| | | Oxigène. | Rapports. |
|---|---|---|---|
| Oxide de cuivre . . . . | 68,13 | 13,74 | 4 |
| Acide phosphorique . . | 30 95 | 17,34 | 5 |

Formule : $\dot{C}u^4 \underline{\ddot{\dot{P}}}$.

Il est à remarquer cependant que les échantillons compactes et mamelonnés des deux localités citées ont toujours offert un peu d'eau à M. Beudant.

#### 2. *Cuivre phosphaté octaédrique.*

Nommé aussi *libethénite* ou *aphérèse*. On le trouve dans les mines de cuivre de Libethen, où il accompagne le cuivre oxidulé et le cuivre pyriteux dans une gangue de quarz. Il est d'un vert olive foncé, et cristallisé en octaèdres à base rectangle, simples ou modifiés sur les angles, ou sur les angles et lés arêtes. Ces cristaux dérivent d'un prisme droit rhomboïdal de 109° 10′, et 70° 50′, dans lequel le rapport de la hauteur est à l'un des côtés de la base comme 25 est à 29. La composition de ce phosphate n'est pas encore bien fixée, ou plutôt je pense (et cette observation s'étend à d'autres minéraux) que cette composition peut varier dans une certaine limite, sans qu on puisse s'en autoriser pour en former plusieurs espèces différentes. Ainsi, dans le cas présent, trois analyses du cuivre phosphaté cristallisé de Libethen ont donné :

| | I. | II. | III. |
|---|---|---|---|
| Oxide de cuivre. . . | 63,9 | 69,61 | 66,55 |
| Acide phosphorique. | 28,7 | 24,13 | 28 |
| Eau. . . . . . . . . | 7,4 | 6,26 | 4,43 |

I. Analyse faite par M. Berthier; elle donne exactement $\dot{\mathrm{Cu}}^4 \overset{\cdot\cdot\cdot\cdot\cdot}{\underline{\mathrm{P}}} + 2\underline{\dot{\mathrm{H}}}$.

II. Analyse due à M. Vœhler; elle donne $\dot{\mathrm{Cu}}^5 \overset{\cdot\cdot\cdot\cdot\cdot}{\underline{\mathrm{P}}} + 2\underline{\dot{\mathrm{H}}}$, que l'on peut mettre ainsi : $\dot{\mathrm{C}}^4 \overset{\cdot\cdot\cdot\cdot\cdot}{\underline{\mathrm{P}}}, \underline{\dot{\mathrm{H}}} + \dot{\mathrm{Cu}}\underline{\dot{\mathrm{H}}}$; afin de conserver le même type de phosphate dans toutes les variétés.

III. Analyse faite par M. Vœhler sur des cristaux de Libethen, d'un vert clair; elle donne immédiatement $17\,\dot{\mathrm{Cu}}\,\mathrm{O} + 4\,\underline{\mathrm{P}}^2\mathrm{O}^5 + 5\,\underline{\mathrm{H}}^2\mathrm{O}$, qu'il faut traduire ainsi :

$$4(\dot{\mathrm{Cu}}^4 \overset{\cdot\cdot\cdot\cdot\cdot}{\underline{\mathrm{P}}}, \underline{\dot{\mathrm{H}}}) + \dot{\mathrm{Cu}}\underline{\dot{\mathrm{H}}}$$

### 3. *Cuivre phosphaté prismatique.*

*Ypoléime* (Beudant). Trouvé à Virneberg, près de Rheinbreitbach, dans la Prusse rhénane, engagé dans du quarz. Il est d'un vert assez pur et foncé, sous forme de cristaux prismatiques ou octaédriques, qui dérivent d'un prisme oblique rhomboïdal d'environ 141° et 39°. L'inclinaison de la base sur les faces est de 112° 30′. Il pèse 4,205, et raie la chaux fluatée. On le trouve aussi en masses mamelonnées, rayonnées à l'intérieur, d'un vert bleuâtre, d'une composition moins certaine et contenant d'ailleurs du carbonate de cuivre. L'analyse faite par M. Lynn a donné :

| | | Rapports moléculaires. | |
|---|---|---|---|
| Oxide de cuivre. . . | 62,847 | 127 | 5,27 |
| Acide phosphorique. | 21,687 | 24 | 1 |
| Eau. . . . . . . . . | 15,454 | 137 | 5,71 |

Formule $\dot{\mathrm{Cu}}^5 \overset{\cdot\cdot\cdot\cdot\cdot}{\underline{\mathrm{P}}} + \underline{\dot{\mathrm{H}}}^5$ avec mélange de cuivre hydraté.

### 4. *Trombolite.*

M. Plattner a donné ce nom à un phosphate de cuivre fibreux, trouvé à Retzbanya, en Hongrie, qui lui a présenté une composition fort différente des précédentes.

| | | Rapports moléculaires. | |
|---|---|---|---|
| Oxide de cuivre. . . | 39,2 | 79 | 7 |
| Acide phosphorique. | 41 | 45,5 | 4 |
| Eau. . . . . . . . . | 16,8 | 149 | 13 |

Formule : $2(\dot{\mathrm{Cu}}^3 \overset{\cdot\cdot\cdot\cdot\cdot}{\underline{\mathrm{P}}}, \underline{\dot{\mathrm{H}}}^6) + \dot{\mathrm{Cu}}\underline{\dot{\mathrm{H}}}$.

### Cuivre hydro-silicaté.

Il existe plusieurs composés de ce genre dont le mieux défini est un minéral très rare, presque semblable à l'émeraude et d'abord confondu avec elle, jusqu'à ce que Haüy, par les caractères cristallographiques, et Vauquelin, par l'analyse, aient montré qu'il en différait totalement. Cette substance, nommée *dioptase* par Haüy, *achirite* ou *émeraude cuivreuse* par d'autres, a été apportée de la Tartarie Chinoise par un marchand nommé *Achir-Malmed*. Elle est d'un vert pur, transparente, cristallisée en prisme hexaèdre régulier terminé par trois faces rhomboïdales, ce qui en forme un dodécaèdre. Les joints naturels sont très nets et parallèles aux faces des sommets, et conduisent à la forme primitive qui est un rhomboèdre obtus.

Le dioptase pèse 3,278, il raie difficilement le verre, conduit l'électricité et prend l'électricité résineuse lorsqu'il est isolé. Au chalumeau, il devient brun marron et colore la flamme en vert jaunâtre; avec le borax, il finit par donner du cuivre métallique.

L'émeraude, qui est un silicate double d'alumine et de glucine, coloré par de l'oxide de chrome, se distingue du dioptase par les caractères suivants. Elle pèse 2,7; raie difficilement le verre, ne conduit pas l'électricité, s'électrise vitreusement par le frottement, et se divise parallèlement aux faces d'un prisme hexaèdre régulier.

Vauquelin qui a le premier reconnu la nature cuivreuse du dioptase, n'en a cependant publié que deux analyses fautives, en raison du mélange d'une grande quantité de carbonate de chaux et d'oxide de fer que contenait la matière employée. Lowitz en a donné une autre analyse qui conduisait à la formule $Cu^2 \dddot{Si} + 2Aq$. Mais il résulte des nouvelles analyses de M. Hess et de M. Damour que le dioptase est composé de

| | | Oxigène. | |
|---|---|---|---|
| Silice. . . . . . . . | 38,93 | 20,22 | 6 |
| Oxide cuivrique. . . | 49,51 | 9,99 | 3 |
| Eau. . . . . . . . . . | 11,29 | 10,01 | 3 |

D'où résulte la formule $Cu^3 \dot{Si}^2 + 3Aq$.

*Cuivre hydrosilicaté amorphe*, *cuivre hydraté siliceux* de Haüy, *chrysocole* de quelques minéralogistes. Substance amorphe, compacte, ayant une cassure conchoïde, un éclat résineux et une couleur verte bleuâtre. Elle pèse 2,733, donne de l'eau à la distillation, perd sa couleur dans l'acide nitrique et y devient blanche et translucide. Elle est presque toujours mélangée d'un peu de carbonate de cuivre qui en rend la composition douteuse. Cependant, en faisant abstraction des corps étrangers, le minéral paraît formé de

| | | Oxigene. |
|---|---|---|
| Silice. . . . . . | 34,37 | 6 |
| Oxide de cuivre. | 45,17 | 3 |
| Eau. . . . . . . | 20,46 | 6 |

$$Cu^3 Si^2 + 6 Aq.$$

Ce qui indique un silicate deux fois plus hydraté que le dioptase.

Le cuivre hydrosilicaté amorphe se trouve en petits amas dans les dépôts cuivreux; notamment dans la mine de Turschink, en Sibérie; à Saalfeld, en Thuringe; à Schwartzenberg, en Saxe; à Joachimstal, en Bohême; à Sommerville, dans le New-Jersey.

### Cuivre carbonaté.

Il en existe trois espèces distinctes: une anhydre, amorphe et d'une couleur brune; une sesquibasique hydratée, d'une belle couleur bleue; une bibasique hydratée d'une belle couleur verte.

### *Cuivre carbonaté anhydre.*

En petites masses brunes, compactes ou terreuses, presque toujours mélangées de carbonate hydraté vert et de fer peroxidé. Il est tendre, se laisse couper au couteau, ne donne pas d'eau à la distillation. Se dissout avec effervescence dans les acides. Une seule analyse faite par Thompson donne:

| | | Oxigène. | |
|---|---|---|---|
| Acide carbonique . . . | 16,70 | 12,08 | 2 |
| Oxide de cuivre . . . . | 60,75 | 12,25 | 2 |
| Peroxide de fer . . . . | 19,50 | | |
| Silice . . . . . . . . . | 2,10 | | |

$$Cu^2 C.$$

Cette substance, très rare, a été trouvée dans l'Indostan, près de la frontière orientale du Mysore, d'où vient le nom de *mysorine* que les minéralogistes lui donnent.

### *Cuivre carbonaté bleu, Azurite.*

Carbonate d'un bleu d'azur passant au bleu foncé, pesant 3,6, rayant la chaux carbonatée, rayé par le calcium fluoruré. Il donne de l'eau à la distillation et devient brun noirâtre. Il fait effervescence avec les acides et fournit un dissoluté de cuivre. On le trouve cristallisé en prismes obliques rhomboïdaux de 98° 50′ et 81° 10′, dont la base est inclinée sur les pans de 91° 30′ et 88° 30′; ou en masses globuleuses formées de cristaux agglomérés qui ne présentent que leurs pointes à l'extérieur; ou sous formes de petites concrétions irrégulières, striées du centre à la circonférence, connues anciennement sous le nom de *pierres d'Arménie;* ou bien encore sous une apparence terreuse et mélangée de matières calcaires qui en affaiblissent la couleur. On le nomme sous ce dernier état *bleu de montagne.* Composition moyenne résultant de plusieurs analyses :

| | | Oxigène. | |
|---|---|---|---|
| Acide carbonique . . . | 25,60 | 18,52 | 4 |
| Oxide de cuivre. . . . | 69,13 | 13,94 | 3 |
| Eau. . . . . . . . . . | 5,27 | 4,69 | 1 |

Cette composition indique un carbonate de cuivre sesquibasique hydraté, ou plutôt, d'après M. Berzélius, une combinaison de deux molécules de carbonate anhydre avec une molécule d'hydrate d'oxide de cuivre = 2Cu C + Cu H.

Le cuivre carbonaté bleu se trouve dans deux gisements différents : tantôt il tapisse en enduits, concrétions ou cristaux, les parois des filons cuprifères ; tantôt il est en masses cristallisées, disséminées au milieu du grès rouge des anciens terrains secondaires. C'est ainsi qu'on le trouve à Chessy, près de Lyon, et sur le revers occidental des monts Ourals en Russie, où il est accompagné de cuivre oxidulé cristallisé et de cuivre carbonaté vert. Lorsqu'il est très abondant, on l'emploie pour l'extraction du cuivre ; mais en France on le réserve pour la fabrication du sulfate de cuivre, ou pour la peinture à l'huile ; car, broyé avec de l'huile, il conserve sa belle couleur bleue, tandis que le phosphate de fer bleu naturel, par exemple, que l'on pourrait quelquefois confondre avec lui, quant à la couleur, acquiert avec l'huile une teinte brune noirâtre qui en empêche l'usage.

On fabrique en Angleterre, pour l'usage de la peinture et par un procédé encore inconnu, un carbonate bleu composé chimiquement comme le carbonate naturel et qui porte le nom de *cendres bleues.*

*Cuivre carbonaté vert, Malachite.*

Substance d'un beau vert, plus ou moins foncé; fragile, à cassure souvent testacée et striée; fusible et facilement réductible au chalumeau, donnant de l'eau à la distillation, soluble dans l'acide nitrique avec effervescence.

Ce carbonate se trouve très rarement cristallisé, et seulement en cristaux aciculaires très brillants, qui dérivent, d'après M. Dufrénoy, d'un prisme rhomboïdal oblique. Bèaucoup plus fréquemment, le carbonate vert paraît cristallisé en octaèdres réguliers, en cubes ou en dodécaèdres rhomboïdaux ; mais ces cristaux sont toujours du cuivre oxidulé qui s'est transformé superficiellement en malachite. Quelquefois aussi on le trouve en prismes rhomboïdaux obliques, qui proviennent de l'altération de l azurite.

Le cuivre carbonaté vert est le plus souvent sans forme déterminable, et présente trois variétés principales.

1° *Fibreux*, ou en aiguilles fines, brillantes et soyeuses, rayonnées, entrelacées ou parallèles.

2° *Concrétionné*, ou en masses mamelonnées, compactes, formées de couches concentriques de différentes nuances de vert, et susceptibles d'un beau poli. C'est à cet état spécialement qu'il porte le nom de *malachite ;* on en fait des objets d'ornement et même quelquefois des meubles d'un très graud prix.

3° *Terreux*, ou rendu impur par différents mélanges qui en affaiblissent la couleur. On le nomme *cendres vertes* ou *vert de montagne.*

Le cuivre carbonaté vert se distingue de tous les autres composés naturels du cuivre pourvus d'une couleur verte, par l'effervescence qu'il fait avec l'acide nitrique. Il est formé de

| | | Oxigène. |
|---|---|---|
| Acide carbonique. . . . | 19,95 | 2 moléc. |
| Oxide de cuivre. . . . . | 71,84 | 2 |
| Eau . . . . . . . . . . . | 8,21 | 1 |

Formules : $\dot{Cu}^2 \ddot{C} + \dot{\underline{H}}$ ou $\dot{Cu} \ddot{C} + \dot{Cu} H$

ce qui indique un carbonate bibasique hydraté, ou une combinaison d'une molécule de cárbonate neutre avec une molécule d'hydrate de cuivre.

Le carbonate de cuivre vert se trouve dans les mêmes lieux que le bleu, et est généralement plus abondant. C'est la mine de *Goumechefski*, en Sibérie, qui fournit les plus belles malachites. On en trouve aussi en Hongrie, au Harz, à Chessy près de Lyon, en Pensylvanie, au Chili.

#### Cuivre oxi-chloruré, Atakamite.

Cette substance est un *oxichlorure de cuivre hydraté*, souvent mélangé de sable, d'oxide de fer ou de sulfate de chaux, mais qui, séparé des substances qui lui sont étrangères, paraît formé de

| | | | |
|---|---|---|---|
| 3 molécules d'oxide de cuivre. . | | $3\dot{Cu}$ | 53,7 |
| 1 | — de chlorure. . . . . | $CuCl^2$ | 30,3 |
| 4 | — d'eau . . . . . . . . | $4H^2O$ | 16 |
| | | | 100,0 |

Cet oxichlorure est d'un vert brillant; il colore en vert et en bleu la flamme d'une bougie; il se dissout dans l'acide nitrique sans effervescence, et forme une liqueur qui précipite le nitrate d'argent et rougit une lame de fer. Il se réduit au chalumeau en un globule de cuivre, sans dégager d'odeur arsenicale.

L'oxichlorure de cuivre se trouve, au Chili, en masses rayonnées dans leur intérieur, et, au Pérou, en filons assez puissants dans une gangue de quarz. Ce dernier nous parvient sous forme d'une poudre grossière, qu'on a crue naturelle; il a longtemps porté, par cette raison, le nom de *sable vert du Pérou.*

### Cuivre sous-sulfaté.

Ce sous-sel, provenant de plusieurs localités, présente dans sa constitution quelques différences peu importantes, qui le font cependant distinguer en plusieurs espèces par les minéralogistes. Ainsi l'on donne le nom de *brochantite* à un sous-sulfate trouvé en petits cristaux droits rhomboïdaux de 104° 10′ et 75° 50′, à Ekatherinenbourg, en Sibérie, duquel M. Magnus a retiré :

| | | Oxigène. | |
|---|---|---|---|
| Acide sulfurique . . . . | 17,43 | 10,43 | 3 |
| Oxide de cuivre . . . . | 66,94 | 13,50 | 4 |
| Eau. . . . . . . . . | 11,92 | 10,59 | 3 |
| Oxide de zinc . . . . | 3,15 | | |
| — de plomb . . . . | 0,05 | | |

Formule : $Cu^4 \dddot{S} + 3$ Aq.

Un autre sous-sulfate, trouvé à Krisuvig, en couche plus ou moins épaisse, et nommé *krisuvigite*, contient, d'après M. Forchhammer :

| | | Oxigène. | |
|---|---|---|---|
| Acide sulfurique . . . . | 18,88 | 10,04 | 3 |
| Oxide cuivrique . . . . | 67,73 | 13,66 | 4 |
| Eau. . . . . . . . . | 12,81 | 11,38 | 3,5 |
| Acide ferrique. . . . } Alumine. . . . . . . } | 0,36 | | |

Enfin un troisième sous sulfate, extrait d'un minerai de Valparaiso, qui le contient mélangé de silicate, de cuivre natif, oxidulé, sulfuré et pyriteux, présente à l'analyse, d'après M. Jacquot :

| | | Oxigène. | |
|---|---|---|---|
| Acide sulfurique . . . . | 17,2 | 10,30 | 3 |
| Oxide cuivrique . . . . | 68,1 | 13,74 | 4 |
| Eau. . . . . . . . . | 14,7 | 14,07 | 4 |

Formule : $\dot{C}u^4 \dddot{S} + 4$ Aq.

### Cuivre sulfaté.

Ce sel est le sulfate de cuivre neutre ordinaire, ou *vitriol bleu*, formé de

| | | |
|---|---|---|
| Acide sulfurique. . . | 32,14 | |
| Oxide cuivrique. . . | 31,80 | $= \dot{Cu}\dddot{S} + 5$ Aq. |
| Eau. . . . . . . . . | 36,06 | |

Il est bleu, transparent, d'une saveur très styptique, cristallisant en prismes obliques, à base de parallélogramme obliquangle. Il pèse 2,19; il s'effleurit à l'air, et devient verdâtre et opaque à sa surface. Il perd toute son eau par une chaleur modérée, et laisse d'abord 64 pour 100 de sulfate anhydre blanc, qui, par une température élevée, perd son acide sulfurique et se convertit en oxide de cuivre. Le soluté du sulfate dans l'eau précipite le nitrate de baryte, rougit une lame de fer et prend une couleur bleue très foncée par l'ammoniaque. Le cyanure ferroso-potassique y forme un précipité brun-rougeâtre, et l'acide sulfhydrique un précipité brun-noir.

Le sulfate de cuivre ne se trouve qu'en petite quantité à la surface des minerais de cuivre, ou dissous dans les eaux qui circulent dans ses mines. Dans quelques pays, on l'obtient par l'évaporation de ces eaux; mais la presque totalité de celui du commerce est préparé artificiellement par l'un ou l'autre des procédés suivants :

Dans les pays abondants en sulfures de cuivre, on grille ces sulfures lentement, afin d'en brûler le soufre et le cuivre, et de les transformer en sulfate de cuivre. Après le grillage, on laisse la mine exposée à l'air pendant un certain temps et on l'arrose quelquefois. Enfin on la lessive, on fait évaporer les liqueurs et on les laisse cristalliser.

En France, où le sulfure de cuivre naturel n'est pas très abondant, et où le sulfate conserve un prix assez élevé, il y a de l'avantage à faire du sulfure de cuivre artificiel, en combinant le soufre et le cuivre à l'aide de la chaleur. Ensuite on calcine ce sulfure pour le *sulfatiser*, et on le plonge tout rouge dans l'eau. Le sulfate de cuivre se dissout dans le liquide et en est retiré par la cristallisation.

On peut également chauffer au rouge des plaques de cuivre, en séparer l'oxide sous forme de *battitures* par l'action du marteau, et dissoudre cet oxide par l'acide sulfurique.

Enfin j'ai dit précédemment que le cuivre carbonaté de Chessy servait principalement à la fabrication du sulfate de cuivre, au moyen de sa dissolution dans l'acide sulfurique.

*Extraction du cuivre.* Les minerais qui sont l'objet d'un traitement métallurgique sont le cuivre natif, sulfuré, pyriteux, oxidulé, carbonaté, enfin le cuivre gris lorsqu'il est argentifère. Le cuivre pyriteux est le plus commun et le plus habituellement exploité. Les autres, qui s'y trouvent accidentellement mélangés, sont traités avec lui. Il n'y a qu'en Sibérie que le cuivre sulfuré et les deux carbonates sont assez abondants pour former l'objet principal de l'exploitation.

Je ne décrirai que l'extraction du cuivre pyriteux ou *sulfure ferroso-cuivreux*. C'est une des opérations métallurgiques les plus longues et les plus compliquées.

On commence par griller le minerai, ce qui s'exécute suivant plusieurs procédés, entre autres par le suivant : on dispose le minerai en pyramides tronquées, sur un lit de bois, et de telle manière que les plus gros morceaux soient placés au centre, et les plus petits à la surface ; ceux-ci sont battus, et quelquefois mêlés d'un peu de terre, pour ralentir la combustion et diriger les vapeurs vers le haut ; au centre de la pyramide est un canal vertical dans lequel on jette quelques tisons enflammés. Le bois placé au bas prend feu, et le communique peu à peu au sulfure, qui, une fois échauffé, continue de brûler et de se griller par lui-même. Il se forme, pendant ce grillage, qui dure quelquefois plus d'un an, des oxides et des sulfates de cuivre et de fer, de l'acide sulfureux et du soufre qui se dégagent : une partie de ce dernier est recueilli dans des cavités que l'on pratique à cet effet dans la partie supérieure de la pyramide.

La mine grillée, et composée surtout des oxides et des sulfates de cuivre et de fer, est traitée, dans un fourneau à manche, avec du charbon de bois ou de la houille épurée : par la fusion, les sulfates de cuivre et de fer reviennent à l'état de sulfures ; les oxides, et surtout celui du cuivre, se réduisent : il en résulte un métal impur, noir et cassant, nommé *matte*, composé encore de cuivre, de fer et de soufre.

La matte est concassée et soumise à un assez grand nombre de grillages successifs, qui oxident de nouveau les métaux, et reforment un peu de leurs sulfates ; ensuite elle est refondue dans un fourneau à manche, mais avec addition d'une certaine quantité de quarz, lequel s'oppose à la réduction de l'oxide de fer, par l'affinité qu'il a pour lui. Les résultats de cette opération sont du *cuivre noir*, une nouvelle matte, et des scories composées principalement de silice et d'oxide de fer : on rejette ces scories ; la matte est grillée derechef ; quant au cuivre noir, qui contient environ 0,90 de cuivre pur, on le porte au *fourneau d'affinage*.

Ce fourneau est à réverbère : son sol, qui est concave et recouvert d'une brasque de charbon et d'argile, sert pour la fusion du métal ; sur l'un des côtés se trouvent deux soufflets, de l'autre deux bassins de réception ; à une extrémité est le foyer, à l'autre la cheminée. On charge le sol du fourneau de cuivre noir, et on allume le feu : le cuivre fond, et forme a sa surface des scories que l'on enlève avec une espèce de râteau sans dents ; alors on dirige dessus le vent des soufflets, ce qui fait rouler le métal sur lui-même, et lui fait présenter successivement toutes ses parties au contact de l'air. A l'aide de ce mouvement, le fer et le soufre, qui sont beaucoup plus combustibles, se brûlent d'abord, et le cuivre s'affine. Au bout de deux heures, ou lorsqu'on s'aperçoit de la pureté du métal à sa couleur et à l absence des scories, on met le bassin de fusion en communication avec ceux de réception : le cuivre y coule et s'y refroidit ; on hâte son refroidissement, surtout à la surface, en y jetant un peu d'eau avec un balai, et on enlève avec un ringard la croûte solide à mesure qu'elle se forme. Le cuivre, ainsi obtenu, se nomme *cuivre de rosette.*

Outre le cuivre que l'on extrait de ses sulfures, on en retire aussi une assez grande quantité de diverses variétés de cuivre gris.

J'ai rapporté, en parlant de l'argent (p. 179), la manière dont cette mine était grillée et réduite, et celle dont le métal, d'abord allié au plomb et mis sous la forme de *pains de liquation*, était ensuite privé de ce plomb et de l'argent par une fusion ménagée ; le cuivre ne se fondant pas au même degré de chaleur, et conservant la forme des pains. Ce cuivre, qui est très poreux, retient toujours une certaine quantité de plomb dont il faut le priver : on y parvient en le tenant fondu pendant quelque temps dans un fourneau de réverbère, à peu près de la même manière que pour l'affinage dont il vient d'être parlé ; car le plomb se convertit en litharge, et le cuivre s'approche de plus en plus de l'état de pureté. Cependant il paraît que ce métal, ainsi obtenu, ne se travaille pas aussi bien que le cuivre neuf ; d'un autre côté, il résiste mieux, dit-on ; à l'action de l'air et de l'eau, et est avantageux pour le doublage des vaisseaux.

*Propriétés.* Le cuivre pur est solide, très éclatant et d'un rouge rosé ; il a une saveur très marquee et acquiert une odeur désagréable par le frottement. C'est le plus élastique et le plus sonore de tous les métaux, c'est aussi l'un des plus ductiles et des plus tenaces ; sa dureté est moins grande que celle du fer ; sa pesanteur spécifique est de 8,895 : il est un peu plus fusible que l'or, et moins fusible que l'argent.

Le cuivre est peu altérable à l'air sec : à l'air humide il se ternit et se recouvre d'une couche de carbonate vert, que l'on nomme vulgairement *vert-de-gris*, mais qui n'est pas celui que nous employons.

Il n'y a presque pas d'acides, même parmi ceux que l'on retire des végétaux, qui n'attaquent le cuivre, lorsque ce métal est en même temps exposé au contact de l'air ; les acides sulfurique et hydrochlorique surtout l'attaquent dans cette circonstance ; l'acide sulfurique concentré et bouillant le dissout, comme il le fait pour presque tous les métaux.

L'acide nitrique attaque très vivement le cuivre et le dissout même à froid ; il se dégage beaucoup de deutoxide d'azote, et il en résulte une dissolution bleue qui, comme toutes les dissolutions de cuivre au *maximum* d'oxidation, jouit des propriétés suivantes :

Elle forme avec la potasse un précipité bleu pâle qui est un *hydrate de deutoxide de cuivre :* l'ammoniaque y occasionne un précipité pareil ; mais, pour peu qu'on en ajoute un excès, le précipité disparaît, et la liqueur acquiert une couleur bleu céleste de toute beauté.

Elle forme avec le sulfide hydrique et les sulfhydrates un précipité brun-noir ; avec le cyanure ferroso-potassique, un précipité rouge-brun ; enfin, lorsqu'on y plonge une lame de fer décapée, cette lame se recouvre d'une couche de cuivre métallique. De ces différents réactifs, la lame de fer, le prussiate de potasse ferrugineux et l'ammoniaque, sont ceux qui indiquent les plus petites quantités de cuivre dans une liqueur.

Les usages du cuivre et de ses composés en pharmacie sont les moins importants de ce métal ; le cuivre lui-même, par sa dureté moyenne et la facilité qu'il offre au travail, sera toujours employé à faire des chaudières, des cucurbites et autres vases analogues, toutes les fois qu'on n'aura pas à craindre l'action dissolvante des corps qu'on doit y traiter, et le développement des propriétés vénéneuses qui en est la suite ; il est également précieux pour la gravure à l'eau-forte et au burin ; combiné avec 0,10 d'étain, il forme le *métal des canons ;* avec 0,25 de ce dernier, l'alliage est plus aigre et cassant, quoique résistant encore à des chocs assez forts : c'est le *métal des cloches.*

Le *similor* et le *laiton* ou *cuivre jaune* sont des alliages de cuivre et zinc également très employés. Le cuivre sert encore à former, par sa calcination directe au feu, un oxide brun très employé dans la fabrication des émaux, qu'il colore en un fort beau rouge ; l'oxide au *maximum*, retiré du sulfate de cuivre, les colore en vert.

## FAMILLE DU NICKEL.

On trouve assez souvent dans les mines d'argent, de plomb, de cuivre, et surtout de cobalt, une substance qui a presque la couleur et l'éclat métallique du cuivre, mais qui est très dure, cassante, et qui exhale au chalumeau une forte odeur d'arsenic. Les mineurs allemands lui donnaient le nom de *kupfer-nickel*, ce qui veut dire *cuivre faux ;* mais ils n'en connaissaient pas la nature. Ce n'est qu'en 1751 que

Cronsted y découvrit un nouveau métal, auquel il donna le nom de *nickel*. Ce métal existe dans le kupfer-nickel à l'état d'*arséniure*. Ses autres états naturels sont l'*antimoniure*, le *sulfure*, le *sulfo-arséniure*, le *sulfo-antimoniure*, l'*arsénite*, l'*arséniate* et le *silicate*.

### Nickel arséniuré.

*Nickel arsenical*, *kupfer-nickel*, *nickeline*. Substance métalloïde, éclatante, d'un jaune rougeâtre, faisant feu au briquet, cassante, pesant spécifiquement 6,7 à 7,5. Traitée par l'acide azotique, elle se convertit en arséniate de nickel, dont une partie se précipite sous forme d'un dépôt verdâtre. L'ammoniaque ajoutée augmente d'abord le précipité en saturant l'acide azotique surabondant; puis elle dissout tout, en formant une liqueur d'un bleu violet.

La transformation de l'arséniure de nickel en arséniate a lieu même à l'air libre, et il est rare que ce minéral puisse être conservé longtemps dans les collections, sans offrir à sa surface la couleur verte de l'arséniate.

L'arséniure de nickel est toujours en masses amorphes, plus ou moins volumineuses; c'est à peine si quelques échantillons offrent des indices de cristallisation rhomboédrique. Il contient presque toujours quelques corps étrangers, comme du sulfure ou de l'arséniure de cobalt, de fer, d'antimoine ou de plomb. Par exemple, le nickel arsenical d'Allemont, analysé par M. Berthier, contenait :

| | | | | Rapports moléculaires. | | |
|---|---|---|---|---|---|---|
| Nickel. . . . | 39,94 | × | 2,705 = | 108 | = 108 | |
| Arsenic . . . | 48,80 | × | 2,133 = | 104 | = 104 } | + 6 |
| Antimoine. . | 8 | × | 1,24 = | 10 | = 4 } | |
| Soufre, . . . | 2 | × | 5 = | 10 | | 9 |
| Cobalt. . . . | 0,16 | × | 2,71 | » | » | |
| Fer . . . . } Manganèse. } | traces. | | | | | |

ce qui indique clairement un arséniure de nickel Ni As, dans lequel une petite partie de l'arsenic est remplacée par de l'antimoine, et mélangé d'un peu de sulfure d'antimoine $Sb^2 S^3$, et d'un peu de sulfure de cobalt.

L'arséniure de nickel de Riechelsdorf, analysé par Stromeyer, a présenté :

| | | Rapports moléculaires. | |
|---|---|---|---|
| Nickel . . . | 42,206 | 114 | 1 |
| Arsenic. . . | 54,726 | 116 | 1 |
| Fer. . . . . | 0,337 | » | » |
| Plomb . . . | 0,320 | » | » |
| Soufre . . . | 0,401 | » | » |

Formule : Ni As.

L'analyse suivante, faite par M. Pfaff, sur un arséniure de la même localité, semble indiquer l'existence d'un arséniure différent du premier, et qui serait $Ni^4 As^3$.

| | | Rapports moléculaires. | |
|---|---|---|---|
| Nickel. . . . | 48,90 | 132 | 4 |
| Arsenic . . . | 46,42 | 99 | 3 |
| Fer . . . . . | 0,34 | » | » |
| Plomb. . . . | 0,56 | » | » |
| Soufre. . . . | 0,80 | » | » |

*Nickel bi-arséniuré.* Il convient de séparer complétement du minéral précédent un arséniure qui en diffère, à la première vue, par sa couleur analogue à celle de l'étain. Il est en masses amorphes, ou cristallisé en prismes hexaèdres réguliers, dont tous les angles et arêtes sont tronqués. Il fond au chalumeau en dégageant une fumée arsenicale très abondante. Une analyse faite par M. Hoffmann sur des échantillons de Schneeberg, et une autre faite par M. Booth sur un arséniure provenant de Riechelsdorf, montrent que cette substance a pour formule $Ni As^2$.

| | de Riechelsdorf. | Rapports moléculaires. | | | de Schneeberg. | Rapports moléculaires. | |
|---|---|---|---|---|---|---|---|
| Arsenic. . | 72,64 | 154 | | 2 | 71,30 | 151 | 2 |
| Nickel . . | 20,74 | 56 | 74 | » | 28,14 | 76 | 1 |
| Cobalt. . . | 3,37 | 9 | | 1 | » | » | » |
| Fer. . . . | 3,25 | 9 | | » | » | » | » |
| Bismuth. . | » | » | | » | 2,19 | » | » |
| Cuivre . . | » | » | | » | 0,50 | » | » |
| Soufre . . | » | » | | » | 0,14 | » | » |

**Nickel antimonié.**

Ce composé de nickel a été découvert à Andréasberg par M. Wolkmar de Brunswick. Il est en petites tables à six faces, très minces, isolées ou groupées sous forme de dendrites; mais le plus ordinairement il est disséminé en grains dans le plomb sulfuré ou le cobalt arsenical. Il est d'un rouge un peu plus clair que le nickel arsenical, avec une nuance violette; sa poudre est d'un brun rougeâtre plus foncé que la cassure; il raie la chaux fluatée et est rayé par le feldspath. Au chalumeau, il ne donne aucune odeur d'arsenic ou d'acide sulfureux, et il est très difficile à fondre. Les acides simples l'attaquent difficilement, mais l'eau régale le dissout facilement et en totalité. L'analyse de cette substance, faite par Stromeyer, a donné :

| | | | | | Rapports moléculaires. |
|---|---|---|---|---|---|
| Antimoine. . . | 63,736 | × 1,24 | = 79 | | 1 |
| Nickel. . . . . | 28,946 | × 2,705 | = 78 | } | 1 |
| Fer. . . . . . | 0,866 | × 2,857 | = 2 | } | |
| Plomb sulfuré. | 6,435 | | | | |

composition tout à fait semblable à celle du nickel arsenical ordinaire. Enfin, en raison de l'isomorphisme de l'arsenic et de l'antimoine, ces deux corps peuvent se substituer en tout ou en partie, soit dans l'arséniure, soit dans l'antimoniure. Indépendamment de l'analyse du nickel arsenical d'Allemont, que nous avons déjà donnée, M. Berthier en a publié deux autres d'un nickel antimonial de Balen, dont la moyenne est de

| | | | Rapports moléculaires. | | | | |
|---|---|---|---|---|---|---|---|
| Arsenic. . . | 32,06 | × 2,133 | = 68 | } 103 | = | 95 + | 8 |
| Antimoine . | 27,90 | × 1,24 | = 35 | } | | | |
| Nickel . . . | 33,75 | × 2,705 | = 91 | } 95 | = | 95 | » |
| Fer. . . . . | 1,40 | × 2,857 | = 4 | } | | | |
| Soufre . . . | 2,65 | × 5 | = 13 | 13 | = | » | 12 |

Formule : Ni(As,Sb) mélangé de $Sb^2O^3$.

### Nickel sulfuré.

*Nickel natif, pyrite capillaire, haarkies.* Sulfure métalloïde, vert jaunâtre, en petites houppes composées d'aiguilles fines; pesant spécifiquement 5,278, réductible sur le charbon en une fritte métalloïde, magnétique; soluble dans l'acide nitrique : solution devenant violette par un excès d'ammoniaque.

| | | Rapports moléculaires. | |
|---|---|---|---|
| Soufre. . . . | 35,2 | 174 | 1 |
| Nickel . . . . | 64,8 | 175 | 1 |

Rare. Se trouve dans les mêmes gîtes que les autres minerais de nickel.

### Nickel sulfo-arséniuré.

*Nickel gris, nickelglanz.* Substance métalloïde, d'un gris d'acier, en petites masses compactes ou lamelleuses, très fragiles; pesant spécifiquement 6,12; dégageant une odeur arsenicale au chalumeau, et donnant du sulfure d'arsenic sublimé lorsqu'on la chauffe dans un tube fermé. On l'a trouvée dans la mine de Loos, en Suède, et une analyse de M. Berzélius a donné

| | | Rapports moléculaires. | | |
|---|---|---|---|---|
| Soufre. . . . | 19,34 | 96 | 96 | 1 |
| Arsenic . . . | 45,34 | 96 | 96 | 1 |
| Nickel. . . . | 29,94 | 81 | | |
| Cobalt. . . . | 0,92 | 2 | 95 | 1 |
| Fer. . . . . | 4,11 | 12 | | |
| Silice. . . . | 0,90 | » | » | » |

ce qui veut dire qu'en réunissant le nickel, le fer et le cobalt, on arrive à représenter la composition du minéral par Ni As S, et ce résultat étant doublé, donne $Ni S^2 + Ni As^2$, ou $N^2 S + As^2 S$. La première formule assimile ce composé au cobalt gris ($Co S^2 + Co As^2$), et au mispickel ($Fe S^2 + Fe As^2$); mais la seconde s'accorde peut-être mieux avec les propriétés du minéral.

D'autres analyses ont donné :

| | BERZÉLIUS. | | PFAFF. | | LOEWE. | |
|---|---|---|---|---|---|---|
| | | Rapp. mol. | | Rapp. mol. | | Rapp. mol. |
| Soufre . . . . . . | 14,40 | 71 | 12,36 | 61 | 14,22 | 72 |
| Arsenic. . . . . . | 53,32 | 113 | 45,90 | 98 | 42,52 | 90 |
| Nickel. . . . . . . | 27 | 73 | 24,42 | 66 | 38,42 | 104 |
| Fer. . . . . . . . | 5,29 | 15 | 10,46 | 30 | 2,09 | 6 |

Il est difficile de conclure quelque chose de la première analyse; mais celle de M. Pfaff donne $30 Fe S^2 + 33 Ni^2 As^3$, et celle de M. Lœwe $24 (Ni, Fe)^2 S^3 + 30 Ni^2 As^3$, ce qui indique une grande variété de composition. Le nickel sulfo-arséniuré analysé par M. Lœwe venait de Schladming, en Styrie. Il était cristallisé en cube ou en combinaisons du cube avec l'octaèdre et le dodécaèdre pentagonal. Sa pesanteur spécifique est de 6,59 à 6,87.

### Nickel sulfo-antimonié.

*Antimonickel.* On trouve ce sulfo-antimoniure dans quelques filons cobaltifères de Siégen. Il cristallise en cube ou en formes dérivées; mais il se présente plutôt en petites masses compactes ou à texture lamellaire. Il est d'un gris d'acier et pèse 6,45. Une analyse de H. Rose a donné :

| | | Rapports moléculaires. |
|---|---|---|
| Soufre. . . . | 15,98 | 79 |
| Antimoine. . | 55,76 | 69 |
| Nickel. . . . | 27,36 | 74 |

Une autre de Ullmann a fourni :

| | | Rapports moléculaires. | | |
|---|---|---|---|---|
| Soufre . . . . . | 16,40 | 81 | 81 | 1 |
| Antimoine. . . . | 47,56 | 58 | 79 | 1 |
| Arsenic. . . . . | 9,94 | 21 | | |
| Nickel . . . . . | 26,10 | 78 | 78 | 1 |

d'où l'on tire très sensiblement Ni Sb S, composition semblable à celle du cobalt gris, dans laquelle le nickel remplace le cobalt, et l'antimoine l'arsenic. Cette substance se fond au chalumeau avec dégagement d'acide sulfureux et de vapeurs d'antimoine, avec ou sans odeur d'arsenic. Elle se dissout dans l'acide nitrique avec dépôt d'acide antimonieux, et forme une liqueur verte qui passe au violet par un excès d'ammoniaque.

**Nickel arsénité.**

Substance très rare, trouvée seulement dans la mine de Frédéric-Guillaume, près de Riechelsdorf (duché de Hesse). On l'a prise d'abord pour de l'oxide noir de nickel ; mais, d'après M. Berzélius, elle est formée de

$$\dot{Ni}^4 \, \underline{\dddot{As}} + 8\,Aq.$$

Cet arsénite est terreux, gris, noir ou brun, donnant par la chaleur de l'eau et de l'acide arsénieux. Il paraît être le résultat de l'action de l'air humide sur le sous-arséniure de nickel que l'on trouve dans la même localité ($Ni^3 As^2$), avec perte d'un quart de l'acide arsénieux. Il est possible même que l'action prolongée de l'air convertisse plus ou moins le protoxide de nickel en peroxide, et qu'alors l'opinion qui admettait l'existence de ce peroxide ne soit pas dénuée de fondement.

**Nickel arséniate.**

Substance verdâtre, pulvérulente, ou en légers filaments groupés ; très tendre et se laissant gratter facilement ; elle dégage beaucoup d'eau par la chaleur, et se fond au chalumeau en dégageant de l'acide arsénieux et laissant un bouton métallique cassant. Elle se dissout dans l'acide nitrique en formant un soluté vert, qui devient d'un bleu violet par un excès d'ammoniaque. L'analyse de M. Berthier, sur du nickel arséniaté d'Allemont, a donné :

| | | Oxigène. | |
|---|---|---|---|
| Acide arsénique. . . . . | 36,8 | 12,77 | 5 |
| Oxide de nickel. . . . . | 36,2 | 7,70 | 3 |
| – de cobalt. . . . . | 2,5 | 0,53 | |
| Eau. . . . . . . . . . . | 24,5 | 21,78 | 9 ? |

$$\dot{Ni}^3 \overset{\cdot\cdot\cdot\cdot\cdot}{As} + 9\,Aq.$$

Cet arséniate se forme journellement, par l'action de l'air humide et même dans les collections, sur le kupfer-nickel (Ni As), de même que l'arsénite provient de l'oxigénation du sous-arséniure ($Ni^3As^2$). Seulement il faut remarquer que si le kupfer-nickel s'oxidait sans perte, le sel produit serait $\dot{N}i^2\underline{\dddot{A}s}$; tandis que la tendance marquée que possède l'acide arsénique à former des sels tribasiques, élimine une partie de l'arsenic qui ne passe qu'à l'état d'acide arsénieux et se sépare de l'arséniate. Il est en effet certain que le kupfer-nickel altéré par l'air humide présente toujours à sa surface un mélange d'acide arsénieux blanc et d'arséniate vert de nickel.

$$6(Ni,As) + 19\,O = 2(\dot{N}i^3\underline{\dddot{A}s}) + \underline{\dddot{A}s}.$$

**Nickel hydrosilicaté.**

Ce composé fait partie d'une substance nommée *pimélite* qui est d'une apparence terreuse, tendre, douce au toucher, et d'une couleur vert-pomme. Klaproth en a retiré :

| | | Oxigène. | |
|---|---|---|---|
| Silice. . . . . . . . . | 84 | 43,64 | 24 |
| Alumine. . . . . . . . | 12 | 5,60 | 3 |
| Oxide de nickel. . . . | 37,5 | 7,98 | 6 |
| — de fer. . . . . | 11 | 2,50 | |
| Magnésie . . . . . . . | 3 | 1,16 | |
| Chaux. . . . . . . . . | 1 | 0,28 | |
| Eau. . . . . . . . . . . | 91,5 | 81,34 | 45 |
| | 200,0 | | |

$$\text{Formule : } \dddot{A}l\,\dddot{S}i^2 + 6\begin{pmatrix}\dot{N}i & \dddot{S}i \\ \dot{F}e, etc. & \end{pmatrix} + 45\,Aq.$$

*Extraction du nickel*. De tous les composés naturels du nickel que je viens de décrire, il n'y a que l'arséniure qui soit un peu répandu et qui puisse servir à l'extraction du métal. Mais comme les mines d'arséniure de cobalt sont rarement exemptes de nickel et qu'on les exploite en grand pour la fabrication du *smalt* ou *azur*, on obtient, comme produit secondaire de l'opération, un *sulfo-arséniure de nickel* artificiel, nommé *speiss*, très riche en métal, et qui peut servir, comme l'arséniure naturel, à l'extraction du nickel.

Pour obtenir le *smalt* qui est un verre siliceux coloré en bleu par l'oxide de cobalt, on commence par griller la mine de cobalt arsenical, et on fond la mine grillée (nommée *safre*) avec du sable siliceux et de la potasse.

Comme le grillage n'est jamais parfait, il reste dans le safre du cobalt métallique qui enlève l'oxigène aux portions de nickel et de cuivre qui s'étaient oxidées et les ramène à l'état métallique; et cette réaction est très avantageuse, car le verre de cobalt en devient plus pur, et le culot métallique qui se rassemble au fond est plus riche en nickel; c'est ce culot qui constitue le *speiss*. D'après M. Berthier, il est formé de

| | |
|---|---|
| Nickel. . . . . . . . . | 49 |
| Arsenic . . . . . . . . | 37,8 |
| Soufre. . . . . . . . . | 7,8 |
| Cobalt. . . . . . . . . | 3,2 |
| Cuivre. . . . . . . . . | 1,6 |
| Antimoine . . . . . . | traces. |
| Sable . . . . . . . . . | 0,6 |
| | 100,0 |

C'est donc de ce speiss ou de l'arséniure naturel qu'on extrait le nickel. Pour y parvenir, on le mélange, étant pulvérisé, avec 3 parties de carbonate de potasse et 3 parties de soufre, et on le chauffe graduellement dans un creuset, jusqu'à fusion complète. Dans cette opération, tous les métaux passent à l'état de sulfures. En traitant la masse concassée par l'eau, on dissout, à l'aide du sulfure de potassium, ceux d'arsenic et d'antimoine; tandis que ceux de cobalt, de cuivre et de fer, restent avec le sulfure de nickel, sous forme d'un précipité noir facile à laver.

On dissout ce sulfure impur dans l'acide nitrique, on évapore à siccité et l'on fait redissoudre dans l'eau : l'oxide de fer reste insoluble. On fait passer dans la liqueur de l'acide sulfhydrique, qui précipite le cuivre à l'état de sulfure. La liqueur ne contient plus que le nickel et le cobalt, qu'il est fort difficile de séparer, et qu'on laisse ensemble dans le nickel du commerce. Lorsqu'on veut les isoler, cependant, on ajoute à la solution mixte des deux métaux de l'ammoniaque caustique, jusqu'à ce que les deux oxides de nickel et de cobalt, d'abord précipités, soient redissous. On étend la dissolution, qui est *bleue*, avec de l'eau privée d'air par l'ébullition, pour éviter la suroxidation des métaux, et l'on opère dans un vase de verre que l'on bouche exactement, après avoir achevé de le remplir avec un soluté de potasse caustique. Celle-ci précipite l'oxide de nickel seulement; de sorte que la liqueur perd sa couleur bleue pour conserver la couleur rose de l'oxide de cobalt dissous. On décante, on lave le précipité avec de l'eau bouillie, on le jette sur un filtre et on le fait sécher. On le mélange avec du charbon et un peu d'huile, et on le chauffe dans un creuset brasqué, à un violent feu de forge; non que le nickel soit difficile à réduire, mais parce qu'il est très difficile à fondre.

Le nickel pur est d'un blanc grisâtre, qui tient le milieu entre l'argent et l'acier. Il est malléable, ductile et très tenace. Il pèse 8,4 fondu, et peut aller jusqu'à 9, lorsqu'il est forgé. Il est peu altérable à l'air. Il se dissout dans les acides sulfurique et chlorhydrique, en dégageant l'hydrogène de l'eau, comme le font le cobalt et le fer. Il est magnétique comme ces deux métaux, mais à un moindre degré.

Ce métal est devenu un objet de commerce important, à cause de la fabrication d'un alliage imitant l'argent, dans lequel il entre comme partie essentielle. Les deux autres métaux sont le zinc et le cuivre. Cet alliage, qui était connu depuis longtemps en Chine, sous le nom de *packfong*, se nomme *argentane* en Allemagne et *maillechort* en France.

## FAMILLE DU COBALT.

L'histoire du cobalt et de ses composés ressemble presqu'en tous points à celle du nickel. Le cobalt se distingue cependant de suite du nickel, par la propriété dont jouissent ses oxides et ses composés salins de colorer en beau bleu tous les verres siliceux, le borax et l'alumine; tandis que les composés du nickel ne colorent le verre et le borax qu'en jaune hyacinthe. Mais comme les deux métaux sont très souvent mélanges, ce caractère ne peut servir pour le nickel que lorsqu'il est exempt du premier.

Le cobalt se trouve sous sept états principaux dans la terre : *arséniuré*, *sulfuré*, *sulfo-arséniuré*, *oxidé*, *arsénité*, *arséniaté*, *sulfaté*.

### Cobalt arséniuré.

*Cobalt arsenical* ou *smaltine*. Arséniure éclatant et d'un blanc un peu grisâtre; pesant de 6,34 à 6,6; rayé par le feldspath et ne faisant pas feu avec le briquet. Il cristallise en *cube* ou en formes qui en sont dérivées, comme l'*octaèdre*, le *cubo-octaèdre*, le *cubo-dodécaèdre* et le *triforme*, cristal composé de l'octaèdre, du cube et du dodécaèdre rhomboïdal (fig. 115, page 239). Ces cristaux sont généralement déformés, à surfaces convexes et à structure granulaire.

L'arséniure de cobalt se trouve également massif, ou mamelonné et à structure fibreuse, ou bien encore en dendrites composées de petits cristaux réunis bout à bout.

Le cobalt arséniuré, chauffé au chalumeau, sur un charbon, dégage une forte odeur arsenicale et laisse un globule métallique blanc et cassant, qui, trituré avec du borax et soumis au feu d'oxidation, forme un verre d'un bleu pur et très foncé.

Le cobalt arsenical ressemble beaucoup au mispickel (fer sulfo-arséniuré) et au cobalt gris (cobalt sulfo-arséniuré); mais le premier est beaucoup plus dur et fait feu avec le briquet; fondu avec le borax, il lui donne une teinte noirâtre; enfin il forme avec l'acide nitrique une dissolution brune, tandis que celle du borax est rose. Le cobalt gris se présente en cristaux beaucoup plus nets, terminés par des surfaces planes et miroitantes, et à structure lamelleuse. Traité au chalumeau, il dégage d'abord de l'acide sulfureux et ensuite moins d'arsenic.

Le cobalt arséniuré est la mine la plus commune de ce métal; il se trouve tantôt en couches, tantôt en filons, dans les dépôts métallifères des terrains primitifs, surtout dans ceux d'argent et de cuivre pyriteux. On le trouve rarement dans ceux de plomb; jamais dans ceux de fer. On le trouve principalement à Wittichen en Souabe, en Bohême, en Saxe, en Hongrie, en Norwége, et, en France, à Allemont et à Sainte-Marie-aux-Mines. La variété fibreuse de Schnéeberg, en Saxe, a donné :

| | | Molécules. |
|---|---|---|
| Arsenic. . . . . . . . . . . . . . | 65,75 | 2 |
| Cobalt. . . . . . . . . . . . . . . | 28 | 1 |
| Oxides de fer et de manganèse. . | 6,25 | » |

$Co\,As^2$.

D'autres analyses ont offert des rapports différents, avec mélange de différents sulfures et arséniures de fer et de cuivre.

*Cobalt arséniuré ferrifère, cobalt arsenical gris noirâtre, arséniure ferro-cobaltique.* — Ce minéral doit être considéré comme un arséniure double de fer et de cobalt; mais les proportions en sont variables. Il est d'un gris noirâtre, et possède un éclat métallique qui se perd bientôt à l'air. Il offre une cassure inégale, à grains fins, quelquefois fibreuse et rayonnée. Il est aigre et fragile, et prend une odeur arsenicale par la percussion. Sa dissolution nitrique est d'un brun rosâtre, et précipite en bleu sale ou en vert par les alcalis. Il est en masses compactes ou concrétionnées, ou en petits cristaux cubiques ou dodécaèdres. Il est aussi commun que le cobalt arséniuré, et se trouve dans les mêmes gisements.

### Cobalt sulfuré.

*Koboldine.* — Substance métalloïde, d'un gris d'acier, cristallisant en cube ou en octaèdre régulier. Cassure inégale; ne dégageant pas d'odeur arsenicale au chalumeau et y laissant un globule gris qui, fondu avec du borax, le colore en bleu très foncé. Cette substance n'a encore été trouvée qu'à Bastnaès en Suède, et à Müsen en Westphalie. Nous en possédons deux analyses, dont voici les résultats :

*Cobalt sulfuré de Müsen, par Wernekink.*

| | | Rapports moleculaires. | | | | |
|---|---|---|---|---|---|---|
| Soufre. . . . . | 41 | 205 | = | 178 | + | 27 |
| Cobalt. . . . . | 43,86 | 119 | = | 119 | | » |
| Fer. . . . . . . | 5,31 | 15 | | » | | 15 |
| Cuivre. . . . . | 4,10 | 13 | | » | | 13 |
| Gangue. . . . . | 0,67 | » | | » | | » |

En retirant des nombres moléculaires ce qui est nécessaire pour former du sesquisulfure de cobalt ($Co^2Su^3$), il reste à peu près ce qu'il faut de soufre pour composer du cuivre pyriteux $FeCuS^2$. La seconde analyse, due à M. Hisinger, est encore moins précise,

| | | Rapports moléculaires. | | | | |
|---|---|---|---|---|---|---|
| Soufre . . . . . | 38,5 | 197 | = | 169 | + | 28 |
| Cobalt. . . . . | 43,20 | 118 | = | 118 | | » |
| Cuivre. . . . . | 14,40 | 36 | = | » | | 36 |
| Fer . . . . . . | 3,50 | 10 | = | » | | 10 |
| Gangue. . . . . | 0,33 | » | | » | | » |

parce que le cuivre et le fer réunis ne pouvant pas prendre moins de 28 parties de soufre, il n'en reste que 169 pour 118 parties de cobalt, ce qui ne suffit pas pour former du sesquisulfure.

### Cobalt sulfo-arséniuré.

*Cobalt gris, cobaltine.* Si cette substance n'est pas la mine de cobalt la plus abondante, c'est au moins la plus belle et la plus pure, et celle qui sert le plus ordinairement à l'extraction du métal, les autres étant employées pour la fabrication du smalt. Elle est d'un gris d'acier, pourvue d'un grand éclat et d'une structure très lamelleuse. Elle pèse 6,45; elle fait feu sous le briquet, en exhalant une odeur d'ail. Exposée sur des charbons ardents, elle dégage une odeur d'acide sulfureux mêlée d'odeur arsenicale.

La forme primitive du cobalt gris est le cube, et ses formes secondaires sont l'octaèdre, le dodécaèdre pentagonal, le cubo-dodécaèdre, l'icosaèdre, le cubo-icosaèdre, etc. Ces cristaux, remarquables par la netteté et le poli de leur surface, le sont encore par la parfaite identité de leurs formes avec le fer bi-sulfuré. Le cobalt gris se trouve principalement à Tunaberg, en Suède, où il est accompagné de cuivre pyriteux, dans une gangue de chaux carbonatée lamellaire, au milieu d'un terrain de gneiss. On le trouve aussi à Loos (Suède), à Modun en Norwége, et à Giern en Silésie. Celui de Modun a donné, par l'analyse :

| | | Rapports moléculaires. |
|---|---|---|
| Soufre . . . . . . | 20,08 | 99 = 89 + 10 |
| Arsenic. . . . . . | 43,47 | 92 = 89 + 3 |
| Cobalt . . . . . . | 33,10 | 89 = 89 » |
| Fer. . . . . . . . | 3,23 | 9 = » 9 |

d'où l'on tire pour le cobalt gris CoAsS, avec un mélange de sulfo-arséniure de fer, dont la composition différente tient peut-être à une imperfection de l'analyse. On représente ordinairement le cobalt gris par $CoS^2 + CoAs^2$, et on le considère comme une combinaison de bi-sulfure et de bi arséniure de cobalt. Mais son isomorphisme complet avec le fer bisulfuré $FeS^2$ doit le faire considérer plutôt comme ce même bisulfure dans lequel une molécule de soufre est remplacée par une molécule d'arsenic. Alors sa formule doit être plutôt exprimée par $Co\left.\begin{matrix}S\\As\end{matrix}\right\}^2$.

### Cobalt oxidé.

Substance noire, terreuse, prenant un certain éclat métallique par le frottement d'une lame d'acier, infusible au chalumeau, ne donnant peu ou pas d'odeur arsenicale sur le charbon, et ayant la propriété, par sa moindre parcelle, de colorer en bleu foncé le verre de borax. Le cobalt paraît y être à l'état de sesquioxide ($Co^2O^3$), et alors il doit dégager du chlore avec l'acide chlorhydrique. On trouve le cobalt oxidé en un assez grand nombre de lieux et dans les mêmes gîtes que le cobalt arsenical, dont il provient peut-être, et dont il contient souvent des restes dans son intérieur. Il est très recherché pour la fabrication de l'azur ; mais on a souvent confondu avec lui, soit de l'hydrate de sesqui-oxide de manganèse terreux, soit un composé naturel d'oxide de manganèse et d'oxide de cobalt, tel que celui de Rengersdorf, dont on doit l'analyse à Klaproth.

| | |
|---|---|
| Peroxide de cobalt. . . | 19,4 |
| Oxide de manganèse. . | 16,0 |
| — de cuivre. . . . | 0,2 |
| Silice . . . . . . . . . | 24,8 |
| Alumine. . . . . . . . | 20,4 |
| Eau . . . . . . . . . . | 17 |
| | 97,8 |

### Cobalt arséniaté.

Arséniate d'un rose foncé ou violâtre, lorsqu'il est cristallisé, ou d'une couleur de fleur de pêcher, quand'il est terreux et pulvérulent. Les cristaux sont des prismes rectangulaires obliques, d'un clivage facile, et parallèle aux pans du prisme. Sa pesanteur spécifique est 2,95 à 3. Il est tendre et rayé par la chaux carbonatée ; il donne de l'eau par l'action du calorique, est fusible au chalumeau sur le charbon, en dégageant l'odeur de l'arsenic, et laisse un globule métallique cassant, qui colore le borax en bleu foncé.

Il est soluble dans l'acide nitrique ; le dissoluté, qui est rose, forme un précipité bleu violâtre par les alcalis, et vert par le cyanure ferrosopotassique.

Le cobalt arséniaté d'Allemont, analysé par Laugier, lui a donné :

| | | | | | | | Rapports moléculaires. |
|---|---|---|---|---|---|---|---|
| Acide arsénique. . | 40 | × | 0,6957 | = | 28 | | 1 |
| Oxide de cobalt. . | 20,5 | × | 2,132 | = | 44 | | |
| — de nickel. . | 9,2 | × | 2,129 | = | 20 | 87 | 3 |
| — de fer. . . . | 6,1 | × | 2,222 | = | 13 | | |
| Eau. . . . . . . . | 22,5 | × | 8,889 | = | 200 | | 7 |

$$Co^3 \underline{\dddot{As}} + 7\,Aq.$$

Une autre analyse de Bucholz, sur l'arséniate de cobalt de Riechelsdorf, a fourni :

| | | | | | | Rapports moléculaires. |
|---|---|---|---|---|---|---|
| Acide arsénique . . | 37 | × | 0,6957 | = | 25 | 3 |
| Oxide de cobalt. . . | 39 | × | 2,132 | = | 83 | 10 |
| Eau . . . . . . . . | 22 | × | 8,889 | = | 178 | 22,5 |

$$\dot{Co}^{10} \underline{\dddot{As}}{}^3 + 22\,Aq.$$

Quelques minéralogistes admettent l'existence d'un *arsénite de cobalt* rose, pulvérulent, recouvrant l'arséniure de cobalt ou mêlé aux matières terreuses qui l'accompagnent. Ils se fondent sur ce que cette substance dégage de l'acide arsénieux lorsqu'on la chauffe dans un tube de verre, ce que ne fait pas l'arséniate. Mais comme l'arséniure de cobalt $CoAs^2$ ne peut, en s'oxidant à l'air humide, produire de l'arséniate tribasique qu'en perdant les 2/3 de son arsenic, qui ne passent probablement qu'à l'état d'acide arsénieux,

$$3(CoAs^2) + 14\,O = 3CoO, As^2O^5 + 2As^2O^3$$

il en résulte que l'arséniate doit souvent être mêlé d'acide arsénieux, que l'action du calorique suffit pour en dégager.

### Cobalt sulfaté.

Sel rougeâtre, soluble, d'une saveur styptique et amère, pouvant se présenter en prismes obliques rhomboïdaux. Il perd de l'eau par la chaleur et devient d'un rose clair. Il forme de légers enduits dans les mines de cobalt, ou se trouve dissous dans les eaux qui les traversent. Une analyse faite par M. Beudant, sur un sulfate de Bieber, dans le Hanau, a donné :

| | | Oxigène. | |
|---|---|---|---|
| Acide sulfurique . . . | 30,2 | 18,07 | 3 |
| Oxide de cobalt. . . . | 28,7 | 6,11 | 1 |
| — de fer . . . . . | 0,9 | 0,20 | » |
| Eau . . . . . . . . . . | 41,2 | 36,62 | 6 |

$$\dot{\mathrm{Co}}\,\dddot{\mathrm{S}} + 6\,\mathrm{Aq}.$$

Une autre analyse du même sel, par M. Winkelblech, a présenté un mélange de sulfate de magnésie :

| | | Oxigène. | |
|---|---|---|---|
| Acide sulfurique . . . | 29,05 | 17,39 | 12 |
| Oxide de cobalt. . . . | 19,91 | 4,24 | 3 |
| Magnésie. . . . . . . | 3,86 | 1,46 | 1 |
| Eau . . . . . . . . . . | 46,86 | 39,66 | 28 |

$$\text{Formule : } 3\dot{\mathrm{Co}}\,\dddot{\mathrm{S}} + \dot{\mathrm{Mg}}\,\dddot{\mathrm{S}} + 28\,\mathrm{Aq}.$$

Enfin une troisième analyse d'une matière de la même localité dénote l'existence d'un sulfate d'une composition très différente :

| | | Oxigène. | |
|---|---|---|---|
| Acide sulfurique . . . | 19,74 | 11,81 | 3 |
| Oxide de cobalt. . . . | 38,71 | 8,25 | 2 |
| Eau . . . . . . . . . . | 41,55 | 36,93 | 9 |

$$\dot{\mathrm{Co}}^{2}\,\dddot{\mathrm{S}} + 9\,\mathrm{Aq}$$

Le cobalt pur n'étant d'aucun emploi dans les arts, on ne l'extrait de sa mine que pour l'usage des laboratoires de chimie. Le meilleur procédé pour y parvenir a été donné par M. Liebig.

On grille avec soin du cobalt gris de Tunaberg; on le pulvérise et on le projette par partie dans du bisulfate de potasse fondu. Le mélange s'épaissit bientôt en pâte ferme. On pousse au feu pour faire entrer en fusion, et on chauffe jusqu'à ce qu'il ne se dégage plus de vapeur blanche. La masse fondue et refroidie contient du sulfate de cobalt, du sulfate de potasse, de l'arséniate de fer et très peu d'arséniate de cobalt. On la fait bouillir dans l'eau pour dissoudre les deux sulfates. Il ne peut y avoir de sulfates de fer ni de nickel, qui sont décomposés à la chaleur rouge. La liqueur ne contient donc, en fait d'oxides précipitables par les alcalis, que celui de cobalt. On précipite donc par le carbonate de potasse, on lave le carbonate de cobalt, et on le calcine pour avoir l'oxide, que l'on réduit au moyen du noir de fumée et de l'huile. Le cobalt ne fond qu'à 130 degrés de Wedgwood environ; il est blanc, éclatant, et pèse 8,5 à 8,7. Il est peu ductile, plus magnétique que le nickel, mais moins que le fer dans le rapport de 2 à 3. Il s'oxide à l'air humide, et décompose l'eau à la chaleur rouge ou par l'intermède des acides.

Le cobalt forme deux oxides. Le protoxide (CoO) est d'un gris légèrement verdâtre, et soluble dans les acides, avec lesquels il forme des dissolutés roses. Les alcalis les précipitent sous forme d'un hydrate bleu violâtre, que l'ammoniaque redissout en reformant une liqueur rose. L'hydrate exposé à l'air en absorbe l'oxigène et passe en partie à l'état de peroxide hydraté. Le protoxide lui-même, chauffé au rouge obscur, se change en peroxide; mais, à une température plus élevée, le peroxide repasse à l'état de protoxide.

Le peroxide de cobalt ($Co^2O^3$) est noir et non salifiable. Il en résulte qu'il dégage de l'oxigène avec les acides sulfurique et nitrique concentrés, et du chlore avec l'acide chlorhydrique. De même que le protoxide, il colore en bleu très foncé le verre et le borax. Le *smalt* ou *azur*, ainsi que je l'ai déjà dit, est un verre siliceux coloré par l'oxide de cobalt impur, qui provient du grillage de la mine de cobalt arsenical. Le *bleu de Thenard* est un *phosphate de cobalt* mélangé d'alumine, d'une magnifique couleur et très usité dans la peinture. Enfin, on prépare avec le *chlorure de cobalt* une *encre de sympathie* fort curieuse, qui consiste en ce que des caractères formés sur le papier avec un soluté étendu et *rose* de ce sel, disparaissent complétement par la dessiccation à l'air libre; mais ils deviennent visibles et d'une couleur bleue, lorsqu'on approche modérément le papier du feu. Les caractères disparaissent de nouveau lorsque le sel, devenu presque sec par la chaleur, a repris de l'eau à l'air ambiant. Cependant, si l'on chauffait trop, les caractères deviendraient et resteraient noirs, en raison de l'altération du papier par l'acide de la dissolution.

## FAMILLE DU FER.

Ce métal est un des plus anciennement connus, le plus répandu dans la terre et le plus utile à l'homme. Il se trouve sous dix-sept états principaux :

| | |
|---|---|
| natif, | oxalaté, |
| arséniuré, | phosphaté, |
| sulfuré, | arséniaté, |
| sulfuro-arséniuré, | chromité, |
| oxidulé, | tungstaté, |
| oxidé, | tantalaté, |
| hydraté, | titanaté, |
| sulfaté, | silicaté. |
| carbonaté, | |

### Fer natif.

Le fer est un métal si facilement oxidable, qu'il ne peut se trouver que bien rarement dans la terre à l'état métallique. Son existence ne peut même être qu'accidentelle et due le plus souvent à l'action des feux volcaniques. C'est ainsi qu'on le trouve dans les laves de la montagne de Graveneire, département du Puy-de-Dôme, enveloppé de fer oxidé et dans un terrain évidemment volcanique. On le trouve encore dans un filon, aux environs de Grenoble, et dans un amas de fer hydraté, à Kamsdorff, en Saxe. Enfin, on cite un *acier natif* trouvé dans les produits de houillères embrasées, à Labouiche, près de Néris (Allier); mais les exemples en sont très rares, et le dern er peut être considéré, jusqu'à un certain point, comme causé par le travail des hommes.

Mais il existe une autre espèce de fer natif, sinon très abondante, au moins éparse çà et là à la surface du globe, et dont les masses, souvent très considérables et éloignées de tout pays civilisé, ne permettent pas d'en attribuer la formation à la main des hommes. On a trouvé, par exemple, dans l'Amérique méridionale, au milieu d'une plaine immense, une masse de fer du poids de 15000 kilogrammes; une autre, trouvée aux environs de Durango, dans la nouvelle Biscaye, pesait 20000 kilogrammes, d'après l'estimation de M. de Humboldt. Celle observée par Pallas, en Sibérie, pesait 700 kilogrammes. On en cite d'autres à Galam en Afrique, au cap de Bonne-Espérance, au Mexique et dans la Louisiane. En Europe, on fait mention d'une masse de fer malléable de 8000 kilogrammes, trouvée sous le pavé de la ville d'Aken, près de Magdebourg; et d'autres plus petites trouvées en Bohême.

Comme on le voit, cette sorte de fer natif se trouve indifféremment dans toutes les parties du globe; et ce qu'il y a de plus singulier, c'est qu'il offre partout à peu près les mêmes caractères physiques. Il est celluleux, et les cavités sont remplies par une matière siliceuse de la nature du péridot ou de l'olivile. Enfin il contient toujours du nickel, en quantité très variable cependant, et qui s'élève quelquefois à 16 pour 100.

Si l'on réfléchit maintenant que toutes les *pierres tombées du ciel*, nommées aussi *aérolithes* ou *météorites*, contiennent également du fer allié au nickel, et que ces pierres, de même que le fer natif, se trouvent éparses à la surface de la terre, et jamais dans son intérieur, on sera porté à croire que les masses de fer dont j'ai parlé sont aussi des *météorites*.

J'ai exposé, en commençant ce cours, les raisons qui peuvent faire croire que les météorites proviennent d'une comète brisée par le choc de la terre, et dont les fragments ont été repoussés dans l'espace, où ils continuent à circuler jusqu'à ce qu'ils viennent à rentrer dans la sphère d'attraction du globe terrestre. Cette hypothèse, substituée à beaucoup d'autres, et notamment à celle qui consistait à croire les météorites lancés par les volcans de la lune, paraît destinée à réunir l'assentiment des physiciens.

### Fer sulfuré.

Il existe dans la nature plusieurs combinaisons de soufre et de fer, mais qui ne suivent pas le même rapport que les oxides. Ainsi

Le protoxide de fer (oxure ferreux). . $= FeO$,
Le sesqui-oxide (oxure ferrique) . . . $= FeO^{1,5}$ ou $Fe^2O^3$,
L'acide ferrique. . . . . . . . . . . . . $= FeO^3$.

Enfin, il existe un composé naturel et artificiel des deux premiers oxides, formé de $FeO + Fe^2O^3 = Fe^3O^4$. Quant aux sulfures, on trouve bien un protosulfure ($FeS$) qui répond au protoxide, mais il n'existe pas, au moins à l'état de liberté, de sesqui-sulfure ($Fe^2S^3$) répondant au sesqui-oxide, ni de sulfide ferrique ($FeS^3$) répondant à l'acide ferrique. Le persulfure de fer naturel $= FeS^2$, et, pour ce qui est des sulfures intermédiaires, on en a déterminé trois, dont l'un, formé de $Fe^6S^7 = 5\,FeS + FeS^2$, peut être obtenu artificiellement en chauffant fortement le bi-sulfure dans un vase fermé; un autre, composé de $Fe^3S^4$, paraît répondre d'abord à l'oxide noir de fer $Fe^3O^4$; mais il est formé différemment, en raison de la composition différente du sesqui-oxide et du bi-sulfure de fer.

L'oxide intermédiaire est formé de. . . . $FeO + Fe^2O^3$,
tandis que le sulfure contient. . . . . . . . $2FeS + FeS^2$.

### *Fer protosulfuré.*

Ce sulfure existe dans les mines de Cornouailles. Il est difficile d'en préciser les caractères physiques, parce qu'on l'a toujours confondu avec les sulfures intermédiaires. Cependant il doit posséder l'éclat métallique avec une couleur de tombac ou de bronze. Il est soluble dans l'acide sulfurique affaibli, avec dégagement de sulfide hydrique; il exerce une forte action sur l'aiguille aimantée, ce qui lui a valu le nom de *pyrite magnétique;* mais ce nom est également porté par les sulfures intermédiaires.

L'analyse de Hatchett a donné

| | | | | Rapports moléculaires. |
|---|---|---|---|---|
| Fer. . . | 63,50 × 2,857 | = | 181,5 | 1 |
| Soufre. . | 36,50 × 5 | = | 182,5 | 1 |

Formule : FeS.

Le fer proto-sulfuré est très rare à l'état d'isolement; mais il est assez commun dans le cuivre pyriteux, dont plusieurs espèces ou variétés ne peuvent être représentées que par une combinaison de FeS avec 2, 4 ou 5 molécules de $Cu^2S$.

### *Fer sulfuré intermédiaire.*

*Magnetkies*, *Leberkies*. Il en existe plusieurs espèces nommées également *pyrite magnétique*, parce qu'elles attirent l'aiguille aimantée; mais elles agissent moins sur cet instrument que le proto-sulfure de fer, et lorsqu'on les traite par de l'acide sulfurique affaibli, indépendamment du sulfide hydrique qui se dégage, il se dépose du soufre. Elles jouissent d'un éclat métallique médiocre, joint à une couleur grise jaunâtre ou brunâtre, et ne font pas feu avec le briquet. Elles ont un tissu lamelleux très sensible, dont la division mécanique paraît conduire à un prisme droit rhomboïdal, ou à un prisme hexaèdre régulier que l'on suppose être la forme primitive. Les analyses qui en ont été faites paraissent conduire à 3 formules différentes.

| | 1. | 2. | 3. | 4. | 5. |
|---|---|---|---|---|---|
| Fer. . . . . . . . | 60,52 | 59,85 | 59,72 | 59,63 | 56.37 |
| Soufre. . . . . . | 38,78 | 40,15 | 40,23 | 40 13 | 43,63 |

1. *Pyrite magnétique de Bodemais* en Bavière. La formule qui se rapproche le plus de l'analyse faite par Henri Rose est $Fe^9S^{10} = 8\,FeS + FeS^2$, laquelle produit

| | | |
|---|---|---|
| Fer. . . | 61,16 | 9 moléc. |
| Soufre . | 38,84 | 10 |

2. *Pyrite magnétique de Treseburg* au Harz, par Stromeyer.

3. — — *de Fahlun* en Suède, par Plattner.

4. — — *de Conghonas do Campo* au Brésil, par Plattner. La moyenne des trois analyses conduit à la formule $Fe^6S^7 = 5\,FeS + FeS^2$, laquelle répond à la composition du sulfure de fer obtenu par l'action d'une forte chaleur sur le bi-sulfure (1).

| | | |
|---|---|---|
| Fer . . . | 60 | 6 moléc. |
| Soufre. . | 40 | 7 |

5. *Pyrite magnétique de Baréges*, analysée par Stromeyer. Formule $Fe^3S^4$ ou $2\,FeS + FeS^2$, répondant à

| | |
|---|---|
| Fer. . . . | 56,76 |
| Soufre . . | 43,24 |

La pyrite magnétique se trouve en petits amas ou en petits filons dans les terrains primitifs supérieurs, et, comme on le voit, dans un assez grand nombre de lieux. Son existence cependant n'est qu'une exception, comparée à l'abondance du fer bi-sulfuré ou pyrite ordinaire.

### *Fer bisulfuré.*

Il en existe deux sortes qui diffèrent assez par leur cristallisation et leurs autres propriétés pour que les minéralogistes aient été conduits à en faire deux espèces distinctes, de même qu'ils ont fait deux espèces de la chaux carbonatée rhomboïdale et la chaux carbonatée prismatique, bien que ces deux substances paraissent avoir exactement la même composition chimique.

### 1re ESPÈCE. *Fer bisulfuré cubique.*

*Pyrite commune, pyrite martiale, pyrite jaune. Eisenkies.* — Substance d'un jaune de laiton très pâle et d'un grand éclat métallique; pesant 4,98 ; très dure et étincelant fortement sous le briquet. Mais ici

(1) J'ai donné précédemment (page 136), pour la composition de ce sulfure intermédiaire, une formule différente ($Fe\,7S^8$), qui était calculée sur les anciens poids atomiques du fer et du soufre. En partant de ce résultat que 100 parties de bisulfure de fer perdent, à une forte chaleur, 22 de soufre et en conservent 31,33, et en se basant sur les nouveaux poids atomiques des deux corps composants, on est conduit à la formule $Fe^6S^7$. La formule $Fe^5S^6 = 4FeS + FeS^2$ s'accorderait moins bien avec les analyses. Si cependant on croyait devoir l'admettre, les trois pyrites intermédiaires se trouveraient représentées par $8FeS + FeS^2$,
$4FeS + FeS^2$,
$2FeS + FeS^2$.

les étincelles sont dues tout autant à la combustion de la pyrite qu'à celle de l'acier, et ces étincelles allument très facilement l amadou, le coton, les feuilles sèches; c'est même l'usage que les anciens en faisaient pour allumer du feu qui a valu à cette substance le nom de *pyrite*. Dans les premiers temps également de l'usage des armes à feu, les pierres à fusil ont été faites en pyrite avant que de l'être en silex.

Le fer bi-sulfuré, projeté en poudre sur les charbons ardents, dégage une odeur d'acide sulfureux; il n'est attaquable par aucun autre acide que l'acide nitrique et l'eau régale; il est formé de

| | | |
|---|---|---|
| Fer. . . | 46,67 | 1 molécule. |
| Soufre . | 53,33 | 2 |

Chauffé fortement dans une cornue, il perd 22 pour 100 de soufre, et se trouve changé en pyrite intermédiaire $Fe^6S7$. Suivant M. Beudant, cette pyrite, chauffée dans un matras, fournit, à la fin de la sublimation, une petite quantité de sulfure rouge d'arsenic.

La pyrite jaune cristallise en *cube* (fig. 119) ou en formes qui en sont

Fig. 119.

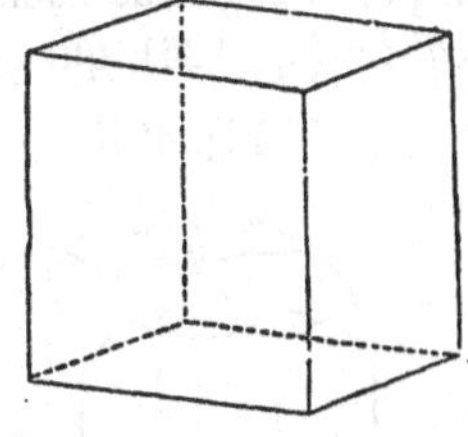

Fig. 120.

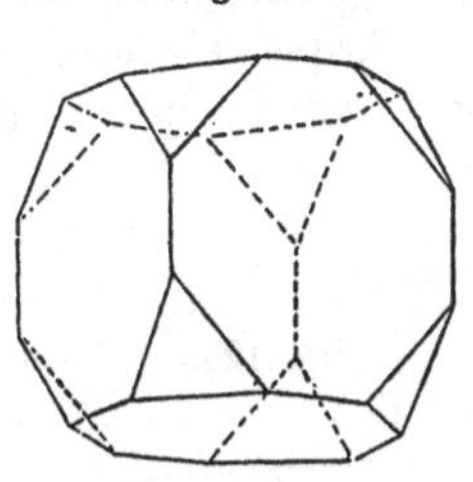

dérivées; telles sont : le *cube allongé* représentant un prisme droit à base carrée; le *cubo-octaèdre* (fig 120), l'*octaèdre* (fig. 121), l'*octaèdre*

Fig. 121.

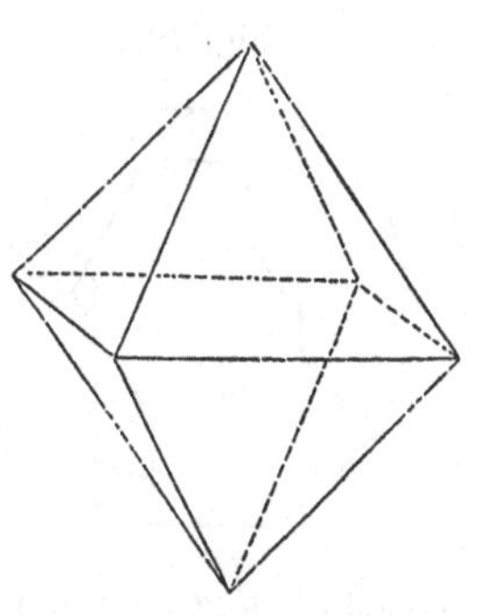

Fig. 122.

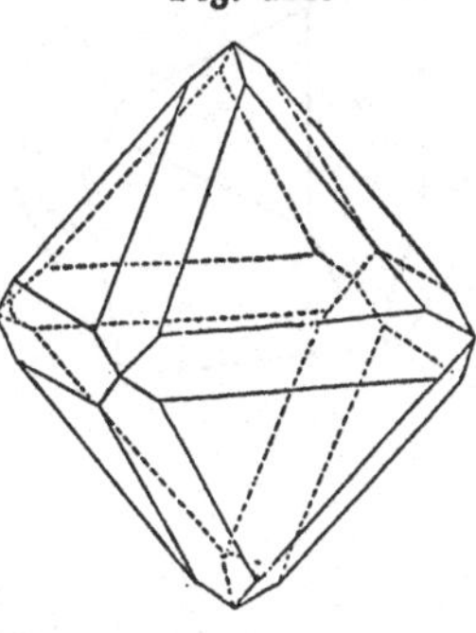

*émarginé* (fig. 122), qui est un passage de l'octaèdre au dodécaèdre rhomboïdal ; l'*octa-icosaèdre* (fig. 123), qui est un octaèdre dont tous les angles sont remplacés par un biseau répondant aux douze faces isocèles de l'icosaèdre, de sorte que cette forme est un passage de l'octaèdre à l'icosaèdre ; l'*icosaedre* (fig. 124) ; le *cubo-icosaèdre* (fig. 125), qui

Fig. 123.

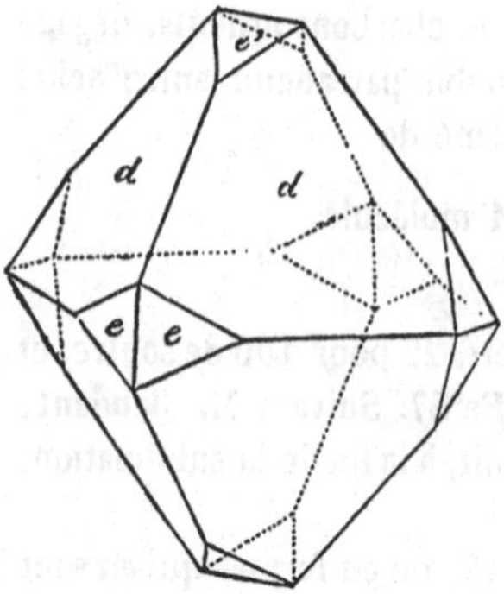

Fig. 124.

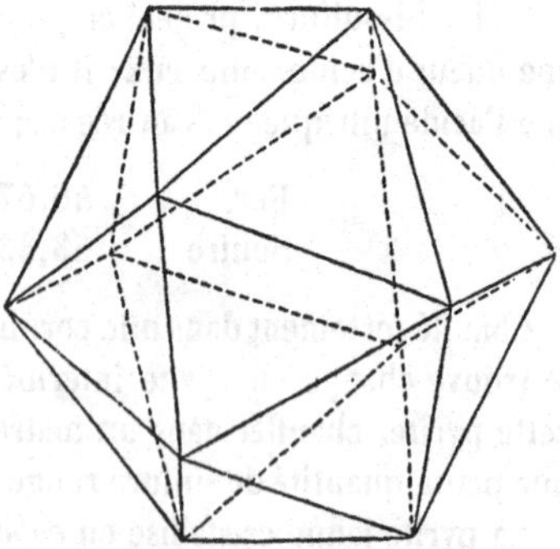

est la forme fig. 123, plus avancée vers l'icosaèdre, et portant en outre, en place de chaque arête du biseau qui marque les angles de l'octaèdre, une partie de face du cube ; le *cubo-dodécaèdre* (fig. 126), qui tient le

Fig. 126.

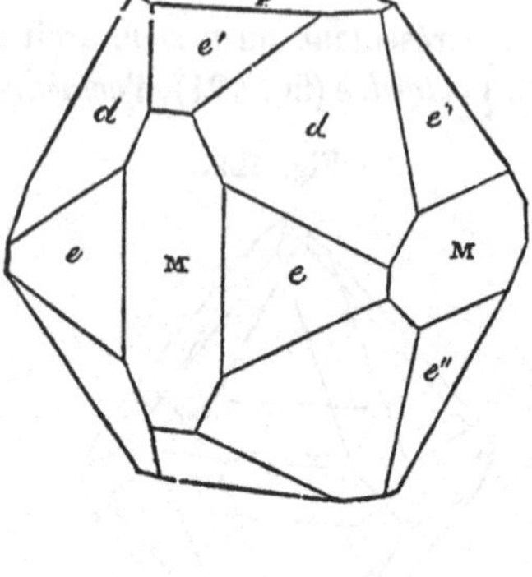

Fig. 125.

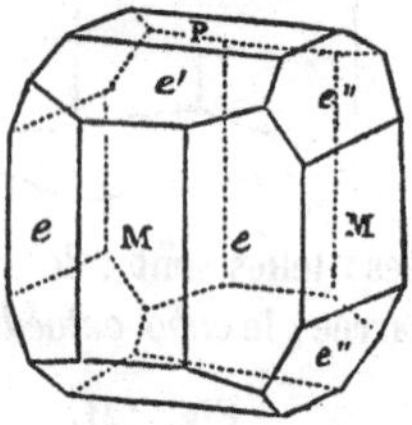

Fig. 127.

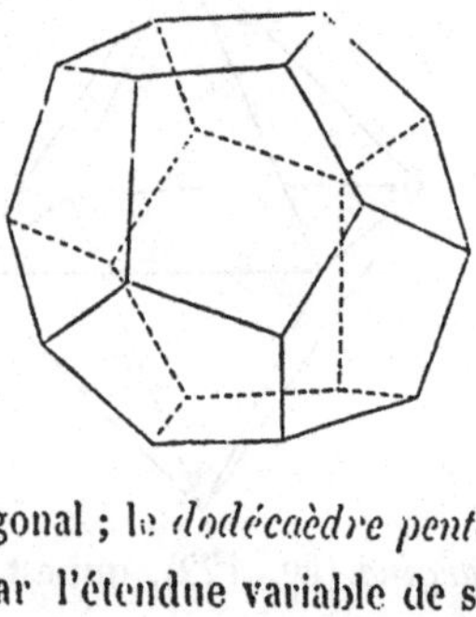

milieu entre le cube et le dodécaèdre pentagonal ; le *dodécaèdre pentagonal* (fig. 127), plus ou moins modifié par l'étendue variable de ses faces ; le *trapézoèdre* (fig. 128) ; enfin le *cube triglyphe* (fig. 129), dont toutes les faces sont striées suivant trois sens perpendiculaires l'un à l'autre. Souvent la ligne du milieu de chaque face forme une arête saillante sur la face et répond manifestement à la *base* d'une des faces

Fig. 128.

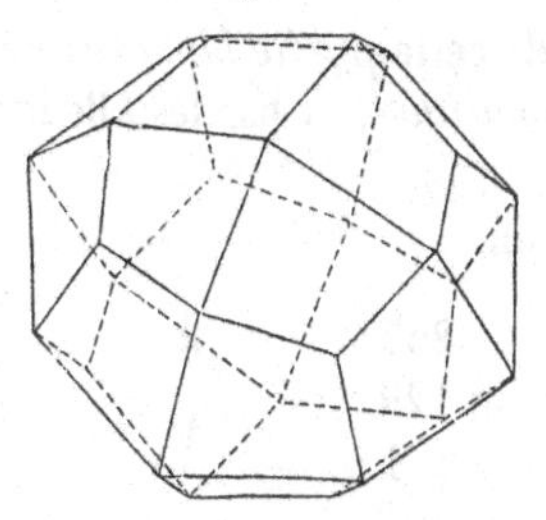

Fig. 129.

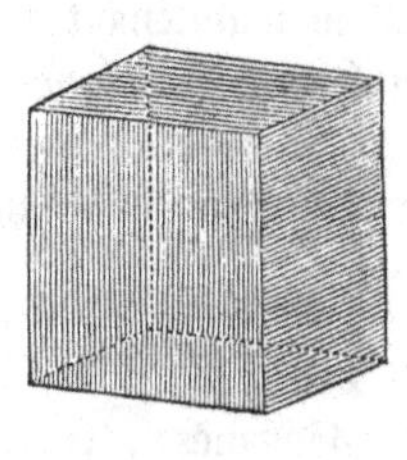

du dodécaèdre pentagonal (voyez page 48 et page 50, fig. 41), de sorte qu'il est évident que le cube triglyphe est un premier indice du passage du cube au dodécaèdre (1).

On a cru remarquer que, dans ce cas, la pyrite contient toujours de l'or, et que presque toujours aussi le sulfure de fer se convertit à la longue en oxide de fer hydraté brun qui conserve la forme du sulfure; l'or métallique disséminé devient alors visible par sa couleur jaune et son éclat. Cet effet est surtout sensible dans les pyrites aurifères de Sibérie.

Le vulgaire, en ramassant quelquefois des pyrites, croit avoir trouvé de l'or, qui s'en distingue cependant facilement par sa ductilité et sa mollesse. On distingue aussi facilement la pyrite de fer de celle de cuivre qui est d'un jaune beaucoup plus foncé, souvent variée dans sa teinte ou irisée, et non étincelante sous le briquet.

Le fer sulfuré cubique appartient principalement aux anciens terrains. Seul, il constitue quelquefois des roches subordonnées au gneiss, au mica ou à l'amphibole schistoïde ; mais plus généralement il se trouve en couches, en lits ou en filons. On le trouve également engagé dans la diorite, dans la dolomie du Saint-Gothard, dans l'argile schisteuse qui recouvre les houilles, et même dans les houilles. Les schistes ardoisiers en contiennent souvent des cristaux cubiques ; enfin, on le trouve dans les filons métallifères de toute espèce, principalement avec le fer carbonaté et le cuivre pyriteux.

On dit aussi qu'on trouve la pyrite cubique dans tous les autres ter-

(1) Nous avons dit précédemment que le cobalt sulfo-arsénié (Co,As,S) présentait absolument les mêmes formes que le fer bisulfuré ($FeS^2$). Celles de ces formes que le cobalt sulfo-arsénié affecte le plus ordinairement sont l'*octaicosaèdre* (fig. 123), le *cubo-icosaèdre* (fig. 125), l'*icosaèdre* (fig. 124), le *cubo-dodécaèdre* (fig. 126), et le *cube triglyphe* (fig. 129).

rains, même dans les plus modernes. Sans nier que cela puisse se rencontrer, je pense que, le plus souvent, dans ce cas, on a pris de la pyrite blanche ou prismatique pour de la pyrite jaune.

2^e ESPÈCE. *Fer bisulfuré prismatique.*

Nous allons maintenant nous occuper de cette *pyrite blanche*, nommée aussi *fer sulfuré blanc*, *pyrite prismatique*, et par les Allemands *speerkies*.

Une analyse faite par M. Berzélius a donné :

| | | | |
|---|---|---|---|
| Soufre . . . . . | 53,35 | 267 | 2 |
| Fer. . . . . . . . | 45,07 | 129 | 1 |
| Manganèse . . . . | 70 | 1 | |
| Silice. . . . . . . | 80 | » | » |

On admet généralement que ce sulfure a la même composition que le précédent ; mais on peut remarquer qu'il contient un excès sensible de soufre. Soit que cela tienne à cette circonstance, soit qu'on doive l'attribuer à une disposition différente des molécules propres du bisulfure, il est certain qu'il jouit de propriétés fort différentes. Il est d'une couleur plus blanche et sa poudre est d'un noir verdâtre, tandis que la pyrite jaune donne une poudre verte noirâtre. Sa forme primitive est un prisme droit rhomboïdal, et les cristaux ont une grande tendance à se grouper autour d'un centre commun, de manière qu'il n'y a que les angles de la circonférence qui paraissent à la surface, l'intérieur de la masse prenant du reste une structure radiée. Mais le caractère le plus saillant de cette sous-espèce réside dans la facilité avec laquelle elle se délite à l'air, en en absorbant de l'oxigène et de l'eau, et se convertissant en *sulfate de fer hydraté*; facilité d'autant plus étonnante que le fer et le soufre ne se trouvent pas dans le même rapport dans le sulfure et le sulfate, et que la moitié du soufre doit être mise à nu. La promptitude de cette altération se fait surtout remarquer dans les masses radiées ; les cristaux déterminés résistent mieux à l'action de l'air.

Le fer sulfuré blanc est d'une formation beaucoup plus récente que le jaune ; c'est lui qui se forme toujours par la décomposition des matières végétales enfouies dans la terre; qui imprègne les lignites et les tourbes, et qui est cause de leur prompte destruction dans les collections. On le trouve lui-même très souvent figuré en troncs d'arbres, en écorces, en racines, ou en ammonites, dont il a peu à peu remplacé la substance. Il est préféré, partout où on le trouve, pour la fabrication du sulfate de fer et de l'alun.

Je rappellerai ici, pour mémoire seulement, les différents sulfures doubles de fer et de cuivre, dont nous avons parlé précédemment sous le nom de *cuivre pyriteux*, et le sulfure double de fer et d'antimoine, mentionné à la suite de ce dernier sous le nom de *haidingérite*.

### Fer arséniuré.

*Fer arsenical axotome* (Mohs). Cet arséniure a longtemps été confondu avec le *mispickel* ou *fer sulfo-arséniuré*, dont il est rarement exempt et dont il offre presque tous les caractères. Il est éclatant et d'un blanc un peu grisâtre, très dur, fragile, et pèse 7,228. Il cristallise en formes qui dérivent d'un prisme droit rhomboïdal de 122° 17′ et 57° 43′. La composition en est assez variable, s'il faut s'en rapporter aux analyses suivantes :

| | I. | Rapp. moléc. | II. | Rapp. moléc. | III. | Rapp. moléc. |
|---|---|---|---|---|---|---|
| Arsenic. . | 70,15 | 149 | 65,99 | 141 | 63,14 | 135 |
| Fer. . . . | 27,76 | 79 | 28,06 | 80 | 30,24 | 86 |
| Soufre . . | 1,30 | 6 | 1,94 | 10 | 1,63 | 8 |

1. *Fer arséniuré de Fossum*, en Norwége, analysé par M. Scheerer. En retranchant des nombres moléculaires de l'arsenic et du soufre ce qu'il faut pour transformer les 6 de soufre en sulfo-arséniure de fer, il reste les nombres 143 et 73, qui sont à peu près entre eux comme 2 : 1 ; de sorte que cette analyse autorise à croire à l'existence du biarséniure de fer $FeAs^2$.

2. *Fer arséniuré de Reichensten*, analysé par M. Hoffmann. En opérant comme ci-dessus, il reste 131 m. d'arsenic et 70 m. de fer, nombres qui sont au-dessous du rapport de 2 à 1 (comme 13 : 7).

3. Autre analyse d'un minéral de la même localité, indiquant un arséniure de la formule $Fe^5As^8$.

On trouve aussi des arséniures de fer mélangés avec d'autres arséniures métalliques, tels que ceux de nickel, de cobalt et d'argent.

1. *Fer arséniuré nickélifère* de Schladming, en Styrie.

| | |
|---|---|
| Arsenic. . . . . . | 60,41 |
| Soufre. . . . . . | 5,20 |
| Fer. . . . . . . . | 13,49 |
| Nickel . . . . . . | 13,37 |
| Cobalt . . . . . . | 5,10 |

2. *Fer arséniuré argentifère* d'Andreasberg, par Klaproth.

| | |
|---|---|
| Arsenic. . . . . . | 35 |
| Antimoine. . . . . | 4 |
| Fer. . . . . . . . | 44,25 |
| Argent . . . . . . | 12,75 |

### Fer sulfo-arséniuré.

*Pyrite arsenicale* ou *mispickel.* — Substance possédant l'éclat métallique et la couleur blanche de l'étain, très dure et rayant l'acier; faisant feu au briquet, par conséquent. La cassure en est granulaire et peu brillante; sa pesanteur spécifique = 6,127. A la flamme d'une bougie, elle dégage une fumée épaisse, arsenicale; au chalumeau, elle se fond en un globule noir; chauffée dans un tube fermé, elle forme un sublimé de sulfure d'arsenic; dissoute par l'acide nitrique, elle forme une liqueur brunâtre qui précipite en bleu foncé par le cyanure ferroso-potassique. Trois analyses ont donné

| | Stromeyer. | Chevreul. | Thomson |
|---|---|---|---|
| Soufre. . . . | 21,08 | 20,13 | 19,60 |
| Arsenic. . . . | 42,88 | 43,42 | 45,74 |
| Fer. . . . . . | 36,04 | 34,94 | 33,98 |

L'analyse de Thomson répond presque à $Fe^2As^2S^2$, laquelle donne

| | |
|---|---|
| Soufre. . . . . | 19,63 |
| Arsenic. . . . . | 46,01 |
| Fer. . . . . . . | 34,36 |

d'où l'on peut conclure que la composition du fer sulfo-arséniuré doit être $FeS^2 + FeAs^2$.

Le fer sulfo-arséniuré a pour forme primitive un prisme droit rhomboïdal de 111°, 12′ et 68° 48′. Les formes secondaires sont peu variées; on y observe des octaèdres cunéiformes ou des prismes à sommets dièdres. Les cristaux sont généralement petits et striés. On le trouve tantôt disséminé dans les roches primitives, tantôt dans les filons métalliques et principalement dans ceux d'étain.

### Fer oxidé.

Le fer est susceptible de deux principaux degrés d'oxidation : le protoxide ou *oxure ferreux* (FeO) se produit quand on dissout le fer dans de l'acide sulfurique ou chlorhydrique étendu d'eau, et à l'abri du contact de l'air. Il est blanc à l'état d'hydrate; mais l'action de l'air le fait passer rapidement au vert, au noir et au rouge, et cette facile oxigénation suffit pour nous faire connaître que le protoxide ne peut pas se trouver dans la nature.

Le second degré d'oxidation (sesqui-oxide de fer ou oxure ferrique) est rouge; il est formé de $FeO^{1,5}$ ou de $Fe^2O^3$. On sait aussi que ces deux oxides peuvent se combiner en plusieurs proportions: mais que celle qui se produit le plus ordinairement est un oxide noir, nommé autrefois *æthiops martial*, formé de $FeO + Fe^2O^3$, véritable *ferrite de fer*. Cet oxide intermédiaire existe dans la nature, et a été nommé, par Haüy, *fer oxidulé*. Le sesqui-oxide, qui existe aussi, a reçu le nom de *fer oligiste*, c'est-à-dire *plus pauvre en métal*, ou de *fer oxidé*.

Enfin ce même fer oxidé existe à l'état d'*hydrate*, de sorte que nous avons trois espèces d'oxide de fer à examiner; le *fer oxidulé*, le *fer oxidé* et le *fer oxidé hydraté* ou *hydroxidé*.

### Fer oxidulé.

Oxide d'un gris noirâtre joint à l'éclat métallique, donnant une poudre noire. Il est cassant et cède facilement à la percussion; il pese de 4,7 à 5,09; il est très attirable à l'aimant et fait souvent lui-même l'office d'aimant. Il est très difficilement fusible au chalumeau; il colore le borax en vert bouteille, au feu de réduction.

Le fer oxidulé a pour forme primitive l'octaèdre régulier, et ses formes les plus habituelles sont l'*octaèdre primitif*, l'*octaèdre cunéiforme*, l'*octaèdre émarginé*, c'est-à-dire dont toutes les arêtes sont remplacées par une facette; enfin le *dodécaèdre rhomboïdal* provenant de la modification précédente qui a atteint sa limite (1). On trouve, en outre, du fer oxidulé en masses *laminaires* ou *compactes*, d'une couleur gris d'acier, et quelquefois blanchâtre, quand il contient du quarz. Ce fer oxidulé compacte constitue l'*aimant naturel*, pourvu des deux pôles magnétiques, attirant le fer et pouvant en supporter un certain poids. On le taille de manière à mettre les deux pôles en opposition, et on y joint une armature d'acier.

On trouve encore du *fer oxidulé terreux*, d'un noir brunâtre, possédant souvent un magnétisme polaire très énergique, et du fer oxidulé *fuligineux*, en poussière noirâtre qui ressemble à de la suie.

*Gisements.* Le fer oxidulé forme des dépôts très considérables dans les terrains primitifs et intermédiaires. Il s'y trouve disséminé en cristaux ou en nids: mais le plus souvent il est en amas assez volumineux, et forme quelquefois des montagnes entières, comme à Taberg, en Suède, ou bien il constitue des bancs puissants, qui se répètent plusieurs fois dans la hauteur d'une même montagne, comme en Suède, en Norwége, en Hongrie, dans le Piémont, aux Monts Ourals, aux Monts Altaï, aux États-Unis.

### Fer oxidé ou Fer oligiste.

Haüy avait anciennement formé deux espèces du fer oxidé : la pre-

(1) Ces mêmes formes, appartenant au cuivre oxidulé, se trouvent représentées pages 238 et 239.

mière, qu'il nommait *fer oligiste*, se composait principalement des cristaux gris-noirâtres, éclatants et magnétiques; la seconde, qu'il nommait *fer oxidé*, comprenait la *pierre hématite* et les oxides de fer terreux et d'un rouge vif. Quelques chimistes avaient même appuyé et motivé cette séparation, en prétendant que le fer oligiste, cristallisé et attirable à l'aimant, n'était pas véritablement du peroxide de fer, mais consistait en une combinaison de $2\,FeO + 3\,Fe^2O^3$. J'ai fait personnellement quelques expériences qui prouvent que cette opinion n'est pas fondée. Ayant pris un poids donné de fer oligiste en poudre très fine, l'ayant mêlé avec de l'acide nitrique, et l'ayant chauffé au rouge dans un creuset de platine, le poids de l'oxide n'a pas subi la moindre augmentation. Pour second essai, j'ai mêlé une autre quantité d'oxide pulvérisé avec du nitrate de potasse; j'ai chauffé fortement dans un creuset de platine; j'ai enlevé le nitrate de potasse par l'eau, et bien lavé l'oxide, qui n'a encore éprouvé aucune augmentation de poids. Il faut en conclure que le fer oligiste n'est rien autre chose que la forme cristalline de la pierre hématite, et que sa propriété magnétique, qui d'ailleurs est très faible, est due à une simple disposition particulière de ses particules (1).

Le fer oligiste est d'un gris d'acier, éclatant et souvent irisé à sa surface. Il a une cassure raboteuse; il donne par la pulvérisation une poudre *brune*, qui devient *rouge* par la trituration et la division avec de l'eau. Il est assez dur pour rayer le verre. Il agit faiblement sur le barreau aimanté, et ne peut dans aucun cas enlever de la limaille de fer. Sa pesanteur spécifique, qui est de 5,2, est remarquable en ce qu'elle est plus grande que celle du fer oxidulé, bien qu'il contienne plus d'oxigène et moins de fer.

| | Fer oxidulé. | Fer oxide. |
|---|---|---|
| Oxigène. . . . | 27,55 | 30 |
| Fer. . . . . . | 72,45 | 70 |

Sa forme primitive est un rhomboïde aigu (fig. 130), dont les angles

Fig. 130.

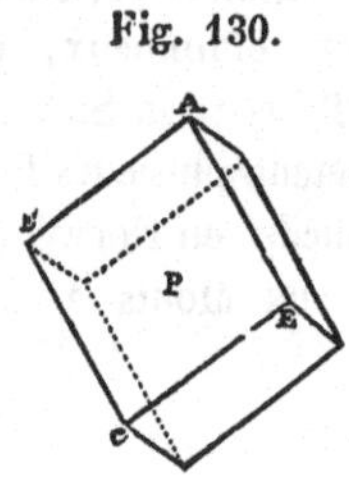


Fig. 131.

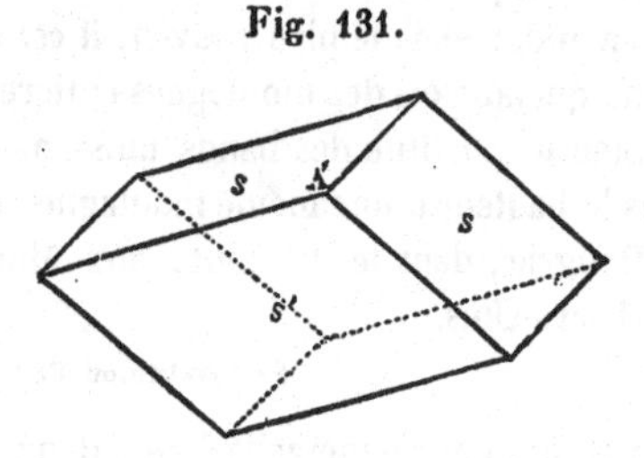


(1) Il ne serait pas impossible cependant que cette action magnétique fût due à quelques particules de fer oxidulé interposées dans le fer oligiste, et trop faibles pour que l'augmentation du poids fût sensible à la balance.

sont de 86° 10′ et 93° 50′. Il présente des formes secondaires nombreuses et très compliquées, dont voici les principales :

*Rhomboèdre binaire* (Haüy) (fig. 131). Rhomboïde obtus, très rare à l'état de liberté ; mais la plupart des cristaux de l'île d'Elbe le présentent comme terminaison.

*Rhomboèdre basé* (Haüy) (fig. 132). Ce cristal provient de la troncature du rhomboèdre primitif par deux plans qui passent par les diagonales transversales des faces. On enlève ainsi chaque angle-sommet avec la moitié des faces qui le forment, et le reste constitue un octaèdre à

Fig. 132. Fig. 133. 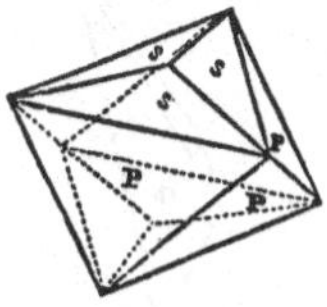 Fig. 134.

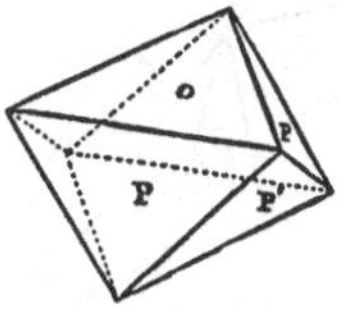

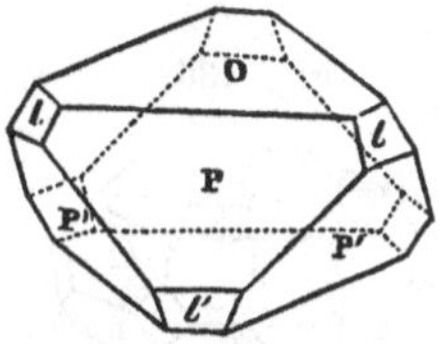

base rectangle, mais tellement oblique, que les deux faces, inférieure et supérieure, sont très rapprochées, et donnent plutôt au cristal la forme d'une lame à projection hexagonale, comme celle du rhomboèdre. Se trouve dans les volcans.

*Birhomboïdal* (Haüy) (fig. 133). C'est le cristal précédent, dont les deux faces *o*, provenant de la troncature du rhomboèdre primitif, sont surmontées par les sommets du rhomboèdre obtus de la figure 131. Cette forme se rencontre à l'île d'Elbe.

*Imitatif* (Haüy) (fig. 134). C'est le rhomboèdre primitif basé, ou le cristal figure 132, dont les six angles sont remplacés par des facettes appartenant à un rhomboèdre de même angle que le primitif, mais placé en sens inverse. Si les six faces *l*, *l*, se prolongeaient jusqu'à masquer les autres, il en résulterait un rhomboèdre semblable au noyau.

*Autre imitatif* (Haüy) (fig. 135). Ce cristal est celui de la figure 134, dans lequel les facettes *l* et *l′* se sont accrues de manière à devenir seulement égales aux faces primitives P ; et comme les cristaux sont toujours très minces, on les prendrait, à la première vue, pour des prismes hexaèdres réguliers très courts. Mais en faisant jouer les prétendues faces latérales à la lumière, on voit qu'elles sont en réalité formées par des biseaux dont une face est inclinée vers le sommet supérieur du rhomboèdre, et l'autre vers le sommet inférieur. Si ces faces *P* et *l* étaient prolongées au point de faire disparaître les bases *o*, le cristal deviendrait un dodécaèdre triangulaire isocèle, de même que

Fig. 135.

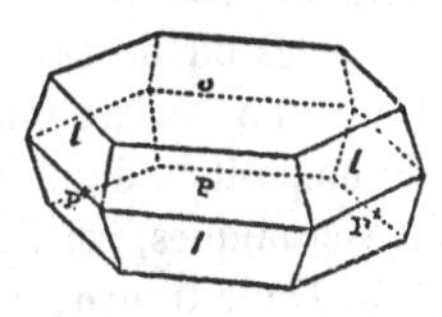

cela a lieu pour le quarz et la chaux carbonatée. Mais le fer oligiste ne possède pas ce genre de forme.

*Equivalent* (Haüy) (fig. 136). C'est la forme précédente qui porte sur les six angles du milieu six facettes appartenant au prisme hexaèdre régulier.

*Bino-ternaire* (Haüy) (fig. 137). Ce cristal, assez complexe, est très fréquent à l'île d'Elbe. Il se compose du rhomboèdre primitif, dont

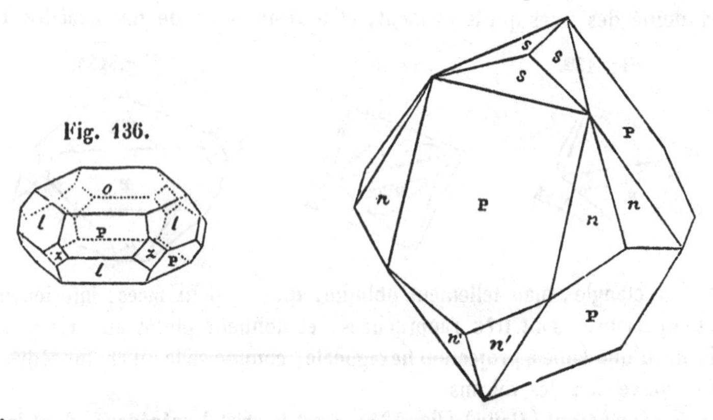

Fig. 136.

Fig. 137.

chaque sommet est remplacé par le rhomboèdre obtus *binaire*, et qui porte en outre, sur les côtés, des facettes *n*, appartenant à la forme métastatique. Les surfaces *s* du rhomboïde binaire sont souvent convexes. Une variété, dite *lenticulaire*, également très commune, provient aussi du rhomboïde binaire (figure 131) arrondi en forme de lentille. Toutes ces variétés sont souvent parées des plus belles couleurs de l'iris. On trouve également le fer oligiste en masses *laminaires*, *granulaires* ou *compactes*. On donne le nom particulier de *fer micacé* ou *fer oligiste écailleux*, à du fer oligiste qui est sous forme de masses ou d'amas composés de petites lames brillantes et d'un éclat métallique gris foncé, n'ayant aucune adhérence entre elles et faciles à séparer, par le simple frottement des doigts, en paillettes brillantes comme du mica. Ces paillettes sont d'un rouge brun foncé, et sont quelquefois transparentes à la loupe. Enfin les terrains volcaniques offrent une variété particulière de fer oligiste, dite *fer spéculaire*, qui se présente sous forme de lames hexagonales ou de cristaux tabulaires, minces, d'un gris foncé, très brillants et à surface miroitante. Cet oxide provient probablement de la décomposition du chlorure de fer sublimé qui accompagne les produits volcaniques, par l'action réunie de la vapeur d'eau et de l'oxigène de l'air. On le trouve, en France, implanté sur les parois des fissures des laves du Puy-de-Dôme et du Mont-d'Or.

*Fer oxidé concrétionné* ou *pierre hématite*. En masses mamelonnées ou arrondies à l'extérieur, à structure fibreuse et radiée à l'intérieur, ayant encore un certain éclat métallique et une couleur grise un peu rougeâtre.

Les fibres convergent vers un centre commun, et ordinairement c'est vers cette extrémité qu'elles prennent plus de densité, plus d'éclat et une apparence de forme cristalline, tandis que la circonférence est plus rouge et plus terreuse. La poudre est toujours rouge; le magnétisme est tout à fait nul, ou ne devient sensible que lorsque l'oxide a été chauffé.

*Fer oxidé terreux*. En masses d'apparence terreuse, d'un rouge vif, tendres et tachant le papier. Le plus ordinairement cet oxide se trouve mélangé d'une quantité plus ou moins grande d'argile qui le fait passer de l'état de *sanguine* ou de *crayon rouge*, à celui de *bol d'Arménie* et de *terre sigillée*.

*Gisements*. Le fer oligiste se trouve dans les terrains primitifs et intermédiaires et souvent dans les mêmes gisements que le fer oxidulé. Il forme des assises étendues comme à Gellivara en Laponie, à Itacolumi au Brésil, à la côte du Coromandel; ou des amas et des filons puissants comme en Suède, à l'Ile d'Elbe, à Framont dans les Vosges. Il est rare qu'il soit absolument pur. Il est presque toujours mêlé de fer oxidulé, surtout en Suède. La variété spéculaire se trouve dans les terrains volcaniques, ainsi que je l'ai dit. On trouve la pierre hématite plus particulièrement à la Voulte dans l'Ardèche, à Moustier dans la Tarentaise, à Gomor en Hongrie, à Framont et à l'île d'Elbe, mélangé avec le fer oligiste. Sa dureté, jointe à la douceur de son toucher, la fait employer, sous le nom de *ferret d'Espagne*, comme pierre à polir, pour les métaux. Les autres variétés servent à l'extraction du fer.

### Fer hydraté, Fer hydroxide.

Substance d'apparence lithoïde, de couleur de bistre ou brune noirâtre, mais donnant toujours une poudre jaunâtre ou fauve; non attirable à l'aimant, mais le devenant un peu par l'action de la flamme d'une bougie; donnant de l'eau à la calcination dans la proportion de 13 à 15 pour 100 Le reste est du *peroxide de fer* souvent mélangé d'un peu d'oxide de manganèse et de silice. Cette substance est donc un hydrate de fer dans lequel 2 molécules d'oxide de fer sont combinées à 3 molécules d'eau, ce qui donne

| | |
|---|---|
| Oxide de fer. . . | 85,56 |
| Eau. . . . . . . | 14,44 |

Quelques échantillons cependant, d'un rouge plus vif, n'ont offert que 0,11 d'eau et semblent former un hydrate particulier ne contenant que 1 molécule de peroxide et 1 molécule d'eau.

Le fer hydraté se présente quelquefois sous forme de *cube*, d'*octaèdre* ou de *dodécaèdre;* mais comme ces formes sont celles du fer bisulfuré qui peut se changer en hydrate par une modification épigénique, il est plus que probable que ces formes n'appartiennent pas en propre à l'hydrate d'oxide de fer, comme elles appartiennent au fer sulfuré, au plomb sulfuré, etc. Je pense même que le *fer hydraté concrétionné*, nommé *hématite brune*, à cause de sa ressemblance de forme avec la vraie pierre hématite, emprunte cette forme mamelonnée et radiée au fer sulfuré. Cet hydrate se distingue d'ailleurs facilement de la véritable hématite par sa couleur brunâtre, sa poudre jaunâtre, et par l'eau qu'elle fournit quand on la chauffe en vase clos. Les autres formes sous lesquelles se présente le fer hydraté sont

1º. Le *fer hydraté massif*, en masses plus ou moins considérables, tantôt pleines et compactes, mais souvent aussi caverneuses et cloisonnées dans leur intérieur.

2º Le *fer hydraté géodique*, nommé vulgairement *œtite* ou *pierre d'aigle*, sur l'opinion que les aigles en portent dans leur nid pour faciliter la ponte. Ce sont des masses peu volumineuses, globuliformes ou prismatoïdes, creuses à l'intérieur, et qui contiennent souvent un noyau mobile de la même substance. On les portait autrefois en amulette, pour écarter les voleurs et favoriser l'accouchement.

3º Le *fer hydraté pisiforme* ou *oolitique;* en globules sphéroïdaux de la grosseur d'un pois à celle d'un grain de millet. Tantôt ces grains sont libres et isolés, comme s'ils avaient été roulés par l'eau; tantôt ils sont réunis à l'aide d'un ciment argileux.

Le fer hydraté est un des minerais de ce métal les plus abondants: on le trouve à peu près dans tous les terrains, à partir de ceux dits *de transition*, qui le présentent en filons ou en couches, dans un grand nombre de lieux, comme à Fillols dans les Pyrénées, à Rouzié dans l'Ardèche, en Savoie, en Suisse, etc. Les schistes argileux en sont quelquefois tout imprégnés. On le trouve en abondance également dans le grès houiller, sur la pente nord des Vosges, aux îles Shetland, etc.; mais il est surtout très abondant dans la formation jurassique, où la variété oolitique forme des couches puissantes, ou remplit des crevasses et des cavernes creusées dans le terrain. C'est cette variété qui constitue la plus grande partie des minerais exploités en France pour l'extraction du fer, comme en Normandie, dans le Berry, la Bourgogne, le Bourbonnais, la Champagne, la Lorraine, la Franche-Comté. Enfin on trouve du fer hydraté dans les terrains d'alluvion les plus modernes, où il s'en forme, même encore de nos jours, des dépôts assez considérables pour être exploités, comme dans les parties basses de la Silésie, du Brandebourg et de la Livonie. Ce dernier porte plus spécialement le nom de *fer des marais*.

### Fer carbonaté.

Vulgairement *fer spathique*, *mine de fer blanche*, *mine d'acier*, *sidérose*. Carbonate naturellement blanc, mais passant souvent à l'air au brun et au noirâtre. Il raie la chaux carbonatée et est rayé par le fluorure de calcium; il pèse 3,6 à 3,8. Il se dissout avec effervescence dans les acides, et la liqueur possède les caractères d'un dissoluté de fer; au chalumeau, il devient brun et attirable à l'aimant.

La structure en est lamellaire; sa forme primitive est un rhomboèdre obtus, dont les angles dièdres sont de 107 et 73 degrés. Les angles du rhomboèdre de la chaux carbonatée sont de 105° 5′ et 74° 55′. Comme on le voit, les deux formes primitives sont presque semblables; les formes secondaires le sont aussi. Indépendamment des formes déterminables, on trouve souvent le fer carbonaté en cristaux lenticulaires, en masses lamellaires, en concrétions mamelonnées, en masses lithoïdes et compactes, sous forme oolitique, ou enfin pseudomorphique, c'est-à-dire moulé sur d'autres substances minérales, ou sur des plantes cryptogames, telles que des fougères, des lypodiacées ou des équitilacées.

Le fer carbonaté est formé de $\dot{Fe}\ddot{C}$ ou de

| | |
|---|---|
| Protoxide de fer. . . . | 61,47 |
| Acide carbonique. . . . | 38,53 |

Mais il n'en existe peut-être pas de tel dans la terre, toutes les analyses qui en ont été faites ayant offert de petites quantités de carbonates de chaux et de manganèse, et ordinairement avec quantité plus ou moins considérable de carbonate de magnésie. Ces quatre carbonates étant en effet isomorphes, ils peuvent se mélanger en toutes proportions sans que la forme cristalline en soit altérée.

*Gisement.* Le fer carbonaté est très abondamment répandu. Celui qui est cristallisé ou lenticulaire appartient aux terrains primitifs, comme à Baigorry dans les Pyrénées, à Allevart en Dauphiné, en Savoie, en Carinthie. La variété mamelonnée appartient particulièrement aux dépôts de basalte et d'amygdalites. Le carbonate lithoïde forme des couches étendues ou des séries de rognons dans le terrain houiller. Une grande partie du fer produit par l'Angleterre provient de ce minerai. La variété oolitique se trouve aussi quelquefois par petites parties dans le terrain houiller; mais elle abonde surtout dans les terrains jurassiques, comme le fer hydraté oolitique. Partout où il se présente, ce minerai est très recherché pour l'extraction du fer, parce qu'il est particulièrement propre au traitement dit *à la catalane*, qui n'exige qu'un fourneau de petite dimension, et qui fournit immédiatement du fer malléable, sans le faire passer d'abord par l'état de fonte.

### Fer sulfaté.

*Protosulfate de fer.* Ce sel n'existe qu'en petite quantité dans la nature et se forme seulement par l'action de l'air humide sur les schistes argileux et sur les lignites chargés de sulfure de fer. Il se présente sous la forme d'efflorescences aiguillées, blanches ou jaunes, d'une saveur très styptique et atramentaire. Il est très soluble dans l'eau et forme un soluté qui précipite en blanc verdâtre ou en vert noirâtre par les alcalis, en raison d'une suroxidation partielle du fer ; en bleu céleste par le cyanure ferroso-potassique, en bleu foncé par la noix de galle.

Mais on prépare ce sel en grand en imitant le procédé de la nature, c'est-à-dire en exposant à l'air, sous des hangars, le sulfure de fer ou les schistes qui en contiennent, et en ayant le soin d'humecter la matière et de la remuer quelquefois pour en renouveler les surfaces. Par ce moyen, le soufre et le fer se combinent à l'oxygène de l'air, l'acide sulfurique et l'oxide de fer s'unissent, et il en résulte du sulfate de fer, dont on reconnaît facilement la présence à sa saveur fortement atramentaire. Lorsqu'on juge l'opération suffisamment avancée, on lessive la matière et on fait évaporer les liqueurs.

Mais il faut remarquer, en raison de la facile suroxidation du fer par le contact de l'air, que les liqueurs contiennent toujours une certaine quantité de sulfate d'oxide rouge qui ne peut cristalliser, et qui nuit à la cristallisation du protosulfate ; il faut donc le détruire. On y parvient très facilement en plongeant de la ferraille dans la liqueur, en évaporation. Le fer s'y dissout en décomposant l'eau, dont il dégage l'hydrogène, et en formant du protoxide, qui se combine à l'acide sulfurique de préférence à l'oxide rouge ; celui-ci se précipite. On laisse reposer la liqueur, on la décante, on continue de la faire évaporer jusqu'à pellicule, et on la met à cristalliser. Un autre effet avantageux du fer est de précipiter le cuivre de la liqueur; car le fer sulfuré étant presque toujours mêlé de sulfure de cuivre, il s'est également formé du sulfate de cuivre par son exposition à l'air, et ce sel est très nuisible pour la plupart des usages auxquels on destine le sulfate de fer.

On distinguait anciennement dans le commerce trois sortes de sulfate de fer ou de couperose verte. La couperose d'*Angleterre*, celle de *Beauvais* et celle d'*Allemagne*. La couperose d'Angleterre était la plus estimée et avec raison, parce qu'elle ne contenait pas de cuivre (1) ;

(1) J'ai visité en 1814, au village de Wissant entre Boulogne et Calais,

mais depuis longtemps il n'en entre plus en France, et on lui substitue avec avantage une couperose faite directement à Paris, à Rouen, et dans d'autres villes manufacturières, en traitant les vieilles ferrailles par de l'acide sulfurique faible, faisant évaporer la liqueur et la faisant cristalliser. Cette couperose se présente en prismes obliques rhomboïdaux, de 99° 30′ et 80° 30 ; elle est d'un vert pâle et bleuâtre, et s'effleurit superficiellement à l'air. Elle se fond au feu dans son eau de cristallisation, puis se dessèche et laisse un sel blanc anhydre. Elle est composée de $\dot{Fe}\,\dddot{S} + 6\dot{\underline{H}}$, ou de

| | |
|---|---|
| Protoxide de fer. . . | 27,19 |
| Acide sulfurique. . . | 31,03 |
| Eau. . . . . . . . . | 41,78 |

La couperose de Beauvais est extraite d'une terre tourbeuse et pyriteuse très abondante dans toute la Picardie, et très facile à s'effleurir. Elle contient une assez grande quantité de cuivre, dont une portion cependant a été précipitée par l'immersion des lames de fer dans les eaux de lessivage. Elle contient aussi des cristaux d'alun blancs et isolés, dus à un vice dans le mode de préparation (1). C'est probablement pour déguiser ce défaut, que la couperose de Beauvais est colorée artificiellement avec de la noix de galle, qui lui donne une teinte noirâtre : ses cristaux, privés de cette couleur par le lavage, n'ont plus qu'une couleur vert

une fabrique de sulfate de fer, où l'on exploitait des pyrites ramassées sur le bord de la mer et qui paraissent appartenir au même banc que celles que l'on exploite sur la côte d'Angleterre en regard, car elles sont exemptes de cuivre. Cette fabrique, bien conduite, aurait été d'une grande importance pour les manufactures françaises ; mais je n'ai pas entendu dire que ses produits aient formé une sorte courante du commerce.

(1) Voici probablement en quoi consiste ce vice de préparation. La terre tourbeuse, les schistes et les autres matériaux pyriteux que l'on fait effleurir, forment du sulfate d'alumine en même temps que du sulfate de fer, et ce sulfate d'alumine, étant incristallisable par lui-même, reste dans les dernières eaux-mères de sulfate de fer. On peut alors en tirer parti, en ajoutant à ces eaux-mères un peu de potasse qui décompose en partie le sulfate de fer restant, et forme de l'alun facile à obtenir par cristallisation.

Si, au lieu d'opérer ainsi, on ajoute la potasse dans la liqueur du lessivage, on y formera de suite de l'alun, qui est plus facilement cristallisable que le sulfate de fer, et cette liqueur, concentrée à 22 ou 23 degrés, ne laissera cristalliser que de l'alun. Mais on conçoit sans peine qu'elle en doit retenir une partie qui cristallisera avec le sulfate de fer, lorsqu'elle sera de nouveau concentrée jusqu'à 36 degrés, terme auquel ce dernier sel est à pellicule. C'est là, je crois, en quoi consiste le vice de préparation de la couperose de Beauvais ; il est évident que le premier procédé vaut mieux.

pâle très agréable, et on y distingue parfaitement les petits cristaux d'alun qui y sont comme implantés.

La couperose d'Allemagne est cristallisée en prismes rhomboïdaux assez volumineux et bien formés ; elle est d'un bleu assez foncé, ce qui seul indique qu'elle contient une grande quantité de sulfate de cuivre : aussi est-elle peu estimée et tout à fait rejetée par les pharmaciens.

On trouve dans l'intérieur des mines un assez grand nombre d'autres sulfates de fer produits par l'oxigénation des sulfures et dissous ou charriés par les eaux. Voici ceux que nous pouvons distinguer :

2. *Sulfate ferrique hydraté.* Voici le résultat de trois analyses faites par H. Rose :

| | 1. | 2. | 3. |
|---|---|---|---|
| Acide sulfurique . . . . . . . . . . . . . | 43,55 | 39,60 | 31,73 |
| Oxide ferrique . . . . . . . . . . . . . . | 24,66 | 26,11 | 28,11 |
| Alumine . . . . . . . . . . . . . . . . . | 0,85 | 1,95 | 1,91 |
| Chaux. . . . . . . . . . . . . . . . . . . | 0,43 | » | » |
| Magnésie. . . . . . . . . . . . . . . . . | 0,27 | 2,61 | 0,59 |
| Silice. . . . . . . . . . . . . . . . . . . | 0,34 | 1,37 | 1,43 |
| Eau. . . . . . . . . . . . . . . . . . . . | 30,04 | 29,67 | 36,56 |

La première analyse, faite sur un sulfate du district de Copiapo dans la province de Coquimbo au Chili, donne :

$$\underline{\dddot{Fe}}\,\dddot{S}^3 + 9\dot{H} \text{ ou } \underline{\dddot{Fe}}^2\,\dddot{S}^6 + 18\underline{\dot{H}};$$

La deuxième donne . . . $\underline{\dddot{Fe}}^2\,\dddot{S}^5 + 18\underline{\dot{H}};$

La troisième. . . . . . . $\underline{\dddot{Fe}}^2\,\dddot{S}^4 + 21\underline{\dot{H}};$

ce qui montre bien l'extrême variation que les minéraux peuvent éprouver dans leur composition.

3. *Fer sulfaté rouge soluble* de Berzélius; *Néoplase* Beudant. Substance rouge, soluble dans l'eau, d'une saveur styptique, pouvant cristalliser en prismes obliques rhomboïdaux de 119° ; elle est composée de

| | | Oxigène. | |
|---|---|---|---|
| Acide sulfurique . . . | 32,58 | 19,50 | 24 |
| Protoxide de fer . . . | 10,71 | 2,43 | 3 |
| Peroxide de fer. . . . | 23,86 | 7,31 | 9 |
| Eau . . . . . . . . . | 32,85 | 29,20 | 36 |

$$\dot{Fe}^3\,\dddot{S}^2 + \underline{\dddot{Fe}}^3\,\dddot{S}^6 + 36\,Aq.$$

4. *Fer sous-sulfaté terreux.* Substance brune, à poussière jaune,

non cristallisée, insoluble dans l'eau, formée dans les mines par l'action de l'air sur les solutions de sulfate de protoxide de fer. Elle donne beaucoup d'eau par la chaleur, se dissout dans les acides, et offre alors les caractères d'un soluté de peroxide de fer. Composition d'après M. Berzélius :

| | | Oxigène. | |
|---|---|---|---|
| Acide sulfurique . . . | 16 | 9,51 | 3 |
| Peroxide de fer. . . . | 62,46 | 19,13 | 6 |
| Eau . . . . . . . . . | 21,54 | 19,29 | 6 |

$$\underline{\dddot{Fe}}^2\dddot{S} + 6\dot{\underline{H}}.$$

5. *Autre fer sous-sulfaté terreux* de Modun, en Norvay. Dépôt brun, superficiel, trouvé dans les cavités d'un schiste mélangé de pyrites. Il contenait :

| | |
|---|---|
| Acide sulfurique . . . . . . | 6 |
| Peroxide de fer. . . . . . . | 80,73 |
| Eau . . . . . . . . . . . . . | 13,57 |

Formule : $\underline{\dddot{Fe}}^{14}\dddot{S}^2 + 22\dot{H}$.

6. *Fer résinite. Eisensinter. Eisenpecherz.* Substance non cristallisée, en petites masses très fragiles, à cassure très brillante; d'un rouge hyacinthe foncé; transparente dans les lames minces.

Cette substance, si remarquable par son aspect qui la fait ressembler à la plus belle espèce de Kino, peut être d'une nature très variable, tout en conservant les mêmes caractères physiques. Des cinq analyses que je vais rapporter, les deux premières indiquent deux sous-sulfates de formule différente qui doivent trouver place ici. Les deux suivantes se rapportent à deux sulfo-arséniates qui pourraient tout aussi bien être rangés avec les arséniates de fer. Enfin la cinquième appartient à un simple arséniate de fer; mais tous ces minéraux sont tellement semblables par leur aspect physique, qu'il est difficile de ne pas les rapprocher, au moins momentanément.

| | 1. | 2. | 3. | 4. | 5. |
|---|---|---|---|---|---|
| | R. mol. | R. mol. | R. mol. | R. mol. | R. mol. |
| Acide sulfuriq. | 8 = 1 | 14,42 = 29 | 14 = 28 | 10,04 = 20 | » |
| — arsénique. . | » | » | 20 = 14 | 26,06 = 18 | 30,25 = 1 |
| — phosphoriq. | » | 1,75 = 2 | » | » | » |
| Oxure ferrique | 67 = 4 | 50,53 = 52 | 35 = 35 | 33,10 } = 34 | 40,45 = 2 |
| — manganiq. | » | » | » | 0,64 } | » |
| Eau. . . . . . | 25 = 14 | 33,30 = 294 | 30 = 266 | 29,26 = 260 | 28,50 = 12 |

1. *Fer sous-sulfaté résinite* de Freyberg. L'analyse faite anciennement par Klaproth fournit $\underline{\dddot{Fe}}^4 \dddot{S} + 14Aq$.

2. Autre *fer sulfaté résinite* de Freyberg, analysé par M. Duménil. On y trouve $\underline{\dddot{Fe}}^3 \dddot{S}^2 + 20Aq$, mélangé d'une petite quantité de $\underline{\dddot{Fe}}^4 \underline{\overset{\cdot\cdot\cdot\cdot\cdot}{P}}$.

3. *Fer sulfo-arséniaté résinite*, analysé par Laugier. L'analyse répond exactement à la formule $2(\underline{\dddot{Fe}} \dddot{S}^2) + \underline{\dddot{Fe}}^3 \underline{\overset{\cdot\cdot\cdot\cdot\cdot}{As}}^2 + 38Aq$.

4. Autre *fer sulfo-arséniaté résinite*, analysé par Stromeyer. L'analyse donne $5(\underline{\dddot{Fe}} \dddot{S}^2) + 3(\underline{\dddot{Fe}}^4 \underline{\overset{\cdot\cdot\cdot\cdot\cdot}{As}}^3) + 130Aq$.

5. *Fer arséniaté résinite*, par Kersten. $\underline{\dddot{Fe}}^2 \underline{\overset{\cdot\cdot\cdot\cdot\cdot}{As}} + 12Aq$.

7. *Fer sous-sulfaté alcalifère* de Modun, en Norvay. Cette substance concrétionnée, d'un jaune clair, a été trouvée par M. Scheerer dans les cavités d'un schiste mélangé de pyrites. Elle était recouverte du sous-sulfate terreux, dont l'analyse a été donnée précédemment, et recouvrait une couche de sulfate de chaux en petits cristaux blancs. L'analyse du sulfate alcalifère a donné

| | | Rapports moléculaires. |
|---|---|---|
| Acide sulfurique. . . . . | 32,47 | 5 |
| Oxure ferrique. . . . . . | 49,89 | 4 |
| Soude. . . . . . . . . . . | 5,37 | 1 |
| Eau. . . . . . . . . . . . | 13,09 | 9 |
| | 100,82 | |

Formule : $4\underline{\dddot{Fe}} \dddot{S} + \dot{Sd} \dddot{S} + 9\dot{H}$.

Il est remarquable qu'un sulfate ferrique alcalifère de Bilin, en Bohème, a présenté exactement la même formule, avec substitution de la potasse à la soude.

| | | Rapports. |
|---|---|---|
| Acide sulfurique . . . . . . . . . . . | 32,11 | 5 |
| Oxure ferrique . . . . . . . . . . . | 46,74 | 4 |
| Potasse. . . . . . . . . . . . . . . | 7,88 | 1 |
| Eau avec des traces d'ammoniaque. . | 13,56 | 9 |
| Chaux . . . . . . . . . . . . . . . | 0,64 | » |
| | 100,93 | |

Formule : $4\underline{\dddot{Fe}} \dddot{S} + \dot{Ps} \dddot{S} + 9\dot{H}$.

### Fer phosphaté.

Le phosphate de fer naturel peut être *blanc*, vert, ou bleu, suivant l'état d'oxidation du fer; il est *cristallisé* ou *terreux*.

Il donne de l'eau par la calcination dans un tube de verre et devient magnétique, bien qu'il prenne une couleur rouge due à la suroxidation presque complète du fer. Il est soluble dans l'acide nitrique avec dégagement de vapeur rutilante : la dissolution précipite en bleu par le cyanure ferroso-potassique.

Il est fort difficile d'établir la composition des phosphates de fer naturels, les nombreuses analyses qui en ont été faites conduisant toutes à des résultats différents. Il est probable que le phosphate de fer se forme d'abord à l'état de phosphate de protoxide, blanc et hydraté, et que c'est en s'oxidant par le contact de l'air qu'il prend une teinte bleue ou verte; car on en trouve des cristaux transparents et incolores, qui, conservés à l'air, prennent par places une belle couleur bleue, laquelle s'étend ensuite peu à peu à tout le cristal; et on en voit des masses terreuses devenues bleues à la surface, quand le centre est encore d'un blanc grisâtre passant rapidement à l'air au gris bleuâtre et au bleu. Tels sont le phosphate de fer cristallisé de Commentry (Allier) et les phosphates terreux d'Eckartsberg en Thuringe, et de New-Jersey dans l'Amérique septentrionale.

Le *fer phosphaté vert* a été trouvé en nodules mamelonnés, rayonnés et translucides à l'intérieur, dans un minerai de fer et de manganèse, à Sayn, sur les bords du Rhin. Il s'altère à l'air par la suroxidation du fer, devient opaque, d'une couleur d'ocre, et prend toute l'apparence d'une humatite brune. Il est fusible à la flamme d'une bougie. On l'a trouvé également à Anglar près de Limoges, mêlé d'une certaine quantité d'oxide de manganèse.

Le *fer phosphaté bleu* est celui qui a le premier fixé l'attention des minéralogistes par sa couleur bleue, qui l'avait fait regarder comme du *bleu de Prusse* naturel. Il est tantôt cristallisé, tantôt terreux. Les cristaux dérivent d'un prisme rectangulaire oblique. Ils pèsent 2,66 et sont rayés par la chaux carbonatée rhomboïdale. Il prend une teinte noirâtre lorsqu'on le broie à l'huile, ce qui le distingue du cuivre carbonaté bleu. Il s'altère souvent dans les collections, perd sa transparence et prend une couleur vert-bouteille.

Le fer phosphaté se trouve dans un grand nombre de gisements, à partir des terrains primitifs qui nous le présentent à Hureaux près de Limoges, à Bodenmais en Bavière, à Kongsberg en Norwége, et dans les gites métallifères du Cornouailles. On l'a trouvé dans le basalte de l'île Bourbon, dans le calcaire secondaire à Eckartsberg, enfin dans les terrains d'alluvion moderne, formant de petits nids, au milieu des dépôts d'argile, de lignites et de fer hydraté, comme à Alleyras dans la Haute-Loire, à Hillentrup sur la Lippe, à New-Jersey, etc.

**Analyses de phosphates de fer.**

| PHOSPHATES BLEUS cristallisés. | DE CORNOUAILLES, par Stromeyer. | | DE BODENMAIS, par Vogel. | | DE L'ÎLE DE FRANCE, par Laugier. | |
|---|---|---|---|---|---|---|
| | | Rapp. mol. | | Rapp. mol. | | Rapp. mol. |
| Acide phosphoriq. | 31,18 | 35 = 3 | 26,4 | 30 = 1 | 19,25 | 21 = 1 |
| Oxure ferreux. . . | 41,23 | 94 = 8 | 41 | 93 = 3 | » | » » |
| — ferrique . . | » | » » | » | » » | 41,25 | 42 = 2 |
| Eau. . . . . . . . | 27,49 | 244 = 21 | 31 | 276 = 9 | 31,25 | 278 = 13 |
| | $\dot{Fe}^8 \underline{Ph}^3 + 21$ Aq. | | $\dot{Fe}^3 \underline{Ph} + 9$ Aq. | | $\underline{F}^2 \underline{Ph} + 13$ Aq. | |
| **PHOSPHATES BLEUS terreux.** | **D'ECKARTSBERG, par Klaproth.** | | **DE HILLENTRUP, par Brandes.** | | **D'ALLEYRAS, par Berthier.** | |
| | | Rapp. mol. | | Rapp. mol. | | Rapp. mol. |
| Acide phosphoriq. | 34,42 | 39 = 3 | 30 32 | 34 = 1 | 23,1 | 24 = 1 |
| Oxure ferreux. . . | 44,14 | 105 = 8 | 43,77 | 99 = 3 | 43 | 98 = 4 |
| — manganeux | » | » » | » | » » | 0,3 | » » |
| Eau. . . . . . . . | 21,44 | 190 = 15 | 25 | 222 7 | 32,4 | 288 = 12 |
| | $\dot{Fe}^8 \underline{Ph}^3 + 15$ Aq. | | $\dot{Fe}^3 \underline{Ph} + 7$ Aq. | | $\dot{Fe}^4 \underline{Ph} + 12$ Aq. | |
| **PHOSPHATES BLEUS terreux.** | **DE KERTSCH, par Segeth.** | | **DE NEW-JERSEY, par Wannuxem.** | | **VERT DE SAYN, par Karsten.** | |
| | | Rapp. mol. | | Rapp. mol. | | Rapp. mol. |
| Acide phosphoriq. | 22,84 | 23 = 2 | 25,85 | 29 = 2 | 27,72 | 31 = 2 |
| Oxure ferreux. . . | 15,66 | 35 = 3 | 44,55 | 101 = 7 | 63,45 | 144 = 9 |
| — ferrique . . | 34,84 | 35 = 3 | » | » » | » | » » |
| Eau. . . . . . . . | 26,62 | 236 = 30 | 28,26 | 259 = 9 | 8,56 | 76 = 5 |
| | $\dot{Fe}^3 \underline{Ph} + \underline{Fe}^3 \underline{Ph} + 30$ Aq. | | $\dot{Fe}^7 \underline{Ph}^2 + 9$ Aq. | | $\dot{Fe}^9 \underline{Ph}^2 + 5$ Aq. | |

*Nota.* Toutes ces formules ont été calculées avec l'ancien poids atomique du fer.

*Fer phosphaté résinite* ou *delvauxine.* Substance trouvée dans les déblais d'une ancienne mine de plomb et dans une carrière de calcaire, à Besneau, près de Visé (Liége). Elle est en rognons fragiles, à cassure conchoïdale, et d'un éclat résineux. L'analyse a donné :

| | | Rapports moléculaires. | |
|---|---|---|---|
| Acide phosphorique . . . . | 13,6 | 15 | 1 |
| Oxure ferrique. . . . . . . | 29 | 30 | 2 |
| Eau . . . . . . . . . . . . . | 40,2 | 357 | 24 |
| Carbonate calcaire . . . . . | 11 | | |
| Silice . . . . . . . . . . . . | 3,6 | $\underline{\dddot{Fe}}^2 \underline{\dddot{Ph}} + 24\,Aq$ | |

Ce phosphate est semblable à celui de l'Ile-de-France analysé par Laugier, avec une quantité double d'eau.

**Fer arséniaté.**

Indépendammant du *fer arséniaté résinite* et du *fer sulfo-arséniaté*, dont j'ai fait connaître la composition à l'occasion du fer sulfaté résinite, il existe deux arséniates de fer verts et cristallisés, dont voici les caractères et la composition :

1. *Fer arséniaté cubique*, *pharmacosidérite*. Cristaux cubiques, d'un vert foncé, pesant 2,99, rayant la chaux carbonatée rhomboïdale. Il donne de l'eau par la calcination et laisse un résidu rouge d'arséniate de péroxide. Chauffé dans un tube avec un mélange de carbonate de soude et de charbon, il dégage de l'arsenic métallique. Il se dissout dans les acides forts ; le liquide étendu d'eau forme un précipité bleu par le cyanure ferroso-potassique.

Le fer arséniaté cubique se trouve dans les mêmes gîtes que l'étain et le cobalt dans le Cornouailles. M. Berzélius en a retiré :

| | | Oxigène. | | |
|---|---|---|---|---|
| Acide arsénique. . . | 37,82 | 13,13 | 14,55 | 15 |
| — phosphorique. | 2,53 | 1,42 | | |
| Oxide ferrique. . . . | 39,20 | 12,02 | | 12 |
| — cuprique . . . | 0,65 | 0,13 | | » |
| Eau. . . . . . . . . | 18,61 | 16,54 | | 16 |
| Parties insolubles . . | 1,76 | » | | » |
| | 100,57 | | | |

D'où l'on déduit immédiatement $\underline{\dddot{Fe}}^4 \underline{\dddot{As}}^3 + 16\,Aq$. M. Berzélius se fondant sur l'augmentation de poids trouvé, pense qu'une partie du fer est à l'état de protoxide, et donne pour formule :

$$\dot{Fe}^3 \underline{\dddot{As}} + \underline{\dddot{Fe}}^3 \underline{\dddot{As}}^2 + 18\,Aq.$$

Cette formule ne concorde pas avec les résultats de l'analyse et offre

1 molécule de fer et 2 molécules d'eau en excès. Le rapport de 8 molécules de fer contre 6 molécules d'arsenic, qui correspond à la composition de plusieurs phosphates, doit être conservé. La véritable formule est plutôt $\dot{Fe}^4 \underline{\dddot{As}} + \underline{\dddot{Fe}}^2 \underline{\dddot{As}}^2 + 16\,Aq$.

On trouve à Hornhausen (duché de Nassau) du fer arséniaté cubique, dont une partie, en cristaux noirs et opaques, avait été prise d'abord pour une combinaison d'oxide de fer et d'oxide de plomb, et avait recu le nom de *beudantite*. Mais d'après l'examen qu'en a fait M. Damour, ces cristaux ne sont que de l'arséniate de fer mélangé avec du sulfure de plomb, et ne peuvent constituer une espèce minérale (*Ann. chim. phys.*, janvier 1844, p. 73).

2. *Fer arséniaté rhomboïdal*, *scorodite*. Cet arséniate de fer se trouve séparé en deux espèces dans le *Traité de minéralogie* de M. Beudant, sous les noms de *scorodite* et de *néoctèse*, d'après les résultats différents des analyses qui en avaient été faites par Ficinus et Berzélius; mais d'après l'examen que viennent de faire de ces deux espèces MM. Damour et Descloizeaux, il convient de les réunir en une seule, dont voici les caractères : substance d'un vert bleuâtre, pesant de 3,11 à 3,18, rayant la chaux carbonatée, rayée par le fluorure de calcium. Elle se présente en cristaux prismatiques ou d'apparence octaédrique, terminés par un pointement à 4 faces, et qui dérivent tous d'un prisme droit rhomboïdal, dont l'incidence des faces latérales est de 98° 1′ 20″, et le rapport entre un des côtés de la base et la hauteur comme 143 : 206. Ce fer arséniaté se trouve à Schwarzemberg en Saxe, à Saint-Austle en Cornouailles, et à Vaudry, près de Limoges, dans les filons de minerais d'étain et de cobalt. La variété de San-Antonio-Pereira, près de Villa-Rica, au Brésil, qui formait le néoctèse de M. Beudant, tapisse les cavités d'un fer hydroxidé. Il faut y joindre aussi un fer arséniaté en masse poreuse, d'un vert pâle, trouvé près de Marmato dans le Popayan et analysé par M. Boussingault. Voici la composition de toutes ces substances :

| | (1). | (2). | (3). | (4). | (5). | (6). |
|---|---|---|---|---|---|---|
| Acide arsénique. . . . . | 50,78 | 50,95 | 51,06 | 52,16 | 50,96 | 49,60 |
| Oxure ferrique . . . . . | 34,85 | 31,89 | 32,74 | 33 | 33,20 | 34,30 |
| Eau. . . . . . . . . . . | 15,55 | 15,64 | 15,68 | 15,58 | 15,70 | 16,90 |

(1) Arséniate de fer de Villa-Rica, par M. Berzélius.
(2) — de Vaulry, par M. Damour.
(3) — de Cornouailles, par le même.

(4) Arséniate de fer de Saxe, par M. Damour.
(5) — de Villa-Rica, *id.*
(6) — terreux de Marmato, par M. Boussingault.

La moyenne de toutes ces analyses donne :

| | | Oxigène. | | Calculé. | |
|---|---|---|---|---|---|
| Acide arsénique. . | 50,92 | 17,68 | 5 | $\dddot{As}$ | 50,20 |
| Oxure ferrique. . . | 33,33 | 10,22 | 3 | $\dddot{Fe}$ | 34,12 |
| Eau. . . . . . . . | 15,84 | 14,08 | 4 | $\dot{H}^4$ | 15,68 |
| | 100,09 | | | | 100,00 |

### Fer chromé.

Substance d'un gris noirâtre et d'un éclat métallique médiocre, pesant de 4,03 à 4,5, assez dure pour rayer le verre; tenace et difficile à briser sous le marteau.

La cassure est très raboteuse. La poudre est d'un gris cendré ; les morceaux les plus purs agissent sensiblement sur l'aiguille aimantée.

Le fer chromé est infusible au chalumeau sans addition ; fondu avec le borax, il lui communique une belle couleur verte ; l'acide nitrique ne le dissout pas.

On a trouvé, mais très rarement, le fer chromé cristallisé en octaèdres réguliers. Il est le plus souvent en masses amorphes, qui se brisent quelquefois suivant les faces d'un prisme oblique rhomboïdal ou d'un rhomboïde aigu. Ces masses se trouvent exclusivement dans les roches de talc ou de serpentine, comme à la Bastide de la Carrade, dans le département du Var, à Harford et à Barhill près de Baltimore aux États-Unis, à Krieglack en Styrie, sur les bords du Viasga en Sibérie, etc. Lorsque le fer chromé s'y trouve à peu près pur ou peu mélangé, il offre les caractères indiqués ci-dessus, couleur noirâtre, éclat métalloïde, cassure laminaire, magnétisme sensible ; mais le plus souvent il est plus ou moins pénétré et mélangé de particules de la roche qui lui sert de gangue, et alors il a une couleur plus grise, ou rosée, une cassure écailleuse, un éclat demi-vitreux, et il est sans action sur l'aiguille aimantée.

La composition du fer chromé est encore très incertaine : Vauquelin y admettait de l'acide chromique, du fer oxidulé et de l'alumine ; mais Laugier a montre que le chrome y était seulement à l'état d'oxide. Plus tard, on l'a regardé comme formé de sesqui-oxide de chrome, de sesqui-oxide de fer et d'alumine, tandis que, aujourd'hui, on le croit plutôt composé de sesqui-oxide de chrome, d'alumine et de protoxide de fer. Les analyses faites jusqu'ici ne peuvent décider la question, et l'on peut ajouter, d'ailleurs, qu'on ne connaîtra la véritable composition du fer chromé que lorsqu'on aura trouvé le moyen d'isoler préalablement les différentes substances, apercevables à la loupe, dont les masses sont formées. En voici cependant un assez grand nombre d'analyses, dont une seule, celle de Vauquelin, admettait de l'acide chromique :

| | 1. | 2. | 3. | 4. | 5. | 6. | 7. | 8. | 9. | 10. | 11. |
|---|---|---|---|---|---|---|---|---|---|---|---|
| Oxide de chrome. . . | 60.01 | 56 | 55,5 | 54.08 | 53 | 51,6 | 51.56 | 44,91 | 43,7 | 39,51 | 36 |
| Alumine . . . . . . . . | 11,85 | 13 | 6 | 9,02 | 11 | 10 | 9,72 | 13,85 | 20,3 | 13 | 21,5 |
| Silice . . . . . . . . . | » | » | 2 | 4,83 | 1 | 3 | 2,90 | » | 2 | 10,60 | 5 |
| Oxide de fer . . . . . | 20 13 | 31 | 33 | 25,66 | 34 | 35 | 35,14 | 18.97 | 34,7 | 36 | 37 |
| Magnésie . . . . . . . | 7,45 | » | » | 5,36 | » | » | » | 9,96 | » | » | » |
| Oxide de manganèse. | » | » | » | » | 1 | » | » | » | » | » | » |

1. Fer chromé cristallisé, par Abich.
2. — des îles Shetland, par Thomson.
3. — de Krieglack, par Klaproth.
4. — de Rœras, en Norvége, par Laugier.
5. — de Sibérie, *id.*
6. — de Baltimore, par Berthier.
7. — de Chester, en Pensylvanie, par Seybert.
8. — , par Abich.
9. — du Var, par Vauquelin.
10. — de Baltimore, par Seybert.
11. — de l'île à Vaches, près Haïti, par Berthier.

### Fer titanaté.

Cet état naturel du fer constitue un certain nombre d'espèces minérales qui ne sont pas encore bien définies. L'une d'elles, nommée *ilménite*, parce qu'elle a été trouvée principalement auprès du lac Ilmen, en Russie, est noirâtre et pourvue d'un éclat métallique un peu terne. Elle est d'une dureté un peu inférieure à celle du feldspath, non magnétique, d'une densité égale à 4,67 — 4,76. Ses cristaux dérivent d'un rhomboèdre aigu de 86° 5′, presque identique avec celui du fer oligiste. Tous ces caractères, qui sont à peu près ceux du fer oligiste, rendraient assez difficile la distinction des deux espèces, si la poudre de l'ilménite n'était pas noire, tandis que celle du fer oligiste est d'un brun rouge.

L'ilménite est composée d'acide titanique, d'oxure ferreux et d'oxure ferrique, en proportions très variables. Cette diversité de composition, réunie à l'identité de forme avec le fer oligiste, offrait un curieux problème à résoudre, lorsque M. Mosander a imaginé que le titanate ferreux ($FeO,TiO^2$), étant composé de 2 molécules de métal et de 3 molécules d'oxigène, comme le fer oligiste ($Fe^2O^3$), devait être isomorphe avec lui et pouvait dès lors s'y mélanger en toutes proportions, sans en altérer la forme moléculaire. Cette idée séduisante se trouve presque justifiée par les analyses suivantes :

| | 1. | Rapp. | 2. | Rapp. | 3. | Rapp. | 4. | Rapp. | 5. | Rapp. |
|---|---|---|---|---|---|---|---|---|---|---|
| Acide titanique. | 46,92 | 93 | 46,79 | 93 | 24,19 | 48 | 22,04 | 44 | 14,16 | 28 |
| Oxure ferreux. | 37,86 | | 36,61 | | 19,91 | 44 | 19,68 | 44 | 10,01 | 24 |
| — manganeux. | 2,73 | 94 | 2,56 | 90 | » | » | » | » | 0,80 | |
| Magnésie. . . . | 1,14 | | 0,82 | | » | » | » | » | » | » |
| Oxure ferrique. | 10,74 | 10,7 | 11,22 | 11 | 53,01 | 53 | 58,28 | 58 | 75 | 75 |

1. Ilménite du lac Ilmen, analysé par Kobell; formule : $9\dot{Fe}\ddot{Ti}+\underline{\dddot{Fe}}$.

2. Ilménite de l'Ilmen ; moyenne de deux analyses par M. Mosander : $9\dot{Fe}\ddot{Ti}+\underline{\dddot{Fe}}$.

3. Fer titané d'Arendal, par M. Mosander; formule approchée : $\dot{Fe}\ddot{Ti}+\underline{\dddot{Fe}}$.

4. Ilménite de Washington, par M. Marignac : $3\dot{Fe}\ddot{Ti}+4\underline{\dddot{Fe}}$.

5. Fer titané d'Aschaffenbourg, par Kobell : $\dot{Fe}\ddot{Ti}+3\underline{\dddot{Fe}}$.

Un grand nombre d'autres analyses sont contraires à la supposition de M. Mosander, qui demande nécessairement que l'oxure ferreux et l'acide titanique soient en nombre moléculaire égal, afin de motiver l'isomorphisme du composé avec l'oxure ferrique. En voici seulement quelques exemples :

| | 6. | Rapp. | 7. | Rapp. | 8. | Rapp. | 9. | Rapp. |
|---|---|---|---|---|---|---|---|---|
| Acide titanique. . . . | 45,40 | 90 | 43,73 | 87 | 43,21 | 86 | 12,67 | 25 |
| Oxure ferreux . . . . | 14,10 | 31 | 13,57 | 30 | 27,91 | 62 | 4,81 | 10,7 |
| — ferrique. . . . | 40,70 | 41 | 42,70 | 43 | 28,66 | 29 | 82,49 | 82 |
| | $\dot{Fe}^3\ddot{Ti}^9+\underline{\dddot{Fe}}^3$ | | $\dot{Fe}^2\ddot{Ti}^6\underline{\dddot{Fe}}^3$ | | $\dot{Fe}^2\ddot{Ti}^3\underline{\dddot{Fe}}$ | | $\dot{Fe}^2\ddot{Ti}^5\underline{\dddot{Fe}}^{16}$ | |

6. Ilménite du lac Ilmen, par M. Delesse.

7. Fer titané d'Egersund, par M. H. Rose.

8. Le même, par M. Kobell.

9. Fer titané de . . . ., par M. Kobell.

### *Chrichtonite.*

On a donné ce nom à un titanate de fer en petits rhomboèdres très aigus que l'on a trouvés adhérents à des cristaux de quarz, à Saint-Christophe, dans la vallée d'Oisans (Isere), où l'on rencontre également le titane anatase. Les sommets du rhomboèdre sont souvent remplacés par une troncature perpendiculaire à l'axe. On trouve également la chrichtonite sous forme de lamelles hexagonales sur les bords desquelles on apercoit des facettes en biseaux qui appartiennent à des rhomboèdres surbaissés. Les lames sont souvent empilées confusément les unes sur les autres.

La chrichtonite est noire, non magnétique; elle pèse 4,727; elle raie la chaux fluatée, mais non le verre. Elle est composée, suivant l'analyse de M. Marignac, de :

| | | | | | Rapports moléculaires. | |
|---|---|---|---|---|---|---|
| Acide titanique. . | 52,27 | × | 1,985 | = | 103,8 | 1 |
| Oxure ferreux . . | 46,53 | × | 2,222 | = | 103,4 | 1 |
| — ferrique. . | 1,20 | × | 1 | = | 1 | » |

Formule : $\dot{F}e\ \ddot{T}i$.

Cette composition montre que la chrichtonite est un simple titanate ferreux. J'ajoute que si l'on pouvait, par une loi de décroissement, ramener le rhomboèdre très aigu qui la représente au rhomboèdre de l'ilménite ou du fer oligiste, aucune autre analyse ne prouverait mieux l'isomorphisme du titanate ferreux avec le sesqui-oxide de fer, et dans ce cas l'ilménite et la chrichtonite ne formeraient plus qu'une seule espèce.

### *Fer titanaté octaédrique.*

*Ménakanite*, *isérine*, *gallizinite*, *nigrine*. On a donné ces différents noms à un titanate de fer d'une composition très variable, mais qui paraît toujours cristallisé, de même que le fer oxidulé, en octaèdre régulier, en dodécaèdre rhomboïdal, ou en formes qui en sont dérivées. Ce titanate est noir et doué d'un éclat métallique médiocre; il pèse de 4,026 à 4,89; il raie légèrement le verre. Il est tantôt fortement attirable à l'aimant, et tantôt insensible au magnétisme. On le trouve quelquefois en nids, dans les roches granitiques (*gallizinite* de Spessart près d'Aschaffenbourg, en Franconie; *nigrine* de Bodenmais, en Bavière); ou disséminé dans les roches talqueuses, comme à Saint-Marcel en Piémont, ou dans les calcaires cristallisés, comme à Fetlar (îles Shetland). Mais le plus souvent on le trouve sous forme de sables qui proviennent de la destruction des roches précédentes, ou de celle des *basaltes*, *trachytes* et autres roches volcaniques, comme au Mont-Dore, au Cantal, dans le Vivarais, dans la vallée de Menakan en Cornouailles, à Madagascar, à la Guadeloupe, etc. Ces sables ferrugineux titanifères sont quelquefois assez abondants pour qu'on puisse les exploiter comme minerai de fer.

L'identité de forme du fer titané octaédrique avec le fer oxidulé, comparable à celle de la chrichtonite et du fer oligiste, a donné lieu à une supposition semblable. C'est-à-dire qu'on a pensé que cette espèce devait être formée d'un titanate ferreux bibasique ($Fe^2O^2,TiO^2$), composé de $M^3O^4$ comme le fer oxidulé $Fe^3O^4$, isomorphe avec lui et pouvant s'y mélanger en toutes proportions, sans en altérer la forme cristalline. Une analyse, faite par M. Rammelsberg, d'un fer titanaté magnétique de Unkel, sur les bords du Rhin, est à peu près conforme à ce résultat.

| | | | | | | Rapports. | |
|---|---|---|---|---|---|---|---|
| Acide titanique. . . | 11,51 | × | 1,9855 | = | 23 | 1 |
| Oxure ferreux . . . | 39,16 | × | 2,222 | = | 87 | 4 |
| — ferrique. . . | 48,07 | × | 1 | = | 48 | 2 |

En admettant que, dans l'analyse, une certaine quantité d'oxide ferreux ait été transformée en oxure ferrique, en en partageant également l'oxure ferreux entre l'acide titanique et l'oxure ferrique, on trouve la formule

$$\dot{Fe}^2\ddot{T} + 2(\dot{Fe}\,\underline{\dddot{Fe}}),$$

dans chaque membre de laquelle les molécules métalliques sont à celles de l'oxigène :: 3 : 4, ce qui peut expliquer pourquoi le premier membre ajouté au second n'en change pas la forme primitive. Aucune autre analyse ne se prête aussi bien à ce résultat; et d'ailleurs il est souvent difficile de décider, surtout dans celles qui sont un peu anciennes, à quel état d'oxidation le fer doit y être considéré.

| | 1. | 2. | 3. | | 4. | | 5. | | 6. | |
|---|---|---|---|---|---|---|---|---|---|---|
| | | | | Rapp. | | Rapp. | | Rapp. | | Rapp. |
| Acide titanique. | 84 | 58,7 | 50,12 | 100 | 48,46 | 96 | 49 | 97 | 45,25 | 90 |
| Oxure ferreux. | 14 | 36 | 49,88 | 111 | 51,54 | 115 | 49 | } 112 | 51 | } 114 |
| — manganeux. | 2 | 5,3 | » | » | » | » | 2 | | 0,25 | |
| — ferrique. . . | » | » | » | » | » | » | » | » | » | » |

| | 7. | | 8. | | 9. | 10. | 11. |
|---|---|---|---|---|---|---|---|
| | | Rapp. | | Rapp. | | | |
| Acide titanique. | 22 | 44 | 20,41 | 40 | 14 | 15,90 | 12,60 |
| Oxure ferreux . | 30 | 68 | 19,48 | 50 | 85($Fe^3O^4$) | 79,60($Fe^3O^4$) | 82($Fe^3O^5$) |
| — manganeux . | 0,60 | | Zn3,61 | | 0,25 | 2,60 | 4,60 |
| — ferrique. . . | 45 | 45 | 55,23 | 55 | » | » | » |

1. Nigrine d'Ohlapian (Transylvanie), par Klaproth.
2. — de l'île des Siècles (Bretagne), par M. Berthier.
3. Isérine de l'Iserwiese, par H. Rose; formule : $\dot{Fe}^{11}\ddot{Ti}^{10}$.
4. — d'Egersund (Norwége), par H. Rose; formule : $\dot{Fe}^6\ddot{Ti}^5$.
5. Fer titanaté de Bodenmais, par Vauquelin ; formule : $\dot{Fe}^7\ddot{Ti}^6$.
6. Ménakanite, par Vauquelin; formule : $\dot{Fe}^5\ddot{Ti}^4$.

Les quatre résultats précédents s'accorderaient mieux avec la formule supposée de l'ilménite qu'avec celle de la nigrine.

7. Fer titané magnétique de Madagascar, par M. Lassaigne; formule : $\dot{Fe}^3\ddot{Ti}^2 + \underline{\dddot{Fe}}^2$.
8. Fer titané magnétique cristallisé d'Arendal, par M. Mosander; formule : $\dot{Fe}^5\ddot{Ti}^4 + \underline{\dddot{Fe}}^5$ ou $\ddot{Ti}^4 + 5(\dot{Fe},\underline{\dddot{Fe}})$.
9. Fer titané magnétique de la Baltique, par Klaproth.
10. — de Nieder-Menich (bords du Rhin), par M. Cordier.
11. Fer titané du Puy, par M. Cordier.

Ces trois dernières analyses, et même celle d'auparavant, semblent montrer que la nigrine peut souvent n'être qu'un simple mélange de fer oxidulé octaédrique ($Fe^3O^4$) avec une quantité variable d'acide titanique.

### Fer tungstaté et tantalaté.

Ces minéraux contenant toujours une certaine quantité de tungstate ou de tantalate de manganèse, seront réunis à la famille de ce dernier métal.

### Fer silicaté.

Il existe un grand nombre de silicates de fer naturels, qui varient par l'état d'oxidation du fer, par la proportion relative de l'acide et de la base, par l'état anhydre ou hydraté du silicate, enfin par son mélange ou sa combinaison avec d'autres silicates, tels que ceux de manganèse, d'alumine, de chaux ou de magnésie. Tous ont la propriété de laisser de la silice en gelée lorsqu'on dissout l'oxide de fer par un acide. Ceux qui contiennent une forte proportion de protoxide de fer ou d'oxide intermédiaire sont magnétiques ; ceux qui en contiennent peu, ou qui ne contiennent que du peroxide, ne le sont pas. Voici ceux de ces silicates qui, en raison de la forte proportion de fer qu'ils contiennent, doivent faire partie de la famille minéralogique de ce métal :

1. *Chlorophœite*, *fayalite*, *eisen-silikat*, *silicate de fer anhydre.*

| | du Vésuve, par Klaproth. | Rapports. | d'Irlande, par Thomson. | Rapports. | |
|---|---|---|---|---|---|
| Silice. . . . . . . . | 29,50 | 52 | 29,60 | 52 | 1 |
| Oxure ferreux. . . . | 66 | 147 | 68,73 | 153 | 3 |
| — manganeux. . | » | » | 1,78 | 4 | |
| Potasse. . . . . . . | 0,25 | » | » | » | » |
| Alumine . . . . . . | 4 | 6 | » | » | » |

Formule : $\dot{F}e^3 \dddot{S}i$, avec mélange de silicate d'alumine dans le minéral analysé par Klaproth.

2. *Chloropale*, *terre verte d'Unghvar.* Substance d'un vert pré, compacte ou terreuse, fusible au chalumeau en un verre noir. L'analyse faite par M. Bernardi a donné :

| | | Oxigène. | |
|---|---|---|---|
| Silice . . . . . . | 45 | 23,37 | 3 |
| Oxure ferreux . . | 35,3 | 8,03 | 1 |
| Magnésie. . . . . | 2 | 0,77 | » |
| Alumine. . . . . | 1 | » | » |
| Eau. . . . . . . | 18 | 16 | 2 |

Formule : $\dot{F}e \dddot{S}i + 2Aq.$

Un minéral, désigné par M. Berzélius sous le nom d'*hédenbergite de Tunaberg*, conduit à la même formule :

| | | Oxigène. | |
|---|---|---|---|
| Silice . . . . . . . . | 40,62 | 20,50 | 3 |
| Oxure ferreux . . . | 32,53 | 7,40 | 1 |
| Eau . . . . . . . . . | 16,05 | 14,12 | 2 |
| Carbonate de chaux. | 4,93 | » | » |
| Oxure de manganèse. | 0,75 | » | » |
| Alumine . . . . . . | 0,37 | » | » |

3. *Fer hydrosilicaté de Suderoë.* Minéral transparent, d'un vert olive, à cassure conchoïde et vitreuse, très oxidable à l'air et y devenant noir. Composition :

| | | Oxigène. | |
|---|---|---|---|
| Acide silicique. . | 32,85 | 17,07 | 3 |
| Oxure ferreux . . | 21,56 | 4,91 | } 1 |
| Magnésie. . . . . | 3,44 | 1,33 | |
| Eau. . . . . . . . | 42,15 | 37,17 | 6 |

$$\left.\begin{matrix}Fe\\ Mg\end{matrix}\right\} \dot{}\dddot{S} + 6Aq.$$

4. *Thraulite de Riddarhytta*, par Hisinger :

| | | Oxigène. | |
|---|---|---|---|
| Silice. . . . . . . . . | 36,30 | 18,85 | 6 |
| Oxure ferroso-ferrique. | 44,39 | 12,53 | 4 |
| Eau . . . . . . . . . | 20,70 | 18,40 | 6 |

Formule : $\dot{Fe}\dddot{Si} + \overset{\cdots}{\underline{Fe}}\dddot{Si} + 6Aq.$

5. *Pinguit de Wolkenstein* dans l'Erzebirge, par Kersten :

| | |
|---|---|
| Silice. . . . . . . . | 36,9 |
| Oxure ferrique . . . | 29,5 |
| — ferreux. . . . | 6,1 |
| Magnesie . . . . . . | 0,45 |
| Alumine. . . . . . . | 1,80 |
| Oxure manganique. . | 0,15 |
| Eau. . . . . . . . . | 25,10 |

Formule : $\dot{Fe}\dddot{Si} + \overset{\cdots}{\underline{Fe}}{}^2\dddot{Si}{}^3 + 15Aq.$

6. *Thraulite de Bodenmais*, par Kobell :

| | | | |
|---|---|---|---|
| Silice. . . . . . . | 31,28 | 16,24 | 5 |
| Oxure ferrique . . | 33,90 | 10,39 | 3 |
| — ferreux. . . | 15,22 | 3,46 | 1 |
| Eau. . . . . . . . | 19,12 | 16,99 | 5 |

$$3\dot{Fe}\dddot{Si} + \dot{Fe}{}^3\dddot{Si}{}^2 + 15Aq.$$

7. *Anthrosidérite.* Minéral de la province de Minas-Geraès, sous forme de filaments déliés d'un brun d'ocre. L'analyse faite par M. Schederman a donné :

| | | |
|---|---|---|
| Silice. . . . . . . | 66,08 | 3 moléc. |
| Oxure ferrique . . | 34,99 | 1 |
| Eau. . . . . . . . | 3,59 | 1 |

Formule : $\overset{\cdots}{\underline{Fe}}\dddot{Si}{}^3 + Aq.$

8. *Nontronite.* Substance jaune de paille, onctueuse, tendre, à cassure inégale et mate. Donnant de l'eau à la calcination et prenant une couleur rouge. Soluble dans l'acide chlorhydrique avec précipité de silice gélatineuse, etc. Trouvée en petits rognons au milieu des amas de bi-oxide de manganèse, à Saint-Pardoux, département de la Dordogne. Moyenne de quatre analyses :

| | | Rapports moléculaires. | |
|---|---|---|---|
| Silice . . . . . . . . | 41,47 | 72 | 2 |
| Oxure ferrique. . . | 33,04 | 34 | 1 (Oxure ferrique + Alumine) |
| Alumine. . . . . . | 2,72 | 4 | |
| Magnésie. . . . . . | 1,12 | 4 | » |
| Eau. . . . . . . . . | 20,47 | 182 | 5 |

$$\left.\begin{matrix}\dddot{\underline{Fe}}\\ \underline{Al}\end{matrix}\right\}\dddot{Si}^2 + 5Aq.$$

9. *Hisingérite de Gillinge*, en Sudermanie. Substance lamelleuse noirâtre, tendre, à poussière verdâtre. Fusible au chalumeau en scorie noire ; pesant spécifiquement 3,04. Analyse par Hisinger :

| | | Oxigène. | |
|---|---|---|---|
| Silice . . . . . . . . | 27,50 | 14,28 | 15 |
| Oxure ferrique. . . . | 51,50 | 15,79 | 18 |
| Alumine. . . . . . . | 5,50 | 2,57 | 3 |
| Oxure manganique. . | 0,77 | 0,17 | » |
| Eau. . . . . . . . . | 11,75 | 10,44 | 12 |

$$\text{Formule : } \dddot{\underline{Al}}\,\dddot{Si}^2 + 3\dddot{\underline{Fe}}^6\,\dddot{Si} + 12Aq.$$

$$\text{ou bien } 5\underline{Fe}^3\,\dddot{Si} + \dddot{\underline{Fe}}\,\dddot{\underline{Al}} + 12Aq.$$

10. *Chamoisite.* Substance compacte ou oolitique, d'un gris verdâtre, magnétique, pesant 3 à 3,4. Donnant de l'eau et devenant noire et plus magnétique par l'action de la chaleur, dans un tube fermé. Analyse par M. Berthier :

| | | Oxigène. | |
|---|---|---|---|
| Silice. . . . . . . . | 14,3 | 7,42 | 6 |
| Alumine. . . . . . | 7,8 | 3,64 | 3 |
| Protoxide de fer. . | 60,5 | 13,70 | 12 |
| Eau . . . . . . . . | 17,4 | 15,50 | 12 |

$$2\dot{Fe}^3\,\dddot{Si} + \dot{Fe}^6\,\dddot{\underline{Al}} + 14Aq.$$

11. *Berthiérine.* Substance d'un gris bleuâtre ou olivâtre ; atta-

quable par une pointe d'acier ; magnétique. Se trouve en petits grains mêlés à ceux de l'hydrate ferrique ou du carbonate de fer, qui constituent principalement les minerais de Champagne, de Bourgogne et de Lorraine. La matière, supposée pure, est formée de :

| | | Oxigène. | |
|---|---|---|---|
| Silice. . . . . . . | 12,4 | 6,45 | 6 |
| Oxure ferreux. . . | 74,7 | 17 | 15 |
| Alumine. . . . . . | 7,8 | 3,65 | 3 |
| Eau. . . . . . . . | 5,1 | 4,50 | 3 |

$$2\dot{F}e^6 \dddot{S}i + \dot{F}e^3 \underline{\dddot{A}l} + 3Aq.$$

12. *Cronstédtite*, *chloromélane*, substance noire, à poussière verte, en petits prismes à six pans, ou en petites masses fibreuses. Pesanteur spécifique 3,348.

| | | Oxigène. | |
|---|---|---|---|
| Silice. . . . . . . . . | 22,45 | 11,7 | 6 |
| Oxure de fer . . . . . | 58,85 | 13,4 | 7 |
| — de manganèse. . | 2,88 | 0,63 | |
| Magnésie . . . . . . . | 5,08 | 1,96 | 1 |
| Eau . . . . . . . . . . | 10,70 | 9,51 | 5 |

$$\left.\begin{matrix}Fe\\ Mn\end{matrix}\right\} 7Si + Mg\,Si + 5Aq. = (Fe^2\,Si + Mg\,Si) + 5FeAq.$$

13. *Ilvaïte*, *yénite*, *liévrite*, *fer calcaréo-siliceux*. Substance noire, pesant 3,82 à 4,06, rayant le verre, rayée par le quarz, cristallisant en prismes droits rhomboïdaux d'environ 111°,5 et 68°,5. On la trouve à l'île d'Elbe, dans les roches micacées chloriteuses et talqueuses ; à Skeen, en Norwége ; au Groenland, etc. Elle paraît composée, d'après les analyses de M. Rammelsberg, de

| | | Oxigène. |
|---|---|---|
| Silice . . . . . . | 4 moléc. | 28,98 |
| Oxure ferreux. . | 6 | 33,06 |
| — ferrique. . | 2 | 24,56 |
| Chaux. . . . . . | 3. | 13,40 |

$$\left.\begin{matrix}\dot{C}a^3\,\dddot{S}i\\ 2\dot{F}e^3\,\dddot{S}i\end{matrix}\right\} + \underline{Fe}^2\,Si.$$

*Extraction du fer.*

De toutes les mines de fer, on n'exploite, dans la vue d'en retirer le métal, que les oxides et le carbonate, parce qu'elles sont les plus aisées à traiter et qu'elles suffisent à la consommation; de plus, les oxides, qui se trouvent presque partout, fournissent plus de fer que le carbonate, qui est beaucoup plus rare.

En général, pour extraire le fer, on bocarde la mine, et on la lave pour en séparer l'excès des matières terreuses ou de la *gangue*, surtout lorsqu'on opère sur les mines de fer limoneuses ; mais il faut laisser une partie de cette gangue qui facilite beaucoup la fusion de l'oxide de fer, et même, comme il est nécessaire, pour que cette fusion s'opère bien, que le fondant soit composé de certaines proportions de craie et d'argile, d'après un premier essai, on ajoute à la mine bocardée et lavée celle de ces deux substances qui paraît ne pas y être en proportion suffisante. Quelquefois la mine de fer oxidé contient du soufre et de l'arsenic; alors on la grille avant d'y ajouter le fondant : lorsque la mine est convenablement préparée, on procède à la fonte.

Le fourneau qui sert à cette opération a de 10 à 13 mètres de hauteur, et se nomme, à cause de cela, *haut-fourneau*. Il a dans son intérieur la forme de deux cônes tronqués appuyés base à base, et de telle manière que sa plus grande largeur se trouve être au tiers de sa hauteur environ; il est ouvert par le haut, et l'ouverture, que l'on nomme *gueulard*, sert à le charger; il est terminé inférieurement par un creuset en briques réfractaires, dans lequel doit se rassembler la fonte. On remplit ce fourneau, jusqu'au tiers, de charbon de bois ou de houille épurée, dont on active la combustion au moyen d'énormes soufflets, ou d'autres puissants appareils de ventilation; bientôt après on y ajoute par pelletées et alternativement de la mine préparée et du charbon; on en remplit le fourneau et on l'entretient dans cet état en y versant de nouvelles matières, à mesure que celles qui s'y trouvent descendent, par suite de la combustion et de la fusion qui s'opèrent, dans la partie soumise à l'action des soufflets.

Voici ce qui se passe dans cette opération : l'acide carbonique de la craie se dégage; la chaux se combine à la silice et à l'alumine qui composent l'argile, les fond et détermine aussi la fusion d'une certaine quantité d'oxide de fer. Mais la plus grande partie de celui-ci est réduite à l'état métallique, soit par l'oxide de carbone qui provient de l'action du charbon sur l'acide carbonique de la craie, soit par celui qui se forme directement par la combustion incomplète du charbon. Cet oxide de carbone repasse ainsi à l'état d'acide carbonique, est réduit de nouveau à l'état d'oxide de carbone par le contact du charbon, et peut ainsi servir à plusieurs réductions successives du minerai, avant de s'échapper par l'ouverture supérieure du fourneau. Cependant rien n'empêche de croire, comme on le pensait autrefois, que la réduction du métal ne s'opère aussi directement par le contact direct de l'oxide de fer fondu et du charbon. Quoi qu'il en soit, le fer et le verre qui provient de la fusion des terres, coulent vers le creuset et le remplissent; mais ce verre, que l'on nomme *laitier*, étant plus léger que le fer, reste à sa surface et s'écoule par une ouverture pratiquée au haut du creuset. Lorsqu'on juge que celui-ci est plein de fer, on débouche un second trou percé au fond et bouché momentanément avec de l'argile, et l'on recoit le métal dans une rainure creusée dans le sable. Pendant le temps que le fer coule, on cesse de souffler et de charger le fourneau; mais cela dure à peine un quart d'heure, et l'on recommence de suite l'opération.

Le métal obtenu par cette opération se nomme *fonte;* ce n'est pas du fer proprement dit, c'est plutôt un *carbure de fer* mélangé d'oxide de fer, de laitier et de charbon non combiné; quelquefois même on y trouve du phosphore, du chrome et du cuivre.

La fonte varie en couleur, en dureté et en bonté, suivant la nature de la mine et le soin qu'on a apporté à l'opération. En général, la fonte la plus pâle, qu'on nomme fonte *blanche*, est la moins estimée; elle contient plus d'oxigène et moins de carbone que les autres. On distingue aussi la fonte *grise*, qui est la plus estimée, et la fonte *noire*, qu'un excès de carbone rend peu propre à plusieurs usages.

Pour affiner la fonte, ou la convertir en fer malléable, on emploie plusieurs procédés, dont le plus ancien, qui est encore usité, consiste à se servir d'un autre fourneau qui n'est, à vrai dire, qu'un grand creuset que l'on remplit de charbon, et vers la surface duquel on dirige le vent de deux soufflets. On place au milieu de ce charbon embrasé l'extrémité d'un de ces gros lingots de fonte nommés *gueuses*, et on l'y pousse à mesure qu'elle fond : la matière fondue se rassemble au fond du creuset, et bientôt le remplit en partie.

Mais le vent des soufflets étant dirigé sur le métal, le charbon qui s'y trouvait combiné ou mêlé brûle, et avec lui une certaine quantité de fer; et comme l'oxide de fer qui se forme est plus fusible que le métal lui-même, il en résulte une matière presque fluide tenant comme suspendu un corps beaucoup plus dur qui est le fer; alors un ouvrier remue la matière avec une barre de fer qu'il plonge partout, pour rassembler autour et fixer le fer métallique; et lorsqu'il en a ramassé une masse de trente à trente-cinq kilogrammes, il la soulève et la fait glisser sur un plan incliné, jusque vers une grosse enclume où un lourd marteau, dit *martinet*, la bat, en rapproche les molécules, et en expulse la fonte interposée. Lorsque la masse est déjà bien formée et consistante, l'ouvrier la reporte au feu, la fait rougir de nouveau et la remet sur l'enclume, où alors elle se trouve frappée si vivement (le martinet, qui pèse environ 450 kilogrammes, tombe deux fois en une seconde) qu'il a le temps d'en former une partie en une barre plate et rectangulaire, qu'il achève enfin après avoir encore reporté au feu l'extrémité non forgée.

*Propriétés.* Voici les propriétés du fer tel qu'on peut l'obtenir, car il n'est jamais exactement pur, par la raison qu'on ne peut faire autrement que d'employer le charbon pour le fondre et le travailler, et qu'il absorbe toujours une certaine quantité de ce corps combustible.

Le fer est d'un blanc-gris très éclatant; lorsqu'il est poli, c'est le plus dur, le plus élastique, le plus tenace et peut-être le plus ductile de tous les métaux ductiles; cependant il se lamine difficilement; il pèse 7,78; un fil de fer d'un dixième de pouce de diamètre supporte un poids de 500 livres avant que de se rompre.

Le fer a une saveur très marquée; il a aussi une odeur particulière qui se développe par le frottement des mains; il est attirable à l'aimant, qui n'est, comme je l'ai dit, qu'une mine de fer oxidulé, et il est susceptible de devenir aimant lui-même, soit par le frottement d'un autre aimant, soit spontanément, lorsqu'il se trouve placé dans quelques circonstances particulières. Le fer n'est pas le seul métal qui jouisse de ces propriétés : le nickel et le cobalt les possèdent également, quoique dans un moindre degré.

Le fer est un des métaux les plus infusibles, car sa fusion n'a lieu qu'au-dessus du 150e degré du pyromètre de Wegdwood.

Le fer se combine à presque tous les corps simples non métalliques : les plus importants de ses composés avec ces corps sont ceux qu'il forme avec l'oxigène et le carbone.

Indépendamment de la *fonte* dont nous avons parlé plus haut, l'acier est encore une combinaison de fer et de carbone, mais qui ne contient guère que 0,01 de ce dernier; il est plus dur que le fer, très ductile, très malléable, sans saveur ni odeur, moins pesant que le fer, et susceptible d'un poli parfait. Il se distingue surtout du fer par la propriété suivante : Que l'on fasse rougir une barre de fer et une d'acier, et qu'on les laisse refroidir lentement, elles conserveront leurs propriétés primitives; mais qu'on les fasse rougir et qu'on les plonge dans l'eau froide, le fer conservera sensiblement les mêmes propriétés, tandis que l'acier en acquerra de nouvelles : il deviendra plus dur, moins dense, plus élastique, moins ductile et d'un grain plus fin qu'auparavant. On le nomme alors *acier trempé*, et il sert, comme on le sait, à fabriquer toutes sortes d'instruments tranchants et autres.

*Dissolutions.* Le fer en dissolution est facile à reconnaître, quoique la couleur des précipités qu'y forment les réactifs varie selon le degré d'oxidation du métal. Lorsqu'il est au *minimum* d'oxidation, il forme avec les alcalis un précipité blanc qui passe de suite au vert par le contact de l'air, ensuite au vert noirâtre, enfin au rouge. Il forme avec le cyanure ferroso-potassique un précipité blanc passant au bleu par le contact de l'air. Il précipite immédiatement en bleu par le cyanure ferrico-potassique; il ne précipite pas par la noix de galle, mais la liqueur se colore à l'air en bleu violet.

Le fer au *medium* d'oxidation précipite en vert noirâtre par les alcalis, en bleu céleste par le cyanure ferroso-potassique, en bleu foncé par la noix de galle.

Le fer au *maximum* précipite en rouge un peu orangé par les alcalis, en bleu foncé par le cyanure ferroso-potassique, en noir par la noix de galle. Il n'est pas précipité par le cyanure ferrico-potassique.

*Usages.* Les usages du fer dans les arts sont trop connus pour qu'il soit nécessaire de les rappeler ici. En pharmacie, on en prépare une poudre par porphyrisation, de l'oxide noir intermédiaire nommé *éthiops martial*, de l'oxide rouge anhydre et hydraté, des chlorures, des citrates, des tartrates, etc.

## FAMILLE DU MANGANÈSE.

On emploie, depuis très longtemps, dans la fabrication du verre et des émaux une substance noire et métalloïde, que sa ressemblance extérieure avec quelques mines de fer magnétique avait fait nommer *magnesia nigra* ou *magnésie noire*. Mais la nature en était encore inconnue lorsque Schèele la décrivit comme un oxide métallique particulier. Gahn parvint ensuite à en extraire le métal.

Le manganèse, tel qu'on peut l'obtenir en réduisant son oxide par le charbon, et très probablement carburé comme le fer, est un métal blanc, un peu gris, cassant, et tellement dur qu'il raie l'acier trempé. Il pèse 8,03 et est plus difficile à fondre que le fer. Il s'oxide à l'air et ne peut se conserver que sous le naphte; il décompose l'eau, même à la température moyenne de l'air, et se rapproche beaucoup des métaux terreux et alcalins par sa forte affinité pour l'oxigène: aussi se trouve-t-il placé presque immédiatement avant eux, dans l'ordre naturel que nous avons adopté.

Le manganèse se combine en six proportions avec l'oxigène, et, comme la distinction précise de ses oxides est nécessaire pour bien comprendre les propriétés de ceux qui se trouvent dans la nature, nous allons en dire quelques mots:

1° *Protoxide de manganèse* ou *oxure manganeux*. Est blanc à l'état d'hydrate et vert lorsqu'il est anhydre; obtenu en faisant agir l'hydrogène sur les autres oxides. Il contient 1 molécule d'oxigène et 1 molécule de métal, ou Mn O.

2° *Oxide rouge de manganese* ou *oxure manganoso-manganique*. Est d'un rouge noirâtre en masse, et d'un rouge de colcothar en poudre ; obtenu par la calcination du bi-oxide de manganèse à une très forte chaleur. Il est formé de $MnO + Mn^2O^3 = Mn^3O^4$. Il répond à l'éthiops martial ou *fer oxidulé* des minéralogistes.

3° *Sesqui-oxide de manganèse* ou *oxure manganique* = $Mn^2O^3$. Il repond au sesqui-oxide de fer; il est brun-noirâtre, et se produit en chauffant le bi-oxide au rouge ; mais lui-même se décompose au rouge blanc, et se transforme en oxure manganoso-manganique, qui est la plus forte réduction qùe la chaleur seule puisse faire éprouver aux oxides supérieurs de manganèse.

4° *Bi-oxide de manganèse*, *sur-oxure manganique*, *peroxide de manganèse* de beaucoup de chimistes, *oxide noir de manganèse* du commerce. C'est le plus important des oxides de manganèse, par ses nombreux usages dans les arts chimiques; il existe en abondance dans la nature ; il est noir et donne une poudre noire; à la chaleur rouge, il se décompose d'abord en sesqui-oxide, puis en oxide manganoso-manganique. L'acide chlorhydrique concentré le dissout *à froid*, en le ramenant à l'état de sesqui-oxide, dégageant du chlore, et formant un dissoluté d'un *rouge de sang foncé.* Par l'action de la chaleur, la réduction de l'oxide continue, il se dégage de nouveau du chlore, et la liqueur devient entièrement incolore. Alors elle contient du proto-chlorhydrate ou du proto-chlorure de manganèse, et précipite en blanc par les alcalis. Mais le précipité se colore très promptement en absorbant l'oxigène de l'air.

Après le bi-oxide de manganèse, on connaît encore deux degrés d'oxigénation plus élevés, qui ont reçu les noms d'*acide manganique* et d'*acide oxi-manganique.* Le premier paraît forme de $MnO^3$. On lui donne naissance en fondant dans un creuset, à l'air libre, le bi-oxide de manganèse avec de la potasse caustique. L'oxide absorbe l'oxigène et constitue du *manganate de potasse* vert, lequel, dissous dans l'eau, passe au violet, puis au rouge, et finit par devenir incolore : de là le nom de *caméléon minéral.*

L'acide oxi-manganique se forme lorsqu'on décompose le caméléon vert par l'acide sulfurique. Il est volatil, et donne une vapeur violette; il paraît formé de $Mn^2O^7$.

Ces détails préliminaires étaient utiles pour comprendre les propriétés des composés naturels du manganèse, qui vont maintenant nous occuper.

Le manganèse se trouve sous sept états principaux dans la terre : *sulfuré*, *oxidé*, *phosphaté*, *tungstaté*, *tantalaté*, *carbonaté*, *silicate*.

### Manganèse sulfuré.

Minéral noirâtre, d'un aspect terne et terreux, mais acquérant un peu d'éclat par l'action de la lime. Sa poudre est d'un vert obscur. Il est facile à entamer avec le couteau ; mais il s'égrène et ne se coupe pas. Il dégage de l'acide sulfureux au chalumeau et ne s'y fond pas. Chauffé avec un alcali, il le colore en vert foncé. L'acide sulfurique en dégage du sulfide hydrique; la liqueur précipite en blanc par les alcalis et par le cyanure ferroso-potassique. Analyse par Arfwedson :

| | | | |
|---|---|---|---|
| Soufre. . . . | 37,90 | 1 molécule | = 36,77 |
| Manganèse. . | 61,10 | 1 — | = 63,23 |

Trouvé à Nagyag, où il accompagne le manganèse carbonaté rose, qui sert de gangue à l'or telluré. Il existe aussi dans le Cornouailles et au Mexique.

### Manganèse oxidé.

La détermination des oxides de manganèse naturels est difficile à établir, parce qu'il en existe trois qui sont souvent mélangés ensemble, et qui, de plus, sont presque toujours hydratés ou combinés à de la baryte, de la silice, de l'oxide de fer, etc.

Ce que j'ai dit de la grande tendance du protoxide de manganèse à s'oxigéner doit faire comprendre qu'il ne peut pas exister dans la terre ; mais l'oxure manganoso-manganique ($Mn^3O^4$) existe presque pur dans un minéral qui a reçu le nom d'*hausmanite*, lequel est formé, d'après l'analyse de Turner, de :

| | |
|---|---|
| Oxure manganoso-manganique. . . | 98,09 |
| Oxigène en excès. . . . . . . . . . | 0,21 |
| Baryte. . . . . . . . . . . . . . . | 0,11 |
| Eau. . . . . . . . . . . . . . . . . | 0,44 |
| Silice. . . . . . . . . . . . . . . | 0,34 |
| | 99,19 |

L'oxure manganoso-manganique est noir-brunâtre, à poussière d'un rouge brun. Il cristallise en octaèdres aigus à base carrée, ou en petites houppes composées de fibres divergentes très fragiles ; on le trouve aussi en petites masses lamellaires ou en petites masses friables, d'un rouge violet. Il pèse 4,3 à 4,7 ; il raie la chaux phosphatée et est rayé par le feldspath. Il est infusible au chalumeau et donne un verre violet avec le borax. Il est très rare, bien qu'il existe probablement dans plusieurs mines de manganèse ; mais on n'est encore bien certain de l'avoir trouvé qu'à Ihlefeld, au Harz, mêlé à l'oxure manganique. Il ne peut servir à la préparation de l'oxigène par le feu. Traité par l'acide chlorhydrique, il ne dégage que 1/3 de la quantité de chlore fournie par le peroxide.

Nous arrivons à l'*oxure manganique* ($Mn^2 O^3$), que l'on trouve *anhydre* et *hydraté*. Sous le premier état, les minéralogistes lui donnent le nom de *braunite*, et, sous le second, celui d'*acerdèse*. Je crois vraiment que la minéralogie deviendrait plus facile et plus agréable à étudier, si, au lieu de reculer ainsi jusqu'aux noms insignifiants ou mystiques des alchimistes, on revenait aux principes de Lavoisier, de Guyton, de Haüy, et des autres hommes qui ont tant illustré les sciences chimiques à la fin du siècle dernier, et si l'on disait :

| | | | |
|---|---|---|---|
| Manganèse | sulfuré | au lieu de | Alabandine, |
| — | oxidulé | — | Hausmanite, |
| — | sesqui-oxidé | — | Braunite, |
| — | oxidé hydraté | — | Acerdèse, |
| — | bi-oxidé | — | Pyrolusite, |
| — | oxidé barytifère | — | Psilomélane, |
| — | — ferrifère | — | Newkirkite, etc. |

**Manganèse sesqui-oxidé.**

Cet oxide est d'un noir brun, médiocrement éclatant et à poussière brune. Il pèse de 4,75 à 4,82 ; il est fragile, mais assez dur pour rayer le feldspath. Sa forme la plus habituelle est celle d'un octaèdre presque régulier, dont les angles dièdres sont de 109° 53′ et 108° 39′. On le trouve également sous forme d'octaèdre très aigu, soit simple, soit terminé par un pointement obtus appartenant à l'octaèdre précédent, en trapézoèdre allongé, etc.

Le manganèse sesqui oxidé est rarement exempt d'un peu d'eau, qu'il perd à la chaleur ; à une chaleur plus forte, il perd 3 pour 100 d'oxigène et se change en oxure manganoso-manganique ; il est infusible au chalumeau, et, de même que tous les oxides de manganèse, il donne, avec le borax, un verre limpide et incolore au feu de réduction, et d'un violet foncé au feu d'oxidation. L'acide chlorhydrique concentré le dissout complétement, avec dégagement de la moitié de chlore que produirait le bi-oxide. L'analyse de cristaux provenant d'Elgersburg (Saxe-Cobourg) a donné à M. Turner :

| | |
|---|---|
| Sesqui-oxure de manganèse. . . . . | 96,79 |
| Baryte . . . . . . . . . . . . . . . | 2,26 |
| Eau . . . . . . . . . . . . . . . . | 0,95 |
| Silice . . . . . . . . . . . . . . . | traces. |

On a admis pendant quelque temps, comme formant un silicate particulier de manganèse, et sous le nom de *marceline*, un minéral trouvé à Saint-Marcel, en Piémont, qui présente les mêmes formes cristallines que la braunite, mais qui contient de 6 à 26 pour 100 de silice.

On admet aujourd'hui que la marceline est un simple mélange de sesqui-oxide de manganèse et de silicate manganeux.

### Manganèse oxidé hydraté.

Cet hydrate cristallise en prisme droit rhomboïdal de 99° 49′ et 80° 20′. Mais ses cristaux les plus ordinaires sont hexaédriques ou cannelés, par l'addition de facettes latérales. Il est d'un gris de fer et très éclatant ; il pèse 4,328, est assez dur pour rayer la chaux carbonatée, et fournit beaucoup d'eau à la distillation. Il donne une poudre *brune*. Cette substance cristallisée est un hydrate manganique parfaitement pur, ainsi qu'il résulte de l'analyse d'Arfwedson faite sur des cristaux d'Undnaës, en Suède, et de celles de Gmélin et de Turner faites avec l'hydrate cristallisé d'Ihlefeld, au Harz.

| | | |
|---|---|---|
| Sesqui-oxure de manganèse. . . | 89,9 | 1 molécule. |
| Eau. . . . . . . . . . . . . . | 10,1 | 1 |

Formule : $Mn^2O^3 + H^2O$.

Le manganèse hydraté se trouve aussi très souvent sous forme mamelonnée, stalactitique, dendritique ou terreuse ; il est alors tendre, noirâtre, tachant les doigts et le papier, mais toujours impur et plus ou moins mélangé de bi-oxide de manganèse, d'oxide de fer hydraté, d'argile, etc.

Le manganèse oxidé hydraté est très commun ; mais il a été longtemps méconnu et pris pour du bi-oxide, dont il est essentiel de le distinguer, si l'on veut éviter des mécomptes dans la fabrication du chlore et des chlorures d'oxides.

### Manganèse bi-oxidé.

*Oxide noir de manganèse*, *pyrolusite*. Cet oxide cristallise en prisme droit rhomboïdal de 93° 40′ et 86°20 ; mais il se présente le plus ordinairement en masses composées d'aiguilles grossières, dirigées obliquement dans tous les sens, ou en masses amorphes et métalloïdes. Il pèse de 4,82 à 4,94. Il est moins dur que le manganèse hydraté et raie à peine la chaux carbonatée ; peut-être même ne la raie-t-il que lorsqu'il est mélangé d'hydrate. Il a une couleur plus foncée que celui-ci et donne une poudre *noire*. Il est infusible au chalumeau et se dissout dans le borax, avec un vif dégagement d'oxigène et en formant un verre violet. Il est composé de 63,36 de manganèse et de 36,64 d'oxigène, dont il peut perdre le tiers, ou 12,21, par l'action d'une forte chaleur ; mais il n'est jamais pur dans la nature. Le plus pur, provenant du Devonshire, a donné à Turner :

| | |
|---|---|
| Bi-oxure de manganèse. . . . . | 97,84 |
| Baryte . . . . . . . . . . . . . | 0,53 |
| Eau . . . . . . . . . . . . . . | 1,12 |
| Silice. . . . . . . . . . . . . . | 0,51 |

Le manganèse bi-oxidé le plus estimé dans le commerce vient surtout du Harz, groupe de montagnes situé en Allemagne, entre les villes de Brunswick, de Gottingue et d'Erfurt. Il donne toujours un peu d'eau à la calcination, et forme avec l'acide chlorhydrique un dissoluté *vert* qui contient, outre le manganèse, du fer, du cuivre et de la baryte. Il laisse un résidu assez abondant composé de sulfate de baryte et de silice. La quantité de baryte dissoute par l'acide est fort petite. Il n'en est pas de même avec la plupart des oxides de manganèse de France, qui peuvent être considérés comme de véritables combinaisons de peroxide de manganèse et de baryte, mélangés de sesqui-oxide hydraté. Tel est celui de la Romanèche (1) (Saône-et-Loire), qui a donné à M. Berthier :

| | |
|---|---|
| Bi-oxure de manganèse. . . . . | 52,2 |
| Sesqui-oxure — . . . . | 25,3 |
| Baryte. . . . . . . . . . . . . . | 16,5 |
| Eau . . . . . . . . . . . . . . . | 4 |
| Matières insolubles. . . . . . . | 2 |

Le manganèse barytifère se présente sous forme massive ou concrétionnée ; il possède un éclat métallique *terne*, une couleur grise et une pesanteur spécifique de 4,145. Il raie le fluorure de calcium, dont il contient souvent des veines colorées en rose violâtre. Il forme avec l'acide chlorhydrique un dissoluté *incolore*, qui précipite fortement par le sulfate de soude.

On emploie également en France une grande quantité d'un oxide de manganèse très impur, exploité dans les environs de Périgueux. Il est amorphe, très pesant, ayant extérieurement l'aspect d'un fer hydroxidé ; mais sa cassure est d'un gris noir foncé et terne. Il est fort dur et difficile à pulvériser. M. Berthier en a retiré :

| | |
|---|---|
| Bi-oxure de manganèse. . . . | 54,07 |
| Sesqui-oxure — . . . . | 17,53 |
| Baryte. . . . . . . . . . . . | 4,60 |
| Oxure ferrique. . . . . . . . | 6,80 |
| Eau. . . . . . . . . . . . . . | 7 |
| Matière insoluble. . . . . . . | 10 |
| | 100,00 |

(1) La même combinaison barytique (psilomélane, Beud.) se trouve à Naila et à Erzberg au Harz.

On trouve des oxides de manganèse tendres, noirs et terreux, qui nous présentent le bi-oxide combiné à un nombre plus ou moins considérable de bases monoxidées ; telles sont, en outre de la baryte, la potasse, la chaux, la magnésie, l'oxide cobalteux et l'oxide cuivrique. Un oxide de manganèse alcalifère de Gy (Haute-Loire), analysé par M. Ebelmen, contient 6,55 de baryte et 4,05 de potasse, et a pour formule :

$$(\dot{Po}, \dot{Ba}, \dot{Mg})\, \ddot{Mn} + 7\, \ddot{Mn}.$$

Le *manganèse bi-oxidé cuprifère* de Kamsdorff contient 14,67 d'oxure cuivrique, de l'oxure manganeux, de la chaux, et a pour formule :

$$\dot{R}\, \ddot{Mn}^2 + 2Aq.$$

Un *cobalt noir terreux* de la même localité contient :

| | | Oxigène. | |
|---|---|---|---|
| Oxure manganeux . . . . | 40,05 | 8,98 | 18,45 |
| Oxigène en excès . . . . | 9,47 | 9,47 | |
| Oxure cobalteux. . . . . | 19,45 | 4,14 | 5,01 |
| — cuivrique. . . . . | 4,35 | 0,87 | |
| — ferrique. . . . . . | 4,56 | » | » |
| Baryte. . . . . . . . . . | 0,59 | » | » |
| Potasse. . . . . . . . . . | 0,57 | » | » |
| Eau . . . . . . . . . . . | 21,24 | » | 18,88 |

### Manganèse phosphaté.

Ce composé n'a été trouvé jusqu'ici que combiné au phosphate de fer, et en diverses proportions, constituant trois espèces qui appartiennent aux roches primitives (granite et pegmatite) des environs de Limoges. La première espèce, nommée *triplite*, est une substance massive, brune-noirâtre, ayant un éclat gras et résineux, et susceptible de clivage parallèlement aux pans d'un prisme droit rectangulaire. Elle pèse 3,45 à 3,77 ; elle raie le fluorure calcique, mais est rayée par le feldspath. Elle est facilement fusible au chalumeau en un globule noir magnétique. Elle forme une fritte vitreuse verte avec le carbonate de soude. Elle est formée, d'après l'analyse de M. Berzélius, de

| | | Oxigène. | | |
|---|---|---|---|---|
| Acide phosphorique . . . | 32,78 | 18,36 | 5 | |
| Oxure ferreux. . . . . . | 31,90 | 7,26 | 2 | 4 |
| — manganeux. . . . | 32,60 | 7,15 | 2 | |
| Phosphate de chaux. . . | 3,20 | » | | |

$$\text{Formule : } \dot{Fe}^4\, \overset{\cdot\cdot\cdot\cdot\cdot}{\underline{P}} + \dot{Mn}^4\, \overset{\cdot\cdot\cdot\cdot\cdot}{\underline{P}} \text{ ou } (\dot{Fe}\, \dot{Mn})^4\, \overset{\cdot\cdot\cdot\cdot\cdot}{\underline{P}}.$$

*Hétérosite.* Substance d'un gris bleuâtre, d'un éclat gras, se clivant suivant les faces d'un prisme rhomboïdal d'environ 100 degrés; s'altérant à l'air en prenant une belle couleur violette. Elle pèse 3,52 et raie le verre, mais non le quarz. Elle donne de l'eau à la calcination. Elle contient, d'après M. Dufresnoy :

| | | Oxigène. | | |
|---|---|---|---|---|
| Acide phosphorique. . . | 41,77 | 23,40 | 6 | |
| Oxure ferreux. . . . . . | 34,89 | 7,94 | 2 | 3 |
| — manganeux. . . . | 17,57 | 3,85 | 1 | |
| Eau . . . . . . . . . . . | 4,40 | 3,91 | 1 | |
| Silice. . . . . . . . . . | 0,22 | » | » | |

Formule : $2\dot{F}e^5 \underline{\ddot{\ddot{P}}}^2 + \dot{M}n^5 \underline{\ddot{\ddot{P}}}^2 + 5Aq.$ ou $3\left(\begin{matrix}\dot{F}e^5\\ \dot{M}n\end{matrix}\right)\underline{\ddot{\ddot{P}}}^2 + 5Aq.$

*Hureaulite.* Substance jaune-rougeâtre, à cassure vitreuse, cristallisant en prismes obliques rhomboïdaux de 117° 30′ et 60° 30′. Elle pèse 2,27, raie le carbonate de chaux et est rayée par le fluate. Elle donne de l'eau par la calcination, se fond au chalumeau, etc. M. Dufresnoy en a retiré :

| | | Oxigène. | Rapport. |
|---|---|---|---|
| Acide phosphorique. . . | 38 | 21,19 | 20 |
| Oxure ferreux. . . . . . | 11,10 | 2,52 | 10 |
| — manganeux. . . . | 32,85 | 7,21 | |
| Eau . . . . . . . . . . . | 18 | 16 | 15 |

Formule : $2\left(\begin{matrix}\dot{M}n^5\\ \dot{F}e\end{matrix}\right)\underline{\ddot{\ddot{P}}}^2 + 15Aq.$

*Triphylline* ou *fer phosphaté mangano-lithifère.* Cette substance forme une veine dans un terrain ancien, à Bodenmais, en Bavière. Elle est en masses lamelleuses, ayant trois clivages, dont deux, plus faciles, forment un angle de 132 degrés environ. Elle est d'un gris bleuâtre, comme l'hétérosite, à laquelle elle ressemble beaucoup; mais elle ne paraît pas changer de couleur à l'air. Elle pèse 3,6, fond au chalumeau en une perle noire qui, chauffée de nouveau, laisse une scorie attirable à l'aimant. Composition, d'après l'analyse de M. Fuchs :

| | | | | | Rapports moléculaires. | | |
|---|---|---|---|---|---|---|---|
| Acide phosphorique. . | 42,64 | × | 1,111 | = | 47 | | 1 |
| Oxure ferreux . . . . | 49,16 | × | 2,222 | = | 109 | 139 | 3 |
| — manganeux . . | 4,75 | × | 2,194 | = | 11 | | |
| — lithique . . . . | 3,45 | × | 5,545 | = | 19 | | |

Formule : $(\dot{F}e, \dot{M}n, \dot{L}i)^3 \ddot{\ddot{P}}.$

*Tétraphylline*, substance analogue à la précédente, mais de formule différente, trouvée par M. Nordenskiold, à Keild, en Finlande. L'analyse a donné :

| | | | Rapports moléculaires. | |
|---|---|---|---|---|
| Acide phosphorique. | 42,60 × 1,111 = | 47 | | 2 |
| Oxure ferreux. . . . | 38,60 × 2,222 = | 85,8 | 117,5 | 5 |
| — manganeux. . | 12,10 × 2,194 = | 26,5 | | |
| — magnésique. . | 0,17 × 3,87 = | 0,7 | | |
| — lithique . . . | 0,82 × 5,545 = | 4,5 | | |

d'où l'on tire très exactement (Fe, *etc.*)$^5$ $\overset{\therefore}{\underline{P}}{}^2$.

*Manganèse et fer fluo-phosphatés, eisen-apatite.* Je place encore ici un minéral qui provient de Zwisel, en Bavière. Il est en masses lamelleuses et d'un éclat gris, qui se rapprochent beaucoup en apparence de la triplite ; mais la composition en est très remarquable, en ce que c'est un fluo-phosphate de la même formule que les fluo-phosphates de plomb et de chaux ($3M^3\overset{\therefore}{\underline{P}} + MF^2$). Aussi M. Fuchs lui a-t-il donné le nom de *eisen-apatite*, ce qui veut dire *apatite de fer*. Il est formé de

| | | | Rapports moléculaires. | |
|---|---|---|---|---|
| Acide phosphorique. | 35,60 × 1,111 = | 39,5 | | 3 |
| Oxure ferreux . . . | 35,44 × 2,222 = | 84,3 | 129 | 9,8 |
| — manganeux . | 20,34 × 2,194 = | 44,6 | | |
| Fer. . . . . . . . . | 4,76 × 2,857 = | 13,6 | | 1 |
| Fluore . . . . . . . | 3,18 × 8,496 = | 27 | | 2 |
| Silice. . . . . . . . | 0,60 | | | |

Formule : $3(Fe,Mn)^3 \overset{\therefore}{\underline{P}} + Fe F^2$.

**Manganèse tungstaté ou Wolfram.**

De même que les précédents, ce minéral est un sel double de fer et de manganèse et de propriétés analogues. Il est noir, doué d'un éclat demi-métallique, à poudre d'un violet sombre ou d'un brun rougeâtre. Il cristallise en prismes courts et très compliqués, qui dérivent d'un prisme oblique rhomboïdal, dans lequel l'incidence des faces latérales est de 101 degrés, et l'incidence de la base sur les mêmes faces de 110° 46′ 30″.

Il est difficilement fusible au chalumeau en un bouton noir à surface cristalline; il se dissout dans l'acide chlorhydrique, en laissant une poudre jaune d'acide tungstique.

Le Wolfram serait formé, d'après l'analyse de M. Berzélius, de

| | | Oxigène. | |
|---|---|---|---|
| Acide tungstique. . . | 78,775 | 15,93 | 12 |
| Oxure ferreux. . . . | 18,320 | 4,17 | 3 |
| — manganeux. . | 6,220 | 1,36 | 1 |
| Silice. . . . . . . . | 1,250 | » | » |
| | 104,565 | | |

Formule : $3\dot{\mathrm{Fe}}\,\dddot{\mathrm{Tg}} + \dot{\mathrm{Mn}}\,\dddot{\mathrm{Tg}}$.

Mais en raison de l'augmentation de poids donnée par l'analyse, augmentation que M. Schaffgostch a trouvée constante, ce dernier chimiste pense que le tungstène se trouve dans le minéral à l'état d'oxide tungstique. Il a trouvé de plus trois proportions différentes entre les deux tungstites qui constituent le minéral, ainsi qu'on le voit par les analyses suivantes :

| Wolfram de | Montévidéo et de Ehrenfriedersdorf. | Chanteloude. | Zirmwald. |
|---|---|---|---|
| Acide tungstique. | 75,99 | 76 | 75,62 |
| Oxure ferreux . . | 19,20 | 17,95 | 9,51 |
| — manganeux. . | 4,85 | 6,05 | 14,83 |
| Ce qui répond à. | $4\dot{\mathrm{Fe}}\,\ddot{\mathrm{Tg}} + \dot{\mathrm{Mn}}\,\ddot{\mathrm{Tg}}$ | $3\dot{\mathrm{Fe}}\,\ddot{\mathrm{Tg}} + \dot{\mathrm{Mn}}\,\ddot{\mathrm{Tg}}$ | $2\dot{\mathrm{Fe}}\,\ddot{\mathrm{Tg}} + 3\dot{\mathrm{Mn}}\,\ddot{\mathrm{Tg}}$ |

Le wolfram appartient aux terrains de cristallisation les plus anciens, tels que ceux de gneiss et de pegmatite, où il se trouve engagé dans les filons de manganèse. Il se trouve aussi dans différents gîtes métallifères, principalement dans ceux d'étain. On le rencontre principalement dans le département de la Haute-Vienne, dans le Cornwall, en Ecosse, en Saxe, en Bohême, etc.

### Manganèse tantalaté.

Ce composé ne se trouve dans la nature qu'allié au tantalate de fer, et même la proportion de celui-ci étant généralement plus grande que celle du premier, le minéral pourrait à bon droit prendre place dans la famille du fer, si la présence du manganèse ne lui imprimait un caractère de ressemblance avec les espèces précédentes qui en rend le rapprochement naturel. Ce tantalate double porte le nom de *tantalite* ; il contient presque toujours de l'acide stannique, quelquefois de l'acide tungstique, et très souvent une petite quantité de chaux et d'oxide de cuivre. Enfin, ainsi que je l'ai déjà exposé (p. 218), M. H. Rose a démontré que les minéraux qui jusqu'alors avaient porté le nom de *tantalite* ne contenaient pas tous le même acide, et notamment que le tantalite de Bavière contenait deux acides métalliques particuliers, auxquels il a donné les noms d'*acide niobique* et d'*acide pélopique.* L'analyse a montré de plus que ces minéraux étaient formés de proportions différentes d'acides et de bases; de sorte qu'il convient, sous tous les rapports, d'en former des espèces distinctes.

### *Tantalite de Suède.*

Minéral noirâtre, assez éclatant, à cassure inégale ou conchoïde, assez dur pour rayer le verre, mais non le quarz; pesant de 7,05 à 7,9. Sa poudre est d'un brun cannelle ou d'un rouge-brun foncé; il est infusible au chalumeau, et donne avec la soude une fritte verte qui indique la présence du manganèse. Avec le borax, on obtient un verre jaunâtre comme avec les minerais de fer. On le trouve en cristaux mal conformés qui paraissent être des prismes rhomboïdaux; ou amorphe et en petits nids engagés dans la pegmatite, comme à Kimito, en Finlande; à Broddbo et à Finbo, dans les environs de Fahlun; en Suède. Une analyse faite par M. Berzélius, sur le tantalite de Kimito, a donné:

| | | | | Rapports moléculaires. | | |
|---|---|---|---|---|---|---|
| Acide tantalique. . . | 85,85 | × 0,5755 | = | 49,4 | 50,3 | 3 |
| — stannique. . . | 0,80 | × 1,069 | = | 0,9 | | |
| Oxure ferreux . . . | 12,94 | × 2,222 | = | 28,8 | 33,9 | 2 |
| — manganeux . | 1,60 | × 2,194 | = | 3,5 | | |
| Chaux . . . . . . . . | 0,56 | × 2,857 | = | 1,6 | | |

Formule : $Fe^2 T^3$.

Autres analyses :

| | II. | Rapp. moléc. | III. | Rapp. moléc. | IV. | Rapp. moléc. | | |
|---|---|---|---|---|---|---|---|---|
| $TaO^2$ | 83,44 | 48 | 83,2 | 48,5 | 66,99 | 38,6 | 56,5 | 3 |
| $SnO^2$ | » | » | 0,6 | | 16,75 - | 17,9 | | |
| FeO | 13,75 | 33 | 7,2 | 32 | 6,89 | 15,3 | 38 | 2 |
| MnO | 1,12 | | 7,4 | | 7,16 | 15,7 | | |
| CaO | » | | » | | 2,40 | 6,9 | | |

II. *Tantalite de Finlande*, par M. Nordenskiold.

III. *Tantalite de Kimito*, par M. Berzélius.

IV. *Tantalite de Finbo*, par M. Berzélius.

Ces analyses conduisent encore très exactement à la même formule $M^2 \ddot{Ta}^3$, seulement celle n II nous offre du tantalate de fer presque pur; la troisième est composée, par partie égale, de tantalate de fer et de manganèse; et la dernière nous offre le même sel double dans lequel une partie notable d'acide tantalique est remplacée par de l'acide stannique. Rien ne prouve mieux que ces analyses, l'isomorphisme de ces deux acides métalliques. Cependant il résulte d'autres analyses citées ou données par M. H. Rose (*Ann. chim. et phys.* de 1845, t. XIII), que le rapport des acides aux bases peut être différent. Ainsi, deux analyses du tantalite de Famela données par M. Rose, et trois analyses de tantalite de Broddbo, dans lesquelles l'acide tungstique remplace en partie aussi l'acide tantalique, conduisent à la formule $\dot{M}^3 \ddot{M}^4$ ou $\dot{M}^3 (\ddot{M}, \dddot{M})^4$. Enfin une analyse de tantalite de Famela, par M. Wornun, d'accord avec deux anciennes analyses de tantalite de Suède par Klaproth et Wollaston, nous offre la formule $\dot{M}^3 \ddot{M}^5$

### *Tantalite de Bavière* ou *Baïerine.*

Substance d'un noir brunâtre et d'un éclat demi-métallique comme la précédente; mais sa pesanteur spécifique est plus faible et varie de 5,47 à 6,46, et elle cristallise en prisme droit rhomboïdal de 120 degrés environ, et dans lequel un des côtés de la base est à la hauteur à peu près comme les nombres 25 et 26. On la trouve disséminée dans un micaschiste, à Bodenmais, en Bavière. Toutes les analyses qui en ont été faites, dans la supposition de l'acide tantalique, conduisent plus ou moins à la formule $\dot{M} \ddot{Ta}$. Il en est de même des tantalites trouvées à Middleton dans le Connecticut, et à Chesterfield dans le Massachusetts (États-Unis d'Amérique). Cette circonstance, jointe à une densité semblable à celle du tantalite de Bavière, tend à faire croire qu'ils sont de même nature; mais ce sujet demande de nouvelles recherches.

### Manganèse carbonaté, Diallogite.

Ce carbonate se trouve principalement à Nagyag, où il sert de gangue au tellure et au manganèse sulfuré, à Kapnick, à Freyberg, à Orlez en Sibérie. Il peut être cristallisé en rhomboèdre presque semblable à celui de la chaux carbonatée; mais il est le plus souvent en masses lamellaires ou amorphes. Il est ordinairement d'un rose pâle et nacré; mais on en trouve aussi de blanchâtre, de jaunâtre ou de brun. Il pèse de 3,2 à 3,6, est rayé par l'arragonite. Il passe au brun noirâtre par l'action du feu et forme une fritte verte avec le carbonate de soude. Il se dissout avec effervescence dans les acides nitrique et chlorhydrique. Le dissoluté évaporé à siccité et débarrassé d'abord du fer par le succinate d'ammoniaque, forme ensuite un précipité blanc abondant par le cyanure ferroso-potassique. Le carbonate de manganèse est toujours plus ou moins mélangé des carbonates de chaux, de fer et de magnésie. L'échantillon le plus pur qui ait été analysé par M. Berthier provenait de Nagyag, et lui a fourni :

| | | Rapp. moléc. |
|---|---|---|
| Acide carbonique. . . . | 58,6 | 1 |
| Oxure manganeux. . . . | 56 | 1 |
| Chaux . . . . . . . . . | 5,4 | |

Formule : $\left.\begin{matrix}Mn\\Ca\end{matrix}\right\}\ddot{C}$.

### Manganèse silicaté.

Il existe probablement plusieurs silicates de manganèse, dont le plus important et le mieux déterminé est une belle substance rose, ou rose tirant sur le violet, nommée *rhodonite ;* à cassure cristalline ou granulaire, faisant feu avec le briquet et susceptible de poli, ce qui la rend utile pour faire de petits meubles ou des objets d'ornement. Ce silicate pèse de 3,6 à 3,9 ; il ne donne pas d'eau par la calcination ; il fond en émail rose au feu de réduction, et noir au feu d'oxidation. Il est souvent mélangé de carbonates de manganèse et de chaux qui en diminuent la dureté, le poli et le prix. Les plus beaux échantillons viennent d'Orlez en Sibérie. On en trouve également dans la mine de fer magnétique de Langbanshytta en Suède, dans les mines de plomb argentifère de Kapnick et de Nagyag en Transylvanie. Il accompagne aussi l'oxide de manganèse barytifère de la Romanèche près de Mâcon.

*Analyse de la rhodonite lamellaire de Langbansytta, par M. Berzélius.*

| | | Oxigène. | | |
|---|---|---|---|---|
| Silice . . . . . . . . | 48 | 24,95 | | 6 |
| Oxure manganeux. . | 49,04 | 10,75 | 11,70 | 3 |
| Chaux. . . . . . . . | 3,12 | 0,87 | | |
| Magnésie . . . . . . | 0,22 | 0,08 | | |
| Oxide de fer. . . . . | traces. | | | |

$$Mn^3 \dddot{Si}^2.$$

On a admis pendant quelque temps, comme espèce distincte, sous le nom de *marceline*, une substance massive, noire-grisâtre, d'un éclat légèrement métalloïde, trouvée en amas assez considérables au milieu d'un terrain de micaschiste, au haut de la vallée de Saint-Marcel, en Piémont. Mais d'après sa pesanteur spécifique, qui est de 4,75, sa dureté, et quelques rares cristaux qui dérivent d'un octaèdre à base carrée, comme ceux de la braunite ou sesqui-oxide de manganèse, M. Damour est porté à croire que cette substance n'est que de la braunite mélangée de manganèse silicaté.

## FAMILLE DU CÉRIUM.

Le cérium a été découvert en 1804 par MM. Hisinger et Berzelius dans un minéral confondu jusque là avec le wolfram (tungstate de fer et de manganèse), et que la présence du nouveau métal a fait nommer depuis *cérite.* C'est un *hydrosilicate de cérium* amorphe, opaque, quelquefois d'un rouge violacé qui lui donne quelque ressemblance avec le manganèse silicaté rose; mais il est le plus ordinairement d'un brun noirâtre. Il raie difficilement le verre, pèse de 4,66 à 4,9, fournit de l'eau à la distillation, est infusible au chalumeau. Il donne avec le borax un verre rougeâtre au feu d'oxidation, et incolore au feu de réduction. Il forme avec les acides concentrés des dissolutés *rouges* qui, privés de leur excès d'acide par l'évaporation à siccité et repris par l'eau, forment avec l'oxalate d'ammoniaque un précipité qui devient brun par la calcination.

Mais ces propriétés, que l'on avait crues caractériser le cérium, paraissent ne pas lui appartenir, et être dues à un autre metal nommé *didymium*, dont l'existence a été signalée dans ces dernières années par M. Mosander quelque temps après celle du *lanthane;* de sorte que ces trois métaux forment avec l'*yttrium*, le *terbium*, l'*erbium* et le *thorium*, qui les accompagnent aussi ordinairement, un groupe de corps très voisins les uns des autres. Ce fait vient à l'appui d'une idée que j'ai déjà émise à l'occasion des propriétés si analogues du chlore, du brome et de l'iode, ou de celles du platine et des sept ou huit métaux qui l'accompagnent : c'est qu'il existe une certaine corrélation entre le gisement des corps simples ou les circonstances qui ont présidé à leur formation et leurs propriétés, et qu'on peut supposer, par suite, que les corps simples de la chimie peuvent n'être que des modifications résultant de divers arrangements entre les atomes primitifs d'une seule et même matière.

Quoi qu'il en soit, le cérium est un métal très difficile à réduire et susceptible de deux degrés d'oxidation, $CeO$ et $Ce^2O^3$. Le protoxide est blanc à l'état d'hydrate et forme avec les acides des sels incolores. L'hydrate jaunit par le lavage et la dessiccation à l'air, et paraît se convertir en oxide intermédiaire $Ce^3O^4$. Le même hydrate céreux, traité par un courant de chlore, se transforme en *oxide cérique hydraté* jaune, insoluble, non salifiable, qui, chauffé fortement, devient anhydre et d'*un jaune pur et foncé.* Par une longue calcination, cependant, il prend une légère teinte rougeâtre. Quand il devient rouge foncé ou rouge brun, c'est qu'il contient de l'oxide de didymium.

Le sulfate céreux jouit de la propriété singulière, qui est cependant partagée par ceux de lanthane et de thorium, d'être assez facilement soluble dans l'eau froide, de devenir moins soluble à mesure que la température s'élève, et d'être à peu près insoluble dans l'eau bouillante. Il en résulte que, au rebours des autres sels, on peut l'obtenir cristallisé en chauffant lentement son dissoluté. Le sulfate cristallisé $= CeO, SO^3 + 3H^2O$.

*Didymium.* Ce métal ne se trouve qu'en très petite quantité mélangé au cérium et au lanthane. Il se rapproche beaucoup du manganèse, et c'est lui qui est cause que l'on a pensé pendant longtemps que l'oxide de cérium se colorait en rouge par la calcination.

Le didymium forme un protoxide blanc DO, un oxide brun intermédiaire $D^3O^4$, et probablement un sesqui-oxide $D^2O^3$ brun ou noir, qui dégage du chlore par l'acide chlorhydrique. L'oxide brun lui-même en dégage. Les sels d'oxide brun sont d'un rouge améthyste; le sulfate est tres soluble dans l'eau.

*Lanthane.* Ce métal ne forme qu'un seul oxide LaO, qui est blanc ou d'une faible couleur de saumon. Cet oxide ne se suroxide ni par l'air, ni par le chlore, ni par la calcination. Calciné, il reste soluble dans les acides, et forme des sels incolores, sucrés et astringents comme ceux d'yttria et de glucine. L'oxide calciné, mis en contact avec l'eau froide ou mieux chaude, forme un *hydrate* blanc, volumineux, pulvérulent. Cet hydrate rétablit la couleur bleue du tournesol rouge et chasse en partie l'ammoniaque de ces composés salins. L'oxide de lanthane constitue donc une base assez puissante qui, sous ce rapport, tient le milieu entre la glucine et la magnésie.

Je reviens aux minéraux du cérium, qui sont fort rares et d'une composition ordinairement fort compliquée et mal définie; de sorte que je ne ferai presque que les indiquer.

1° *Cérium fluoruré* (*fluocérine*, Beudant). Substance très rare, rougeâtre ou jaunâtre, rayant la chaux carbonatée; sous forme de prismes hexaèdres très courts, ou de petites masses irrégulières disséminées dans l'albite. Trouvée à Broddbo et Finbo en Suède; composée, d'après l'analyse de M. Berzélius, de $Ce^3Fl^8 = CeFl^2 + Ce^2Fl^6$, avec une petite quantité de fluorure d'yttria.

2° *Cérium oxi-fluoruré* (*basicérine*, Beud.). Trouvé dans les mêmes lieux; jaune, à texture cristalline, rayant le fluorure calcique, donnant un peu d'eau par la chaleur, infusible au chalumeau et y devenant noir, mais passant au rouge ou à l'orangé par le refroidissement. Il est formé de 1 molécule de fluoride cérique combiné à 3 molécules d'oxide cérique hydraté $= Ce^2Fl^6 + 3(Ce^2O^3,H^2O)$.

3° *Cérium carbonaté*. Trouvé à Bastnaès, en Suède, sous forme de petites couches minces, cristallines, d'un blanc grisâtre, sur de la cérite. L'analyse, faite par M. Hisinger, a donné :

| | | Rapports moléculaires. |
|---|---|---|
| Oxure céreux. . . | 75,7 × 1,4815 = 112 | 3 |
| Acide carbonique . | 10,8 × 3,6364 = 39 | 1 |
| Eau. . . . . . . . | 13,5 × 8,8889 = 120 | 3 |

Formule : $\dot{C}e^3 \ddot{C} + 3\dot{H}$.

4° *Cérium phosphaté*, *cryptolite*. Ce minéral se trouve contenu et *caché*, pour ainsi dire, dans l'apatite compacte (chaux fluo-phosphatée compacte) d'Arendal, en Norwége. M. Woehler, en dissolvant cette apatite dans l'acide nitrique, a vu qu'il restait de petits prismes hexaèdres insolubles qui lui ont fourni à l'analyse :

| | | | Rapports moléculaires. |
|---|---|---|---|
| Acide phosphorique. | 27,37 × 1,111 = 30 | | 1 |
| Oxure céreux. . . . | 73,70 × 1,48 = 109 | 112 | 3,75 |
| — ferreux . . . | 1,51 × 2,222 = 3 | | |

En raison du gisement de ce minéral au milieu de l'apatite, qui a pour formule $3Ca^3 \dddot{\underline{P}} + CaF^2$; en raison de la forme cristalline du nouveau minéral, qui est la même que celle de l'apatite; enfin en raison de la quantité d'oxide de cérium trouvée, qui dépasse de beaucoup celle qui est nécessaire au simple phosphate de cérium, il est très probable que la cryptolite est composée, à l'instar de l'apatite, de 3 molécules de phosphate de cérium tribasique et de 1 molécule de fluorure.

5° *Cérium phosphaté lanthanifère* ou *monazite*. Ce minéral a été trouvé à Slatoust et à Miask dans les monts Ourals. Il est cristallisé en prismes à huit faces, très aplatis et terminés par un pointement à quatre faces, qui dérivent d'un prisme oblique rhomboïdal. M. Kersten en a retiré 28,50 d'acide phosphorique; 26 d'oxide de cérium; 23,40 d'oxide de lanthane; 17,95 de thorine, et de petites quantités de chaux, d'oxide de manganèse et d'acide stannique.

M. Hermann, en analysant celui de Miask, a trouvé 28,05 d'acide phosphorique; 40,12 d'oxide céreux; 27,41 d'oxide de lanthane; ,46 de chaux ; 0,80 de magnésie et 1,75 d'oxide de zinc. Le rapport de l'acide phosphorique à la somme des bases est comme 1 est à 3,5.

6° *Cérium hydro-silicaté* ou *cérite*. C'est le seul minéral de cérium qui soit un peu abondant. J'en ai donné les caractères précédemment (page 321). Il contient, d'après les analyses réunies de Vauquelin et Hisinger :

| | | | Rapports moléculaires. | |
|---|---|---|---|---|
| Silice. . . . . . | 17,5 × 1,764 | = 31 | | 1 |
| Oxure céreux. . | 67,8 × 1,4815 | = 100 | | |
| — ferrique . | 2 × 1 | = 2 | 107 | 3,5 |
| Chaux. . . . . . | 1,6 × 2,857 | = 4,7 | | |
| Eau. . . . . . . . | 10,8 × 8,889 | = 96 | | 3 |

7° *Cérium silicaté ferro-aluminifère*. Les minéralogistes en distinguent plusieurs espèces, qu'ils désignent sous les noms de *cérine*, *allanite*, *orthite* et *pyrorthite*. Ce sont des composés variables de silice, d'oxides de cérium et de fer, d'alumine, de chaux, d'yttria et d'eau. La pyrorthite contient en outre du charbon. Ce sont des substances compactes, noirâtres, assez dures, offrant une structure cristalline, donnant ou ne donnant pas d'eau par la chaleur, infusibles au chalumeau, et jouissant du reste des propriétés communes aux composés de cérium. On les trouve dans les gisements ordinaires de ce métal, à Riddarhytta, à Fahlun, à Finbo en Suède, au Groënland, etc.

6° *Cérium titano-silicaté* ou *tschewkinite*. Minéral amorphe à cassure conchoïde, d'un noir brunâtre joint à un éclat vitreux ou résineux, trouvé dans le granite aux environs de Miask et de Slatoust en Russie. Composition pour 100 parties, d'après M. Rose :

| | |
|---|---|
| Acide silicique. . . . . . . . . . . . . . . . . . . . . | 21,04 |
| — titanique. . . . . . . . . . . . . . . . . . . . | 20,17 |
| Oxure cérique, avec ox. de lanthane et de didyme. | 47,29 |
| — ferreux . . . . . . . . . . . . . . . . . . . . | 11,21 |
| — manganeux . . . . . . . . . . . . . . . . . | 0,83 |
| Chaux. . . . . . . . . . . . . . . . . . . . . . . . . | 3,50 |
| Magnésie. . . . . . . . . . . . . . . . . . . . . . . | 0,22 |
| Soude et potasse. . . . . . . . . . . . . . . . . . | 0,12 |
| | 104,38 |

L'excès trouvé par l'analyse provient de la suroxidation du cérium qui existe dans le minéral à l'état de protoxide.

## FAMILLE DE L'YTTRIUM.

En 1787, le capitaine Arhenius trouva, dans le canton d'Ytterby, en

Suède, un minéral d'un noir grisâtre, dur et à cassure vitreuse, qui lui parut différent de ceux connus jusque là ; en 1794, le professeur Gadolin découvrit que ce minéral contenait une terre nouvelle, à laquelle Ekéberg donna, deux ans plus tard, le nom d'*yttria*, en même temps qu'il désigna le minéral sous celui de *gadolinite*. Depuis, la même terre, ou le même oxide métallique, a été trouvé associé au cérium dans la plupart des minéraux qui le contiennent, et principalement dans l'*orthite* et la *pyrorthite*. Enfin en 1827, M. Wœhler est parvenu à isoler le métal de l'yttria en convertissant d'abord cette base en chlorure d'yttrium par le moyen du chlore et du charbon, et en décomposant ensuite le chlorure par le potassium. L'yttrium, obtenu de cette manière, est sous forme de petites paillettes métalliques, d'un gris noirâtre. Il ne s'oxide à froid ni dans l'air ni dans l'eau, mais il brûle avec beaucoup d'éclat à la température rouge. Il se dissout dans les acides hydratés, avec dégagement de gaz hydrogène.

Tel était l'état de nos connaissances sur cette matière lorsque, en 1842, M. Mosander annonça que l'yttria, telle qu'on la connaissait, était un mélange de trois oxides de propriétés presque semblables ; de sorte que les minéraux, déjà si mal définis, qui réunissent le cérium et l'yttrium, contiennent au moins six métaux qui leur sont particuliers, sans compter la glucine, la zircone et les oxides d'urane, de fer et de manganèse, qui s'y joignent aussi très souvent. Les deux oxides qui accompagnent plus spécialement l'yttria, et qui avaient été confondus avec elle, sont ceux de *terbium* et d'*erbium*, dont les noms sont également tirés de celui du lieu où la gadolinite a été rencontrée pour la première fois (à Ytterby). Ces trois oxides ont pour caractères communs d'être blancs, insolubles dans les alcalis caustiques, ce qui les distingue de la glucine et de l'alumine, mais solubles dans les carbonates alcalins, comme la glucine et l'oxide de cérium. Leurs sels solubles sont sucrés, comme ceux de la glucine, et leur sulfate est plus soluble dans l'eau froide que dans l'eau bouillante, comme ceux de cérium et de lanthane ; on pourrait voir, en suivant cette comparaison, que les corps simples qui composent les groupes des cérides et les zirconides ont tous, à l'exception de l'aluminium, qui se trouve placé le dernier, des rapports tels qu'on ne peut les séparer les uns des autres. Voici maintenant quelques caractères qui distinguent l'*yttrium*, le *terbium* et l'*erbium*. De ces trois corps, l'erbium est celui qui se rapproche le plus du cérium par la faible basité de son protoxide et par la propriété que possède ce protoxide de former, lorsqu'on le chauffe au contact de l'air, un peroxide d'un jaune orangé foncé. C'est à la présence de cet oxide que l'yttria doit la propriété qu'on lui trouvait très souvent de jaunir par la calcination, tandis qu'elle restait d'autres fois incolore. Les sels de protoxide d'erbium sont incolores; le sulfate n'est pas efflorescent.

Le terbium ne forme qu'un protoxide blanc, comme l'yttrium; mais ses sels solubles sont d'un rouge pâle; le sulfate est très efflorescent et le nitrate non déliquescent.

L'oxide d'yttrium est blanc, insipide, d'une pesanteur spécifique de 4,842, supérieure à celle de la baryte, et d'une basité plus forte que celle de la glucine. Son sulfate n'est pas efflorescent, et son nitrate est déliquescent. Son phosphate est insoluble. Ses sels solubles sont précipités par le cyanure ferroso-potassique.

Les minéraux de l'yttrium sont presque la répétition de ceux du cérium, dont on les distingue difficilement. Les principaux sont :

1° *Yttrium et cérium fluorurés, yttrocérite.* Substance grisâtre, violâtre ou rougeâtre, à texture lamelleuse ou compacte. Les masses se laissent assez fréquemment cliver suivant les faces d'un dodécaèdre rhomboïdal; elle raie la chaux fluatée. Elle est infusible au chalumeau, mais elle y perd sa couleur et devient d'un gris clair. On la trouve associée à la pegmatite, à Finbo et à Broddbo en Suède. Elle est formée de proportions variables de fluorures d'yttrium, de cérium et de calcium, de la même formule que ce dernier $CaF^2$, dont elle partage le système cristallin.

2° *Yttrium tantalaté, fergusonite.* Minéral trouvé à Kikertansak, au Groënland. Il est opaque, métalloïde, d'un brun noirâtre, assez semblable au wolfram. Il raie le verre et pèse 5,838. Il devient d'un jaune verdâtre au chalumeau et ne se fond pas. On en rencontre des cristaux formés par la réunion de deux pyramides carrées et tronquées dont tous les angles sont remplacés par des facettes, et qui dérivent d'un prisme droit à base carrée. Il contient, pour 100 parties, 47,75 d'acide tantalique; 41,91 d'yttria; 4,68 d'oxide de cérium; 3,02 de zircone, et de petites quantités d'acide stannique, d'oxide d'urane et d'oxide de fer.

3° *Yttrium tungsto-tantalaté, yttrotantalite.* Substance amorphe, noire, brune ou jaunâtre, à poussière grise verdâtre, rayant difficilement le verre, pesant de 5,4 à 5,9; trouvée à Ytterby, Finbo et Korarfsberg en Suède. Composition, d'après M. Berzélius :

| | Variété noire, | brune, | jaune. |
|---|---|---|---|
| Acide tantalique . . . . . . . . . . | 57 | 51,815 | 60,124 |
| — tungstique, mélangé d'acide stannique . . . . . . . . . | 8,25 | 2,592 | 1,044 |
| Yttria. . . . . . . . . . . . . . . . | 20,25 | 38,515 | 29,780 |
| Chaux. . . . . . . . . . . . . . . . | 6,25 | 3,260 | 0,500 |
| Oxide d'urane. . . . . . . . . . . . | 0,50 | 1,111 | 6,622 |
| — de fer . . . . . . . . . . . . . . | 3,50 | 0,555 | 1,155 |

4° *Yttrium titano-tantalaté : euxénite, æschynite* et *polykrase.* Ces trois minéraux paraissent être des mélanges divers de tantalates et de titanates d'yttria, de zircone, de cérium, d'urane, de fer, etc. L'*euxénite* a été trouvée à Jolster en Norwége; elle est amorphe et d'un brun foncé, avec éclat métalloïde résineux; elle pèse 4,6. L'analyse a donné 49,66 d'acide tantalique; 7,94 d'acide titanique; 25,09 d'yttria; 6,24 de protoxide d'urane; 2,18 d'oxide de cérium; 2,47 de chaux; 0,96 d'oxide de lanthane; 0,29 de magnésie et 3,97 d'eau.

L'*æschynite* est d'un noir foncé et d'un éclat demi-métallique et résineux; il pèse de 5,01 à 5,14; il raie la chaux phosphatée; il se tuméfie sur le charbon au chalumeau et devient jaunâtre; il contient acide tantalique 33,39; acide titanique 11,94; zircone 17,52; oxure ferreux 17,65; yttria 9,35; oxide de lanthane 4,76; oxide de cérium 2,48; chaux 2,40; eau 1,56.

Le *polykrase* est noir vu en masse, mais d'un brun jaunâtre en petits fragments vus à la loupe; son éclat est métalloïde; sa poudre est d'un brun grisâtre; il raie le verre; il pèse 5,105; il se présente en prismes à huit faces, très aplatis par l'élargissement de deux faces, et terminés par un double biseau. Ces cristaux dérivent d'un prisme droit rhomboïdal. Il est formé d'*acide titanique*, d'*acide tantalique*, de *zircone*, d'*yttria* et des *protoxides de fer*, *d'urane* et *de cérium.* On l'a trouvé disséminé dans le granite rose d'Hitteroë qui contient de la gadolinite et du zircon.

5° *Yttrium titanaté ferro-zirconifère, polymignite.* Substance métalloïde, opaque et d'un gris noirâtre foncé. Sa cassure est conchoïde et un peu vitreuse, elle raie le verre et pèse 4,8. Elle cristallise en prismes allongés et cannelés dont la forme primitive est un prisme droit rhomboïdal. On la trouve disséminée dans la syénite zirconienne de Friedrischwarn, en Norwége. Elle contient 46,30 d'acide titanique; 14,14 de zircone; 11,50 d'yttria; 12,20 d'oxure ferreux; 5 d'oxure céreux; 2,70 d'oxure manganeux; 4,20 de chaux.

6° *Yttrium silicaté-ferro-cérifère, gadolinite.* Substance d'un noir brunâtre ou jaunâtre, à cassure conchoïde ou esquilleuse, éclatante; quelquefois cristallisée en prismes obliques rhomboïdaux; rayant le verre avec facilité; fusible au chalumeau en un verre opaque; attaquable par les acides; la dissolution donne, avec la soude caustique en excès, un précipité qui se redissout en partie dans le carbonate d'ammoniaque. L'analyse des gadolinites de Finbo et Broddho a fourni à M. Berzélius (moyenne des deux analyses) :

| | | | | | | Oxigène. | | |
|---|---|---|---|---|---|---|---|---|
| Acide silicique. . . | 24,98 | × | 1,764 | = | 44 | | | 1 |
| Yttria. . . . . . . | 45,47 | × | 1,99 | = | 90,5 | | | |
| Oxide céreux . . . | 16,80 | × | 1,48 | = | 24,9 | | 139 | 3 |
| — ferreux. . . | 10,80 | × | 2,222 | = | 24 | | | |
| | 98,05 | | | | | | | |

d'où l'on peut admettre la formule $(\dot{Y}, \dot{Ce}, \dot{Fe})^3 \dddot{Si}$.

7° *Yttrium silicaté ferro-glucifère* ou *ytterbite.* Minéral trouvé à Ytterby, analogue à la gadolinite, mais dans lequel la glucine remplace en tout ou en partie l'oxide de cérium, et contenant en outre un plus grand excès de base.

8° *Yttrium phosphaté.* Ce dernier minéral cristallise en octaèdre très obtus, comme le zircon, et a quelque ressemblance de couleur avec lui. M. Berzélius avait cru d'abord qu'il contenait une nouvelle terre à laquelle il avait donné le nom de *thorine ;* mais en ayant depuis reconnu la véritable composition, il donna ce même nom de *thorine* à un autre oxide métallique qu'il découvrit véritablement dans un minéral noir et vitreux provenant de l'île de Loeven en Norwége. Ce minéral, nommé *thorite*, contient 19 pour 100 de silice, 58 de thorine ; 9,5 d'eau ; des oxides de fer, d'urane et de manganèse ; de la chaux, et des quantités minimes d'oxide de plomb, d'oxide d'étain, de magnésie, de potasse, de soude et d'alumine.

## FAMILLE DU ZIRCONIUM.

La zircone, à laquelle nous arrivons maintenant, est encore une substance fort rare qui fait cependant partie d'une pierre précieuse très anciennement connue, nommée *jargon* ou *zircon*, dans laquelle Klaproth la découvrit en 1789. Il la trouva ensuite dans une autre pierre nommée *hyacinthe*, tirée de Ceylan, comme la première, à laquelle on la réunit aujourd'hui sous le seul nom spécifique de *zircon.* Cette substance est un *silicate de zircone* bien défini. Les autres composés naturels de zircone sont peu nombreux, compliqués et encore mal définis.

1° *Zircone silicatée* ou *zircon.* Cette substance se trouve sous forme de cristaux qui dérivent d'un octaèdre très obtus, à base carrée (fig. 138) ou d'un prisme droit à base carrée dont la hauteur est au côté comme 67 est à 74. Les octaèdres sont rares, mais les cristaux prismatiques sont très communs.

Le prisme carré qui les constitue est toujours terminé par une pyramide obtuse, dont les quatre faces correspondent, tantôt aux arêtes du prisme, comme dans la figure 139, tantôt aux faces, comme dans la figure 140. Quelquefois les faces du prisme (fig. 139) se raccourcissent au point que les arêtes verticales deviennent nulles, et, dans ce cas, le cristal

Fig. 138. Fig. 139.

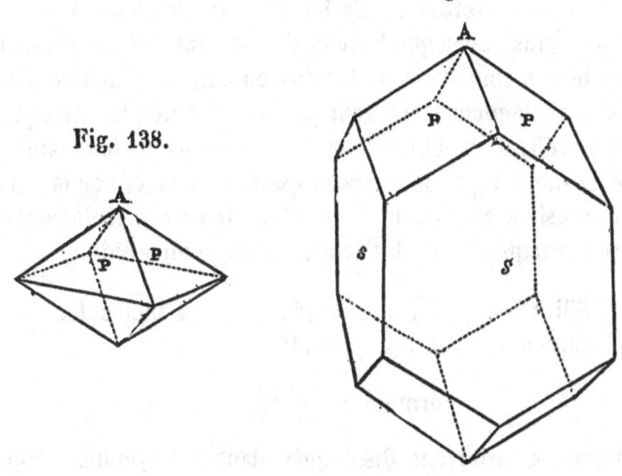


se trouve converti en un dodécaèdre rhomboïdal que l'on serait tenté de confondre, à la première vue, avec celui du système cubique que présente le grenat; mais l'incidence de toutes les faces de celui-ci est de 120 degrés; tandis que l'incidence des faces de l'octaèdre obtus, les

Fig. 140. Fig. 141.

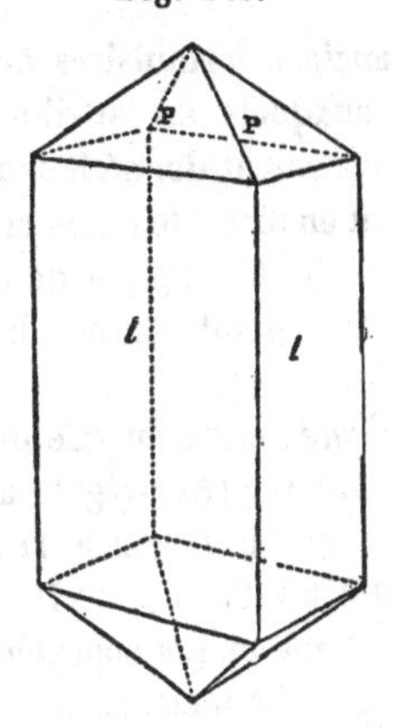


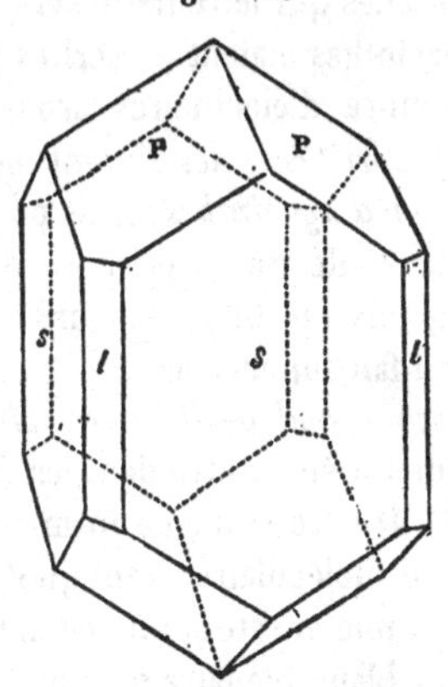


unes sur les autres, est de 123° 19′, et que l'incidence des mêmes faces sur celles du prisme est seulement de 118° 54′. Très souvent les arêtes des cristaux précédents se trouvent remplacées par des facettes, comme on en voit un exemple dans la figure 141, qui présente un passage du prisme de la figure 139 au prisme de la figure 140. Ce sont les prismes de la forme 140 qui portaient spécialement autrefois le nom de *zircons ;* la forme dodécaèdre (fig. 139), jointe à une couleur orangée brunâtre, constituait l'*hyacinthe.*

Le zircon est transparent, ordinairement orangé brunâtre; mais on en trouve aussi de verdâtre, de jaunâtre et de blanc. Il possède un éclat un peu gras, analogue à celui du diamant, ce qui est cause que les zircons blancs sont souvent vendus ou employés comme diamants; mais ils s'en distinguent facilement par leur densité plus forte (4,4), par leur double réfraction, et par leur dureté beaucoup plus faible, puisqu'elle se borne à rayer le quarz et qu'ils sont rayés par la topaze. Le zircon est infusible au chalumeau qui lui fait perdre seulement sa couleur. Il est inattaquable par les acides. Il est composé de :

| | | |
|---|---|---|
| Silice. . . . . . . | 33,61 | 1 molécule. |
| Zircone. . . . . . | 66,39 | 1 |

Formule : $\dddot{\underline{Zr}}\ \dddot{Si}$.

Les zircons se trouvent disséminés dans les syénites, comme en Norwége, au Groënland, en Égypte ; ou dans les gneiss qui en dépendent, comme à Ceylan. On le trouve aussi dans le basalte, comme en Auvergne, à Expailly et aux environs du Puy. Enfin on le rencontre abondamment, en cristaux roulés, dans le sable de quelques ruisseaux, comme à Expailly, à Ceylan, au Pégu. Il provient alors de la destruction des roches qui le renfermaient.

Les hyacinthes étaient prescrites par les anciens formulaires dans un grand nombre d'électuaires aromatiques auxquels on attribuait de grandes propriétés. Elles avaient même spécialement donné leur nom à la *confection d'hyacinthes;* mais on employait en place de petits cristaux fort réguliers de quarz prismé coloré en rouge de sang par de l'oxide de fer argileux (p. 98). Aujourd'hui ces diverses substances siliceuses sont tout à fait supprimées.

2° *Zircone hydro-silicatée*, *zircon hydraté*, *malacon.* Ce minéral fort singulier a été trouvé dans les filons de Hitteroë (Norwége), avec la gadolinite. Il offre la même forme cristalline que le zircon et la même constitution moléculaire, sauf qu'il contient 3,03 d'eau pour 100, qui lui donnent une dureté et une pesanteur spécifique moins considérables. Il est d'un blanc bleuâtre ou d'un blanc de lait avec mélange de gris ; il est translucide en fragments minces ; il n'offre pas de clivage, et sa cassure est esquilleuse ; il est rayé par le quarz et, à plus forte raison, par le zircon ; il pèse 3,903. Il perd 3,03 d'eau par la calcination et acquiert alors une densité de 4,82. L'acide chlorhydrique et l'acide sulfurique concentré l'attaquent à chaud, lorsqu'il a été porphyrisé sans avoir été calciné. Lorsqu'il a été calciné, il résiste à tous les acides, comme le zircon.

*Zircone et alumine silicatées*, *chrichtonite*. Une substance analysée sous ce nom par Drappiez contenait 33 de silice, 46 de zircone, 14 d'alumine, 4 d'oxide de fer et 1 d'oxide de manganèse.

4° *Zircone silicatée alcaline*, *eudïalite*. Substance à structure lamelleuse, inégale ou grenue, d'un violet rougeâtre, translucide sur les bords. Elle pèse 2,9 ; elle raie la chaux carbonatée ; elle fond au chalumeau en un verre d'un vert foncé. Elle se dissout en gelée dans les acides. On en trouve des cristaux qui dérivent d'un rhomboèdre aigu. En voici trois analyses :

| | par Rammelsberg. | par Stromeyer. | |
|---|---|---|---|
| Acide silicique. . . . . . | 37,02 | 52,48 | 49,92 |
| Zircone . . . . . . . . . . | 12,53 | 10,89 | 16,88 |
| Oxure ferreux. . . . . . | 13,60 | 6,16 | 6,97 |
| — manganeux. . . . | » | 2,31 | 1,15 |
| Chaux. . . . . . . . . . . | 15,22 | 10,14 | 11,11 |
| Soude. . . . . . . . . . . | 17,77 | 13,92 | 12,28 |
| Potasse . . . . . . . . . . | 1,06 | » | 0,65 |
| Chlore . . . . . . . . . . | » | 1 | 1,19 |

L'eudialite a été trouvée au Groënland, dans la même localité que la sodalite.

On peut encore compter au nombre des composés naturels de la zircone l'*œschynite*, la *polymignite* et le *polykrasé*, dont il a été fait mention parmi ceux de l'yttria.

## FAMILLE DU GLUCIUM.

La glucine a été découverte par Vauquelin, en 1798, dans deux pierres précieuses, le *béril* et l'*émeraude*, et voici à quelle occasion. Plusieurs minéralogistes, et principalement Romé de l'Isle, se fondant sur l'identité de forme cristalline, de dureté et de densité des deux substances, avaient pensé qu'elles devaient former une seule espèce. Mais cette opinion avait été contredite par Werner, lorsque Haüy, reprenant l'examen des cristaux des deux pierres gemmes, prononca qu'on devait certainement n'en former qu'une espèce. Or l'émeraude avait été analysée par Klaproth et par Vauquelin, qui, même, venait d'y découvrir l'oxide de chrome, et il semblait résulter de l'analyse de ces deux chimistes que l'émeraude, à part l'oxide qui la colore, était composée d'environ 65 centièmes d'alumine et de 30 centièmes de silice. Sur ces entrefaites, Vauquelin, ayant analysé le béril, y découvrit une nouvelle terre qui reçut le nom de *glucine*, et ce résultat fut opposé aux conclusions de Haüy. Mais celui-ci pria Vauquelin de recommencer l'analyse de l'émeraude, et c'est alors que l'on reconnut l'identité de composition des deux pierres. Ce résultat vint donner une grande valeur à l'opinion de Haüy, que l'étude des formes cristallines d'un minéral fournit un des meilleurs moyens d'en déterminer l'espèce.

La glucine est une terre blanche, douce au toucher, happant à la langue, faisant pâte avec l'eau, mais moins que l'alumine, et ne pouvant pas être moulée. D'ailleurs elle est soluble dans les acides, même après avoir été calcinée; de sorte qu'elle ne pourrait servir dans aucun cas à la fabrication de poteries. Le sulfate, le nitrate, le chlorure, l'iodure et le bromure sont solubles et sucrés. Le carbonate et le phosphate sont insolubles.

Les sels solubles de glucine ne sont pas précipités par le cyanure ferroso-potassique, ce qui les différencie de ceux de thorine et d'yttria. Ils sont précipités par les alcalis libres ou carbonatés. Le précipité se redissout dans la potasse et dans la soude caustiques, non dans l'ammoniaque; mais il se redissout facilement dans le carbonate d'ammoniaque, ce qui donne un moyen de séparer la glucine de l'alumine.

Jusqu'à ces dernières années, on a supposé que la glucine était formée, comme la zircone et l'alumine, de 2 molécules de métal et de 3 molécules d'oxigène, et qu'elle contenait en poids :

| | | | | |
|---|---|---|---|---|
| Glucium. . . . | 68,83 | | | |
| Oxigène . . . . | 31,17 | Glucium | = | 331,26 |
| | 100,00 | | | |

Mais les expériences de M. Awdejew, capitaine au corps des mines de Russie, semblent prouver que la glucine possède une constitution bien différente; car elle contient véritablement :

| | | |
|---|---|---|
| Glucium. . . . | 36,74 | 58,084 |
| Oxigène . . . . | 63,26 | 100 |
| | 100,00 | 158,084 |

Et en admettant, ce qui paraît probable, qu'elle soit formée d'une molécule de métal et d'une molécule d'oxigène, la molécule de glucium se trouve réduite à 58,084; poids moléculaire le plus faible après celui de l'hydrogène, puisque la molécule de carbone pèse 75, et celle de l'azote 88,5.

La glucine se trouve à l'état d'*aluminate*, de *silicate simple* et de *silicate composé*, constituant un petit nombre d'espèces minéralogiques.

### Glucine aluminatée.

*Cymophane*, *chrysolite orientale*, *chrysopal*, *chrysobéril*. Il n'y a que peu d'années que l'on sait, par l'analyse de M. Seybert, que la cymophane contient de la glucine; auparavant on la supposait formée d'une forte proportion d'alumine et de silice. Ensuite Thompson et M. Rose ont montré que la silice y était accidentelle et provenait du mortier d'agate que l'on avait employé jusque là pour pulvériser la matière. En se servant d'un mortier d'acier pour broyer la cymophane, et en enlevant par un acide le fer que l'opération a dû introduire dans la substance, on ne la trouve plus composée que de glucine, d'alumine et d'une petite quantité d'oxide métallique colorant, ainsi qu'on le voit par les analyses suivantes :

| | I. | II. | | III. | Oxigène. | |
|---|---|---|---|---|---|---|
| Alumine. . . . . . . . . . | 78,5 | 78,92 | | 75,26 | 35,15 | 3 |
| Glucine . . . . . . . . . . | 18 | 18 | | 18,79 | 11,67 | 1 |
| Oxide de fer . . . . . . . . | 4 | 3,12 | | 4,03 | | |
| — de chrome. . . . . | » | 0,36 | | » | | |
| — de cuivre et de plomb. | » | 0,29 | sable | 1,48 | | |
| | 100,5 | 100,71 | | 99,56 | | |

I. Cymophane du Brésil, analysée par M. Awdejew.

II. — de l'Oural, par le même. L'excès de poids donné par ces deux analyses provient sans doute de ce que le fer est à l'état de protoxide dans la pierre, et de ce qu'il a été dosé à l'état de peroxide.

III. Cymophane de Haddam (Connecticut), par M. Damour.

La Formule Gl $\underline{Al}$ donne : alumine 80,25; glucine 19,75.

La cymophane se trouve en cristaux roulés à Ceylan et au Brésil, dans les mêmes sables qui contiennent les topazes, les corindons et d'autres minéraux durs provenant de la destruction des anciens terrains. Elle présente alors une teinte laiteuse avec des reflets bleuâtres ; mais elle est souvent complétement transparente à l'intérieur et forme, étant taillée, de fort belles pierres d'un jaune verdâtre. On l'a trouvée depuis, à Haddam, en cristaux disséminés dans une roche composée de feldspath lamelleux, de quarz et de grenats. Plus récemment encore, on l'a recueillie dans l'Oural en cristaux assez volumineux, d'un beau vert d'émeraude, qui ont la forme d'une double pyramide hexagone fortement tronquée, et ce sont ces cristaux, comparés à l'émeraude ou au béril, qui ont valu à la pierre le nom de *chrysobéril ;* mais ces cristaux ne sont que des macles provenant de la réunion d'autres cristaux dont la forme primitive est un prisme droit rhomboïdal de 119° 51′ (1).

La cymophane brute ou taillée peut être confondue avec d'autres pierres qui peuvent offrir la même teinte jaune verdâtre ou verte : tels sont le diamant, le corindon, la topaze, le zircon, le béril, le quarz, le péridot et plusieurs autres : sa dureté, qui ne le cède qu'à celle du diamant et du corindon ; sa pesanteur spécifique, qui est de 3,689 à 3,796, et sa double réfraction, qui est très forte, suffiront toujours pour la faire reconnaître. Ainsi le diamant pèse 3,52, raie tous les corps et ne possède que la réfraction simple; le corindon pèse de 3,97 à 4,16 et raie la cymophane. La topaze est rayée par la cymophane et pèse de 3,5 à 3,54 ; de plus elle est électrique par la chaleur. Le zircon pèse de 4,51 à 4,68 et présente un éclat gras et adamantin très marqué; il est un peu moins dur que la topaze. Le béril pèse seulement 2,678 ; il est aussi dur que le zircon et raie encore le quarz. Le quarz pèse 2,653 et est rayé par tous les corps précédents. Le péridot pèse 3,3 et raie à peine le verre ; enfin une variété de la chaux phosphatée cristallisée, qui porte aussi le nom de *chrysolite*, se distingue de toutes les pierres précédentes par son peu de dureté, qui permet qu'elle soit rayée par le verre.

### Glucine silicatée ou Phénakite.

Substance cristallisée, vitreuse, incolore et transparente, un peu plus dure que le quarz, mais beaucoup plus fragile, par suite des nombreuses fissures qui la traversent ; elle pèse 2,969 ; elle est inalté-

(1) Cette forme primitive a permis d'élever une forte objection contre la nouvelle formule de la glucine $\dot{Gl}$. Si telle etait en effet la constitution de cet oxide, il est extrêmement probable que son aluminate, $\dot{Gl}\,\overset{\cdots}{\underline{Al}}$, cristalliserait en octaèdre régulier, comme l'aluminate de magnésie ou *spinelle*, et tous ses congénères (*pléonaste*, *gahnite*, *dysluite*, etc.), qui ont pour formule générale $\dot{M}\,\overset{\cdots}{M}$, et la cymophane se refuse à cette assimilation. Il est donc possible, tout en acceptant la composition de la glucine, telle qu'elle a été déterminée par M. Awdejew, savoir :

| | |
|---|---|
| Glucium. . . . | 36,742, |
| Oxigène . . . . | 63,258, |

qu'il faille admettre que ces nombres représentent 2 molécules de métal et 3 molécules d'oxigène, auquel cas le poids moléculaire du glucium serait à celui de l'oxigène comme 18,371 est à 21,086, ou comme 87,124 est à 100. De cette manière, le poids moléculaire du glucium ne se trouverait plus aussi bas placé, et celui de la glucine ($\overset{\cdots}{\underline{G}}$) serait 474,28, nombre plus en rapport avec la densité des composés naturels de la glucine.

rable au chalumeau et inattaquable par les acides. La phénakite a été trouvée dans l'Oural associee au micaschiste, et sous la forme d'un rhomboèdre obtus plus ou moins modifié sur les arêtes, mais dont l'angle dièdre supérieur est de 115° 25′; ou sous la forme d'un prisme hexaèdre régulier terminé par le pointement à trois fois du rhomboèdre primitif. On l'a trouvée également à Framont, dans les Vosges, disséminée dans un quarz ferrugineux du terrain de transition, en cristaux dont la forme générale est celle d'un prisme hexaèdre terminé par une pyramide à six faces, comme le quarz; mais un examen plus attentif montre que ces cristaux sont maclés, et proviennent de la réunion d'autres cristaux.

Analyses de la phénakite :

| | De Framont, par Bischof. | | De l'Oural, par Hartwall. | |
|---|---|---|---|---|
| | | Oxigène. | | Oxigène. |
| Silice. . . . . . . . . | 54,40 | 28,65 | 55,14 | 28,25 |
| Glucine. . . . . . . . | 45,57 | 28,12 | 44,47 | 28,79 |
| Alumine et magnésie. . | 0,01 | » | traces. | » |

Ces analyses montrent que dans la phénakite l'acide et la base contiennent la même quantité d'oxigène, et quelle que soit la constitution de la glucine et de la silice, sa formule minéralogique sera toujours G Si (page 94). Mais si l'on admet $\dot{G}$ pour le signe de la glucine, la formule chimique de la plénakite sera $\dot{G}^3 \dddot{Si}$; si on admet $\underline{\dddot{G}}$ pour la glucine, la formule chimique du minéral deviendra $\underline{\dddot{G}}\,\dddot{Si}$. Elles sont, comme on le voit, aussi simples et aussi satisfaisantes l'une que l'autre.

Le silicate de glucine, en se combinant à du silicate d'alumine, constitue deux autres pierres gemmes, qui sont l'*euclase* et l'*émeraude*.

### Euclase.

Cette substance se trouve dans la province de Minas-Geraès au Brésil, dans les mêmes alluvions que le diamant, ou dans l'itacolumite schisteuse qui sert également de gangue à ce dernier corps. Elle est toujours cristallisée, très brillante, transparente et d'un vert bleuâtre ou d'un bleu très faible. Elle raie facilement le quarz, mais elle présente une telle fragilité en raison d'un clivage très facile dans le sens de sa petite diagonale, que le plus léger choc la brise dans cette direction. Elle pèse 3,098; elle possède la réfraction double à un haut degré; elle est électrique par simple pression et conserve pendant vingt-quatre heures son électricité. Chauffée très fortement au chalumeau, elle se fond sur les bords en un émail blanc. Ses cristaux ont pour forme primitive un prisme oblique rhomboïdal dans lequel l'incidence des faces latérales est de 114° 50′, et celle de la base sur les mêmes faces de 118° 46′. Leur forme dominante est celle d'un prisme rhomboïdal terminé par un pointement à quatre faces. Deux des arêtes du prisme et celles du pointement sont ordinairement chargées de facettes.

D'après l'analyse de M. Berzélius, l'euclase contient :

| | | Oxigène. | Rapports. |
|---|---|---|---|
| Silice . . . . . . . . . | 43,22 | 22,45 | 9 |
| Alumine. . . . . . . | 30,50 | 14,27 | 6 |
| Glucine . . . . . . . | 21,78 | 13,45 } | 6 |
| Oxure ferreux. . . . | 2,22 | 0,45 } | |
| Acide stannique . . . | 0,70 | » | » |

Formule : $2G^3\ddot{S}i + \underline{\ddot{A}l}^2\ddot{S}i$.

**Émeraude.**

Substance vitreuse, cristallisant en prisme hexaèdre régulier dont les arêtes et les angles sont souvent remplacés par des facettes ; mais la forme primitive est toujours très apparente, et il est très rare que les facettes qui rétrécissent la base la fassent disparaître, et que le pointement soit complet. On en trouve aussi des prismes qui paraissent soudés, cannelés et arrondis. Les cristaux des variétés communes sont quelquefois très volumineux ; on en rencontre à Chanteloup, près de Limoges, qui ont de 25 à 30 centimètres de diamètre sur 35 à 40 centimètres de hauteur.

L'émeraude pèse spécifiquement de 2,72 à 2,77 ; elle raie le quarz. Elle est presque infusible au chalumeau ; mais elle se fond avec le borax avec un verre transparent et incolore.

L'émeraude varie beaucoup dans sa transparence et dans sa couleur. Ainsi elle peut être parfaitement transparente ou complétement opaque, et, quant à la couleur, elle peut être d'un vert pur, d'un vert bleuâtre, d'un vert jaunâtre ou jaune.

L'émeraude transparente et d'un vert pur vient surtout du Pérou et de Santa-Fé de Bogota ; mais les montagnes d'Éthiopie en ont fourni anciennement de fort célèbres. Bien que cette pierre le cède en dureté à plusieurs autres gemmes, sa rareté et la beauté de sa couleur lui donnent un très grand prix. Une belle émeraude de 2 décigrammes vaut environ 100 francs ; une pierre de 8 décigrammes vaut 1,500 francs. Une émeraude de 12 décigr.,75 a été vendue 2,400 francs.

L'émeraude bleuâtre du Brésil, nommée *aigue-marine* (*aqua marina*), à cause de la ressemblance de sa couleur avec l'eau de mer, est d'un prix beaucoup moindre, et le béril ou émeraude vert-jaunâtre de Sibérie n'en a qu'un médiocre. Cependant un beau béril transparent de la mine de Canbayum, aux Indes orientales, taillé et du poids de 184 grammes, a coûté 12500 francs à M. Hope, son possesseur actuel. Quant aux cristaux blanchâtres et opaques des environs de Limoges, ils n'ont d'autre valeur que celle que les chimistes leur donnent, pour en retirer la glucine.

L'émeraude est essentiellement formée, et dans des rapports constants, de silice, d'alumine et de glucine; mais elle contient en outre un principe colorant, qui est l'oxide de chrome pour la belle émeraude du Pérou, et l'oxide de fer pour l'aigue-marine et le béril. M. Berzélius a trouvé dans une émeraude de Broddbo, en Suède :

| | | Oxigène. | | Rapports. |
|---|---|---|---|---|
| Silice. . . . . . | 68,35 | 36,18 | | 13 |
| Alumine . . . . | 17,60 | 8,22 | | 3 |
| Glucine. . . . . | 13,13 | 8,31 | 8,47 | 3 |
| Oxure ferreux . | 0,72 | 0,16 | | |
| Acide tantalique. | 0,72 | » | | » |

Si l'on admet que la silice ait été un peu augmentée par la matière détachée du mortier, et que le rapport de l'oxigène de la silice et des deux bases soit comme les nombres 12, 3 et 3, la formule de l'émeraude sera :

$$\dot{G}^3 \dddot{Si}^2 + \underline{\dddot{Al}} \dddot{Si}^2 \text{ (1)}$$

L'euclase et l'émeraude contiennent la même quantité proportionnelle de glucine et d'alumine; c'est la silice seule qui varie et qui se trouve en beaucoup plus grande quantité dans l'émeraude.

*Leucophane* Minéral trouvé en Norwége disséminé dans une syénite, avec albite, éléolite et yttrotantalite. Il est translucide, d'un vert sale ou d'un jaune de vin pâle. Il pèse 2,974, est à peu près aussi dur que le spath fluor et possède une structure cristalline avec trois clivages distincts. L'analyse a donné :

| | | | Rapports | moléculaires. | |
|---|---|---|---|---|---|
| Silice. . . . . . . | 47,82 × 1,764 | = | 84,3 | 3,5 | 7 |
| Chaux . . . . . . | 25 × 2,857 | = | 71,4 | 3 | 6 |
| Glucine. . . . . . | 11,51 × 6,329 | = | 72,8 | 3 | 6 |
| Oxure manganeux. | 1,01 × 2,194 | = | 2,2 | » | » |

(1) C'est sans doute par erreur de calcul ou d'impression que d'autres formules ont été données dans la traduction française du mémoire de M. Awdejew, et dans le *Traité de minéralogie* de M. Dufrénoy.

| | | Rapports moléculaires. | |
|---|---|---|---|
| Sodium. . . . . . | 7,50 × 3,478 = 26,1 | 1 | 2 |
| Potassium. . . . . | 0,20 × 2,046 = 0,4 | » | » |
| Fluore . . . . . . . | 6,17 × 8,496 = 52,4 | 2 | 4 |

L'analyse donne immédiatement $3\dot{G}^2 \dddot{Si} + 2\dot{Ca}^3 \dddot{Si}^2 + 2Sd\,F^2$,

ou $2\dot{G}^3 \dddot{Si} + 3\dot{Ca}^2 \dddot{Si}^2 + 2Sd\,F^2$;

mais si on admet dans l'analyse un excès accidentel de silice, la formule peut etre beaucoup plus simple et devenir $\dot{G}^3 \dddot{Si} + \dot{Ca}^3 \dddot{Si}^2 + Sd\,F^2$,

ou $\dot{G}^3 \dddot{Si}^2 + \dot{Ca}^3 \dddot{Si} + Sd\,F^2$.

## FAMILLE DE L'ALUMINIUM.

Ce métal n'est connu que depuis l'année 1827, époque à laquelle M. Wœhler est parvenu à l'isoler en décomposant le chlorure d'aluminium par le potassium. Ainsi obtenu, il est sous forme d'une poudre grise ou de paillettes brillantes semblables à celles du platine. Il est infusible à la température où fond la fonte de fer. Il est inaltérable à froid dans l'eau et dans l'air; mais il décompose l'eau à 100 degrés et en dégage l'hydrogène, et il brûle avec vivacité, à la chaleur rouge, dans l'air et dans l'oxigène. Il ne forme qu'un seul oxide connu qui est l'*alumine*.

L'alumine tire son nom du nom latin de l'alun (*alumen*), dont elle est un des principes constituants, et d'où on la retire encore tous les jours à l'état de pureté. Elle est blanche, douce au toucher, insipide, inodore, insoluble dans l'eau, mais faisant pâte avec elle, lorsqu'elle n'a pas été calcinée. Sous le même état pareillement, elle est facilement soluble dans les acides, d'où elle est précipitée par les alcalis. Ainsi précipitée, elle se redissout facilement dans la potasse et la soude caustiques, mais non dans l'ammoniaque ni dans le carbonate d'ammoniaque.

L'alumine est peut-être, après la silice, la matière la plus abondante de la croûte solide du globe. Non seulement, en raison du feldspath qui la contient, elle fait partie des terrains primitifs, dont la masse est incomparablement plus grande que celle de tous les autres terrains réunis; mais elle entre aussi, comme partie importante, dans les schistes des terrains intermédiaires, dans les argiles des terrains secondaires et tertiaires, et dans le *terrain meuble* qui les recouvre tous et qui sert de réceptacle à la végétation. L'alumine est donc un des corps les plus abondants de la nature; mais nous n'avons à la considérer ici que dans les espèces minérales qui la présentent presque pure ou native.

et dans celles où elle entre comme principe défini et électro-positif. Voici l'énumération de ces minéraux, dont nous n'examinerons que les mieux définis, les plus répandus ou les plus utiles :

1° *Aluminium oxidé* ou *alumine native*. Elle constitue les pierres précieuses connues sous les noms de *corindon*, *télésie*, *rubis oriental*, *saphir oriental*, etc., et l'*émeri*, qui sont tous réunis aujourd'hui en une seule espèce sous le nom de *corindon;*

2° *Alumine hydratée.* On en connaît trois espèces nommées *gypsite*, *diaspore* et *hydrargilite ;*

3° *Alumine mellitatée* ou *mellite ;*

4° *Alumine sous-sulfatée* et *sulfatée ;*

5° *Alumine sous-fluorée* ou *fluélite.* Minéral très rare, probablement composé d'alumine et de fluorure d'aluminium, d'après un essai de Wollaston ;

6° *Alumine phosphatée.* Ce composé ne se trouve jamais pur; mais, combiné ou mélangé à d'autres phosphates, il constitue un certain nombre de minéraux connus sous les noms de *fischérite* ou *péganite*, *turquoise*, *ambligonite*, *klaprothine*, etc. ;

7° *Alumine fluo-phosphatée* ou *wavellite ;*

8° *Alumine fluo-silicatée* ou *topaze ;*

9° *Alumine silicatée* et *hydrosilicatée* dont il existe un grand nombre d'espèces soit simples, soit combinées à d'autres silicates.

### Alumine native ou Corindon.

Cette substance est la plus dure de toutes après le diamant. Le diamant est donc le seul corps qui puisse la rayer et elle raie tous les autres. Elle pèse 4 ; elle est infusible au chalumeau, et elle y prend une belle couleur bleue, lorsqu'elle a été préalablement pulvérisée et imbibée de nitrate de cobalt.

Le corindon se trouve sous trois formes principales : 1° cristallisé et transparent, formant des pierres précieuses d'un très grand prix ; 2° cristallisé et opaque (*spath adamantin*, *corindon harmophane* de Haüy), ayant une valeur purement scientifique ; 3° en masses granulaires dont la poudre est très usitée, sous le nom d'*émeri*, pour le polissage des corps durs.

Fig. 142.

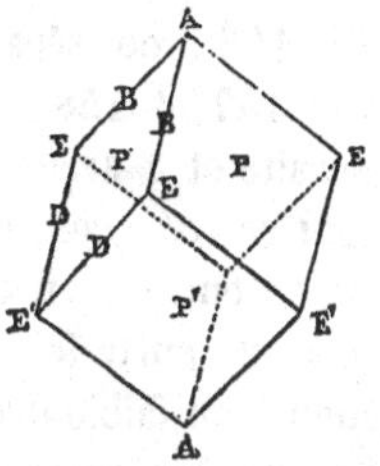

La forme primitive du corindon cristallisé est un rhomboèdre aigu (fig. 142), dont les faces d'un même sommet sont inclinées entre elles de 86° 38′, et celles d'un sommet sur l'autre de 93° 22′, et c'est cette forme, identique avec celle du fer oligiste ou sesqui-oxide de fer, qui a fait admettre que l'alumine est composée de 2 molécules de métal et de 3 molécules d'oxigène. Ses formes les plus ordinaires sont : 1° un prisme hexaèdre (fig. 143) qui peut être pur ou modifié sur trois angles alternatifs des deux bases, par des facettes appartenant au rhomboèdre primitif; 2° plusieurs dodécaèdres triangulaires isocèles aigus, provenant de décroissements différemment inclinés sur les arêtes culminantes du rhomboèdre. Ces dodécaèdres peuvent être isolés, comme dans les figures 144 et 145, ou réunis sur le même cristal, comme dans la

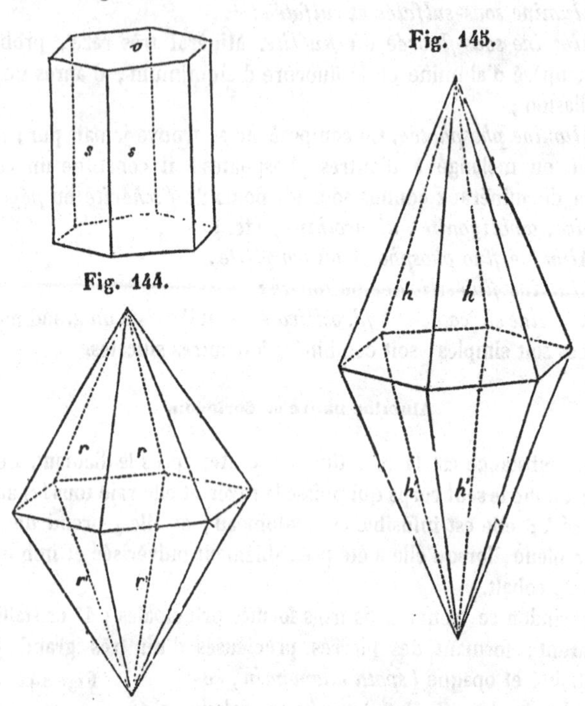

Fig. 143.

Fig. 144.

Fig. 145.

figure 146, ou séparés et tronqués aux sommets comme dans les figures 147 et 148, etc. Certains cristaux d'une transparence un peu imparfaite et à arêtes arrondies, taillés perpendiculairement à l'axe et surtout *en cabochon*, c'est-à-dire en surface arrondie, offrent, lorsqu'on les place entre l'œil et une vive lumière, une étoile blanchâtre à six rayons qui porte le nom d'*astérie*. Le corindon possède la double réfraction à un faible degré.

Le corindon varie beaucoup dans sa couleur et sa transparence : ce n'est que lorsqu'il est parfaitement transparent et d'une couleur vive qu'il a du prix. Le plus estimé est le rouge, nommé *rubis oriental*, dont le prix surpasse même celui du diamant (1).

Après vient le corindon bleu ou *saphir oriental ;*
— jaune *topaze orientale ;*
— vert *émeraude orientale ;*
— violet *améthyste orientale ;*
— limpide et incolore, dit *saphir blanc.*

On joint à toutes ces appellations le surnom *oriental*, pour distinguer

Fig. 146.

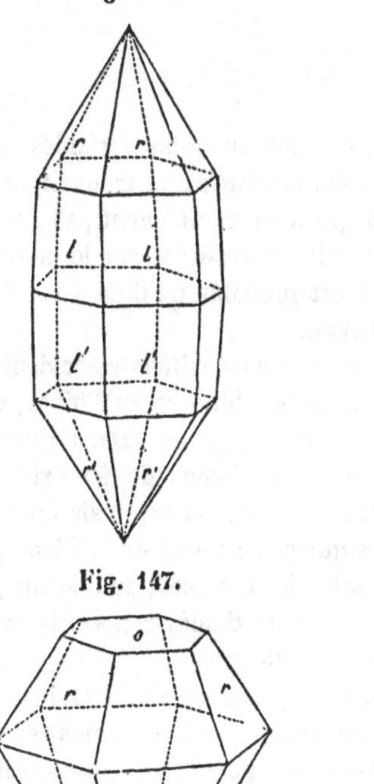


Fig. 147.

Fig. 148.

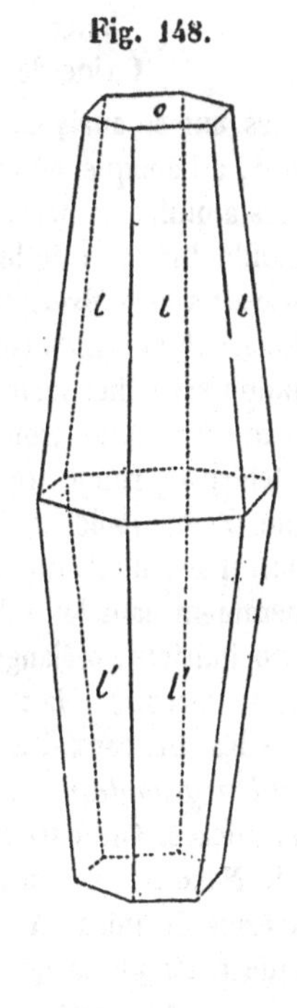

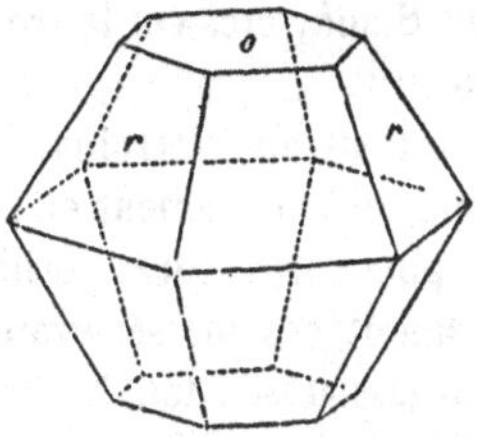

ces gemmes, toutes fort rares et d un prix très élevé, d'autres pierres semblables pour la couleur, mais d'une composition bien différente.

Ainsi le *saphir d'eau*, ou *cordiérite*, est une pierre violette ou bleuâtre, composée d'alumine et de magnésie silicatées.

La *topaze du Brésil*, ou *topaze* simplement dite, est de l'alumine fluo-silicatée.

(1) A la vente des pierres fines de M. de Drée, un tres beau diamant de 8 grains a été vendu 800 francs, et un rubis du même poids 1000 francs. Un autre rubis de 10 grains a été vendu 14000 francs.

La *topaze de Bohème*, ou *topaze d'Inde* est du quarz hyalin jaune.

L'*émeraude du Pérou*, ou *émeraude* simplement dite, est un silicate de glucine et d'alumine.

L'*améthyste commune* est du quarz hyalin violet.

Toutes ces pierres peuvent être facilement distinguées du corindon par la dureté moindre et par leur densité respective.

Le corindon cristallisé est formé d'alumine sensiblement pure, comme on le voit par l'analyse d'un saphir bleu, faite par Klaproth, et qui a donné, sur 100 parties,

| | |
|---|---|
| Alumine. . . . . | 98,5 |
| Chaux. . . . . . | 0,5 |
| Oxide de fer. . . | 1 |

Toutes les autres analyses offrent des quantités variables de silice; mais comme, à l'époque où elles ont été faites, on trouvait de la silice dans tous les aluminates naturels qui n'en contiennent pas, en raison de leur grande dureté et de leur action corrodante sur le mortier d'agate qui servait à les pulvériser, il est probable qu'il en a été de même pour la plupart des corindons analysés.

Le corindon cristallisé forme une partie constituante accidentelle des terrains primitifs. On le trouve dans la Chine et au Thibet, dans un granite à feldspath rougeâtre et à mica argentin. Dans l'Inde il est accompagné d'amphibole, d'épidote, de zircon, de fer oxidulé, etc. Au Piémont il est disséminé dans un micaschiste; mais on le trouve plus fréquemment dans les sables qui proviennent de la décomposition des roches primitives, mélangé, selon les contrées, au diamant, à l'or, au platine, au zircon, à la topaze, au fer titané, etc. On le trouve en France dans les ruisseaux d'Expailly et du Puy.

Le *corindon granulaire* ou *émeri* appartient aux terrains primitifs talqueux et micacé. On le trouve en Europe, principalement en Saxe et dans l'île de Naxos. Il est en masses amorphes, très dures, ordinairement couvertes de mica. A l'intérieur, tantôt ces masses granulaires sont presque aussi pures que le corindon cristallisé, tantôt elles contiennent à l'état de mélange, et constituant plutôt une roche composée qu'un minéral simple, une quantité plus ou moins grande de fer oxidulé et probablement titané; on en connaît deux analyses:

| | Émeri de Naxos, par Tennant. | Émeri de Naxos, par Vauquelin. |
|---|---|---|
| Alumine. . . . . . | 84 | 53 |
| Silice . . . . . . . | 3 | 12,66 |
| Oxide de fer. . . . | 4 | 24,66 |
| Chaux. . . . . . . | » | 1,66 |
| Perte . . . . . . . | » | 7,19 |

L'émeri pulvérisé sert à user et polir les métaux, les glaces et les pierres précieuses. On le broie entre deux meules d'acier et on le délaie dans l'eau, qui l'abandonne ensuite par le repos sous plusieurs états de finesse commandés par l'usage auquel il est destiné.

### Alumine hydratée.

*Alumine trihydratée* ou *gypsite*. Substance blanchâtre ou verdâtre, non cristallisée, rayant la chaux sulfatée, pesant 2,4 ; donnant beaucoup d'eau à la distillation, se colorant en bleu par la calcination avec le nitrate de cobalt. Soluble dans les acides minéraux et offrant les réactions des composés alumineux. Composition, suivant M. Torrey :

| | | | |
|---|---|---|---|
| Alumine. . . . | 64,8 | 30,26 | 1 |
| Eau. . . . . . | 34,7 | 30,84 | 1 |

$$\text{Formule : } \underline{\dddot{Al}} + 3\underline{\dot{H}}.$$

La gypsite a été trouvée sous forme de petites masses mamelonnées ou de stalactites, dans une mine de manganèse, à Richemont, dans le Massachussets.

*Hydrargilite*. Hydrate d'alumine trouvé à Achmatowsk, près de Slatoust dans l'Oural. Il est cristallisé en prismes hexaèdres réguliers ou en prismes à douze faces qui résultent de la combinaison des deux prismes hexaèdres du système rhomboédrique. Il est d'un blanc rougeâtre, translucide et fortement nacré sur les bases. Il est rayé par la chaux carbonatée; il devient blanc et opaque au chalumeau. M. G. Rose a constaté que ce minéral était formé seulement d'eau et d'alumine, mais il n'en a pas déterminé les proportions.

*Alumine hydratée ferrifère* ou *diaspore*. Substance d'un gris de perle ou d'un gris brunâtre, en cristaux allongés imparfaits, ou en masses bacillaires très plates, dont le clivage paraît conduire à un prisme oblique non symétrique. Elle est assez dure pour rayer le verre ; mais elle est très fragile; elle pèse 3,432 à 3,452; elle décrépite par la chaleur et dégage de l'eau ; elle est infusible au chalumeau et y bleuit par le nitrate de cobalt. Les acides concentrés l'attaquent à peine. Diverses analyses ont donné de 75 à 78 d'alumine ; 4,5 à 7,8 d'oxide de fer ; 13 à 15 d'eau, plus ces quantités minimes de chaux, de magnésie et de silice. Formule : $(\underline{\dddot{Al}}\ \underline{\dddot{Fe}}) + \underline{\dot{H}}$.

### Alumine mellitatée.

*Mellite* ou *honigstein*. Substance fort singulière qui nous offre l'alumine combinée avec un acide organique : aussi la trouve-t-on seulement avec le succin, dans les dépôts de lignite. Elle est très rare, et a été trouvée principalement à Artern en Thuringe. On l'a regardée autrefois comme du succin cristallisé. Klaproth en a fait connaître la nature et en a retiré l'acide mellitique. C'est un acide cristallisable, d'une saveur fortement acide, inaltérable à l'air, *décomposable par le feu.* Il est très soluble dans l'eau, soluble dans l'alcool, inaltérable par l'acide nitrique. Il a été analysé par M. Liebig, qui avait pensé d'abord qu'il était formé à l'état anhydre de $C^4O^3$, de même qu'on admet encore que l'acide oxalique anhydre ne contient que $C^2O^3$. Mais aujourd'hui M. Liebig pense que le véritable acide mellitique, le seul d'ailleurs que l'on obtienne, $= C^4O^4H^2$. Cet acide se combine aux oxides métalliques, même à ceux de plomb et d'argent, sans décomposition; car le mellitate d'argent, séché à 100 degrés, $= C^4H^2O^4 + AgO$. Ce n'est qu'à 180 degrés qu'il perd $H^2O$ et que le sel devient $C^4O^3 + AgO = C^4O^4Ag$; c'est-à-dire que, dans cet état, sa composition peut être représentée par de l'oxide de carbone, plus de l'argent.

Le mellite a l'apparence extérieure du succin jaune de miel; il est transparent, réfracte fortement la lumière et prend l'électricité résineuse par le frottement. Il cristallise en octaèdre obtus à base carrée (fig. 149), en octaèdre basé ou épointé (fig. 150), ou en dodécaèdre irrégulier (fig. 151). Il pèse 1,58 à 1,66; il fournit de l'alumine

Fig. 149. Fig. 150. Fig. 151.

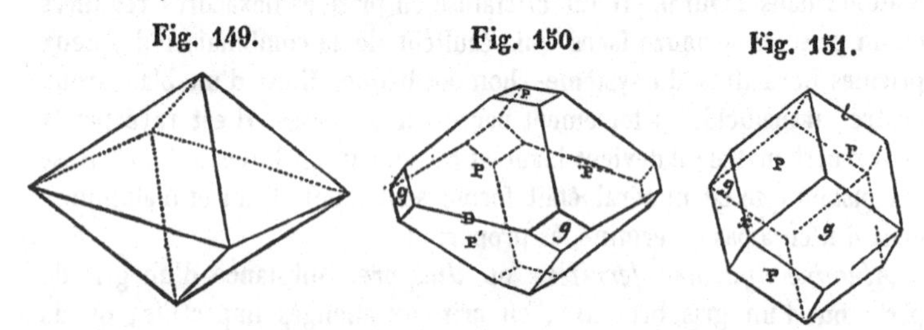


blanche par la calcination; il se dissout dans les acides et les alcalis caustiques.

Pour en retirer l'acide mellitique, on le traite, pulvérisé, par le carbonate d'ammoniaque; on fait cristalliser le mellitate d'ammoniaque, on le redissout dans l'eau, on le précipite par l'acétate de plomb et l'on décompose le mellitate de plomb par le sulfide hydrique.

### Alumine sulfatée.

Sous cette simple dénomination, je ne traiterai pas des *aluns naturels*, qui sont des composés de sulfate d'alumine avec des sulfates de potasse, de magnésie ou de fer; je ne traiterai pas non plus de l'*alunite*, qui est un alun de potasse rendu insoluble par un excès d'alumine, cette substance devant trouver sa place parmi les composés potassiques; mais je parlerai de trois sulfates d'alumine simplement hydratés que l'on trouve en différentes localités.

1° *Alumine sulfatée hydratée*, *webstérite* ou *aluminite*. Ce minéral a été trouvé anciennement dans les environs de Hall en Saxe ; en 1813, M. Webster en a observé un nouveau gisement dans le terrain de craie, à New-Haven sur la côte du Sussex ; depuis, M. Brongniart l'a retrouvé dans le terrain tertiaire d'Auteuil, et M. Dufrénoy dans le même terrain, à Lunel-Vieil, département du Gard.

Dans tous ces gisements, la webstérite est blanche, terreuse, douce au toucher, et tache les doigts à la manière de la craie. Elle pèse 1,66. Celle de Hall et du Sussex a toute l'apparence de la craie ; celle d'Auteuil et de Lunel-Vieil présente une structure un peu oolitique. Malgré cette différence, la composition chimique du minéral est partout la même, et la parfaite concordance des analyses montre qu'il est formé de :

| | | |
|---|---|---|
| Alumine . . . . . | 29,79 | 1 molécule. |
| Acide sulfurique . | 23,25 | 1 |
| Eau . . . . . . . | 46,96 | 9 |

$$\text{Formule : } \dddot{\underline{\mathrm{Al}}}\ \dddot{\mathrm{S}} + 9\dot{\underline{\mathrm{H}}}.$$

La webstérite ressemble à tous les corps blancs et d'apparence terreuse, tels que la *silice terreuse*, certaines *argiles blanches*, la *craie*, la *magnésie carbonatée* ou *silicatée* et d'autres. Elle se distingue de toutes ces substances par la propriété d'être dissoute par les acides, sans effervescence et sans résidu.

2° *Alumine sous-sulfatée hydratée*, trouvée par M. Basterot à la montagne de Bernon, pres d'Épernay. L'analyse faite par M. Lassaigne a donné :

| | | Oxigène. | Rapports. |
|---|---|---|---|
| Alumine. . . . . . . | 39,70 | 18,54 | 9 |
| Acide sulfurique. . . | 20,06 | 12,00 | 6 |
| Eau. . . . . . . . . | 39,94 | 35,50 | 18 |
| Sulfate de chaux. . . | 0,30 | » | » |

$$\text{Formule : } \dddot{\underline{\mathrm{Al}}}^{3}\ \dddot{\mathrm{S}}^{2} + 18\dot{\underline{\mathrm{H}}}.$$

3° *Alumine tri-sulfatée hydratée*, *alunogène*. Substance blanche, fibreuse, d'une saveur acerbe, donnant de l'eau et de l'acide sulfurique par l'action du feu. Elle se dissout dans l'eau et forme avec l'ammoniaque un précipité gélatineux qui se redissout dans la potasse caustique. On la trouve dans les solfatares de Pouzzole et de la Guadeloupe.

M. Boussingault l'a également observée dans les schistes intermédiaires qui bordent le Rio-Saldana, dans la Colombie. Elle paraît varier par la quantité d'eau qu'elle contient.

*Alunogène de la Guadeloupe, par M. Beudant.*

| | | Oxigène. | Rapports. |
|---|---|---|---|
| Alumine . . . . . . . | 16,76 | 7,83 | 3 |
| Acide sulfurique . . . | 39,94 | 23,90 | 9 |
| Eau . . . . . . . . . . | 36,44 | 32,39 | 12 |
| Alun de potasse. . . . | 4,58 | » | » |
| Sulfate de fer . . . . | 1,94 | » | » |

Formule : $\underline{\dddot{\mathrm{Al}}}\ \dddot{\mathrm{S}}^3 + 12\underline{\dot{\mathrm{H}}}$.

*Alunogène de Rio-Saldana, par M. Boussingault.*

| | | Oxigène. | Rapports. |
|---|---|---|---|
| Alumine . . . . . . . . | 16,00 | 7,47 | 3 |
| Acide sulfurique . . . | 36,40 | 21,79 | |
| Eau . . . . . . . . . . | 46,60 | 41,25 | 18 |
| Oxide de fer . . . . . | 0,04 | » | » |
| Chaux . . . . . . . . | 0,02 | » | » |
| Argile . . . . . . . . | 0,04 | » | » |

Formule : $\underline{\dddot{\mathrm{Al}}}\ \dddot{\mathrm{S}}^3 + 18\underline{\dot{\mathrm{H}}}$.

**Alumine phosphatée.**

Ce composé se trouve à peu près pur et hydraté, dans deux minéraux qui ressemblent beaucoup à l'alumine hydratée, et qui ont reçu les noms de *fischtérite* et de *péganite*. Le premier est sous forme de petites feuilles cristallines ou de petits prismes à six faces qui paraissent être réguliers. L'analyse a donné :

| | Fischtérite. | Péganite de Saxe. |
|---|---|---|
| Alumine. . . . . . . . . . . . . | 38,47 | 44,49 |
| Acide phosphorique . . . . . . . | 29,03 | 30,49 |
| Eau. . . . . . . . . . . . . . . | 27,50 | 22,82 |
| Oxides de fer, de manganèse et de cuivre. . . . . . . . . . . . | 2 | 2,20 |
| Phosphate de chaux. . . . . . . | 3 | » |
| | 99 | 100 |

L'alumine phosphatée se trouve aussi mélangée avec d'autres phosphates et constitue quelques minéraux que nous ne pouvons entièrement passer sous silence.

1° *Alumine phosphatée plombifère.* On a trouvé dans l'ancienne mine de cuivre de Rosières, département du Tarn, des stalactites assez volumineuses formées de couches concentriques différemment colorées en vert, en vert jaunâtre ou en brun, mais dont le centre est occupé par une substance poreuse et grenue d'un jaune d'ocre pâle, dont M. Berthier a déterminé la composition, et qui contient :

| | | Oxigène. | | Rapports. | |
|---|---|---|---|---|---|
| Alumine. . . . . . . . | 23 | 10,74 | | 8 | 24 |
| Oxide de plomb. . . . | 10 | 0,72 | 1,33 | 1 | 3 |
| — de cuivre. . . . | 3 | 0,61 | | | |
| Acide phosphorique. . | 25 | 14,19 | | 10,6 | 30 |
| Eau. . . . . . . . . . | 38 | 33,79 | | 25,4 | 76 |

Formule : $\overset{\cdots}{\underline{Al}}{}^8\,\overset{\cdot\cdot\cdot\cdot\cdot}{\underline{P}}{}^4 + \left.\begin{matrix}\dot{Pb}\\ \dot{Cu}\end{matrix}\right\}^3 \overset{\cdot\cdot\cdot\cdot\cdot}{\underline{P}}{}^2 + 76\dot{\underline{H}}$ ou $\overset{\cdots}{\underline{Al}}{}^8\,\overset{\cdot\cdot\cdot\cdot\cdot}{\underline{P}}{}^5 + \left.\begin{matrix}\dot{Pb}\\ \dot{Cu}\end{matrix}\right\}^3 \overset{\cdot\cdot\cdot\cdot\cdot}{\underline{P}} + 76\dot{\underline{H}}$.

2° *Alumine phosphatée cuprifère* ou *turquoise.* Substance d'un bleu céleste, d'un bleu verdâtre, ou verte, opaque ou faiblement translucide, un peu plus dure que la chaux phosphatée, et susceptible de prendre le poli. Elle pèse de 2,836 à 3. Elle est infusible au chalumeau et insoluble dans les acides Elle paraît être de composition variable, d'après les analyses suivantes :

| | | Bleue de ciel. | Verte. |
|---|---|---|---|
| | Par John. | Par Hermann. | |
| Alumine. . . . . . . . . . | 44,50 | 47,45 | 50,75 |
| Acide phosphorique . . . . | 30,90 | 27,34 | 5,64 |
| Oxide de cuivre . . . . . . | 3,75 | 2,02 | 1,42 |
| — de fer . . . . . . . . | 1,80 | 1,10 | 1,10 |
| — de manganèse . . . . | » | 0,50 | 0,60 |
| Eau. . . . . . . . . . . . | 19,00 | 18,18 | 18,13 |
| Silice . . . . . . . . . . | » | » | 4,26 |
| Phosphate de chaux ($\dot{Ca}^3\,\overset{\cdot\cdot\cdot\cdot\cdot}{\underline{P}}$). | » | 3,61 | 18,10 |
| | 99,95 | 100,00 | 100,00 |

La turquoise est une pierre très recherchée et qui se maintient à des prix très élevés. Elle provient des environs de Muschad en Perse. Elle forme des rognons, gros au plus comme des noisettes, dans une argile ferrugineuse qui remplit les fissures d'un schiste siliceux. On lui substitue souvent soit un émail artificiel coloré en bleu verdâtre, soit des dents de mammifères fossiles, colorées en bleu par du phosphate de fer, et que l'on trouve à Auch, dans le département du Gers, et dans d'autres lieux. Celles-ci, beaucoup plus tendres que la véritable turquoise, se dissolvent d'ailleurs dans les acides, et répandent au feu une odeur animale. On les nomme *turquoises de la nouvelle roche ;* elles ont très peu de valeur.

3° *Alumine phosphatée magnésifère*, *klaprothine*, *blauspath*, *lazulite*. Le nom de *lazulite* que les minéralogistes allemands donnent à cette substance tendant à la faire confondre avec le véritable *lapis lazuli* qui produit l'outremer naturel, il convient, si l'on veut la désigner par un nom univoque, d'adopter celui de *klaprothine*, qui a été proposé par M. Beudant. Cette substance se trouve cristallisée ou en petites masses amorphes dans les fissures des schistes argileux, comme à Schlamming, près de Werfen en Salzbourg ; ou dans les micaschistes ou roches de quarz subordonnées de Mürzthal près de Krieglach, et de Waldbach près de Vorau en Styrie ; à Wienerisch-Neustadt en Autriche, etc.

Les cristaux sont des prismes rectangulaires presque carrés ou des cristaux octogones assez compliqués, qui dérivent d'un prisme droit rhomboïdal de 91° 10′ et 88° 50′. Elle est d'une belle couleur bleue, presque opaque et d'un éclat vitreux. Elle raie le verre, mais est rayée par le quarz. Elle pèse 3,056 ; elle donne de l'eau par la calcination ; elle se boursoufle au chalumeau et y prend un aspect gris vitreux, mais elle ne s'y fond pas.

La klaprothine a été analysée par Klaproth, par Brandes, par Fuchs et dernièrement par M. Rammelsberg (*Annuaire de chimie*, 1846, p. 318). Les analyses présentent, sur 100 parties, de 38 à 43 d'acide phosphorique, de 29 à 34 d'alumine, de 9 à 13 de magnésie, de 2 à 10 de protoxide de fer, dont la quantité est généralement inverse de celle de la magnésie; une petite quantité de chaux, de 5 à 6 d'eau, et une quantité variable de silice que M. Rammelsberg regarde comme étrangère au minéral, pour lequel il adopte la formule $2\left.\begin{matrix}\dot{Mg}\\ Fe\end{matrix}\right\}\underline{\dddot{\dot{P}}} + \underline{\dddot{A}}^4\,\underline{\dddot{\dot{P}}}^3 + 6\underline{H}$.

**Alumine fluo-phosphatée ou Wavellite.**

Substance d'un blanc verdâtre, trouvée sous forme de globules radiés à Barnstaple dans le Devonshire, à Amberg dans le Palatinat, à Villarica au Brésil, etc. Elle pèse 2,33 ; elle raie la chaux carbonatée, elle donne par la calcination une eau qui corrode le verre. Elle se gonfle sur les charbons et y devient d'un blanc de neige. Les analyses très concordantes de M. Berzélius et de M. Hermann conduisent à la formule

$$\dddot{Al}^4\,\underline{\dddot{\dot{P}}}^3 + \underline{\dddot{A}}F^6 + 18\underline{\dot{H}}.$$

**Alumine fluo-silicatée ou Topaze.**

Substance vitreuse qui se présente presque toujours en cristaux qui dérivent d'un prisme droit rhomboïdal de 124" 20' et 55° 40' (fig. 152). Les deux angles obtus du prisme, formés par l'incidence antérieure et postérieure des faces M, existent très souvent : mais les deux angles latéraux sont toujours remplacés par deux facettes, comme on le voit dans les figures 153, 154 et 155, qui présentent, en outre, trois terminaisons différentes du même prisme ; le premier étant terminé par un pointement à quatre faces, le deuxième par un biseau et le troisième par une partie de la base du cristal primitif. Ces trois formes dominantes peuvent ensuite être modifiées par un nombre plus ou moins considérable de facettes, tant terminales que latérales : mais on les reconnaît toujours plus ou moins, et elles peuvent servir à déter-

Fig. 152.

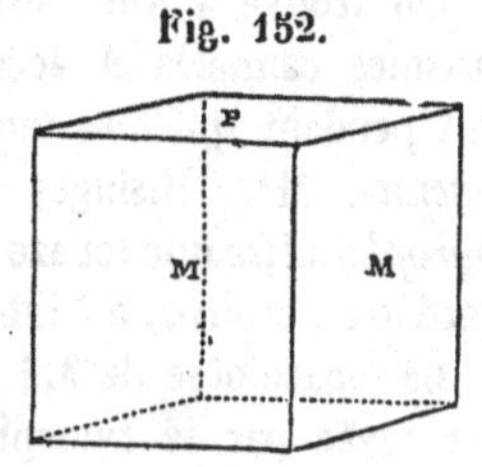


Fig. 153. Fig. 154. Fig. 155.

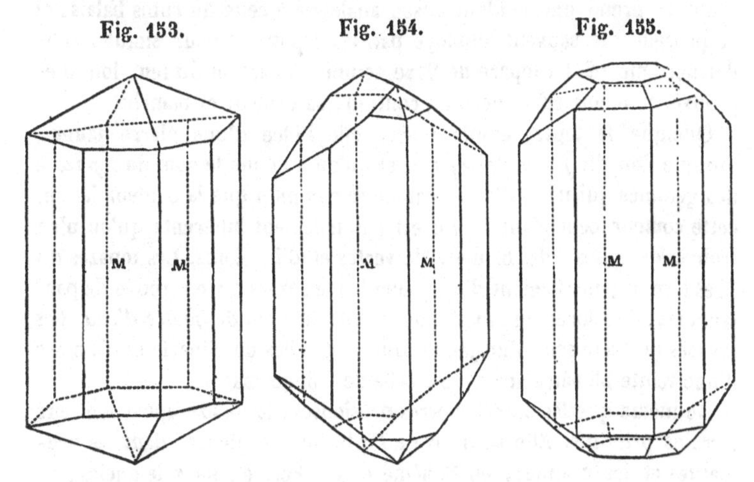


miner l'origine des cristaux, la première forme étant propre aux topazes du Brésil, la deuxième caractérisant surtout la topaze de Sibérie, et la troisième la topaze de Saxe. Enfin il arrive très souvent que les quatre facettes latérales s'accroissent au point de faire disparaître presque complétement ou complétement les faces primitives M ; et comme ces quatre nouvelles faces font entre elles des angles de 93° et 87° environ, il en résulte que les cristaux de topaze offrent très souvent la forme de prismes presque carrés. Cette forme dominante, jointe à ce que les faces présentent toujours des *cannelures longitudinales*, devient alors caractéristique pour la topaze. Tous les cristaux offrent en outre un clivage très facile suivant la base du prisme, ce qui est cause que les cristaux à deux sommets sont rares, leur fracture se faisant constamment dans cette direction.

On trouve à Altenberg, en Saxe, une variété de topaze en larges prismes cannelés et accolés dans le sens de leur longueur, dont on a fait pendant quelque temps une espèce particulière, sous le nom de *pycnite*. MM. Hisinger et Berzélius ont aussi décrit sous le nom de *pyrophysalite* une topaze en cristaux volumineux, opaques et d'un blanc verdâtre, trouvée à Finbo, en Suède.

La topaze pèse de 3,5 à 3,54. Elle raie fortement le quarz, mais elle est rayée par le cymophane et le corindon ; elle peut acquérir deux pôles électriques par la chaleur ; elle acquiert l'électricité résineuse par le frottement ou la pression et la conserve pendant plusieurs heures ; elle possède deux axes de double réfraction dont l'angle n'est pas constant pour les différentes variétés. Elle est inattaquable par les acides et infusible au chalumeau. La variété jaune du Brésil, chauffée dans un creuset, prend une couleur rosée analogue à celle du rubis balais, et ce procédé est souvent employé par les lapidaires pour simuler cette derniere pierre. La topaze de Saxe soumise à l'action du feu, loin d'éprouver le même effet, perd au contraire sa couleur et blanchit.

Quoique la topaze emporte avec elle l'idée d'une pierre jaune, puisque l'on dit *jaune de topaze*, et qu'on a donné le nom de *topaze* à des gemmes qui n'ont d'autre caractère commun que la couleur jaune, cette couleur cependant ne lui est pas tellement inhérente qu'on n'en trouve de roses, de bleues, de vertes et d'incolores. Les topazes du Brésil sont généralement d'un jaune foncé ; mais on en trouve de parfaitement incolores auxquelles on donne le nom de *goutte d'eau*. Les topazes de Saxe sont d'un jaune paille, et celles de Sibérie et d'Écosse d'une teinte bleuâtre analogue à celle de l'aigue-marine.

De même que les autres pierres précieuses, la topaze appartient aux terrains primitifs. Elle se trouve à Finbo et en Siberie, dans les pegmatites et les granites ; en Bohême et en Écosse, dans le gneiss ; en Saxe et au Brésil, dans le micaschiste.

A Schneckenstein pres d'Auerbach en Saxe, elle forme, avec le quarz et le mica, une roche particulière nommée *topasfels* ou *roche de topaze*, qui en contient des cristaux très prononcés. Enfin on la trouve en cristaux roulés dans les terrains de transports qui proviennent de la destruction des terrains primitifs ci-dessus indiqués, et principalement à *Villarica* au Brésil. Il est remarquable que ces topazes roulées appartiennent presque toutes à la variété bleuâtre et semblable à l'aigue-marine.

La topaze doit avoir une composition constante, quoiqu'elle soit peut-être encore mal connue, car les analyses faites par M. Berzélius sur celles de Saxe, du Brésil et de Finbo, ont donné presque exactement les mêmes résultats, en silice, alumine et acide fluorhydrique. En calculant ces résultats dans l'hypothèse que ce n'est pas de l'acide fluorhydrique qui existe dans la topaze, mais bien du fluore, M. Mosander les a représentés, en moyenne, par :

| | | | Rapports moléculaires. | |
|---|---|---|---|---|
| Acide silicique. . . | 34,20 | × 1,764 = | 60 | 6 |
| Alumine. . . . . . | 57,85 | × 1,557 = | 90 | 9 |
| Fluore. . . . . . . | 15,02 | × 8,496 = | 127 | 12 |
| | 107,07 | | | |

L'excès de 7,07 provenant de l'oxigène de la portion d'alumine dont le métal est combiné au fluore, si des 9 molécules d'alumine on en déduit 2 pour le fluore, il en reste encore 7 dont 6 doivent être combinées à la silice et 1 au fluorure d'aluminium; de sorte que la formule de la topaze devient $2\underline{Al}\,\underline{F}^3, \dddot{\underline{Al}} + 6(\dddot{\underline{Al}}\,\dddot{Si})$.

D'après des analyses plus récentes, M. Forchhammer pense que la topaze est composée de :

| | |
|---|---|
| Acide silicique . . | 35,27 |
| Alumine . . . . . | 54,92 |
| Fluore . . . . . . | 17,14 |
| | 107,33 |

Formule : $2\underline{Al}\,\underline{F}^3 + 5\dddot{\underline{Al}}\,\dddot{Si}$

M. Forchhammer a trouvé, comme M. Berzélius, que la picnite avait une composition un peu différente. L'analyse a fourni un peu moins d'alumine, plus de silice et plus de fluore.

### Alumine silicatée.

Il existe un grand nombre de silicates d'alumine qui varient suivant trois circonstances principales, qui sont : 1° l'absence ou la présence de l'eau combinée ; 2° les proportions relatives de silice et d'alumine ; 3° l'adjonction au silicate d'alumine d'un autre silicate appartenant à un métal chroïcolyte, terreux ou alcalin. Pour mettre de l'ordre dans ces nombreux composés, nous les diviserons d'abord en silicates *anhydres* et en silicates *hydratés*. Ensuite, dans chaque section, nous distinguerons les silicates simples de la formule générale $\dddot{\underline{Al}}^n\,\dddot{Si}^n$, dans lesquels le sesqui-oxide de fer viendra quelquefois remplacer en partie l'alumine, des silicates doubles de la formule $\underline{\dddot{Al}}^n \dddot{Si}^n + \dot{M}^n \dddot{Si}^n$. Enfin, du nombre de ces derniers, nous ne comprendrons dans la famille de l'aluminium que ceux dans lesquels le radical M, du second silicate, sera essentiellement le fer ou le manganèse, métaux précédemment étudiés, et ceux dans lesquels ce même radical sera seulement *accidentellement* remplacé par un radical plus positif, tel que le magnésium, le calcium ou le potassium. Nous réserverons pour les familles de ces derniers métaux les silicates doubles alumineux dans lesquels le silicate magnésien, calcaire ou alcalin sera au contraire essentiel et caractéristique. Cette distinction convenue, nous allons décrire les principaux silicates alumineux.

## SILICATES D'ALUMINE ANHYDRES.

### Disthène.

*Cyanite* ou *schorl bleu*. Minéral cristallisé, ou tout au moins laminaire, que l'on rencontre très souvent dans les roches primitives du Saint Gothard, du Tyrol, du Simplon, de la Saxe, et d'un grand nombre d'autres lieux. Les cristaux sont ordinairement des prismes longs et aplatis, hexagones ou octogones, qui dérivent d'un prisme oblique non symétrique. Le disthène est quelquefois complétement incolore; mais sa couleur la plus habituelle est le bleu tendre. Il est transparent ou fortement translucide, assez dur pour rayer le verre. Il pèse 3,56 à 3,67; il est complétement infusible au chalumeau, et y blanchit seulement. Chauffé avec le borax, il s'y dissout lentement en un verre transparent et sans couleur.

La composition du disthène a longtemps été incertaine, soit à cause des procédés défectueux d'analyse, soit par suite du mélange de parties étrangères provenant de la roche où le minéral a cristallisé. Trois analyses modernes, et qui s'accordent presque entièrement, établissent que le disthène est composé de $\underline{\dddot{Al}}^3 \dddot{Si}^2$ ou de alumine 37,48; silice 62,52. Voici ces trois analyses :

| | Disthène de..., par Arfvedson; | Disthène du Saint-Gothard, par Rosales; | par Marignac. |
|---|---|---|---|
| Silice. . . . . . . | 36 | 36,67 | 36,60 |
| Alumine . . . . . | 64 | 65,11 | 62,66 |
| Oxure ferrique. . | | 1,19. | 0,84 |

*Fibrolite*. Minéral composé de fibres déliées et très serrées, d'une couleur blanche ou grise perlée; il pèse 2,324. On l'a trouvé d'abord parmi les substances qui forment la gangue du corindon de Carnate et de Chine, et ensuite à Bodenmais en Bavière, et sur les bords de la Delaware aux États-Unis, entre les feuillets d'un schiste talqueux. On la regarde comme une simple variété de disthène, ce qui s'accorde assez avec une ancienne analyse de Chénevix sur la fibrolite du Carnate :

| | | Oxigène. | |
|---|---|---|---|
| Silice. . . . . . . | 38 | 20,11 | 2 |
| Alumine . . . . . | 58,25 | 27,21 | 3 |
| Oxure ferrique . . | 3,75 | 1,12 | |

Formule : $(\dddot{\underline{Al}}, \dddot{\underline{Fe}})^3 \dddot{Si}^2$.

*Sillimanite.* Substance grise ou brune, assez éclatante, en prismes rhomboïdaux obliques, rayant le quarz, infusible au chalumeau. Elle pèse 3,41 ; elle a été trouvée dans une veine de quarz qui traverse le gneiss près de Saybrock, dans le Connecticut. Deux analyses, faites par Bowen et par Thomson, ont donné :

| | | | Oxigène. | |
|---|---|---|---|---|
| Silice. . . . . . . | 42,67 | 45,55 | 23,98 | 1 |
| Alumine. . . . . | 54,11 | 49,50 | 23,12 | 1 |
| Oxide de fer . . . | 2 | 4,10 | 0,91 | |
| Eau . . . . . . . | 0,51 | » | » | » |

Formule : $\underline{Al}\ \dot{Si}$.

Deux autres analyses assimilent la sillimanite au disthène ; mais il est possible qu'elles aient été faites en effet sur cette dernière substance :

| Sillimanite, | par Staaf ; | par Connel. | Oxigène. | |
|---|---|---|---|---|
| Silice. . . . . . . | 33,36 | 36,75 | 19,45 | 2 |
| Alumine . . . . . | 58,62 | 58,94 | 27,75 | 3 |
| Oxide de fer. . . | 2,17 | 0,99 | | |
| Magnésie. . . . . | 0,40 | » | » | » |

*Bucholzite.* Substance blanche ou grise, à fibres droites ou ondulées et pourvue d'un éclat soyeux ; elle pèse 3,193. Deux analyses faites par Brandes et par Thomson ont donné :

| | | Oxigène. | | Oxigène. | |
|---|---|---|---|---|---|
| Silice. . . . . | 46 | 23,89 | 46,40 | 24,55 | 1 |
| Alumine . . . | 50 | 23,35 | 52,92 | 24,72 | 1 |
| Oxide de fer. | 2 | 0,60 | » | » | » |
| Potasse . . . . | 1,5 | 0,35 | » | | » |

Formule : $\dddot{\underline{Al}}\ \dddot{Si}$.

*Xénolithe*. Minéral fibreux ou formé de prismes très fins, accolés dans le sens de leur longueur ; incolore ou gris-jaunâtre ; il pèse 3,58 ; il est aussi dur que le quarz. On l'a trouvé dans des blocs de granite erratique aux environs de Peterhoff. Il est composé de :

| | | |
|---|---|---|
| Silice. . . . . | 47,44 | |
| Alumine . . . | 52,54 | Formule : $\underline{\dddot{Al}}\ \dddot{Si}$. |

Il est difficile de ne pas conclure de toutes ces analyses que les minéraux auxquels elles se rapportent forment deux espèces : l'une, comprenant le *disthène* et la *fibrolite*, a pour formule $\underline{\dddot{Al}}^3\ \dddot{Si}^2$ ; l'autre, qui comprend la *sillimanite*, la *bucholzite* et la *xénolithe*, a pour formule $\underline{\dddot{Al}}\ \dddot{Si}$.

### Andalousite.

*Feldspath apyre*. Ce minéral, observé pour la première fois dans les montagnes du Forez, a été retrouvé depuis dans un grand nombre de lieux, et toujours en cristaux disséminés, dans les roches granitiques. Ces cristaux sont généralement très simples et dérivent d'un prisme droit rhomboïdal de 91° 20′ ; ils sont généralement rougeâtres, translucides sur les bords, raient le quarz et pèsent spécifiquement de 3,1 à 3,2.

L'andalousite est inaltérable par les acides et complétement infusible au chalumeau. La composition en est encore incertaine : Vauquelin, en analysant une andalousite d'Espagne, y avait trouvé 8 pour 100 de potasse ; une autre analyse d'andalousite de Lisenz (Tyrol), par Brandes, y indiquait encore 2 de potasse ; 3,37 d'oxide ferrique ; 2,12 de chaux, de la magnésie, de l'oxide de manganèse et de l'eau. On peut admettre que la composition de ces minéraux était altérée par un mélange de la roche au milieu de laquelle ils avaient cristallisé. Les analyses modernes ne font plus mention d'alcali, mais conduisent à deux compositions différentes.

Une analyse de M. Bunsen, faite sur des cristaux purs d'andalousite de Lisenz, a donné :

| | | Oxigène. | Rapports. |
|---|---|---|---|
| Silice. . . . . . . | 40,17 | 21,26 | 3 |
| Alumine. . . . . . | 58,62 | 27,38 | 4 (Alumine + Oxide manganique) |
| Oxide manganique. | 0,51 | 0,15 | |
| Chaux. . . . . . . | 0,28 | » | » |

Formule : $\underline{\dddot{Al}}^4\ \dddot{Si}^3$.

Deux autres analyses très concordantes, l'une d'andalousite de Fahlun, faite par Svanberg, l'autre d'andalousite de Weitschen, par M. Kersten, ont donné pour moyenne :

| | | Oxigène. | Rapports. |
|---|---|---|---|
| Silice. . . . . . . | 37,58 | 19,89 | 2 |
| Alumine. . . . . . . | 59,94 | 28 | 3 |
| Oxure ferrique. . . | 1,68 | 0,50 | |
| Chaux. . . . . . . . | 0,53 | » | » |
| Magnésie . . . . . | 0,42 | » | » |

Formule : $\dddot{\underline{Al}}^{3}\,\dddot{Si}^{2}$.

S'il fallait s'en rapporter à ce dernier résultat, l'andalousite serait composé chimiquement comme le disthène ; mais le système cristallin de ces deux minéraux est trop différent pour qu'on puisse croire qu'ils aient une composition identique.

*Macle.* Cette substance a toujours éveillé l'attention des minéralogistes et a longtemps été considérée comme une espèce distincte à cause de la singulière disposition de ses parties intérieures. On la trouve dans un grand nombre de lieux et presque toujours cristallisée au milieu des micaschistes, comme dans le Morbihan et à Saint-Jacques-de-Compostelle. Ses cristaux sont des prismes droits rhomboïdaux de 91° environ, c'est-à-dire presque carrés, comme ceux de l'andalousite ; mais ce qui les distingue, c'est que, lorsqu'on les coupe perpendiculairement à l'axe, ils apparaissent composés de deux matières distinctes, dont l'une, qui est noirâtre, forme un prisme carré au centre et dans l'axe du cristal, lequel est composé d'une autre matière blanchâtre (fig. 156). Presque toujours la matière noirâtre se continue suivant deux lignes qui abou-

Fig. 156.

M M

Fig. 157.

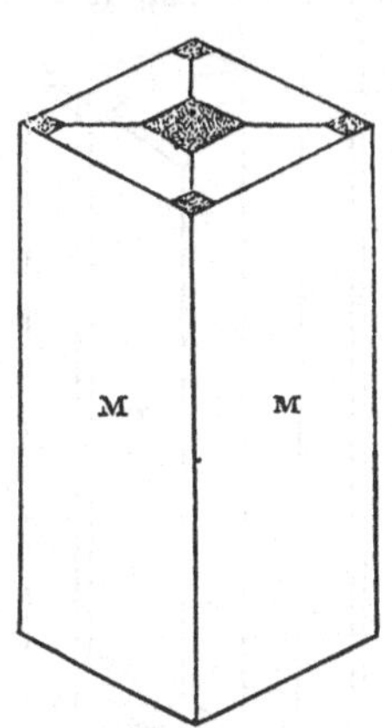


tissent aux angles du cristal, et souvent elle forme sur ces angles quatre petits prismes qui occupent la place des arêtes (fig. 157). D'autres fois, enfin, la coupe du cristal présente des lignes rayonnantes alternativement noires et blanches, qui indiquent une séparation moins complète des deux matières.

Les deux matières qui forment la macle ont des propriétés bien différentes. La matière noire se laisse facilement rayer par une pointe d'acier et se fond au chalumeau en un verre noirâtre, comme la roche micacée qui l'environne; la matière blanche raie le verre et est infusible au chalumeau. Cette matière, séparée avec soin de la première et analysée par M. Bunsen (1), lui a donné exactement la même composition que l'andalousite, savoir :

| | | Oxigène. | |
|---|---|---|---|
| Silice. . . . . . . | 39,09 | 20,69 | 3 |
| Alumine. . . . . . | 58,55 | 27,35 | 4 |
| Oxide manganique. | 0,53 | » | » |
| Chaux. . . . . . . | 0,20 | » | » |
| Substance volatile. | 0,99 | » | » |

Formule : $\underline{Al}^4 \, \overset{..}{Si}^3$.

Tous les minéralogistes s'accordent aujourd'hui à penser que la macle n'est qu'une andalousite qui, en cristallisant au milieu d'une roche micacée à l'état pâteux, s'est imparfaitement séparée de sa gangue, dont une partie est restée enfermée dans l'intérieur des lames cristallines.

### Staurotide ou Pierre de croix.

La forme primitive de ce minéral est un prisme droit rhomboïdal dont les angles sont de 129° 30′ et 50° 30′. Mais on le trouve presque

Fig. 158. Fig. 159. Fig. 160.

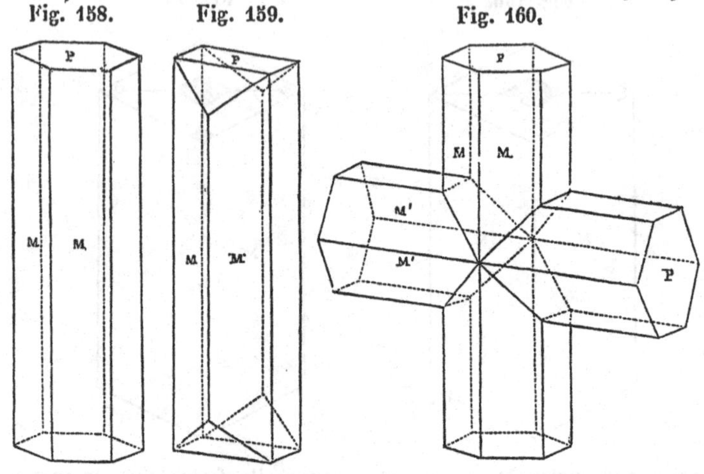


toujours en prismes à six faces symétriques (fig. 158 et 159), et presque

(1) Analyse de la chiastolithe de Lancastre, en cristaux prismatiques de 89° 35′ et 90° 20′.

toujours aussi ces cristaux sont réunis deux à deux et croisés à angle droit (fig. 160), ou suivant un angle de 60 degrés (fig. 161). Ces cristaux sont vitreux, d'un rouge brun et transparent, lorsque la substance est pure; mais ils sont très souvent rendus opaques et rudes au toucher par suite du mélange de la matière de la roche qui les enveloppe, micaschiste ou autre, et ses autres propriétés en sont aussi altérées. Cependant, en général, la staurotide raie le quarz; elle pèse de 3,3 à 3,7, et elle est infusible ou difficilement fusible au chalumeau.

Fig. 161.

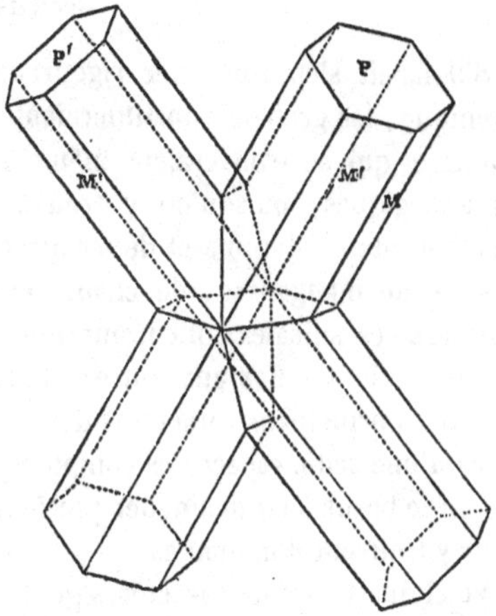

La composition de la staurotide varie aussi, avec le mélange des parties étrangères; mais deux analyses faites par Klaproth et M. Marignac sur des cristaux rouges et transparents du Saint-Gothard l'établissent d'une manière certaine.

| | Klaproth. | Marignac. | Oxigène. | | |
|---|---|---|---|---|---|
| Silice . . . . . . . . | 27 | 28,47 | 15,79 | | 1 |
| Alumine. . . . . . . | 52,25 | 53,34 | 24,86 | 30,19 | 2 |
| Oxure ferrique. . . . | 18,50 | 17,40 | 5,33 | | |
| — manganique. . | 0,25 | 0,31 | » | | » |
| Magnésie. . . . . . . | » | 0,72 | » | | » |

Formule : $(\dddot{\underline{Al}}, \dddot{\underline{Fe}})^2 \dddot{Si}$.

*Pinite de Saxe.* Les minéralogistes donnent le nom de *pinite* à deux minéraux fort différents par leur composition, et différant aussi probablement par leur système cristallin. Celle dont il est ici question a été trouvée à Schnéeberg, en Saxe, dans un granite à petits grains. Elle est sous forme de gros prismes hexaèdres réguliers qui se divisent facilement dans le sens de la base. Elle est rougeâtre, opaque, facile à racler avec un couteau, et raie à peine la chaux carbonatée; elle pèse 2,92, et est infusible au chalumeau. L'analyse, faite par Klaproth, a donné :

| | | Oxigène. | | |
|---|---|---|---|---|
| Silice. . . . . . | 29,50 | 15,61 | | 1 |
| Alumine . . . . . | 63,75 | 29,77 | 31,8 | 2 |
| Oxure ferrique . . | 6,75 | 2,03 | | |

Formule : $(\dddot{\underline{Al}}, \dddot{\underline{Fe}})^2 \dddot{Si}$.

Il existe, comme on le voit, les plus grands rapports entre la pinite de Saxe et la staurotide; peut-être même, malgré leurs différences de dureté et de densité, faut-il considérer la première comme une variété de la seconde.

### Grenats.

S'il fallait s'en rapporter rigoureusement aux résultats de l'analyse chimique, les grenats constitueraient un certain nombre d'espèces distinctes et qui se trouveraient même réparties dans différentes familles minéralogiques, puisqu'on y trouve souvent, en remplacement des deux silicates d'alumine et de fer qui les constituent généralement, des silicates de manganèse, de chaux ou de magnésie; mais, en considérant que ces silicates sont isomorphes et peuvent se substituer en tout ou en partie les uns aux autres, sans changer la forme cristalline et les autres principaux caractères des minéraux, on est conduit à ne former qu'une seule espèce des composés qui présentent ces substitutions, et l'on se borne à en distinguer plusieurs sous-espèces, suivant les bases qui s'y trouvent dominantes.

Voici quels sont les caractères généraux des grenats :

Ces minéraux cristallisent dans le système cubique et offrent pour formes dominantes le dodécaèdre rhomboïdal (fig. 162) et le trapézoèdre (fig. 163). Leur pesanteur spécifique varie de 3,65 à 4,22 ; tous ne raient pas le quarz ; de même que tous les corps qui cristallisent dans

Fig. 162. Fig. 163.

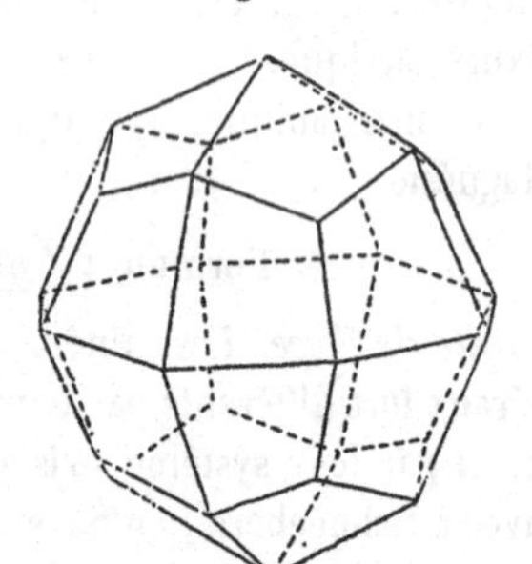

le système cubique, ils possèdent la réfraction simple; ils sont tous fusibles au chalumeau ; enfin ils sont, suivant leur composition, attaquables par les acides ou tout à fait insolubles dans ces agents. Tous les grenats sont composés suivant la formule $\underline{\dddot{M}}\,\dddot{Si} + \dot{M}^3\,\dddot{Si}$, c'est-à-dire qu'ils sont formés de deux silicates dans chacun desquels l'oxigène de l'acide silicique est égal à celui de la base; mais dans le premier silicate la base est un sesqui-oxide, comme celui d'aluminium, de chrome, de fer ou de manganèse ; et dans l'autre la base est un protoxide comme ceux de fer, de manganèse, de calcium ou de magnésium, lesquels, séparés ou réunis, forment toujours trois molécules d'oxide, de manière que l'oxigène de la base commune soit égal à l'oxigène de l'acide silicique. La composition des grenats étant ainsi bien comprise, nous allons en décrire séparément les variétés

### 1. *Grenat almandin* ou *Grenat ferreux.*

Dit aussi *grenat syrien*. Cristaux d'un rouge violet velouté ou d'un brun foncé ; rayant le quarz, pesant de 3,9 à 4,236 ; insolubles dans les acides. Ils sont essentiellement formés de $\underline{\dddot{Al}}\,\dddot{Si} + \dot{Fe}^3\,\dddot{Si}$, c'est-à-dire que le fer y est à l'état de protoxide ; mais quelques parties de sesqui-oxide de fer et de manganèse leur donnent leur couleur. En voici quelques analyses :

| | I. | Oxigène. | II. | Oxigène. | III. | Oxigène. |
|---|---|---|---|---|---|---|
| Acide silicique . . . | 39,66 | 20,60 | 40,60 | 21,49 | 39,62 | 20,40 |
| Alumine . . . . . . | 19,66 | 9,18 | 19,95 | 9,32 | 19,30 | 9,06 |
| Oxure ferreux . . . | 39,68 | 9,43 | 33,93 | 9,01 | 34,05 | 9,62 |
| — manganeux . | 1,80 | | 6,69 | | 0,80 | |
| Chaux . . . . . . . | » | | » | | 3,28 | |
| Magnésie . . . . . | » | | » | | 0,77 | |

I. Grenat rouge-brun de Fahlun, par Hisinger.

II. Grenat rouge-brun d'Engso, par le comte Trolle de Wachtmeister.

III. Grenat rouge-brun du Zillethal, par Kobell.

Ces trois analyses offrent un excès de silice que l'on peut attribuer à un mélange naturel ou à la pulvérisation de la matière dans un mortier d'agate.

### 2. *Grenat manganésien.*

*Spessartine.* Ce grenat ne diffère du précédent que par la substitution plus ou moins grande, mais jamais complète, du protoxide de manganèse au protoxide de fer, et par la substitution partielle du peroxide de fer à l'alumine. Il a donc pour formule $(\underline{\dddot{Al}}, \underline{\dddot{Fe}})\,\dddot{Si} + (\dot{Mn}, \dot{Fe})^3\,\dddot{Si}$. Il est d'un rouge violet ou d'un rouge brun et jamais noir ; fondu au chalumeau avec de la soude, il donne la couleur du *caméléon vert*, ce qui lui sert de caractère distinctif. Tels sont les grenats de Spessart, de Broddbo et du Connecticut, analysés par Klaproth, Obsson et Seybert :

| | De Spessart. | Oxigène. | De Broddbo. | Oxigène. | Du Connecticut. | Oxigène. |
|---|---|---|---|---|---|---|
| Silice. . . . . . . . | 35,00 | 18,18 | 39,00 | 20,26 | 35,83 | 18,61 |
| Alumine . . . . . . | 14,25 | 9,05 | 14,30 | 8,38 | 18,06 | 9,31 |
| Oxure ferrique. . . | 7,90 | | 5,60 | | 2,90 | |
| — ferreux . . . | 6,10 | 9,05 | 9,84 | 8,36 | 11,02 | 9,30 |
| — manganeux . | 33,00 | | 27,90 | | 30,96 | |

### 3. *Grenat magnésien* ou *Magnésio-calcaire.*

Dans cette variété, la magnésie et la chaux remplacent en partie le protoxide de fer; tels sont le grenat rouge-brun de Halland et le grenat noir d'Arendal, analysés par Trolle :

| | De Halland. | Oxigène. | D'Arendal. | Oxigène. | | |
|---|---|---|---|---|---|---|
| Silice. . . . . . . . . | 41,00 | 21,29 | 42,45 | 22,05 | | 2 |
| Alumine . . . . . . . . | 20,10 | 9,39 | 22,47 | 10,49 | | 1 |
| Oxure ferreux . . . . | 28,81 | 9,89 | 9,29 | 2,85 | 11,29 | 1 |
| — manganeux. . . | 2,88 | | 6,27 | 1,37 | | |
| Magnésie. . . . . . . | 6,04 | | 13,27 | 5,20 | | |
| Chaux . . . . . . . . . | 1,50 | | 6,52 | 1,87 | | |

Formule : $\underline{\dddot{Al}}\,\dddot{Si} + (\dot{Fe}, \dot{Mg}, \dot{Mn}, \dot{Ca})^3\,\dddot{Si}$.

### 4. *Grenat magnésien chromifère* ou *Pyrope.*

Grenat magnésien granuliforme, transparent et d'un rouge de feu, aussi remarquable par sa belle couleur que par son analyse, qui y montre constamment de l'acide chromique ou de l'oxide de chrome remplaçant une partie de la silice ou de l'alumine. En voici quatre analyses :

| | I. | II. | III. | IV. | Oxigène. | |
|---|---|---|---|---|---|---|
| Silice. . . . . . . . . . . | 40,00 | 43,70 | 42,08 | 43 | 22,36 | 2 |
| Alumine . . . . . . . . . | 28,50 | 22,40 | 20,00 | 22;26 | 11,94 | 1 |
| Acide ou oxide de chrome | 2,00 | 6,52 | 3,01 | 1,80 | | |
| Oxure ferrique . . . . . | 16,50 | » | 1,51 | » | | |
| — ferreux. . . . . . | » | 11,48 | 9,10 | 8,74 | 10,76 | 1 |
| — manganeux. . . . | 0,25 | 3,68 | 0,32 | » | | |
| Magnésie. . . . . . . . . | 10,00 | 5,60 | 10,20 | 18,55 | | |
| Chaux . . . . . . . . . . | 3,50 | 6,72 | 1,99 | 5,68 | | |

I. Pyrope granuliforme de Bohême, par Klaproth.
II. — de Meronitz, par Trolle-Wachtmeister.
III. — de Stiefelberge, par Kobell.
IV. — *dito.* *dito.*

$$\text{Formule : } (\underline{\ddot{Al}}, \underline{\ddot{Cr}})\,\dddot{Si} + (\dot{Mg}, \dot{Fe}, \dot{Ca}, \dot{Mn})^3\,\dddot{Si}.$$

### 5. *Grenat calcaire.*

Nommé, suivant ses variétés de forme ou de couleur, *grossulaire*, *essonite* ou *kaneelstein*, *topazolite*, *colophonite*, *succinite*, etc. Il peut être incolore et transparent, verdâtre, jaune-succin ou jaune-hyacinthe; il pèse de 3,55 à 3,64; il fond facilement au chalumeau en émail peu coloré; pulvérisé et traité par l'acide chlorhydrique, il lui cède de la chaux reconnaissable par l'oxalate d'ammoniaque, après que la liqueur a été préalablement neutralisée en grande partie. Analyses :

| | I. | II. | III. | IV. | V. | VI. |
|---|---|---|---|---|---|---|
| Silice | 41,10 | 39,60 | 40,55 | 35,00 | 38,30 | 40,30 |
| Alumine | 21,20 | 21,20 | 20,10 | 15,00 | 21,20 | 23,40 |
| Oxide ferrique | » | » | 5,00 | 7,50 | » | » |
| — ferreux | » | 2 | » | 1,00 | 6,50 | 11,60 |
| — manganeux | » | 3,15 | 0,48 | 4,75 | » | » |
| Chaux | 37,10 | 32,30 | 34,85 | 29,00 | 31,25 | 21 |
| Magnésie | 0,60 | » | » | 1,50 | » | 3,70 |

I. Grossulaire verdâtre de Csiklowa, par M. Beudant.
II. — blanc de Tellemarken, par M. Trolle.
III. — verdâtre de Wilui, par le même.
IV. Colophonite de..., par Simon.
V. Essonite de Ceylan, par Klaproth.
VI. Grossulaire rouge de Zillerthal, par M. Beudant.

$$\text{Formule : } \underline{\ddot{Al}}\,\dddot{Si} + (\dot{Ca}, \dot{Fe}, \dot{Mn}, \dot{Mg})^3\,\dddot{Si}.$$

### 6. *Grenat ferrico-calcaire.*

*Grenat aplome.* Dans cette variété de grenats, l'alumine est remplacée entièrement ou presque entièrement par le sesqui-oxide de fer, et le protoxide de fer du second silicate est remplacé par de la chaux; de sorte que sa formule générale est $\underline{\ddot{Fe}}\,\dddot{Si} + \dot{Ca}^3\,\dddot{Si}$. La couleur de ces grenats est très variable, puisqu'il y en a de rouges, de jaunes, de verts et de noirs. Ces derniers portent le nom de *mélanite*. Ces grenats sont en général rayés par le quarz; ils pèsent de 3,65 à 4. Ils se fondent en un verre noir au chalumeau; ils sont en grande partie solubles dans l'acide chlorhydrique, et le dissoluté présente les réactions réunies de la chaux et de l'oxide de fer.

| | I. | II. | III. | IV. |
|---|---|---|---|---|
| Silice . . . . . . . . | 37,55 | 35,64 | 36,75 | 39,93 |
| Oxure ferrique. . . . | 31,35 | 30 | 25,83 | 13,45 |
| Alumine. . . . . . . | » | » | 2,78 | 14,90 |
| Chaux. . . . . . . . | 26,74 | 29,21 | 21,79 | 31,66 |
| Magnésie . . . . . . . | » | » | 12,44 | » |
| Potasse . . . . . . . . | » | 2,35 | » | » |
| Oxure manganeux . . | 4,78 | 3,02 | » | 1,40 |

I. Grenat rouge de Lindbo, par Hisinger.
II. — jaune d'Altenau, par Trolle-Wachtmeister.
III. — vert de Sala, par Bredberg.
IV. Mélanite du Vésuve, par Trolle-Wachtmeister.

### 7. *Grenat chromo-calcaire.*

*Ouwarovite.* Ce grenat, d'une belle couleur verte, a quelque analogie avec le cuivre dioptase, dont les faces rhomboïdales peuvent être confondues avec les siennes ; mais la forme de dodécaèdre régulier que présente le grenat vert lève toute incertitude.

Ce grenat raie bien le quarz ; il ne perd ni sa couleur ni sa transparence au chalumeau ; il a été trouvé à Bissersk, dans l'Oural, où il est accompagné de fer chromé. M. Damour en a retiré :

| | | Oxigène. | | |
|---|---|---|---|---|
| Silice . . . . . . . . . . . . | 45,57 | 18,47 | | 2 |
| Oxure chromique . . . . . . | 23,45 | 7,01 | 9,93 | 1 |
| Alumine et oxure ferrique . . | 6,25 | 2,92 | | |
| Chaux. . . . . . . . . . . . . | 32,22 | 9,33 | | 1 |

Formule : $(\dddot{\underline{Cr}}, \dddot{\underline{Al}})\,\dddot{Si} + Ca^3\,\dddot{Si}$.

*Gisements et usages.* Les grenats forment rarement des couches à eux seuls (vallée d'Alla, en Piémont). Ils sont généralement disséminés dans les terrains de demi-cristallisation, depuis le gneiss jusqu'au schiste argileux ; mais plus particulièrement dans les micaschistes, qui en offrent presque partout. On en trouve aussi dans les diorites, dans les serpentines, les talcs et les euphotides ; dans quelques calcaires secondaires, comme au pic d'Érès-Lids dans les Pyrénées ; dans les basaltes et dans les tufs volcaniques modernes, comme au Vésuve. Enfin on en rencontre dans les terrains d'alluvion formés aux dépens des roches précédentes.

Les plus beaux grenats d'un rouge violacé sont usités dans la bijouterie sous le nom de *grenats syriens*, ainsi que les essonites de Ceylan qui sont généralement vendues comme *hyacinthes*. Quelques grenats très volumineux ou même massifs ont été taillés en coupes ou en vases. Les grenats d'alluvion sont si abondants et si petits dans certaines contrées, qu'on les emploie comme sable ou comme fondant pour l'extraction du fer. On s'en sert également, sous le nom d'*émeri rouge*, pour polir les métaux et d'autres corps, après les avoir pulvérisés et dilués à la manière de l'émeri.

Ils faisaient partie des *cinq fragments précieux* des anciennes Pharmacopées (1).

### Tourmaline.

Ce silicate, d'une composition très compliquée, se trouve toujours sous la forme de cristaux soit réguliers, soit déformés; tantôt isolés, tantôt réunis en masse bacillaire. Sa forme primitive est un rhomboèdre obtus de 133° 36′ (fig. 164); mais les cristaux affectent toujours la forme de prismes allongés à six, à neuf ou à un plus grand nombre de faces. Les prismes à six faces sont réguliers et tous leurs angles sont de 120 degrés; les prismes à neuf faces proviennent du prisme précédent, dont trois angles sont remplacés par trois faces d'un autre prisme hexaèdre formé sur les angles du rhomboèdre primitif; et comme ces trois nouvelles faces forment avec les premières des angles de 150 degrés, plus obtus et moins saillants que les premiers, le prisme à neuf faces, qui est très commun, présente toujours une apparence triangulaire qui est caractéristique (fig. 165, 166, 167). Les prismes qui portent un plus grand nombre de faces sont plutôt cylindroïdes.

Fig. 164.

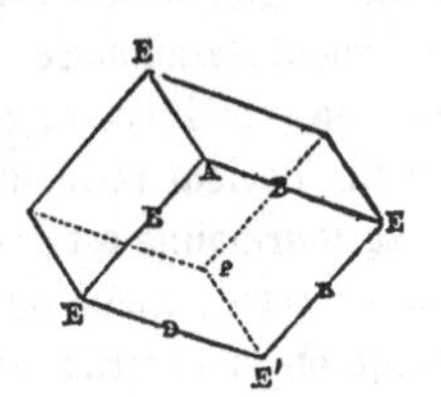


Enfin, les cristaux de tourmaline présentent un caractère de dissymétrie que nous avons déjà signalé dans la topaze et qui s'accorde avec la propriété possédée par ces minéraux d'acquérir la polarité électrique par la chaleur; c'est que les sommets des prismes sont toujours terminés d'une manière différente : l'un d'eux offrant très souvent les trois faces seules du rhomboèdre primitif, et l'autre ces mêmes faces plus ou moins modifiées par des facettes, ou même complétement supprimées

(1) Ces cinq fragments précieux étaient l'*hyacinthe*, l'*émeraude*, le *saphir*, le *grenat* et la *cornaline*.

par la base du prisme hexaèdre (fig. 167) ; et lorsque les faces du rhomboèdre sont modifiées aux deux sommets, toujours elles le sont d'une manière dissemblable, et de telle sorte que l'un des sommets offre un plus grand nombre de facettes que l'autre. Vient-on à soumettre

Fig. 165. Fig. 166 Fig. 167.

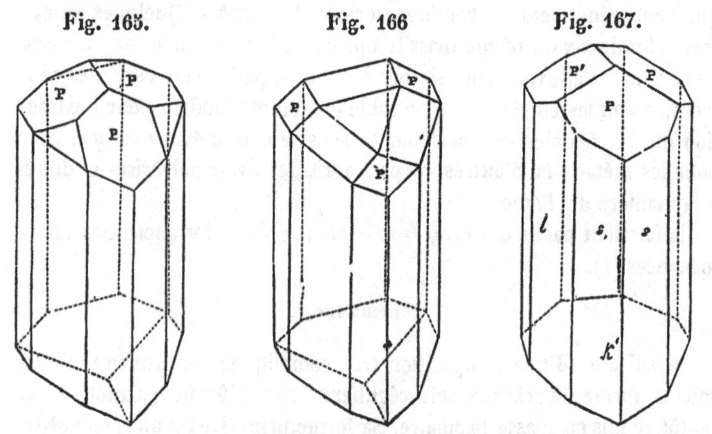

ces cristaux à une émanation calorifique constante, les sommets manifestent bientôt la polarité électrique : le sommet trièdre, ou le sommet composé du plus petit nombre de facettes, acquiert l'électricité vitrée, et le sommet le plus complexe l'électricité résineuse. L'opposition électrique augmente avec la température, et disparaît au moment où celle-ci devient stationnaire. Elle reparaît ensuite pendant le refroidissement, mais en sens inverse; c'est-à-dire qu'alors le sommet qui a le moins de facettes devient résineux et l'autre vitré.

La tourmaline est généralement noire et opaque ; mais souvent aussi elle est verte, bleue ou rouge, et elle est alors transparente, au moins lorsqu'on la regarde perpendiculairement à l'axe, car elle est toujours opaque vue dans le sens de l'axe ou de la longueur du prisme. Elle jouit d'une autre propriété qui la rend très utile pour étudier le phénomène de la double réfraction dans les minéraux ; elle polarise la lumière. Il en résulte que lorsqu'on reçoit un rayon de lumière à travers deux plaques de tourmaline taillées parallèlement à l'axe et croisées à angle droit, l'espace compris entre les deux plaques est entièrement obscur. Il reste obscur lorsqu'on interpose entre les deux plaques une lame diaphane d'une substance qui ne possède que la réfraction simple ; par exemple, le verre ou le grenat. Il devient éclairé lorsque la substance interposée possède la double réfraction, comme le quarz et le zircon.

La tourmaline raie très facilement le verre et souvent le quarz ; mais elle est toujours rayée par la topaze ; elle pèse de 3,069 à 3,076. Sa cassure est inégale et conchoïde. Les variétés noires ou brunes se boursouflent et même se fondent au chalumeau en une scorie noire ; les variétés vertes et rouges se boursouflent sans se fondre. Ces différences de propriétés et de couleur ont fait donner quelques noms particuliers à certaines tourmalines qui les présentent : une variété d'un beau bleu d'indigo, d'Uto en Suède, a reçu le nom d'*indicolite ;* une autre, de Sibérie, d'un rouge de rubis, a été nommée *rubellite ;* les tourmalines du Brésil, d'un *vert bouteille* plus ou moins foncé, ont reçu la désignation d'*émeraudes du Brésil*, bien que leur couleur soit bien distincte de celle de l'émeraude. Le Saint-Gothard fournit des tourmalines d'un bleu clair, et l'île d'Elbe en présente qui sont presque incolores.

La composition des tourmalines est très compliquée, mais toujours caractérisée par la présence de l'acide borique, qui vient y tenir la place d'une certaine quantité de silice. Après ces deux acides vient l'alumine, comme base prédominante, puis un certain nombre de bases monoxidées dont la nature et la proportion ne sont pas sans influence sur les caractères particuliers du minéral.

Généralement les variétés transparentes, bleue, verte ou rouge, contiennent peu de magnésie et d'oxide de fer, et présentent, comme bases principales monoxidées, la lithine et la potasse ou la soude. C'est le contraire pour la tourmaline noire et opaque.

Les chimistes sont loin de s'accorder sur la formule de la tourmaline. Quant à moi, je la crois formée de deux silicates de la même formule que ceux du grenat, mais dans des proportions qui peuvent varier, et toujours caractérisés par une substitution partielle de l'acide borique à l'acide silicique. Il y a quelques années (1) j'avais admis, comme étant la formule la plus générale, fondée sur la moyenne de six analyses, $4\overset{\cdots}{\underline{Al}}\,\overset{\cdots}{Si} + \overset{\cdot}{M}^3\overset{\cdots}{Si}$; mais il convient peut-être de particulariser davantage cette composition. Or, si l'on prend pour type du minéral qui nous occupe la *tourmaline verte et transparente du Brésil*, ou celle de *Chesterfield*, toutes deux analysées par Gmelin, ou la *tourmaline bleue d'Uto*, analysée par Arfvedson, on trouve que ces trois tourmalines ont également pour formule $5\overset{\cdots}{\underline{Al}}\,\overset{\cdots}{Si} + \overset{\cdot}{M}^3\overset{\cdots}{Si}$; et cette conséquence devient tout à fait évidente en prenant la moyenne des trois analyses :

| | | Oxigène. | | Rapports. | |
|---|---|---|---|---|---|
| Acide silicique. . . . | 39,42 | 20,86 | 23,05 | 6 | 18 |
| — borique. . . . | 3,19 | 2,19 | | | |
| Alumine. . . . . . . | 40,03 | | 18,70 | 5 | 15 |

(1) *Revue scientifique*, t. XIX, p. 430.

| | | Oxigène. | | Rapports. | |
|---|---|---|---|---|---|
| Oxure ferreux. . . . | 6,08 | 1,35 | | | |
| — manganeux. . | 2,17 | 0,48 | 3,75 | 1 | 3 |
| Lithine. . . . . . . . | 2,70 | 1,50 | | | |
| Soude. . . . . . . . | 1,65 | 0,43 | | | |

Formule : $5\underline{\overset{\cdots}{Al}}\,\overset{\cdots}{Si} + (\dot{Fe}, \dot{Li}, \dot{Mn})^3\,\overset{\cdots}{Si}$.

Parmi les tourmalines noires que j'avais anciennement réunies aux premières, en raison du rapport égal entre la silice et l'alumine, il en est deux, celle de *Bowey* et celle de *Rabenstein*, dont les analyses sont tellement concordantes qu'on peut également en prendre la moyenne, que voici :

| | | Oxigène. | | Rapports. | |
|---|---|---|---|---|---|
| Acide silicique. . . . | 35,34 | 18,70 | 21,49 | 4 | 12 |
| — borique. . . . | 4,06 | 2,79 | | | |
| Alumine. . . . . . . | 34,62 | | 16,17 | 3 | 9 |
| Oxure ferreux. . . . | 17,65 | 3,921 | | | |
| — manganeux. . | 1,16 | 0,254 | | | |
| Magnésie . . . . . . | 2,69 | 1,041 | 5,56 | 1 | 3 |
| Chaux. . . . . . . . | 0,27 | 0,077 | | | |
| Soude. . . . . . . . | 0,87 | 0,224 | | | |
| Potasse . . . . . . . | 0,24 | 0,041 | | | |

Formule : $3\underline{\overset{\cdots}{Al}}\,\overset{\cdots}{Si} + (\dot{Fe}, \dot{Mg}, \text{etc.})^3\,\overset{\cdots}{Si}$.

On voit pourquoi la moyenne de toutes ces analyses m'avait fourni :

$$4\underline{\overset{\cdots}{Al}}\,\overset{\cdots}{Si} + \dot{M}^3\,\overset{\cdots}{Si}.$$

Les autres analyses publiées conduisent à des résultats moins précis : cependant l'analyse de la *tourmaline rouge de Perm*, par Gmelin, donne assez exactement :

$$8\underline{\overset{\cdots}{Al}}\,\overset{\cdots}{Si} + \dot{M}^3\,\overset{\cdots}{Si}.$$

Les tourmalines verte du Groënland,
rouge de Rosena,
noire du Saint-Gothard,
noire de Karingbrika,

qui présentent, à l'analyse, un excès de silice sur l'alumine, ont sensiblement pour formule :

$$\overset{\cdots}{Al}{}^3\,\overset{\cdots}{Si}{}^4 + \dot{M}^3\,\overset{\cdots}{Si};$$

et la tourmaline noire d'Eibenstock, analysée par Klaproth, qui offre au contraire un excès d'alumine, a pour formule :

$$\underline{\dddot{Al}}^3\,\dddot{Si}^2 + \dot{M}^3\,\dddot{Si}.$$

Les tourmalines appartiennent aux terrains de granite, de pegmatite, de gneiss, de micaschistes, etc. On les trouve aussi dans le talc et dans la dolomie, comme au Saint-Gothard, où elle est d'une belle couleur verte et transparente. Les plus longues aiguilles viennent de la Castille et de Rosena en Moravie. Les variétés transparentes, et surtout les rouges, sont recherchées pour la joaillerie, où elles ont quelquefois un prix presque égal à celui du rubis.

### ALUMINE HYDRO-SILICATÉE.

Cet état naturel de l'alumine constitue un grand nombre de matières amorphes et d'apparence terreuse, dont la distinction est très difficile à faire, et qui paraissent souvent formées par le mélange intime d'anciens minéraux aluminifères décomposés et très atténués. Ces matières ont donc peu d'importance comme espèces; mais elles en ont une très grande par leur utilité dans un grand nombre d'arts, où elles sont usitées sous les noms de *kaolin*, d'*argile*, de *terre à foulon*, de *bols*, *d'ocres*, etc. Quelques unes de ces substances, qui ont une forme plus particulière ou qui sont d'une formation plus restreinte, ont reçu des noms spécifiques, tels que ceux de *collyrite*, d'*allophane*, d'*halloysite*, de *lenzinite*, etc.; mais comme elles ne diffèrent en rien des autres par leur nature, je préfère les comprendre toutes sous le nom général d'*argiles*.

Les argiles sont essentiellement formées de *silice*, d'*alumine* et d'*eau*. Elles sont généralement douces et onctueuses au toucher; souvent translucides; mais pouvant devenir opaques par la dessiccation à l'air. L'insufflation de l'haleine y développe une odeur fade particulière; elles *happent* à la langue; elles forment avec l'eau une pâte *liante* et tenace à laquelle on peut donner toutes sortes de formes. Cette pâte, desséchée à l'air, conserve ses propriétés primitives, et est toujours soluble dans les alcalis caustiques, ou attaquable par les acides minéraux; mais si on la chauffe graduellement au feu, elle perd son eau de combinaison, prend du *retrait*, acquiert une dureté considérable, et se trouve avoir perdu la propriété de faire pâte avec l'eau et d'être attaquée par les acides et les alcalis.

Les argiles pures, c'est-à-dire qui sont formées uniquement de silice, d'alumine et d'eau, restent blanches au feu, et y sont complétement infusibles. Celles qui contiennent des oxides de fer ou de manganèse y deviennent rouges ou brunes ; celles qui contiennent une certaine quantité de chaux et de magnésie se fondent à une forte chaleur. De là trois divisions principales dans les argiles :

Les *argiles pures*, *infusibles* ou *apyres*,

Les *argiles ferrugineuses*,

Les *argiles fusibles.*

Il en existe une quatrième division qui résulte du mélange, en quantités variables, du carbonate de chaux avec l'argile. On donne en général au mélange de ces deux corps le nom de *marne.* Celui qui contient une assez grande proportion d'argile pour en conserver les principaux caractères, porte le nom de *marne argileuse* ou d'*argile effervescente*, en raison de la propriété qu'elle possède de faire effervescence avec les acides.

### Argiles pures ou apyres.

Je les décrirai suivant l'ordre de leur composition, en commençant par les plus alumineuses et terminant par les plus siliceuses.

*Collyrite* (de κόλλα, *colle* ou *gélatine*). Substance translucide, homogène et d'apparence gommeuse ; à cassure conchoïde et pourvue d'un éclat vitro-résineux. Facile à couper ou à rayer par l'ongle ; s'effleurissant à l'air ; devenant blanche et pulvérulente au feu ; soluble en gelée dans les acides. Elle a été trouvée en petits filons dans les diorites porphyritiques de Schemnitz en Hongrie, et à la montagne d'Esquera, aux Pyrénées. Les analyses faites par Klaproth et par M. Berthier s'accordent parfaitement et donnent à ce minéral une composition bien déterminée.

| | Esquera. | Schemnitz. | Rapports moléculaires. | |
|---|---|---|---|---|
| Silice . . . . | 15 | 14 | 24,7 | 1,06 |
| Alumine. . . | 44,5 | 45 | 70 | 3 |
| Eau. . . . . | 40,5 | 42 | 373 | 16 |

Formule : $\ddot{A}l^3 \dddot{S}i + 16\dot{H}$.

*Allophane.* Substance opaline, demi-transparente, à cassure conchoïdale, pesant 1,9, rayée par le fluorure de calcium. On l'a trouvée à Graefenthal (Saxe), dans des matières argileuses remplies de fer hydroxidé et de cuivre carbonaté bleu, qui communiquent souvent à l'allophane leur couleur. On en cite également dans les houillères de Firmi (Aveyron), mais qui est d'une composition un peu différente.

| | Allophane de Graefenthal ; | de Firmi. |
|---|---|---|
| Silice . . . . . | 21,92 | 23,76 |
| Alumine. . . . | 32,20 | 39,68 |
| Eau. . . . . . | 41,20 | 35,74 |

La seconde analyse fournit $\dddot{Al}^3 \dddot{Si}^2 + 15\dot{\underline{H}}$ et la première $\dddot{\underline{Al}}^4 \dddot{Si}^3 + 30\dot{\underline{H}}$. On cite une collyrite analysée par Anthon qui lui a paru composée de $\dddot{\underline{Al}}^4 \dddot{Si}^3 + 27\dot{\underline{H}}$. Il est évident que cette matière doit être assimilée à l'allophane.

*Hydrobucholzite*, *pholérite*, *lenzinite*, *halloysite;* ces quatre noms et plusieurs autres encore ont été appliqués à des hydrosilicates d'alumine de composition plus ou moins différente, et fort difficiles à distinguer par leurs caractères physiques.

*Hydrobucholzite.* M. Thomson a désigné sous ce nom un minéral d'un bleu verdâtre très clair, formé de petites écailles brillantes et translucides. Il pèse 2,855, et est rayé par la chaux carbonatée. Il se convertit en une poussière blanche au chalumeau. Il est formé de $5\dddot{\underline{Al}}\,\dddot{Si} + \dot{\underline{H}}$, avec mélange de sulfate de chaux.

*Pholérite.* Minéral en petites écailles cristallines et nacrées ou en lames minces, qui remplissent des fissures dans des rognons de minerai de fer, dans le terrain houiller. Trois analyses très concordantes donnent, pour sa composition, $\dddot{\underline{Al}}\,\dddot{Si} + 2\dot{\underline{H}}$, c'est-à-dire que c'est encore de la bucholzite hydratée, mais contenant dix fois plus d'eau que le minéral précédent.

*Lenzinite opaline.* Substance blanche, compacte, translucide, à cassure conchoïde, trouvée à Kall, dans l'Eiffel. Sa composition répond très sensiblement à la formule $\dddot{\underline{Al}}\,\dddot{Si} + \dot{\underline{H}}$.

*Halloysite.* Substance blanche ou accidentellement colorée en gris clair ou en vert pâle, compacte, translucide, devenant presque transparente lorsqu'on la plonge dans l'eau; devenant au contraire opaque, en perdant à l'air une partie de l'eau qu'elle contient. On la trouve en rognons dans les amas de minerais de fer, de zinc et de plomb qui remplissent les calcaires des provinces de Liége et de Namur. Une substance semblable a été trouvée en abondance dans un schiste très carburé, à Guatéqué, dans la Nouvelle-Grenade. Enfin il faut y joindre une matière opaque trouvée en morceaux isolés, à Kall, dans l'Eiffel, et analysée par John, sous le nom de *lenzinite argileuse.* Voici la composition de ces trois substances:

| | Halloysite d'Avreur (Liége). | Halloysite de Guatéqué. | Lenzinite argileuse de Kall. |
|---|---|---|---|
| Silice . . . | 39,5 | 40 | 39 |
| Alumine. . | 34,0 | 35 | 35,5 |
| Eau . . . . | 26,5 | 25 | 25 |
| Chaux. . . | » | » | 0,5 |

La première analyse conduit à la formule $\dddot{\underline{Al}}^4 \dddot{Si}^5 + 18\dot{\underline{H}}$; mais les deux autres donnent $\underline{\dddot{Al}}^{4}\,\dddot{Si}^{5} + 16\,\underline{\dot{H}}$. Ce qu'il y a de singulier, c'est que les deux halloysites, desséchées à 100 degrés, paraissent perdre exactement la moitié de leur eau et devenir, la première $\underline{\dddot{Al}}^{4}\,\dddot{Si}^{5} + 9\,\underline{\dot{H}}$, et la seconde $\underline{\dddot{Al}}^{4}\,\dddot{Si}^{5} + 8\,\underline{\dot{H}}$. Il est probable que la dernière se conduirait de même.

*Kaolin* ou *terre à porcelaine*. Cette argile, la plus importante de toutes, est remarquable par son origine, car elle provient évidemment, partout où on l'a trouvée, de la décomposition des feldspaths qui font partie des roches primitives, et principalement des pegmatites, des granites et des porphyres. On suit souvent, dans un même gîte par exemple à Saint-Yrieix, près de Limoges, toutes les phases de décomposition de la roche, depuis l'état du double silicate d'alumine et de potasse ou de soude, qui constitue le feldspath, jusqu'à celui d'un simple silicate d'alumine hydraté, qui forme le kaolin. Celui-ci, lorsque l'élimination des parties qui lui sont étrangères est complète, ou lorsqu'il en a été séparé par la dilution dans l'eau et la décantation, forme une argile blanche, opaque, terreuse, friable, souvent rude au toucher, mais quelquefois douce cependant. Elle happe fortement à la langue; elle fait difficilement pâte avec l'eau ; elle ne fait aucune effervescence avec les acides. Enfin elle est tout à fait infusible au feu et y reste blanche. Souvent même elle y devient blanche lorsqu'elle était accidentellement colorée.

Le kaolin est bien loin d'avoir une composition toujours identique, ce qui tient sans doute aux diverses circonstances qui ont influé sur la décomposition des roches qui l'ont produit. Il ne contient jamais moins de silice que d'alumine; mais à partir du silicate simple $\underline{\dddot{Al}}\,\underline{\dddot{Si}}$, on en trouve de tous les degrés de composition jusqu'à $\underline{\dddot{Al}}\,\dddot{Si}^{3}$.

| | 1. | 2. | 3. | 4. | 5. | 6. |
|---|---|---|---|---|---|---|
| Silice. . . . . . | 43,36 | 43,05 | 43,17 | 48,49 | 43,6 | 61,4 |
| Alumine . . . . . | 42,78 | 40 | 36,81 | 37,88 | 32,4 | 23,2 |
| Potasse, soude. . | 0,92 | » | » | » | » | » |
| Chaux . . . . . . | 0,52 | » | 1,68 | » | » | » |
| Magnésie. . . . . | » | 2,89 | » | » | » | 0,5 |
| Eau . . . . . . . | 11,87 | 14,06 | 11,99 | 13,58 | 23 | 13,8 |

1. Moyenne de cinq analyses de kaolin de localités non indiquées, par M. Wolf (*Annuaire de chimie de Millon et Reiset*, 1846). Formule $2\,\dddot{Al}$

$\dddot{Si} + 3\dot{\underline{H}}$, avec mélange d'une petite quantité de $\dot{P}s\,\dddot{S}$. La chaux paraît être à l'état de carbonate.

2. Composition, d'après M. Berthier, du kaolin de Limoges *pur*, c'est-à-dire non seulement débarrassé par dilution et décantation du quarz et des *grains* de feldspath ; mais privé de plus, par sa dissolution dans l'acide sulfurique concentré et dans la potasse caustique, du feldspath très divisé, qui accompagne toujours le kaolin le mieux lavé. Cette composition répond presque exactement à 7 molécules de silice, 6 d'alumine, 1 de magnésie et 12 molécules d'eau, que l'on peut traduire ainsi : $6(\underline{\dddot{Al}}\,\dddot{Si} + 2\dot{\underline{H}}) + \dot{Mg}\,\dddot{S}$ ou $\underline{\dddot{Al}}\,\dddot{Si} + 2\dot{\underline{H}}$ ∼ $1/6\,\dot{Mg}\,\dddot{S}$.

3. Composition moyenne des kaolins simplement dilués et décantés de Limoges, de Plymton (Devonshire), de Rama (Passau), de Sosa (Saxe), et de Sargadelos (Galice). Cette composition répond à la formule $\underline{\dddot{Al}}^3\,\dddot{Si}^4 + 6\dot{\underline{H}}$, avec mélange d'une petite quantité de $\dot{Ca}^3\,\dddot{Si}$.

4. *Kaolin de Schnéeberg*, analysé par M. Wolf. Formule : $\underline{\dddot{Al}}^2\,\dddot{Si}^3 + 4\dot{\underline{H}}$.

5. *Kaolin de Louhossoa*, près de Bayonne, analysé par M. Berthier ; formule exacte : $\underline{\dddot{Al}}^2\,\dddot{Si}^3 + 8\dot{\underline{H}}$. Ce kaolin présente des caractères particuliers. Il est en masses compactes, opaques et d'un beau blanc ; il ne tache pas les doigts, il est dépourvu de plasticité avec l'eau, ce qui le rend peu propre à la fabrication de la porcelaine ; mais il est très facilement attaqué par l'acide sulfurique, et pourra devenir très utile pour la préparation de l'alun.

6. *Kaolin d'Elbogen*, en Bohême, analysé par M. Berthier, après avoir été séparé des grains de quarz qu'il renferme en abondance ; formule : $\underline{\dddot{Al}}\,\dddot{Si}^3 + 3\dot{\underline{H}}$.

*Argiles plastiques.* On a donné ce nom à des argiles qui offrent beaucoup de propriétés communes avec les kaolins, mais qui en diffèrent par deux points essentiels : par leur gisement d'abord, qui est généralement situé à la partie la plus inférieure des terrains tertiaires et au-dessus de la craie, ce qui empêche de croire qu'elles proviennent, au moins immédiatement, des roches feldspathiques ; ensuite par leurs produits travaillés, qui ne peuvent former que des poteries, dites *de grès*, ou des faïences plus ou moins belles, mais toujours opaques, tandis que les kaolins se convertissent, à la cuisson, en porcelaine. Ces argiles forment avec l'eau une pâte très plastique et tenace, et sont éminemment propres à l'art du potier. Elles sont généralement compactes, douces et onctueuses au toucher ; quelques unes sont translucides ou le deviennent quand on les plonge dans l'eau. Elles sont le plus souvent blanches ou grises, et quelquefois noirâtres ; mais comme cette couleur est due à une matière organique destructible au feu, cela ne les empêche pas de produire des poteries blanches. La plupart cependant, exposées à un feu violent et longtemps continué, acquièrent une couleur rougeâtre plus ou moins marquée. Elles sont infusibles au feu. Les argiles plastiques les plus célèbres sont celles du Devonshire, en Angleterre; d'Andenne, près de Namur; de Gross-Almerode, près de Cassel. En France, les plus usitées sont celles de Maubeuge, de Savigny, près de Beauvais; de Forges-les-Eaux et de Gournay (Seine-inférieure); d'Abondant, près de Dreux; de Montereau, d'Arcueil, près de Paris; de Gaujac, département des Landes, etc. Voici la composition des principales d'entre elles.

| | 1. | 2. | 3. | 4. | 5. | 6. | 7. | 8. |
|---|---|---|---|---|---|---|---|---|
| $SiO^3$. . . . . . . . | 46,50 | 46,8 | 49,6 | 50,6 | 47,50 | 62,50 | 65 | 64,10 |
| $Al^2O^3$ . . . . . . . | 38,10 | 37,2 | 37,4 | 35,2 | 34,37 | 23,15 | 24 | 24,60 |
| FeO. . . . . . . . | » | » | » | 0,4 | 1,24 | » | » | » |
| CaO . . . . . . . . | » | » | » | » | 0,50 | 2,30 | » | » |
| MgO. . . . . . . . | » | 0.8 | » | » | 1 | » | » | » |
| $H^2O$. . . . . . . . | 14,50 | 14,2 | 11,20 | 13,1 | 14,50 | 12,65 | 11 | 10 |

1. *Argile plastique de Gaujac*: 2. *argile blanche de Siegen*. Ces deux argiles ont la même formule que les kaolins de Limoges, de Plymton, etc. $\underline{\dddot{Al}}^3 \dddot{Si}^4 + 6\underline{\dot{H}}$.

3. *Argile du Devonshire*, par M. Berthier. $\underline{\dddot{Al}}^2 \dddot{Si}^3 + 3,5\underline{\dot{H}}$.

4. *Argile d'Abondant*, par M. Berthier. $\underline{\dddot{Al}}^2 \dddot{Si}^3 + 4\underline{\dot{H}}$.

5. *Argile plastique de Hesse*, par M. Salvetat. Formule : $\underline{\dddot{Al}}^2 \dddot{Si}^3 + 5\underline{\dot{H}}$ avec mélange de $(\dot{F}e, \dot{M})^3 \dddot{Si}$. Cette terre sert à la fabrication des creusets de Hesse.

6. *Argile de Nevers* $= \underline{\dddot{Al}}\ \dddot{Si} + 3\underline{\dot{H}}$ avec mélange de $\dot{C}a^3 \dddot{Si}$. Cette argile serait mieux rangée parmi les *figulines*. Elle ne peut servir qu'à faire des faïences communes, en raison de la chaux qu'elle contient.

7. *Argile plastique de Forges-les-Eaux* $= 2\underline{\dddot{Al}}\ \dddot{Si}^3 + 5\underline{\dot{H}}$.

8. *Argile plastique de Montereau*, par M. Salvetat. $\underline{\dddot{Al}}\ \dddot{Si}^3 + 2,3\dot{H}$.

### Argiles fusibles.

*Argiles figulines*. Ces argiles ont beaucoup de rapport avec les précédentes, et se trouvent dans la même partie inférieure des terrains tertiaires ; mais elles sont moins compactes, plus faciles à délayer dans l'eau et forment une pâte *plus courte* ou moins tenace. Elles sont généralement colorées, et, loin de blanchir par la cuisson, elles deviennent souvent d'un rouge très marqué. Elles contiennent toujours de l'oxide de fer et de la chaux dont une partie peut se trouver à l'état de carbonate, mais dont la quantité ne dépasse pas quelques centièmes. C'est ce mélange qui les rend fusibles à une haute température, et qui empêche qu'on les emploie autrement que pour les poteries communes et pour la fabrication des fourneaux. Les sculpteurs s'en servent pour modeler, et on les emploie aussi sous le nom de *terre glaise* pour glaiser les bassins où l'on veut retenir de l'eau. Cette argile est très abondante au sud de Paris, dans les environs de Vaugirard, de Vanvres et d'Arcueil.

*Argiles smectiques* ou *terres à foulon*. Ces argiles sont grasses au toucher et se laissent polir avec l'ongle ; elles se délitent promptement dans l'eau et y forment une sorte de bouillie sans ductilité. Il y en a de jaunâtres, de vertes, de brunes et de rouge de chair. Elles contiennent des quantités variables d'oxide de fer, de chaux et de magnésie, et leur composition ne peut être considérée comme régulière. On les emploie, ainsi que l'indique leur nom, pour dégraisser les étoffes de laine, ce qui se fait en *foulant* celles-ci, dans des mortiers de bois, avec de l'eau et de l'argile.

Les argiles smectiques les plus connues sont celles d'Angleterre, où elles sont très abondantes, principalement dans les comtés de Hampshire et de Surrey, et celles de Saxe (à Rosswein, à Schomberg, à Johann-Georgenstadt). On en trouve en France à Issoudun (Indre), à Villeneuve (Isère), à Flavin près de Rhodès (Aveyron), etc.

### Argiles effervescentes ou Marnes argileuses.

Ce sont des mélanges naturels d'argile et de carbonate de chaux, faisant une vive effervescence avec les acides, et contenant cependant assez d'argile pour en conserver les principaux caractères et pour être propres encore à la fabrication des poteries communes, et que l'on cuit à une chaleur de 60 degrés du pyromètre de Wedgwood environ. Ces argiles sont tellement fusibles à une température plus élevée (120 à 130 degrés), qu'elles coulent en un liquide brun capable de percer les creusets les plus réfractaires. Elles forment des couches puissantes dans un grand nombre de pays, et dans divers terrains infrà ou suprà crétacés. Celles que l'on exploite aux environs de Paris, comme l'argile jaunâtre de Viroflay et l'argile verte de Montmartre, appartiennent à la formation du gypse et constituent des couches très étendues qui séparent ce terrain d'eau douce du terrain marin supérieur.

### Argiles ferrugineuses.

Ces argiles ont une couleur rouge due à de l'oxide de fer, dont la quantité varie depuis la plus faible jusqu'à celle capable de constituer un minerai de fer exploitable. D'autres fois elles ont une couleur jaune due à de l'hydrate de fer. Elles sont usitées plutôt pour la peinture ou pour l'usage médical que pour la fabrication des poteries.

*Sanguine* ou *crayon rouge*. Argile à structure schisteuse, à texture compacte, à cassure facile et terreuse. Elle est douce au toucher, très tendre, tache fortement les doigts et laisse sur le papier des traces d'un rouge vif et durable. On la trouve en petites couches ou en amas, au milieu des schistes argileux, comme à Thalliter, dans la Hesse, à Blankenbourg et à Kœnitz, en Thuringe. On en fabrique des crayons rouges.

*Bol d'Arménie* ou *argile ocreuse rouge*. Cette argile tire son nom de ce qu'on l'apportait autrefois d'Arménie ou tout au moins de l'Orient. Mais depuis longtemps déjà celle que nous employons est tirée de divers lieux de la France, comme de Blois et de Saumur. Elle est douce au toucher, d'un rouge moins vif et moins foncé que la sanguine. Elle est également plus compacte, plus dure, plus difficile à casser et à délayer dans l'eau. Elle contient ordinairement du gravier, qui se précipite lorsqu'elle est délayée, et qu'il faut en séparer par décantation. Quelquefois on lave le bol à la carrière même et on le met en petits pains ronds qu'on empreint d'un cachet. Cette opération était autrefois pratiquée dans l'Orient et principalement à l'île de Lemnos, d'où l'argile ainsi préparée avait pris les noms de *terre sigillée* ou de *terre de Lemnos;* mais ces noms appartenaient aussi à une argile beaucoup plus pâle qui seule les a conservés.

*Terre sigillée* ou *argile ocreuse pâle*. Cette substance, dont j'ignore le lieu d'origine, est toujours sous la forme de petits pains orbiculaires ou cylindriques plus ou moins aplatis et marqués d'un cachet. Elle est d'un blanc rosé et contient par conséquent beaucoup moins d'oxide de fer que le bol d'Arménie. Elle fait partie de l'électuaire de safran composé ou confection d'hyacinthes, de même que le bol d'Arménie entre dans la composition de l'électuaire diascordium qui lui doit sa couleur rouge.

*Ocre jaune*. Cette substance se trouve en France, sur les bords du Cher, dans la commune de Saint-Georges; à Bitry dans le département de la Nièvre et à Taunay en Brie. Elle est située à une certaine profondeur au-dessous d'un banc de sable, d'un banc d'argile glaise et d'un banc de grès, et elle est portée sur un banc de sable. Elle forme une couche assez homogène, mais sans consistance et presque pulvérulente, d'un jaune un peu orangé et assez foncé. Elle présente un toucher siliceux plutôt qu'argileux, et elle contient en effet une très grande quantité de silice, peu d'alumine, de la chaux et de l'oxide ferrique hydraté. Elle est employée dans la peinture et surtout dans celle en bâtiments. On en calcine également une partie pour en former de l'*ocre rouge* qui est employée pour les mêmes usages.

*Terre d'ombre.* Cette substance est une argile massive, d'apparence terreuse, d'un grain très fin et très égal, mais sans consistance, absorbant l'eau très avidement et s'y délayant avec une grande facilité. Elle est d'une couleur foncée qui est à la fois verdâtre, jaunâtre et brunâtre, et qui devient d'un brun rougeâtre au feu. Elle nous arrive par Marseille, qui la tire soit de la province d'Ombrie, en Italie, soit de l'île de Chypre ou du Levant. Elle est très usitée dans la peinture en détrempe et pour la fabrication des papiers peints.

*Terre de Sienne.* Cette substance est tirée des environs de Sienne en Italie; elle est sous forme de petites masses d'un jaune brunâtre à l'extérieur, et présentant à l'intérieur la couleur et la cassure luisante de l'aloès hépatique. Elle est tres estimée dans la peinture, soit dans son état naturel, soit *brûlée* ou calcinée, opération qui lui communique une couleur brune rougeâtre très foncée.

*Terres comestibles.* Je ne terminerai pas cette longue série des composés argileux sans parler de l'usage presque universellement répandu chez les peuples sauvages de l'Afrique, de l'Amérique et de l'Asie, de manger, comme un supplément necessaire à une nourriture trop insuffisante, des quantités considérables d'argile. Cet usage s'est même conservé ou propagé chez des peuples plus civilisés, comme dans l'Inde, et jusqu'en Portugal, où des femmes, dit-on, mangent encore avec plaisir de la terre rouge de Boucaros, dont sont fabriqués les *alcarazzas*, ou vases à rafraîchir l'eau. Je ne pense pas qu'un usage aussi répandu ait pour seul effet de *tromper* l'estomac, et d'apaiser momentanément la faim, sans aucun résultat utile pour la nutrition. Il est probable, au contraire, que l'instinct de conservation a fait reconnaître à ces peuples misérables des espèces d'argiles qui contiennent encore une certaine quantité de matière organique provenant de végétaux ou d'animaux détruits, et que c'est cette matière qui contribue à les soutenir, principalement dans les mois de l'année où une nourriture plus efficace vient à leur manquer.

## FAMILLE DU ZINC (1).

Le zinc se trouve sous sept états principaux : *sélénié*, *sulfuré*, *oxidé*, *sulfaté*, *carbonaté*, *silicaté*, *aluminaté*.

### Zinc sélénié.

Trouvé au Mexique, combiné au mercure sélénié ; inconnu en Europe.

### Zinc sulfuré ou Blende.

Ce sulfure est assez répandu dans les terrains primitifs, jusqu'aux terrains de sédiment moyens ; mais c'est surtout dans les terrains de transition qu'on le trouve ; il y est presque toujours accompagné de sulfure de plomb.

Le zinc sulfuré est lamelleux, fragile et facile à diviser en lames éclatantes au moyen du couteau. Il est rayé par le spath fluor. Il est jaune et transparent lorsqu'il est pur, mais il contient presque toujours une quantité variable de protosulfure de fer qui fait varier sa couleur du jaune enfumé au brun ou au noir, et qui lui ôte plus ou moins sa transparence jusqu'à le rendre complétement opaque (2). Cependant il donne toujours une poudre grisâtre. Il pèse 4,04 ; il est très phosphorescent par le frottement, infusible au feu, difficilement attaquable par les acides. Néanmoins, lorsqu'il est réduit en poudre fine, il se dissout à chaud dans les acides sulfurique et nitrique un peu étendus ; avec le

(1) Jusqu'à présent je n'avais pas séparé le zinc de l'étain, auquel on le trouve réuni dans les classifications d'Ampère et de M. Thénard. Mais la nécessité de ne plus séparer l'étain du tantale et des autres titanides, jointe au caractère positif beaucoup plus marqué du zinc, et à ses nombreux rapports avec le magnésium, m'ont engagé à faire descendre le zinc jusqu'au magnésium. Alors il m'a fallu le faire suivre du cadmium, bien que celui-ci conserve des rapports plus marqués avec l'étain et les argyrides.

(2) Analyse de différents sulfures de zinc :

| | I. | II. | III. | IV. | V. |
|---|---|---|---|---|---|
| Soufre. . . . | 33,66 | 33 | 33,15 | 32,75 | 28,60 |
| Zinc. . . . . | 66,34 | 61,5 | 61,65 | 62,62 | 43 |
| Fer. . . . . | » | 4 | 3,20 | 2,20 | 15,70 |
| Plomb. . . . | » | » | 1,50 | » | » |
| Cadmium . . | » | » | » | 1,78 | » |

I. Zinc sulfuré pur cristallisé, analysé par Arfvedson. Sa composition répond à la formule ZnS, avec un petit excès de soufre.

II. Zinc sulfuré lamellaire d'Angleterre, par M. Berthier.

III. Zinc sulfuré concrétionné du Brisgau, par Laugier.

IV. — cadmifère, analysé par Lowe.

V. Zinc sulfuré fortement ferrifère de Marmato, par M. Boussingault.

premier il se dégage de l'acide sulfhydrique et avec le second des va-

Fig. 168.

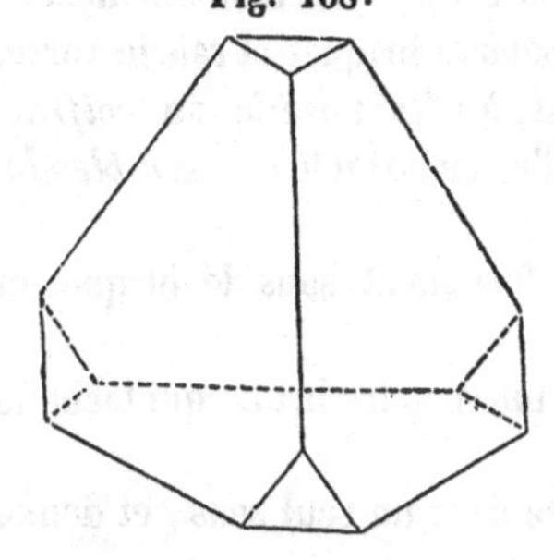

Fig. 169.

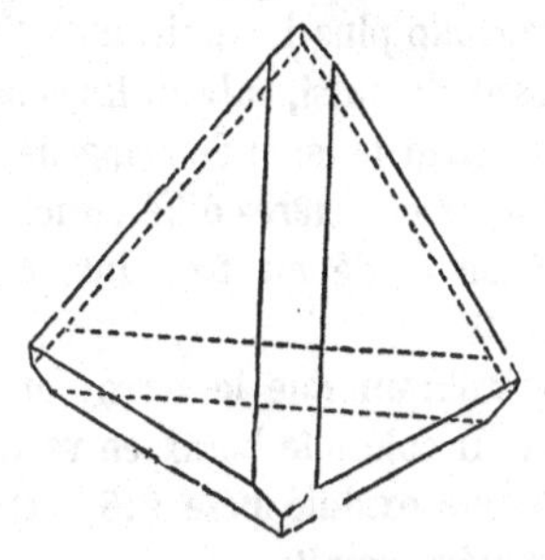

peurs nitreuses. Dans les deux cas, la liqueur tient en dissolution du sulfate de zinc.

Le sulfure de zinc se trouve cristallisé, fibreux, mamelonné, ou

Fig. 170.

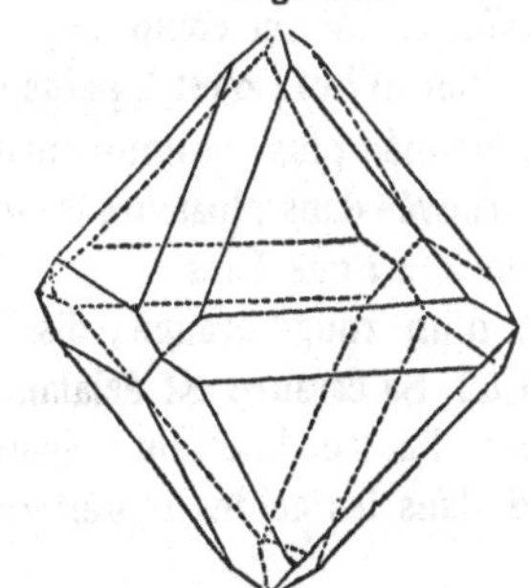

Fig. 171.

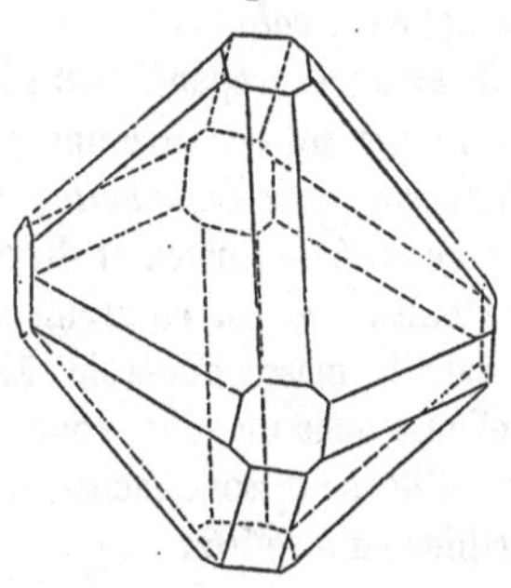

testacé. Il cristallise dans le système cubique, et ses formes les plus habituelles sont le tétraèdre plus ou moins modifié (fig. 168 et 169), l'octaèdre passant au dodécaèdre (fig. 170), ou tout à la fois au dodé-

Fig. 172.

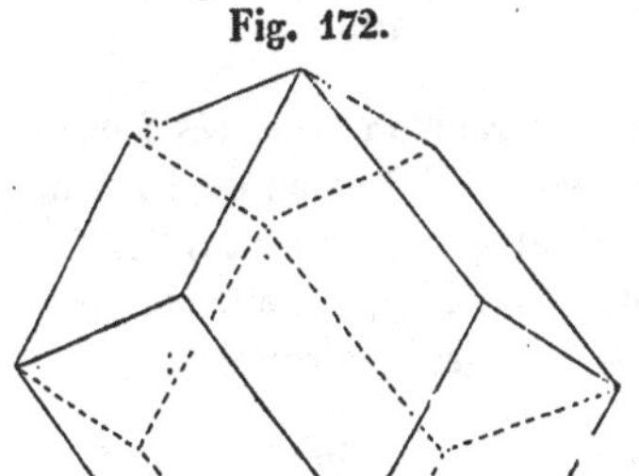

Fig. 173.

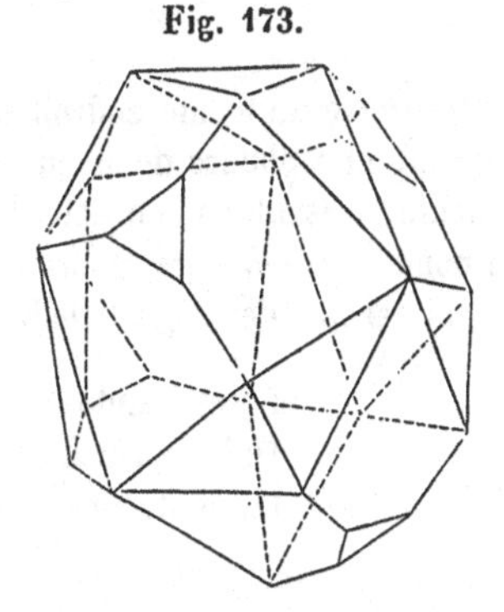

caèdre et au cube (fig. 171), le dodécaèdre rhomboïdal soit simple (fig. 172), soit diversément modifié (fig. 173). Tous ces cristaux sont souvent hémitropes et maclés. Sous la forme dodécaèdre, le zinc sulfuré ressemble beaucoup au grenat; mais celui-ci est moins lamelleux et beaucoup plus dur puisqu'il étincelle sous le briquet et raie le verre. Il ressemble aussi, suivant les échantillons, à l'*étain oxidé*, au *wolfram* ou tungstate de fer et de manganèse, et à l'urane oxidulé ou *pech blende.* Voici leurs caractères différentiels.

L'étain oxidé est très dur, étincelle fortement sous le briquet et pèse 6,9.

Le wolfram raie le verre, et donne une poudre brune qui tache le papier. Il colore le borax en vert.

L'urane oxidulé pese 6,5, est feuilleté dans un seul sens, et donne une poudre noirâtre.

### Zinc oxidé.

A une époque où les minéralogistes confondaient les différentes substances appelées *calamine* sous le nom de *zinc oxidé*, ce composé passait pour être très répandu dans la terre. Aujourd'hui, c'est à peine si l'on ose ranger sous ce titre une substance nommée plus communément *oxide rouge de zinc* ou *brucite*, qui a été trouvée dans plusieurs mines de fer du comté de Sussex et du New-Jersey aux États-Unis.

Cette substance est en grains amorphes d'un rouge orangé, disséminés dans la masse minérale. Elle pèse 5,43. Sa cassure est éclatante et lamelleuse dans un sens, conchoïde suivant l'autre. Elle raie le spath calcaire. Elle se dissout facilement à froid dans les acides minéraux. M. Berthier en a retiré :

| | |
|---|---|
| Oxide de zinc. . . . . . . . . | 88 |
| — manganique ($Mn^2O^3$) . . | 12 |
| | 100 |

On trouve au même endroit un autre minéral d'un brun très foncé, donnant une poudre de même couleur, sensible à l'action du barreau aimanté, cristallisant en octaèdre, et pesant spécifiquement 4,87. On l'a nommé *franklinite.* A froid, l'acide chlorhydrique l'attaque peu, ce qui permet d'en séparer le brucite. M. Berthier en a retiré :

| | |
|---|---|
| Sesqui-oxide de fer. . . . . . . . | 66 |
| Oxide manganoso-manganique . . | 16 |
| Oxide de zinc . . . . . . . . . . . | 18 |
| | 100 |

Mais comme le franklinite est magnétique, il est plus probable que le fer y est, en partie du moins, à l'état d'oxide intermédiaire, et le manganèse à celui de tri-oxide. M. Berthier admet qu'il est composé de :

| | | |
|---|---|---|
| 2 molécules de ferrite de fer | = | $2\,\dot{Fe}\,\dddot{\underline{Fe}}$, |
| 1 — — de zinc | = | $\dot{Zn}\,\dddot{\underline{Fe}}$, |
| 1 — de manganite de zinc | = | $\dot{Zn}\,\dddot{\underline{Mn}}$ ; |

ce qui donne :

| | | | |
|---|---|---|---|
| 3 | molécules | de sesqui-oxide de fer. . . . | 50,2 |
| 1 | — | de protoxide de fer . . . . . | 15,1 |
| 1 | — | de sesqui-oxide de manganèse. | 17,4 |
| 2 | — | d'oxide de zinc . . . . . . . | 17,3 |
| | | | 100,0 |

Cette manière d'envisager la composition de la franklinite permet d'expliquer sa cristallisation semblable à celle du fer oxidulé $\dot{Fe}\,\dddot{\underline{Fe}}$ ; puisque, alors, les deux minéraux se trouvent également représentés par la même formule générale $\dot{M}\,\dddot{\underline{M}}$.

### Zinc sulfaté.

Sel blanc, très styptique, soluble dans l'eau, précipitant en blanc par les sulfhydrates et par le cyanure ferroso-potassique. Il forme également avec les alcalis un précipité blanc soluble dans un grand excès d'alcali.

Ce sel se trouve en très petite quantité, à l'état de dissolution dans les eaux qui circulent dans les mines de zinc sulfuré, ou fixé aux parois des galeries. On dit qu'on l'a trouvé en aiguilles à Idria, ou en stalactites fibreuses dans les mines de Schemnitz en Hongrie. Mais tout celui du commerce est artificiel et est un produit très secondaire de la mine de plomb du Rammelsberg, exploitée à Goslar en Hongrie. Cette mine se compose de sulfures de plomb, de cuivre, d'argent, de zinc et de fer. On met à part les morceaux riches en sulfure de zinc ; on les grille et on les projette dans l'eau, qui dissout les sulfates de zinc et de fer formés. On évapore à siccité et l'on chauffe dans des cornues pour en retirer de l'acide sulfurique fumant provenant principalement de la décomposition du sulfate de fer. On lave pour dissoudre le sulfate de zinc et le séparer du *colcothar*. On fait concentrer la liqueur sur le feu, jusqu'à ce qu'elle puisse se prendre en masse par le refroidissement, et on la coule dans des moules disposés à cet effet.

Le sulfate de zinc du commerce est en masses prismatiques blanches, cristallisées confusément à la manière du sucre. Il contient encore du sulfate de fer, qui lui fait prendre une couleur de rouille par le contact de l'air, et dont il est très difficile de le priver entièrement. Il est très soluble dans l'eau, a une saveur âcre et styptique, et jouit, à l'état de dissolution, des propriétés caractéristiques du zinc (p. 384), sauf les modifications apportées par le fer : ainsi le sulfate de zinc du commerce forme un précipité jaunâtre par les alcalis, noirâtre par les hydrosulfates, bleuâtre par les hydrocyanates, et il noircit par la noix de galle.

Le sulfate de zinc est employé à l'extérieur comme siccatif, astringent et escarrotique; introduit dans l'estomac, il est vomitif à petite dose, et poison lorsqu'on le prend en trop grande quantité.

Nous allons maintenant parler du *zinc carbonaté*, *hydrocarbonaté*, *silicaté* et *hydrosilicaté*. Ces quatre substances ont été longtemps confondues sous le nom de *zinc oxidé* et sous celui plus ancien de *calamine* ou de *pierre calaminaire*. Et, en effet, la pierre calaminaire est souvent un mélange de ces quatre espèces; mais comme elles existent aussi séparées, il est convenable de dire au moins quelques mots de leurs caractères particuliers.

### Zinc carbonaté.

*Smithsonite* (Beud.). Substance pouvant se montrer cristallisée suivant un rhomboèdre obtus de 107° 40′ et 72° 20′; mais étant le plus souvent en masses compactes, lithoïdes, blanchâtres, jaunâtres ou rougeâtres. Ce carbonate a une structure laminaire et une cassure demi-vitreuse. Il pèse 4,4 ; il raie l'arragonite, mais est rayé par la chaux phosphatée. Il n'est pas électrisé par la chaleur ; il ne donne pas d'eau par le feu, qui le change seulement en un émail blanc. Lorsqu'il est réduit en poudre, il se dissout avec effervescence dans les acides et fournit une liqueur qui précipite en blanc par les alcalis, les sulfhydrates et le cyanure ferroso-potassique.

Ce minéral, dans son état de pureté, est composé de :

| | | |
|---|---|---|
| Acide carbonique. . | 1 molécule | 35,37 |
| Oxide de zinc. . . . | 1 | 64,63 |
| | | 100,00 |

c'est-à-dire que c'est un carbonate neutre ($Zn\ddot{C}$) ; mais il est très souvent mélangé de carbonate de fer et de manganèse, d'oxide de fer, de silicate de zinc, etc.

*Gisement.* C'est dans les terrains intermédiaires, dans ceux qui sont formés de schiste et de calcaire, que l'on rencontre les premiers gîtes de carbonate de zinc. Tels sont ceux de Bleiberg en Carinthie, du Limbourg et du duché de Juliers dans la Prusse rhénane. Dans les terrains de sédiment inférieur, le même carbonate se trouve au milieu des arkoses (à Chessy près de Lyon), ou dans le calcaire pénéen, comme à Combecave près de Figeac, et à Montalet près d'Uzès en France, dans les Mendip-Hills, en Angleterre, etc. Il devient beaucoup plus rare dans les terrains de sédiment moyens et supérieurs; on en cite quelques petits dépôts dans le calcaire grossier à Passy près de Paris, dans la colline de Viaume au-delà de Pontoise, et dans les environs de Marine dans un terrain de transport.

#### Zinc hydrocarbonaté.

*Calamite terreuse.* Substance d'apparence terreuse ou pulvérulente, pesant 3,59, donnant de l'eau par l'application du feu, jouissant du reste de toutes les propriétés d'un carbonate de zinc. Elle a été trouvée seulement en petites masses dans les mines de plomb de Bleiberg. Deux analyses ont donné :

Par Smithson.

| | | Oxigène. | |
|---|---|---|---|
| $CO^2$. . | 13,50 | 9,76 | 2 |
| ZnO. . | 71,40 | 14,18 | 3 |
| $H^2O$. . | 15,10 | 13,42 | 3 |

Formules : $\dot{Zn}\ddot{C} + \dot{Zn}^2\dot{\underline{H}}^3$.

Par M. Berthier.

| | | Oxigène. | |
|---|---|---|---|
| $CO^2$. . . | 13 | 9,40 | 2 |
| ZnO. . . | 67 | 13,31 | 3 |
| $H^2O$. . . | 20 | 17,78 | 4 |

$\dot{Zn}\ddot{C} + \dot{Zn}^2\dot{\underline{H}}^4$.

#### Zinc silicaté.

Trouvé seulement jusqu'à présent dans les dépôts de calamine de la Vieille-Montagne dans le Limbourg; et dans la mine de Franklin aux États-Unis. Le premier est en prismes hexaèdres terminés par des sommets de rhomboèdres dont les faces sont inclinées entre elles d'environ 128 degrés, avec un clivage perpendiculaire à l'axe. Sa pesanteur spécifique est de 4,18. Le second est en prismes hexaèdres à sommets dièdres, de couleur verdâtre, rougeâtre ou brunâtre, pesant 3,89 et composés de :

| | | Oxigène. | |
|---|---|---|---|
| Silice . . . . . . . . . | 25 | 12,98 | 1 |
| Oxide de zinc . . . . . | 71,33 | 14,17 | 1 + |
| — de manganèse . . | 2,66 | 0,73 | » |
| — de fer . . . . . . | 0,69 | 0,20 | » |

ce qui indique un silicate de la formule $\dot{Zn}^3\dddot{Si}$ mélangé de franklinite.

#### Zinc hydrosilicaté.

*Calamine électrique.* Substance beaucoup plus commune que la précédente, blanchâtre, jaunâtre ou bleuâtre ; cristallisant le plus souvent en tables rectangulaires biselées sur les quatre côtés, et dérivant d'un prisme droit rhomboïdal de 102° 30′ et 77° 30′. Pesanteur spécifique 3 42.

Le zinc hydrosilicaté raie le calcium fluoruré, et est difficilement rayé par le couteau. Il s'électrise si facilement par une petite variation de température, qu'on a cru qu'il était naturellement électrique; mais le fait est qu'il ne le devient que par un changement de température en plus ou en moins.

Il donne de l'eau par la calcination et est infusible au feu. Il se dissout facilement dans les acides en donnant un dissoluté d'oxide de zinc et un dépôt de silice en gelée. On en connaît plusieurs analyses qui semblent indiquer plusieurs degrés d'hydratation du même silicate de zinc $\dot{Zn}^3\dddot{Si}$.

| Calamine de | Rezbanya, par Smithson. | | de Limburg, par Berzélius. | | de Limburg, par Berthier. | | du Brisgau, par Berthier. | |
|---|---|---|---|---|---|---|---|---|
| | | Oxigène. | | Oxigène. | | Oxigène. | | Oxigène. |
| Silice. . . . . . . . | 25 | 3 | 24,89 | 2 | 25 | 3 | 25,5 | 3 |
| Oxide de zinc. . . . | 68,3 | 3 | 66,84 | 2 | 66 | 3 | 64,5 | 3 |
| Eau. . . . . . . . . | 4,4 | 1 | 7,46 | 1 | 9 | 2 | 10 | 2 |

La première analyse donne. . . . . $\dot{Zn}^3\dddot{Si} + Aq.$

La deuxième. . . . . . . . . . . . . $2\dot{Zn}^3\dddot{Si} + 3Aq.$

La troisième et la quatrième. . . . $\dot{Zn}^3\dddot{Si} + 2Aq.$

Des quatre composés que je viens de décrire, deux sont très rares, ce sont le *zinc hydrocarbonaté* et le *zinc silicaté* anhydre ; deux sont très communs, ce sont le *zinc carbonaté* et le *zinc hydrosilicaté*. Ce sont ces deux derniers composés mélangés et rendus plus ou moins impurs encore par d'autres mélanges, qui constituent la plus grande partie des *calamines*, dont on distingue deux variétés de couleurs, la *blanche* et la *rouge*.

La calamine blanche est d'un blanc grisâtre, compacte, pesant de 3,5 à 4 ; offrant une cassure unie avec un éclat mat, et présentant souvent des ébauches de cristaux dans les cavités de la masse. Deux échantillons, analysés par Karsten, ont donné :

| | De Scharley. | De Gustave. |
|---|---|---|
| Oxide de zinc. . . . . | 56,33 | 53,25 |
| Acide carbonique . . . . | 30,71 | 29,76 |
| Silice. . . . . . . . . . | 9,36 | 11,25 |
| Eau. . . . . . . . . . . | 0,57 | 1,30 |
| Protoxide de fer. . . . . | 1,85 | 3,45 |
| — de manganèse. | 0,50 | 0,66 |
| — de cadmium. . | 0,25 | 0,09 |
| Chaux . . . . . . . . . | 0,10 | 0,03 |
| | 99,67 | 99,79 |

*Calamine rouge.* D'un rouge de brique, d'un rouge brunâtre, ou d'un jaune d'ocre; compacte, à cassure unie ou terreuse; pesant de 4 à 4,33. Deux analyses de M. Karsten ont donné :

| | De Scharley. | De Michowitz. |
|---|---|---|
| Oxide de zinc . . . . . . | 44,50 | 37,30 |
| — ferreux. . . . . . | 3,27 | » |
| — ferrique. . . . . | 13,25 | 34,56 |
| — manganeux . . . . | 1,66 | » |
| — manganique. . . . | » | 1,75 |
| Acide carbonique . . . . | 27,41 | 25 (Acide carbonique et Eau) |
| Eau. . . . . . . . . . . | 3,64 | |
| Silice. . . . . . . . . . | 0,65 | 0,83 |
| Alumine . . . . . . . . | 3,58 | 0,40 |
| | 97,97 | 99,94 |

Les différentes espèces de calamine se trouvent dans les mêmes lieux que j'ai indiqués pour le carbonate de zinc, et principalement dans le pays de Liége, où il en existe un dépôt encaissé entre deux bancs de schiste quarzeux, long de 500 mètres, large de 30 et d'une profondeur inconnue. On en extrait annuellement plus de 750 milliers de kilogram. de calamine.

Nous parlerons du *zinc aluminaté*, nommé aussi *gahnite* ou *spinelle zincifère*, à la suite du spinelle magnésien.

*Extraction du zinc.* Autrefois on retirait le zinc de la blende seulement, et même ce métal n'était qu'un produit très secondaire des galènes mélangées de blende. Il résultait du grillage de ces minerais une certaine quantité d'oxide de zinc condensé dans la partie supérieure des fourneaux et nommé *tuthie* ou *cadmie des fourneaux*, que l'on réduisait ensuite à l'aide du charbon. Depuis, on s'est attaché principalement à retirer le zinc de la calamine, et enfin aujourd'hui que les usages du zinc se sont considérablement multipliés, on extrait ce métal de tous ses composés naturels, c'est-à-dire principalement de la blende et de la calamine.

Le traitement de la blende consiste à la bocarder d'abord et à la laver pour la priver d'une partie de la gangue, et ensuite à la griller deux fois dans des fours à réverbère, ce qui en dégage le soufre à l'état d'acide sulfureux et fait passer le zinc à celui d'oxide.

Pour exploiter la calamine, on la trie d'abord autant que possible pour en séparer la gangue calcaire ou argileuse; mais pour en obtenir une séparation plus complète, on laisse le minerai exposé à l'air pendant longtemps afin que l'argile se délite et devienne friable; alors on opère un second triage de la calamine et on la calcine dans un fourneau de réverbère pour en dégager l'eau et l'acide carbonique.

Lorsque l'oxide de zinc est obtenu par l'un ou l'autre moyen, on le mélange avec du poussier de charbon ou de houille, et on le réduit dans des conduits en fonte ou en terre qui sont placés en grand nombre dans un fourneau, et qui communiquent par leur partie supérieure ou inférieure avec des récipients; de sorte que le métal est obtenu dans le premier cas par une distillation *per ascensum*, ou *per descensum* dans le second. Ce zinc distillé est en grenailles que l'on fond dans un creuset pour le couler en plaques.

Le zinc pur est d'un blanc bleuâtre assez éclatant; mais il se ternit et s'oxide promptement à l'air humide. Il pèse 7,9. Lorsqu'il est pur, il est à peu près aussi malléable que l'étain; mais celui du commerce ne se lamine bien qu'à une température supérieure à 100 degrés. Il se fond au rouge obscur et se volatilise sans altération, à une chaleur plus forte, dans des vaisseaux fermés. Il se combine très difficilement avec le soufre.

Si, lorsque le zinc est fondu dans un creuset et fortement rouge, on le met en contact avec l'air, il brûle avec une flamme blanche verdâtre éblouissante; en même temps, une partie se volatilise dans l'air, et forme un oxide blanc, floconneux, très léger, que l'on nommait autrefois *nihil album*, *lainé philosophique*; et *pompholix*. Le zinc se dissout facilement à froid dans l'acide sulfurique étendu d'eau, dans les acides chlorhydrique et nitrique, et en général dans tous les acides. Toutes ses dissolutions sont incolores, et forment, avec la potasse, la soude ou l'ammoniaque, un précipité blanc qui peut être redissous par un excès d'alcali. Ces mêmes dissolutions forment un précipité blanc avec les sulfhydrates alcalins; blanc demi-transparent par le cyanure ferroso-potassique. Elles ne précipitent pas par la noix de galle.

Le zinc n'est usité en pharmacie que pour préparer l'oxide de zinc; mais employé comme un des éléments de la pile voltaïque, il donne lieu à l'un des plus puissants moyens d'analyse que possède la chimie. On l'utilise aujourd'hui pour faire des conduits d'eau, des gouttières et des couvertures de toits; on a aussi essayé d'en fabriquer des casseroles et d'autres ustensiles de cuisine : mais la facilité avec laquelle les acides les plus faibles déterminent son oxidation et sa dissolution doit détourner de l'appliquer à cet usage.

## FAMILLE DU CADMIUM.

Métal volatil et susceptible d'être distillé, découvert en 1818 par M. Hermann dans des fleurs de zinc où l'on soupçonnait la présence de l'arsenic; parce que, lorsqu'on les dissolvait dans un acide, la liqueur précipitait en beau jaune par l'acide sulfhydrique, propriété qui appartient au cadmium, tout aussi bien qu'à l'arsenic.

Le *cadmium sulfuré* a été trouvé dans une roche trapéenne porphyritique près de Bishopton en Angleterre. Il est cristallisé en prismes à six pans, terminés par une ou plusieurs pyramides à six faces tronquées au sommet. Il est assez dur, d'une couleur de miel orangée. Il est translucide et présente un lustre brillant à sa surface. Il pèse 4,8 et contient :

| | |
|---|---|
| Soufre. . . . . . . . . . . | 22,41 |
| Cadmium . . . . . . . . . | 77,59 |

Quelques minéralogistes lui ont donné le nom de *greenockite*. Sa formule est CdS.

Le cadmium existe aussi presque toujours en petite quantité, à l'état de sulfure, dans la blende, et à l'état de carbonate dans certaines calamines. Il se trouve dans la tuthie qui provient du grillage de la blende, et dans les premières portions de zinc qui distillent. On dissout cette tuthie ou ce zinc dans l'acide sulfurique, et on y fait passer un courant d'acide sulfhydrique qui y forme un précipité de sulfure de cadmium mélangé de sulfure de cuivre et d'un peu de sulfure de zinc. On dissout ces sulfures dans l'acide chlorhydrique, on évapore presque à siccité, on redissout dans l'eau et on ajoute du carbonate d'ammoniaque en excès qui redissout les carbonates de zinc et de cuivre formés, et laisse celui de cadmium. On lave celui-ci, on le calcine pour en chasser l'acide carbonique, on le mélange de noir de fumée et on le chauffe dans une cornue au fourneau de réverbère. Le cadmium distille dans un récipient.

Le cadmium est d'un blanc d'étain, très éclatant, et bien ductile. Il pèse 8,604, est très fusible et presque aussi volatil que le mercure.

Chauffé avec le contact de l'air, il se convertit en un oxide brunâtre qui paraît sous forme d'une fumée de même couleur, mais qui est très fixe. Il se dissout dans les acides chlorhydrique et sulfurique étendus, avec dégagement de gaz hydrogène ; ses dissolutions, qui sont incolores, forment avec l'acide sulfhydrique un sulfure jaune insoluble qui est usité en peinture.

## FAMILLE DU MAGNÉSIUM.

Humphry Davy est le premier qui ait réduit le magnésium à l'état métallique ; mais il ne l'a obtenu qu'amalgamé avec le mercure. En 1828, M. Bussy est parvenu à obtenir le magnésium pur, en décomposant le chlorure magnésique anhydre par le potassium. Ce métal est plus lourd que l'eau, d'un blanc d'argent, malléable, inaltérable à froid dans l'air sec, inaltérable même dans l'eau bouillante ; fusible à la même température que l'argent. Il s'enflamme au rouge obscur lorsqu'il a le contact de l'oxigène, et produit de la magnésie. Il se combine de même avec le chlore, le brome et l'iode, mais pas avec le soufre. A la chaleur rouge, la magnésie est décomposée par le chlore, et non par les autres. C'est au contraire l'oxigène qui décompose les bromure, iodure et sulfure de magnésium.

La magnésie forme avec plusieurs acides, et notamment avec les acides sulfurique, chlorhydrique et azotique, des sels solubles pourvus d'une saveur amère désagréable. Les carbonates simples de potasse, de soude et d'ammoniaque forment dans la dissolution de ces sels un précipité blanc d'*hydro-carbonate de magnésie*, qui est insoluble dans un excès du liquide précipitant. La même chose a lieu avec les alcalis caustiques ; seulement il faut remarquer que l'ammoniaque ne précipite que la moitié de la magnésie du sel, et même qu'elle ne la précipite pas du tout si on a préalablement ajouté une suffisante quantité d'acide à la liqueur. Le réactif le plus sensible pour découvrir et doser la magnésie est le sous-phosphate d'ammoniaque, qui occasionne dans la liqueur un précipité de phosphate ammoniaco-magnésien d'une composition constante, et reconnaissable au microscope, par les belles formes qu'il y présente (1).

La magnésie communique à plusieurs de ses composés naturels un toucher onctueux qui sert à les faire reconnaître. Ces mêmes composés, additionnés de nitrate de cobalt et chauffés au rouge, acquièrent une

(1) Voir mon Mémoire sur le phosphate ammoniaco-magnésien, inséré dans les Travaux de l'Académie royale des sciences et arts de Rouen année 1841.

couleur rose qui les distingue des composés alumineux dont la couleur devient bleue dans les mêmes circonstances.

Dans l'étude que nous allons faire des composés naturels de la magnésie, nous mettrons hors ligne, pour ainsi dire, ses trois sels solubles, *chlorure* ou *chlorhydrate*, *azotate* et *sulfate*, qui se trouvent plutôt dissous dans les eaux qu'à l'état solide, dans le sein de la terre, et nous traiterons ensuite de ses nombreux composés insolubles, parmi lesquels les silicates occupent une place considérable, de même que dans l'histoire des autres bases terreuses.

Le *chlorhydrate de magnésie* est certainement très abondant dans la nature, puisque l'eau de la mer, dont la masse est si considérable, en tient en dissolution, et qu'il fait partie, en outre, d'un assez grand nombre d'eaux salines, telles que celles de Balaruc, de Sedlitz, de Seydschutz, de Pullna, etc.; mais comme la grande solubilité de ce sel et sa déliquescence s'opposent à ce qu'il se montre sous forme solide, dans le sein de la terre, nous ne nous y arrêterons pas.

L'existence du *nitrate de magnésie* est beaucoup plus restreinte, car il n'existe guère, conjointement avec le nitrate de chaux, que dans les matériaux salpêtrés et dans l'eau des puits de Paris; nous n'en dirons donc pas davantage.

Le *sulfate de magnésie* existe aussi dissous dans un certain nombre d'eaux minérales, auxquelles il communique sa saveur amère et sa propriété purgative; telles sont les eaux d'Epsom en Angleterre, et celles de Sedlitz, de Seydschutz, d'Egra et de Pullna, en Bohême. Mais comme ce sel n'est pas déliquescent, il peut exister aussi à l'état solide; tantôt sous forme d'efflorescence, à la surface de la terre, comme dans la Haute-Asie, à Salinelle près de Montpellier, à Ménilmontant près de Paris; et surtout dans les lieux abondants en schistes à la fois magnésiens et pyriteux, comme à Sallanche près du Mont-Blanc, et à Moustier dans les Basses-Alpes. D'autres fois on le trouve en petites masses ou en veines dans les terrains de gypse, comme dans les plâtrières de Fitou (département de l'Aude), où il a été découvert par M. Bouis, pharmacien à Perpignan. Il remplace aussi fréquemment le sulfate de fer dans la houille, et il se forme également dans les solfatares et près du cratère des volcans.

Le sulfate de magnésie naturel se présente donc sous forme presque pulvérulente ou sous celle de petites masses. Celles-ci sont tantôt cristallines, lamelleuses et transparentes comme si le sel avait été obtenu par l'art (tel est celui de Fitou); tantôt elles sont opaques et formées de longs filaments parallèles et d'un éclat nacré. On distingue facilement le sulfate de magnésie des autres sels qui peuvent lui ressembler, sous ces différentes formes, à sa saveur amère, à sa grande solubilité dans l'eau, et par les réactions propres de l'acide sulfurique et de la magnésie.

Mais ce sulfate naturel ne pourrait pas suffire à celui qui est nécessaire pour l'usage de la médecine ou pour l'extraction de la magnésie; il faudrait, d'ailleurs, toujours le purifier. Celui du commerce provient donc de l'une des sources suivantes :

1° On le retire par évaporation des eaux salines qui ont été nommées ci-dessus, et on le purifie par une nouvelle solution et cristallisation.

2° On expose les schistes magnésiens et pyriteux à l'air, pendant un temps plus ou moins long, et on les arrose quelquefois : peu à peu le soufre et le fer se brûlent et forment de l'acide sulfurique et de l'oxide de fer; mais l'acide se combine de préférence à la magnésie et il se forme très peu de sulfate de fer. Lorsqu'on juge que la matière contient assez de sulfate de magnésie, on la lessive, on ajoute à la liqueur un peu de lait de chaux qui précipite l'oxide de fer; on décante, on fait évaporer et cristalliser. Le sel, redissous et soumis à une nouvelle cristallisation, est aussi pur que celui d'Angleterre.

3° On traite par l'acide sulfurique une roche nommée *dolomie*, très abondante dans les anciens terrains de sédiment calcaire, qui ont subi l'action postérieure des roches ignées, et qui est composée de carbonate de chaux et de magnésie. L'acide sulfurique transforme ces deux bases en sulfates; mais comme celui de chaux est presque insoluble dans l'eau, on le sépare très facilement du premier, qui est dissous par ce liquide et obtenu par évaporation et cristallisation.

Le sulfate de magnésie se trouve dans le commerce sous la forme de petits cristaux blancs et transparents, qui sont des prismes à quatre pans, terminés irrégulièrement : il a une saveur très amère; il est très soluble dans l'eau froide, encore plus dans l'eau bouillante, et cristallise en très gros prismes par le refroidissement. On lui substitue souvent le sulfate de soude, dit *sel d'Epsom de Lorraine*, auquel on a donné la même forme de petits cristaux aiguillés, mais qui s'en distingue par une saveur moins amère, par sa très facile efflorescence à l'air, et surtout par la propriété de n'être pas précipité par les solutés de carbonates alcalins. Mais pour être certain que le sulfate de magnésie ne contient pas de sulfate de soude, il faut en faire dissoudre une certaine quantité, par exemple 10 grammes dans 20 grammes d'eau; y verser 20 grammes de carbonate d'ammoniaque *non effleuri*, dissous dans 80 grammes d'eau : de cette manière on en précipite toute la magnésie et on forme du sulfate d'ammoniaque soluble; on filtre la liqueur, on la fait évaporer dans un creuset d'argent ou de platine, et on chauffe au rouge : si la liqueur ne contenait que du sulfate d'ammoniaque, le sel se volatilisera en entier à cette température; si elle contenait du sulfate de soude qui n'a pu être décomposé par le carbonate d'ammoniaque, ce sel restera au fond du creuset, et il sera facile d'en constater les propriétés. (*Journ. de chim. méd.*, I, 430.)

Le sulfate de magnésie est très usité en médecine comme purgatif. Il est employé dans les lieux mêmes où on l'obtient par l'évaporation des eaux des fontaines, ou par l'efflorescence des schistes magnésiens, à la préparation du sous-carbonate de magnésie.

Composition du sulfate de magnésie cristallisé :

| | | |
|---|---|---|
| Acide sulfurique. . . . | 32,35 | 1 molécule. |
| Magnésie . . . . . . . | 16,71 | 1 |
| Eau. . . . . . . . . . . | 50,94 | 7 |
| | 100,00 | |

D'après M. Bouis, le sulfate naturel, découvert à Fitou, ne contient que 48,32 d'eau, et sa formule est $\dot{Mg}\,\dddot{S} + 6\underline{H}$.

### COMPOSÉS ANHYDRES.

#### Magnésie native ferrifère.

*Périclase.* Substance découverte en 1843, par M. Sacchi, dans un bloc de dolomie du Mont-Somma, au Vésuve. Elle est accompagnée d'olivile et de magnésie carbonatée terreuse. Elle est cristallisée en octaèdres réguliers, transparents et d'un vert obscur; elle pèse 3,75, est presque aussi dure que le feldspath, est inaltérable et infusible au chalumeau. Elle est inattaquable par les acides quand elle est cristallisée, mais elle s'y dissout après avoir été pulvérisée. Elle est composée de :

| | |
|---|---|
| Magnésie . . . . . . . | 92,57 |
| Oxure ferreux.,. . . . | 6,91 |
| Résidu insoluble . . . . | 0,86 |
| | 100,34 |

Cette substance doit être considérée comme de la magnésie native au même titre que le corindon est de l'alumine cristallisée. L'oxide ferreux s'y trouve comme isomorphe avec la magnésie.

#### Magnésie hydratée.

*Brucite.* Cette substance ressemble au talc par sa structure laminaire, sa couleur un peu verdâtre, sa translucidité, son éclat nacré et son toucher savonneux; mais ses lames ne sont pas flexibles, deviennent opaques à l'air et surtout au feu, et donnent une grande quantité d'eau à la distillation. Elle se dissout sans effervescence dans l'acide sulfurique. Elle est formée de :

| | | | | |
|---|---|---|---|---|
| Magnésie. . . | 69,75 × 3,8707 | = | 269,98 | = 1 |
| Eau . . . . . | 30,25 × 8,8889 | = | 268,89 | = 1 |

Formule : $Mg\dot{H}$.

La magnésie hydratée a été trouvée en veines dans la serpentine, à Hoboken dans le New-Jersey, et à l'île d'Unst, une des Shetland. Celle-ci présente des cristaux distincts aplatis qui sont des prismes hexaèdres réguliers très courts.

### Magnésie carbonatée anhydre.

*Giobertite.* Cette substance a été longtemps méconnue à l'état cristallisé, parce qu'elle cristallise en rhomboèdre obtus de 107° 25′, presque semblable à celui de la chaux carbonatée, et qu'on la prenait pour de la chaux carbonatée magnésifère ; mais l'analyse a montré que certains cristaux des Alpes et du Salzbourg étaient complétement privés de chaux et devaient constituer une espèce distincte. Souvent cependant, de même que cela a lieu dans la chaux carbonatée, une partie de la magnésie se trouve remplacée par de l'oxure ferreux ou de l'oxure manganeux. La magnésie carbonatée est plus dure que le spath calcaire et fait une effervescence beaucoup plus lente avec les acides. Elle offre quelquefois une teinte jaunâtre due à un peu de fer peroxidé, ou une couleur noire due à un mélange de bitume, comme les cristaux du Salzbourg. En voici deux analyses :

| | I. | Rapports moleculaires. | II. | | |
|---|---|---|---|---|---|
| Acide carbonique. . . | 50,75 | 184 | 50,6 = | 184 | |
| Magnésie. . . . . . . | 47,63 | 184 | 44,5 = | 172,2 | 183,1 |
| Oxure ferreux . . . . | » | » | 4,9 = | 10,9 | |
| — manganeux . . | 0,21 | » | » | » | |
| Eau . . . . . . . . . | 1,40 | » | » | » | |
| Bitume. . . . . . . . | » | » | traces. | » | |

I. Magnésie carbonatée de Baumgarten, par Stromeyer.
II. — noire du Salzbourg, par M. Berthier.

Formule : $Mg\dot{C}$.

*Magnésie carbonatée silicifère, magnésie carbonatée terreuse, baudissérite.* Cette substance se trouve en veines ou en nodules dans les roches serpentineuses, où elle accompagne la magnésie hydro-silicatée ou *magnésite* (spécialement à Baldissero, près de Turin) ; et dans le fait elle est formée par un mélange variable de carbonate et d'hydro-silicate de magnésie.

Cette substance est sous forme de rognons blancs, souvent mamelonnés à leur surface, fibreux et un peu caverneux à l'intérieur. Elle est quelquefois très dure, peu happante à la langue et non altérable à l'air, lorsqu'elle contient une forte proportion de silicate; mais d'autres fois elle est tendre, facile à briser, très happante à la langue et fort ressemblante à de la craie, dont elle se distingue cependant facilement aux caractères suivants : elle fait difficilement effervescence avec les acides, et laisse de la silice gélatineuse insoluble; le dissoluté neutralisé précipite peu ou pas par l'oxalate d'ammoniaque, et précipite au contraire par l'ammoniaque caustique. La substance elle-même s'altère et se délite à l'air, par suite de l'action de l'eau atmosphérique sur le carbonate neutre de magnésie.

*Analyse du carbonate de magnésie silicifère de Baldissero, par M. Berthier.*

| | | Rapports moléculaires |
|---|---|---|
| Acide carbonique. . . . . . . . . . . | 41,8 | 152 |
| Magnésie. . . . . . . . . . . . . . . | 39 | 151 |
| Magnésie hydro-silicatée (magnésite). . | 19,2 | |

**Magnésie hydro-carbonatée.**

Cette substance, d'après les analyses qui en ont été faites, constituerait deux espèces, dont l'une serait du carbonate neutre sous-hydraté, et l'autre un sous-carbonate hydraté semblable à la *magnésie blanche* des pharmacies. Voici ces deux analyses :

*Magnésie hydrocarbonatée du Harz, par M. Walmstedt.*

| | | | | |
|---|---|---|---|---|
| Acide carbonique. . . | 48,58 × 3,6364 = 176,66 | | 2 |
| Magnésie . . . . . . . | 40,84 × 3,8707 = 158,08 | 176,14 | 2 |
| Oxure ferreux. . . . . | 6,16 × 2,2222 = 13,69 | | |
| — manganeux. . . | 1,99 × 2,194 = 4,37 | | |
| Eau. . . . . . . . . . | 10,51 × 8,8889 = 93,42 | | 1 |
| Silice. . . . . . . . . | 0,30 | | |

Formule : $2(\dot{Mg}, \dot{Fe}, \dot{Mn})\ddot{C} + \dot{\underline{H}}$.

*Magnésie hydro-carbonatée de Hoboken, par M. Wachtmeister.*

| | | | | |
|---|---|---|---|---|
| Acide carbonique . . . | 36,82 | = | 133,89 . | 4 |
| Magnésie . . . . . . . | 42,41 | = | 164,16 | 5 |
| Oxure ferreux. . . . . | 0,27 | = | 0,60 | |
| Eau. . . . . . . . . . | 18,53 | = | 164,71 | 5 |
| Silice. . . . . . . . . | 0,57 | | | |

Formule : $\dot{M}g^5\ddot{C}^4 + \underline{\dot{H}}^5$ ou $4\dot{M}g\ddot{C} + \dot{M}g\underline{H}^5$ (1).

**Magnésie boratée ou Boracite.**

Cette substance se trouve sous forme de petits cristaux disséminés dans un sulfate de chaux granulaire, près de Lunebourg dans le Bruns-

Fig. 174.

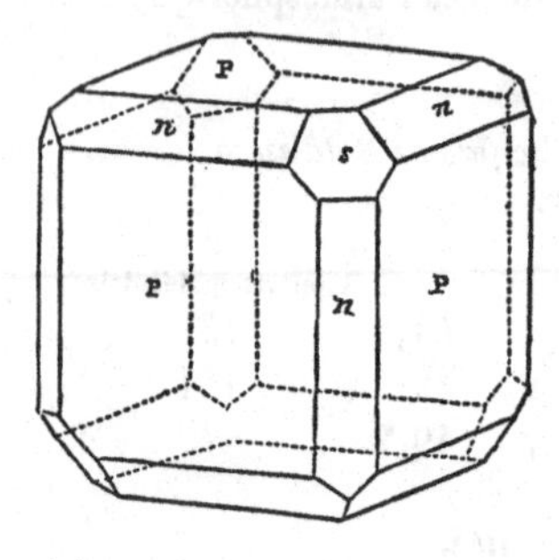


Fig. 175.

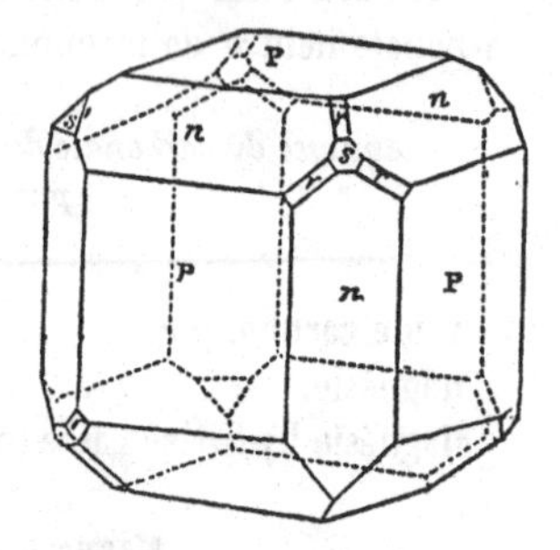


wick, et à Segeberg dans le Holstein. Ces cristaux sont des cubes (fig. 174 et 175) ou des dodécaèdres rhomboïdaux (fig. 176) jamais

(1) On admet que cet hydro-carbonate naturel est identique avec la *magnésie blanche* des pharmacies, obtenue par la précipitation à froid du sulfate de magnésie par le carbonate de soude, et par la dessiccation du précipité à l'air libre Mais celle-ci ne contient que 41 de magnésie, et sa formule est, d'après M. Berzélius, $\dot{M}g^4\ddot{C}^3 + 4\underline{\dot{H}}$ ou $3\dot{M}g\ddot{C} + \dot{M}g\underline{H}^4$. On explique d'ailleurs facilement la formation de la *magnésie blanche*, en supposant qu'on agisse sur 5 molécules de sulfate de magnésie et autant de carbonate de soude, soit $5\dot{M}g\dddot{S} + 5\dot{S}d\,\ddot{C}$. Par la double décomposition des deux sels, il se forme $5\dot{S}d\,\dddot{S}$ qui restent dissous, et $5\dot{M}g\,\ddot{C}$ qui devraient se précipiter. Mais, sur les 5 molécules de magnésie, il y en a une qui se combine séparément à 2 molécules d'acide carbonique pour former $\dot{M}g\ddot{C}^2$, qui reste dissous dans la liqueur. Il ne reste donc plus que 3 molécules d'acide carbonique et 4 molécules de magnésie qui, combinées à 4 molécules d'eau, forment le précipité. On pourrait expliquer d'une manière semblable la formation de l'hydro-carbonate naturel de Hoboken. Il est facile de concevoir du reste que la composition du précipité doive varier avec la température.

simples et toujours modifiés au contraire. Mais ce qu'il y a de très remarquable, c'est que ces modifications ne sont pas complétement symétriques, comme cela a toujours lieu dans le système cubique. Ainsi, dans la figure 174, les douze arêtes du cube sont bien remplacées par les douze facettes tangentes qui conduisent au dodécaèdre rhomboïdal; mais, sur les huit angles du cube, il n'y en a que quatre qui présentent la modification de l'octaèdre; les autres sont intacts. Dans la figure 175, autre dissymétrie : les huit angles du cube présentent bien les faces de l'octaèdre; mais il y en a quatre qui présentent en outre une troncature triple qui appartient au trapézoèdre. La même disposition existe dans la figure 176 qui dérive de celle 174, avec un accroissement considérable des faces du dodécaèdre et additions, sur les quatre angles simples, de la troncature triple du trapézoèdre.

Fig. 176.

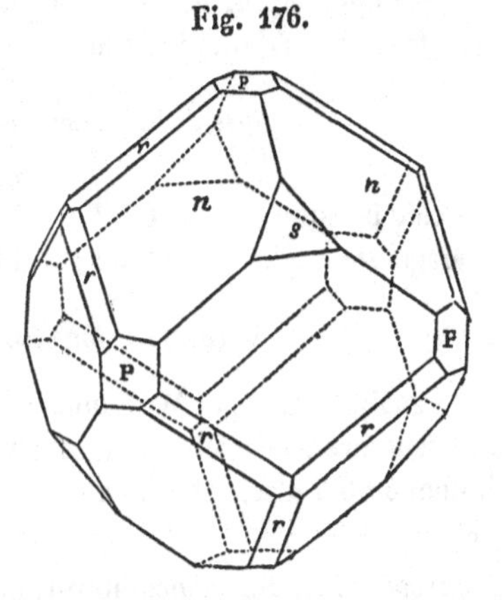


Haüy, qui a signalé le premier l'anomalie de cristallisation de la boracite, a montré qu'elle se liait à la propriété d'acquérir l'électricité polaire, par l'intermède de la chaleur, de même que cela a lieu pour les autres cristaux dissymétriques. On a reconnu de plus qu'une lame de boracite, interposée entre deux tourmalines croisées, rétablissait la lumière dans l'espace occupé par les deux tourmalines, comme le font les substances pourvues de double réfraction. Et comme les substances qui cristallisent dans le système régulier ne jouissent pas, en général, de cette propriété, plusieurs personnes en ont conclu que la forme primitive de la magnésie boratée était un rhomboèdre très voisin du cube et non un cube véritable. Mais indépendamment de ce que cette supposition ne ferait pas disparaître la dissymétrie des cristaux, celle-ci peut s'expliquer en supposant, avec M. Delafosse, que la molécule intégrante de la boracite est le tétraèdre régulier.

La magnésie boratée est incolore et transparente lorsqu'elle est pure; mais elle est souvent translucide ou rendue complétement opaque par un mélange de chaux qui vient y remplacer une partie de la magnésie. Elle est assez dure pour rayer le verre; mais elle est rayée par le quarz. Elle se boursoufle au chalumeau et se fond en un globule blanc et opaque qui cristallise en refroidissant. Elle se dissout dans l'acide nitrique.

La composition de ce minéral n'est pas moins remarquable que ses propriétés. L'acide borique y contient quatre fois autant d'oxigène que la magnésie, ce qui est une forte présomption en faveur de ceux qui pensent que la formule de l'acide est $BO^2$; mais la composition des autres borates, et surtout celle du borate de soude, s'accorde mieux avec la formule $BO^3$ que j'ai adoptée.

*Analyse de la boracite par M. Arfvedson.*

| | | Oxigène. | | Rapports moléculaires. | |
|---|---|---|---|---|---|
| Acide borique. . . | 69,7 | 47,94 | 4 | 159,79 | 4 |
| Magnésie . . . . . | 30,3 | 11,73 | 1 | 117,28 | 3 |

Formule : $\dot{M}g^3 \dddot{B}^4$.

Deux analyses faites par M. Rammelsberg confirment le résultat précédent. Il faut dire cependant qu'une analyse antérieure, faite par M. Pfaff, avait donné 63,7 d'acide borique et 36,3 de magnésie, ce qui répond à $\dot{M}g \dddot{B}$.

*Hydroboracite.* Substance fibro-lamelleuse, ayant la dureté et l'éclat nacré du gypse, auquel elle ressemble beaucoup. L'analyse a montré qu'elle contenait $\dot{M}g^3\dddot{B}^4 + 3\dot{\underline{H}}$. Elle a été trouvée dans des mineraux provenant du Caucase.

**Magnésie aluminatée ou Spinelle.**

Le nom de *spinelle* ou de *rubis spinelle* a été longtemps le nom spécifique d'une gemme rouge et transparente qui ressemble beaucoup au rubis oriental ou corindon rouge hyalin ; mais aujourd'hui ce nom est appliqué à un groupe de pierres très variables par leurs caractères extérieurs, puisqu'elles peuvent être rouges, noires, vertes ou incolores, et transparentes ou opaques ; mais ces pierres se touchent par deux points essentiels : elles cristallisent toutes en octaèdre régulier, et leur formule générale paraît être celle d'un aluminate de magnésie $\dot{M}g \dddot{\underline{Al}}$, dans lequel l'alumine peut être suppléée par de l'oxure ferrique, et la magnésie par le protoxure de fer, de zinc ou de manganèse.

Les caractères généraux des spinelles sont donc de cristalliser en octaèdre régulier, ou en formes dérivées (1). Ils ont une dureté un peu supérieure à celle de la topaze et qui ne le cède qu'à celles du corindon et du diamant ; leur pesanteur spécifique varie de 3,523 à 3,585. Ils possèdent la réfraction simple ; enfin ils sont infusibles au chalumeau. Décrivons-en maintenant les diverses sous-espèces.

(1) Voyez les figures 113, 114 et 115 (pages 238 et 239).

*Rubis spinelle* ou *spinelle rouge.* Cette gemme se trouve à Ceylan, dans les mêmes sables d'alluvion que les corindons, les zircons et autres. Elle est transparente, d'un rouge ponceau ou d'un rose foncé, et d'autres fois d'un rouge rosé faible (*rubis balais*) ; elle est d'un prix très élevé, bien qu'inférieur à celui du rubis oriental, avec lequel on la confond facilement; mais celui-ci est plus dur, d'une pesanteur spécifique de 4 environ, et pourvu de la double réfraction. M. Bischop possède un spinelle rouge d'une grande beauté et du poids de 11,29 gram. qu'il estime à 100 ou 110 mille francs. M. Dufrénoy en a examiné un autre, taillé et du poids de 12,641 gram., qui était complétement incolore, et que l'on prenait pour un diamant dont il avait presque la pesanteur spécifique (3,5275). Mais il avait un éclat beaucoup moins vif et il polarisait la lumière sous un angle de 60° 45′, tandis que la polarisation de la lumière par le diamant a lieu sous un angle de 68°. Les spinelles d'Aker, en Sudermanie, sont bleus.

Quel que soit l'accord présenté par les analyses modernes des spinelles, qui les ramènent tous à la formule $\dot{\text{M}}\,\dddot{\underline{\text{Al}}}$, je ne puis passer complétement sous silence les analyses plus anciennes de Vauquelin, de Klaproth et de Berzélius, parce qu'il serait possible que la composition de ces minéraux ne fût pas aussi constante qu'on le pense, et qu'elle se rapprochât quelquefois davantage du corindon.

| | Spinelle rouge, par Vauquelin. | Spinelle rouge, par Klaproth. | Spinelle bleue d'Aker, par Berzélius. |
|---|---|---|---|
| Acide chromique. | 6,18 | » | » |
| Alumine. . . . . | 82,47 | 74,50 | 72,25 |
| Magnésie. . . . . | 8,78 | 8,25 | 14,63 |
| Chaux. . . . . . | » | 0,75 | » |
| Oxure ferreux . . | » | 1,50 | 4,26 |
| Silice. . . . . . . | » | 15,50 | 5,45 |

L'analyse de Vauquelin répond à $\dddot{\underline{\text{Al}}}^{14}\dot{\text{Mg}}^{4}\dddot{\text{Cr}}$.

L'analyse de Klaproth, en admettant que la silice soit accidentelle, conduit à la formule $\dot{\text{Mg}}\dddot{\underline{\text{Al}}}^{3}$, et celle de M. Berzélius donne à peu près $\dot{\text{Mg}}\dddot{\underline{\text{Al}}}^{2}$. Autres analyses, par M. Abich :

| | Spinelle rouge. | Oxigène. | | Spinelle rouge d'Aker. | Oxigène. | |
|---|---|---|---|---|---|---|
| Alumine. . . . | 69,01 | 32,22 | 3 | 68,94 | 32,17 | 3 |
| Magnésie. . . . | 26,21 | 10,14 | | 25,72 | 9,95 | 1 |
| Oxure ferreux . | 0,71 | 0,06 | 1 | 3,49 | 0,79 | |
| — chromique ? | 1,10 | 0,31 | | » | » | |
| Silice . . . . . | 2,02 | » | | 2,25 | » | |

Formule : $\dot{\text{Mg}}\,\dddot{\underline{\text{Al}}}$.

*Chlorospinelle* ou *spinelle vert de l'Oural*. En petits octaèdres d'un vert d'herbe, trouvés à Slatoust. M. H. Rose en a retiré :

| | | Oxigène. | |
|---|---|---|---|
| Alumine. . . . . . | 57,34 | 26,77 | 3 |
| Oxure ferrique. . . | 14,77 | 3,36 | |
| Magnésie. . . . . . | 27,69 | 10,67 | 1 |
| Oxide de cuivre. . | 0,62 | » | |

Formule : $\dot{Mg}(\underline{\dddot{Al}}, \underline{\dddot{Fe}})$.

*Candite*, *ceylanite*, *pléonaste*. Les deux premiers noms ont été donnés à des spinelles de Ceylan cristallisés en octaèdres et qui se trouvent mêlés au spinelle rouge, mais qui sont opaques et noirs (candite) ou d'un vert foncé (ceylanite). Le pléonaste est un autre spinelle noir et opaque, cristallisé en dodécaèdres réguliers, que l'on trouve dans un grand nombre de lieux, au mileu des roches volcaniques ou disséminé dans leurs débris, comme au Mont-Somma (Vésuve), à Montferrier (Hérault), à l'abbaye de Laach, sur les bords du Rhin, etc.

| | Ceylanite, par Laugier. | Oxigène. | | | Pléonaste, par Abich. | Oxigène. | | |
|---|---|---|---|---|---|---|---|---|
| Alumine . . . | 65 | 30,36 | | 3,27 | 67,46 | 31,51 | | 2,82 |
| Magnésie. . . | 13 | 5,03 | 9,27 | 1 | 25,94 | 10,04 | 11,16 | 1 |
| Oxure ferreux. | 16,5 | 3,67 | | | 5,06 | 1,12 | | |
| Chaux . . . . | 2 | 0,57 | | | » | | | |
| Silice. . . . . | 2 | | | | 2,38 | | | |

Formule : $(\dot{Mg}, \dot{Fe})\,\underline{\dddot{Al}}$.

*Spinelle zincifère* ou *gahnite*. En octaèdres d'un vert foncé, translucides sur les bords. Pesanteur spécifique 4,232. Dureté du spinelle. Ce minéral a été trouvé par Gahn, dans un schiste talqueux des environs de Fahlun; on l'a observé depuis à Franklin, dans les États-Unis. Analyse par Abich :

| | De Franklin. | De Fahlun. | Oxigène. | | |
|---|---|---|---|---|---|
| Alumine. . . . | 57,09 | 55,14 | 25,75 | 27,51 | 3,48 |
| Oxure ferrique. | » | 5,85 | 1,76 | | |
| — ferreux . | 4,55 | » | » | | |
| — zincique. | 34,80 | 30,02 | 5,86 | 7,89 | 1 |
| Magnésie. . . . | 2,22 | 5,25 | 2,03 | | |
| Silice . . . . . | 1,22 | 3,84 | » | | |

*Dysluite*. Ce minéral provient de Sterling, dans la Nouvelle-Jersey, où il accompagne le fer oxidulé et la franklinite. Il est en octaèdres réguliers d'un jaune brunâtre ; il a la dureté du feldspath seulement, et pèse 4,55. Analyse par Thompson :

| | | | | Oxigène. | | |
|---|---|---|---|---|---|---|
| Alumine. . . . . . | 30,49 = | | 30,49 | 14,23 | 22,80 | 3 |
| Oxide de fer. . . . | 41,93 = | peroxide. . | 27,96 | 8,57 | | |
| | | protoxide. | 12,55 | 1,64 | 7,83 | 1 |
| Protoxide de manganèse. . . . . . | 7,60 = | | 7,60 | 2,85 | | |
| Oxide de zinc . . . | 16,80 = | | 16,80 | 3,34 | | |
| Silice . . . . . . . . | 2,97 | | | | | |
| Eau . . . . . . . . . | 0,40 | | | | | |

Ce minéral, par l'absence complète de la magnésie et par la substitution d'une grande quantité d'oxides de fer et de manganèse à l'alumine et à l'oxide de zinc, ne conserve plus rien des spinelles, si ce n'est sa cristallisation en octaèdre régulier.

#### Magnésie fluo-phosphatée.

*Wagnérite.* Minéral très rare, cristallisant en prisme rhomboïdal oblique; transparent, d'un jaune de vin, rayé par le quarz, pesant 3,1. Difficilement fusible au chalumeau ; composé de $\dot{Mg}^3 \underline{\dddot{P}} + \dot{Mg}\underline{F}$. Trouvé à Hollegraben, dans le Salzbourg, disséminé dans une veine de quarz, traversant un schiste argileux.

#### Magnésie fluo-silicatée.

*Condrodite* ou *brucite.* Substance également fort rare, en grains cristallins et d'un jaune de cire, trouvés disséminés dans une chaux carbonatée lamellaire dans l'état de New-Jersey et en Finlande.

Formule : $2\dot{Mg}^3\dddot{Si} + \dot{Mg}\underline{F}$.

#### Magnésie silicatée.

Les minéraux qui renferment la magnésie à l'état de silicate sont rarement cristallisés, de sorte que les espèces en sont très souvent confuses, mal définies ou multipliées sans grande nécessité. Je n'en nommerai qu'un petit nombre que je diviserai en deux sections seulement, les silicates non alumineux et les silicates alumineux.

### SILICATES DE MAGNÉSIE NON ALUMINEUX.

#### Péridot.

Nommé aussi *olivine* et *chrysolite des volcans.* Silicate vitreux, transparent ou fortement translucide ; d'un vert jaunâtre ou d'un vert olive clair ; rayant le verre, mais non le quarz ; pesant 3,338 à 3,344. Il ne donne pas d'eau par la calcination et est infusible au chalumeau. Il est attaquable par les acides minéraux concentrés.

Le péridot ne paraît pas exister dans les terrains primitifs ni dans les dépôts de trachytes ; mais on le trouve dans les roches basaltiques, partout où elles se sont épanchées, comme en Auvergne, dans le Velay et le Vivarais, sur les bords du Rhin, etc. Il y est disséminé en petits cristaux, en grains, ou en rognons granulaires. Les laves des volcans modernes en renferment aussi. Enfin, une des manières d'être les plus remarquables du péridot granulaire ou olivine, est son gisement dans les cavités des masses de fer météorique. Un certain nombre de grains vitreux, observés dans les diverses pierres météoriques, lui appartiennent également.

Les cristaux du péridot paraissent dériver d'un prisme rhomboïdal oblique ; cependant Haüy avait adopté pour la forme primitive le prisme rectangulaire droit. La composition en paraît constante, quant à la formule qui est $\dot{Mg}^3 \dddot{Si}$ ; mais la magnésie y est toujours en partie remplacée par de l'oxure ferreux. On admet même aujourd'hui un *péridot calcaire* ou *batrachite*, dans lequel une grande partie de la magnésie est remplacée par de la chaux ; un *péridot manganésien* ou *knébélite* qui présente en place de la magnésie des protoxides de fer et de manganèse ; enfin un *péridot ferreux* qui est un pur silicate de protoxide de fer. Voici la composition particulière de ces différents minéraux :

| | I. | II. | III. | IV. | V. | VI. | VII. |
|---|---|---|---|---|---|---|---|
| $SiO^3$. . | 40,78 | 40,85 | 40,26 | 31,63 | 37,69 | 32,50 | 31,04 |
| MgO. . | 50,02 | 47,54 | 40,73 | 32,40 | 21,79 | » | » |
| FeO . . | 8,82 | 11,63 | 15,62 | 28,49 | 2,99 | 32 | 62,57 |
| MnO. . | 0,17 | 0,36 | 0,37 | 0,48 | » | 35 | » |
| NiO . . | 0,08 | ZnO. 0,08 | » | » | » | » | » |
| CaO . . | 0,03 | » | » | » | 35,45 | » | 2,43 |
| PsO . . | » | » | » | 2,79 | » | » | » |
| $Al^2O^3$. . | 0,18 | » | 0,11 | 2,21 | » | » | 3,27 |
| $H^2O$ . . | » | » | » | » | 1,27 | » | » |

I. Moyenne de six analyses comprenant le *péridot oriental* et le *péridot des basaltes* de Vogelsberg (Giessen), de Kasalthoff (Bohême), de l'Iserwiese et du Puy en Velay. L'oxigène de la Silice est égal à celui des bases monoxidées. Formule : $(\dot{Mg}, \dot{Fe})^3 \dddot{Si}$, ou $10\dot{Mg}^3\dddot{Si} + \dot{Fe}^3\dddot{Si}$.

II. Moyenne de trois analyses de l'*olivine* du fer météorique de Sibérie. Formule : $7\dot{Mg}^3 \dddot{Si} + \dot{Fe}^3\dddot{Si}$.

III. Moyenne des analyses des péridots du Groënland, du Mont-Somma et des basaltes de Langeac (Haute-Loire).

IV. Analyse de l'*hyalosidérite* de Kaiserstuhl; elle donne immédiatement $(\dot{Mg}, \dot{Fe}, \dot{Ps})^7 \dddot{Si}^2$. Si on admet que l'excès de base soit accidentel, on aura très sensiblement $2\dot{Mg}^3 \dddot{Si} + \dot{Fe}^3\dddot{Si}$.

V. Analyse de la *batrachite* du Tyrol. Elle donne très sensiblement $(\dot{Mg}, \dot{Fe})^3 \dddot{S} + Ca^3\dddot{Si}$.

VI. Analyse de la *knébélite*. Elle donne sensiblement $\dot{Fe}^3\dddot{Si} + \dot{Mn}^3\dddot{Si}$, avec un excès de silice.

VII. Analyse du *péridot ferreux* des Açores. Formule : $\dot{Fe}^3 \dddot{Si}$, avec un excès de silice.

### Villarsite ou Péridot hydraté.

Substance demi-transparente, d'un vert jaunâtre, assez tendre, grenue, fragile, trouvée dans la mine de fer oxidulé de Traverselle en Piémont. Elle existe aussi dans les granites de la chaîne du Forez. M. Dufrénoy en a décrit des cristaux qui sont des octaèdres rhomboïdaux tronqués au sommet, dérivant d'un prisme droit rhomboïdal. L'analyse lui a donné :

| | Du Forez. | Du Piémont. | | | |
|---|---|---|---|---|---|
| Silice. . . . . . . | 40,52 | 39,61 | Ox. 20,57 | | 4 |
| Magnésie . . . . . | 43,75 | 47,37 | 18,37 | | |
| Oxure ferreux. . . | 6,25 | 3,59 | 0,69 | | |
| — manganeux. | » | 2,42 | 0,53 | 19,81 | 4 |
| Chaux. . . . . . . | 1,70 | 0,53 | 0,14 | | |
| Potasse. . . . . . . | 0,72 | 0,46 | 0,08 | | |
| Eau . . . . . . . . | 6,21 | 5,80 | 5,14 | | 1 |

Formule : $4\dot{Mg}^3\dddot{Si} + \dot{\underline{H}}$.

### Hyperstène, bronzite, anthophyllite, diallage métalloïde, etc.

On a donné ces différents noms à des minéraux silicatés et très complexes, que l'on trouve le plus souvent mêlés aux serpentines, sous forme de petites masses lamelleuses, d'un brun verdâtre, avec reflet métallique bronzé : plusieurs clivages, qui sont assez faciles, conduisent à un prisme rhomboïdal oblique de 87 degrés environ; la densité varie de 3,115 à 3,261. La dureté n'est pas plus constante, car si l'hyperstène est assez dur pour tirer des étincelles du briquet, la bronzite raie à peine le verre. Soumis à l'action du chalumeau, ces minéraux sont infusibles ou fusibles, suivant la nature et la prépondérance des bases qui les composent (magnésie, chaux, protoxides de fer et de manganèse); mais, quelles que que soient ces différences, la composition s'accorde presque toujours avec la formule $\dot{R}^3\dddot{Si}^2$. Cette formule, qui est celle des pyroxènes, jointe à ce que la forme primitive s'accorde aussi avec celle de ces minéraux, est cause que les minéralogistes regardent aujourd'hui l'hyperstène et la bronzite comme une dépendance du genre *pyroxène*.

On a réuni pendant longtemps à la bronzite et à la diallage, et sous le nom de *diallage verte* ou de *smaragdite*, une substance d'une très agréable couleur verte, qui fait partie de la roche nommée *vert de Corse;* mais cette substance, toute caractéristique qu'elle est dans cette roche, paraît n'être qu'un mélange de lames d'amphibole et de pyroxène, et ne peut constituer une espèce minérale.

### Talc et Stéatite.

Substances tendres et très douces au toucher, donnant peu d'eau par la calcination, infusibles au chalumeau et d'une composition un peu variable, mais que l'on peut généralement représenter par un silicate de magnésie de la formule $\dot{Mg}\dddot{Si}$, contenant en plus soit un peu de magnésie, soit de l'eau, soit de la magnésie hydratée.

Ces substances accompagnent les serpentines dans les terrains primitifs supérieurs, et forment des lits ou des couches au milieu des micaschistes, des calcaires cristallisés, des dolomies et des phyllades. Elles forment la base des *stéaschistes*, et entrent dans la composition des autres roches de la même époque, telles que les ophiolites et les ophicalces Ce ne sont même que les portions isolées, et qui ont échappé, pour ainsi dire, à l'empâtement de ces roches, qui constituent les espèces ou variétés que nous distinguons, et que je vais décrire.

*Talc laminaire*, dit *talc de Venise.* Substance en petites masses aplaties, translucides ou même presque transparentes, d'un blanc verdâtre avec un reflet nacré très éclatant; très douce et onctueuse au toucher; très facilement rayée par l'ongle et rayée même par le sulfate de chaux; se divisant facilement en feuillets très minces et très flexibles, mais non élastiques. Dans quelques échantillons rares et qui me paraissent cependant certains, les lames du talc ont une forme hexagonale très prononcée et doivent être considérées comme des prismes hexaèdres très courts.

Le talc laminaire se trouve principalement au Saint-Gothard, associé à des cristaux rhomboédriques de dolomie; au Tyrol, à Taberg en Suède, à Rhode-Island aux États-Unis, etc. En voici plusieurs analyses:

| | I. | R. mol. | II. | Rapp. | III. | Rapp. | IV. | Rapp. | V. | Rapp. |
|---|---|---|---|---|---|---|---|---|---|---|
| $SiO^3$. . | 62 | 109 | 61,75 | 109 | 62 | 109 | 62,8 | 111 | 62,80 | 111 |
| MgO . | 27 | 112 | 31,68 | 126 | 30,50 | 128 | 32,4 | 129 | 31,92 | 126 |
| FeO . | 3,5 | | 1,70 | | 2,50 | | 1,6 | | 1,10 | |
| PsO. . | » | » | » | » | 2,75 | | » | | ». | |
| $H^2O$. . | 6 | 53 | 4,83 | 43 | 0,50 | » | » | | » | |
| $Al^2O^3$. | 1.5 | » | » | » | » | » | 1 | | 0,60 | |

I. Cette analyse, due à Vauquelin, était la seule, il y a peu de temps, qui admît une aussi grande quantité d'eau dans le talc laminaire, et l'on pouvait croire à une erreur ; mais l'analyse II, faite dernièrement par M. Delesse, sur du talc laminaire très pur de Rhode-Island, semble montrer que cette variété de talc peut contenir de l'eau. M. Delesse ajoute que le talc lamelleux de Zillerthal (Tyrol) perd de même 4,7 d'eau à une forte chaleur ; mais ce résultat est contraire aux trois dernières analyses, dont celle n° III, due à Klaproth, a été faite sur du talc laminaire du Saint-Gothard ; celle n° IV a été faite par M. Kobell sur le talc même de Zillerthal ; et celle n° V, due au même chimiste, a eu pour sujet le talc de Proussiansk (Ekatherinenbourg). Quant à moi, j'ai fait deux seuls essais avec de beau talc laminaire du Tyrol : dans le premier, la matière chauffée au rouge n'avait perdu ni sa couleur verdâtre, ni sa transparence, ni rien de son poids ; et dans le second essai, à une chaleur très forte et prolongée, la matière étant devenue comp étement opaque et d'une couleur rougeâtre, il n'y a eu, sur 100 parties de talc, qu'une perte de 0,768. Je suis donc convaincu que le talc laminaire contient généralement moins de 1 pour 100 d'eau. Quant aux autres principes, l'analyse de Klaproth est la seule qui fasse mention de la potasse, et celle de Vauquelin est la seule qui admette un silicate de la formule $Mg\dddot{Si}$, combiné avec 1/2 molécule d'eau ; dans toutes les autres analyses, le silicate a pour formule $\dot{Mg}\ 7\dddot{Si}^6$, et comme cet accord ne peut être accidentel, je le regarde comme une preuve que cette formule exprime la composition la plus habituelle du talc laminaire.

*Talc écailleux*, *craie de Briançon*, *speckstein.* Cette substance se trouve en masses assez considérables, un peu schisteuses et à feuillets indistincts et ondulés. Sa texture est fibro-lamelleuse ; ses lames sont très petites et faciles à isoler les unes des autres ; elle est parfaitement blanche ou d'un blanc faiblement verdâtre ; elle est très douce au toucher, etc.

*Talc granulaire* ou *stéatite.* Substance compacte, toujours tendre et douce au toucher, susceptible de poli. Elle présente une cassure finement esquilleuse, ou granulaire comme celle de la cire, ou même terreuse. Elle est d'un blanc grisâtre, d'un blanc jaunâtre, d'une couleur verdâtre ou d'une teinte rosée ou fleur de pêcher. Sa composition a beaucoup de rapport avec celle du talc laminaire et présente les mêmes variations.

| | I. | II. | III. | IV. | V. | VI. |
|---|---|---|---|---|---|---|
| $SiO^3$. . | 58,2 | 59,5 | 62 | 64,85 | 63,95 | 66,70 |
| $MgO$. . | 33,2 | 30,5 | 27 | 28,53 | 28,25 | 30,23 |
| $FeO$. . | 4,6 | 2,5 | 3,5 | 1,40 | 0,60 | 2,41 |
| $H^2O$. . | 3,5 | 5,5 | 6 | 5,22 | 2,70 | » |
| $Al^2O^3$. | » | » | 1,5 | » | 0,78 | » |

I. Talc écailleux du petit Saint-Bernard, par M. Berthier; composition : $Mg^4 \dddot{Si}^3 \underline{H}$ ou $3\dot{Mg} \dddot{Si} + \dot{Mg} \underline{\dot{H}}$.

II. Stéatite de Bayreuth, par Klaproth; composition : $\dot{Mg}^7 \dddot{Si}^6 \underline{\dot{H}}^{2,8}$. Une autre analyse par Bucholz et Brandes conduit exactement au même résultat.

III. Talc écailleux de Briancon, par Vauquelin; composition : $2\dot{Mg} \dddot{Si} + \underline{\dot{H}}$.

IV. Stéatite de Nyntsch, par M. Delesse; composition : $5\dot{Mg} \dddot{Si} + 2\underline{\dot{H}}$.

V. Stéatite d'Ingeris, par Tengstroem; composition : $4,5\dot{Mg} \dddot{Si} + \underline{\dot{H}}$.

VI. Stéatite du Canigou, par M. Lichnell; composition : $\dot{Mg} \dddot{Si}$.

On peut expliquer, jusqu'à un certain point, la composition variable du talc et de la stéatite, en admettant que ces substances ont été formées après coup, au milieu des roches qui les contiennent, et à la manière de la dolomie, par un effluve de particules magnésiques sorties de la partie ignée de la terre, et à une époque de soulèvement, et qui sont venues, à l'aide de la vapeur d'eau et d'autres, convertir les roches siliceuses et calcaires en silicate de magnésie, ou s'y substituer. Ce silicate, formé probablement d'abord avec des proportions constantes d'acide, de base et d'eau, aura pu ensuite être modifié par une nouvelle adjonction de particules magnésiennes, ou perdre son eau par la communication de la chaleur des roches ignées. On a d'ailleurs la preuve que le talc s'est formé postérieurement aux terrains qui le contiennent, par ses pseudomorphoses qui nous le présentent cristallisé en formes propres au quarz hyalin ou à la chaux carbonatée; le premier ayant été évidemment converti en silicate de magnésie, et la seconde ayant été complétement enlevée, pour faire place au nouveau composé.

### Magnésite ou Écume de mer.

Substance d'un blanc grisâtre, poreuse, légère, et cependant assez tenace, offrant souvent une disposition schisteuse. Elle est sèche au toucher et nappe fortement à la langue. Elle donne beaucoup d'eau par la distillation ; elle est très difficilement fusible au chalumeau. Elle est attaquée par les acides concentrés, et le dissoluté, séparé de la silice, offre tous les caractères des sels magnésiens.

La magnésite la plus estimée, celle qui, sous le nom d'*écume de mer*, sert dans l'Orient à la fabrication des pipes, provient de divers lieux de l'Asie-Mineure, de l'île Négrepont et de la Crimée. Elle se trouve dans des calcaires compactes qui renferment des rognons de silex, et dont on ne connaît pas bien l'âge. On la rencontre ensuite dans la colline de Vallecas près de Madrid, en couches assez puissantes qui renferment des rognons de silex et qui alternent avec des couches d'argile, au-dessus d'un terrain gypseux. On la trouve à Salinelle, département du Gard, entre Alais et Montpellier, et enfin dans le terrain tertiaire parisien, comme à Coulommiers, à Crécy, à Saint-Ouen et à Chenevières, au milieu de marnes calcaires et argileuses.

On trouve encore la magnésite à Baldisero et à Castella-Monte (Piémont), formant des rognons ou des veines dans la serpentine, et souvent mélangée avec la magnésie carbonatée.

La magnésite de Vallecas, de Coulommiers et de Chenevières, présente la même composition, qui est de 54 de silice, 24 de magnésie et 20 d'eau, ce qui répond à $\dot{Mg}\dddot{Si} + 2\underline{H}$. Celle de l'Asie-Mineure contient, d'après M. Berthier, 50 de magnésie, 25 de magnésie et 25 d'eau, et sa formule est $2\dot{Mg}\dddot{Si} + 5\underline{H}$.

*Quincyte.* On a donné ce nom à une véritable magnésite, colorée en rouge par une matière organique, que l'on trouve au milieu des calcaires d'eau douce de Mehun et de Quincy.

*Aphrodite.* M. Berthier a décrit sous ce nom une *écume-de mer* trouvée à Langbanshittan, en Suède; elle est formée de :

| | | Rapports moléculaires. | | |
|---|---|---|---|---|
| Silice. . . . . . . | 51,55 | 90,94 | | 10 |
| Magnésie . . . . . | 33,72 | 130,53 | 135,39 | 15 |
| Oxure manganeux. | 1,62 | 3,55 | | |
| — ferreux. . . | 0,59 | 1,31 | | |
| Eau. . . . . . . . . | 12,32 | 109,51 | | 12 |
| Alumine. . . . . . | 0,20 | | | |

Formule : $5\dot{Mg}^3\dddot{Si}^2 + 12\underline{H}$.

**Marmolite.**

Substance d'un blanc verdâtre et jaunâtre, avec un éclat un peu nacré; à texture foliée, à lames opaques, non flexibles; plus dure que le talc ; donnant une poudre douce et onctueuse au toucher ; attaquable par l'acide nitrique ; perdant de l'eau et prenant de la dureté par la calcination. Elle a été trouvée en veines étroites dans des roches de serpentine, à Hoboken et à Barre-Hill, près de Baltimore. Elle contient, suivant l'analyse de M. Nuttal :

| | |
|---|---|
| Silice. . . . . . . . . . . . . | 36 |
| Magnésie . . . . . . . . . . . | 46 |
| Chaux. . . . . . . . . . . . | 2 |
| Oxides de fer et de chrome . | 0,5 |
| Eau. . . . . . . . . . . . . . | 15 |

Formule : $\dot{M}g^3\,\dddot{Si} + 2\dot{\underline{H}}$.

### Serpentine et Pierre ollaire.

La serpentine est une substance verdâtre, compacte, moins douce au toucher que le talc et beaucoup plus dure ; cependant elle se laisse facilement rayer par une pointe d'acier. Elle a une cassure esquilleuse et un éclat cireux. Elle perd de l'eau par la calcination et acquiert une dureté plus considérable. Elle est assez tenace, facile à scier, à tailler et à tourner, ce qui permet d'en fabriquer des mortiers, des encriers, des salières, des théières et d'autres vases culinaires d'autant plus utiles qu'ils supportent bien le feu et y acquièrent une plus grande dureté. La serpentine commune, qui sert principalement à cet usage, en a reçu le nom de *pierre ollaire*, bien qu'il existe aussi des pierres ollaires qui ne sont pas de la serpentine.

La serpentine étant massive et non cristallisée, est rarement pure. Presque toujours elle présente sur un fond vert olive ou vert poireau des taches ou des bandes d'un vert plus clair, ou sur un fond vert clair des bandes ou des taches d'un vert foncé, ce qui indique déjà un mélange de parties hétérogènes. Elle renferme de plus très souvent du fer oxidulé, du fer sulfuré, du mispickel, des grenats, de la diallage, du pyroxène, de l'amphibole, de l'asbeste, du talc, du spath calcaire, etc. Lorsqu'on la sépare de ces différents mélanges, on lui trouve une composition qui n'est pas toujours semblable, mais qui paraît avoir pour point de départ un hydrosilicate de magnésie de la formule $\dot{M}g^9\,\dddot{Si}^4 + 6\dot{\underline{H}}$, qui appartient à la serpentine pure et incolore de Gulsjo, analysée par M. Mosander :

| | | | | Rapports moléculaires. |
|---|---|---|---|---|
| Silice. . . . . . . | 42,34 × 1,7642 = | 74,7 | | = 4 |
| Magnésie. . . . . | 44,20 × 3,8707 = | 171,8 | 175,8 | = 9,3 |
| Oxure ferreux. . . | 0,18 × 2,2222 = | 4 | | |
| Eau. . . . . . . . . | 12,38 × 8,8889 = | 110,4 | | = 6 |

Plusieurs autres serpentines ont offert la même composition, avec substitution d'une certaine quantité de chaux, d'oxide de fer, de manganèse, de chrome ou de cérium à la magnésie ; telles sont :

La serpentine de Germantown, analysée par Nutall ;

— jaune de Finlande, analysée par M. Lychnell ;

La néphrite de Smithfield, analysée par M. Bowen ;

La picrolite de Brattfor, analysée par Stromeyer.

J'admets donc que la formule $\dot{Mg}^9 \dddot{Si}^4 + 6\underline{\dot{H}}$ représente la composition normale ou fondamentale de la serpentine ; en voici maintenant quelques modifications que j'indiquerai seulement par leurs formules :

*Hydrophyte de Taberg*, par Svanberg : $\dot{Mg}^9 \dddot{Si}^4 + 9\underline{\dot{H}}$

*Picrolite de Taberg*, par Almroth : $2\dot{Mg}^9 \dddot{Si}^4 + 9\underline{\dot{H}}$.

*Serpentine de Norberg*, par Hisinger : $\dot{Mg}^{12} \dddot{Si}^4 + 9\underline{\dot{H}} = \dot{Mg}^9 \dddot{Si}^4, \underline{\dot{H}}^6 + 3\dot{Mg}\underline{\dot{H}}$.

### SILICATES DE MAGNÉSIE ALUMINEUX.

#### Cordiérite.

*Iolite*, *dichroïte*, *saphir d'eau*. Substance vitreuse, translucide ou transparente, d'une assez belle couleur bleue lorsqu'on la regarde dans le sens de l'axe, d'un jaune brunâtre lorsqu'on la voit perpendiculairement à l'axe ; elle possède deux axes de double réfraction ; elle pèse de 2,56 à 2,66 ; elle raie fortement le verre et faiblement le quarz ; elle fond difficilement au chalumeau et est insoluble dans les acides.

La cordiérite se présente sous la forme de prisme hexaèdre régulier modifié sur les arêtes et pouvant offrir plusieurs rangs de facettes sur les bases. On la trouve à Bodenmais, disséminée dans un micaschiste, avec de la pyrite magnétique ; à Simintak au Groënland ; en Finlande près d'Abo, au cap de Gate en Espagne, dans une roche trachytique, etc. Il en vient également de Ceylan, qui est employée par les joailliers sous le nom de *saphir d'eau*. Il en existe un assez grand nombre d'analyses qui donnent toutes pour sa composition $\dddot{Si}^5 \underline{\dddot{Al}}^3 \dot{Mg}^3$, que l'on suppose unis de la manière suivante : $3\underline{\dddot{Al}} \dddot{Si} + \dot{Mg}^3 \dddot{Si}^2$.

#### Jade oriental.

*Jade néphrétique* ou *néphrite*. Substance compacte, verdâtre, translucide, d'une dureté égale à celle du feldspath et tellement tenace qu'on a peine à la briser sous le marteau. La cassure en est terne, inégale et esquilleuse. La texture elle-même est finement squameuse ou grenue, comparable à celle de la stéatine ou de la cire. La couleur est quelquefois blanche ; mais elle est le plus ordinairement d'un vert poireau très pâle, passant, par places, au vert de chrome. La pesanteur spécifique est de 3 environ. Cette substance est apportée de l'Inde et de la Chine sous forme de cailloux roulés quelquefois volumineux, ou en objets d'arts travaillés, pourvus d'un poli et d'un éclat imparfaits, et qui paraissent doux et un peu gras au toucher. Cette pierre porte en Chine le nom de *ju* et elle y jouit d'une grande célébrité. On lui attribuait autrefois, même en Europe, la propriété de faire sortir les calculs de la vessie, étant portée en amulette. Elle paraît avoir des caractères assez tranchés et constants, et cependant les analyses qui en ont été faites montrent que leurs auteurs ont souvent opéré sur des substances différentes.

| | I. | II. | III. | IV. | | |
|---|---|---|---|---|---|---|
| Silice. . . . . . . . | 53,75 | 50,50 | 54,68 | 58,29 | Oxig. 30,26 | 9 |
| Alumine . . . . . . | 1,05 | 10 | » | » | » | |
| Chaux . . . . . . . | 12,75 | » | 16,06 | 11,94 | 3,36 | 1 |
| Magnésie . . . . . . | » | 31 | 26,06 | 27,14 | 10,50 | 3 |
| Oxide de fer. . . . . | 5 | 5,50 | 2,15 | 1,14 | 0,75 | |
| — de manganèse. | 2 | » | 1,39 | » | | |
| — de chrome . . | » | 0,05 | » | » | | |
| Potasse. . . . . . . | 8,50 | » | » | » | | |
| Soude. . . . . . . . | 10,75 | » | » | » | | |
| Eau. . . . . . . . . | 2,25 | 2,75 | 0,97 | » | | |

I. Jade oriental vert, par de Saussure.

II. Analyse du jade par Kastener, citée par M. Beudant. Formule : $\dddot{\underline{Al}}\ \dddot{Si}^3 + 3\dot{Mg}^3\ \dddot{Si}$.

III. Jade de Turquie, par M. Rammelsberg.

IV. Jade blanc laiteux de l'Inde, moyenne de deux analyses, par M. Damour. Formule : $\dot{Mg}^3\ \dddot{Si}^2\ \dot{Ca}\ \dddot{Si}$. Cette composition étant exactement celle de la trémolite, M. Damour regarde le jade oriental comme une simple variété de trémolite. Mais la grande ténacité du jade lui imprime un caractère tellement différent, que je ne sais si la conclusion de M. Damour peut être admise.

On connaît d'ailleurs plusieurs substances analogues au jade oriental et qui ont pu être confondues avec lui. Tel est d'abord le *jade ascien* de Haüy qu'il dit être très dur, à cassure écailleuse, susceptible d'un beau poli et d'un vert foncé ou d'un vert olivâtre. J'ajoute que ce jade n'a pas la teinte laiteuse uniforme du premier, et qu'il est presque transparent dans ses fragments. Son poli est plus parfait et plus éclatant et son toucher est plus sec, sans être cependant entièrement privé d'onctuosité. Je possède un échantillon de ce jade, faconné en un fer de hache de 8 centimètres de long sur 4,3 centimètres de large, et j'en ai vu un autre de même forme, qui a été trouvé dans les alluvions de la Seine par M. Duval, pharmacien et géologue très distingué. On sait, en effet, que les peuples demi-sauvages de toutes les parties du monde, les premiers habitants de la Gaule comme ceux de l'Amérique, se sont servis des pierres les plus dures de leur pays, avant qu'ils connussent l'usage du fer, pour en fabriquer des armes et des instruments tranchants. Sur l'ancien sol parisien, c'étaient principalement le silex pyromaque et le grès de Fontainebleau qui servaient à cet usage; la petite hache de jade dont je viens de parler y avait peut-être été apportée par le commerce. En Amérique, sur les bords du Maragnon et dans les îles Caraïbes, ce sont encore aujourd'hui des roches dures, que je crois de nature feldspathique et assez semblables à des eurites. Enfin, de Saussure avait donné le nom de *jade* à un feldpath à base de soude, compacte, tenace, d'un gris bleuâtre ou d'un vert grisâtre, qui sert de base à la roche diallagique nommée *vert de Corse*. La cassure en est esquilleuse et assez semblable à celle du jade néphrétique; la pesanteur spécifique indiquée est de 3,34. Le caractère qui distingue le mieux cette substance du jade néphrétique réside dans l'éclat vitreux de sa surface polie et dans son toucher sec et dépourvu de toute onctuosité.

### Chlorite.

Substance dont la couleur varie du vert noirâtre ou du vert bouteille foncé au vert jaunâtre, composée de lamelles brillantes plus ou moins agrégées, douces au toucher, flexibles et non élastiques, comme celles du talc.

Elle est fusible au chalumeau en une scorie noire attirable à l'aimant.

Elle se présente en couches fréquentes et étendues dans les terrains primitifs supérieurs, dans les schistes de transition et dans les schistes argileux, dont elle emprunte la structure schisteuse, avec un caractère particulier de courbure ou de contournement des lames qui la composent. Quelques variétés dont la forme cristalline est bien déterminée, ou dont la composition offre une modification assez marquée, ont été considérées par quelques minéralogistes comme des espèces distinctes et ont reçu des noms particuliers. C'est ainsi qu'on donne le nom de *pennine* à une chlorite qui se présente sous la forme d'un rhomboèdre aigu de 63° 15′, ou en tables plus ou moins épaisses, à bases triangulaires ou hexagonales, qui proviennent de la troncature plus ou moins avancée des deux angles-sommets du rhomboèdre. Ces cristaux paraissent d'un vert noir sur les faces; mais ils sont transparents et jouissent à un haut degré du dichroïsme : dans le sens du grand axe, la lumière est d'un beau vert d'émeraude, tandis qu'elle est brune ou rouge hyacinthe, perpendiculairement à cet axe. Sa pesanteur spécifique est de 2,653 à 2,659. On la trouve dans une gangue de schiste, au milieu des roches serpentineuses qui avoisinent le mont Rose ; j'en donnerai plus loin la composition.

MM. Marignac et Descloiseaux ont décrit, sous le nom particulier de *chlorite hexagonale*, une substance verte, cristallisée quelquefois en une double pyramide hexagonale tronquée ; mais qui se présente plutôt en lames hexagonales biselées, ou en prismes allongés et contournés. Ce minéral pèse 2,672 ; il est tendre, onctueux au toucher, flexible, non élastique, transparent dans ses lames minces et dépourvu de dichroïsme. On le trouve principalement dans la vallée d'Ala (Piémont), où il accompagne de beaux grenats cristallisés, à Slatouts et à Achmatowsk en Sibérie, à Mauléon dans les Pyrénées, etc. On a pris longtemps cette chlorite pour du talc cristallisé.

Enfin M. Kobell, en se fondant sur un certain nombre d'analyses, a pensé que l'on pouvait diviser les chlorites en deux sous-espèces à l'une desquelles il a conservé le nom de *chlorite* et dont l'autre a reçu celui de *ripidolithe;* mais, sans compter que la chlorite de M. Kobell n'est pas celle de M. Marignac, d'anciennes analyses, qui me paraissent très régulières, me semblent démontrer que la composition de la chlorite peut éprouver d'assez nombreuses variations sans que les caractères du minéral en soient sensiblement altérés.

| | I. | II. | III. | IV. | V. | VI. | VII. |
|---|---|---|---|---|---|---|---|
| $SiO^3$. . . . . | 26,8 | 25,37 | 26 | 27,32 | 30,76 | 33,57 | 30,11 |
| $Al^2O^3$. . . . . | 19,6 | 18,50 | 18,5 | 20,69 | 17,07 | 13,37 | 19,45 |
| $Cr^2O^3$. . . . . | » | » | » | » | » | 0,20 | » |
| $Fe^2O^3$. . . . . | » | » | » | » | » | 1,90 | 4,61 |
| FeO. . . . . | 23,5 | 28,79 | 43 | 15,23 | 4,11 | 3,58 | » |
| MnO. . . . . | » | » | » | 0,47 | 0,26 | » | » |
| MgO. . . . . | 14,3 | 17,09 | 8 | 24,89 | 34,18 | 34,16 | 33,27 |
| PsO. . . . . | 2,7 | » | 2 | » | » | » | » |
| $H^2O$. . . . . | 11,4 | 8,96 | 2 | 12 | 12,42 | 12,68 | 12,52 |

I. *Chlorite écailleuse*, par M. Berthier. En exprimant les bases monoxidées par $\dot{M}$, et en supposant l'alumine à l'état de silicate, la formule est $\underline{\dddot{Al}}^2 \dddot{Si}^2 + \dot{M}^6 \dddot{Si} + 6Aq$. Si l'on suppose que l'alumine fasse fonction d'acide pour une partie de la magnésie, on obtient $\dot{M}^2 \underline{\dddot{Al}}^2 + \dot{M}^4 \dddot{Si}^3 + 6Aq$.

Une analyse de *chlorite schisteuse*, par Gruner, que je ne rapporte pas, donne $\underline{\dddot{Al}}^2 \dddot{Si}^2 + 2\dot{M}^6 \dddot{Si} + 6Aq.$, dont le rapport avec la première formule est facile à saisir.

II. *Ripidolithe du Saint-Gothard*, par M. Varrentrapp; formules : $\underline{\dddot{Al}}^2 \dddot{Si}^2 + \dot{M}^9 \dddot{Si} + 6Aq.$ ou $\dot{M}^3 \underline{\dddot{Al}}^2 + \dot{M}^6 \dddot{Si}^3 + 6Aq.$

Cette chlorite diffère de celle analysée par M. Berthier par une addition de $\dot{M}^3$.

III. *Chlorite écailleuse* analysée par Vauquelin; formules : $\underline{\dddot{Al}}^2 \dddot{Si}^2 + \dot{M}^9 \dddot{Si} + Aq.$ ou $\dot{M}^3 \underline{\dddot{Al}}^2 + \dot{M}^6 \dddot{Si}^3 + Aq.$

Cette chlorite ne diffère de la précédente que parce qu'elle a perdu presque toute son eau.

IV. *Ripidolithe de Greiner*, par M. Kobell; formules : $\underline{\dddot{Al}}^2 \dddot{Si}^2 + \dot{M}^8 \dddot{Si} + 6Aq.$ ou $\dot{M}^2 \underline{\dddot{Al}}^2 + \dot{M}^6 \dddot{Si}^3 + 6Aq.$

Cette dernière formule, qui résulte aussi de l'analyse de la ripidolithe de Rauris, est donnée comme caractérisant la ripidolithe.

V. *Chlorite d'Achmatowsk*, moyenne de deux analyses par MM. Kobell et Varrentrapp; formules : $\underline{\dddot{Al}}^2 \dddot{Si}^2 + \dot{M}^{10} \dddot{Si}^2 + 8Aq.$ ou $\dot{M}^2 \underline{\dddot{Al}}^2 + \dot{Mg}^8 \dddot{Si}^4 + 8Aq.$

Une ancienne analyse de chlorite lamellaire, par Lampadius, présente la même composition, à l'exception de l'eau qui se trouve réduite à $2Aq$.

VI. *Pennine*, moyenne de trois analyses par M. Marignac; formules: $\underline{\dddot{Al}}^2 \dddot{Si}^2 + \dot{M}^{12} \dddot{Si}^3 + 10Aq.$ ou $\dot{M}^2 \underline{\dddot{Al}}^2 + \dot{M}^{10} \dddot{Si}^5 + 10Aq.$

VII. *Chlorite hexagonale*, par M. Marignac; formules: $\underline{\dddot{Al}}^4 \dddot{Si}^2 + \dot{M}^{12} \dddot{Si}^4 \underline{\dot{H}}^{12} + \dot{M}^3 \underline{\dot{H}}$ ou $\dot{M}^3 \underline{\dddot{Al}}^3 + \dot{M}^{12} \dddot{Si}^6 \underline{\dot{H}}^{12} + \underline{\dddot{Al}} \underline{\dot{H}}.$

## FAMILLE DU CALCIUM.

Le calcium est un métal tellement avide d'oxigène, que c'est à peine si on a pu le réduire à l'état métallique, et son oxide lui-même, ou la *chaux*, est si avide de combinaison, qu'on ne peut l'exposer à l'air sans qu'il en attire à la fois l'eau et l'acide carbonique. Il est évident, d'après cela, que nous ne devons trouver dans la nature ni calcium ni chaux pure, et que nous ne pouvons avoir à examiner que leurs combinaisons, qui sont fort nombreuses et qui peuvent être rangées sous quatre chefs.

1° *Calcium* combiné à un corps simple électro-négatif, comme le *fluore* ou le *chlore*. Avec le premier, il forme un *fluorure* insoluble dans l'eau; fixe, mais fusible à une forte chaleur, ce qui lui avait valu anciennement le nom de *spath-fluor* et celui plus moderne de *fluate de chaux*. Avec le second, le calcium forme un *chlorure* également fixe, mais très fusible, très soluble dans l'eau, déliquescent même, ce qui empêche qu'on le trouve à l'état solide et isolé dans la terre ; mais il existe dissous dans plusieurs eaux minérales et dans l'eau de la mer.

2° La *chaux* se trouve combinée à un acide oxigéné qui peut être un des acides nitrique, sulfurique, carbonique, phosphorique, arsenique, antimonieux, antimonique, tungstique, vanadique, titanique ou silicique, d'où résultent autant d'espèces minérales nommées *chaux nitratée*, *sulfatée*, *carbonatée*, *phosphatée*, *arséniatée*, *antimoniée* et *antimoniatée*, *tungstatée*, *vanadatée*, *titanatée* et *silicatée*.

3° La *chaux* peut exister combinée à deux acides à la fois, comme à l'acide titanique et à l'acide silicique, formant un minéral nommé *sphène* ou *chaux titano-silicatée;* ou aux deux acides borique et silicique, formant de la *chaux boro-silicatée*, dont on connaît deux espèces nommées *datholite* et *botryolite*, qui diffèrent par leur degré d'hydratation.

4° Il existe un grand nombre de composés naturels formés de chaux et de une ou de plusieurs autres bases, combinées à un seul acide : tels sont les innombrables silicates de chaux et de magnésie; de chaux et d'alumine; de chaux, de fer et d'alumine, etc.; composés dont nous ne décrirons toujours que les plus connus et les mieux déterminés.

### Calcium fluoruré.

*Fluorure de calcium*, *chaux fluatée*, *spath-fluor* ou *fluorine*. Cette substance, dans son état de pureté, est uniquement composée de fluore et de calcium dans la proportion de :

| | | | |
|---|---|---|---|
| Fluore . . . | 2 molécules | 235,4 | 48,5 |
| Calcium . . | 1 | 250,0 | 51,5 |
| | | 485,4 | 100,0 |

Formule : Ca $\underline{F}$.

Le calcium fluoruré se présente presque toujours sous la forme de

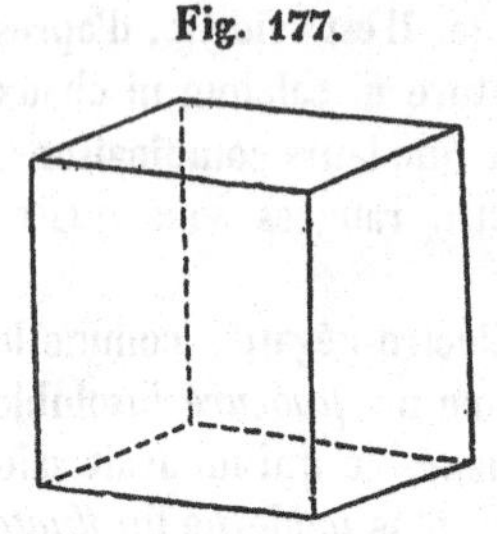
Fig. 177.

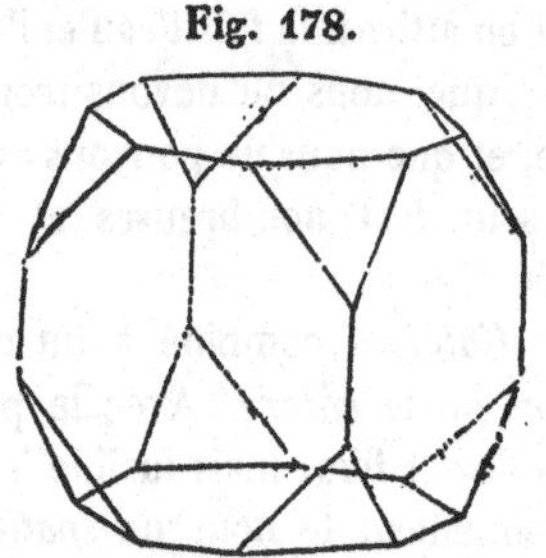
Fig. 178.

cube (fig. 177); mais un clivage très facile et très visible sur les angles, conduit d'abord au cubo-octaèdre (fig. 178) et ensuite à l'octaèdre régulier (fig. 179) que l'on doit considérer comme la forme primitive. Cet octaèdre se rencontre encore assez souvent, mais il est bien plus rare cependant que le cube. Les autres formes sont le cube émarginé, passant au dodécaèdre rhomboïdal (fig. 180); le cube pyramidé ou

Fig. 179.

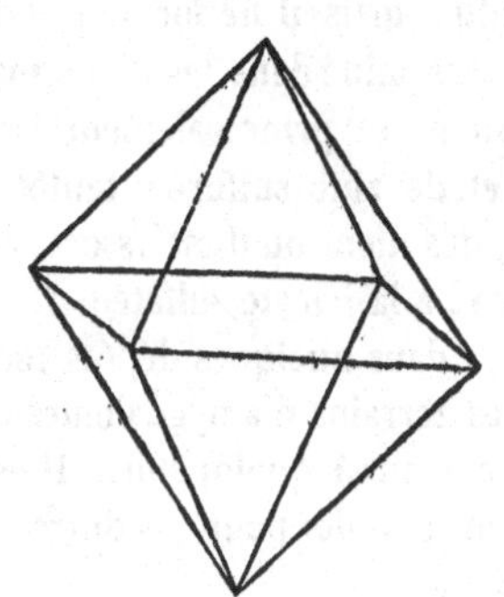

Fig. 180.

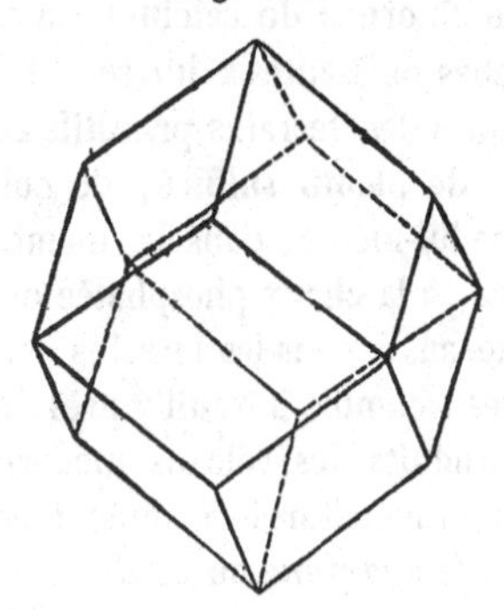

hexa-tétraèdre, solide à vingt-quatre faces portant une pyramide très surbaissée sur chaque face du cube, et toutes les modifications intermédiaires. Les faces sont ordinairement miroitantes.

Le fluorure de calcium est incolore et transparent lorsqu'il est pur; il pèse 3,1 ; il raie la chaux carbonatée et est rayé par le quarz et le feldspath; il fait éprouver à la lumière la réfraction simple; il devient lumineux dans l'obscurité par le frottement réciproque de ses morceaux; sa poudre, jetée sur un charbon ardent placé dans l'obscurité, répand une lueur verdâtre. On connaît même une variété cristallisée, de Sibérie, qui répand, lorsqu'elle est chauffée, une lumière d'un beau vert d'émeraude, qui lui a fait donner le nom de *chlorophane*.

Le fluorure de calcium, chauffé au chalumeau, se fond en un émail blanc. Traité par l'acide sulfurique hydraté, dans un vase de plomb, de platine ou de sa propre substance, il dégage une fumée épaisse et très dangereuse de *fluoride hydrique*, qui jouit de la propriété de corroder le verre. Si l'opération se fait dans un vase de verre, ou avec un mélangé de verre ou de silice, il se produit, au lieu de fluoride hydrique, du *fluoride silicique*, gaz incolore et permanent qui se décompose sous l'influence de l'eau, etc.

Le calcium fluoruré présente des couleurs très variables; les plus communes sont le vert pâle, le vert bleu, le jaune, le violet, rarement le bleu, très rarement le rose. Indépendamment des cristaux qui sont ainsi colorés, on le trouve en masses concrétionnées, confusément cristallisées à l'intérieur, et dont l'agrément est augmenté par les différentes nuances de couleur et les reflets qu'y fait naître la direction de la lumière On en fabrique des vases d'ornement d'un assez grand prix. Le calcium fluoruré se trouve encore en masses compactes, translucides, verdâtres, blanchâtres ou jaunâtres, de peu d'éclat, ayant une cassure testacée ou esquilleuse. On le trouve enfin sous forme terreuse, opaque et friable.

Le fluorure de calcium est très répandu, mais il ne forme pas de couches puissantes à lui seul. Il est tantôt disséminé dans les filons métalliques des terrains primitifs et de transition, et principalement dans ceux de plomb sulfuré, de cuivre gris et de zinc sulfuré; tantôt il forme lui-même, dans les mêmes terrains, des filons où il est associé au quarz, à la chaux phosphatée ou carbonatée, à la baryte sulfatée. Il en existe aussi dans les terrains secondaires et dans quelques dépôts tertiaires, comme à Neuilly près de Paris. Les terrains d'amygdaloïdes et les produits des volcans modernes en offrent aussi quelquefois. Il est usité en métallurgie comme fondant, et en chimie pour produire le *fluoride hydrique* ou *acide fluorhydrique.*

Nous ne dirons rien ici du chlorhydrate ni du nitrate de chaux, que leur déliquescence empêche d'exister à l'état solide, et qu'on ne trouve que dissous dans les eaux terrestres, où ils accompagnent constamment le sulfate de chaux; mais celui-ci, en raison de sa faible solubilité, existe en grandes masses dans le sein de la terre, et il s'y trouve sous deux états, constituant deux espèces qu'il faut étudier séparément, sous les noms de *chaux sulfatée anhydre* et de *chaux sulfatée hydratée.*

### Chaux sulfatée anhydre.

*Anhydrite* ou *karsténite.* Cette substance a été trouvée cristallisée en prisme droit rectangulaire, qui est sa forme primitive; en prisme octogone symétrique, qui provient de la troncature des quatre arêtes perpendiculaires du prisme rectangulaire; en prisme rectangulaire tronqué sur tous les angles par les faces d'un ou de plusieurs octaèdres. Mais ces cristaux sont très rares, et la forme la plus habituelle de la chaux sulfatée anhydre est celle de masses lamellaires ou saccharoïdes, dont les premières présentent trois sens de clivage perpendiculaires entre eux et qui conduisent au meme prisme droit rectangulaire. Cette substance pèse 2,9; elle raie la chaux carbonatée, mais elle est rayée par la chaux fluatée; elle présente deux axes de double réfraction; elle ne blanchit pas et ne s'exfolie pas sur les charbons ardents. Chauffée dans la flamme intérieure du chalumeau, elle fournit une matière blanchâtre qui répand une odeur hépatique à l'air humide, ou par l'action des acides. Pulvérisée et bouillie dans l'eau, elle donne lieu à un soluté de sulfate de chaux, facile à reconnaître au double caractère de précipiter par le nitrate de baryte et par l'oxalate d'ammoniaque.

La chaux sulfatée anhydre est rarement blanche ; elle est presque toujours grisâtre, bleuâtre ou un peu violette. On en connaît une variété sublamellaire et d'un bleu céleste qui est employée comme marbre, sous le nom de *marbre bleu de Wurtemberg*. On en trouve une autre variété à Hall dans le Tyrol, et dans les salines d'Ischel en Autriche, qui est sous forme de petites masses d'un rouge de chair, composées de fibres droites et conjointes. On en trouve une autre à Wieliczka, en Pologne, qui forme de petites masses grisâtres, fibreuses dans leur intérieur, plusieurs fois repliées sur elles-mêmes à la manière des intestins, ce qui l'a fait désigner sous le nom de *pierre de tripes*.

Le sulfate de chaux anhydre se trouve assez abondamment dans les plus anciens terrains de sédiment qui ont été enclavés dans des roches de cristallisation, dont l'action ne paraît pas avoir été étrangère à sa formation ; soit que l'on suppose que la chaleur communiquée par ces roches ait converti en sulfate anhydre le sulfate hydraté qui a pu se former d'abord, soit que l'on doive admettre que les émanations sulfuriques, qui ont accompagné le soulèvement des roches ignées, ait transformé le carbonate de chaux en sulfate. Il accompagne aussi très souvent les dépôts salifères répandus dans les mêmes terrains de sédiment, comme à Bex en Suisse, dans les salines du Tyrol, de la Haute-Autriche, de Vic en France, etc. On connaît même un minéral fibreux ou laminaire, nommé *muriacite*, qui n'est qu'un mélange de sulfate de chaux anhydre et de chlorure de sodium.

On trouve à Vulpino, dans le Bergamasque en Italie, une chaux sulfatée anhydre uniformément imprégnée de quarz, dont elle contient 8 à 9 pour 100, et qui est d'un bleu tendre, très dure et susceptible d'un beau poli. On l'emploie sous le nom de *bardiglio* ou de *marbre de Bergame*, aux mêmes usages que le marbre calcaire.

### Chaux sulfatée hydratée.

*Gypse* ou *sélénite*. Substance très tendre, rayée par la chaux carbonatée et même très facilement par l'ongle ; rayant le talc. Elle possède la réfraction double entre deux faces non parallèles; elle pèse 2,33 ; elle devient très blanche, opaque, et s'exfolie sur un charbon ardent. Elle perd 22 pour 100 d'eau par la calcination et se trouve réduite à l'état de *plâtre*, qui est susceptible de se combiner de nouveau à l'eau, avec dégagement de chaleur, et de former avec elle une masse cristalline, solide et tenace, ce qui le rend très précieux pour la construction des maisons.

Les cristaux de chaux sulfatée hydratée sont très fréquents ; Haüy les faisait dériver d'un prisme droit à base de parallélogramme obliquangle ; mais les minéralogistes prennent aujourd'hui, de préférence, pour forme primitive, un prisme oblique rhomboïdal dont les faces sont inclinées entre elles de 111° 30′, dont la base est inclinée sur les faces de 109° 46′ 13″, et dont le côté de la base est à la hauteur à peu près comme 3 : 1. Les formes secondaires sont assez nombreuses et généralement très aplaties, mais dans un sens contraire à l'aplatissement du cristal primitif, par suite de deux profondes troncatures des deux arêtes latérales du prisme, dirigées parallèlement à sa petite diagonale. Ces cristaux sont très souvent émoussés, arrondis, et prennent une forme *lenticulaire.* Ces cristaux lenticulaires eux-mêmes, en se pénétrant obliquement en partie, et en devenant de plus en plus petits dans une même direction, forment des masses aiguës d'un côté, creusées d'un angle rentrant à leur extrémité la plus large, à la manière d'*un fer de lance.* Cette chaux sulfatée *en fer de lance*, qui est très commune à Montmartre, est toujours très fissible et à clivage miroitant.

On rencontre à Lagny (Seine-et-Marne) une chaux sulfatée d'une grande pureté en grandes masses *laminaires* transparentes et nacrées, ou en masses *saccharoïdes*, qui sont employées, sous le nom d'*albâtre gypseux*, à faire des vases et d'autres objets d'ornement remarquables par leur blancheur éclatante et leur demi-transparence, et qui seraient sans doute d'un grand prix si la matière en était moins commune chez nous. On connaît également une *chaux sulfatée fibreuse* et *conjointe*, formée de fibres droites, élargies, parallèles et nacrées, qu'il est très facile de confondre, à la vue, avec la magnésie sulfatée fibreuse, ou avec le sel gemme de même forme ; mais le défaut de saveur et de solubilité la fait très facilement distinguer de ces deux matières. Enfin on trouve au milieu du terrain tertiaire et calcaire du bassin de Paris un dépôt considérable de *chaux sulfatée calcarifère* ou de *gypse*, sous forme de masses jaunâtres, lamelleuses ou granulaires, mais toujours à facettes miroitantes, d'un tissu lâche et grossièrement schisteux Cette matière, qui serait d'une faible ressource comme *pierre à bâtir*, en raison de son peu de ténacité, acquiert une grande importance pour les constructions civiles, lorsqu'elle a été privée par le feu de son eau d'hydratation et mise à l'état de *plâtre*. Le plâtre, en effet, étant mélangé ou *gâché* avec une quantité d'eau suffisante pour en former une bouillie claire, absorbe et solidifie, en s'hydratant de nouveau, une partie de l'eau, et constitue une masse adhérente, dure et tenace, qui est très propre à lier entre eux les moellons de calcaire grossier, et à donner à leur assemblage une grande solidité.

Le sulfate de chaux hydraté pur contient, sur 100 parties, 46 parties d'acide sulfurique, 33 de chaux et 21 d'eau. Sa formule est $\dot{\text{C}}\text{a}\,\dddot{\text{S}}$

$+ 2\underline{H}$. La pierre à plâtre de Paris conserve les mêmes rapports de ces trois composants, mais contient à l'état de mélange, sur 100 parties, 7,63 de carbonate de chaux et 3,21 d'argile.

### Chaux carbonatée.

Cette substance est une des plus abondantes du globe, car elle forme une grande partie des terrains de stratification. Elle a reçu les différents noms de *spath*, *marbre*, *pierre à bâtir*, *craie*, *albâtre*, etc., suivant les différentes formes sous lesquelles on la rencontre ; mais, indépendamment de ces distinctions, les minéralogistes en ont fait une autre qui consiste en ce que la chaux carbonatée cristallisée se présente sous des formes qui dérivent de deux formes primitives différentes, ce qui, joint à d'autres différences dans la pesanteur spécifique et la dureté, a déterminé Haüy à en faire deux espèces distinctes. L'une, nommée *chaux carbonatée spathique* ou *rhomboédrique*, a pour forme primitive un rhomboèdre : c'est la plus commune ; l'autre, nommée *chaux carbonatée prismatique* ou *aragonite*, a pour forme primitive un octaèdre rectangulaire ou un prisme droit rectangulaire. Nous suivrons cet exemple et nous parlerons d'abord de la chaux carbonatée rhomboédrique, qui est celle que l'on entend toujours, lorsqu'on ne fait pas de distinction d'espèce.

Cette substance a pour forme primitive un rhomboèdre obtus, dont les angles dièdres ont 105° 5′ sur les arêtes culminantes ou entre les faces d'un même sommet, et 74° 55′ sur les arêtes latérales ou entre les faces qui appartiennent aux deux sommets. Sa pesanteur spécifique est de 2,696 ; sa dureté est très faible, car elle raie seulement le talc et la chaux sulfatée, et elle est rayée par la chaux fluatée. Elle possède, à un degré très marqué, la double réfraction à un seul axe ; elle présente un éclat vitreux un peu nacré. Enfin le moindre choc y fait naître trois clivages très faciles parallèles aux faces du rhomboèdre, de sorte que ses cristaux se partagent, avec la plus grande facilité, en rhomboèdres de plus en plus petits.

La chaux carbonatée est soluble avec effervescence dans l'acide nitrique et se réduit à l'état de chaux vive par une forte calcination. Elle est formée de 44 parties d'acide carbonique et de 56 parties de chaux, et sa formule est $Ca\,\ddot{C}$. Mais elle est souvent mélangée de carbonates de magnésie, de fer et de manganèse, qui sont isomorphes avec elle et qui peuvent s'y unir, sans proportions fixes, ainsi que nous le redirons plus loin.

Il n'y a pas de substance minérale qui se présente sous un aussi grand nombre de formes que la chaux carbonatée ; mais il n'y en a pas une aussi qui, se trouvant répandue dans tous les terrains, ait cristallisé dans un plus grand nombre de circonstances différentes. On a compté jusqu'à 1400 formes secondaires que l'on peut rapporter à quatre formes dominantes, qui comprennent :

Les cristaux rhomboédriques;

Ceux en prisme hexaèdre régulier;

Les dodécaèdres à triangles scalènes, dits *cristaux métastatiques;*

— — isocèles.

Ces derniers sont très rares. Je ne représenterai ici que les formes les plus simples, qui donneront cependant une idée suffisante des autres.

Fig. 181. *Rhomboèdre obtus primitif a b x a'*, déjà représenté page 60, où se trouve expliqué comment la chaux carbonatée présente une série de quatre rhomboèdres tangents les uns aux autres, dont l'un, l'*équiaxe a m s a'* (fig. 59 ou 182), est beaucoup plus obtus que le primitif. Ainsi

Fig. 181.

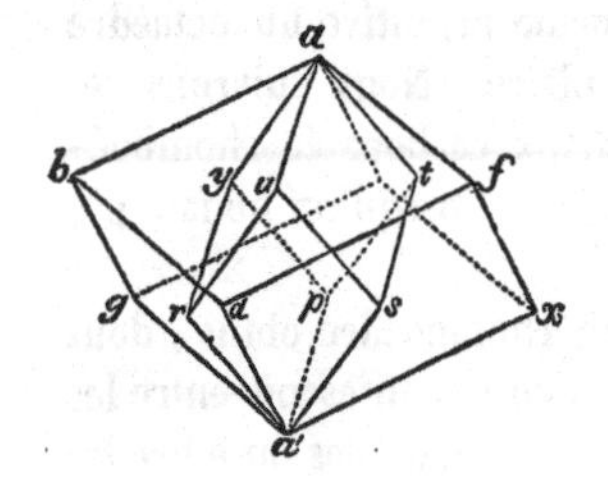


Fig. 182

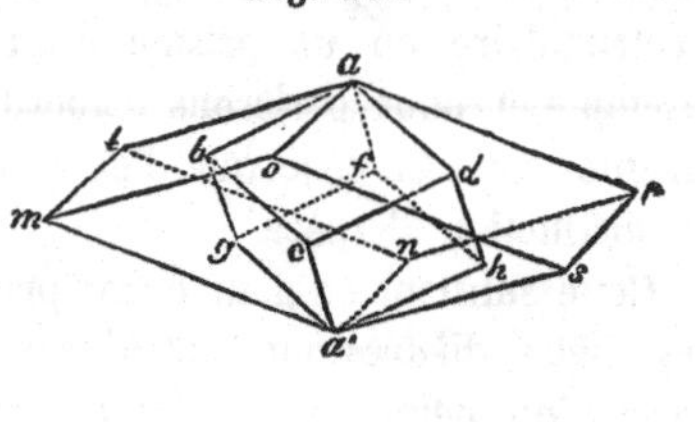


que le représente la figure, chacune des faces de ce rhomboèdre est tangente à une des arêtes culminantes du primitif, et a été produite par un décroissement uniforme et tangent à cette arête. Ce rhomboèdre est très commun, mais le plus souvent combiné avec d'autres formes; assez souvent aussi ses faces et ses arêtes sont arrondies, et les cristaux deviennent *lenticulaires.*

Le rhomboïde *inverse* se trouve représenté, fig. 58, à l'intérieur du primitif; mais, en réalité, il ne peut se former qu'à l'extérieur, par un décroissement tangent à chacun des six angles latéraux, et l'on peut voir en effet que chacune des faces de l'inverse répond à l'un des angles latéraux du primitif, et pourrait, étant reportée au dehors de la figure, devenir tangente à cet angle.

Ce rhomboèdre est moins fréquent, à l'état simple, que l'équiaxe, mais il est très abondant dans le *grès de Fontainebleau.* Cette roche, qui est formée d'un sable quarzeux très fin, cimenté par du carbonate de chaux, présente fréquemment des géodes où le carbonate a pu cristalliser, tout en empâtant une quantité considérable de quarz. La forme qu'il affecte alors est toujours celle du rhomboèdre inverse. On l'a trouvé, dans un gisement semblable et avec la même forme, dans les grès de Bayonne et de Bergerac.

La figure 183 représente le même rhomboèdre inverse non complet et offrant encore, sur ses arêtes culminantes, des facettes qui appar-

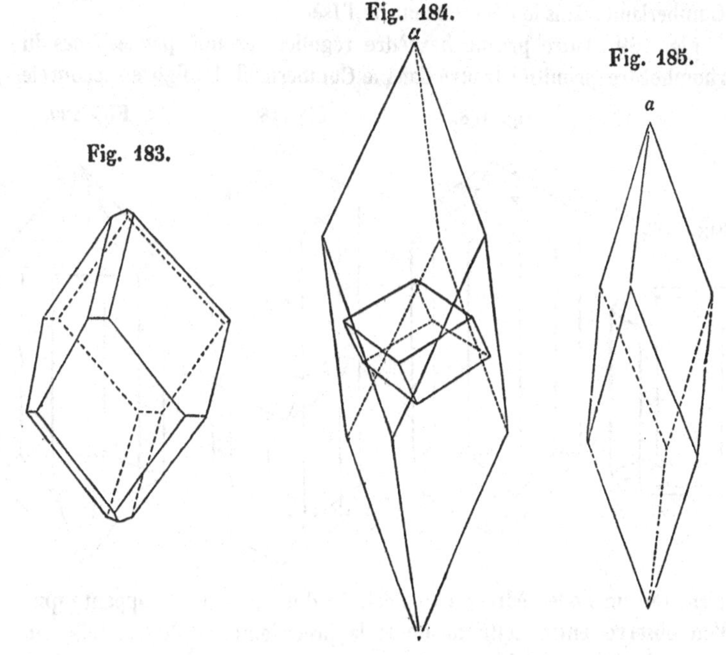


Fig. 183. Fig. 184. Fig. 185.

tiennent au primitif. On le retrouve encore plus ou moins modifié dans un grand nombre de cristaux naturels plus complexes.

Fig. 184. *Rhomboèdre contrastant*, résultant d'un décroissement non tangent sur les angles latéraux du primitif.

Fig. 185. *Rhomboèdre mixte* de Haüy, encore plus aigu que le précédent, formé par un décroissement inégal sur les angles latéraux.

Fig. 186. *Rhomboèdre cuboïde*, moins aigu que l'inverse et assez voisin du cube (la figure le représente modifié par six facettes latérales appartenant au prisme hexaèdre) ; cette variété a été trouvée principalement à Castelnaudary (Aude). Sa forme et sa couleur jaunâtre lui donnent une assez grande ressemblance avec la chaux fluatée cubique ; mais la mesure des angles, qui ont environ 92 et 88 degrés, et non 90, la font facilement reconnaître.

Fig. 186.

Fig. 187. *Prisme hexaèdre régulier* modifié sur chaque base par trois facettes alternatives qui appartiennent au cuboïde.

Fig. 188. Même prisme hexaèdre régulier terminé par les faces du rhomboèdre primitif. Ce prisme raccourci formerait une sorte de dodécaèdre pentagonal. Ces cristaux ont été trouvés au Harz, dans le Cumberland, dans le département de l'Isère.

Fig. 189. Autre prisme hexaèdre régulier terminé par les faces du rhomboèdre primitif; trouvé dans le Cumberland. La figure raccourcie

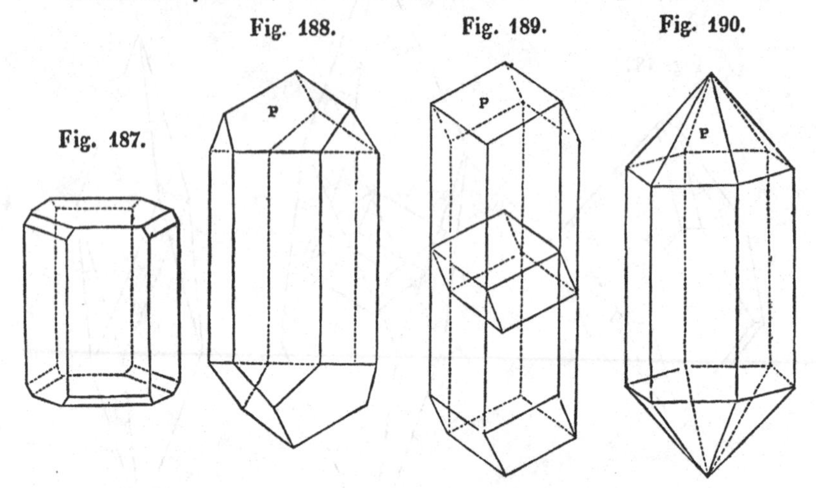


formerait un dodécaèdre rhomboïdal. La différence très frappante que l'on observe entre cette forme et la précédente résulte de celle du prisme hexaèdre qui les constitue.

Le prisme de la figure 188 a été formé par un décroissement tangent sur les angles latéraux du rhomboèdre primitif, et si le noyau rhomboédrique était indiqué, chacun de ses angles latéraux se trouverait placé au centre d'une face du prisme; et celle-ci, en venant couper horizontalement la face du rhomboïde qui lui correspond, en forme un pentagone. Dans la figure 189, le prisme hexaèdre, ce qui est beaucoup plus rare, ayant été formé par un décroissement tangent sur les arêtes latérales du rhomboèdre primitif, les arêtes terminales du prisme, de même que ses faces culminantes, ne diffèrent pas de celles du rhomboèdre.

Fig. 190. Prisme hexaèdre terminé par une pyramide à six faces. Ce prisme est le même que celui de la figure 188, dans lequel trois arêtes culminantes du rhomboèdre ont été remplacées par une facette triangulaire égale à celle qui reste de la face primitive (voyez page 58, où cette transformation se trouve expliquée). Ce cristal ressemble beaucoup à ceux du quarz (fig. 71, page 96) et de la chaux phosphatée pyramidée ; mais les angles sont différents.

| | Quarz. | Chaux carbonatée. | Chaux phosphatée. |
|---|---|---|---|
| Angles dièdres culminants. . . . . | 133° 48′ | 146° 38′ | 142° 15′ |
| Angle dièdre formé par la rencontre de P avec la face du prisme. . . | 141° 41′ | 134° 36′ | 130° 10′ |

Fig. 191. *Dodécaèdre métastatique* formé par un décroissement, sur les arêtes latérales, de deux rangées en largeur sur une rangée en épaisseur, ainsi que cela se trouve expliqué page 61. Il existe beaucoup d'autres dodécaèdres à triangles scalènes, dont plusieurs très aigus; mais le plus commun est le *métastatique*, ainsi nommé parce qu'il offre comme une métastase ou un transport des angles du rhomboèdre primitif : l'angle plan obtus du rhomboèdre se retrouvant dans l'angle obtus de l'un quelconque des triangles scalènes, et l'incidence de deux faces du dodécaèdre, prise à l'endroit des arêtes culminantes les plus courtes, étant égale à celle des faces du noyau, prise vers un même sommet.

La forme métastatique est peut-être la plus fréquente de toutes celles qui appartiennent à la chaux carbonatée. Elle est quelquefois complète; mais le plus ordinairement elle se trouve combinée avec d'autres formes telles que le prisme hexaèdre, ou différents rhomboèdres. La figure 192

Fig. 191.

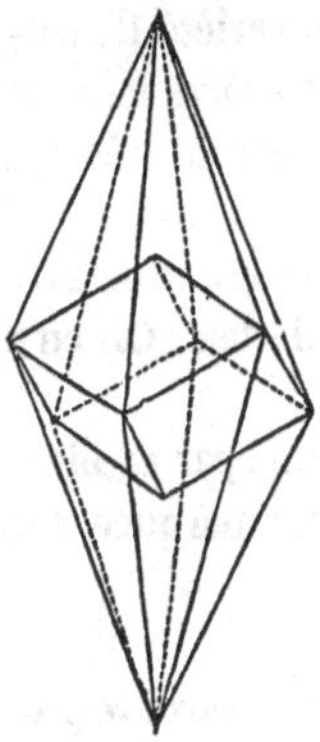

Fig. 192.

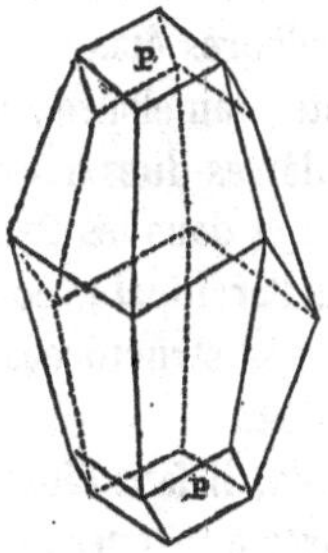

Fig. 193.

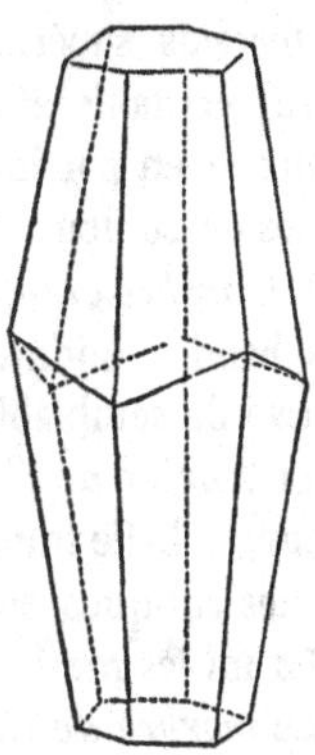

nous offre le cristal métastatique terminé par les faces du rhomboèdre primitif; la figure 193 représente un autre dodécaèdre très aigu (axigraphe de Haüy) terminé par la base du prisme hexaèdre.

Indépendamment des formes déterminables dont nous venons de

parler, des hémitropies que plusieurs d'entre elles présentent, et de la forme lenticulaire qui est produite, ainsi que nous l'avons dit, par un arrondissement du rhomboèdre équiaxe, on trouve la chaux carbonatée sous la forme de masses considérables, tantôt *laminaires*, c'est-à-dire formées de grandes lames dont on retire très facilement par le clivage des rhomboèdres primitifs; tantôt *lamellaires* ou formées de lames bien moins étendues et croisées dans tous les sens; tantôt enfin les lames sont tellement petites et confuses que la masse prend l'aspect *saccharoïde*. Dans tous les cas, ces calcaires, qui occupent une étendue considérable à la partie supérieure des terrains primitifs, ont tout l'aspect d'une matière qui a cristallisé par refroidissement, après avoir éprouvé la fusion ignée. Cette opinion, émise pour la première fois, en 1798, par Breislak, a été confirmée en 1804 par les expériences de James Hall, qui ont montré que le carbonate de chaux pouvait éprouver la fusion ignée, sans se décomposer, lorsqu'on le chauffait sous une forte pression. Alors on peut expliquer de deux manières la formation du carbonate de chaux cristallisé dans les terrains primitifs : ou bien ce sel existait *tout formé* et *fondu* à la surface de la terre, lorsqu'elle était elle-même en état de fusion complète, et cela en raison de l'énorme pression due à une atmosphère chargée de soufre, de mercure, de zinc, et sans doute d'autres métaux, et il aura cristallisé un des premiers par le refroidissement de la surface; ou bien on peut admettre que, à des époques bien postérieures, l'influence calorifique de roches ignées sorties du centre du globe aura déterminé la fusion des premiers calcaires de sédiment enfermés, comme dans un vase clos, sous les terrains supérieurs. Dans tous les cas, c'est à cette variété de calcaire, cristallisée par le feu, qu'il faut rapporter les *marbres* les plus beaux et en particulier le marbre *statuaire*. Ces marbres sont très peu variés en couleur. Les plus célèbres étaient autrefois :

Le *marbre cipolin* d'Égypte, lamellaire, et d'un blanc grisâtre, avec des bandes ondulées et verdâtres dues à un mélange de talc. On en a trouvé de semblable en Corse et dans les Pyrénées.

Le *marbre de Paros*, dans l'archipel grec, remarquable par sa blancheur, sa belle transparence et sa structure lamellaire très marquée. Les statues antiques en sont formées.

Parmi les marbres modernes, il faut citer :

Le *marbre de Carrare*, près de Gènes, ou *marbre saccharoïde* proprement dit, qui est blanc ou blanc veiné de gris. Le premier est réservé pour les statues et pour les monuments d'une grande importance; le second est employé pour faire des piédestaux et des ornements de palais ou de demeures particulières.

Le *marbre bleu turquin*, calcaire sub-lamellaire d'un bleu grisâtre, dans lequel viennent se fondre des veines blanchâtres et noirâtres. Il est très recherché pour les meubles, et vient également de Carrare.

Après les marbres primitifs, dans lesquels la cristallisation ignée est évidente, viennent des marbres *secondaires*, chez lesquels un mélange d'argile, d'oxides métalliques, de bitume, de corps organisés, viennent démontrer une origine première neptunienne ou sédimentaire. Ces marbres ont une cassure plus terne ou à peine cristalline, mais recoivent encore un beau poli; ils offrent en général des couleurs très vives et très variées. Les principaux sont :

Le *marbre de Languedoc*, des carrières de Caunes, près de Narbonne; il est d'un rouge de feu, rubané de blanc et de gris. Il sert principalement pour les églises.

Le *marbre griotte*, provenant des mêmes carrières. Il est d'un rouge brun, avec des taches ovales d'une teinte plus vive et des cercles noirs dus à des coquilles.

Le *marbre sarancolin*, dans les Pyrénées, d'un rouge foncé mêlé de gris et de jaune, avec des parties transparentes.

Le *marbre campan*, des Pyrénées également, de couleur rouge, rose ou vert clair. Il s'altère à l'air.

Le *marbre portor*, de Porto-Venere en Italie; marbre noir avec des veines d'un jaune vif.

Le *jaune de Sienne*, d'un jaune vif mélangé de pourpre et de rouge.

Le *marbre sainte-anne*, d'un gris foncé veiné de blanc.

Le *marbre granite*, d'un gris foncé veiné de blanc, presque entièrement formé de débris d'entroques (articulations d'encrines, polypiers charnus). On le trouve aux Écaussines, près de Mons.

*Marbre noir antique* et *noir de Flandre.* Le premier est complétement noir, et le second tire un peu sur le gris. On emploie le premier pour les monuments funèbres et le second pour le carrelage des églises ou des habitations. Il est imprégné de bitume et dégage une odeur fétide par le frottement.

*Marbre lumachelle* (de *lumach*, limaçon), presque entièrement composé de coquilles brisées engagées dans de la chaux carbonatée sublamellaire.

*Marbre brèche*, composé de morceaux brisés et anguleux d'un marbre plus ancien, enchâssés dans une pâte de couleur différente.

*Marbre ruiniforme* ou *marbre de Florence.* Cette substance est la dernière qui puisse porter le nom de marbre, car elle est à peine polissable, et on doit plutôt la considérer comme une *marne*, ou mélange de carbonate de chaux et d'argile, qui, en se desséchant, a permis à des infiltrations d'oxide de fer hydraté d'y produire des lignes et des dessins offrant l'image d'une ville ruinée.

Nous avons été amenés, par la nature de notre sujet, à décrire les principales variétés polissables de chaux carbonatée ou de marbres, à peu près suivant leur rang de plus grande ancienneté dans les couches de la terre. En continuant de la même manière l'étude des variétés plus modernes, nous arrivons à la *pierre lithographique*, calcaire compacte et d'un grain très fin, susceptible d'un poli terne, à cassure conchoïde et d'une structure un peu schistoïde, qui tire son nom de l'usage qu'on en fait pour remplacer la gravure sur métaux. Cet art, qui a été nommé *lithographie*, a pris naissance en Bavière, ou la pierre lithographique a d'abord été trouvée, à Pappenheim, sur les bords du Danube, et qui fournit encore les pierres les plus estimées; mais on en a trouvé depuis dans bien d'autres lieux, et notamment en France, à Châteauroux (Indre), à Belley (Ain), à Dijon, à Périgueux, etc. Cette pierre appartient aux dépôts jurassiques.

*Calcaire oolitique.* En globules agglutinés par un ciment calcaire ou marneux; d'un volume variable, depuis celui d'un grain de millet jusqu'à celui d'un pois; mais toujours uniforme dans une localité donnée. L'intérieur des grains est compacte; rarement on y distingue une ou deux couches extérieures concentriques.

Ce calcaire constitue des bancs considérables au pied des montagnes jurassiques. On s'accorde à penser qu'il a été formé, par voie de dépôt, dans une eau constamment agitée.

*Craie.* Substance blanche, mate, opaque, très tendre et pour ainsi dire pulvérulente. Elle constitue partout, au-dessus du grès vert, les dernières assises des terrains secondaires; au-dessus se trouve l'argile plastique qui commence les terrains tertiaires. Elle forme des collines entières peu élevées et souvent dégradées; elle renferme fréquemment des lits d'argile, de sable, de grès, et surtout du *silex pyromaque* qui s'y trouve en rognons isolés, mais disposés avec une sorte de régularité, suivant des lignes parallèles superposées. On y trouve un grand nombre de coquilles et de madrépores fossiles, et particulièrement des *bélemnites*, des *ananchytes*, des *spatangus*, etc.; mais ce qu'il y a de plus singulier, c'est que la craie elle-même paraît être en très grande partie formée, d'après les observations microscopiques de M. Ehrenberg, de la dépouille fossile de très petits êtres organisés appartenant à deux familles distinctes, les *polythalamies* et les *nautilites.* Ces petits corps organisés ont environ 1/298$^{e}$ de ligne de longueur, en sorte qu'il peut y en avoir plus de 1 million dans chaque pouce cube de craie, et plus de 10 millions dans un morceau du poids de 500 grammes. La craie constitue des terrains d'une immense étendue, dans toutes les parties du monde. En France elle entoure de tous côtés le bassin parisien, d'une part par la Normandie, la Touraine et la Sologne; de l'autre par la Picardie, l'Artois, la Belgique, la Champagne et l'Auxerrois. C'est à son affleurement à la surface du sol qu'une partie de la Champagne, si énergiquement flétrie d'un nom vulgaire, doit la stérilité dont elle est frappée. Enfoncée sous le terrain de Paris, la craie s'y relève en quelques endroits et s'y montre presque à la surface du sol, comme à Meudon et à Bougival, d'où Paris tire celle qui lui est nécessaire.

*Chaux carbonatée grossière, pierre à bâtir des Parisiens, calcaire à cérites.* Cette variété constitue, dans le terrain de Paris et au-dessus de l'argile plastique, des couches puissantes dont l'origine marine est prouvée par un grand nombre de coquilles et spécialement par des *cérites* dont quelques unes présentent une taille gigantesque. Ce calcaire est grossier, jaunâtre, facilement attaqué par les instruments tranchants, nullement susceptible de poli. Il est exploité tout autour de Paris; mais la meilleure pierre vient de Saint-Nom, dans le parc de Versailles, de la Chaussée près de Saint-Germain, de Poissy, de Nanterre, etc.

*Chaux carbonatée concrétionnée.* Cette variété de calcaire se forme encore de nos jours en couches superposées, dues au dépôt successif du carbonate de chaux qui se trouve dissous dans les eaux terrestres par un excès d'acide carbonique.

Tantôt cette eau, en filtrant à travers la voûte de grottes souterraines, y forme de longues colonnes nommées *stalactites* qui pendent jusqu'à terre, comme dans la grotte d'Antiparos, une des îles grecques; ou bien, en tombant sur le sol ou en coulant le long des parois, elle forme des couches mamelonnées qui portent le nom de *stalagmites.* La matière elle-même qui forme ces stalactites ou stalagmites est dure, susceptible d'un beau poli, à structure cristalline, et formée de couches alternativement transparentes et nébuleuses. Elle est quelquefois d'un blanc parfait; mais le plus ordinairement elle présente des zones plus ou moins colorées en jaune rousseâtre. C'est celle qui constitue le véritable *albâtre* des anciens, lequel est bien loin, comme on le voit, de présenter toujours la blancheur qui semble attachée à son nom. On en fait des vases et d'autres objets d'ornement d'une valeur assez considérable.

Lorsque l'eau chargée de particules calcaires coule à la surface du sol, elle forme un calcaire grenu ou cristallin plus ou moins impur qui porte le nom de *travertin;* tels sont celui produit par l'Anio, en Italie, qui a servi à la construction des monuments de Rome, et celui qui forme le pont de Saint-Allyre auprès de Clermont, dans le Puy-de-Dôme. D'autres fois, enfin, le carbonate de chaux se dépose sur des objets étrangers, végétaux ou animaux, qui se trouvent plongés dans le courant de l'eau incrustante, et constitue des sortes de pseudomorphoses que l'on produit le plus souvent à dessein, comme à la fontaine de Saint-Philippe en Toscane et à celle de Saint-Allyre.

**Chaux carbonatée magnésifère ou Dolomie.**

J'ai dit précédemment que la chaux carbonatée avait pour forme primitive un rhomboèdre de 105° 5′, et qu'elle pouvait être mélangée de plusieurs carbonates isomorphes avec celui de chaux sans perdre sa cristallisation et ses principales propriétés. Il ne faut pas prendre cette assertion dans un sens rigoureux, car l'angle dièdre du rhomboèdre des carbonates de magnésie, de manganèse et de fer, étant renfermé entre 107° 25′ et 107°, le mélange d'un ou de plusieurs de ces carbonates change nécessairement l'angle de la chaux carbonatée, et il est évident que la pesanteur spécifique, la dureté et la résistance aux acides doivent éprouver des variations analogues. Pour ce qui regarde la *chaux carbonatée ferrifère* ou *manganésifère*, je me bornerai à dire que la première portait autrefois le nom de *spath jaunissant*, et la seconde celui de *spath brunissant*, à cause de l'action de l'air sur l'oxide du carbonate de fer ou de manganèse; mais je dois m'arrêter sur la *chaux carbonatée magnésifère* ou *dolomie*, qui se présente souvent avec une composition constante ($Ca\ddot{C} + \dot{M}g\ddot{C}$) et qui offre un assez grand intérêt géologique.

Cette substance cristallise en rhomboèdres de 106° 15′ et 73° 45′. Elle présente des formes beaucoup moins variées que celles de la chaux carbonatée; cependant, outre le rhomboèdre primitif qui se montre le plus souvent (comme à Traverselle en Piémont, à Pesey en Savoie, à Guanaxuato au Mexique), on trouve le rhomboèdre équiaxe, l'inverse, deux autres rhomboèdres plus aigus, le dodécaèdre métastatique, le prisme hexaèdre surmonté des faces du rhomboèdre, et quelques autres; et il est à remarquer que ces formes dérivent du rhomboèdre de 106°15′, ce qui lui donne une valeur réelle et spécifique, tout à fait indépendante du rhomboèdre de la chaux carbonatée.

La dolomie pèse 2,859 à 2,878; elle raie la chaux carbonatée rhomboédrique; mais elle est un peu moins dure que l'aragonite. Elle possède (surtout lorsqu'elle se présente en incrustations cristallines et arrondies sur d'autres substances) un éclat nacré très prononcé, qui lui a valu le nom de *spath perlé*. On l'a nommée aussi *chaux carbonatée lente*, parce qu'elle se dissout très lentement et avec une effervescence peu sensible dans les acides. La dissolution, après avoir été précipitée par l'oxalate d'ammoniaque, et même par un sulfhydrate alcalin, pour se débarrasser du fer et du manganèse, forme encore un précipité blanc par la potasse caustique.

La dolomie peut se présenter en grandes masses saccharoïdes analogues par leur blancheur et leur éclat au marbre de Carrare; mais bien loin d'en avoir la solidité, les petits cristaux dont elle est composée paraissent comme isolés ou mal soudés, et se désagrégent très facilement. On trouve également de la dolomie *compacte* et de la dolomie *terreuse.*

La dolomie forme des dépôts considérables dans un grand nombre de terrains. On la trouve d'abord dans des terrains très rapprochés des primitifs, comme aux environs du Saint-Gothard, où elle forme des couches puissantes intercalées avec des micaschistes ou des roches serpentineuses. Il en existe aussi de grandes masses dans les terrains secondaires, principalement dans le calcaire pénéen qu'elle remplace même quelquefois entièrement, comme en Angleterre : on en trouve encore dans le lias, dans le calcaire jurassique, et même, à ce qu'il paraît, au milieu de la craie du terrain de Paris. Dans presque toutes ces positions, on a remarqué que la dolomie se trouvait en relation avec des roches ignées, telles que des ophites, des amygdaloïdes et des basaltes, d'où l'on a inféré qu'elle était le résultat de la transformation du carbonate de chaux des terrains de sédiment en carbonate double de chaux et de magnésie; transformation opérée, lors de l'expulsion de ces roches ignées, par voie de cémentation, au moyen d'un effluve de particules magnésiques sorti simultanément du sein de la terre.

**Chaux carbonatée prismatique** ou **Aragonite.**

Cette substance, composée essentiellement d'acide carbonique et de chaux, dans les mêmes proportions que la chaux carbonatée ordinaire, nous offre cependant des propriétés assez différentes. Elle pèse 2,928 à 2,947; elle est presque aussi dure que la chaux fluatée; elle présente une cassure vitreuse et inégale et elle se clive très difficilement; elle possède deux axes de double réfraction; chauffée au chalumeau, elle se divise en petites parcelles blanches qui se dispersent dans l'air; elle a pour forme primitive un prisme droit rhomboïdal de 116° 10′ et 63° 50′;

Fig. 194.

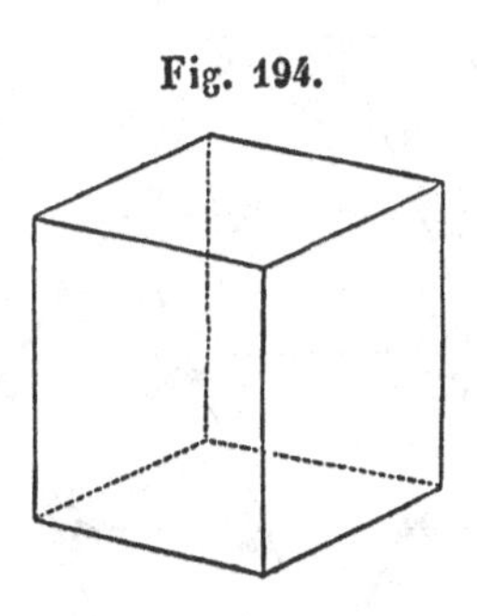

Fig. 195.

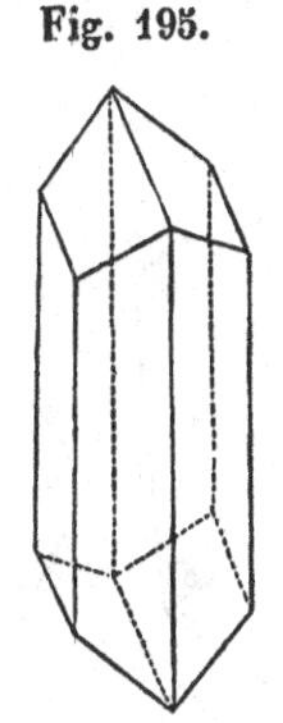

Fig. 196.

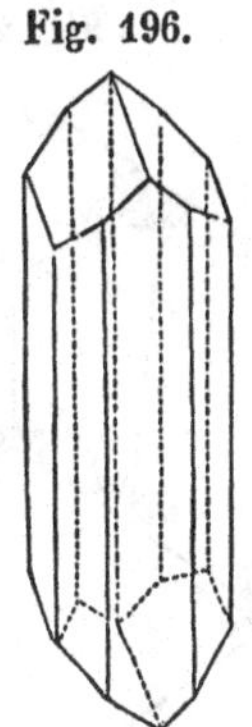

enfin ses cristaux apparents ne sont, la plupart du temps, que des groupes d'autres cristaux accolés, soudés ou maclés.

Les figures 194 à 199, que je donne ici, présentent les formes les plus fréquentes de l'aragonite, et celles 200, 201 et 202, qui offrent la coupe horizontale de prismes à six pans, montrent comment le prisme rhomboïdal primitif peut être disposé dans leur intérieur, de manière à les former.

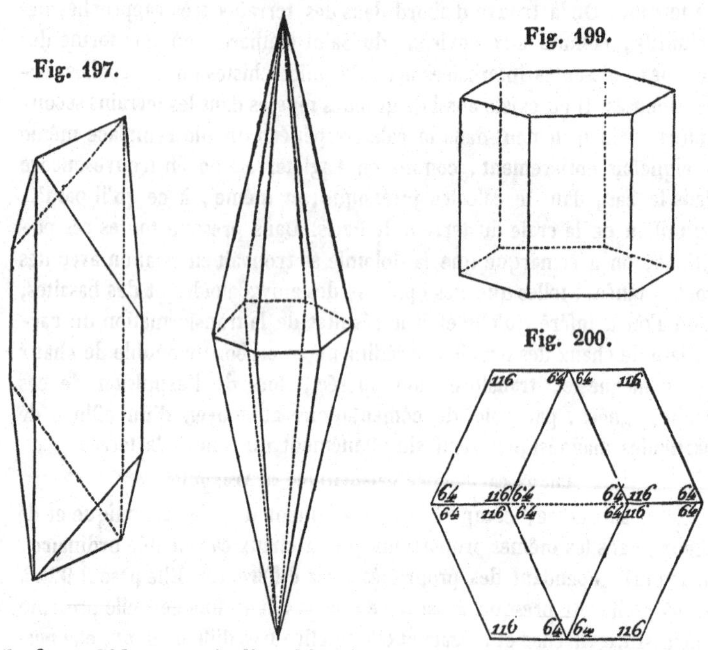


Fig. 197. Fig. 198. Fig. 199. Fig. 200.

La figure 202, en particulier, fait voir que très souvent les prismes n'ont qu'une apparence hexaèdre, puisque plusieurs de leurs faces présentent des angles rentrants. Ajoutons que les cristaux composés de l'aragonite

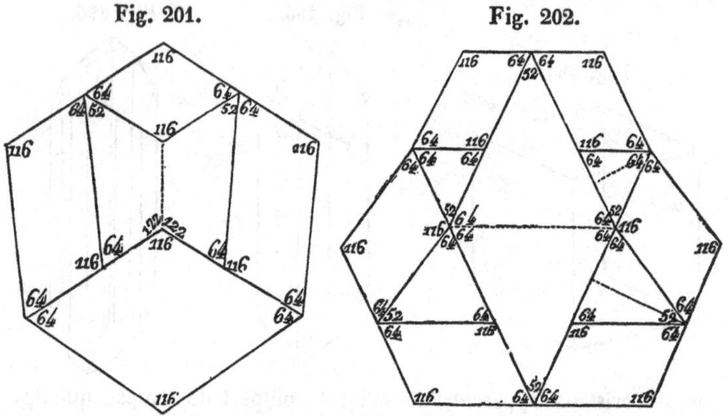


Fig. 201. Fig. 202.

sont loin de présenter toujours une pareille symétrie dans leur structure, et qu'ils sont très souvent formés par un nombre considérable de cristaux accolés sans ordre, et qui ne paraissent assujettis à aucune autre loi qu'à celle de former, par leur ensemble, des prismes à six faces dont les angles soient de 116 degrés, comme ceux du prisme primitif.

L'aragonite se présente très souvent en masses fibreuses droites ou rayonnées, qui se distinguent de celles qui peuvent appartenir à la chaux carbonatée rhomboédrique, par leur plus grande dureté jointe à une plus faible ténacité, par les pointes de cristaux qui terminent les fibres; et par la propriété de devenir opaques et de décrépiter au feu. Ces masses fibreuses peuvent être blanches, grises, bleuâtres, d'un vert tendre, rouges ou violettes.

*Aragonite coralloïde.* Cette belle variété porte aussi le nom de *flos-ferri*, parce qu'on la trouve ordinairement dans les mines d'oxide de fer Elle se présente sous la forme de rameaux cylindriques droits ou contournés, croisés en tous sens, et comme accompagnés de feuilles, de sorte qu'elle ressemble plutôt à des rameaux d'arbrisseaux entrelacés qu'à des branches de corail.

Elle est d'un blanc parfait, et composée à l'intérieur d'aiguilles très fines qui sont inclinées à l'axe.

L'aragonite se trouve dans divers dépôts métallifères, et le plus souvent dans ceux de fer, soit en cristaux, soit sous forme coralloïde, comme à Framont dans les Vosges, à Vizille dans l'Isère, à Baigorry aux Pyrénées, en Saxe, en Bohême, etc.; ou bien dans les fissures des roches serpentineuses, comme au mont Rose et à Baldissero en Piémont. Elle est disséminée dans les argiles qui accompagnent les gypses, comme à Molina en Aragon, à Bastène près de Dax, où sont particulièrement les groupes en prismes hexagones. Enfin elle est très souvent associée aux terrains de trapp et de basalte, ou disséminée dans les tufs qui en dépendent, comme à Vertaison (Puy-de-Dôme), à Velay dans le Vivarais, à Cziczow en Bohême, d'où viennent les cristaux les plus réguliers.

Les chimistes se sont beaucoup occupés de rechercher la cause de la cristallisation particulière de l'aragonite. D'abord Fourcroy et Vauquelin n'y ont trouvé que de l'acide carbonique et de la chaux, et en ont donné des quantités un peu fautives. Ensuite MM. Biot et Thénard y ont trouvé une petite quantité d'eau, indépendamment de ce qu'ils ont rectifié les doses d'acide et de base. Leur analyse a donné :

| | |
|---|---|
| Chaux. . . . . . . | 56,327 |
| Acide carbonique . | 43,045 |
| Eau . . . . . . . . | 0,628 |
| | 100,000 |

Enfin, en 1813, M. Stromeyer ayant découvert dans un assez grand nombre d'échantillons une certaine quantité de carbonate de strontiane, on crut pouvoir attribuer à ce corps la cause de la cristallisation particulière de l'aragonite ; mais, indépendamment de ce que la quantité du carbonate de strontiane ne dépasse pas 4,5 pour 100, et de ce qu'elle est souvent égale à 2, à 1, ou même à 0,50 pour 100, des chimistes très habiles, tels que Laugier et Bucholz, ont trouvé des aragonites tout à fait exemptes de strontiane, et l'aragonite coralloïde, entre autres, n'en contient pas; il est donc certain que ce n'est pas à la présence du carbonate de strontiane que l'aragonite doit ses propriétés particulières. Je ne crois pas non plus que l'eau, qui existe toujours dans l'aragonite, mais en très petite quantité, puisqu'elle varie de 1 millième 1/2 à 6 millièmes, doive être considérée comme la cause immédiate de sa forme particulière; mais elle a mis sur la voie pour en trouver la véritable cause. En effet, M. Gustave Rose, ayant remarqué qu'une partie des concrétions formées par les eaux de Carlsbad était à l'état d'aragonite, a examiné les circonstances qui concourent à cette formation, et il a été amené à conclure que, lorsque les eaux acidules qui tiennent en dissolution du carbonate de chaux sont maintenues à une température élevée, le dépôt qu'elles produisent est de l'aragonite; tandis que, lorsqu'elles arrivent plus ou moins refroidies à la surface du sol, avant d'avoir perdu leur acide carbonique, les incrustations qu'elles produisent sont à l'état de simple chaux carbonatée. Cette observation concordant tout à fait avec le gisement habituel des aragonites au milieu de terrains qui ont évidemment subi l'influence de la chaleur d'anciens volcans, tandis que tout le calcaire concrétionné qui se forme dans les eaux parvenues à la surface du sol est à l'état rhomboédrique, il faut en conclure que M. G. Rose a trouvé les véritables circonstances qui déterminent la formation de l'aragonite.

**Chaux fluo-phosphatée.**

Cette substance a pour forme primitive un prisme hexaèdre régulier dont la hauteur est au côté de la base environ comme 7 : 10. Les cris-

Fig. 203.

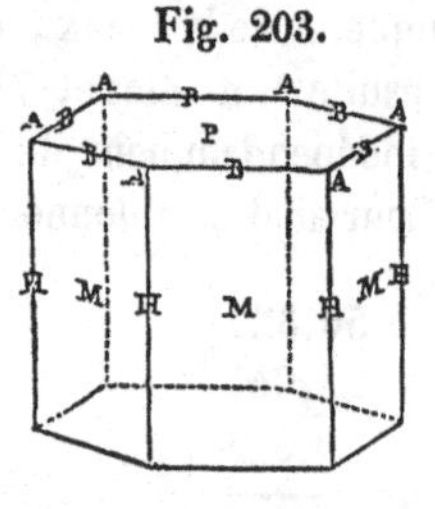


Fig. 204.

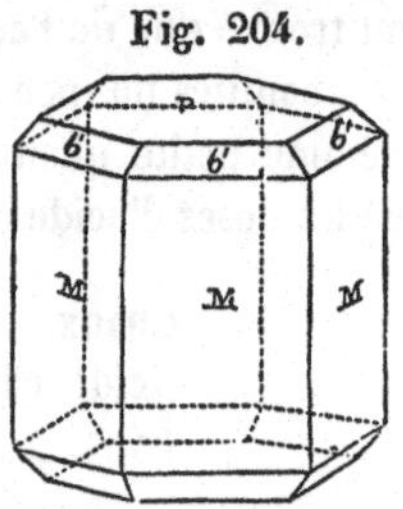


taux les plus habituels sont : le prisme hexaèdre (fig. 203), le même prisme modifié par un rang de facettes sur les bases (fig. 204), le prisme pyramidé (fig. 205), le péridodécaèdre (fig. 206), le didodécaèdre (fig. 207), et quelques autres plus compliqués, dans lesquels domine toujours cependant la forme primitive. Sa densité varie de 3,166 à 3,285. Elle raie le calcium fluoruré et même très légèrement le verre; elle est rayée par le feldspath. Sa réfraction est simple, d'après Haüy;

Fig. 205. Fig. 206. 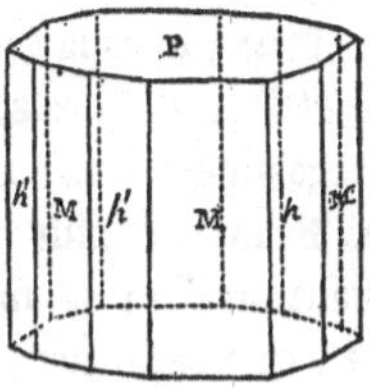 Fig. 207.

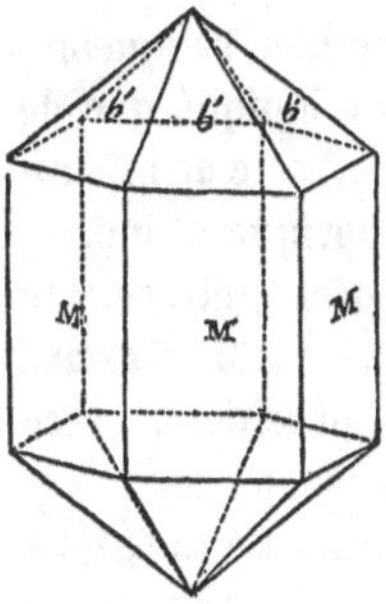

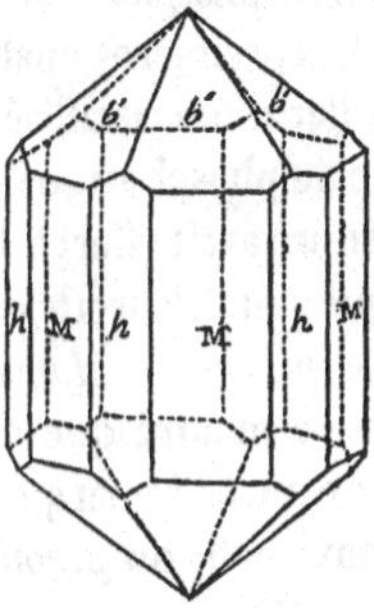

elle est infusible au chalumeau; l'acide nitrique la dissout lentement et sans effervescence. On reconnaît facilement dans la liqueur la présence de la chaux par le moyen de l'oxalate d'ammoniaque, et celle de l'acide phosphorique par une addition de sulfate de magnésie et d'une petite quantité d'ammoniaque.

Du reste la cristallisation, ou quelque circonstance inconnue, influe assez sur une des propriétés de la chaux fluo-phosphatée pour qu'on ait pensé, pendant quelque temps, à en faire deux espèces. Les cristaux cristallisés en prisme hexaèdre régulier, ou, tout au moins, terminés par un plan perpendiculaire à l'axe (ils ont porté les noms d'*apatite*, d'*agustite* et de *béril de Saxe*), sont très phosphorescents lorsqu'on les projette, étant réduits en poudre, sur un charbon ardent. Les cristaux terminés par deux pyramides hexaèdres ne jouissent pas de cette propriété.

Ces derniers cristaux ont porté le nom de *spargelstein* ou de *pierre d'asperge*, à cause de leur couleur verdâtre, et plus anciennement aussi celui de *chrysolithe*. On a essayé de les employer dans la joaillerie; mais leur peu d'éclat et de dureté leur ôte presque toute valeur.

La chaux fluo-phosphatée cristallisée appartient aux terrains primitifs. On la trouve en petits filons dans le granite; elle accompagne les mines d'étain dans le Cornouailles, la Bohême et la Saxe; elle forme des rognons dans le schiste talqueux du Zillerthal; elle existe dans les filons de fer oxidulé d'Arendal en Norwége. Dans beaucoup d'autres lieux, comme au lac de Laach sur les bords du Rhin, à Albano près de Rome, au cap de Gate en Espagne, elle est disséminée dans des roches volcaniques.

*Chaux fluo-phosphatée compacte.* Cette variété forme dans les environs de Truxillo, en Espagne, des collines entieres où elle se trouve disposée par couches entremêlées de quarz. Elle est blanche, opaque, mêlée de zones jaunâtres, à cassure unie ou conchoïde. Elle est tellement phosphorescente sur les charbons ardents, qu'on lui a donné le nom de *phosphorite*. Elle est employée comme pierre à bâtir.

Les premières analyses qui ont été faites par Klaproth et Vauquelin, de l'apatite cristallisée et du spargelstein, n'y avaient indiqué que de l'acide phosphorique et de la chaux ; mais la variété compacte de l'Estramadure avait offert à Pelletier et Donadei des acides fluorique et muriatique, et Klaproth en avait également retiré d'une variété pulvérulente dite *pierre de Marmarosch*. Beaucoup plus récemment, M. Gustave Rose a montré que les cristaux avaient la même composition, et ce qui est très remarquable, c'est que cette composition répond complétement à celle du *plomb chloro-phosphaté* que nous avons vu être égale à $3\dot{Pb}^3 \overset{.....}{\underline{P}} + Pb\underline{Cl}$, sauf la substitution du calcium au plomb et du fluore à une partie du chlore.

Composition de l'apatite de Snarum en Scanie :

| | | Moléc. | | | |
|---|---|---|---|---|---|
| Chaux. . . . . . . . | 49,65 | 9 | = | $3\dot{Ca}^3 \overset{.....}{\underline{P}}$ | 91,13 |
| Acide phosphorique . | 41,48 | 3 | | | |
| Calcium. . . . . . . | 3,95 | 1 | = | $Ca\underline{Cl}$ | 4,23 |
| Chlore. . . . . . . . | 2,71 | 2 | | $Ca\underline{F}$ | 4,59 |
| Fluor . . . . . . . . | 2,21 | | | | |
| | 100,00 | | | | 100,00 |

**Apatite du cap de Gate.**

| | | Molécules. |
|---|---|---|
| Phosphate de chaux tribasique. . . . . . | 92 | 3 |
| Fluorure de calcium. . . . . . . . . . . | 7 | 1 |
| Chlorure de calcium. . . . . . . . . . . | 1 | |
| | 100 | |

$$\text{Formule : } 3\dot{Ca}^3 \overset{.....}{\underline{P}} + Ca(\underline{F}, \underline{Cl}).$$

**Chaux hydro-phosphatée.**

Les traités font mention d'un phosphate de chaux terreux, ou en petits rognons grisâtres, trouvé à Wissant près de Calais, et au cap de la Hève près du Havre, dans la craie ou dans le grès vert. Ce phosphate, par l'absence complète du chlore et du fluor et par la présence de l'eau, pourrait former une espèce particulière s'il n'était pas d'ailleurs mélangé d'argile et de carbonates de chaux et de magnésie. Mais j'ai fait l'analyse d'un minéral composé seulement de phosphate de chaux tribasique uni à 6 molécules d'eau, et qui doit former une espèce distincte pour laquelle j'ai proposé le nom de *pelletiérite*, parce qu'elle faisait partie d'une collection de roches formée par Pelletier, et que j'ai acquise à sa mort. Ce minéral est très remarquable par sa forme qui le fait ressembler tout à fait à un gros bézoard animal; mais il s'en distingue par la régularité de ses couches, par son odeur argileuse et par la nature de sa matière organique qui n'est pas azotée (1).

Ce *bézoard minéral* est d'une forme sphérique un peu aplatie; son plus grand diamètre est de 71 millimètres et son plus petit en a 62. Son poids est de 362 grammes.

Étant scié par le milieu, il offre pour noyau un gravier presque imperceptible, et tout autour dix couches concentriques très régulières et à structure rayonnée, dont la couleur varie du blanc grisâtre au gris verdâtre. Plusieurs de ces couches se séparent complétement les unes des autres. La matière m'a donné à l'analyse :

| | | |
|---|---|---|
| Phosphate de chaux tribasique. | 72,92 | 74,75 |
| Eau . . . . . . . . . . . . . . | 24,62 | 25,25 |
| Matière organique végétale . . . | 2,46 | |
| | 100,00 | 100,00 |

$$\text{Formule : } \dot{C}a^3 \overset{\cdot\cdot\cdot\cdot\cdot}{\underline{P}} + 6\dot{\underline{H}}.$$

Je ne puis m'expliquer la formation de ce minéral qu'en supposant qu'il a pris naissance, à la manière des pisolites, au milieu d'une eau continuellement agitée, contenant des végétaux vivants ou en décomposition.

### Chaux arséniatée.

1. Il en existe plusieurs espèces encore mal définies. La plus connue et la mieux déterminée est celle de Wittichen en Souabe, qui a été analysée par Klaproth sous le nom de *pharmacolite*, et qu'on a trouvée également au Hartz, à Neustadt en Saxe et à Joachimsthal en Bohême. Elle est sous forme de houppes aiguillées, soyeuses et d'un blanc de lait lorsqu'elle est pure; mais elle est souvent colorée en rose par de l'arséniate de cobalt. Elle donne de l'eau à la calcination, se fond

(1) *Revue scientifique*, t. XIV, p. 29.

difficilement en un émail blanc au chalumeau. Elle se dissout sans effervescence dans l'acide chlorhydrique et donne lieu aux réactions connues de la chaux et de l'acide arsénique. Elle est formée de :

| | | | | | | Rapports moléculaires. | |
|---|---|---|---|---|---|---|---|
| Acide arsénique. | 50,54 | × | 0,6957 | = | | 35,16 | 1 |
| Chaux. . . . . . | 25 | × | 2,8571 | = | | 71,42 | 2 |
| Eau. . . . . . . | 24,46 | × | 8,8889 | = | | 217,42 | 6 |

Formule : $\dot{Ca}^2 \underline{\dddot{As}} + 6\dot{\underline{H}}$.

2. On a donné le nom de *haidingérite* à une chaux arséniatée de la même formule que la précédente, mais contenant seulement 14,32 d'eau, ou 3 molécules. On l'a trouvée cristallisée en dodécaèdres à triangles scalènes, d'après M. Beudant, ou en octaèdres tronqués dérivant d'un prisme rhomboïdal droit, d'après M. Dufrénoy.

3. On a trouvé à Langsbanshitta, en Suède, une substance jaunâtre, fragile et d'un aspect cireux, qui a recu le nom de *berzélite*, et qui est un arséniate de chaux et de magnésie tribasique et presque anhydre. Il est composé de :

| | | Rapports moléculaires. | | |
|---|---|---|---|---|
| Acide arsénique. . . | 56,46 | 39,28 | | 1 |
| Chaux. . . . . . . . | 20,96 | 57,88 | 127,65 | 3 |
| Magnésie . . . . . . | 15,61 | 60,42 | | |
| Oxure manganeux. . | 4,26 | 9,35 | | |
| Eau. . . . . . . . . | 2,71 | 14,09 | | 0,33 |

Formule : $(\dot{Ca}, \dot{Mg}, \dot{Mn})^3 \underline{\dddot{As}} + 1/3\underline{H}$.

4. Enfin on a trouvé, à Andreasberg et à Riechelsdorff, un arséniate de chaux qui se présente en houppes soyeuses blanches, comme le premier, mais qui, en raison de sa composition un peu différente, a reçu les noms particuliers de *picropharmacolite* et d'*arsénicite*.

| | Picropharmacolite de Riechelsdorff, par Stromeyer. | Arsénicite d'Andreasberg, par John. | |
|---|---|---|---|
| Acide arsénique. . . | 46,97 | 45,68 | 2 |
| Chaux. . . . . . . . | 24,65 | 27,28 | 5 |
| Magnésie . . . . . . | 3,22 | » | » |
| Oxure cobalteux. . . | 1 | » | » |
| Eau. . . . . . . . . | 23,98 | 23,86 | 14 |

Formule : $\dot{Ca}^5 \underline{\dddot{As}}^2 + 14\dot{\underline{H}}$.

**Chaux antimoniée ou Roméine.**

Substance d'un jaune hyacinthe, cristallisée en très petits octaèdres à base carrée, trouvée par M. Bertrand de Lom dans la mine de manganèse de Saint-Marcel en Piémont. M. Damour l'a trouvée composée de :

| | | | | |
|---|---|---|---|---|
| Acide antimonieux. . . | 79,34 | Ox. 15,76 | | 3 |
| Chaux. . . . . . . . . | 16,67 | 4,68 | 5,43 | 1 |
| Oxure manganeux. . . | 2,16 | 0,48 | | |
| — ferreux. . . . . | 1,20 | 0,27 | | |
| Silice. . . . . . . . . | 0,64 | | | |

Formule : $(\dot{C}a, \dot{M}n, \dot{F}e)\,\underline{\dddot{S}b}$.

**Chaux tungstatée.**

*Schéelite* ou *schéelin calcaire*. Substance blanche ou jaunâtre, vitreuse avec un éclat diamantin très vif. Elle cristallise dans le système du prisme droit à base carrée ; mais ses cristaux sont toujours des octaèdres aigus ou obtus, simples ou modifiés. Elle pèse 6,076 ; elle raie le fluorure de calcium et est rayée par la chaux phosphatée ; elle fond lentement au chalumeau en un verre transparent ; elle se dissout lentement dans l'acide nitrique en formant un dépôt jaune d'acide tungstique.

La grande densité de cette substance, comparée à celle de beaucoup d'autres matières lithoïdes, lui avait fait donner le nom de *tungstein* ou de *pierre pesante*, et on la prenait pour une *mine d'étain blanche*, lorsque Schéele découvrit qu'elle était formée de chaux et d'un acide particulier qui fut bientôt nommé *acide tungstique*. Mais ce n'est que quelques années plus tard que les frères d'Elhuyar, chimistes espagnols, réduisirent l'acide tungstique à l'état métallique, et le métal reçut le nom de *tungstene*, comme la pierre d'où Schéele avait retiré l'acide.

*Analyse par M. Berzélius.*

| | | | |
|---|---|---|---|
| Acide tungstique. . . | 80,817 | Oxig. 16,27 | 3 |
| Chaux. . . . . . . . | 19,400 | 5,45 | 1 |

Formule : $\dot{C}a\,\dddot{T}g$ ou $\dot{C}a\,\dddot{W}$.

On trouve le tungstate de chaux dans les terrains primitifs les plus anciens, et principalement dans les mines d'étain, où il accompagne le wolfram (tungstate de fer et de manganèse).

### Chaux titano-silicatée ou Sphène.

Différentes variétés, qui ont été considérées comme des espèces distinctes, avaient recu les noms de *spinthère*, *pictite*, *séméline*, *spinelline*, *greenovite*, etc. ; leur réunion en une seule espèce rend les caractères plus difficiles à établir.

La chaux titano-silicatée constitue une substance vitreuse, fragile, rayant la chaux phosphatée et rayée par le feldspath ; elle pèse de 3,47 à 3,60 ; elle est généralement d'un gris verdâtre, d'un gris rougeâtre ou d'une couleur hyacinthe ; mais il y en a d'un brun foncé et d'un vert olive foncé (cristaux d'Arendal), et de rose, comme la greenovite. Les variétés de couleur claire sont transparentes avec un éclat adamantin ; les brunes sont opaques.

La chaux titano-silicatée présente des cristaux très variés qui dérivent d'un prisme oblique rhomboïdal. Elle est très répandue dans les roches granitiques, et principalement dans les syénites, telles que celle de Corse qui forme les marches de la colonne de Napoléon à Paris, et celle dont est formé l'obélisque de Louqsor. La greenovite a été trouvée dans la mine de manganèse de Saint-Marcel en Piémont. Voici l'analyse de plusieurs de ces variétés :

| | I. | II. | III. | IV. | V. |
|---|---|---|---|---|---|
| Acide titanique. . . | 41,58 | 40,92 | 42,56 | 38,57 | 42 |
| — silicique. . . | 32,29 | 31,20 | 30,63 | 32,26 | 30,4 |
| Chaux. . . . . . | 26,61 | 22,25 | 25 | 27,65 | 24,3 |
| Oxure ferreux. . . . | 1,07 | 5,62 | 3,93 | 0,76 | » |
| — manganeux. | » | » | » | 0,76 | 3,8 |

I. Sphène de Zillerthal, par H. Rose.
II. — brun d'Arendal, par Rosales.
III. — — de Passae, par Brooke.
IV. Greenovite, par Marignac.
V. — par Delesse.

Ces analyses, mais surtout la première et la troisième, donnent sensiblement $\ddot{Ti}^3$, $\dddot{Si}^2$, $\dot{Ca}^3$, que les minéralogistes disposent aujourd'hui de cette manière : $\dot{Ca}^3 \dddot{Si} + \ddot{Ti}^3 \dddot{Si}$ ; mais comme il n'est pas vraisemblable que l'acide titanique serve de base à l'acide silicique, je préfère la formule de M. Rose $\dot{Ca} \dddot{Si}^2 + \dot{Ca}^2 \ddot{T}^3$.

### Chaux boro-silicatée.

On en connaît deux espèces : l'une, nommée *datholite*, se présente en cristaux transparents ou d'un blanc laiteux qui dérivent d'un prisme droit rhomboïdal de 103° 25′ et 76° 35′ ; elle pèse 2,98, raie la chaux phosphatée, donne de l'eau à la calcination, et se fond au chalumeau en un verre transparent. Sa composition est égale à $3\dot{Ca}\dddot{B} + \dot{Ca}^3\dddot{Si}^4 + 3\dot{\underline{H}}$. L'autre espèce, nommée *botryolite*, est sous forme de concrétions globulaires d'un blanc verdâtre, rayonnées à l'intérieur, souvent adhérentes les unes aux autres comme les grains d'une grappe ; elle ne diffère de la précédente que parce qu'elle contient 6 molécules d'eau au lieu de 3. Ces deux minéraux ont été trouvés près d'Arendal en Norvége, associés à de la chaux carbonatée laminaire et à une roche de talc verdâtre. La datholite a été observée depuis à Andreasberg, dans le Tyrol, en Écosse et aux États-Unis.

### Chaux silicatée.

Il existe probablement un certain nombre de silicates de chaux simples, c'est-à-dire presque uniquement composés de silice et de chaux. Le plus connu a reçu les noms de *spath en tables* et de *wollastonite*. Il cristallise en tables chargées de facettes, qui dérivent d'un prisme rhomboïdal oblique de 95° 38′, et dont la base est inclinée sur les faces de 104° 48′. La wollastonite est d'un blanc nacré, elle pèse 2,805 à 2,86 ; elle est rayée par la chaux phosphatée. Elle contient environ 53 de silice, 46 de chaux et 1 de magnésie. Elle a pour formule $\dot{Ca}^3\dddot{Si}^2$. M. Hisinger en a décrit une autre espèce sous le nom de *edelforsite*, parce qu'elle a été trouvée à Edelforss en Smoland. Elle est d'un blanc gris, fibreuse, grenue ou compacte. Elle contient, d'après l'analyse de M. Beudant, sur un échantillon de Csiklova, 61,6 de silice, 36,1 de chaux et 2,3 de magnésie. Formule : $\dot{Ca}\dddot{Si}$.

Nous arrivons maintenant aux silicates de chaux composés, qui sont tellement nombreux et d'une si faible utilité par leurs applications, qu'à l'exception de deux ou trois espèces sur lesquelles je reviendrai en particulier, je me contenterai de donner une classification méthodique de tous les autres et d'en indiquer la composition.

## SILICATES CALCAIRES.

### I. Anhydres non alumineux.

*Éléments de composition* $\dot{R}\dddot{Si}$.

Édelforsite. . . . . . . . . . . . . . . $\dot{Ca}\dddot{Si}$.

Cuir de montagne. . . . . . . . . . . $\dot{Ca}\dddot{Si} + 3\dot{Mg}\dddot{Si}$.

$\dot{R}^3 \dddot{Si}^2$.

Wollastonite. . . . . . . . . . . . . . $\dot{Ca}^3 \dddot{Si}^2$.
Pyroxène diopside. . . . . . . . . . . $\dot{Ca}^3 \dddot{Si}^2 + \dot{Mg}^3 \dddot{Si}^2$.
— augite. . . . . . . . . . . . . $\dot{Ca}^3 \dddot{Si}^2 + \dot{Fe}^3 \dddot{Si}^2$.
— amiantoïde . . . . . . . . . $(\dot{Ca}, \dot{Mg})^3 \dddot{Si}^2 + (\dot{Fe}, \dot{Mn})^3 \dddot{Si}^2$.
— vert de Pargas. . . . . . . . $\dot{Ca} \dddot{Si} + (\dot{Mg}, \dot{Fe}, \dot{Mn})^2 \dddot{Si}$.
Bustamite. . . . . . . . . . . . . . . $\dot{Ca} \dddot{Si} + \dot{Mn}^2 \dddot{Si}$.

$\dot{R} \dddot{Si} + \dot{R}^3 \dddot{Si}^2$.

Trémolite. . . . . . . . . . . . . . . $\dot{Ca} \dddot{Si} + \dot{Mg}^3 \dddot{Si}^2$.
Actinote. . . . . . . . . . . . . . . . $\dot{Ca} \dddot{Si} + (\dot{Mg}, \dot{Fe})^3 \dddot{Si}^2$.
Anthophyllite de Kongsberg. . . . . $\dot{Fe} \dddot{Si} + \dot{Mg}^3 \dddot{Si}^2$.
Babingtonite. . . . . . . . . . . . . . $3\dot{Ca} \dddot{Si} + \dot{Fe}^3 \dddot{Si}^2$.

**II. Anhydres et alumineux.**

$\dddot{\underline{R}} \dddot{Si} + \dot{R} \dddot{Si}$.

Scolexerose . . . . . . . . . . . . . . $\dddot{\underline{Al}} \dddot{Si} + \dot{Ca} \dddot{Si}$.
Isopyre . . . . . . . . . . . . . . . . $(\dddot{\underline{Al}}, \dddot{\underline{Fe}}) \dddot{Si} + \dot{Ca} \dddot{Si}$.
Labradorite . . . . . . . . . . . . . . $(\dddot{\underline{Al}}, \dddot{\underline{Fe}}) \dddot{Si} + (\dot{Ca}, \dot{Sd}, \dot{Mg}) \dddot{Si}$.
Glaukolite. . . . . . . . . . . . . . . $\dddot{\underline{Al}} \dddot{Si} + (\dot{Ca}, \dot{Mg}, \dot{Po}) \dddot{Si}$.
Couzéranite. . . . . . . . . . . . . . $2\dddot{\underline{Al}} \dddot{Si} + 3(\dot{Ca}, \dot{Mg}, \dot{Sd}, \dot{Po}) \dddot{Si}$.
Dipyre. . . . . . . . . . . . . . . . . $3\dddot{\underline{Al}} \dddot{Si} + 2(\dot{Ca}, \dot{Sd}) \dddot{Si}$.

$\dddot{\underline{R}} \dddot{Si} + \dot{R}^3 \dddot{Si}^2$.

Axinite . . . . . . . . . . . . . . . . $\dddot{\underline{Al}} \dddot{Si} + (\dot{Ca}, \dot{Fe})^3 \dddot{Si}^2$.
Raphilite . . . . . . . . . . . . . . . $\dddot{\underline{Al}} \dddot{Si} + 3(\dot{Ca}, \dot{Po})^3 \dddot{Si}^2$.
Barsowite. . . . . . . . . . . . . . . $3\dddot{\underline{Al}} \dddot{Si} + \dot{Ca}^3 \dddot{Si}^2$.
Ékébergite. . . . . . . . . . . . . . . $5\dddot{\underline{Al}} \dddot{Si} + 2\dot{Ca}^3 \dddot{Si}^2$.

$\dddot{\underline{R}} \dddot{Si} + \dot{R}^3 \dddot{Si}$.

Sarcolite. . . . . . . . . . . . . . . . $\dddot{\underline{Al}} \dddot{Si} + (\dot{Ca}, \dot{Na})^3 \dddot{Si}$.
Xantite . . . . . . . . . . . . . . . . $(\dddot{\underline{Al}}, \dddot{\underline{Fe}}) \dddot{Si} + (\dot{Ca}, \dot{Mn}, \dot{Mg})^3 \dddot{Si}$.
Humboldtilite. . . . . . . . . . . . . $\dddot{\underline{Al}} \dddot{Si} + 2(\dot{Ca}, \dot{Mg})^3 \dddot{Si}$.
Épidote zoïsite . . . . . . . . . . . . $2\dddot{\underline{Al}} \dddot{Si} + \dot{Ca}^3 \dddot{Si}$.
— thallite . . . . . . . . . . . . $2\dddot{\underline{Al}} \dddot{Si} + (\dot{Ca}, \dot{Fe})^3 \dddot{Si}$.
— manganésienne. . . . . . . . $2(\dddot{\underline{Al}}, \dddot{\underline{Mn}}) \dddot{Si} + (\dot{Ca}, \dot{Fe}, \dot{Mn})^3 \dddot{Si}$.

Meïonite (par Stromeyer). . . . . . $2\underline{\dddot{Al}}\,\dddot{Si} + (\dot{Ca}, \dot{Po})^3\,\dddot{Si}$.

Idocrase. . . . . . . . . . . . . . . . $2\underline{\dddot{Al}}\,\dddot{Si} + 3\dot{Ca}^3\,\dddot{Si}$.

Wernérite . . . . . . . . . . . . . . .<br>
Paranthine. . . . . . . . . . . . . . . } $3\underline{\dddot{Al}}\,\dddot{Si} + \dot{Ca}^3\,\dddot{Si}$.<br>
Meïonite (Gmelin) . . . . . . . . . .

Anorthite. . . . . . . . . . . . . . . $3\underline{\dddot{Al}}\,\dddot{Si} + \dot{Ca}^3\,\dddot{Si}$.

Indianite . . . . . . . . . . . . . . . $3\underline{\dddot{Al}}\,\dddot{Si} + (\dot{Ca}, \dot{Sd})^3\,\dddot{Si}$.

Latrobite . . . . . . . . . . . . . . . $4\underline{\dddot{Al}}\,\dddot{Si} + (\dot{Ca}, \dot{Po})^3\,\dddot{Si}$.

*Compositions diverses.*

Hornblende de Werner . . . . . . . $\underline{\dddot{Al}}\,\dddot{Si}^2 + 2(\dot{Mg}, \dot{Ca})^3\,\dddot{Si}^2$ ?

Thulite. . . . . . . . . . . . . . . . . $2\underline{\dddot{Al}}\,\dddot{Si}^2 + \dot{Ca}^3\,\dddot{Si}^2$.

Scapolite . . . . . . . . . . . . . . . $2\underline{\dddot{Al}}\,\dddot{Si}^2 + (\dot{Ca}, \dot{Mn})\,\dddot{Si}$.

Anthophyllite de Norwége. . . . . . $\underline{\dddot{Al}}\,\dddot{Si}^2 + 3(\dot{Fe}, \dot{Mn}, \dot{Mg}, \dot{Ca})\,\dddot{Si}$.

Vésuvienne. . . . . . . . . . . . . . $2\underline{\dddot{Al}}^2\,\dddot{Si} + 3\dot{Ca}^2\,\dddot{Si}$.

Gehlénite . . . . . . . . . . . . . . . $\underline{\dddot{Al}}^2\,\dddot{Si} + 2(\dot{Ca}, \dot{Mg})^3\,\dddot{Si}$.

**III. Silicates non alumineux hydratés.**

Disclasite . . . . . . . . . . . . . . . $\dot{Ca}^3\,\dddot{Si}^4 + 6Aq$.

Apophyllite . . . . . . . . . . . . . . $8\dot{Ca}\,\dddot{Si} + \dot{Po}\,\dddot{Si}^2 + 16Aq$.

Danburyte. . . . . . . . . . . . . . . $9\dot{Ca}\,\dddot{Si} + \dot{Po}\,\dddot{Si}^2 + 8Aq$.

Oxavérite . . . . . . . . . . . . . . . $10\dot{Ca}\,\dddot{Si} + \dot{Po}\,\dddot{Si}^2 + 22Aq$.

**IV. Silicates alumineux hydratés.**

Scolézite. . . . . . . . . . . . . . . . $\underline{\dddot{Al}}\,\dddot{Si} + \dot{Ca}\,\dddot{Si} + 3Aq$.

Mésolite. . . . . . . . . . . . . . . . $\underline{\dddot{Al}}\,\dddot{Si} + (\dot{Ca}, \dot{Sd})\,\dddot{Si} + 3Aq$.

Levyne . . . . . . . . . . . . . . . . . $\underline{\dddot{Al}}\,\dddot{Si} + \dot{Ca}, \dot{Sd})\,\dddot{Si} + 4Aq$.

Phakolite (Anderson). . . . . . . . $2\underline{\dddot{Al}}\,\dddot{Si} + 3\dot{Ca}\,\dddot{Si} + 9Aq$.

Antrimolite . . . . . . . . . . . . . . $5\underline{\dddot{Al}}\,\dddot{Si} + 3(\dot{Ca}, \dot{Po})\,\dddot{Si} + 15Aq$.

Mésole . . . . . . . . . . . . . . . . . $6\underline{\dddot{Al}}\,\dddot{Si} + 2(\dot{Ca}, \dot{Sd})^3\,\dddot{Si}^2 + 15Aq$.

Stellite . . . . . . . . . . . . . . . . . $\underline{\dddot{Al}}\,\dddot{Si} + 5(\dot{Ca}, \dot{Mg}, \dot{Fe})^3\,\dddot{Si}^2 + 6Aq$.

Édingtonite. . . . . . . . . . . . . . $4\underline{\dddot{Al}}\,\dddot{Si} + \dot{Ca}^3\,\dddot{Si}^2 + 12Aq$.

Prehnite. . . . . . . . . . . . . . . . $\underline{\dddot{Al}}\,\dddot{Si} + \dot{Ca}^2\,\dddot{Si} + Aq$.

Gismondine du Vésuve . . . . . . . . $2\underline{\dddot{Al}}\,\dddot{Si} + Ca^2\,\dddot{Si} + 9Aq.$

Kirwanite. . . . . . . . . . . . . . $\underline{\dddot{Al}}\,\dddot{Si} + 3(\dot{Ca}, \dot{Fe})^2\,\dddot{Si} + 2Aq.$

Thomsonite. . . . . . . . . . . . . . $3\underline{\dddot{Al}}\,\dddot{Si} + (\dot{Ca}, \dot{Sd})^3\,\dddot{Si} + 6Aq.$

Zéolite de Borkhult . . . . . . . . . . $2\underline{\dddot{Al}}\,\dddot{Si} + \dot{Ca}\,\dddot{Si}^2 + 2Aq.$

Zéolite rouge d'Ædelfors (Hisinger). $\underline{\dddot{Al}}\,\dddot{Si}^2 + \dot{Ca}\,\dddot{Si} + 3Aq.$

Chabasie. . . . . . . . . . . . . . . . $\underline{\dddot{Al}}\,\dddot{Si}^2 + (\dot{Ca}, \dot{Po})\,\dddot{Si} + 6Aq.$

Hydrolite (Vauquelin) . . . . . . . $4\underline{\dddot{Al}}\,\dddot{Si}^2 + 3(\dot{Ca}\,\dot{Sd})\,\dddot{Si} + 24Aq.$

Chabasie de Naelsoë. . . . . . . . . . $4\underline{\dddot{Al}}\,\dddot{Si}^2 + (\dot{Ca}, \dot{Sd}, \dot{Po})^3\,\dddot{Si}^2 + 24Aq.$

Caporcianite. . . . . . . . . . . . . . $3\underline{\dddot{Al}}\,\dddot{Si}^2 + (\dot{Ca}, \dot{Po})^3\,\dddot{Si}^2 + 9Aq.$

Laumonite (Dufrénoy) . . . . . . . $3\underline{\dddot{Al}}\,\dddot{Si}^2 + \dot{Ca}^3\,\dddot{Si}^2 + 12Aq.$

Mésoline. . . . . . . . . . . . . . . . $3\underline{\dddot{Al}}\,\dddot{Si}^2 + (\dot{Ca}, \dot{Sd})^3\,\dddot{Si}^2 + 12Aq.$

Christianite de Marburg. . . . . . . $3\underline{\dddot{Al}}\,\dddot{Si}^2 + (\dot{Ca}, \dot{Po})^3\,\dddot{Si}^2 + 15Aq.$

Hydrolite (Rammelsberg). . . . . . $3\underline{\dddot{Al}}\,\dddot{Si}^2 + (\dot{Ca}, \dot{Sd})^3\,\dddot{Si}^2 + 18Aq.$

Phakolite (Rammelsberg). . . . . . $3\underline{\dddot{Al}}\,\dddot{Si}^2 + (\dot{Ca}, \dot{Ps}, \dot{Sd})^3\,\dddot{Si} + 15Aq.$

Laumonite (Gmelin) . . . . . . . . . $3\underline{\dddot{Al}}\,\dddot{Si}^2 + \dot{Ca}^3\,\dddot{Si} + 12Aq.$

Stilbite. . . . . . . . . . . . . . . . . $\underline{\dddot{Al}}\,\dddot{Si}^3 + \dot{Ca}\,\dddot{Si} + 6Aq.$

Zéolite rouge (Damour). . . . . . . $\underline{\dddot{Al}}\,\dddot{Si}^3 + Ca\,\dddot{Si} + 4Aq.$

Épistilbite. . . . . . . . . . . . . . }
Heulandite (Damour). . . . . . . . } $\underline{\dddot{Al}}\,\dddot{Si}^3 + Ca\,\dddot{Si} + 5Aq.$

Heulandite (Walmestedt). . . . . . $4\underline{\dddot{Al}}\,\dddot{Si}^3 + 3\dot{Ca}\,\dddot{Si} + 18Aq.$

Stilbite lamelleuse . . . . . . . . . }
Brewstérite. . . . . . . . . . . . . . } $4\underline{\dddot{Al}}\,\dddot{Si}^3 + 3\dot{Ca}\,\dddot{Si} + 24Aq.$

Sphærostilbite. . . . . . . . . . . . $3\underline{\dddot{Al}}\,\dddot{Si}^3 + \dot{Ca}^3\,\dddot{Si}^2 + 18Aq.$

Hypostilbite. . . . . . . . . . . . . $3\underline{\dddot{Al}}\,\dddot{Si}^3 + \dot{Ca}^3\,\dddot{Si} + 18Aq.$

Heulandite de Stromoë . . . . . . . $5\underline{\dddot{Al}}\,\dddot{Si}^3 + 3\dot{Ca}\,\dddot{Si}^3 + 27Aq.$

Faujassite. . . . . . . . . . . . . . $3\underline{\dddot{Al}}\,\dddot{Si}^3 + \dot{Ca}^3\,\dddot{Si} + 24Aq.$

Beaumonite. . . . . . . . . . . . . $\dddot{Al}\,\dddot{Si}^3 + \dot{Ca}\,\dddot{Si}^2 + 5Aq.$

### Pyroxène.

Cette espèce comprend un grand nombre de variétés qui ont été décrites sous les noms de *diopside*, *malacolite*, *sahlite*, *baïkalite*, *coccolite*, *hédenbergite*, *augite*, etc. Ces substances, qui se présentent avec des aspects très divers et une couleur blanche, verte ou noire, ont été réunies par Haüy en une seule espèce, parce qu'elles ont une seule et même forme primitive, qui est un prisme oblique rhomboïdal (fig. 208), dont les deux faces M, M, sont inclinées entre elles de 87° 5′, et dont la base P forme avec les mêmes faces un angle de 100° 25′. L'analyse chimique a longtemps paru contraire à cette réunion, à cause

Fig. 208.

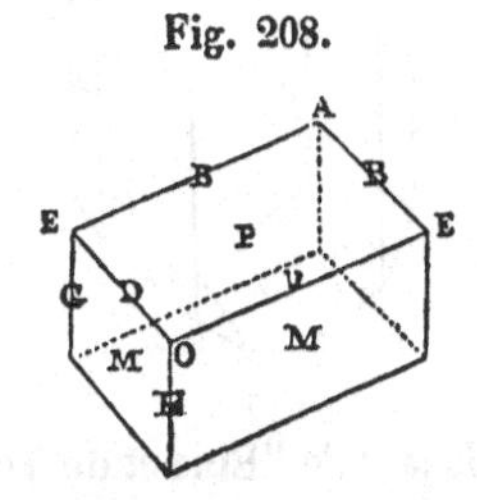


Fig. 209.

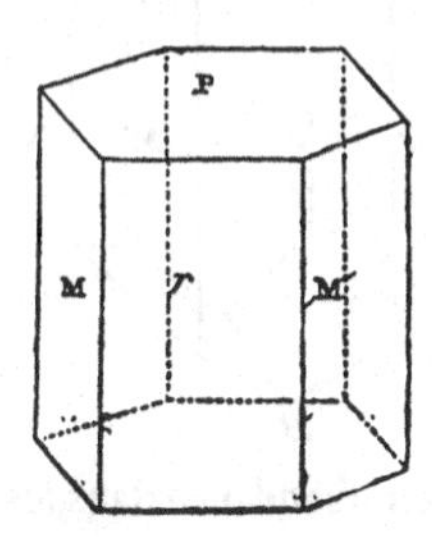


de la diversité des bases combinées à la silice ; mais la théorie de l'isomorphisme est venue donner raison à la cristallographie, en montrant que la composition de tous les pyroxènes était celle d'un silicate de protoxide, qui peut être représenté par $R^3 \dddot{Si}^2$ ou par $R^3 \dddot{Si}^2 + R^3 \dddot{Si}^2$, suivant qu'on suppose toutes les bases renfermées dans un seul silicate, ou réparties dans deux. Dans ce dernier cas, la base du premier silicate est toujours la chaux, et celle du second est de la magnésie ou de l'oxure ferreux, ou un mélange des deux, auxquels se joint souvent l'oxure manganeux.

La première variété de pyroxène porte principalement les noms de *diopside* et de *malacolite*. Elle est d'une couleur blanche ou verdâtre et se compose de $Ca^3 \dddot{Si}^2 + Mg^3 \dddot{Si}^2$, avec substitution à la magnesie d'une quantité variable de protoxide de fer. Elle pèse 3,3, raie difficilement le verre et est rayée par le quarz ; elle ne donne pas d'eau à la calcination et se fond au chalumeau en un verre incolore. Elle est inattaquable par les acides. On la trouve disséminée dans les micaschistes ou dans les schistes argileux qui leur sont subordonnés (vallées d'Ala et de Grassoney, en Piémont) ; dans les calcaires bleus lamellaires des Pyrénées ; dans les diorites ou dans les dépôts calcaires subordonnés (à

Fassa dans le Tyrol), dans les dolomies et dans les roches serpentineuses subordonnées au gneiss, etc.

La seconde variété de pyroxène porte les noms d'*augite* ou d'*hédenbergite*. Elle est verte ou noire et ne pèse que 3,1 à 3,15, ce qui est assez singulier en raison de la substitution presque complète de protoxide de fer à la magnésie ; elle se fond au chalumeau en un verre noirâtre Elle est inattaquable par les acides.

L'augite appartient aux terrains volcaniques anciens et modernes. On

Fig. 210.

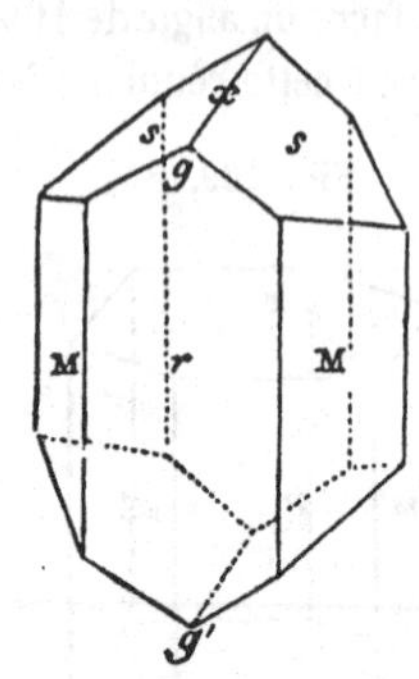


Fig. 211.

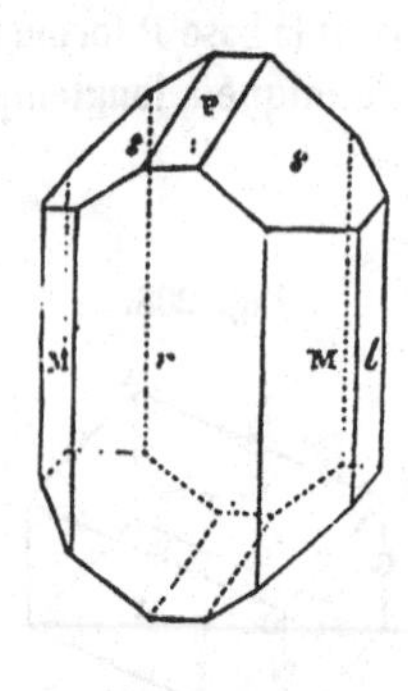


la trouve en abondance dans les courants de lave de l'Etna et du Vésuve, et dans les scories qui les accompagnent. Les volcans en rejettent quelquefois avec profusion des cristaux isolés qui retombent sur leurs flancs,

Fig. 212.

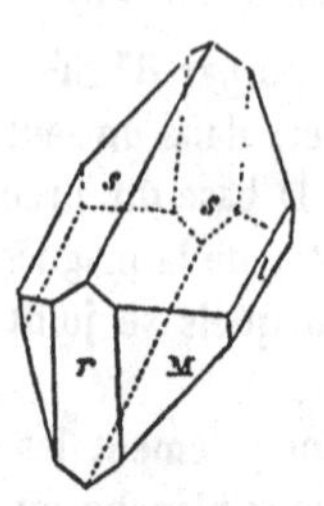


Fig. 213.

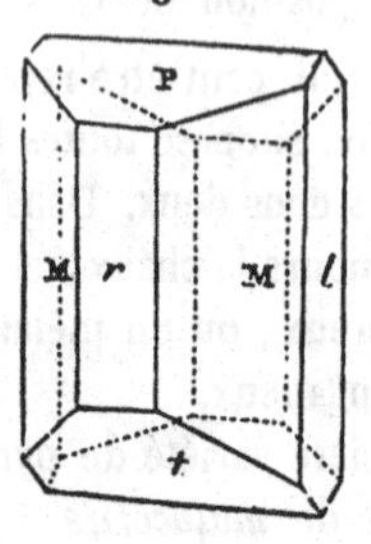


et dont les principales formes se trouvent représentées figures 210 à 213. L'augite fait partie intégrante des basaltes et des dolérites.

### Amphibole.

De même que pour le pyroxène, les minéralogistes admettent la réunion, sous le nom d'*amphibole*, de trois minéraux, fort différents en apparence, que Werner avait décrits sous les noms de *trémolite*, d'*actinote* et de *hornblende*. Cette réunion, que Haüy a le premier opérée, en se fondant sur les caractères cristallographiques, présente cependant cette anomalie que la hornblende, qui est l'espèce la plus répandue et la plus importante des trois, possède une composition qui ne s'accorde pas avec celle des deux autres. C'est ce qui m'engage à les décrire séparément.

La *trémolite* est une substance blanche, grise ou verdâtre, anhydre, fusible au chalumeau en un verre blanc, translucide ou opaque. Elle pèse 2,93 ; elle est très difficilement attaquable par les acides : cependant la dissolution précipite abondamment par l'oxalate d'ammoniaque et ensuite par la potasse, peu ou pas par le cyanure ferroso-potassique.

La trémolite se trouve cristallisée ou en masses fibreuses (grammatite). Sa forme primitive est un prisme rhomboïdal oblique (fig. 214), dont les faces M et M font entre elles un angle de 124° 34′, dont la base P est inclinée sur les faces de 103° 13′, et dont la hauteur est à l'un des

Fig. 215.

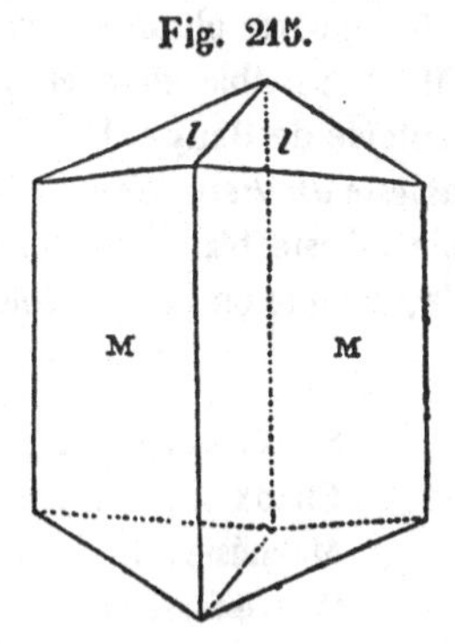


Fig. 214.

côtés de la base comme 1 : 4. Ses cristaux les plus habituels sont des prismes rhomboïdaux obliques (fig. 215), terminés par un biseau formé sur les angles E. Les masses fibreuses sont à fibres droites, conjointes ou rayonnées, d'un éclat soyeux, faciles à diviser par la pression en parcelles dures et aciculaires qui s'implantent dans les doigts. Cette substance ne forme pas de roche : elle est seulement disséminée dans les calcaires saccharoïdes et les schistes de transition. Je n'en citerai qu'une seule analyse, faite par M. Beudant sur la trémolite de Cziklova.

| | | Oxigène. | |
|---|---|---|---|
| Silice. . . . | 59,5 | 31,49 | 9 |
| Magnésie. . | 26,8 | 10,37 | 3 |
| Chaux . . . | 12,3 | 3,45 | 1 |
| Alumine . . | 1,4 | 0,65 | » |

Formule : $Ca\,Si + Mg^3\,Si^2$ ou $(Mg\,Ca)^4\,Si^3$

*Asbeste*, *amiante*, *lin fossile*, *carton fossile* : on a donné ces différents noms à un minéral fort singulier qui se présente sous la forme de fibres douces, soyeuses et flexibles comme du coton, ou en masses à fibres douces et comme feutrées, ressemblant à du carton ou à de l'agaric blanc du mélèze. Cette substance se distingue du talc, avec lequel on l'a presque confondue autrefois, parce que son toucher, quoique très doux, ne présente rien d'onctueux. Celle qui est en longs filets flexibles et qui porte plus spécialement le nom d'*amiante*, peut, jusqu'à un certain point, se filer et se tisser, et l'on a dit que les anciens en fabriquaient des toiles incombustibles dans lesquelles ils enveloppaient les cadavres destinés au bûcher, dont ils voulaient recueillir la cendre.

Aujourd'hui les minéralogistes sont portés à ne regarder l'asbeste que comme une forme particulière d'un autre minéral, mais ils ne s'accordent pas sur l'espèce à laquelle ils le rapportent. M. Cordier est le premier, je crois, qui ait assimilé l'asbeste à l'amphibole, et maintenant on le rapporte plutôt au pyroxène.

Il est possible en effet que des substances fibreuses, telles que l'amiantoïde de Haüy et la substance analysée par M. Berthier sous le nom d'*asbeste du Petit-Saint-Bernard*, soient des pyroxènes ; mais le véritable asbeste blanc et cotonneux de la Tarentaise est plutôt un amphibole, comme on peut le voir par l'analyse suivante de M. Bousdorff :

| | | Rapports moleculaires. | | |
|---|---|---|---|---|
| Silice. . . . . . | 58,20 | 102,68 | | 3 |
| Chaux . . . . . | 15,55 | 44,43 | 138,28 | 4 |
| Magnésie. . . . | 22,40 | 86,70 | | |
| Oxure ferreux. . | 3,22 | 7,15 | | |
| Alumine . . . . | 0,14 | | | |
| Eau . . . . . . | 0,14 | | | |
| Acide fluorique. | 0,66 | | | |

Il faut remarquer cependant que l'asbeste se rapproche de l'amphibole seulement par le rapport total des bases à la silice qui donne la formule $R^4 Si^3$, et non par celui de 1 à 3 qui existe dans l'amphibole, entre la chaux et la magnésie.

*Actinote* ou *amphibole vert*. En cristaux bacillaires, non terminés, d'un vert clair, transparents et à structure lamelleuse. Fusible en un verre peu coloré en vert. Pesanteur spécifique 3,05. L'analyse montre que l'actinote n'est autre chose que de la trémolite dans laquelle une partie de la magnésie est remplacée par de l'oxide de fer, de sorte que sa formule est $Ca\ddot{S}i + (Mg, Fe)^3 \dddot{S}i^2$.

*Amphibole alumineux* ou hornblende. Cette substance est presque toujours cristallisee, ou pour le moins en masses très lamelleuses et d'un clivage facile. Sa forme primitive est un prisme oblique rhomboïdal de 124° 34′, comme celui de la tremolite, et ses cristaux les plus habituels sont des prismes à six faces tels que ceux présentés figures 216 et 217. Ces cristaux ressemblent d'autant plus à un prisme hexaedre régulier, et en particulier à certaines tourmalines, qu'ils sont terminés par un pointement à trois faces composé de la base primitive et d'un biseau placé sur les arêtes de derrière. Mais on reconnaît très facilement à l'aide du goniomètre que le prisme est seulement symétrique et non régulier; les deux angles qui restent de la forme primitive étant de 124° 34′ et les quatre autres mésurant 117° 32′. Ces cristaux se distinguent en outre de ceux de la tourmaline par leur fusibilité en un verre *noir* et parce qu'ils ne sont pas électriques par la châleur Enfin ils sont complétement noirs et opaques.

La composition de la hornblende présente toujours, comme éléments principaux, la silice, la chaux, la magnésie et le protoxide de fer; mais il est difficile d'y reconnaître la formule de la trémolite, et d'ailleurs la

Fig. 216. Fig. 217.

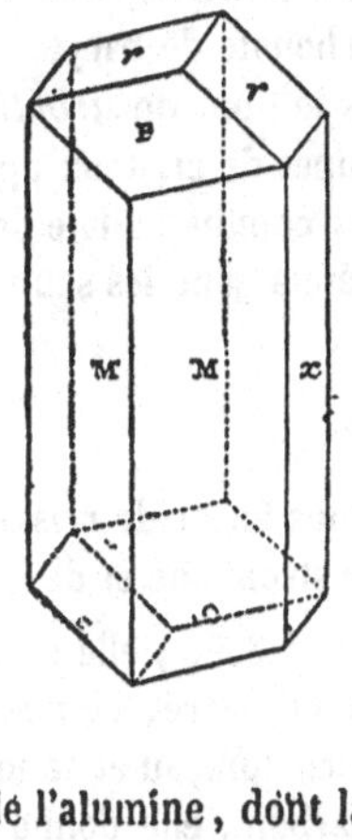

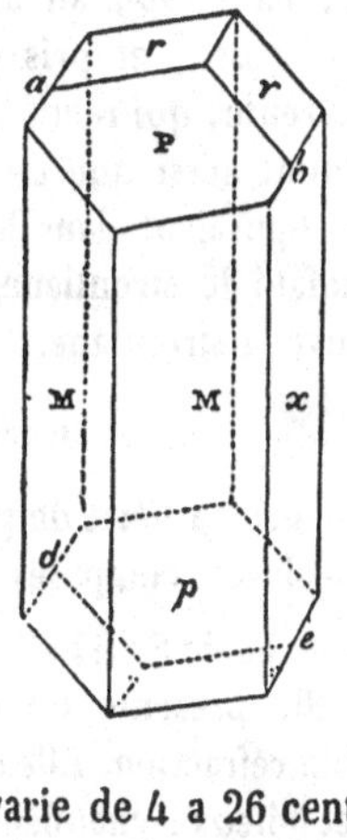

présence de l'alumine, dont la quantité varie de 4 a 26 centièmes, ne permet d'en conclure aucun arrangement certain. On s'est beaucoup occupé d'expliquer comment la hornblende, avec une composition si variable, peut offrir une cristallisation aussi nette, aussi constante, et toute semblable à celle de la trémolite. La manière la plus plausible d'expliquer ce fait consiste à supposer que la hornblende est une trémolite qui a cristallisé dans un milieu très chargé de parties alumineuses, dont l'élimination n'a pu se faire complétement, et l'on sait que les sels qui cristallisent dans ces circonstances presentent presque toujours des formes plus simples et plus nettes que ceux qui sont d'une purete parfaite.

Les diverses espèces d'amphibole appartiennent aux terrains primitifs et à ceux de transition. La hornblende forme à elle seule des couches très étendues, soit à l'état lamellaire, soit à l'état schistoïde, et constituant le *hornblendeschiefer*. Mélangée au feldspath compacte ou laminaire, elle forme des roches très étendues nommées *diorites* et *syénites*. Elle fait également partie des terrains volcaniques anciens et modernes, et c'est même de ces sortes de terrains que proviennent les plus beaux cristaux. L'actinote forme des couches dans les micaschistes et se trouve aussi disséminée dans les roches talqueuses. La trémolite et l'asbeste se trouvent dans les roches serpentineuses et les stéaschistes. L'asbeste vient surtout de Corse et de la Tarentaise.

### FAMILLE DU STRONTIUM.

Le strontium ressemble au barium comme le brome au chlore, le sélénium au soufre, l'arsenic au phosphore; aussi leurs composés naturels ont-ils d'abord été confondus ensemble. Le docteur Crawfort est le premier qui, en 1790, ait annoncé qu'un minéral pesant, trouvé à Strontian en Écosse, et pris pour du carbonate de baryte, contenait une base différente, qui recut bientôt après le nom de *strontiane*. Plus tard on reconnut aussi que de beaux groupes de cristaux apportés de Sicile et qui figuraient dans les collections comme sulfate de baryte, étaient du sulfate de strontiane. Ces deux états sont les seuls sous lesquels on trouve la strontiane.

#### Strontiane sulfatée.

Cette substance, à l'état de pureté, est sous forme de cristaux transparents et incolores, composés de 56,36 de strontiane et de 43,64 d'acide sulfurique, ou de $\mathrm{Sr}\,\mathrm{S}$; elle pèse de 3,85 à 3,96; elle raie la chaux carbonatée; elle présente un éclat vitreux et nacré, et possède deux axes de double réfraction. Elle décrépite au chalumeau et se fond en un émail blanc et laiteux; chauffée avec du charbon, elle donne lieu à du sulfure de strontium dont la saveur est sulfureuse et alcaline. Ce sulfure, traité par l'acide chlorhydrique, dégage du sulfure hydrique et forme une dissolution qui précipite en blanc par l'acide sulfurique et qui colore en pourpre la flamme de l'alcool.

Fig. 218.

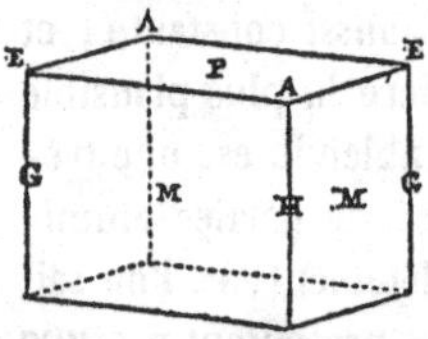

La forme primitive de la strontiane sulfatée est un prisme droit rhomboïdal de 104° et 76° (fig. 218). Le prisme primitif de la baryte sulfatée présente des angles de 101° 42′ et 78° 38. Cette différence de près de 3 degrés avait paru une anomalie inexplicable à Haüy, jusqu'au moment où l'analyse chimique vint démontrer la nature différente des deux sels. La pesanteur spécifique du sulfate de baryte est un peu plus considérable (4,3) ; du reste, les propriétés et les formes cristallines présentent une grande analogie.

On trouve en Sicile des cristaux laiteux qui affectent la forme primitive, et on en trouve aussi dans les mines du Salzbourg, qui sont

Fig. 219

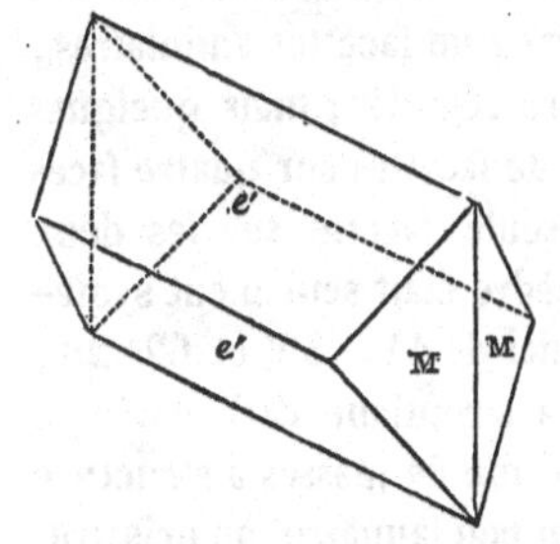


Fig. 220.

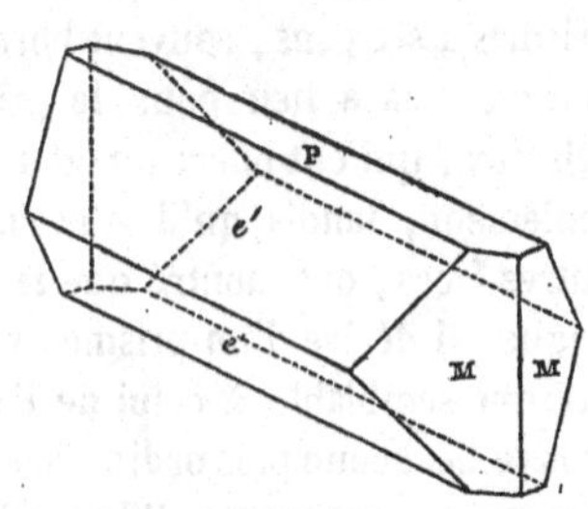


bleuâtres et fortement striés sur leurs faces ; mais la plupart des cristaux ont la forme de prismes rhomboïdaux de 102° 58′ (fig. 219) qui proviennent de l'allongement de la forme primitive dans le sens de la petite diagonale A A, joint à un biseau formé sur les angles E. Les beaux cristaux de Sicile se présentent sous cette forme ou sous celles représentées fig. 220 et 221, qui n'en sont que des modifications. Ces cristaux ras-

Fig. 221.

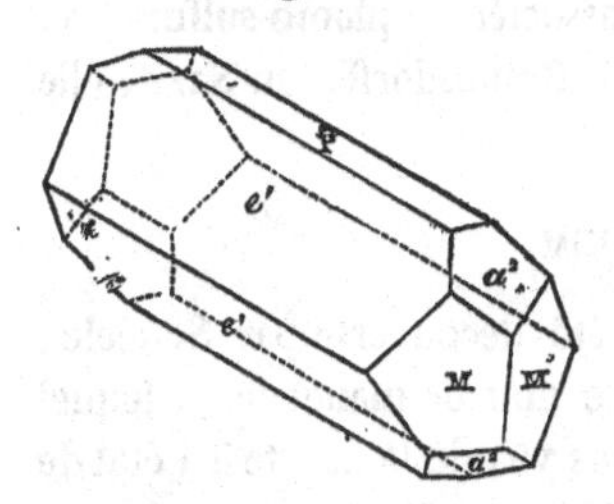


Fig. 222.

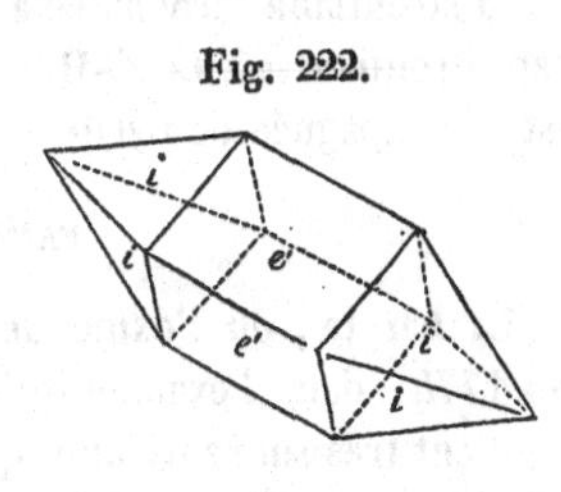


semblés en groupes un peu rayonnants, remplissent les cavités de bancs de soufre qui alternent avec de la chaux sulfatée.

Autres formes de la strontiane sulfatée :

*Laminaire;* à Bristol, en Angleterre, ayant pour gangue une argile ferrugineuse.

*Fibreuse;* comme aux environs de Toul, en couches minces dans une argile glaise. Elle est ordinairement colorée en bleu.

*Compacte et terreuse;* en masses ovoïdes aplaties, ou en rognons engagés dans une marne qui sépare les bancs de chaux sulfatée, à Montmartre. Cette variété est impure et contient de 10 à 20 de carbonate de chaux. Les masses sont presque toujours crevassées à l'intérieur par suite du *retrait* causé par la dessiccation, et les crevasses sont ordinairement tapissées de petits cristaux brillants qui ont la forme *apotome* représentée figure 222. La strontiane sulfatée qui tapisse l'intérieur de quelques silex de la craie, à Meudon, se présente sous la même forme.

### Strontiane carbonatée.

Cette substance se trouve rarement cristallisée. Ses cristaux sont des prismes à six pans, souvent bordés par un rang de facettes annulaires, comme cela a lieu pour le prisme hexaèdre régulier; mais quelques cristaux, qui ont offert une double bordure de facettes sur quatre faces seulement, tandis qu'il n'existait qu'une seule facette sur les deux autres faces, ont montré que le prisme hexaèdre était seulement symétrique. Il dérive d'un prisme droit rhomboïdal de 117° 32′ et 62° 28′, presque semblable à celui de l'aragonite. La strontiane carbonatée se trouve beaucoup plus ordinairement sous la forme de masses à structure fibreuse et rayonnante. Elle est d'un blanc un peu jaunâtre, ou grisatre, ou verdâtre. Elle pèse 3,65 (la baryte carbonatée pèse 4,29); elle est rayée par la chaux fluatée, et se fond au chalumeau en répandant une lueur purpurine; elle est phosphorescente étant projetée en poudre, dans l'obscurité, sur des charbons ardents. Elle se dissout lentement et avec effervescence dans l'acide nitrique un peu étendu. La dissolution précipite en blanc par l'acide sulfurique et colore en pourpre la flamme de l'alcool.

La strontiane carbonatée a été trouvée, associée au plomb sulfuré, au cap Strontian et à Lead-Hills en Écosse. A Braünsdorff, en Saxe, elle est accompagnée de pyrite.

## FAMILLE DU BARIUM.

La baryte, ou l'oxide de barium, a été découverte par Schéele, en 1774, dans l'examen qu'il fit de l'oxide noir de manganèse, lequel contient très souvent, ainsi que nous l'avons vu, de la baryte à l'état de combinaison. Elle a été décomposée en 1808, par Humphry Davy, qui est parvenu à en retirer le *barium*, en la décomposant par la pile électrique avec l'intermède du mercure. Lorsqu'elle a été obtenue à l'état de pureté, elle est d'un blanc grisâtre, très caustique, soluble dans l'eau, plus à chaud qu'à froid, et cristallisable par refroidissement. Elle verdit fortement la teinture de violette; elle neutralise complétement les acides; enfin elle possède à un haut degré tous les caractères d'un alcali.

Toutes ses dissolutions sont précipitées par l'acide sulfurique et les sulfates solubles, et le précipité est insoluble dans l'acide nitrique.

La baryte existe dans la terre principalement à l'état de sulfate, de carbonate et de silicate.

### Baryte sulfatée.

Cette substance se distingue de la plupart des autres minéraux lithoïdes (sels calcaires, silice ou silicates), par une pesanteur spécifique plus considérable (de 4,3 à 4,7); aussi portait-elle autrefois le nom de *spath pesant*. Elle est assez dure pour rayer la chaux carbonatée; mais elle est rayée par le calcium fluoruré. Elle possède la double réfraction entre deux faces non parallèles; elle est insoluble dans les acides; elle se fond au chalumeau en un émail blanc qui tombe en poussière après quelques heures. Calcinée au milieu des charbons, puis exposée à la lumière et enfin portée dans un endroit obscur, elle répand une lueur rougeâtre. Pulvérisée et chauffée en vases clos avec du charbon, elle se convertit en *sulfure de barium* soluble dans l'eau, décomposable par l'acide chlorhydrique avec dégagement de sulfide hydrique et formation d'un dissoluté qui précipite en blanc par l'acide sulfurique et colore en jaune verdâtre la flamme de l'alcool.

La baryte sulfatée, quoique très répandue dans la terre, ne forme jamais de montagne, de couche ni de masse considérable. Mais plus qu'aucune autre substance d'apparence non métallique elle sert de gangue aux métaux, et principalement aux minerais de plomb, de cuivre, d'argent, d'antimoine, de mercure et de zinc. On ne la trouve pas dans les minerais d'étain qui appartiennent à une époque encore plus ancienne.

La baryte sulfatée se trouve en outre avec fréquence dans les arkoses situés vers la séparation des granites et des terrains secondaires. On la rencontre même dans les argiles de ces terrains jusqu'à la partie inférieure des formations jurassiques, où elle cesse de se montrer.

La baryte sulfatée cristallisée et incolore est uniquement formée de 65,63 de baryte et de 34,37 d'acide sulfurique, ou de Ba S; celle qui est massive, amorphe ou terreuse, est souvent mélangée de sulfates et de carbonates de strontiane et de chaux, de fluorure de calcium ou de silice.

Fig. 223.

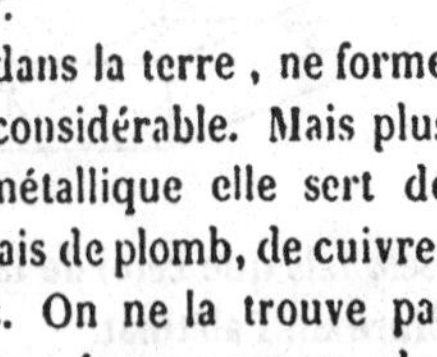

La baryte sulfatée cristallisée a pour forme primitive un prisme droit rhomboïdal de 101° 42′ et 70° 18′ (fig. 223) dont le rapport d'un des côtés de la base est à la hauteur comme 50 : 51. Cette forme est très facile à obtenir par le clivage des masses lamellaires; mais on la trouve naturelle à Schemnitz en Hongrie, à Offenbanya et à Kapnick en Transylvanie. Elle a une grande tendance à se montrer en cristaux aplatis ou *tabulaires* modifiés, soit sur deux angles opposés de la base comme dans la figure 224, soit par la troncature tangente de deux des arêtes du prisme, comme dans la figure 225, où chaque arête G est remplacée par une profonde troncature *g*. Lorsque la troncature tangente se fait sur les quatre arêtes

Fig. 224.

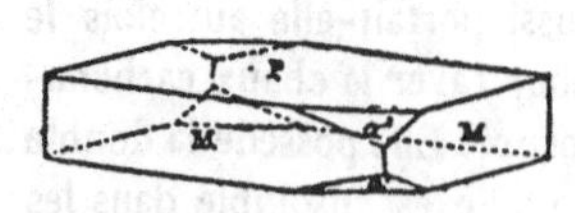


Fig. 225.

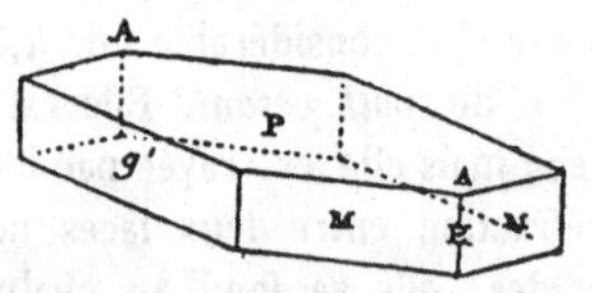


du prisme, et de manière à en faire complétement disparaître les faces, il en résulte un prisme rectangulaire (fig. 226) qui n'existe jamais simple, mais qui donne naissance à un grand nombre de cristaux com-

Fig. 226.

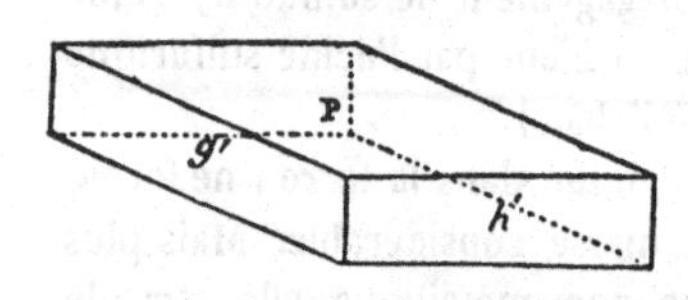


Fig. 227.

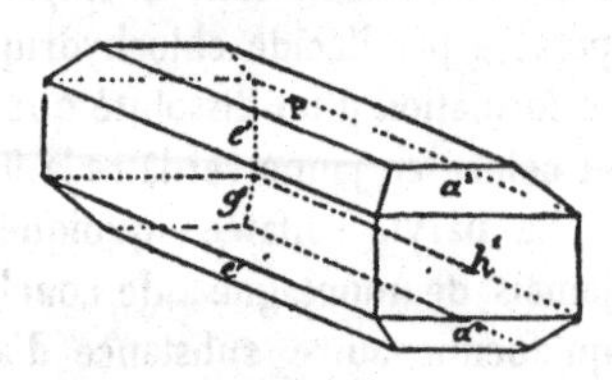


posés, tels que celui de la figure 227, qui provient des mines de mercure sulfuré du Palatinat.

La variété *trapézienne* de Haüy (fig. 228) appartient au même type,

Fig. 228.

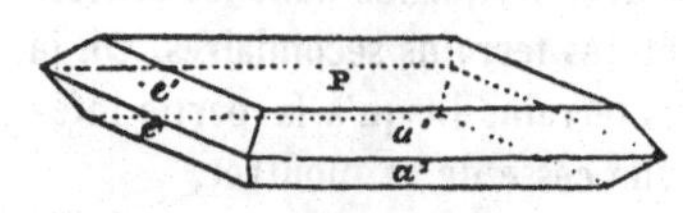


Fig. 229.

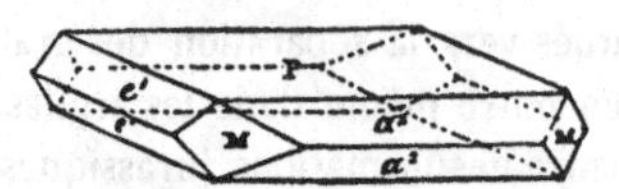


ainsi que celle figure 229, qui n'en diffère que par des rudiments des faces primitives M, placés sur les angles du prisme rectangulaire.

Fig. 230.

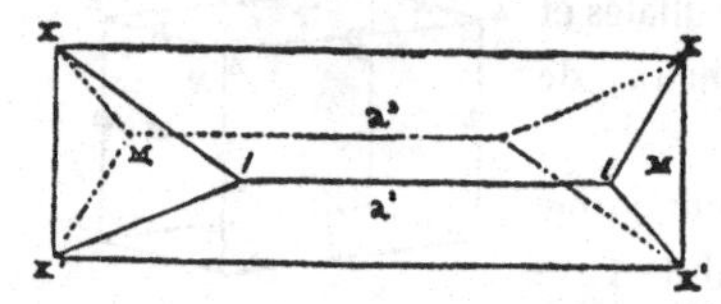


Fig. 231.

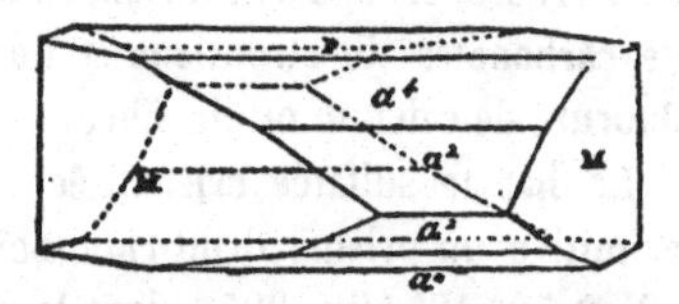


Les cristaux de baryte sulfatée présentent encore trois autres formes dominantes, dont l'une (la troisième des cinq), représentée figure 230, est donnée par un biseau naissant sur les angles A de la forme primitive, prolongé de manière à remplacer complétement la base, et allongé dans le sens de la grande diagonale. Il en résulte un prisme rhomboïdal de 102° 9′, terminé par un biseau aigu formé par les faces M (fig. 231).

La quatrième forme dominante (fig. 232) est un prisme inverse au précédent, résultant d'un biseau $e'$ formé sur les angles aigus E du cristal primitif. L'angle de ce prisme est de 103° 30′, et le biseau donné

Fig. 232.

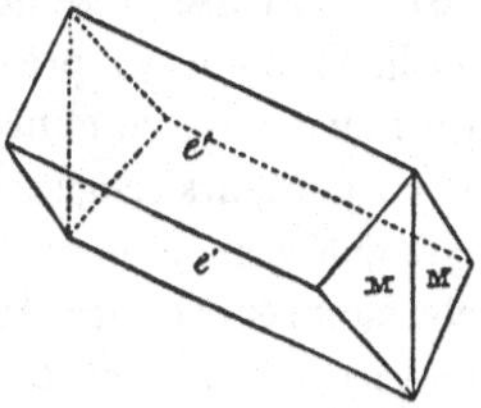

Fig. 233.

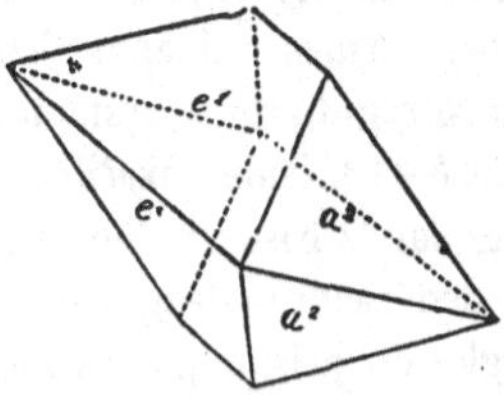

par les faces M est obtus comme celui des cristaux analogues du sulfate de strontiane; mais comme cette forme est très rare, et que la précédente au contraire est fréquente, la circonstance du biseau aigu donné par les faces M peut servir, presque toujours, à distinguer les prismes du sulfate de baryte de ceux du sulfate de strontiane.

La dernière forme du sulfate de baryte est un octaèdre rectangulaire ou *cunéiforme* (fig. 233) formé par les mêmes biseaux que la variété trapézienne (fig. 229), prolongés de manière à faire disparaître les bases. Cet octaèdre est presque toujours modifié par des facettes appartenant, soit aux variétés précédentes, soit à la forme primitive.

Les cristaux tabulaires de la baryte sulfatée sont très souvent serrés les uns contre les autres et arrondis sur leurs angles, de manière à figurer des *crêtes de coq*. Enfin cette substance se trouve en masses *laminaires*, *lamellaires*, *bacillaires*, *fibreuses* ou *radiées*.

Cette dernière variété, nommée *pierre de Bologne*, se rencontre au mont Paterno, près de Bologne en Italie, sous forme de rognons arrondis et tuberculeux, disséminés dans une marne argileuse grise. Les cristaux fibreux partent du centre, s'élargissent vers la circonférence et prennent à la surface une forme lenticulaire. Cette substance servait autrefois à faire le *phosphore de Bologne*, qui consistait en de petits gâteaux formés de la pierre de Bologne pulvérisée et agglutinée avec de la gomme Ces gâteaux, chauffés sur des charbons et mis dans l'obscurité, brillaient d'une lumière assez vive.

### Baryte carbonatée.

Substance blanche, rayant la chaux carbonatée, rayée par le calcium fluoruré, pesant 4,3, phosphorescente sur les charbons ardents, fusible au chalumeau en un globule transparent qui devient opaque en refroidissant. Elle est difficilement attaquable par l'acide nitrique, qui finit cependant par la convertir en un dépôt pâteux d'un volume plus considérable que celui du fragment. Pour bien dissoudre le carbonate de baryte, il faut le chauffer au rouge, le plonger dans l'eau froide, le pulvériser et le traiter par l'acide nitrique affaibli.

Les cristaux naturels de la baryte carbonatée présentent quelque chose de singulier : ayant pour forme primitive un prisme droit rhomboïdal, dont les angles sont de 118° 30′ et 61° 30′, ils se présentent sous des formes qui appartiennent le plus ordinairement au prisme hexaèdre régulier du système rhomboïdal. Ainsi on trouve ce minéral cristallisé en prisme hexaèdre terminé par une ou plusieurs rangées de facettes sur la base ; ou en prisme hexaèdre pyramidé comme le quarz, ou en dodécaèdre triangulaire isocèle. Et il faut mesurer avec attention les angles du prisme pour s'apercevoir qu'il n'est pas régulier, et qu'au lieu d'avoir tous ses angles de 120 degrés, il y en a deux de 118° 30′ et quatre de 120° 45′. La baryte carbonatée se trouve en outre sous forme de rognons arrondis à structure radiée, ou en masses compactes. Elle a été découverte d'abord dans la mine de plomb de Snailbach, en Angleterre, par le docteur Withering, ce qui est cause que Werner l'a décrite sous le nom de *withérite*. On l'a trouvée également à Alston-Moor, dans le Cumberland, et à Neuberg dans la haute Styrie. Elle porte en Angleterre le nom de *mort aux rats*, parce qu'elle tue les rats et les chiens. Elle est plus vénéneuse que le carbonate artificiel, qui est seulement vomitif. Sa formule chimique est $Ba\ddot{C}$.

On a décrit sous le nom de *sulfato-carbonate de baryte* un mélange naturel, mais non défini, de sulfate et de carbonate de baryte; il cristallise en prismes à six pans, terminés par une pyramide à six faces, comme le carbonate simple. On a trouvé également le carbonate de baryte uni en proportion définie au carbonate de chaux ($Ba\ddot{C} + \dot{C}a\ddot{C}$), et cristallisé soit en prismes rhomboïdaux obliques, soit en dodécaèdre triangulaire isocèle, ce qui semblerait indiquer un nouvel exemple de dimorphisme ; mais la composition du minéral devra être soumise à un nouvel examen.

### Baryte et Alumine hydro-silicatées.

*Harmotome* et *morvénite*. Cette substance garnit l'intérieur de géodes dans les roches amygdaloïdes d'Oberstein (Prusse rhénane), ou se trouve disséminée dans des filons comme à Andréasberg, au Harz et au cap Strontian, en Écosse. Elle est composée de silice, d'alumine, de baryte et d'eau, dans des proportions qui paraissent assez constantes, et dont voici la moyenne, résultant de sept analyses faites par des chimistes différents :

| | | Rapports moléculaires. | | |
|---|---|---|---|---|
| Silice. . . . . . . | 47,62 | 84,01 | | 11 |
| Alumine . . . . . | 16,46 | 22,51 | | 3 |
| Baryte . . . . . . | 20,37 | 21,26 | | |
| Chaux . . . . . . | 0,17 | 0,49 | 23,17 | 3 |
| Potasse. . . . . . | 0,51 | 0,85 | | |
| Soude. . . . . . . | 0,22 | 0,55 | | |
| Eau. . . . . . . . | 14,35 | 127,56 | | 17 |

Il est peu probable que la quantité de silice doive être augmentée, parce que les analyses de silicates en donnent généralement un excès, et que celle faite par M. Berzélius, qui n'a pas concouru à établir la moyenne ci-dessus, n'en a donné que 44,10 pour 100. Si cependant on suppose, dans les résultats précédents, 12 molécules de silice et 18 d'eau, on arrivera à des rapports beaucoup plus simples qui sont $\underline{\dddot{Al}}$, $\dot{Ba}$, $\dddot{Si}^4$, $\underline{\dot{H}}^6$, et l'on en déduit la formule $\underline{\dddot{Al}}\ \dddot{Si}^3 + \dot{Ba}\ \dddot{Si} + 6\underline{\dot{H}}$, qui répond à celle de la stilbite ou du feldspath hydraté.

L'harmotome a pour forme primitive un prisme rhomboïdal droit dont les angles sont de 110° 30′ et 69° 30′ ; et on la trouve quelquefois sous cette forme modifiée par un commencement de pyramide quadrangulaire sur chaque base, et par deux facettes sur les angles aigus du prisme (morvénite de Strontian). On en trouve d'autres cristaux formés des mêmes éléments, mais très allongés dans le sens de la petite diagonale de la base et fortement tronqués sur les arêtes aiguës du prisme, ce qui leur donne la forme de prismes rectangulaires aplatis, terminés par quatre ou six facettes (harmotome d'Oberstein) ; mais presque toujours ces derniers cristaux se trouvent maclés et croisés à angle droit, de manière à figurer comme un seul prisme quadrangulaire qui offrirait un angle rentrant à la place de chacune de ses arêtes longitudinales.

L'harmotome est d'un blanc laiteux, quelquefois un peu jaunâtre. Les cristaux d'Andréasberg et de Norwége sont opaques ; ceux de Strontian sont fréquemment transparents. Elle raie la chaux fluatée et est rayée par la chaux phosphatée. Elle pèse de 2,392 à 2,447 ; elle dégage de l'eau, blanchit et devient friable au feu ; elle fond difficilement au chalumeau Réduite en poudre, elle est facilement attaquée par l'acide nitrique ou chlorhydrique. La liqueur séparée de la silice non dissoute précipite par l'acide sulfurique.

On a trouvé à Strontian un minéral analogue à l'harmotome par la nature de ces éléments, mais qui en diffère par leur proportion et par l'adjonction de la strontiane à la baryte ; on lui donne le nom de *brewstérite*. Il cristallise suivant un prisme rhomboïdal oblique de 136° et 44° ; il pèse de 2,25 à 2,40 ; il est composé de $4\underline{\dddot{Al}}\,\dddot{Si}^3 + 3(\dot{Ba}, Sr)\,\dddot{Si} + 18\dot{H}$.

## FAMILLE DU LITHIUM.

La lithine a été découverte en 1817, par M. Arfvedson, dans trois minéraux provenant de l'île d'Uto, en Suède. Ces minéraux étaient le *triphane*, le *pétalite* et la *tourmaline rouge*. On a trouvé depuis la même base alcaline dans d'autres minéraux où elle remplace plus ou moins la potasse et la soude, et principalement dans une variété de mica très brillante nommée *lépidolite;* enfin elle existe à l'état de phosphate, combiné aux phosphates de fer et de manganèse, dans deux minéraux nommés *triphylline* et *tétraphylline* (pages 315 et 316); ou combiné au phosphate d'alumine et formant un minéral très rare qui a reçu le nom *d'ambligonite*, et dont la formule est $\underline{\dddot{Al}}^2\,\underline{\overset{.....}{P}} + \dot{Li}\,\overset{.....}{P}$.

La lithine tient le milieu, par ses propriétés, entre la potasse et la soude, d'une part, dont tous les sels sont solubles, et la baryte, la strontiane et la chaux, qui en forment un assez grand nombre d'insolubles. Ainsi le sulfate, l'azotate et le tartrate de lithine sont très solubles, et le borate de lithine ressemble beaucoup à celui de soude; mais le phosphate de lithine est très peu soluble, et le carbonate ne se dissout bien que dans l'eau bouillante.

### Triphane.

Substance d'un gris verdâtre ou blanchâtre, trouvée dans les roches granitiques d'Uto ; on l'a rencontrée depuis, dans la même position, à Sterzing dans le Tyrol, à Killiney près de Dublin, à Peterhead, en Écosse, à Sterling dans le Massachussets. Elle est en masses lamelleuses, translucides ou opaques, d'un éclat un peu nacré, assez dures pour faire feu avec le briquet. Elle se clive, suivant les faces d'un prisme rhomboïdal de 86 degrés. Elle se boursoufle et se fond au chalumeau en un verre incolore. Fondue avec la soude sur une feuille de platine, elle y forme une tache brune due à la forte action exercée par la lithine sur ce métal.

Nous possédons plusieurs analyses du triphane très rapprochées, dont voici la moyenne :

| | | Rapports moléculaires. | | |
|---|---|---|---|---|
| Silice. . . . . . . | 65,28 | 117,17 | | 3 |
| Alumine. . . . . . | 26,61 | 41,43 | | 1 |
| Lithine . . . . . . | 6,27 | 34,77 | | |
| Soude. . . . . . . | 0,67 | 1,73 | 39,61 | 1 |
| Oxure ferreux. . . | 1,40 | 3,11 | | |

Formule : $\dddot{\underline{Al}}\ \ddot{Si}^2 + \dot{Li}\ \dddot{Si}$.

**Pétalite.**

Ce minéral forme une veine dans la pegmatite d'Uto ; il est en masses lamelleuses d'un blanc laiteux ou d'un blanc rosé, dont les propriétés sont presque semblables à celles du triphane. On admet généralement qu'il est formé de $\dddot{\underline{Al}}\ \dddot{Si}^3 + \dot{Li}\ \dddot{Si}$, et que sa composition répond à celle du feldspath ; mais aucune des analyses qui en ont été faites ne justifie cette supposition.

| | Gmelin. | Moléc. | Hagen. | Moléc. | Arfvedson. | Molec. |
|---|---|---|---|---|---|---|
| Silice. . . . | 74,17 | 5 | 77,06 | 19 | 79,21 | 26 |
| Alumine . . | 17,41 | 1 | 18,02 | 4 | 17,23 | 5 |
| Lithine. . . | 5,16 | 1 | 2,66 | » | 5,76 | 6 |
| Chaux . . . | 0,32 | | » | 3 | » | » |
| Soude. . . . | » | | 2,26 | » | » | » |

La première analyse donne $\dddot{\underline{Al}}\ \dddot{Si}^4 + \dot{Li}\ \dddot{Si}$,

La seconde — — $4\ \dddot{\underline{Al}}\ \dddot{Si}^4 + 3\,(\dot{Li}, \dot{Sd})\ \dddot{Si}$.

La troisième — — $5\ \dddot{\underline{Al}}\ \dddot{Si}^4 + 6\ \dot{Li}\ \dddot{Si}$.

FAMILLE DU SODIUM.

Le sodium est un métal d'un blanc d'argent, plus mou et plus malléable que le plomb, un peu plus léger que l'eau, car il pèse seulement 0,972. Il se ramollit à 50 degrés, est liquide à 90 degrés, mais ne se volatilise pas à la température du verre fondant. Il s'oxide lentement à l'air froid et brûle vivement à la chaleur rouge. Il s'agite vivement à la surface de l'eau et se convertit en soude, qui se dissout; mais il ne s'enflamme pas comme le potassium, à moins qu'on ne le fixe à la même place en donnant de la consistance à l'eau. Il forme deux oxides, $Sd\ O$ et $Sd^2\ O^3$, dont le premier seul peut se combiner aux acides. Tous ses sels sont solubles (1), et le sont plus que ceux de potasse correspondants. Cependant le carbonate est moins soluble et efflorescent.

(1) A l'exception de l'antimoniate.

Voici les principales espèces minéralogiques du sodium :

Sodium chloruré, *sel gemme* ou *sel marin*.

Soude sulfatée anhydre ou *thénardite*.

Soude sulfatée hydratée ou *sel de Glauber*.

Soude et chaux sulfatées, *schelot* ou *Glauberite*.

Soude carbonatée, *natron* et *urao*.

Soude et chaux carbonatées, *Gay-lussite*.

Soude nitratée.

Soude boratée, *tinckal* ou *borax*.

Sodium et aluminium fluorurés, *chryolite*.

Quant aux silicates de soude, alumineux ou non alumineux, nous les étudierons conjointement avec ceux à base de potasse, avec lesquels ils sont presque toujours confondus, soit par leur mélange, soit par leur formule semblable et par leur forme cristalline.

### Sodium chloruré.

*Sel gemme* ou *sel marin;* formule Sa $\underline{Cl}$, ou sodium 39,35 ; chlore 60,65. Ce sel est soluble dans 2,79 fois son poids d'eau à 14 degrés centigrades, et ne devient pas beaucoup plus soluble dans l'eau bouillante ; il possède une saveur qui lui est propre, nommée saveur *salée*, et qui suffit pour le faire reconnaître. Il pèse 2,5. Sa forme primitive est le cube, et c'est aussi presque exclusivement la seule forme sous laquelle on le rencontre cristallisé. Mais on le trouve le plus ordinairement en masses considérables qui possedent un clivage cubique très facile, ou en masses lamellaires, granulaires ou fibreuses. Il est incolore et transparent lorsqu'il est pur ; mais il peut être coloré en rouge par de l'oxide de fer ou du sous-phosphate de fer ; en bleu céleste par un corps indéterminé ; en gris noirâtre par du charbon ou par du bitume.

Le chlorure de sodium existe sous deux états principaux : 1° à l'état solide dans la terre, et tel que nous venons de le décrire ; on lui donne le nom de *sel gemme ;* 2° dissous dans les eaux minérales, dans les eaux des lacs salés, et dans l'eau de la mer, d'où on le retire par l'évaporation. On le nomme alors *sel marin.* On peut reconnaître, par l'action du feu, le sel gemme de celui qui a été obtenu par l'évaporation d'une eau quelconque : le sel gemme, ne contenant pas d'eau interposée, ne décrépite pas au feu ; il entre en fusion tranquille si on le chauffe dans un creuset, et se volatilise à une forte chaleur. Le sel cristallisé artificiellement, contenant toujours de l'eau-mère interposée entre ses lamelles, décrépite au feu. Il se fond ensuite et se volatilise comme le premier.

La présence du sel gemme dans la terre paraît être le résultat de deux formations différentes : ou bien on le trouve en couches contemporaines du terrain qui le renferme; ou bien il y a été introduit par une action postérieure. Le sel gemme en couches contemporaines appartient presque exclusivement au terrain du keuper ou de trias, et particulièrement aux *marnes irisées*. La France en possède un dépôt considérable dans le département de la Meurthe, qui sétend de Dieuze à Château-Salins et à Pétoncourt, le long de la vallée de la Seille. Ce dépôt n'a été découvert à Vic qu'en 1819, par un sondage qui avait pour objet d'y rechercher de la houille; tandis qu'on aurait dû beaucoup plus tôt y soupçonner la présence du sel, en raison des sources salées qui étaient exploitées depuis longtemps dans la contrée. On peut à peine douter que le département du Jura, dont les sources salées sont également très abondantes, ne puisse offrir des mines de sel gemme exploitables. Dans la Meurthe, à partir d'une profondeur de 60 mètres environ, jusqu'à celle de 140 à 160 mètres, on compte douze couches de sel, qui alternent avec une marne grise ou bleuâtre fortement salée, et qui porte le nom de *saltzton* (terre salée). La plus forte des couches de sel ne dépasse pas 15 mètres d'épaisseur. A Northwich, près de Liverpool en Angleterre, il existe une exploitation considérable de sel qui forme deux couches puissantes recouvertes par des marnes rouges et vertes analogues à celles de Vic. Le premier banc de sel, situé à une profondeur de 37 à 38 mètres, présente une épaisseur de 23 mètres, et après une couche d'argile salifère de 95 mètres, on trouve un second banc de sel, dont l'épaisseur connue jusqu'à présent est de 33 mètres.

Le sel gemme en amas postérieurs est beaucoup plus fréquent et se reconnaît à trois circonstances principales : d'abord les masses salifères, au lieu de faire partie de la stratification du terrain, en coupent les couches en différents sens, ou s'y trouvent seulement en amas ; secondement, le sel qui appartient à ce genre de gisement ne se rencontre plus exclusivement dans un seul terrain. Ainsi, à Bex, en Suisse, on le trouve dans la partie supérieure du lias; à Salzbourg, dans le calcaire jurassique; à Orthez, dans les Basses-Pyrénées, et à Cardone en Espagne, il gît enclavé dans la craie. Les célèbres mines de Wieliczka, en Pologne, paraissent appartenir au même gisement. On en trouve même en quelques lieux dans les formations tertiaires. Ce genre de gisement est donc indépendant de la nature du terrain; mais ce qui achève de le caractériser, c'est qu'il se trouve partout dans le voisinage de roches ignées, et qu'il paraît même quelquefois avoir soulevé le terrain environnant (à Cardone), dont les couches se relèvent de toutes parts autour de lui; de sorte que sa formation paraît liée à des phénomènes de la même nature que ceux qui produisent les éruptions volcaniques.

*Extraction.* L'extraction du sel de mine est très simple : lorsqu'il est pur et incolore, on l'arrache seulement du sein de la terre, et on le verse dans le commerce. C'est ce qui a lieu dans la mine de Vieliczka en Pologne, que l'on exploite depuis un temps considérable, et qui fournit annuellement 120000 quintaux de sel. La masse du sel commence à 65 mètres au-dessous du sol, et elle a été creusée à 312 mètres, ce qui lui donne déjà 245 mètres d'épaisseur. Ce banc, suivant ce qu'on rapporte, a trois lieues d'étendue en tous sens. Lorsque le sel est impur et coloré par de l'oxide de fer ou de manganèse, comme cela a lieu dans le Tyrol et dans le Saltzbourg, on pratique dans sa masse même des galeries dans lesquelles on fait parvenir de l'eau. Lorsque cette eau, par son séjour sur le sel, en est saturée, on la conduit, à l'aide de canaux, jusque dans les usines où on l'évapore sur le feu.

L'eau de la mer est encore une source inépuisable de sel. Pour l'en retirer, le procédé qui est usité en France, sur les côtes de la Méditerranée et de l'Océan, consiste à creuser sur le rivage des bassins, dits *marais salans*, peu profonds, mais d'une vaste étendue. Ces bassins sont tapissés d'argile et communiquent les uns avec les autres, mais de telle manière que l'eau est obligée de faire de très grands circuits pour les parcourir tous. Dans la haute marée, on reçoit l'eau de la mer dans le premier bassin qui sert de réservoir, et de là on la distribue par une pente douce dans les autres, ou elle se vaporise promptement en raison de la grande surface qu'elle présente à l'air. On en ajoute de nouvelle à mesure que la première s'évapore; bientôt tout le sel qu'elle contient ne pouvant plus y être tenu en dissolution, il cristallise et se précipite; on le retire de temps en temps, et on le met égoutter par tas sur le bord des bassins; on continue ainsi tant que la pureté de l'air et la chaleur de la saison le permettent, c'est-à-dire depuis le mois d'avril jusqu'au mois de septembre; alors on fait écouler l'eau-mère qui reste dans les bassins.

Le sel, ainsi obtenu, est ordinairement gris ou rougeâtre, en raison d'une portion d'argile qui le salit; et il est déliquescent par la présence d'une certaine quantité de chlorhydrate de magnésie; il est cependant d'autant moins impur, qu'il est resté plus longtemps exposé aux intempéries de l'air sur le bord des bassins, ce qui est facile à concevoir, l'eau emportant de préférence le chlorhydrate de magnésie et l'argile qui recouvre les cristaux.

Il me reste à parler de l'extraction du sel des sources salées de l'est de la France; mais je dois auparavant donner une idée de la composition des eaux qu'elles fournissent, et de l'altération que ces eaux éprouvent lorsqu'on les concentre en les évaporant. Ces eaux contiennent, outre le chlorure de sodium, du sulfate de soude et des chlorhydrates de chaux et de magnésie. Dans l'état naturel, ces différents sels peuvent y exister simultanément, en raison de ce que la quantité d'eau est plus que suffisante pour tenir en dissolution le plus insoluble des sels qu'ils pourraient former par leur décomposition réciproque; mais lorsqu'on vient à concentrer le liquide, il arrive un point auquel le sulfate de soude et le chlorhydrate de chaux se décomposent mutuellement et forment du chlorhydrate de soude, qui reste en dissolution, et du sulfate de chaux, qui, étant très peu soluble, se précipite : alors aussi il arrive une chose bien remarquable; c'est que ce sel, en se précipitant, entraîne avec lui le sulfate de soude, malgré la grande solubilité de ce dernier, et cela en raison de l'affinité qui existe entre eux. Ce composé ou ce sel à double base existe dans la nature; dans les salines, on le nomme *schelot.*

Maintenant, voici en peu de mots comment on procède à l'extraction du sel. A Moyenvic, Château-Salins et Dieuze, département de la Meurthe, les eaux ont de 13 à 16 degrés de salure. On les fait évaporer immédiatement sur le feu, dans des chaudières de tôle qui ont de 6 à 7 mètres en largeur et en longueur, et seulement $0^{m},54$ de profondeur. D'abord la liqueur se recouvre d'une écume noirâtre que l'on rejette; ensuite elle se trouble et laisse precipiter le schelot, que l'on rassemble dans des *augelots* placés sur les côtés des chaudières; enfin, lorsque la cristallisation paraît, on enlève les augelots, et l'on continue l'évaporation jusqu'à siccité; on retire le sel des chaudières, on le fait égoutter, et on le met sécher dans une étuve.

On suit le même procédé à Salins, département du Jura, où la salure moyenne des eaux n'est que de 12 degrés; mais à Montmorot, du même département, et à Arc, du département du Doubs, où l'on exploite les plus faibles eaux de Salins, qui y sont amenées de quatre lieues de distance sur des conduits en bois, on se sert, pour commencer la concentration des eaux, de ce qu'on nomme les *bâtiments de graduation.*

Ces bâtiments sont de grands hangars ouverts à tous vents, sous lesquels on construit, avec des fagots d'épines, plusieurs parallélipipèdes rectangles qui les remplissent presque entièrement. On élève l'eau salée par des pompes jusqu'au-dessus de ces fagots, et on l'y laisse tomber par un grand nombre d'ouvertures qui la divisent également partout; de cette manière, elle présente une très grande surface à l'air et s'y vaporise en partie. On la reprend au bas du hangar, et on l'élève de nouveau pour la faire retomber encore sur les épines : on continue ainsi jusqu'à ce qu'elle ait acquis 14 ou 15 degrés. Alors on en achève l'évaporation comme dans les autres salines.

Le sel obtenu par les différents moyens que je viens de décrire n'est jamais entièrement pur. Lorsqu'on veut l'obtenir à cet état, on le met dans une bassine étamée avec trois parties d'eau, et l'on chauffe pour en accélérer la dissolution. On y ajoute une petite quantité de carbonate de soude qui en précipite la magnésie ; on clarifie la liqueur avec le blanc d'œuf ou tout autre intermède, et on la fait évaporer presqu'à siccité, en enlevant à mesure, avec une écumoire, le sel qui se forme à la surface. On fait égoutter ce sel sur des toiles, et on en achève la dessiccation dans une etuve.

### Soude sulfatée anhydre.

*Thénardite.* Ce sel a été découvert par M. Casa Seca, dans un lieu nommé *les salines d'Espartine*, à 5 lieues de Madrid. Pendant l'hiver, une eau saline transsude à travers le fond d'un bassin et le remplit. Durant l'été, l'eau s'évapore et laisse le sel sous la forme de cristaux qui dérivent d'un prisme droit rhomboïdal de 125° et 55°. Il pèse 2,73 ; il est transparent lorsqu'on le retire de la masse saline, mais il devient opaque à l'air en absorbant de l'eau, qui en disgrège les parties. Il est formé de :

| | |
|---|---|
| Sulfate de soude anhydre. . . . . | 99,78 |
| Carbonate de soude . . . . . . | 0,22 |

D'après M. Thomson, on peut facilement obtenir artificiellement le sulfate de soude anhydre en exposant pendant un certain temps une dissolution saturée de sulfate de soude à la temperature de 40 degres. Les cristaux, qui ne tardent pas à se former au fond du vase, sont anhydres et ont la même forme que la thénardite.

### Soude sulfatée hydratée.

Ce sel était autrefois connu sous le nom de *sel admirable de Glauber*, à cause de sa belle cristallisation, et parce que Glauber le découvrit le premier, en examinant le résidu de la décomposition du sel marin par l'acide sulfurique.

Il n'est pas très abondant dans la nature, et surtout à l'état solide, ce qui est dû à sa grande solubilité dans l'eau. On le trouve cependant cristallisé dans les excavations abandonnées des salines de la haute Autriche ; il s'y effleurit, tombe en poussière, et ne tarde pas à se renouveler lorsqu'on l'enlève. On le trouve aussi à la surface des laves du Vésuve, ainsi que sur les trachytes altérés de la solfatare de Pouzzole. Dans ces derniers gisements, il est blanc, opaque et contient 18 à 20 pour 100 d'eau.

Le sulfate de soude est moins rare à l'état liquide, car les eaux de la mer et toutes les sources d'eaux salées en contiennent; on sait même que les sources de la Lorraine et de la Franche-Comté en fournissent une assez grande quantité au commerce.

J'ai exposé précédemment la composition de ces eaux dans leur etat naturel, et la cause pour laquelle elles déposent, à une certaine époque de leur concentration, une matière blanche, insoluble, nommée *schelot*, que l'on rassemble avec soin dans des *augelots* placés le long des vases évaporatoires, et qui est composée de sulfate de soude et de sulfate de chaux combinés.

On laisse égoutter ce schelot, on le lave avec un peu d'eau froide pour enlever le sel marin qui le mouille, et on le traite par l'eau bouillante qui le décompose, dissout le sulfate de soude, et précipite le sulfate de chaux. La liqueur, évaporée convenablement, est mise dans un vase, où elle cristallise tranquillement. On sépare l'eau-mère, on fait redissoudre les cristaux dans une petite quantité d'eau bouillante, et l'on agite le mélange jusqu'à ce qu'il soit refroidi. Par ce moyen, on trouble la cristallisation du sel, et on l'obtient sous une forme qui approche beaucoup de celle du *sel d'Epsom anglais ;* aussi le nomme-t-on assez bizarrement dans le commerce *sel d'Epsom de Lorraine.* Il est facile à distinguer du véritable sel d'Epsom par sa saveur, qui est moins amère, et parce que sa dissolution dans l'eau ne précipite pas par la potasse, la soude, ni l'ammoniaque.

Outre le sulfate de soude provenant de nos salines de l'Est, on verse encore dans le commerce une très grande quantité de ce sel résultant de la décomposition du sel marin par l'acide sulfurique. On lui donne la même forme qu'au sel de Lorraine, et cependant des yeux exercés les distinguent encore facilement.

Le sulfate de soude cristallisé est sans couleur et d'une saveur fraîche et amère; il est soluble dans 8 parties d'eau à 0; dans 3 parties d'eau à 15 degrés, et dans le tiers de son poids d'eau à 33 degrés. Il cristallise facilement et forme de tres beaux prismes transparents, qui contiennent 0,58 d'eau de cristallisation, et qui tombent en poussière en perdant cette eau par leur exposition à l'air. Lorsqu'on l'expose au feu, il se fond d'abord dans son eau de cristallisation; ensuite il se dessèche, et ne se refond plus qu'au-dessus de la chaleur rouge.

Il est très employé en médecine comme purgatif; il sert dans les arts à l'extraction de la soude artificielle.

*Composition* du sel anhydre ; acide sulfurique 56,18 ; soude 43,82 ; formule $\dot{S}d\,\dddot{S}$.

### Soude et chaux sulfatées.

*Schelot* ou *Glaubérite.* Ce composé, qui se forme pendant l'évaporation des eaux des salines de l'Est, existe aussi cristallisé dans le sel gemme de Vic, et à Villa-Rubia, dans la province de Tolède. Ses cristaux dérivent d'un prisme rhomboïdal oblique de 116° 30′, dont la base est inclinée sur les faces de 136° 45′ Il est plus dur que le gypse, pèse de 2,72 à 2,73. Celui de Villa-Rubia est transparent et d'un gris jaunâtre; celui de Vic est opaque et coloré en rouge par une argile ferrugineuse. Il décrépite au feu et se fond au chalumeau en un émail blanc. Celui qui est incolore et transparent devient blanc et opaque lorsqu'on le trempe dans l'eau, parce que le sulfate de soude se dissout et que le sulfate de chaux forme une couche à la surface du cristal.

L'analyse de la glaubérite a donné :

| | Villa-Rubia. | Vic. |
|---|---|---|
| Sulfate de soude . . . . . | 51 | 48,50 |
| — de chaux . . . . . | 49 | 46,60 |
| Chlorure de sodium. . . . | » | 1,20 |
| Argile ferrugineuse . . . . | » | 2,70 |

Toutes deux conduisent également à la formule $Sd\dddot{S} + Ca\dddot{S}$. Seulement le mineral de Vic est mélangé d'un peu de chlorure de sodium et d'argile.

On trouve au milieu des argiles salifères des mêmes localités, et principalement à Vic, des rognons d'une substance grise ou rougeâtre et à structure fibreuse, qui sont des mélanges variables d'un assez grand nombre de sels. On a donné à ces mélanges le nom de *polyhalite;* mais il est difficile d'en faire une espèce particulière, quoique les sulfates s'y montrent souvent en proportions déterminées.

| Polyhalite de Vic. | Rouge amorphe. | Rouge cristallisée. | Rouge cristallisée. | Grise. |
|---|---|---|---|---|
| Sulfate de chaux. . . . . | 45,0 | 40,0 | 52,8 | 40 |
| — de soude. . . . . | 44,6 | 37,6 | 21,0 | 29,4 |
| — de magnésie . . . | » | » | 2,5 | 17,6 |
| — de manganèse. . . | » | 0,5 | » | » |
| Chlorure de sodium . . . | 6,4 | 15,4 | 18,9 | 0,7 |
| Argile et oxide de fer . . | 3,0 | 4,5 | 5 | 4,3 |
| Perte par la calcination. . | 1,0 | 2,0 | » | 8 |

Les deux premières analyses nous offrent encore les deux sulfates de soude et de chaux dans le même rapport que dans la glaubérite ; la troisième présente un excès considérable de sulfate de chaux ; dans la quatrième, on trouve sensiblement 2 molécules de sulfate de magnésie, 3 de sulfate de soude et 4 de sulfate de chaux.

On a trouvé dans la saline d'Ischel, dans la basse Autriche, une polyhalite remarquable par la substitution du sulfate de potasse à celui de soude, et par la présence simultanée et en rapport simple des deux sulfates de chaux, anhydre et hydraté Stromeyer en a retiré :

| | | Rapports moléculaires. | |
|---|---|---|---|
| Sulfate de chaux anhydre . . . . | 22,22 | 26 | 1 |
| — de potasse — . . . . | 27,63 | 26 | 1 |
| — de magnésie — . . . . | 20,03 | 26 | 1 |
| — de fer — . . . . | 0,29 | » | » |
| — de chaux hydratée . . . . | 28,46 | 27 | 1 |
| Chlorure de sodium . . . . . . . | 0,19 | » | » |
| — de magnésium . . . . . | 0,01 | » | » |
| Oxure ferrique . . . . . . . . . | 0,19 | » | » |

**Soude carbonatée.**

*Natron*, *trona*, *urao*. On a cru pendant longtemps que le *natron* ou carbonate de soude naturel de l'Égypte était un carbonate neutre, formé de $Sd\ddot{C}$. Ensuite on l'a cru semblable au *trona* et à l'urao, dans lesquels on a constaté la présence 1 de molécule 1/2 d'acide; mais il paraît que l'on doit admettre définitivement l'existence de deux carbonates de soude naturels; l'un neutre, l'autre avec excès d'acide.

*Carbonate de soude neutre*. Ce carbonate était connu des anciens sous le nom de *nitrum* ou de *natrum*. On l'extrayait, ainsi qu on le fait encore aujourd'hui, de quelques lacs situés à l'ouest du Nil, dans une vallée qui en a pris le nom de *vallée des lacs de Natron*. Dans l'hiver, une eau d'un rouge violet transsude à travers le fond de ces lacs et s'y élève à près de 2 mètres; mais dans l'été, cette eau s'évapore complétement et laisse une couche de sel qu'on brise avec des barres de fer, pour le livrer immédiatement au commerce. Il est en masses cristallines, dures, translucides, qui s'effleurissent superficiellement en absorbant l'humidité de l'air. Il contient, d'après l'analyse de M. Beudant :

| | | Rapports moléculaires. | |
|---|---|---|---|
| Acide carbonique. . . . . . . | 30,9 | 112,36 | 1 |
| Soude . . . . . . . . . . . . | 43,8 | 113 | 1 |
| Eau . . . . . . . . . . . . . | 13,5 | 120 | 1 |
| Sulfate de soude sec . . . . . | 7,3 | 8,24 | » |
| Chlorure de sodium . . . . . | 3,1 | » | » |
| Matière terreuse . . . . . . . | 1,4 | » | » |

Formule : $Sd\ddot{C} + \dot{\underline{H}}$.

*Sesqui-carbonate de soude*. On a trouvé près de Sukéna, dans l'État de Tripoli en Afrique, une quantité considérable de ce sel, sous forme de grandes masses striées, inaltérables à l'air et d'une si grande dureté que les murailles de Cassar, fort actuellement détruit, en avaient été construites. Ce sel porte le nom de *trona*, qui n'est que l'anagramme de natron. Klaproth en a retiré :

| | | Rapports moléculaires. | |
|---|---|---|---|
| Soude | 37 | 95,48 | 2 |
| Acide carbonique | 38 | 138,18 | 2,9 |
| Eau | 22,5 | 200 | 4,2 |
| Sulfate de soude | 2,5 | » | » |

d'où l'on tire très sensiblement $\dot{S}d^2 \ddot{C}^3 + 4\dot{H}$.

Le même sel a été observé par MM. Boussingault et Mariano de Rivero, au village de Lagunilla, dans les environs de Mérida en Colombie. On le trouve dans un terrain argileux, qui contient aussi de gros fragments de grès secondaire. Il y forme un banc peu épais recouvert par une couche d'argile qui contient des cristaux de *Gay-lussite*.

*Bicarbonate de soude*. Ce sel existe dans un grand nombre d'eaux minérales saturées d'acide carbonique; telles sont surtout celles de Vals et de Vichy en France, et celles de Seltz et de Carlsbad en Allemagne. Mais on ne peut l'en retirer par l'évaporation, qui fait perdre au sel une partie de son acide carbonique On est donc obligé de le préparer artificiellement en saturant d'acide carbonique le carbonate de soude neutre ordinaire du commerce.

Quant au carbonate de soude neutre, anciennement on se le procurait presque exclusivement par l'incinération de plusieurs plantes de la famille des chénopodées qui croissent sur le bord de la mer, en Espagne et dans le midi de la France; mais après la révolution de 1789, les relations avec l'Espagne s'étant trouvées interrompues, le gouvernement francais demanda aux chimistes un procédé pour retirer la soude du sel marin, et parmi les moyens qui furent alors proposés il y en eut un, donné par Leblanc, qui réussit parfaitement et qui n'a pas cessé d'être employé depuis; de manière qu'à partir de cette époque, la France a été affranchie d'un tribu considérable à l'étranger.

Pour convertir le chlorure de sodium en carbonate de soude, on commence par le changer en sulfate de soude sec, au moyen d'un traitement par l'acide sulfurique concentré. On opère dans un appareil fermé, et on recoit dans l'eau l'acide hydrochlorique qui se dégage, lorsqu'on veut le recueillir; mais, comme on est loin de pouvoir utiliser tout celui que l'on produirait ainsi, le plus souvent on opère la décomposition du chlorure dans un four chauffé, où le sulfate formé se dessèche immédiatement. On mêle ensuite le sulfate de soude avec partie égale de craie et demi-partie de charbon pulvérisés, et l'on chauffe le mélange, dans une four à réverbère, jusqu'à ce que la fusion en soit complète. Dans cette opération, le charbon réduit le sulfate de soude à l'état de sulfure de sodium, et celui-ci éprouve une double décomposition avec le carbonate de chaux, d'où résultent, d'une part, du carbonate de soude soluble dans l'eau, et de l'autre un compose de sulfure de calcium et de chaux sensiblement insoluble. On traite donc par l'eau plusieurs fois, on concentre les liqueurs, et on les laisse cristalliser.

D'autres fois cependant, on évapore à siccité et on obtient ainsi un sel anhydre qui offre un grand avantage pour le transport et la conservation, à cause de la grande quantité d'eau qui existe dans le sel cristallisé Dans le commerce, on connaît ces deux produits sous des noms différents : on nomme *cristaux de soude* le carbonate cristallisé, et *sel de soude* le carbonate desséché (1).

Le carbonate de soude est blanc, d'une saveur alcaline, et verdit fortement le sirop de violettes. Cette double réaction est cause qu'il a longtemps été considéré comme un sel avec excès de base, et qu'il a porté le nom de *sous-carbonate de soude*. Mais sa composition, que j'ai exposee plus haut, doit le faire considérer comme un sel neutre. Il est bien soluble dans l'eau, beaucoup plus à chaud qu'à froid, et cristallise facilement par le refroidissement. Les cristaux sont des prismes rhomboïdaux, ou des octaèdres tronqués par les deux bouts ; mais le plus souvent, ils sont très irréguliers ou réunis en masse. Ils sont transparents et contiennent 63 pour 100 d'eau de cristallisation : ce sel devient opaque, s'effleurit à l'air, et s'y réduit en petits cristaux fins qui ne retiennent plus que 30 pour 100 d'eau. Exposé au feu, il y éprouve d'abord la fusion aqueuse, puis il s'y desseche et ne se fond plus qu'au-dessus de la chaleur rouge.

Le carbonate de soude fait une vive effervescence avec les acides, et forme avec les dissolutions de chaux, de magnésie, de plomb, de baryte, etc., des précipités qui sont entièrement solubles dans l'acide nitrique. Ordinairement cependant, les précipités formés par les sels de plomb et de baryte ne se redissolvent pas en entier, à cause d'une quantité plus ou moins grande de sulfate de plomb ou de baryte insoluble, dû à ce que le carbonate de soude du commerce est rarement exempt de sulfate de soude : il faut choisir celui qui en contient le moins, ou, ce qui est la même chose, celui qui, après avoir été précipité par le plomb ou la baryte, laisse le moins de sulfate insoluble dans l'acide nitrique.

Le carbonate de soude est employé, en pharmacie, pour former un grand nombre de sels à base de soude, et surtout pour obtenir la soude caustique liquide, dite *lessive des savonniers ;* lui-même est quelquefois

(1) On peut aussi obtenir le carbonate de soude en décomposant le sulfate de soude par l'acétate de chaux provenant des fabriques d'acide pyroligneux. On forme alors du sulfate de chaux presque insoluble, et de l'acétate de soude soluble. Celui-ci, desséché et calciné, donne, par la solution dans l'eau, du carbonate de soude presque pur.

usité en médecine, comme excitant, fondant et dissolvant de certains calculs urinaires; mais son plus grand usage est pour les verreries, les blanchisseries, les savonneries et les ateliers de teinture.

**Soude et Chaux carbonatées.**

*Gay-lussite.* Ainsi que je l'ai dit précédemment, ce sel à double base a été trouvé par M. Boussingault dans la couche d'argile qui recouvre l'urao, à Lagunilla. Il s'y présente en cristaux qui dérivent d'un prisme rhomboïdal oblique de 68° 50′ et 111° 10′, dont la base est inclinée sur les faces de 96°.30′ Les cristaux non altérés sont transparents; mais ils deviennent opaques à l'air, dont l'humidité les décompose lentement. Ils pèsent 1,93; ils rayent la chaux sulfatée, et sont rayés par la chaux carbonatée. Ils décrépitent au feu, et deviennent opaques en perdant l'eau qu'ils contiennent. L'acide chlorhydrique les dissout avec effervescence; l'oxalate d'ammoniaque précipite la chaux de la dissolution; la liqueur, évaporée et calcinée, laisse pour résidu du chlorure de sodium. L'analyse a montré que la gay-lussite était composée de :

| | | |
|---|---|---|
| Carbonate de soude. . . . | 35,8 | 1 molécule. |
| — de chaux. . . . | 34 | 1 |
| Eau . . . . . . . . . . | 30,2 | 5 |

$$\text{Formule : } \dot{S}d\,\ddot{C} + \dot{C}a\,\ddot{C} + 5\underline{H}.$$

**Soude nitratée.**

Ce sel était nommé autrefois *nitre cubique*, parce qu'il cristallise en rhomboèdres obtus, que l'on prenait pour un cube, mais qui en diffère beaucoup, puisque ses angles dièdres sont de 106° 33′ et 73° 27′.

Il pèse 2,096; il présente une saveur piquante et amère; il est soluble dans 3 parties d'eau à 16°, dans une partie d'eau à 50°, et dans moins que son poids d'eau bouillante. La solution ne précipite par aucun des réactifs qui font reconnaître la potasse. Lorsqu'il est pur, il est formé de :

| | | |
|---|---|---|
| Acide nitrique. . . . . | 62,8 | |
| Soude. . . . . . . . . . | 37,2 | Formule : $\dot{S}d\,\overset{.....}{\underline{Az}}$. |

Il ne contient pas d'eau.

Pendant longtemps ce sel a été un produit de l'art, et il n'offrait d'ailleurs aucun emploi utile; mais, vers l'année 1820, il a été découvert au Pérou, sur une étendue de plus de 40 lieues, au nord et à l'ouest d'Atica, dans la province de Taracapa, et au sud de cette ville, jusque près de la rivière de Loa. Le pays forme un bassin élevé, fermé à l'ouest par les falaises de la mer, au nord et à l est par des collines de grès, et au sud par le ravin dans lequel coule la Loa Vers le milieu du bassin, il existe une forêt souterraine composée de grands arbres qui ont la couleur du vieil acajou. La matiere saline se trouve au-dessus, en lits distincts, séparés par de minces couches de terre argileuse brune. Pour l'extraire, on bocarde les parties les plus riches, et on les traite par l'eau bouillante pour avoir une solution saturée. On fait cristalliser. Le résidu, qui est rejeté, contient encore plus de la moitié du nitrate qu'il pourrait fournir.

D'après une analyse de M. Hayes, le sel natif se compose de :

| | |
|---|---|
| Nitrate de soude. . . . . | 64,98 |
| Sulfate de soude. . . . . | 3,00 |
| Chlorure de sodium . . . | 28,69 |
| Iodure de sodium. . . . . | 0,63 |
| Coquilles et marne. . . . | 2,60 |

Mais la pureté en est certainement très variable, et M. Mariano de Rivero, qui en a donné la première description, annonce que le nitrate de soude est parfaitement pur dans quelques parties.

Le nitrate de soude est aujourd'hui substitué avec avantage au nitrate de potasse pour la fabrication de l'acide nitrique, a cause de son bas prix d'abord, et ensuite parce qu'il contient 62,8 pour 100 d'acide, au lieu de 53,44 que renferme le nitre ordinaire. Mais il ne convient pas pour la fabrication de la poudre, parce qu'il s'humecte à l'air.

### Soude boratée.

Ce sel, formé par la combinaison de l'acide borique avec la soude, se nommait autrefois *borax*, nom tiré de l'arabe; *tinckal*, qui paraît être son nom indien; enfin *chrysocolle*, de deux mots grecs qui indiquent l'usage qu'on en fait pour souder l'or. Le borax se trouve dans un assez grand nombre de lieux, mais surtout dans l'Inde, au Thibet, en Chine, et dans deux mines du Potosi au Perou ; c'est du Thibet que venait anciennement la plus grande partie de celui du commerce.

Le borax existe dissous, ou se forme dans les eaux de plusieurs lacs de cette dernière contrée; il paraît qu'il cristallise dans la vase de ces lacs, et surtout vers leurs bords, par le desséchement partiel qui s'y opère pendant le temps des plus fortes chaleurs; on l'en retire et on le livre au commerce tel qu'il est, c'est-à-dire sali par de l'argile et par une matiere grasse particulière, saponifiée à l'aide d'un excès de soude.

Ce borax brut de l'Inde, ou *tinckal*, est remarquable par sa forme ; il se présente presque toujours en prismes hexagones ou octogones très comprimés, terminés par une base oblique et par deux facettes (var. *dihexaèdre* Haüy). Ces cristaux sont toujours très petits, translucides ou opaques, blanchâtres ou verdâtres, mélangés d'agile et doux au toucher. Haüy les faisait dériver d'un prisme rectangulaire oblique, dont deux des faces répondaient aux deux plus larges faces du prisme hexaèdre; mais on prend aujourd'hui pour forme primitive le prisme rhomboïdal oblique, dont les faces inclinées entre elles de 86° 30′ et 93° 30′, répondent aux quatre petites faces du prisme hexaèdre; et c'est sur ces quatre faces, alternativement, que se trouvent placées les deux facettes de chaque base.

On trouvait aussi autrefois dans le commerce un borax demi-raffiné, dit *borax de Chine*, qui se présentait sous la forme de masses ou de croûtes de 4 à 5 centimètres d'épaisseur, amorphes d'un côté, terminées par des pointes de cristaux de l'autre et assez semblables, quant à l'extérieur, au sucre de lait.

Pendant longtemps les Hollandais ont été presque exclusivement en possession de l'art de raffiner le borax. Ce n'est guère qu'en 1818 que M. Robiquet est parvenu à le purifier et à nous affranchir de la sujétion où nous nous trouvions placés à cet égard; mais bientôt après, la grande extension qui fut donnée à l'extraction de l'acide borique des lagoni de Toscane, est venue anéantir l'importation du borax de l'Inde et sa purification; et maintenant tout le borax du commerce est fabriqué artificiellement en combinant l'acide borique de Toscane avec la soude. C'est en se livrant à cette fabrication que MM. Buran et Payen ont découvert qu'en changeant les circonstances de la cristallisation, on faisait varier la forme, la composition et les propriétés du sel. De telle sorte qu'on connaît maintenant deux espèces de borax raffiné, que l'on désigne, d'après la forme de leurs cristaux, sous les noms de *borax prismatique* et de *borax octaédrique*.

Le borax prismatique est le plus anciennement connu. Il est en gros cristaux blancs, d'une transparence imparfaite et d'une saveur alcaline; il verdit également le sirop de violettes, ce qui le distingue de l'alun. Lorsque les cristaux présentent quelques faces déterminables, il est rare qu'on n'y reconnaisse pas le prisme rectangulaire de Haüy, terminé par une portion de base inclinée de 106° 7′ sur la face du prisme, et par deux facettes latérales (forme *émoussée* de Haüy).

Le borax prismatique pèse 1,705; il s'effleurit superficiellement dans un air sec et n'éprouve point d'altération dans un air humide; il est soluble dans 8 à 10 parties d'eau froide et dans 2 parties seulement d'eau bouillante; sa dissolution concentrée, additionnée d acide sulfurique, nitrique ou chlorhydrique, laisse cristalliser de l'acide borique, sous forme de lames brillantes et nacrées. Il contient 10 molécules d'eau ou 47,10 pour 100.

Le borax exposé au feu se fond dans son eau de cristallisation, se boursoufle considérablement, se dessèche, et enfin se fond, à la chaleur rouge, en un verre transparent et incolore. Ce verre jouit de la propriété de dissoudre la plupart des oxides métalliques et de prendre une couleur particulière pour chacun d'eux, de manière qu'on l'emploie dans les essais docimasiques pour reconnaître ces oxides. Mais son plus grand usage est pour faciliter la soudure des métaux, en dissolvant l'oxide qui les recouvre et empêchant qu'il ne s'en forme d'autre par le contact de l'air.

Le *borax octaédrique* diffère du premier par sa forme, qui est l'octaèdre régulier; par sa pesanteur spécifique plus grande; car elle est de 1,815; enfin parce qu'il ne contient que 5 molécules d'eau de cristallisation, ou 30,81 poûr 100. Les cristaux, au lieu de s'effleurir dans un air sec comme les premiers, s'y conservent intacts, tandis qu'au contraire ils deviennent opaques et se délitent dans l'air humide. Pour les arts, ce borax offre de très grands avantages sur le premier : il est plus dur, plus tenace, et ne se divise pas en éclats par le frottement; il se boursoufle moins lorsqu'on le fond, et procure des soudures plus promptes et plus parfaites (1). Enfin il offre une grande économie dans le transport et l'emmagasinage, puisqu'il contient plus de matière réelle sous le même poids et le même volume. Mais cette raison même doit le faire rejeter de la médecine, où les doses fixées par les formulaires ont été établies d'après la composition du borax prismatique.

Voici comment on obtient le borax octaédrique : au lieu de former une dissolution bouillante de borax qui marque seulement 20 degrés au pèse-sel de Baumé, et qui, en raison de ce faible degré de concentration, ne commence à cristalliser qu'à 55 ou 50 degrés de température et ne produit que du borax prismatique, on forme une dissolution bouillante qui marque 30 degrés au pèse-sel. Alors cette dissolution commence a cristalliser à 79 degrés et dépose du borax octaédrique tant qu'elle est au-dessus de 56 degrés de température. Au-dessous de ce terme elle ne donne plus que du borax prismatique, comme la première.

Voici la composition des trois espèces de borax :

(1) Plusieurs fois des ouvriers se sont adressés à moi pour connaître la nature d'une substance que plusieurs d'entre eux emploient avec plus d'avantage encore, pour la soudure des metaux, et dont on leur fait un secret. Cette substance est du borax fondu et anhydre.

| | Prismatique. | Octaédrique. | Anhydre. |
|---|---|---|---|
| Acide borique. . | 36,53 | 47,79 | 69,06 |
| Soude. . . . . . | 16,37 | 21,41 | 30,94 |
| Eau. . . . . . . | 47,10 | 30,80 | » |
| | $\dot{Sd}\,\dddot{B}^2 + 10\dot{\underline{H}}$. | $\dot{Sd}\,\dddot{B}^2 + 5\dot{\underline{H}}$. | $\dot{Sd}\,\dddot{B}^2$ |

### Sodium et Aluminium fluorurés.

*Fluorure alumino-sodique*, *alumine fluatée alcaline*, *cryolite* ou *eisstein*. Ce minéral n'a encore été trouvé qu'à Ivikaët, dans le Groënland. Il y forme des veines dans un granite stannifère et wolframifère. Il est en masses lamelleuses, d'un blanc laiteux, qui possèdent trois clivages perpendiculaires. Il a un aspect vitreux, un peu perlé ; il pèse 2,963. Il est rayé par le fluate de chaux. Il paraît formé, d'après une analyse de Berzélius, de :

| | | Rapports moléculaires. | |
|---|---|---|---|
| Fluore. . . . . . . | 54,07 | 459 | 12 |
| Aluminium . . . . | 13 | 76 | 2 |
| Sodium . . . . . . | 32,93 | 115 | 3 |

Formule : $\underline{Al}\,\underline{F}^3 + 3Sd\,F$.

## FAMILLE DU POTASSIUM.

Cette famille est moins nombreuse et moins variée que celle du sodium ; elle ne comprend guère que le *potassium chloruré*, la *potasse nitratée*, la *potasse sulfatée*, la *potasse* et l'*alumine sulfatées ;* enfin la potasse unie à la soude, à la lithine et à d'autres bases silicatées. Quant à ces derniers composés, nous nous contenterons d'en donner le tableau, ne devant traiter que de quelques espèces en particulier.

### Potassium chloruré.

*Muriate de potasse.* Ce sel ne se trouve pas pur et isolé dans le règne minéral. Il existe seulement mélangé en petite quantité au sel gemme de quelques mines d'Allemagne, où il a été découvert par M. Vogel. Il cristallise en cube comme le sel marin, mais il s'en distingue par le précipité jaune qu'il forme dans le soluté de chlorure de platine. Décomposé par l'acide sulfurique, il donne, au lieu de sulfate de soude prismatique, fragile et très efflorescent, un sel qui cristallise en pointes de dodécaèdre pyramidal, très dur et non efflorescent.

### Potasse nitratée.

Ce sel, qui porte aussi les noms de *nitre* et de *salpêtre*, se trouve en assez grande quantité dans la nature, mais non en masses considérables. Il est disséminé dans le sol, et vient se montrer à sa surface sous la forme d'une efflorescence blanche, qu'on enlève lorsqu'elle a acquis une certaine épaisseur, et qui ne tarde pas à se reproduire. C'est ainsi qu'on se procure le nitre dans l'Inde, dans l'Amérique méridionale et dans quelques contrées de l'Espagne : mais la plus remarquable de ces nitrières est sans contredit celle du Pulo de la Molfetta, découverte en 1783 dans le royaume de Naples, par M. Fortis. Ce Pulo est un enfoncement circulaire d'environ 400 mètres de circonférence et de 33 mètres de profondeur; il paraît avoir été creusé par affaissement dans une pierre calcaire coquillière, et est percé, sur les côtés, de trous servant d'ouvertures à des grottes qui se prolongent sous le terrain. C'est contre toute la paroi de ces grottes que l'on trouve une grande quantité de nitre presque pur, et qui s'y régénère dans l'espace d'un mois à six semaines, sans qu'on puisse attribuer sa régénération à la fréquentation des animaux; car on a remarqué que les grottes les plus riches sont celles que la petitesse de leur ouverture met à l'abri de leur atteinte.

Mais, comme les mines de salpêtre naturel sont loin de pouvoir suffire à la grande consommation que l'on fait de ce sel, on a établi des nitrières artificielles en France, et surtout en Allemagne, en exposant, sous des hangars humides, des terres calcaires mêlées de substances végétales et animales.

Lorsqu'on juge la formation du nitre suffisamment avancée, on lessive les terres et on traite les liqueurs à peu près de la même manière que je le dirai tout à l'heure pour la fabrication du salpêtre à Paris.

On a cru pendant longtemps que, dans les nitrières artificielles, la formation de l'acide nitrique et, par suite, celle des nitrates, était due à la combinaison de l'azote des substances animales avec l'oxigène de l'air, et l'on admettait qu'il en était de même pour les nitrières naturelles, et que toujours les animaux ou les végétaux fournissaient l'azote nécessaire à la formation de l'acide. Mais cette théorie est tout à fait inadmissible, quand on pense à l'abondante production du nitre qui a lieu dans les plaines sablonneuses de la Perse, de l'Arabie et des Indes, dans les grottes de Ceylan, au Pulo de la Molfetta, dont il a été parlé plus haut, enfin à la surface des bancs de craie de la Roche-Guyon, près de Mantes, département de Seine-et-Oise. Pour tous ces lieux, où la production du nitre ne peut être attribuée à des matières animales qui n'y existent pas, on est obligé d'admettre l'explication de M. Lonchamp, que l'acide nitrique se forme aux dépens des éléments de l'air, absorbés et condensés par les terrains poreux ; de même que le charbon condense et détermine la combinaison de l'hydrogène et de l'oxigène qu'il a absorbés à l'état de mélange. L'acidification de l'azote est d'ailleurs favorisée par la présence de la chaux, de la magnésie, et par celle de la potasse provenant du détritus des végétaux que les vents portent jusque dans les endroits les plus incultes; ou qui résulte de la décomposition lente des minéraux qui la contiennent. Cette explication, une fois admise pour les nitrières naturelles, tend à faire changer celle des nitrières artificielles; car si, dans un cas, l'acide nitrique se forme aux dépens des principes de l'air, pourquoi dans l'autre la même formation n'aurait-elle pas lieu? Il est probable, en effet, que, dans tous les cas, l'acide nitrique est produit par l'oxigénation de l'azote atmosphérique, et que les substances animales agissent surtout en fournissant de l'ammoniaque, qui, de même que toute base forte, tend à déterminer la formation d'un acide, lorsque les éléments s'en trouvent réunis.

A Paris, la formation du salpêtre est due aux mêmes causes; car cette grande ville, présentant un grand nombre d'endroits bas, peu aérés, saturés d'exhalaisons animales, et entourés de murs calcaires. peut être considérée comme une immense nitrière artificielle. On a donc soin d'inspecter tous les platras qui proviennent de la démolition des vieux murs; et, lorsqu'on reconnaît qu'ils contiennent une quantité de nitre exploitable, on les transporte dans les ateliers des salpêtriers, où ils sont pulvérisés et lessivés. L'eau en dissout sept sels dont les proportions, sur 100 parties, sont d'environ 70 de nitrate de chaux et de magnésie, 10 de sel marin, 10 de nitrate de potasse et 5 de sulfate de chaux et de chlorhydrates de chaux et de magnésie. On fait évaporer cette eau depuis 5 jusqu'à 25 degrés, dans une chaudière de cuivre, où elle se trouble et précipite une matière boueuse, que l'on reçoit dans un chaudron placé au fond de la liqueur et suspendu à une poulie, afin qu'on puisse le retirer de temps en temps. On ajoute, dans la liqueur à 25 degrés, une dissolution de potasse du commerce, laquelle y forme un précipité dû à la décomposition des nitrates et chlorhydrates de chaux et de magnésie, et produit, d'un autre côté, du nitrate de potasse et du chlorure de potassium qui restent dans la liqueur.

Lorsque la précipitation est opérée, on porte la liqueur dans un réservoir placé à proximité de la chaudière; et, quand elle est reposée et éclaircie, on la remet dans la chaudière pour la faire évaporer de nouveau.

Cette liqueur contient alors une grande quantité de nitrate de potasse, tout le sel marin de l'eau de lessivage, du chlorure de potassium, et une certaine quantité de sels calcaires et magnésiens échappés à la précipitation par la potasse. Lorsqu'elle approche de 42 degrés, le sel marin s'en sépare: on l'enlève avec des écumoires, et on le met égoutter dans un panier placé au-dessus de la chaudière. Quand la liqueur est parvenue à 45 degrés, on la laisse reposer, et on la porte dans des vases de cuivre où elle cristallise : on décante l'eau-mère, on fait égoutter le sel, on le lave une fois dans l'eau de lessivage à 5 degrés; et, après l'avoir fait sécher, on le livre à l'administration centrale sous le nom de *salpêtre brut :* il contient alors de 0,85 à 0,88 de nitrate de potasse, et le reste se compose de beaucoup de sel marin, d'un peu de chlorure de potassium et de sels déliquescents.

On procède au raffinage de ce salpêtre en le mettant dans une chaudière avec le cinquieme de son poids d'eau, chauffant jusqu'à l'ébullition, et entretenant toujours la même quantité d'eau dans la chaudière; par ce moyen on ne dissout presque que les sels déliquescents et le nitrate de potasse, dont la solubilité augmente avec la température de l'eau, dans un rapport beaucoup plus grand que celle des chlorures de sodium et de potassium : ces sels se précipitent donc au fond de la liqueur, et sont enlevés avec soin; lorsqu'il ne s'en sépare plus, on clarifie la liqueur avec de la colle, on l'étend d'eau, de manière à en compléter le tiers du poids du salpêtre employé, et on la fait cristalliser. On trouble la cristallisation pour avoir le sel dans un certain état de division; on le lave avec de l'eau saturée de nitre, pour le priver des sels déliquescents qui s'y trouvent encore; enfin on le fait égoutter et sécher.

Ce sel, ainsi obtenu, sert à la fabrication de la poudre à canon; mais celui que l'administration livre au commerce, ou n'a pas été troublé pendant sa cristallisation, ou a été redissous et mis à cristalliser de nouveau; car il est en masses considérables, formées de cristaux prismatiques longs et cannelés. Les cristaux isolés sont ordinairement des prismes hexaèdres aplatis, terminés par un biseau. Ces cristaux dérivent d'un prisme droit rhomboïdal dont les angles sont d'environ 120 degrés et 60 degrés.

Le nitrate de potasse est blanc, d'une saveur fraîche et piquante, soluble dans 4 à 5 parties d'eau froide et dans le quart de son poids d'eau bouillante. Il se fond à une douce chaleur, et se prend, par le refroidissement, en une masse blanche, opaque, nommée *cristal minéral;* à la chaleur rouge il dégage du gaz oxigene, et passe à l'état de nitrite; une chaleur plus forte décompose même l'acide nitreux, et la potasse reste à nu, mais jamais pure, cependant.

Le nitrate de potasse enflamme tous les corps combustibles à la chaleur rouge; il *fuse* sur les charbons ardents; mêlé dans la proportion de 0,750, avec 0,125 de charbon, et autant de soufre, il constitue la *poudre à canon.*

Il sert à l'extraction de l'acide nitrique et à la fabrication de l'acide sulfurique. Son utilité, en médecine, est d'être diurétique, étant pris à petites doses ; car il ne faudrait pas le prescrire en trop grande quantité à la fois ; il pourrait alors agir comme poison.

*Composition :* acide nitrique 53,45, potasse 46,55.

### Potasse sulfatée.

*Tartre vitriolé, sel de Duobus.* Ce sel ne se trouve qu'en petite quantité parmi les produits des éruptions volcaniques ; il recouvre les laves récentes d'un enduit léger, ou forme dans leurs cavités de petites masses mamelonnées, quelquefois colorées en verdâtre ou en bleuâtre par des sels cuivreux. Pour le besoin des arts et pour la pharmacie, on le prépare avec le résidu de la décomposition du nitrate de potasse par l'acide sulfurique (fabrication de l'acide nitrique). Ce résidu étant du bisulfate de potasse, on le fait dissoudre dans l'eau, on le neutralise par du carbonate de potasse, on fait évaporer et cristalliser.

Le sulfate de potasse cristallisé se présente presque toujours sous la forme de dodécaèdres triangulaires formés de deux pyramides à six faces, mais dont une seule paraît. Ces pyramides approchent tellement de la régularité de celles qui dérivent d'un rhomboèdre que, pendant longtemps, on a pensé que la forme primitive était un rhomboèdre. Mais l'examen des angles montre que la base de la pyramide n'est pas un hexagone régulier, et l'on admet aujourd'hui que la forme primitive de la potasse sulfatée est un prisme droit rhomboïdal de 118 à 119 degrés.

Le sulfate de potasse pèse 2,4 ; il a une saveur amère désagréable ; il est soluble dans 10 parties d'eau froide ; il est très dur, inaltérable à l'air. Il décrépite au feu en raison d'une petite quantité d'eau-mère interposée, car il ne contient pas d'eau de cristallisation. Sa dissolution dans l'eau forme avec le chlorure de platine un précipité jaune grenu, et avec le nitrate de baryte un précipité blanc, insoluble dans l'acide nitrique.

### Potasse et Alumine sulfatées.

Il existe deux composés de ce genre bien faciles à distinguer : l'un, soluble dans l'eau et doué d'une saveur acidule et astringente, est presque toujours un produit de l'art et porte le nom d'*alun ;* l'autre, insipide et insoluble, est une roche naturelle que ses rapports de composition avec le sel précédent ont fait nommer *alunite.*

### Alunite.

*Alumine sous-sulfatée alcaline* de Haüy. Substance pierreuse qui se présente en masses compactes, à cassure irrégulière ou légèrement conchoïde, d'un blanc jaunâtre ou rosâtre. Quelques échantillons sont caverneux à la manière de la pierre meulière, et, dans ce cas, les cellules sont ordinairement tapissées de très petits cristaux qui sont des rhomboèdres presque cubiques, et qui sont presque la seule forme déterminable sous laquelle se présente l'alunite.

L'alunite pèse de 2,694 à 2,752. Elle est assez tendre lorsqu'elle est pure; mais elle est presque toujours mélangée de quarz ou de feldspath, qui en augmentent beaucoup la dureté. Elle forme des collines entières à la Tolfa et à Piombino, en Italie, et on la trouve également en Hongrie, dans les îles grecques, en Auvergne, à la Guadeloupe; enfin dans beaucoup de terrains volcaniques anciens et modernes, au milieu des trachytes et des ponces, et toujours accompagnée de feldspath dont les éléments ont pu contribuer à sa formation.

La composition de l'alunite n'est pas encore bien connue et peut-être n'est-elle pas constante. Pour s'en faire une idée plus juste, je crois qu'il faut la comparer à la composition de l'*alun saturé d'alumine* obtenu par M. Riffault, en neutralisant avec de la potasse un soluté d'alun ordinaire. Ce précipité était formé de :

| | | Rapports moleculaires. | |
|---|---|---|---|
| Acide sulfurique. . | 36,19 | 72,38 | 4 |
| Alumine. . . . . | 35,17 | 54,75 | 3 |
| Potasse. . . . . . | 10,82 | 18,34 | 1 |
| Eau . . . . . . . . | 17,82 | 158,04 | 9 |

$$\text{Formule : } \underline{\dddot{Al}}^3\,\dddot{S}^3 + \dot{Ps}\,\dddot{S} + 9\underline{H}.$$

Si maintenant on suppose que, dans l'alunite naturelle, la silice qu'elle contient très souvent en proportion considérable, soit en dehors de sa composition, on trouvera presque toujours le minéral formé des deux mêmes sulfates $\underline{\dddot{Al}}\,\dddot{S}$ et $\dot{Ps}\,\dddot{S}$, mais dans des rapports variables.

En voici des exemples :

| | I. | R. mol. | II. | Rapp. | III. | Rapp. | IV. | Rapp. | V. | Rapp. |
|---|---|---|---|---|---|---|---|---|---|---|
| $SO^3$. . | 16,5 | 5 | 27 | 6 | 27 | 9 | 35,6 | 9 | 35,49 | 4,18 |
| $Al^2O^3$. | 19 | 4 | 31,80 | 5 | 26 | 6,5 | 40 | 8 | 39,65 | 3,635 |
| PsO. . | 4 | 1 | 5,60 | 1 | 7,3 | 2 | 13,8 | 3 | 10,02 | 1 |
| $H^2O$. . | 3 | 4 | 3,72 | 3 | 8,2 | 12 | 10,6 | 12 | 14,83 | 8 |
| $SiO^3$ . | 56,5 | » | 28,40 | » | 26,5 | » | » | » | » | » |
| $Fe^2O^3$. | » | » | 1,44 | » | 4 | » | » | » | » | » |

I. *Alunite de la Tolfa*, par Klaproth : $4\underline{\dddot{Al}}\,\dddot{S} + \dot{Ps}\,\dddot{S} + 4\underline{H}$.

II. — *du Mont-Dore*, par M. Cordier : $5\underline{\dddot{Al}}\,\dddot{S} + \dot{Ps}\,\dddot{S} + 3\underline{\dot{H}}$.

III. — *de Beregszasz*, par M. Berthier : $7\underline{\dddot{Al}}\,\dddot{S} + 2\dot{Ps}\dddot{S} + 12\underline{\dot{H}}$.

IV. — *de Montione*, par Descotils : $2\underline{\dddot{Al}}^4\dddot{S}^3 + 3\dot{Ps}\,\dddot{S} + 12\underline{\dot{H}}$,

ou : $6\underline{\dddot{Al}}\,\dddot{S} + 3\dot{Ps}\,\dddot{S} + 12\underline{\dot{H}} + 2\underline{\dddot{Al}}$.

V. — *cristallisée*, par M. Cordier : $3\underline{\dddot{Al}}\,\dddot{S} + \dot{Ps}\,\dddot{S} + 8\underline{\dot{H}} + \underline{\dddot{Al}}$.

Les deux dernières analyses présentent un excès d'alumine qui se trouve très probablement hydratée, au moyen d'une partie de l'eau contenue dans la formule.

### Alun soluble.

Ce sel est formé de trisulfate d'alumine, de sulfate de potasse et d'eau ; sa formule est $\underline{\overset{...}{Al}}\,\overset{...}{S}^3 + \dot{Ps}\,\overset{...}{S} + 24\underline{H}$, et sa composition en centiemes est de :

| | | Rapports moléculaires. |
|---|---|---|
| Acide sulfurique. . . . | 33,72 | 4 |
| Alumine. . . . . . . . . | 10,83 | 1 |
| Potasse . . . . . . . . | 9,93 | 1 |
| Eau. . . . . . . . . . . | 45,52 | 24 |

L'alun est incolore, transparent, d'une saveur acidule et astringente; il rougit le tournesol ; il est soluble dans 14 à 15 parties d'eau froide et dans moins de son poids d'eau bouillante. Il cristallise en octaèdres réguliers ; il est légèrement efflorescent à l'air ; au feu, il éprouve la fusion aqueuse, se boursoufle considérablement et se dessèche en une masse blanche et très poreuse nommée *alun calciné.* A une forte chaleur, le sulfate d'alumine est décomposé et il reste de l'alumine et du sulfate de potasse. Enfin à une température encore plus élevée, le sulfate de potasse paraît être décomposé lui-même et l'alumine se combine directement avec la potasse.

L'alun ne se trouve qu'en petite quantité dans la nature, à la surface des schistes argileux mélangés de sulfure de fer, et il s'en forme journellement dans les houillères embrasées, dans les solfatares et dans les cavités de volcans encore fumants ; mais tout celui du commerce est préparé artificiellement par plusieurs procédés que je vais décrire, et qui ne donnent pas tous des produits parfaitement identiques.

1° *Alun d'Italie* ou *alun de Rome.* On le prépare avec l'alunite de la Tolfa, qui, ainsi que nous l'avons vu, est formée de différentes proportions de sulfate *neutre* d'alumine et de sulfate de potasse (1) ; de

(1) Pour moi un sulfate *neutre*, que sa base soit de l'alumine ou de la potasse, est celui qui contient une molécule de base pour une molécule d'acide ; et généralement un *sel neutre*, sulfate, silicate, azotate ou autre, est celui qui contient un nombre égal de molécules de base et d'acide ( voir la *Revue scientifique et industrielle* de M. Quesneville, t. XX, p. 42). Peut-être vaudrait-il encore mieux n'employer l'expression de *sel neutre* que pour exprimer l'état d'un sel qui n'est ni acide ni alcalin, au goût comme aux réactifs colorés ; et indiquer les variations de composition des sels par les particules *équi, uni, bi, tri, quadri,* etc., appliquées au mot qui caractérise l'acide ou la base.

telle sorte qu'en enlevant à l'alunite de l'alumine, on peut toujours la transformer en trisulfate d'alumine et en sulfate de potasse, qui sont les éléments de l'alun. Pour obtenir ce résultat, on calcine la pierre et on l'expose pendant quelque mois à l'air, en l'arrosant de temps en temps. Il paraît que, pendant la calcination, l'excès d'alumine s'unit à la silice que contient toujours la pierre, et que l'alun soluble qui se forme alors peut être enlevé lentement par l'eau. Dans tous les cas, on lessive la matiere effleurie à l'air, on fait évaporer et cristalliser.

L'alun de Rome diffère par plusieurs caractères de celui des fabriques françaises ou autres. Il est coloré en *rose* par du sulfate neutre d'alumine et de fer, mais ce composé est complétement insoluble et la dissolution est tout à fait exempte de fer C'est cette absence du fer dans la dissolution, qui cause la supériorité de l'alun de Rome dans la teinture; mais la cause étant connue, on conçoit qu'on puisse arriver partout au même résultat à l'aide de procédés de purification. De plus, l'alun de Rome dissous à froid dans l'eau et concentré à une température qui ne dépasse pas 42 degrés, *cristallise en cubes opaques;* tandis que si on le dissout ou si on l'évapore à une température supérieure, il abandonne une petite quantité de sulfate double insoluble et se trouve converti en alun ordinaire, octaédrique et transparent. L'alun de Rome diffère donc véritablement des autres par une proportion un peu plus grande d'alumine.

*Alun de Liége.* Dans ce pays, on fabrique l'alun avec des schistes argileux mêlés de sulfure de fer. On laisse ces schistes exposés à l'air pendant un an et même davantage. Le fer s'oxide, et le soufre devenu acide sulfurique se partage entre l'alumine et l'oxide de fer : mais comme le sulfate d'alumine ne constitue pas de l'alun à lui seul, et qu'il faut d'ailleurs en séparer l'oxide de fer, on grille le minerai effleuri, en le disposant par couches alternatives avec des fagots, et en formant des tas considérables auxquels on met le feu Par ce moyen, le fer passe au *maximum* d'oxidation et devient peu susceptible de rester combiné à l'acide sulfurique; d'un autre côté, la cendre des fagots ajoute au sulfate d'alumine la potasse nécessaire pour le convertir en alun. On lessive le tout, on fait évaporer la liqueur, et on la fait cristalliser. L'eau-mère contient encore de l'alun; mais comme elle renferme aussi du sulfate acide d'alumine non cristallisable par défaut de potasse, la cendre du bois n'en ayant pas fourni assez, on y ajoute toujours une certaine quantité de cet alcali avant de procéder à une seconde cristallisation. On purifie tout cet alun en le faisant dissoudre et cristalliser de nouveau.

A Paris, et dans d'autres villes manufacturières, on fait de l'alun de toutes pièces : pour cela on prend de l'argile qui soit peu chargée de carbonate de chaux et d'oxide de fer; on la calcine pour oxider le fer au *maximum*, on la pulvérise, et on la traite par l'acide sulfurique un peu étendu, dans des auges de plomb. Lorsque le sulfate d'alumine est formé, on le dissout dans l'eau, on y ajoute, soit du sulfate de potasse, soit du sulfate d'ammoniaque ($Az^2 H^6, H^2O + SO^3$) qui possède comme le premier la propriété de changer le sulfate d'alumine en alun, et l'on fait cristalliser.

C'est une chose bien remarquable que cette substitution dans l'alun, et dans beaucoup d'autres composés chimiques, de $Az^2 H^6, H^2O$ à KO ou PsO : et rien n'est plus propre à démontrer que l'ammoniaque hydratée doit plutôt être considérée comme un oxide métallique $(Az^2H^8)O$, qui se trouve être isomorphe avec la potasse $P\acute{s}O$, malgré la nature composée de son radical métallique, qui a reçu le nom d'*ammonium*.

Les chimistes ont obtenu beaucoup d'autres substitutions dans la formule de l'alun, de sorte que les *aluns* forment aujourd'hui un groupe dont la formule générale est $\overset{\cdots}{\underline{R}}\,\overset{\cdots}{S}{}^3 + \dot{R}\,\overset{\cdots}{S} + 24\underline{H}$, et dans laquelle $\overset{\cdots}{\underline{R}}$ représente de l'alumine, ou des sesqui-oxides de chrome, d'urane, de fer ou de manganèse ; et $\dot{R}$, de la potasse ou des protoxides d'ammonium, de sodium, de magnésium, de fer, de cuivre, de manganèse, etc. Plusieurs de ces composés ont été trouvés dans la nature, tantôt suivant les proportions réelles de l'alun, d'autres fois avec des modifications dans le rapport des trois corps qui les composent ; et comme ils se présentent généralement sous la forme de filaments ou d'aiguilles très déliées, à la surface des roches où ils se forment, on les a désignées, à peu près indistinctement, sous le nom de *alun de plume*. Je me contenterai d'en citer quelques exemples.

1° *Alun fibreux* et flexible de l'intérieur de la grotte des *eaux de soufre*, à Aix, en Savoie. D'après l'analyse qui en a été faite par M. Bonjean, pharmacien à Chambéry, ce sel est un véritable alun, dans lequel le sulfate de potasse est remplacé par les sulfates de magnésie et de fer. Sa formule est $\overset{\cdots}{\underline{Al}}\,\overset{\cdots}{S}{}^3 + (\dot{Mg}, \dot{Fe})\overset{\cdots}{S} + 24\underline{H}$.

2° *Hversalt* provenant de l'action simultanée de l'acide sulfureux et de l'air sur une lave de Havnefjord, en Islande. Ce sel présente simultanément du peroxyde de fer comme remplaçant d'une petite quantité d'alumine et du protoxide de fer et de la magnésie pour remplacer la potasse. Formule : $(\overset{\cdots}{\underline{Al}}, \overset{\cdots}{\underline{Fe}})\overset{\cdots}{S}{}^3 + (\dot{Fe}, \dot{Mg})\overset{\cdots}{S} + 24\underline{H}$. On le trouve également avec $18\dot{\underline{H}}$.

3° *Alun à base de cuivre* de Schemnitz en Hongrie. Suivant l'analyse de M. Beudant, il est formé de $\overset{\cdots}{\underline{Al}}\,\overset{\cdots}{S}{}^3 + \dot{Cu}\,\overset{\cdots}{S} + 12\dot{\underline{H}}$.

4° *Alun à base de manganèse* de Schemnitz, par M. Beudant : $2\overset{\cdots}{\underline{Al}}\,\overset{\cdots}{S}{}^3 + 3\dot{Mn}\,\overset{\cdots}{S} + 54\dot{\underline{H}}$.

5° *Alun de plume* des mines de Hurlet et de Campsie, par R. Phillips : $2\dddot{\underline{Al}}\,\dddot{Si}^3 + 3\dot{Fe}\,\dddot{S} + 48\dot{\underline{H}}$.

6° *Alun de plume* de . . . , par M. Berthier : $\dddot{\underline{Al}}\,\dddot{S}^3 + 2\dot{Fe}\,\dddot{S} + 30\dot{\underline{H}}$.

7° *Alun de soude* du Pérou méridional, par M. Thomson. Formule : $\dddot{\underline{Al}}\,\dddot{S}^2 + \dot{Sd}\,\dddot{S} + 5\dot{\underline{H}}$. Ce sel n'est pas un véritable alun, puisque le sulfate d'alumine ne contient que 2 molécules d'acide ; néanmoins il est soluble dans l'eau, et sa saveur rappelle celle de l'alun.

### Potasse silicatée.

La potasse silicatée est très répandue dans la terre, mais on ne l'y trouve pas isolée. Réunie à d'autres silicates, en proportions très variées, elle constitue un grand nombre de minéraux lithoïdes dont je me contenterai de donner les formules chimiques, en y comprenant les silicates à base de soude, qui sont d'ailleurs presque toujours mêlés à ceux de potasse et qui leur sont isomorphes. Je n'en reprendrai ensuite que trois espèces ou trois groupes en particulier, à savoir : l'*outremer*, les *micas* et les *feldspaths*.

#### I. Silicates alcalifères non alumineux.

| | |
|---|---|
| Terre de Chypre (Klaproth). . . . . | $(Fe, Po, Mg)\,\dddot{Si} + Aq$. |
| Terre de Vérone (Klaproth). . . . . | $5(\dot{Fe}, \dot{Po}, \dot{Mg})\,\dddot{Si} + 3Aq$. |
| Pectolite (Kobell) . . . . . . . . . . | $4Ca^3\,\dddot{Si}^2 + 3(\dot{Sd}, \dot{Po})\,\dddot{Si} + 9Aq$. |
| Apophyllite. . . . . . . . . . . . . . | Voir aux silicates calcaires. |
| Danburite. . . . . . . . . . . . . . . | Voir aux silicates calcaires. |
| Oxavérite. . . . . . . . . . . . . . . | Voir aux silicates calcaires. |

#### II. Silicates alumino-alcalifères.

| | |
|---|---|
| Outremer (Clément et Desormes). . | $4\dddot{\underline{Al}}^3\,\dddot{Si}^2 + \dot{Sd}^3\,\dddot{Si}) + Si\,S^3$. |
| Lépidomélane . . . . . . . . . . . . | $3\dddot{\underline{Al}}\,\dddot{Si} + (\dot{Fe}, \dot{Po})^3\,\dddot{Si}$. |
| Néphéline. . . . . . . . . . . . . . . | $3\dddot{\underline{Al}}\,\dddot{Si} + (\dot{Sd}, \dot{Po})^3\,\dddot{Si}$. |
| Sodalite. . . . . . . . . . . . . . . . | $3\dddot{\underline{Al}}\,\dddot{Si} + \dot{Sd}^3\,\dddot{Si} + Sd\,Cl^2$. |
| Ittnérite. . . . . . . . . . . . . . . | $3\dddot{\underline{Al}}\,\dddot{Si} + (\dot{Sd}, \dot{Ca}, \dot{Po})^3\,\dddot{Si} + 6Aq$. |

Micas magnésiens : Éléments de composition $\dddot{\underline{Al}}^2\,\dddot{Si}^3 + \dot{R}^3\dddot{S}$ (voyez plus loin).

Pagodite de Nagyag. . . . . . . . . $7\dddot{\underline{Al}}^2\,\dddot{Si}^3 + (\dot{Po}, \dot{Fe})^3\,\dddot{Si}^2 + 9Aq$.

Pagodite jaune et rouge de Chine. . $8\dddot{\underline{Al}}\,\dddot{Si}^2 + (\dot{Po}, \dot{Ca})^3\,\dddot{Si} + 8Aq.$

Pinite d'Auvergne. . . . . . . . . . $3\dddot{\underline{Al}}\,\dddot{Si}^2 + (\dot{Po}, \dot{Fe}, \dot{Mg})^3\,\dddot{Si} \sim\sim Aq.$

Gabronite. . . . . . . . . . . . . . . $2\dddot{\underline{Al}}\,\dddot{Si}^2 + (\dot{Sd}, \dot{Mg})^3\,\dddot{Si} \sim\sim Aq.$

Amphigène ou leucite. . . . . . . . $3\dddot{\underline{Al}}\,\dddot{Si}^2 + \dot{Po}^3\,\dddot{Si}^2.$

Pseudo-albite (Abisch) . . . . . . . . $3(\dddot{\underline{Al}}, \dddot{\underline{Fe}})\,\dddot{Si}^2 + (\dot{Ca}, \dot{Sd})^3\,\dddot{Si}^2.$

Analcime . . . . . . . . . . . . . . . $3\dddot{\underline{Al}}\,\dddot{Si}^2 + (\dot{Sd}, \dot{Po})^3\,\dddot{Si}^2 + 6Aq.$

Herschélite . . . . . . . . . . . . . $3\dddot{\underline{Al}}\,\dddot{Si}^2 + (\dot{Sd}, \dot{Po}, \dot{Ca})^3\,\dddot{Si}^2 + 15Aq.$

Terre verte de la Craie (Berthier). . $\dddot{\underline{Al}}\,\dddot{Si}^2 + 6(\dot{Fe}, \dot{Po})\,\dddot{Si} + 9Aq.$

— de Vérone (Vauquelin). . . . $\dddot{\underline{Al}}\,\dddot{Si}^3 + 3(\dot{Fe}, \dot{Mg}, \dot{Po})^3\,\dddot{Si}^2 + 3Aq.$

Nacrite 1re (Vauquelin) . . . . . . . $\dddot{\underline{Al}}\,\dddot{Si} + (\dot{Po}, \dot{Fe}, \dot{Ca})\,\dddot{Si}.$

Labradorite . . . . . . . . . . . . . . $\dddot{\underline{Al}}\,\dddot{Si} + (\dot{Ca}, \dot{Sd})\,\dddot{Si}.$

Mésotype . . . . . . . . . . . . . . . $\dddot{\underline{Al}}\,\dddot{Si} + 3\dot{Sd}, \dddot{Si} + 6Aq.$

Gieseckite. . . . . . . . . . . . . . . $2\dddot{\underline{Al}}\,\dddot{Si} + (\dot{Po}, \dot{Fe}, \dot{Mn})\,\dddot{Si}.$

Mica vitreux de Moscovie (Vauquelin) $2(\dddot{\underline{Al}}\,\dddot{\underline{Fe}})\,\dddot{Si} + \dot{Po}\,\dddot{Si}.$

Micas à base de lithine. . . . . . . . $(\dddot{\underline{Al}}\,\dddot{\underline{Fe}})\,\dddot{Si} + (\dot{Po}, \dot{Li})\,\dddot{Si} \sim\sim (Al, Si)\underline{F}$ (1)

Lépidolite rose (Regnault). . . . . . $(\dddot{\underline{Al}}, \dddot{\underline{Mn}})\,\dddot{Si} + (\dot{Po}, \dot{Li})\,\dddot{Si} \sim\sim Si\,F.$

Mica blanc nacré de Zillerthal. . . . $4\dddot{\underline{Al}}\,\dddot{Si} + 3(\dot{Po}, \dot{Ca}, \dot{Mg})\,\dddot{Si} \sim\sim Al\,\underline{F}.$

ou. . . . $2\dddot{\underline{Al}}^2\,\dddot{Si}^3 + (\dot{Po}, \dot{Ca}, \dot{Mg})^3\,\dddot{Si} \sim\sim Al\,\underline{F}.$

— chromifère de Schwatzenstein. $5(\dddot{\underline{Al}}\,\dddot{\underline{Cr}})\,\dddot{Si} + 2(\dot{Po}, \dot{Mg}, \dot{Ca})\,\dddot{Si} \sim\sim Fe\,\underline{F}.$

Micas potassiques de Kinito, Ochotzk, Fahlun, Brodbo, Uto. . . . . . . $3(\dddot{\underline{Al}}, \dddot{\underline{Fe}})\,\dddot{Si} + (\dot{Po}, \dot{Mn})\,\dddot{Si} \sim\sim Al, Si\,\underline{F}$ et $Aq.$

Micas magnésiques.

— vert-noirâtre de Sibérie (Rose) $(\dddot{\underline{Al}}\,\dddot{\underline{Fe}})\,\dddot{Si} + (\dot{Mg}, \dot{Po})^2\,\dddot{Si}.$

ou $(\dddot{\underline{Al}}, \dddot{\underline{Fe}})^2\,\dddot{Si}^3 + (\dot{Mg}, \dot{Po})^4\,\dddot{Si}.$

— noir de Sibérie (Klaproth). . . $(\dddot{\underline{Al}}\,\dddot{\underline{Fe}})^2\,\dddot{Si}^3 + (\dot{Mg}, \dot{Po})^3\,\dddot{Si}.$

— nacré de Moscovie (Vauquelin)
— de Sibérie (Rose) . . . . . . } $(\dddot{\underline{Al}}\,\dddot{\underline{Fe}})^2\,\dddot{Si}^3 + 3(\dot{Mg}, \dot{Po})^3\,\dddot{Si}.$

— de Jefferson (Meitzendorf) . . $(\dddot{\underline{Al}}\,\dddot{\underline{Fe}})^2\,\dddot{Si}^3 + 3(\dot{Mg}, \dot{Po})^3\,\dddot{Si} + (\dot{Po}, \dot{Sd})\underline{F}.$

(1) La composition des micas présente deux circonstances particulières : presque toujours une partie de l'alumine est remplacée par du sesqui-oxide de fer; et presque toujours également on trouve une certaine quantité de fluore dont l'état de combinaison est incertain.

Mica de Zinwald (Vauquelin). . . . . $3(\underline{\dddot{Al}}\ \underline{\dddot{Fe}})^2 \dddot{Si}^3 + (\dot{Po}, \dot{Mn})^3 \dddot{Si}$.

— violâtre des États-Unis (Vauq.). $\underline{\dddot{Al}}^2 \dddot{Si}^3 + (\dot{Po}, \dot{Mn}) \dddot{Si} + Aq$.

— de Varsovie (Vauquelin) . . . . $(\underline{\dddot{Al}}, \underline{\dddot{Fe}})^2 \dddot{Si}^3 + \dot{Po}, \dddot{Si}^2 + 2Aq$.

— du Mexique (Vauquelin) . . . . $8(\underline{\dddot{Al}}, \dddot{Fe}) \dddot{Si}^2 + \dot{Po}^3 \dddot{Si}$.

— de Juschakowa (Rosales). . . . $4Al\,\underline{F} + (\underline{\dddot{Al}}, \underline{\dddot{Mn}}) \dddot{Si} + 3(\dot{Po}, \dot{Li}, \dot{Sd}) \dddot{Si}^2$.

Killinite (Lehunt). . . . . . . . . . $2\underline{\dddot{Al}}\ \dddot{Si} + (\dot{Po}, \dot{Fe}, \dot{Mg}) \dddot{Si}^2 + 4Aq$.

Oligoklase sodique. . . . . . . . . . $\underline{\dddot{Al}}\ \dddot{Si}^2 + (\dot{Sd}, \dot{Ca}, \dot{Po}) \dddot{Si}$

— calcique . . . . . . . . . . $\underline{\dddot{Al}}\ \dddot{Si}^2 + (\dot{Ca}\ \dot{Sd}) \dddot{Si}$.

Achmite. . . . . . . . . . . . . . . . $\underline{\dddot{Fe}}\ \dddot{Si}^2 + (\dot{Sd}\ \dot{Ca}) \dddot{Si}$.

Méionite d'Arfvedson . . . . . . . . $2\underline{\dddot{Al}}\ \dddot{Si}^2 + 3(\dot{Po}, \dot{Ca}) \dddot{Si}$.

Nacrite 2e (Vauquelin) . . . . . . . $\underline{\dddot{Al}}\ \dddot{Si}^2 + (\dot{Po}, \dot{Ca}, \dot{Fe}) \dddot{Si} + 2Aq$.

Feldspath sodique ou *albite*. . . . . $\underline{\dddot{Al}}\ \dddot{Si}^3 + (\dot{Sd}, \dot{Ca}) \dddot{Si}$.

Péricline. . . . . . . . . . . . . . . $\underline{\dddot{Al}}\ \dddot{Si}^3 + (\dot{Sd}, \dot{Po}, \dot{Ca}) \dddot{Si}$.

Feldspath vitreux ou *ryacolite* . . . $\underline{\dddot{Al}}\ \dddot{Si}^3 + (\dot{Po}, \dot{Sd}, \dot{Mg}) \dddot{Si}$.

— potassique ou *orthose* . . $\underline{\dddot{Al}}\ \dddot{Si}^3 + (\dot{Po}, \dot{Sd}) \dddot{Si}$.

— calcaire du Carnate. . . . $\underline{\dddot{Al}}\ \dddot{Si}^3 + (\dot{Ca}\ \dot{Sd}) \dddot{Si}$.

Obsidienne du Mexique (Descotils). . $2\underline{\dddot{Al}}\ \dddot{Si}^3 + 3(\dot{Sd}, \dot{Fe}) \dddot{Si}$.

Lave vitreuse du Cantal. . . . . . . $\underline{\dddot{Al}}\ \dddot{Si}^4 + (\dot{Po}, \dot{Fe}, \dot{Mg}, \dot{Ca}) \dddot{Si} + 3Aq$.

Marékanite opaque . . . . . . . . . $\underline{\dddot{Al}}\ \dddot{Si}^6 + \dot{Sd}\ \dddot{Si}$.

Pétrosilex de Salberg . . . . . . . . $\underline{\dddot{Al}}\ \dddot{Si}^6 + (\dot{Sd}, \dot{Mg}) \dddot{Si}$.

— de Nantes. . . . . . . . . $4\underline{\dddot{Al}}\ \dddot{Si}^3 + 3(\dot{Po}, \dot{Mg}, \dot{Ca}) \dddot{Si}^3$.

Ponce (Berthier). . . . . . . . . . . $4\underline{\dddot{Al}}\ \dddot{Si}^4 + 3(\dot{Po}, \dot{Ca}) \dddot{Si} + 4Aq$.

— de Lipari (Klaproth). . . . . $8\underline{\dddot{Al}}\ \dddot{Si}^4 + (\dot{Sd}, \dot{Po})^3 \dddot{Si}^8$.

Baulite . . . . . . . . . . . . . . . $\underline{\dddot{Al}}\ \dddot{Si}^6 + (\dot{Po}\ \dot{Sd}) \dddot{Si}^2$.

Rétinite. . . . . . . . . . . . . . . $4\underline{\dddot{Al}}\ \dddot{Si}^6 + 3(\dot{Sd}, \dot{Ca}, \dot{Fe}) \dddot{Si}^2$.

Sphérolite. . . . . . . . . . . . . . $5\underline{\dddot{Al}}\ \dddot{Si}^6 + (\dot{Po}, \dot{Sd}, \dot{Fe})^3 \dddot{Si}^5 + Aq$.

Perlite. . . . . . . . . . . . . . . $5\underline{\dddot{Al}}\ \dddot{Si}^6 + (\dot{Po}, \dot{Fe}, \dot{Ca})^3 \dddot{Si}^5 + 4Aq$.

### Outremer.

Substance minérale d'une couleur bleue magnifique que le temps ni la lumière ne peuvent altérer, ce qui, joint à sa rareté, l'ont maintenue à un prix très élevé, jusqu'à ce qu'on soit parvenu à la préparer artificiellement.

L'outremer n'a été trouvé jusqu'à présent qu'en Sibérie, près du lac Baïkal, dans la petite Bucharie, au Thibet et dans quelques autres parties de l'empire chinois. Il est sous la forme de très petits grains arrondis, d'un bleu pur et foncé, disséminés d'une manière plus ou moins uniforme et plus ou moins abondante, dans une gangue de chaux carbonatée et de chaux sulfatée. Ce mélange, qui est toujours accompagné de petits cristaux de fer sulfuré cubique, est lui-même enclavé ou mélangé dans une roche de quarz qui paraît appartenir à la formation des granites. Ce sont les parties bleues de ce mélange qui ont été considérées comme une pierre particulière nommée autrefois *lapis lazùli*, et que les minéralogistes modernes ont admise au nombre des especes minérales, sous le nom de *lazulite*, en lui donnant pour caractères de cristalliser en dodécaèdre rhomboïdal; de peser de 2,76 à 2,94; de rayer le verre et même de faire feu au briquet; d'être susceptible d'être polie et de pouvoir servir à faire des coupes taillées, des vases et d'autres objets d'ornement, etc.; mais tous ces caractères et circonstances appartiennent au mélange indiqué ci-dessus, et il ne faut pas plus s'y arrêter qu'aux différentes analyses qui en ont été faites; les propriétés réelles de l'outremer ne devant être étudiées que sur la matière bleue pure et séparée de sa gangue. C'est ce qui a été parfaitement compris et exécuté par Clément et Desormes, à qui revient l'honneur d'avoir déterminé la composition de l'outremer, et de l'avoir signalée aux chimistes comme la base des essais à faire pour arriver à sa fabrication artificielle.

Le moyen à l'aide duquel on parvient à retirer l'outremer de sa gangue est un procédé tout empirique que des savants n'auraient probablement pas trouvé, mais que des ouvriers ont découvert depuis fort longtemps et on ne sait comment. On fait rougir la pierre, on la jette dans l'eau, on la réduit en poudre très fine et on la mêle intimement avec un mastic composé de cire, de résine et d'huile de lin cuite. On renferme ce mélange dans un linge et on le malaxe dans de l'eau tiède. Cette première eau entraîne avec elle une matière de couleur sale et est rejetée. On en met une seconde qui se charge d'une très belle couleur bleue qu'on laisse précipiter en repos et qui constitue l'*outremer* le plus pur. Un troisième lavage, dans de nouvelle eau, fournit encore une très belle couleur bleue. Enfin une dernière eau ne produit plus qu'une matière d'un bleu pâle nommé *cendre d'outremer*. C'est l'outremer le plus pur que Clément et Desormes ont analysé et qu'ils ont trouvé composé de :

| | | | | | | Rapports moléculaires. | |
|---|---|---|---|---|---|---|---|
| Silice. . . . . . . | 35,8 | × | 1,7642 | = | 63,16 | 4,075 | 4 |
| Alumine . . . . . | 34,8 | × | 1,5568 | = | 54,18 | 3,493 | 3,5 |
| Soude . . . . . . | 23,2 | × | 2,5806 | = | 59,87 | 3,863 | 4 |
| Soufre . . . . . . | 3,1 | × | 5 | — | 15,50 | 1 | 1 |
| Carbonate de chaux | 3,1 | | | | | | |

Le carbonate de chaux appartient encore à la gangue de l'outremer ; quant aux autres principes, si l'on admet que leurs rapports soient $\dddot{Si}^4$, $\underline{\dddot{Al}}^3$, $\dot{Sd}^4$ et S, on arrive à une formule très simple $3\underline{\dddot{Al}}\,\dddot{Si} + \dot{Sd}^3\dddot{Si} + Sd\,S$, qui représente de la néphéline additionnée de sulfure de sodium ; mais comme il n'est pas probable qu'une couleur aussi indestructible à l'air contienne un sulfure alcalin, et que d'ailleurs les résultats de l'analyse sont véritablement $\dddot{Si}^4$, $\underline{\dddot{Al}}^{3,5}$, $\dot{Sd}^4$ et S, je préfère la formule $\underline{\dddot{Al}}^3\dddot{Si}^2 + 2\dot{Sd}^2\dddot{Si} + Al\,S$, qui s'accorde mieux avec les propriétés du composé.

Voici les propriétés de l'outremer : il pèse 2,36 ; on peut le faire rougir au feu sans en altérer la couleur ; mais à une très forte chaleur il se fond en un verre transparent et incolore. Il se fond également avec le borax, en un verre très transparent, après qu'il s'est dégagé du soufre. A la chaleur rouge, le gaz oxigène le décolore en partie et en augmente le poids ; le gaz hydrogène lui enlève du soufre et lui communique une couleur rougeâtre ; le soufre n'exerce aucune action sur lui ; les acides sulfurique et chlorhydrique peu étendus d'eau, le décolorent avec dégagement de sulfide hydrique, dissolution de soude et d'alumine, et dépôt de silice gélatineuse. L'acide azotique le décolore également avec dégagement de deutoxide d'azote et formation d'acide sulfurique.

Pour fabriquer l'outremer factice, on prépare d'abord de la soude caustique liquide saturée de silice ; on y ajoute de l'alumine en gelée jusqu'à ce qu'il y ait dans la liqueur parties égales de silice et d'alumine supposées sèches. On évapore à siccité, on pulvérise le produit et on le projette dans du sulfure de sodium fondu au feu. On chauffe pendant une heure et on laisse refroidir. La masse pulvérisée est traitée par l'eau bouillante pour enlever le sulfure de sodium, et on lave avec soin le résidu qui est déjà bleu. On chauffe cette poudre bleue dans un creuset pour lui enlever un excès de soufre qu'elle contient ; on la broie enfin avec de l'eau et on la soumet à la dilution et à la décantation, pour l'avoir d'une grande finesse et de la plus belle couleur possible. L'outremer naturel se vendait autrefois 125 francs l'once ; l'outremer artificiel vaut aujourd'hui 10 francs le kilogramme.

Les minéralogistes connaissent, sous les noms de *haüyne* et de *spinellane*, deux substances qui offrent quelque rapport, non pas avec l'outremer proprement dit, mais avec le mélange qui lui sert de gangue. La premiere se montre fréquemment dans les roches volcaniques de différentes contrées, comme au lac de Laach sur les bords du Rhin, au Mont-Dore, au Cantal, au Vésuve, etc. Elle est disséminée dans la roche volcanique, sous la forme de cristaux qui sont des dodécaèdres réguliers ; elle est transparente, d'un bleu pâle et verdâtre, assez dure pour rayer le verre et quelquefois le quarz ; elle pèse de 2,6 à 3,3 ; elle se dissout en gelée dans les acides, et se fond au chalumeau en un verre bulbeux.

Le spinellane se trouve au lac de Laach, dans la meme roche que la haüyne, et n'en diffère que par sa couleur qui est brunâtre, et par une pesanteur spécifique plus faible (2,28). Voici du reste le résultat des analyses faites sur les trois substances :

| | Lapis lazuli. | Haüyne. | Spinellane. |
|---|---|---|---|
| Silice. . . . . . . . | 46 à 49 | 35 à 37 | 36 à 43 |
| Alumine . . . . . . | 11 à 14,5 | 18 à 27 | 29 à 33 |
| Potasse ou soude . . | 0 à 8 | 9 à 15 | 16 à 19 |
| { Carbonate de chaux. | 28 | » | » |
| { Sulfate de chaux . . | 6,5 | » | » |
| ou | | | |
| { Chaux . . . . . . . . | 16 | 8 à 12 | 1 à 1,5 |
| { Acide sulfurique . . | 2 | 11 à 13 | 0 à 9 |
| Soufre. . . . . . . | » | des traces. | 0 à 1 |
| Oxide de fer. . . . . | 3 à 4 | 0,17 à 1,16 | 0,4 à 2 |
| Eau . . . . . . . . . | » | 0,6 à 1,5 | 1,8 à 3 |

La différence la plus saillante qui résulte de ce tableau est que la haüyne et le spinellane ne contiennent pas de carbonate de chaux ; tandis que ce composé fait partie essentielle du lapis et paraît même être plus immédiatement mélangé à l'outremer que le quarz et le sulfate de chaux.

### Micas.

On a donné le nom de *mica* (de *micare*, briller) à des minéraux siliceux qui sont tellement caractérisés par leur éclat demi-métallique et par la propriété de pouvoir être divisés en lames d'une très grande minceur, que l'on a peine à comprendre qu'il faille en faire plusieurs espèces distinctes. C'est cependant ce qui ressort de leur composition chimique qui ne peut être ramenée à une seule formule, et de leurs propriétés optiques qui montrent que les micas ne peuvent appartenir à un seul système cristallin.

Les micas sont rayés par la chaux carbonatée ; ils pèsent de 2,65 à 2,95 ; ils sont presque incolores, où jaunâtres, gris, verts, bruns, rouges, violets ou noirs. Les moins colorés sont assez transparents pour servir de vitre, lorsqu'ils sont en lames suffisamment étendues, comme certains micas de Sibérie ; les plus foncés paraissent opaques. Ils sont généralement fusibles au chalumeau en un émail blanc, ou noir lorsqu'ils contiennent beaucoup de fer ; ceux qui renferment une forte proportion de magnésie sont attaquables par l'acide sulfurique ; les autres ne le sont pas.

Les micas, suivant leur couleur, la grandeur et la forme de leurs lames, peuvent être confondus, à la première vue, avec quelques autres substances dont il est facile de les distinguer. Celui qui est en grandes lames transparentes ressemble beaucoup à de la chaux sulfatée hydratée ; mais il conserve sa transparence sur les charbons ardents, tandis que la chaux sulfatée hydratée y devient très blanche et opaque.

Le mica d'un blanc argentin ressemble à de l'argent et porte le nom d'*argent de chat;* de même que le mica jaune bronzé ressemble à de l'or et se nomme vulgairement *or de chat*. Mais les lames isolées de ces micas sont transparentes et fragiles, et ne pèsent guère que 2,65 ; tous caractères qui empêchent de les confondre avec les deux métaux précités.

Le mica blanc ou verdâtre peut aussi ressembler au talc ; mais celui-ci est *onctueux* au toucher, tandis que le mica est seulement *doux* sans onctuosité. Enfin le mica noir se distingue du graphite et du molybdène sulfuré parce qu'il ne tache pas le papier ; et du fer oligiste écailleux, en ce que celui-ci est sensible à l'aimant et peut se réduire en poudre rouge tout à fait amorphe et non lamelleuse ; tandis que la poudre du mica noir est grisâtre et toujours lamelleuse.

Tous les micas transparents jouissent de la double réfraction ; mais il y en a quelques uns qui ne possèdent qu'un axe suivant lequel cette double réfraction est nulle, et qui par conséquent doivent appartenir au système rhomboédrique. Tous les autres ont deux axes de double réfraction, et la plus grande partie de ceux-ci cristallisent dans le système du prisme droit rhomboïdal ; tandis que d'autres appartiennent au prisme rhomboïdal oblique. On a trouvé quelquefois, mais rarement, du mica en prismes hexaèdres très courts, avec des modifications qui caractérisent ces trois systèmes de cristallisation.

Je ne rapporterai pas ici les analyses très nombreuses qui ont été faites des micas. J'ai formulé le résultat des principales de ces analyses dans le tableau des silicates qui a précédé. On peut y voir que ces minéraux se composent toujours de deux silicates ; l'un à base d'alumine et de peroxide de fer ; l'autre à bases monoxidées, dans lesquelles domine soit la lithine, soit la potasse, soit la magnésie. Il est remarquable qu'aucun mica ne contient de soude, ce qu'il faut attribuer, conformément à l'observation de M. Dufrénoy, à ce qu'ils appartiennent aux plus anciens terrains granitiques, dans lesquels le feldspath lui-même est à base de potasse ; tandis que les roches granitiques plus modernes contiennent plutôt de l'albite au lieu d'orthose, et du talc ou de la chlorite au lieu de mica. Les analyses faites anciennement par Klaproth et Vauquelin ne faisaient pas mention d'acide fluorique. C'est M. Henri Rose, je crois, qui a le premier trouvé le fluore dans le mica, et toutes les analyses faites depuis en ont également donné. Cependant, comme la quantité en est très variable et quelquefois fort petite, il serait possible que tous les micas n'en continssent pas. Celui de Juschakowa, dont j'ai donné une formule conforme à l'analyse, contient 10,44 de fluore et 1,31 de chlore pour 100.

Tous les micas à base de lithine paraissent avoir une composition fort simple représentée par $(\dddot{\underline{Al}}\ \dddot{\underline{Fe}})\ \dddot{Si} + (\dot{Po}, Li)\ \dddot{Si}$, sauf le mélange de fluorure d'aluminium ou de silicium, dont je ne parlerai plus.

La plus grande partie des micas à base de potasse, et principalement les micas de Suède et de Finlande, présentent aussi une formule très simple, dérivée de la précédente. Cette formule est $3(\dddot{\underline{Al}}, \dddot{\underline{Fe}})\ \dddot{Si} + (\dot{Po}, \dot{Mn}$ ou $\dot{Mg})\ \dddot{Si}$.

Les micas dans lesquels la magnésie prédomine appartiennent surtout à la Sibérie. Ce sont les seuls qui aient offert un seul axe de double réfraction et qui appartiennent par conséquent au système rhomboédrique. Leurs silicates sont d'un ordre différent et leur composition peut être représentée par $(\dddot{\underline{Al}}\ \dddot{\underline{Fe}})^2\ \dddot{Si}^3 + (\dot{Mg}, \dot{Po})^3\ \dddot{Si}$, ou par $(\dddot{\underline{Al}}\ \dddot{\underline{Fe}})^2\ \dddot{Si} + 3(\dot{Mg}, \dot{Po})^3\ \dddot{Si}$.

Enfin il existe, comme par exception, quelques micas à deux axes, dans lesquels la silice devient très prédominante. Je renvoie au tableau pour les formules.

Le mica fait partie essentielle de plusieurs roches primitives, et principalement du granite, du gneiss et du micaschiste ; ce dernier en est presque entièrement formé. Il est moins abondant dans les terrains de transition, et cependant il fait encore partie de plusieurs roches dures telles que les phyllades et les psammites ; ses parties atténuées paraissent aussi constituer presque entièrement les schistes argileux. On le trouve ensuite disséminé sous forme de paillettes brillantes dans tous les autres terrains, et notamment dans les sables des terrains tertiaires, d'où on le retire pour l'employer comme poudre pour l'écriture.

### Feldspaths.

Les granites et la plupart des roches non stratifiées contiennent, comme partie constituante essentielle, une substance lamelleuse, nacrée, blanche ou rosée, qui a été désignée par Wallerius sous le nom de *feldspath*, et qui a été considéré comme un seul et même minéral, jusqu'à ce que M. Lévy, par les caractères cristallographiques, et M. G. Rose, par les mêmes caractères réunis à la composition chimique, aient montré que le feldspath de Wallerius devait former plusieurs espèces distinctes. Aujourd'hui on en connaît six espèces qui portent les noms d'*orthose*, *albite*, *oligoclase*, *rhyncolite*, *labradorite*, *anorthite*. On peut y joindre le *pétalite* et le *triphane*, dont le premier présente la composition de l'albite, et le dernier celle de l'oligoclase avec substitution totale ou partielle de la lithine à la soude.

### Orthose ou Feldspath potassiqué.

Cette substance se trouve en cristaux engagés dans les roches primitives, ou en masses lamelleuses. Sa forme primitive est un prisme rhomboïdal oblique, dont les faces forment des angles d'environ 120° et 60°, et dont la base est inclinée sur les faces de 112°, 1′ (1) ; mais ses cristaux les plus habituels sont des prismes rectangulaires ou des prismes à six faces, aplatis et terminés par un biseau ; et ces cristaux sont très souvent hémitropes ou maclés, comme si un cristal avait pénétré en partie dans un autre.

L'orthose est rayé par le quarz, mais il fait feu avec le briquet. Il devient phosphorescent par le frottement réciproque de ses parties ; sa pesanteur spécifique varie de 2,40 à 2,58 ; il se fond au chalumeau en un émail blanc ; il est insoluble dans les acides. Le plus pur est incolore et transparent ; mais il est très souvent opaque et d'un blanc de lait, ou d'un blanc grisâtre, verdâtre ou rougeâtre. Il y en a une variété d'un beau vert nommé *pierre des Amazones ;* une autre est chargée de paillettes brillantes comme l'aventurine ; une autre encore est incolore et presque transparente, avec un chatoiement nacré qui, lorsqu'elle est polie en sphéroïde et exposée à la lumière, simule le disque argenté de la lune ; aussi lui donne-t-on le nom de *pierre de lune*, etc.

(1) D'après M. Levy, les angles ci-dessus sont de 118° 35′, 61° 25′ et 112° 35′.

La composition normale de l'orthose, calculée sur la formule $\overset{\cdots}{\underline{Al}}\,\overset{\cdots}{Si}{}^3 + \dot{Po}\,\overset{\cdots}{Si}$, est :

| | | |
|---|---|---|
| Silice. . . . | 2267,28 | 64,81 |
| Alumine . . | 642,34 | 18,36 |
| Potasse. . . | 588,86 | 16,83 |
| | 3498,48 | 100,00 |

Mais il contient très souvent quelques centièmes de soude avec un peu de magnésie et de chaux, par substitution à la potasse ; et ce qu'il y a d'extraordinaire, c'est que tandis que cette substitution, conformément à la loi de l'isomorphisme, ne change pas le système cristallin de l'orthose, l'albite et la carnatite (feldspath calcaire du Carnate), qui ne diffèrent du premier que par la prédominance de la soude ou de la chaux sur la potasse, appartiennent à un système différent.

J'ai exposé précédemment (p. 370) que le feldspath, par une décomposition qu'il peut éprouver dans le sein de la terre, se convertit en une argile pure et blanche, nommée *kaolin*, qui forme la pâte de la porcelaine. Le feldspath lui-même, en masses lamellaires ou saccharoïdes, est employé sous le nom de *pétunzé*, pour faire la couverte des porcelaines. Cette différence dans l'application est due, d'une part, à la fusibilité du feldspath ; de l'autre, à ce que le kaolin, ayant perdu la presque totalité de l'alcali du premier, est seulement susceptible d'éprouver au feu le plus intense un commencement de ramollissement, qui en agglutine les parties et donne à la masse la demi-transparence qui caractérise la porcelaine. Le kaolin, pour former de la porcelaine, doit donc contenir un peu de feldspath non décomposé.

### Albite ou Feldspath sodique.

Ce minéral présente beaucoup de propriétés communes avec l'orthose. Ainsi il fait feu au briquet et est rayé par le quarz ; il se conduit de même au chalumeau et est inattaquable par les acides. Sa pesanteur spécifique est un peu plus considérable et varie entre 2,61 et 2,63. Il est très rarement transparent, et est ordinairement d'un blanc de lait quelquefois nuancé de gris, de rouge ou de vert. Il a l'éclat vitreux.

On le trouve en cristaux, ou en masses lamelleuses ou grenues, comme l'orthose ; mais sa forme primitive est un prisme oblique non symétrique. Il forme de petits filons dans les granites des Alpes, et il y est en outre souvent disséminé en petits cristaux, surtout dans les granites modernes. Cependant il n'y devient jamais dominant comme l'orthose, et on ne peut pas dire qu'il existe des granites à base d'albite.

Il n'en est pas de même des porphyres et des diorites, dont la pâte paraît souvent composée d'albite.

L'albite étant formé de $\underline{\dddot{Al}}\,\dddot{Si}^3 + \dot{Sd}\,\dddot{Si}$, sa composition normale est:

| | | |
|---|---|---|
| Silice. . . . | 2267,28 | 68,76 |
| Alumine . . | 642,34 | 19,49 |
| Soude. . . . | 387,50 | 11,75 |
| | 3297,12 | 100,00 |

Mais elle contient souvent un peu de potasse, de chaux et de magnésie. Lorsque la potasse s'élève à 2 p. 100, comme dans l'albite de Zoeblitz en Saxe, la pesanteur spécifique du minéral s'abaisse à 2,55 ; ce qui avait engagé M. Breithaupt à en faire une espèce particulière, sous le nom de *péricline ;* mais cette seule différence ne suffit pas pour la séparer de l'albite.

### Oligokas ou Oligoclase.

*Spodumen à base de soude*, ou *natrospodumen*. Ce minéral, de même que l'albite, fait partie des granites, et principalement de ceux à gros éléments, qui sont comme enclavés dans un granite plus ancien à petits éléments. On le trouve aussi dans les gneiss et les micaschistes qui les accompagnent, dans certains porphyres dioritiques, et dans les terrains volcaniques modernes. Il est difficile à distinguer de l'albite, dont il partage le système de cristallisation, l'opacité et la couleur blanchâtre ; il possède la même dureté, mais une pesanteur spécifique un peu plus forte encore ( 2,64 à 2,66 ); il est plus fusible au chalumeau. Il a la même formule que le triphane ($\underline{\dddot{R}}\,\dddot{Si}^2 + \dot{R}\,\dddot{Si}$); mais il contient quelquefois du peroxide de fer substitué à l'alumine, et à côté de la soude, qui est sa base principale, se trouvent quelques centièmes de potasse et de chaux et quelque peu de magnésie, de sorte que sa formule propre est $(\underline{\dddot{Al}}, \underline{\dddot{Fe}})\,\dddot{Si}^2 + (\dot{Sd}, \dot{Po}, \dot{Ca}\,\dot{Mg})\,\dddot{Si}$.

### Labradorite ou Pierre de Labrador.

Cette belle substance se trouve en masses lamelleuses d'un gris cendré, mais avec des reflets vifs et changeants, bleus, rouges, verts, etc. Les cristaux en sont très rares et difficiles à déterminer ; mais le clivage des masses conduit à admettre, pour forme primitive, un prisme oblique non symétrique.

Le labradorite pèse de 2,7 à 2,75 ; il raye le verre ; il ne donne pas d'eau par la calcination ; il se fond au chalumeau en un verre bulleux ; il se dissout par digestion dans l'acide chlorhydrique, et la dissolution précipite abondamment par l'oxalate d'ammoniaque Cette solubilité dans les acides le fait facilement distinguer des autres minéraux feldspathiques. Il contient d'ailleurs moins de silice; sa base principale monoxidée est la chaux, et ses bases accessoires sont la soude et l'oxure ferreux. Sa formule est :

$$\underline{\overset{\cdots}{Al}}\ \overset{\cdots}{Si} + (\dot{Ca},\ \dot{Sd},\ Fe)\ \ddot{Si}.$$

Le labradorite a d'abord été trouvé sur la côte du Labrador associé à l'hyperstène, et faisant partie d'un terrain granitique. On le trouve aussi disséminé dans le basalte et dans les laves des volcans modernes.

### Pétrosilex.

On donne le nom de *pétrosilex* à une substance compacte, dure, amorphe et sans aucune structure cristalline, qui forme des nœuds, des veines ou des amas dans les terrains de granite, et qui constitue également la *pâte* des porphyres et des diorites. Il se trouve aussi en masses plus ou moins considérables ou en filons intercalés, soit dans les terrains de transition, soit dans ceux de sédiment. On admet même que le pétrosilex peut avoir une origine toute neptunienne, prouvée par des fossiles végétaux, comme à Thann, dans les Vosges, et que son état actuel lui a été communiqué par une action postérieure de nature ignée; mais il est évident que l'on confond ici deux roches d'origine très différente, et que le hasard seul pourrait faire qu'elles fussent de même nature.

Le pétrosilex primitif est encore assez difficile à définir, en raison de sa nature massive et amorphe; parce qu'il est possible qu'il y ait de l'orthose, de l'albite ou de l'oligoclase compacte, que l'on confonde avec lui ; mais comme un assez très grand nombre d'analyses ont montré qu'il existe une substance différente des trois précédentes par la grande quantité de silice qu'elle contient, et qui possède des caractères assez constants ; on est conduit à en faire une espèce particulière.

Le pétrosilex, ainsi restreint et défini, est une substance compacte, translucide et ayant un éclat un peu mat; il est ordinairement d'un gris rougeâtre, ou verdâtre, ou d'un blanc grisâtre. Celui de Salberg, en Suede, qui a recu le nom particulier d'*adinole*, est d'un rouge de sang Le pétrosilex pèse de 2,606 à 2,66; il raye le verre, et est rayé par le quarz ; il a une cassure esquilleuse plus ou moins distincte, assez semblable à celle du *silex corné*, avec lequel il a été longtemps confondu ; mais Werner les a distingués en nommant le pétrosilex *hornstein fusible*, et le silex corné *hornstein infusible ;* parce que, en effet, le pétrosilex se fond au chalumeau, quoiqu'il soit plus difficile à fondre que le feldspath.

Le pétrosilex est formé des mêmes éléments que les minéraux feldspathiques : silice et alumine, potasse ou soude, plus une quantité variable de magnésie, de chaux et d'oxide de fer. Mais il renferme de 70 à 81 de silice, tandis que l'albite, qui en contient le plus après lui, n'en présente que 68 à 70 pour 100. J'en ai donné deux formules dans le tableau qui a précédé. Le pétrosilex de Nantes, qui contient 75,20 de silice, 15 d'alumine, 3,4 de potasse, etc., a pour formule $4\underline{\dddot{Al}}\,\dddot{Si}^3 + 3\dot{Po}\,\dddot{Si}^3$. L'adinole de Salberg, qui renferme 79,5 de silice, 12,2 d'alumine, 6 de soude, etc., a pour formule $\underline{\dddot{Al}}\,\dddot{Si}^6 + \dot{Sd}\,\dddot{Si}$.

## FAMILLE DE L'AMMONIUM.

L'ammoniaque est un alcali gazeux qui résulte de la combinaison de 1 volume d'azote et de 3 volumes d'hydrogène, condensés en 2 volumes. Ce corps peut donc se combiner aux acides ; mais, par une circonstance qui devait paraître bizarre anciennement, tandis que les sels d'alcalis fixes peuvent exister anhydres, et que le chlorhydrate d'ammoniaque lui-même se forme sans le secours de l'eau, les sels ammoniacaux formés par les oxacides contenaient toujours au moins une molécule d'eau. Le sulfate d'ammoniaque ordinaire, par exemple (le seul qui fût alors connu), non seulement n'est pas formé d'une molécule d'ammoniaque et d'une d'acide sulfurique, comme le sont les sulfates neutres à base d'alcalis fixes ; il contient d'abord 2 molécules d'ammoniaque pour 1 d'acide, et il renferme de plus nécessairement 1 molécule d'eau, indépendamment d'une autre molécule qu'il contient lorsqu'il est cristallisé. La formule du sulfate d'ammoniaque sec était donc $SO^3 + Az^2H^6 + H^2O$.

Les choses en étaient là lorsque M. Berzélius ayant obtenu un amalgame de potassium, en décomposant la potasse par la pile avec l'intermédiaire du mercure placé au pôle négatif, l'idée lui vint de soumettre l'ammoniaque à la même expérience, et il vit tout aussitôt le mercure se changer en un amalgame très volumineux, très léger, mais toujours doué du brillant métallique ; d'où l'on devait conclure qu'il s'était combiné avec un métal. Ce métal, déterminé par la décomposition de l'amalgame, était formé de $Az\,H^4$, ou plutôt de $Az^2\,H^8$ qui en représentent l'équivalent chimique.

C'est alors que M. Berzélius, comparant les composés ammoniacaux à ceux de potassium, s'imagina que le sulfate, par exemple, ne devait pas contenir d'eau, et que les éléments de cette eau devaient être combinés à l'ammoniaque pour former de l'oxide d'ammonium :

$$Az^2H^6 + H^2O = Az^2H^8,O.$$

Alors les sels ammoniacaux devenaient tout à fait comparables à ceux de potassium ; et le sulfate d'ammoniaque en particulier, pouvant s'écrire ainsi . . . . . . . . . . . . . . $SO^3 + Az^2 H^8, O$
répondait au sulfate de potasse $SO^3 + Ps\ O$
Pareillement le chlorhydrate d'ammoniaque, au lieu d'être représenté par $Cl^2 H^2 + Az^2 H^6$, peut l'être par $Cl^2 + Az^2 H^8$
Le chlorure de potassium = . . . $Cl^2 + Ps$
Enfin, ainsi que je l'ai déjà dit, en parlant de l'alun (p. 476), ce sel peut contenir indifféremment du potassium ou de l'ammonium, et sa formule peut être :

$$\underline{\dddot{Al}}\ \dddot{S}^3 + \dot{Ps}\,\dddot{S} + 24\underline{H}$$
$$\text{ou}\ \underline{\dddot{Al}}\ \dddot{S}^3 + (\underline{\dot{Az}}\ \underline{H}^4)\,\dddot{S} + 24\underline{\dot{H}}.$$

Rien ne prouve mieux la nature métallique de l'ammonium et son isomorphisme avec le potassium. Ce n'est donc pas sans raison que je me suis réservé de placer ses composés naturels après ceux du potassium. Ces composés ne sont d'ailleurs qu'au nombre de trois : le *chlorure*, le *sulfate* et le *phosphate* à l'état de *phosphate ammoniaco-magnésien.*

### Ammonium chloruré.

*Chlorhydrate d'ammoniaque.* Ce sel s'est nommé, pendant quelque temps, *muriate d'ammoniaque*, et plus anciennement *sel ammoniac*, parce que, suivant Pline, on le trouvait en grande quantité aux environs du temple de Jupiter Ammon. Quoi qu'il en puisse être de cette assertion, elle indique au moins que l'emploi de ce sel remonte à une grande antiquité.

Le chlorhydrate d'ammoniaque se forme journellement dans les éruptions volcaniques. L'Etna en produit des quantités considérables qui ont été quelquefois livrées au commerce. Les Kalmouks trafiquent, depuis un temps immémorial, de celui qu'ils recueillent auprès de deux volcans encore brûlants dans la haute Asie. Enfin, les houillères embrasées, telles qu'il en existe à Saint-Étienne dans le département de la Loire, en produisent également qui se sublime dans les fentes du terrain. On en possède de beaux cristaux qui sont des trapézoèdres appartenant au système cubique. Sa forme la plus habituelle, lorsqu'on le fait cristalliser artificiellement, est l'octaèdre régulier.

Mais toutes les sources naturelles du sel ammoniac, fussent-elles exploitées, seraient bien loin de suffire à la consommation de nos arts industriels, et tout celui que nous employons est fabriqué artificiellement.

Il n'y a pas cent ans encore que tout le sel ammoniac consommé en Europe était tiré d'Égypte, où on l'extrait encore de la fiente des chameaux, de la manière suivante : cette fiente, desséchée, est brûlée comme combustible par les pauvres du pays ; le sel qu'elle contient se volatilise et se condense avec la suie dans les cheminées. Les fabricants de sel ammoniac achètent cette suie, en remplissent aux deux tiers de grands ballons de verre, et la chauffent au bain de sable pendant trois jours. Le sel se sublime dans la partie supérieure des ballons, et forme des pains solides, demi-transparents, souvent salis par une matière fuligineuse.

Baumé est le premier qui ait tenté d'enlever cette branche d'industrie à l'Égypte. Il a fabriqué du sel ammoniac de toutes espèces ; mais son procédé était trop dispendieux pour soutenir la concurrence avec celui d'Égypte, et il a fallu l'abandonner. On lui a substitué le procédé suivant :

On transporte, dans des fabriques situées hors des grandes villes, mais à leur portée, toutes les matières animales qui proviennent de leurs immondices, comme des os, de la corne, etc. ; on introduit ces matières dans des cylindres de fonte disposés horizontalement, au nombre de trois ou de quatre, dans un fourneau à réverbère, et on les y chauffe fortement. L'une des extrémités des cylindres est entièrement fermée par un couvercle de fonte : on adapte à l'autre de larges tubes qui conduisent les vapeurs dans des tonneaux contenant de l'eau, et disposés entre eux comme les flacons d'un appareil de Woulf Ces vapeurs sont composées d'eau, d'huile empyreumatique, d'acétate, de cyanhydrate, et surtout d'une grande quantité de carbonate d'ammoniaque qui se dissout dans l'eau avec les précédents et une portion d'huile. On met la liqueur, qui est très brune, en contact avec une dissolution trouble de sulfate de chaux, et même on la filtre à travers une couche de ce sel. Le carbonate d'ammoniaque et le sulfate de chaux se décomposent réciproquement : il en résulte du carbonate de chaux insoluble, et du sulfate d'ammoniaque qui reste dans la liqueur. Alors on ajoute dans cette liqueur un excès de sel marin ; on fait évaporer et cristalliser. Il y a alors double décomposition et formation de sulfate de soude et de chlorhydrate d'ammoniaque, qui cristallisent à deux époques différentes : on les sépare donc, et l'on purifie le chlorhydrate par la sublimation dans de grands matras de verre.

Aujourd'hui ce procédé a cessé d'être employé partout où l'on a introduit l'éclairage par le gaz retiré de la houille; parce que la distillation de la houille donne naissance à des eaux ammoniacales que l'on s'est bien vite empressé d'utiliser. On sature ces eaux par de l'acide chlorhydrique et on les évapore dans de grands creusets en fonte garnis de tuiles à l'intérieur. Lorsque le sel est desséché en assez grande quantité dans le creuset, on recouvre celui-ci d'une calotte de plomb et l'on chauffe assez pour sublimer le sel.

On peut le purifier par une nouvelle sublimation. J'ai vu, il y a plusieurs années, ce procédé très simple employé à la fabrique de MM. Hills, à Depford, près de Londres.

Le sel ammoniac du commerce est en pains ronds aplatis, d'une apparence de glace, et comme légèrement flexibles sous le marteau lorsqu'on veut le casser. Il est blanc ou coloré par une matière fuligineuse, qui paraît n'être pas inutile lorsqu'on le fait servir dans l'étamage de cuivre; mais pour la pharmacie, c'est le sel ammoniac blanc qu'il faut préférer, et il convient encore de le purifier par solution et cristallisation.

Le chlorhydrate d'ammoniaque a une saveur très piquante; il est soluble dans environ 3 parties d'eau froide, et dans une bien moindre quantité d'eau bouillante; il cristallise en aiguilles qui se groupent comme des barbes de plume, et qui forment, en se séchant, des masses fort légères. Ce sel, ainsi cristallisé, ne contient pas d'eau, et est formé seulement de : acide chlorhydrique, 68,24; ammoniaque, 31,76. Il est entièrement volatil et indécomposable au feu; il exhale une forte odeur d'ammoniaque lorsqu'on le mêle, même à l'état solide, avec un alcali fixe, ou avec les carbonates de potasse et de soude; sa dissolution précipite celle de nitrate d'argent, de même que toutes les autres dissolutions de chlorures.

Le sel ammoniac est employé à l'intérieur et à l'extérieur.

Il sert à faire l'ammoniaque et le carbonate d'ammoniaque; on l'emploie pour décaper le cuivre que l'on veut étamer; il sert quelquefois dans la teinture.

### Ammoniaque sulfatee.

Ce sel se forme dans les mêmes circonstances que le précédent et se rencontre dans les mêmes lieux; ainsi on le trouve en efflorescence sur les laves récentes de l'Etna et du Vésuve, et dans les houillères embrasées de la Loire et de l'Aveyron; mais son principal gisement est sur les roches ou dans les fentes du terrain où se trouvent les lagoni de Toscane, dont les eaux le tiennent en dissolution. Celui qu'on obtient par l'art cristallise en prismes hexaèdres aplatis, terminés par des pyramides à six faces, et dont la forme primitive est un prisme droit, rhomboïdal. Il possède une saveur piquante et amère; il se dissout dans deux fois son poids d'eau froide; il se décompose et se volatilise complétement à une température élevée. Il est formé de

| | | |
|---|---|---|
| $SO^3$. . . . . . . . . . . | 500 | 53,33 |
| $Az^2H^6$. . . . . . . . . . | 212,5 | 22,67 |
| $2H^2O$ . . . . . . . . . . | 225 | 24,00 |
| | 937,5 | 100,00 |

Le sulfate naturel a présenté exactement la même composition.

**Phosphate ammoniaco-magnesien.**

En explorant les gisements du *guano*, sur la côte d'Afrique, on y a trouvé de nombreux cristaux d'un sel dont la forme primitive paraît être un prisme rhomboïdal droit, et qui, ayant été analysé par M. Teschemacher, a été trouvé composé de :

| | | | Rapports moléculaires. | |
|---|---|---|---|---|
| Acide phosphorique . . . . | 30,40 | = | 33,77 | 1 |
| Magnésie . . . . . . . . . . | 17 | = | 65,80 | 2 |
| Ammoniaque ($\underline{Az}\ \underline{H}^3$) . . . | 14,30 | = | 67,29 | 2 |
| Eau. . . . . . . . . . . . . | 38,10 | = | 338,67 | 10 |

Formule : $\dddot{\underline{P}}\ Mg^2\ (\underline{Az}\ \underline{H}^3)^2 + 10\underline{H}$.

Ce sel diffère du phosphate ammoniaco-magnésien artificiel, tel que j'en ai déterminé la composition ($\underline{P}\ Mg^2\ \underline{Az}\ \underline{H}^3 + 14\dot{\underline{H}}$), par 1 équivalent d'ammoniaque en plus et 4 équivalents d'eau en moins.

Le *guano* est une substance d'origine animale que l'on a trouvée d'abord sur les côtes du Pérou, aux îles de Chinche, et dans d'autres plus méridionales, telles que Ilo, Iza, Arica, etc. Il forme dans ces îles des dépôts très étendus de 16 à 20 mètres d'épaisseur, et paraît avoir été produit, durant un grand nombre de siècles, par l'accumulation des excréments des innombrables oiseaux qui les habitent. On a trouvé depuis le guano sur les côtes de la Patagonie, et dans les îles de la côte occidentale d'Afrique, et on en transporte aujourd'hui, de toutes ces contrées, des quantités considérables en Europe, où on l'emploie comme un engrais très puissant. Il se présente ordinairement sous la forme d'une matière humide, pulvérulente, de couleur brunâtre et d'une odeur forte et ammoniacale. On y découvre souvent des cristaux blancs, soyeux, de diverses natures, car il est difficile de trouver une matière plus complexe et plus variable dans sa composition. On peut y rencontrer les substances suivantes :

| | |
|---|---|
| Sulfate de soude. | Phosphate de chaux. |
| — de potasse. | — de potasse. |

Phosphate de soude.
— d'ammoniaque.
— de magnésie.
— ammoniaco-magnésien.
Oxalaté de chaux.
— de soude.
— d'ammoniaque.
Carbonate d'ammoniaque.
Chlorure de potassium.
Chlorure de sodium.
Chlorhydrate d'ammoniaque.
Acide urique.
Urate d'ammoniaque.
Acide humique.
Humate d'ammoniaque.
Matières organiques indéterminées.
Eau.

## DES MINERAUX MÉLANGÉS ou DES ROCHES.

Nous avons passé en revue, jusqu'ici, les espèces minérales les plus importantes, soit par leur abondance dans la terre, soit par leur utilité. Il nous reste encore à considérer ces espèces dans leurs mélanges, lorsque ces mélanges forment eux-mêmes une partie plus ou moins essentielle de la croûte solide du globe, et lorsque l'uniformité et la constance de leurs parties constitutives en forment des sortes d'*espèces composées*, qui ont leur importance et leur utilité propres, utilité et importance qui appartiennent bien alors à la masse ou au mélange, et non plus isolément aux éléments qui les forment. On a donné anciennement à ces mélanges le nom de *roches ;* mais plus récemment, lorsque la géologie est venue nous éclairer sur la disposition des matériaux qui composent la terre, et qu'on a voulu exprimer par un mot la généralité de ces matériaux, on leur a donné également le nom de *roches*. Alors il a fallu distinguer des roches *simples* et des roches *composées;* les premières n'étant autre chose que les minéraux simples considérés géologiquement, c'est-à-dire relativement à leur place et à leur connexion avec les grands phénomènes qui ont déterminé ou modifié la constitution du globe; les secondes se confondant avec les *roches* des anciens minéralogistes. Ce sont celles-ci seulement qui vont maintenant nous occuper; mais comme le cadre de cet ouvrage ne me permet pas de leur accorder beaucoup d'étendue, je me bornerai à en donner une courte description, quelquefois même une simple définition, en les rangeant seulement d'après l'ordre alphabétique, afin d'en faciliter la recherche.

AMPELITE, voyez *Schiste*.

AMPHIBOLITE. Roche composée principalement d'amphibole hornblende empâtant différents minéraux, tels que des grenats, du feldspath, du mica, et, comme parties accessoires, du quarz, de la diallage, du disthène, de l'épidote, du titane, des pyrites, du fer oxidulé. La structure peut en être schistoïde ou massive. Elle appartient aux terrains supérieurs de cristallisation, où elle est subordonnée au gneiss et au micaschiste.

AMYGDALOÏDE Ce nom, qui répond au mot allemand *mandelstein*, a été donné à plusieurs roches qui offrent, dans une pâte de pétrosilex ou d'aphanite, des noyaux arrondis d'une substance qui peut être de même nature que la pâte, mais de couleur différente ou de nature différente. Dans le premier cas la roche porte aujourd'hui le nom de *variolite ;* dans le second, celui de *spillite.*

ANAGÉNITE. *Grauwacke à gros grains* des géologues allemands. Roche composée de fragments arrondis de roches *primitives*, réunis par un ciment soit schisteux, soit de calcaire saccharoïde. Elle appartient aux terrains de transition. Voyez aussi *poudingue.*

APHANITE (Haüy). Roche d'apparence homogène, mais que l'on suppose formée d'amphibole hornblende et de feldspath fondus imperceptiblement l'un dans l'autre. Elle provient d'anciens épanchements qui ont traversé à peu près tous les terrains. Elle répond à la *cornéenne* et au *trapp* des anciens minéralogistes. Elle est noirâtre, compacte, tenace et difficile à casser. La cassure en est raboteuse. Elle est toujours assez dure pour ne pas être rayée par le cuivre, mais elle ne raie pas toujours le verre et n'use pas toujours le fer C'est la plus dure, qui raie le verre et use le fer, qui porte plus spécialement le nom de *trapp.* Elle agit ordinairement sur l'aiguille aimantée, ce qui indique qu'elle contient une petite quantité de fer oxidulé à l'état de mélange, indépendamment des 10 à 20 centièmes qui s'y trouvent à l'état de silicate. Elle fond au chalumeau en un émail noir. L'aphanite forme la pâte d'une roche composée nommée *spillite.*

ARGILE. Plusieurs des substances qui ont été précédemment décrites sous ce nom (p. 367) peuvent être considérées comme des roches tendres provenant, soit de la décomposition chimique de roches feldspathiques (ex. le kaolin), soit de l'atténuation d'autres minéraux alumino-siliceux. Elles sont principalement composées de silice, d'alumine et d'eau ; elles font pâte avec l'eau, etc.

ARGILOLITE. Roche d'apparence homogène qui paraît provenir d'une première altération du feldspath compacte. Elle sert de base à la suivante.

ARGILOPHYRE ou *porphyre argileux.* Roche porphyroïde formee d'une pâte d'argilolite et de cristaux de feldspath; en d'autres termes, c'est un porphyre qui, par suite d'un commencement d'altération, a perdu une partie de sa dureté et de sa cohésion et a pris un aspect terreux.

ARKOSE. Roche d'agrégation composée de gros grains de quarz hyalin et de grains de feldspath laminaire, compacte ou argiloïde. Elle constitue souvent des masses très étendues au-dessus des granites, dont les éléments séparés mécaniquement ont concouru à la former Elle renferme à la fois des amas de minerais métalliques et des débris de végétaux et animaux ; elle appartient aux plus anciens terrains de sédiment.

BASALTE. Cette roche a été produite, sous forme de *coulées* très considérables, par des volcans antérieurs à ceux de l'époque actuelle ; tels sont les volcans éteints de l'Écosse et des Hébrides, et ceux de l'Auvergne, du Forez, du Velay et du Vivarais (départements du Puy-de-Dôme, de la Loire, de la Haute-Loire et de l'Ardèche). La matière, en se refroidissant, s'est divisée en colonnes prismatoïdes à trois, quatre, cinq, six ou neuf pans, ce qui donne à ces terrains l'aspect de constructions gigantesques. La roche en elle-même est principalement composée de pyroxène en très petites particules cristallines, mélangé d'une certaine quantité de feldspath. Elle a une texture grenue, une cassure mate, inégale, un aspect âpre et une couleur grise, quelquefois blanchâtre ; elle se décompose à la longue sous les influences météorologiques et passe à l'état de vake et d'argile.

BASANITE. C'est un basalte qui renferme des cristaux de pyroxène distincts et disséminés, et, comme parties accessoires ou accidentelles, du péridot, du fer titané, des zircons, du quarz agate, etc.

BRÈCHE. Roche hétérogène, formée de fragments assez volumineux, *anguleux*, quelquefois émoussés, mais *non roulés*, agglutinés par une pâte contemporaine ou un peu postérieure à la formation des fragments. On en distingue deux espèces principales : la *brèche siliceuse* composée de fragments de jaspe ou d'agate, réunis par un ciment siliceux, et la *brèche calcaire*, ou *marbre brèche*, formée de fragments de marbres anciens, empâtés dans un ciment calcaire. Une des brèches calcaires les plus connues est la brèche d'*Alet* près d'Aix en Provence, qui porte improprement le nom de *brèche d'Alep.* On connaît encore des *brèches volcaniques*, formées de morceaux de lave solidifiée, empâtés dans un courant de lave encore liquide. Quant aux brèches formées de fragments de roches primitives, elles ont recu le nom particulier d'*anagénites.*

BRECCIOLE, c'est-à-dire *petite brèche.* Roche formée de parties anguleuses, ayant environ la grosseur d'un pois, réunies par un ciment. On en connaît à base d'argilolite, avec des grains de quarz ; à base d'alunite, formée de fragments d'alunite cristalline, empâtés dans de l'alunite siliceuse ; à base de vake dure, etc.

CALCIPHYRE. Pâte de calcaire enveloppant des cristaux de diverse nature. On distingue comme espèces le *calciphyre feldspathique* qui présente des cristaux de feldspath blanchâtre, dans un calcaire compacte (du Petit-Saint-Bernard) ; le *calciphyre pyroxénique* formé de cristaux de pyroxène verdâtre, disséminés dans un calcaire translucide et rosâtre (île de Tyry) ; le *calciphyrire pyropien*, *mélanique*, etc.

CALSCHISTE. Schiste argileux mélangé de calcaire lamellaire.

**CIPOLITE** ou *marbre cipolin*. Calcaire saccharoïde renfermant du talc ou du mica qui lui communique une structure schistoïde.

**CORNÉENNE** = *aphanite*.

**DIORITE.** Roche composée de hornblende lamellaire et de feldspath compacte, en parties distinctes et assez uniformément répandues. Elle présente deux couleurs mélangées, mais non confondues : la couleur verte noirâtre de l'amphibole hornblende qui y domine généralement, et la couleur blanche du feldspath compacte. Lorsque les parties des deux éléments cessent d'être discernables ; la roche passe à l'*aphanite*. Quand elle contient, indépendamment des parties de feldspath compacte qui en forment la *pâte*, des cristaux plus volumineux de feldspath disséminés, elle se rapproche du porphyre et prend le nom de *diorite porphyroïde*. On trouve en Corse une variété de diorite très remarquable (*diorite orbiculaire de Corse*), qui présente des sphéroïdes à couches alternatives et concentriques de feldspath et d'amphibole, dans une masse de diorite à grains moyens. La diorite forme des montagnes ou remplit des espaces très étendus dans la partie supérieure des terrains de cristallisation ou dans ceux de transition ; elle est souvent traversée par des filons métalliques.

**DOLÉRITE.** Cette roche, qui appartient aux terrains d'épanchements trappéens, est essentiellement composée de pyroxène et de feldspath. Sa couleur toujours sombre, est le gris ou le brun plus ou moins mélangé de parties blanches. Lorsque les deux éléments sont à peu près également répandus et entrelacés, la roche prend le nom de *dolérite granitoïde ;* lorsqu'elle renferme en plus des cristaux distincts et plus volumineux de feldspath, elle prend l'épithète de *porphyroïde*. Elle passe au basalte par la prédominance du pyroxène et la confusion de toutes ses parties.

**DOMITE.** Ce nom a été affecté particulièrement à la roche trachytique qui constitue la plus grande partie du Puy-de-Dôme. Elle est formée de feldspath argileux renfermant des paillettes de mica et quelques rares cristaux de feldspath vitreux. Elle a peu de cohésion, présente un aspect terreux et une cassure raboteuse ; elle est blanchâtre ou grisâtre ; elle est infusible au feu.

**DOLOMIE.** Roche composée de chaux et de magnésie carbonatées, souvent combinées en proportions définies et constituant alors une espèce minérale distincte dont il a été traité précédemment (p. 424).

**ÉCLOGITE.** Roche composée de diallage verte (amphibole pyroxénique) et de grenats. On y trouve comme parties accidentelles du disthène ou de la chlorite. Cette roche ne se rencontre que rarement et en couches peu étendues parmi le gneiss, le micaschiste ou la diorite.

**EUPHOTIDE.** Très belle roche composée d'albite compacte ou de feldspath tenace (jade de Saussure) avec mélange de diallage verte ou de diallage métalloïde; celle à diallage verte porte le nom de *vert de Corse*. Elle appartient aux terrains de serpentine.

EURITE. Roche principalement composée d'albite compacte ou de pétrosilex grisâtre, verdâtre ou jaunâtre, renfermant des grains de feldspath laminaire, du mica ou d'autres minéraux disséminés (quarz, amphibole, tourmaline, disthène, etc.). Elle peut être *compacte*, *porphyroïde*, *granitoïde* ou *schistoïde*. Elle présente une stratification distincte et une structure quelquefois fissile. On la trouve dans les terrains de transition et dans les plus anciens terrains d'épanchement. Elle renferme très rarement des substances métalliques.

GABBRO DE CORSE = *euphotide à diallage verte*.

GABBRO DE GÊNES = *ophiolite diallagique*.

GALLINACE. C'est une *obsidienne* (verre volcanique) tout à fait vitreuse et d'une belle couleur noire. Elle est fusible au chalumeau en un émail noir. Elle vient principalement d'Islande et des andes du Pérou. On en fait des miroirs qui sont recherchés par les paysagistes.

GLAUCONIE. Roche à texture grenue, composée de proportions variables de calcaire non cristallisé, de sable quarzeux et de grains verts. Elle a quelquefois une texture compacte; mais elle est le plus souvent friable ou même sableuse. Elle se trouve partout à la partie inférieure des terrains de craie et de calcaire grossier, et elle forme le passage de ces deux roches calcaires aux sables verts qui se trouvent au-dessous. On la distingue en glauconie *compacte*, *grossière*, *crayeuse* et *sableuse*, suivant sa consistance, son gisement et la quantité de sable qu'elle contient.

GLIMMERSCHIEFER. Nom allemand du *micaschiste*.

GNEISS. Roche de cristallisation, formée de feldspath, de mica et de quarz, avec une structure feuilletée. On peut dire que c'est du granite dans lequel le quarz manque plus ou moins complétement, tandis que le mica, au contraire, se trouve augmenté; mais il s'y trouve encore d'autres différences: ainsi, généralement, le mélange des éléments n'est pas homogène, et la roche est composée de feuillets très minces de mica qui alternent avec des couches plus épaisses de feldspath, ou de feldspath et de quarz. Enfin le feldspath est plus souvent grenu que laminaire, ce qui rapproche le gneiss du leptynite. Le gneiss admet quelquefois dans sa composition du talc ou du graphyte qui paraît y prendre la place du mica. C'est de toutes les roches celle qui contient le plus de minerais métalliques. Il se montre presque partout au-dessus du granite; d'abord en couches alternantes, puis en formation indépendante, qui fait place ensuite au micaschiste.

GOMPHOLITE. Roche d'agrégation postérieure même aux terrains tertiaires, ou contemporaine de leur dernière formation. Elle se compose de parties arrondies de roches diverses, dans un ciment de calcaire ou de macigno. Celle qui est formée de noyaux calcaires renfermés dans un ciment calcaire porte vulgairement le nom de *poudingue calcaire*.

GRANITE. Roche primitive, formée par voie de cristallisation confuse et simultanée des éléments qui la constituent. Ces éléments sont le feldspath lamellaire, le quarz hyalin et le mica. Ils sont à peu près également disséminés dans la masse; mais ils varient considérablement par leur volume et leur couleur, ce qui modifie presque à l'infini l'aspect de la roche. On nomme granite *commun, à gros ou à petits grains*, celui dans lequel le feldspath et le quarz sont à peu près du même volume; et *granite porphyroïde* celui qui, en outre des éléments ordinaires du granite commun, renferme des cristaux distincts et plus volumineux de feldspath. Ce dernier paraît être d'une formation plus moderne et plus limitée que le granite commun, lequel forme partout des terrains très anciens, inférieurs à tous les autres, et d'une immense étendue; mais qui, souvent aussi, a été soulevé de manière à former des plateaux ou des montagnes qui résistent pendant des siècles aux agents destructeurs.

Les granites présentent souvent, comme parties accessoires, de la tourmaline et de l'amphibole, et comme parties accidentelles disséminées, de l'actinote, de l'épidote, du cymophane, du grenat, du zircon, etc. Ils ne renferment qu'un petit nombre de substances métalliques en filons, en veines ou disséminées; les principales sont l'étain et l'urane oxidés, le wolfram, le fer oxidulé et le fer oligiste; l'argent, l'or, les pyrites, etc.

GRANITELLE. Nom donné par quelques auteurs à la *syénite* et à la *diorite*.

GRAUSTEIN = *dolérite*.

GRAUWACKE = *psammite* et *anagénite*.

GREISEN = *hyalomicte*.

GRÈS. Ce nom a été donné généralement à des roches formées de parties atténuées de roches plus anciennes, liées postérieurement entre elles, soit par un ramollissement causé par le calorique, soit par l'introduction d'un ciment siliceux, argileux ou calcaire. Mais plusieurs de ces roches, surtout parmi les plus anciennes, ont formé des espèces distinctes, sous les noms de *psammite* et de *pséphite*, et l'on n'a conservé parmi les grès que les roches formées de quarz sableux agglutiné, soit par ramollissement, soit par un ciment siliceux ou calcaire. Ainsi définis, les grès comprennent encore des roches de deux natures et d'époques bien différentes. Les principales variétés sont :

1° Le *vieux grès rouge*, qui appartient aux plus anciens terrains de sédiment, et qui est formé de fragments atténués de quarz, agglutinés par ramollissement. Plus intimement soudée, cette roche deviendrait une *quarzite;* mélangée de mica et d'autres débris primitifs atténués, elle serait comprise parmi les psammites.

2° Le *grès bigarré.* Grès analogue au précédent, mais plus moderne, puisqu'il fait partie d'une formation placée entre le calcaire alpin (zechstein) et le calcaire conchylien (muschelkalk). Ce grès est remarquable par ses bandes rouges, jaunâtres ou lie de vin; droites, sinueuses ou contournées, sur un fond blanc. On le trouve principalement dans les Vosges, dans la Thuringe et dans le pays de Magdebourg.

3° Le *grès filtrant*, d'un tissu lâche qui permet à l'eau de filtrer au travers. On en trouve en Saxe, en Bohême, sur les côtes du Mexique, aux îles Canaries, et surtout dans le Guipuscoa, en Espagne. Dans quelques pays, des fourbes, pour entretenir la superstition du peuple, en formaient des têtes de saints évidées à l'intérieur, et que l'on remplissait d'eau à certains jours de fête. L'eau sortait par gouttes à travers les orbites, le saint pleurait et la foule criait au miracle.

4° *Grès flexible* de Villarica, au Brésil. Ce grès étant réduit en bandes plates, peut être ployé lorsqu'on le soulève par une extrémité, ou qu'on le prend dans les mains par les deux bouts. Il doit cette propriété à l'enchevêtrement et à la forme allongée et aplatie des parties de quarz dont il se compose. Cette disposition permet à ces parties de jouer un peu entre elles sans se disjoindre entièrement.

5° *Grès lustré.* Cette variété forme des bancs de 2 à 3 décimètres d'épaisseur dans le sable blanc qui termine la colline de Montmorency, au nord de Paris. Elle est d'un gris cendré nuancé de veines parallèles plus foncées; elle est translucide, d'un grain très serré, et consiste en sable siliceux réuni par un ciment de même nature.

6° *Grès blanc à ciment calcaire.* Ce grès se trouve principalement dans la forêt de Fontainebleau, et dans les environs de Lonjumeau et de Pontoise. Il sert au pavage de Paris et des routes qui y aboutissent. Il est quelquefois coloré par des zones ferrugineuses rougeâtres, par des dentrites grossières, et contient souvent des noyaux noirs d'une grande dureté et très tenaces. Il est formé d'un sable quarzeux très fin et d'un ciment calcaire qui a pu quelquefois cristalliser sous la forme de rhomboïde inverse (page 416). Il présente deux assises : l'une, inférieure, privée de coquilles; c'est celle dont on se sert exclusivement; l'autre, supérieure, renfermant des coquilles marines.

GRUNSTEIN = *diorite* et *hémitrène.*

HÉMITRÈNE. Roche composée essentiellement d'amphibole hornblende et de calcaire saccharoïde.. Elle contient comme parties accessoires du feldspath compacte et du fer oxidulé. Elle appartient aux mêmes terrains que les amphibolites et les diorites, et ressemble beaucoup à cette dernière, avec laquelle elle est souvent confondue.

HYALOMICTE (*greisen*, granite stannifère) Roche très dure composée de quarz hyalin granuleux, très prédominant, et de mica disséminé et non continu. Elle contient comme parties accessoires du feldspath, de l'étain oxidé, du wolfram, des pyrites, etc. Elle présente une structure granulaire ou schisteuse. Lorsque le feldspath y devient abondant, la roche se rapproche du granite ; quand, au contraire, c'est le mica, elle passe au micaschiste. L'hyalomicte se trouve en couches subordonnées depuis le granite ancien jusqu'à la partie supérieure des dépôts intermédiaires. L'hyalomicte granitoïde paraît postérieure au gneiss et se rattache aux dépôts de pegmatique. L'hyalomicte schistoïde se trouve plus particulièrement dans les micaschistes et se rencontre aussi dans les schistes argileux. Il paraît même qu'il constitue une formation indépendante, au-dessus de ces dépôts, et principalement au pic d'Itacolumi, au Brésil, où il est remarquable par la présence accessoire du fer oligiste, de l'or, du soufre et du diamant. Ces circonstances ont fait donner à cette roche, ainsi établie, le nom particulier d'*itacolumite* (page 107).

ITACOLUMITE. Voyez *Hyalomicte*.

KIESELSCHIEFER = *phtanite*.

LAVE. On a donné ce nom aux matières embrasées qui sortent des volcans sous une forme plus ou moins fluide ou pâteuse, et qui se répandent sur les terrains environnants en immenses courants qui ont quelquefois plusieurs lieues de longueur. La matière des laves est formée principalement de la substance même du globe, qui se trouve à l'état de fusion ignée dans son intérieur ; mais il faut y ajouter tous les corps entraînés, ramollis ou fondus, qui proviennent des parois du canal volcanique : en sorte que la nature des laves est très complexe, et que les minéraux cristallisés qu'elles contiennent peuvent résulter, soit de la combinaison à part et de la cristallisation d'une partie des matériaux du fluide terrestre, soit de l'entraînement de minéraux déjà cristallisés, qui ont résisté à la chaleur du courant. On admet cependant que la masse principale des laves est formée soit de l'un des minéraux feldspathiques (orthose, albite, oligoklase, pétrosilex), soit de pyroxène, et cette opinion a conduit à les diviser d'abord en *laves felspathiques* et en *laves pyroxéniques*. Chacun de ces deux genres se subdivise ensuite en *laves cristallines* ou *compactes*, *laves vitreuses*, *laves scorifiées* et *laves altérées*. Nous citerons comme exemples de laves feldspathiques la *leucostine*, l'*obsidienne*, la *ponce*, la *tephrine* ; et parmi les laves pyroxéniques, le *basalte*, la *gallinace*, la *pépérite*, la *wacke* et la *pouzzolane*.

LEPTYNITE. Roche composée principalement de feldspath grenu, avec mélange de quarz sableux ou de mica. Elle a une texture grenue et présente une stratification peu sensible. Elle contient souvent des grenats disséminés, du disthène ou de la topaze. Elle se présente en masses subordonnées dans les gneiss, les micaschistes, les syénites, et dans quelques terrains semi-cristallisés. Elle a beaucoup de rapport avec les eurites; mais elle est plus ancienne et passe plus facilement au gneiss, tant que l'eurite se rapproche davantage des porphyres.

LEUCOSTINE. Lave pétrosiliceuse des volcans modernes; pâle, grisâtre, enveloppant des cristaux de feldspath; elle est un peu celluleuse et est fusible en un émail blanc. Il y en a une variété compacte, à peine celluleuse, à cristaux peu distincts, translucide, sonore lorsqu'on la frappe, ce qui lui a valu le nom de *phonolite*, et souvent divisible en tables de peu d'épaisseur, ce qui permet de l'employer à la couverture des maisons. Lorsque les cristaux de feldspath sont très distincts, la roche devient *porphyroïde*.

LYDIENNE = *phtanite*.

MARBRE. Ce nom a été donné à tous les calcaires massifs, susceptibles de recevoir un poli brillant, et, par extension, à un certain nombre d'autres matières polissables. Les marbres primitifs, blancs et cristallins, ou marbres statuaires, n'étant formés que de *chaux carbonatée* presque pure, appartiennent complétement à l'espèce minérale de ce nom; mais les marbres secondaires, sublamellaires ou compactes, si souvent remarquables par leurs couleurs variées, dues à des mélanges d'oxides métalliques, de charbon, de bitume, de débris organiques, sont de véritables roches composées, sur lesquelles nous ne reviendrons pas cependant, en ayant parlé précédemment (page 421).

MARÉKANITE = variété de *perlite*.

MARNE. Roche tendre, formée d'argile et de chaux carbonatée très atténuées et intimement mélangées. Lorsque l'argile domine, on lui donne le nom de *marne argileuse*, et on l'emploie souvent comme argile (page 373); quand c'est la partie calcaire qui domine, on lui donne le nom de *marne calcaire*. La roche peut devenir alors plus dure et quelquefois même un peu polissable; d'autres fois elle présente une structure schisteuse ou une apparence de forme prismatique, due au retrait de la masse. Les marnes appartiennent surtout aux terrains lacustres tertiaires; mais on en trouve aussi dans les terrains de sédiments inférieurs ou alpins, et dans les terrains jurassiques, où elles alternent avec les calcaires qui les constituent principalement.

MASSIGNO. Roche d'agrégation, à texture grenue, essentiellement composée de petits grains de quarz distincts, mêlés de calcaire, et renfermant, comme parties accessoires, du mica ou de l'argile. Structure massive ou schistoïde en grand, couleur grisâtre. Les massignos diffèrent des grès par le volume plus marqué et l'état distinct de leurs éléments. Ceux qui sont solides et compactes appartiennent aux terrains inférieurs de sédiment; ils ne contiennent pas de débris organiques. Ceux qui sont d'une texture lâche et sableuse sont situés dans les assises moyennes des terrains tertiaires, et contiennent des débris végétaux et animaux ; on leur a donné le nom particulier de *molasse*.

MÉLAPHYRE. *Trapporphyre*, et vulgairement *porphyre noir*. Pâte d'amphibole pétrosiliceux renfermant des cristaux de feldspath; fusible en émail noir ou gris. On en connaît trois variétés : l'une dite *mélaphyre demi-deuil*, d'un noir foncé, à cristaux blanchâtres ; la seconde nommée *mélaphyre sanguin*, noirâtre, avec cristaux de feldspath rougeâtre ; la troisième dite *mélaphyre tache-verte*, brune-noirâtre, avec cristaux verdâtres. Ces roches appartiennent aux terrains cristallisés épizootiques et à ceux d'épanchement trappéen.

MICASCHISTE. Roche composée essentiellement de mica lamellaire, abondant et continu, et de quarz interposé. Elle a une structure fissile. Elle diffère du gneiss par l'absence du feldspath, et quelquefois le quarz y devient si rare, qu'elle paraît presque uniquement composée de mica. On l'observe dans les terrains primitifs, d'abord subordonnée au granite-gneiss et au gneiss, puis en couches alternantes avec le gneiss lui-même ; enfin constituant à lui seul une formation indépendante, placée entre le gneiss et le schiste argileux. Il renferme alors un grand nombre de couches subordonnées de chlorite schisteuse, de schiste argileux, de calcaire grenu, de dolomie, de diorite, de serpentine, etc., et on y rencontre, comme minéraux accidentels disséminés, des grenats, de la tourmaline, du disthène, de la staurotide, de l'amphibole, de l'émeraude. C'est également, après le gneiss, la roche qui renferme le plus de minerais métalliques; on y trouve du fer oxidulé, des pyrites aurifères, des sulfures de plomb, de zinc, de mercure, de cobalt, de l'or natif, de l'argent rouge, etc.

MIMOPHYRE (*faux porphyres* et *poudingues porphyroïdes*). Roche formée d'un ciment argiloïde empâtant des grains très distincts de feldspath, et quelquefois de quarz, de mica, de schiste, etc. Les parties empâtées sont anguleuses, et de formation antérieure à la pâte qui est compacte. Sa cassure est raboteuse et sa dureté inégale Elle appartient aux terrains inférieurs de sédiment et aux terrains semi-cristallisés. Elle suit ordinairement les eurites, les porphyres et les protogynes.

MOLASSE. Roche à texture grenue, lâche et sableuse, presque friable, formée de grains distincts de quarz, mêlés de calcaire, d'un peu de mica et d'argile. C'est le macigno des terrains supérieurs de sédiment.

OBSIDIENNE. Lave complétement vitreuse, à cassure éclatante et largement conchoïde, à esquilles minces et tranchantes. Celle des volcans éteints est d'une couleur vert-bouteille, transparente ou opaque, et paraît être de la nature du feldspath, dont elle contient souvent des cristaux disséminés. Celle des volcans modernes, notamment de ceux d'Islande et du Mexique, est d'un noir pur, opaque ou seulement translucide, et paraît être de nature pyroxénique ; on lui donne le nom particulier de *gallinace*. On connaît une *obsidienne filamenteuse* (némate, Haüy) en fils déliés, plus ou moins longs, fins, flexibles, mais fragiles, souvent terminés par un très petit globule ; c'est un produit particulier du volcan de l'île Bourbon. La pierre ponce paraît n'être qu'un état bulleux particulier de l'obsidienne.

OCRE. Les ocres ou *bols* des anciens minéralogistes sont des argiles colorées en rouge, en jaune ou en brun par des oxides de fer. Il en a été question page 374.

OPHICALCE. Roche formée de calcaire et de serpentine, parfois remplacée par du talc ou de la chlorite. On en distingue trois variétés principales : 1° *ophicalce grenu*, calcaire saccharoïde contenant de la serpentine disséminée ; 2° *ophicalce réticulé*, présentant des noyaux ovoïdes de calcaire compacte, serrés et réunis par une serpentine talqueuse (marbre campan) ; 3° *ophicalce veiné*, offrant des taches irrégulières de calcaire, séparées et traversées par des veines de talc et de serpentine (marbre vert antique). Cette roche se trouve en couches subordonnées dans les micaschistes primitifs, et dans les porphyres et les syénites des terrains de transition.

OPHIOLITE. *Serpentine commune*, *pierre ollaire*, etc. Pâte de serpentine enveloppant du fer oxidulé ou d'autres minéraux accessoires. Parmi ceux-ci, les uns, tels que le talc, la stéatite, l'argile lithomarge, la chlorite, l'asbeste, s'y présentent en veinules qui semblent se fondre dans la masse serpentineuse ; les autres, tels que l'amphibole, le grenat, la calcédoine, le silex corné, le quarz, la chaux carbonatée, le fer oxidulé, le fer chromé, la diallage, y sont en grains ou en veinules distinctes de la base. La formation de cette roche paraît avoir été *simultanée;* la structure en est veinée ou empâtée ; la dureté moyenne. Elle est facilement rayée par une pointe d'acier ; elle acquiert un poli terne : sa couleur dominante est le vert noirâtre ou le brun jaunâtre. C'est elle, plutôt que la serpentine pure, qui, sous le nom de *serpentine* ou de *pierre ollaire*, sert aux usages mentionnés page 464.

OPHITE. *Porphyre vert* ou *serpentin*. Pâte d'aphanite très homogène ou de pétrosilex amphiboleux verdâtre, enveloppant des cristaux de feldspath. L'ophite a d'ailleurs tous les caractères du porphyre, sauf que la pâte présente une cassure moins unie. La couleur verte est le caractère qui distingue le mieux cette roche du porphyre. La plus belle variété est l'*ophite antique* ou *porphyre vert antique*, dont la pâte est d'un vert pur foncé, bien homogène et opaque, et les cristaux d'un blanc verdâtre. L'ophite de Tourmalet, dans les Pyrénées, a la pâte d'un vert brunâtre et les cristaux d'un blanc grisâtre ou verdâtre. L'ophite du Morvan et celui de Niolo en Corse ont la pâte d'un gris verdâtre. Celui du ballon de Giromagny, dans les Vosges, présente, dans une pâte d'un vert foncé, des cristaux blancs peu distincts, etc. Cette roche, que les noms d'*ophite* et de *serpentine* pourraient faire confondre avec la précédente, s'en distingue par sa nature feldspatique, sa grande dureté et le poli parfait qu'elle peut acquérir. Elle appartient aux mêmes terrains que les porphyres et que l'eurite porphyroïde.

PECHSTEIN = *rétinite*.

PEGMATITE. Roche composée essentiellement de feldspath lamellaire et de quarz. Souvent le feldspath domine. On y rencontre accidentellement du mica en grandes lames, de la tourmaline, du feldspath nacré dit *pierre de lune*, du béril, du titane rutile, de l'étain oxidé, etc. La disposition différente du feldspath et du quarz donne lieu à deux variétés principales :

1° La *pegmatite graphique*, vulgairement *granite graphique*, est formée de feldspath laminaire et de cristaux de quarz enclavés, dont la trace sur la pierre polie imite des caractères hébraïques.

2° La *pegmatite granulaire* ou *pétunzé*, formée de feldspath lamellaire et de grains de quarz. C'est cette roche surtout qui, par sa décomposition dans le sein de la terre, donne naissance au kaolin (page 370). La pegmatite constitue une formation indépendante, dont le granite à gros éléments, intercalé au gneiss, semble être le prélude. Cette formation est superposée au gneiss indépendant, et se présente dans un grand nombre de localités sur des espaces très étendus (environs de Limoges, Moravie, Suède, Sibérie, États-Unis d'Amérique, etc.).

PEPÉRINE. *Pépérino*, *tufaïte*, *tuf basaltique*, *brecciole volcanique*. Roche d'agrégation, composée essentiellement de petits fragments de téphrine, de vacke et de pyroxène, réunis par une pâte terreuse. On y trouve, comme parties accidentelles, des grains de basanite, de ponce, de haüyne, d'amphigène, de mica, de fer magnétique, de calcaire saccharoïde, etc. Cette roche a peu de cohésion; elle est même quelquefois très friable : elle a une couleur grisâtre, brunâtre, jaunâtre ou rougeâtre, toujours terne.

PERLITE. *Perlstein*, *obsidienne perlée*. Lave fondue, opaque ou à peine translucide sur les bords, d'une teinte grise, bleuâtre ou verdâtre, avec un aspect nacré. La pâte en est *craquetée* comme celle de certains émaux, auxquels cette production volcanique peut être comparée, sous beaucoup de rapports. Elle se boursoufle et augmente de volume au chalumeau. On en distingue une variété trouvée à Marékan, dans le Kamtchatka, et nommée *marékanite*, qui semble formée de débris de coquilles, et qui est composée d'une multitude de pellicules d'un blanc nacré, provenant de la rupture de globules vitreux de la grosseur d'un pois. On trouve au milieu de cet amas d'enveloppes vitreuses, des fragments d'obsidienne vitreuse, presque transparents.

PHONOLITE = *leucostine compacte.*

PHTANITE. *Kieselschiefer* ou *jaspe schisteux, pierre lydienne, pierre de touche.* Roche d'apparence homogène, noire et opaque, plus dure que l'acier, ayant une cassure terne, à grain très fin, droite ou conchoïde. Elle est infusible au chalumeau. En masse, elle offre une structure schistoïde: elle est entrecoupée de veines de quarz blanc. On la trouve en couches, en amas ou en rognons, dans les terrains intermédiaires et dans ceux de sédiments inférieurs Quelques personnes ont regardé cette roche comme un *jaspe*, c'est-à-dire comme formée essentiellement de silice; d'autres comme une *aphanite.* Il est plus probable qu'elle a été formée, de même que la plupart des roches intermédiaires, par l'action du feu central sur un mélange de parties très atténuées de une ou de plusieurs roches primitives, d'anthracite et de fer sulfuré. L'analyse faite par Vauquelin, de la meilleure qualité de pierre de touche, s'accorde avec cette supposition. Elle a donné

| | |
|---|---|
| Silice | 85,0 |
| Alumine | 2,0 |
| Chaux | 1,0 |
| Fer | 1,7 |
| Soufre | 0,6 |
| Charbon | 2,7 |
| Eau | 2,5 |
| Perte | 4,5 |
| | 100,0 |

PHYLLADE. Roche des terrains de transition ou des premiers terrains de sédiment, composée essentiellement de schiste argileux, comme base, et de minéraux disséminés. Elle a une structure fissile, et elle manifeste souvent une tendance à se diviser en prismes obliques rhomboïdaux de 120 et 60 degrés. Elle est assez tendre pour se laisser rayer par le fer et même par le cuivre. Elle est toujours opaque et présente les mêmes couleurs dominantes que le schiste qui lui sert de base. Elle est presque toujours fusible en un verre noir ou grisâtre. Les principales variétés sont;

Le *phyllade micacé* qui est un schiste très chargé de mica en paillettes distinctes. Il est *pailleté* ou *satiné*, suivant que les paillettes de mica y sont très distinctes ou peu discernables. Les pierres à faux de Viel-Salm près de Liége, et les ardoises de Glaris et de Gênes, appartiennent à ces variétés ;

Le *phyllade carburé ;* noir, tachant, décolorable par le feu ; de Bagnères de Luchon ;

Le *phyllade porphyroïde*, renfermant des cristaux de différente nature, soit de quarz, soit de feldspath, soit de macle, etc.

PONCE ou *Pumite*. Substance d'origine volcanique, spongieuse et légère, composée de fibres vitreuses, courtes, rudes au toucher, laissant entre elles des interstices de grandeurs variables. Elle est ordinairement d'un blanc sale ; mais il y en a de grise, de jaunâtre et de brune. Elle fond au chalumeau. Elle contient quelquefois des cristaux de feldspath disséminés. Elle est susceptible de se disgréger et de se décomposer comme toutes les roches volcaniques ; elle donne lieu, dans ce cas, soit à de la *ponce arénacée*, soit à une substance blanche d'apparence crayeuse, nommée *asclérine*.

Quoique certaines ponces aient coulé des volcans, à la manière des laves, le plus ordinairement elles paraissent avoir été lancées hors du cratère, et s'être ensuite tassées sur les terrains environnants, à la manière de la grêle. On en trouve principalement aux îles Lipari. On l'emploie surtout comme matière à polir.

PORPHYRE. Roche tres dure, compacte et susceptible d'un beau poli, composée d'une pâte de feldspath compacte ou de pétrosilex, enveloppant des cristaux de feldspath ou d'albite. Ceux-ci étant ordinairement blanchâtres, tranchent plus ou moins avec la pâte qui présente diverses teintes de rouge, de brun, de noir ou de vert. Les principales variétés sont : le *porphyre rouge antique*, à pâte d'un rouge vif et foncé, enveloppant des cristaux petits et très nombreux de feldspath blanchâtre. Il venait autrefois d'Égypte ; le *porphyre brun de Suède*, à pâte brune et à cristaux rougeâtres, dont on fait maintenant la plupart des vases d'ornements, urnes et tables à porphyriser ; le *porphyre rosâtre*, à pâte d'un rouge pâle, renfermant, indépendamment des cristaux de feldspath, de nombreux grains ou cristaux de quarz (entre Roanne et Saint-Symphorien) ; le *porphyre violâtre* de Niolo en Corse, etc. Pour le *porphyre noir*, voyez *mélaphyre ;* et pour le *porphyre vert*, voyez *ophite*.

Les porphyres sont des roches qui sont sorties de terre à l'état d'une fusion incomplète, et à différentes époques. On les trouve dans les terrains primitifs, au-dessus des gneiss et des granites ; dans les terrains de transition, parallèlement avec la syénite et la diorite, et même dans le grès rouge des anciens terrains de sédiment. Plus tard, les porphyres ont été remplacés par les eurites et par les leucostines.

POUDINGUE. Ce nom n'a pas la même signification pour tous les géologues. Les uns, n'ayant égard qu'à la disposition des parties, et non à leur nature, donnent le nom de *poudingue* à toute roche formée de parties assez grosses, non cristallisées, arrondies et plus ou moins roulées, agglutinées par une pâte de nature diverse. Les autres restreignent ce nom aux seules roches formées de cailloux siliceux roulés, empâtés dans un ciment siliceux. En admettant la définition la plus large, il faut alors distinguer comme espèces ou variétés :

1° Le *poudingue anagénique* ou *anagénite*, formé de fragments arrondis de roches primitives, réunis par un ciment de schiste ou de calcaire saccharoïde.

2° *Poudingue pétrosiliceux.* Roches de toutes sortes réunies par un ciment pétrosiliceux (*brèche universelle*).

3° *Poudingue argiloïde.* Noyaux quarzeux dans un ciment argiloïde (*grauwacke* de Clausthal au Harz).

4° *Poudingue ophiteux.* Roches de toutes sortes, dans une pâte de serpentine.

5° *Poudingue polygénique.* Roches de toutes sortes dans un ciment calcaire ( *nalgelflue* de Rigi).

6° *Poudingue calcaire* ou *gompholite.* Noyaux calcaires dans un ciment calcaire (*nagelflue* de Salzbourg).

7° *Poudingue siliceux.* Noyaux de silex dans une pâte de grès homogène (poudingue de la plaine de Boulogne près de Paris).

8° *Poudingue jaspique.* Noyaux d'agate ou de jaspe, dans une pâte de nature semblable (caillou de Rennes).

9° *Poudingue psammitique.* Noyaux siliceux ou autres dans une pâte de psammite (*pudingstone* des Anglais).

POUZZOLANE. Sable volcanique d'apparence terreuse, d'un brun rouge ou d'un gris sombre, tiré d'abord de Pouzzole, près de Naples, où il en existe des dépôts immenses; on l'a trouvé depuis dans beaucoup d'autres terrains volcaniques, comme aux environs de l'Etna et de l'Hécla, ainsi que dans les volcans éteints de l'Italie, de l'Auvergne et du Brisgaw. Ces sables peuvent être le résultat de l'altération de laves, qui se seraient changées sur place en matière terreuse et pulvérulente; ou peuvent avoir été rejetés par les volcans, à peu près tels qu'on les trouve aujourd'hui. Le caractère essentiel des pouzzolanes, celui qui en fait le seul mérite et la valeur, est la propriété dont ils jouissent de former, avec la chaux et le sable commun, des mortiers qui durcissent sous l'eau. Leur importance est devenue moins grande ou moins exclusive, depuis que l'on sait fabriquer de la chaux hydraulique et des ciments artificiels.

PROTOGYNE. Roche de cristallisation primitive formée de feldspath, de quarz et de talc, de stéatite ou de chlorite. On peut dire que c'est un granite dans lequel le talc, la stéatite ou la chlorite remplace le mica. Cependant le talc n'y est pas en général aussi également disséminé que le mica dans le granite; il y forme plutôt des espèces de paquets souvent disposés à peu près parallèlement, ce qui donne à la roche une apparence un peu feuilletée. La plupart des grandes masses des Alpes et du Saint-Gothard, notamment la chaîne du Mont-Blanc et le Mont-Blanc lui-même, sont formés de cette roche.

PSAMMITE. Roche grenue, formée par voie d'agrégation avec les débris atténués des roches primitives, et composée principalement de quarz sableux, de mica et de feldspath altéré, liés au moyen d'une petite quantité d'argile (1). Le quarz est souvent prédominant. Les principales variétés sont :

Le *psammite micacé* ou *grès des houillères*. Pâte sablonneuse grossière, grisâtre, renfermant de nombreuses paillettes de mica. On y voit des parties charbonneuses disséminées, ou en petits lits interposés, et souvent des empreintes de végétaux.

Le *psammite carbonifère* des houillères. Pâte *très fine*, *noire et schisteuse*, très imprégnée de charbon et portant de nombreuses empreintes de fougères ou d'autres végétaux analogues.

Le *psammite schistoïde*, Brongn. Pâte grenue, quarzeuse, assez fine, d'un gris noirâtre, assez chargée de mica qui s'y trouve en outre quelquefois disposé par lits. Structure un peu schisteuse, ou fissile en lames d'une certaine épaisseur. Les *pierres à faux* de Normandie, de Lombardie et de beaucoup d'autres contrées, sont faites de cette roche.

Le *psammite verdâtre*, dioritique ou chloritique. Ne diffère du précédent que par l'addition des grains de diorite ou de chlorite à ses éléments habituels. *Pierres à faux* également.

Le *psammite rougeâtre*. Pâte sablonneuse, jaunâtre brunâtre ou rougeâtre, moins mélangée de feldspath, de mica et d'argile que le psammite commun. Exemple : beaucoup d'anciens grès rouges, et la roche dite *pierre à dresser* de la Belgique. Il passe au grès rouge.

Le *psammite sablonneux*. Quarz à l'état sableux très prédominant, mica plus rare; passe au grès micacé.

PSÉPHITE. Roche composée essentiellement d'une pâte argiloïde enveloppant des fragments pisaires et même avellenaires de schistes

(1) L'agglutination des parties peut être due aussi en partie à l'action du feu.

divers et de phyllade. Ses parties accessoires sont des fragments de même volume de quarz, de feldspath, de granite, de micaschiste, de porphyre, etc. Elle répond au *grès rudimentaire* de Haüy et à la plupart des *toldliegende* des Allemands. Elle est *rougeâtre* ou *verdâtre*. Elle appartient à l'époque clastique des terrains de transition et de sédiment inférieur. On la trouve à Coutances, etc.

PUMITE = *ponce*.

PYROMERIDE. Roche composée d'une pâte de feldspath compacte et de quarz, enveloppant des sphéroïdes de même nature à structure radiée. Elle est d'une couleur ocreuse inégale et renferme du fer oxidé en petits cristaux cubiques ou dodécaèdres pentagonaux, qui proviennent par conséquent de la décomposition du fer sulfuré de même forme. Cette roche, qui porte le nom vulgaire de *porphyre orbiculaire de Corse*, n'a encore été trouvée qu'en Corse. Peut-être faudrait-il la réunir à l'espèce *pegmatite*, sous le nom de *pegmatite orbiculaire*.

QUARZITE. Roche essentiellement composée de quarz sublamellaire ou grenu, translucide, à cassure raboteuse, sub-vitreuse dans quelques unes de ses parties. Elle forme des couches puissantes dans les terrains de cristallisation et dans les plus anciens terrains de sédiment. Elle peut avoir deux origines : ou c'est du quarz granitique isolé de ses autres éléments, ou c'est un grès quarzeux qui est repassé à l'état vitreux par l'approche des roches ignées.

RÉTINITE ou *résinite*. Ces noms pouvant faire confusion avec le rétinaspalte et le quarz résinite, peut-être serait-il convenable d'adopter sans modification le nom allemand *pechstein* qui appartient à une roche pyrogène composée d'une grande quantité de silice (73 à 78 pour 100), d'alumine, de soude, de chaux, d'oxide de fer, d'une petite quantité d'eau et quelquefois de bitume. Cette roche est compacte, homogène, opaque ou un peu translucide, à cassure vitreuse avec un éclat résineux très marqué, quelquefois un peu gras. Elle donne de l'eau et souvent du bitume lorsqu'on la chauffe dans un tube fermé. Au chalumeau elle se fond tantôt facilement et d'autres fois difficilement, ce qui indique une nature variable.

Le pechstein présente une grande variété de couleurs dont les principales sont le vert olivâtre, brunâtre ou noirâtre; le jaune brunâtre, le rouge sale et brunâtre, le noir verdâtre. Il se trouve en masses non stratifiées ou en couches, dans les terrains de porphyre et de trachyte. Mais il est rarement homogène sur une grande étendue; il renferme souvent des grains de feldspath, du mica ou d'autres minéraux, et il constitue alors une roche plus composée à laquelle on a donné le nom de *stigmite*.

SCHISTE. Roche d'apparence homogène, d'une structure fissile, non susceptible de se délayer dans l'eau et ne faisant pas pâte avec ce liquide, même après avoir été pulvérisée. Elle présente à la vue simple, à la loupe surtout, une multitude de petites lamelles de mica; en sorte qu'elle paraît n'être souvent qu'un mica très divisé, réuni en masse compacte. Elle a une cassure esquilleuse; elle est souvent assez tendre pour se laisser rayer par le cuivre, et elle est toujours rayée par le fer; elle est complétement opaque, sans éclat ou n'ayant qu'un faible éclat soyeux. Les couleurs en sont ternes et varient entre le noir, le brun bleuâtre, le gris bleuâtre,. le verdâtre, le jaunâtre et le rougeâtre. Presque tous les schistes sont fusibles en émail noir ou brun; quelques uns font effervescence avec les acides; d'autres contiennent une matière charbonneuse ou bitumineuse; mais leurs principes essentiels sont la silice, l'alumine, l'oxide de fer; la magnésie, la potasse ou la chaux et l'eau. En voici les principales variétés:

1° *Schiste luisant.* Il est luisant et comme soyeux dans le sens de ses lames, qui sont souvent ondulées ou plissées. Il se fond facilement en un émail gris ou jaunâtre rempli de bulles. Il est évidemment composé de mica, et il passe au micaschiste par des nuances insensibles. Il appartient aux premiers terrains de sédiment; il ne renferme aucun débris de corps organisé.

2° *Schiste ardoise.* En masses très fissiles et faciles à diviser en grands feuillets minces et planes. Il est encore un peu luisant; il est sonore lorsqu'on le frappe avec un corps dur, et est souvent assez dur pour recevoir la trace du cuivre; il fond facilement au chalumeau.

On trouve le schiste ardoise dans un grand nombre de localités, et, en France, à Angers principalement. Le schiste y forme une masse de plusieurs lieues d'étendue, à stratification très relevée ou presque verticale, qui vient affleurer le sol presque partout. On l'exploite à ciel ouvert, ou dans de vastes excavations souterraines qui ont plus de 100 mètres de profondeur. On y trouve des cristaux cubiques de fer sulfuré, et fréquemment des empreintes de trilobites.

3° *Schiste argileux.* Plus tendre que le précédent, ce schiste répand une odeur argileuse très sensible et absorbe l'eau assez abondamment. Il ne reçoit pas la trace du cuivre Il ne peut se diviser en feuillets minces. Il appartient, comme le schiste ardoise, aux terrains primordiaux de sédiment, et l'on peut admettre qu'il n'en diffère que parce que le mica qui le compose est réduit par sa grande division à l'état argileux.

4° *Schiste novaculaire* ou *pierre à rasoir.* Ce schiste est formé d'une pâte beaucoup plus fine que les autres, compacte et à cassure plutôt écailleuse que feuilletée. Il présente des couches superposées de deux couleurs différentes, l'une jaune, l'autre d'un brun violacé. La présence de deux couches ainsi diversement colorées est un caractère si reconnu dans le commerce, qu'on les réunit toujours artificiellement, lorsqu'elles ne le sont pas naturellement. Cette roche me paraît contenir de la stéatite à l'état de mélange intime et essentiel ; peut-être serait-elle mieux rangée parmi les *stéaschistes*.

5° *Schiste siliceux*. Solide, à structure fissile, assez dur pour rayer le fer, très difficile à fondre. Il est ordinairement noir et les fissures de stratification sont souvent enduites d'un vernis brillant de la nature de l'anthracite ou du graphite. C'est un mélange en parties non distinctes de schiste argileux et de silice.

6° *Schiste bitumineux*. Noir, solide, à feuillets épais et contournés ; il perd en partie sa couleur au feu, en répandant une odeur bitumineuse. Il alterne avec les phyllades pailletés et les psammites dans les terrains houillers. Il se confond presque avec le *phyllade carbonifère*.

7° *Schiste graphique, ampélite graphique, crayon noir, crayon des charpentiers*. Cette substance est tout à fait noire, à cassure homogène et conchoïde, assez tendre pour laisser des traces sur le papier. Elle est fissile en grand. Elle perd sa couleur noire par la calcination et laisse un résidu coloré en rouge par l'oxide de fer. Elle se délite et s'effleurit souvent à l'air humide, en raison du sulfure de fer qu'elle renferme.

8° *Schiste alumineux*, *ampélite* ou *terre à vigne* des anciens. Il ne diffère du précédent que par le mélange d'une plus grande quantité de fer sulfuré qui le rend très altérable à l'air et très propre à la fabrication de l'alun.

SÉLAGITE. C'est une *diorite* qui contient du mica disséminé.

SERPENTIN = *ophite*.

SIDÉROCRISTE. Roche composée de fer oligiste micacé et de quarz, observée dans les environs de Villarica au Brésil. Elle paraît être le gîte originaire de l'or et des diamants déposés dans le terrain d'alluvion.

SPILLITE. Roche composée d'une pâte d'aphanite renfermant des noyaux arrondis de nature différente. Le *spillite commun* présente des noyaux de calcaire spathique, et quelquefois des noyaux d'agate, dans une pâte compacte d'un vert sombre ou d'un brun violâtre ; par exemple, la roche nommée *variolite du Drac*. Le *spillite bufonite* a la pâte noire. Le *spillite veiné* renferme des veines et de petits grains de calcaire cristallisé. Le *spillite porphyroïde* contient dans la pâte des cristaux de feldspath. Cette roche appartient à des terrains d'épanchement probablement postérieurs aux terrains de sédiment moyens.

STÉASCHISTE. Ce nom devrait signifier *roche composée de stéatite et de schiste* (tel est le schiste novaculaire) ; mais il a été donné à une roche formée d'une base de talc enveloppant des minéraux très variables et qui sont principalement le quarz, le feldspath, la diallage, le grenat, la chlorite, la serpentine, le fer oxidulé, les pyrites, etc. Au moins aurait-on dû la nommer *talschiste*, comme le font les Allemands. Cette roche constitue des roches subordonnées dans les micaschistes primitifs et les schistes argileux.

STIGMITE. Pâte de *pechstein* ou d'obsidienne renfermant des grains ou des cristaux de feldspath. Les parties accessoires sont le quarz, le mica, l'obsidienne perlée. Cette roche fait partie des terrains d'épanchements trachytiques et trappéens et des terrains pyroïdes de tous les âges.

SYÉNITE. Roche composée de feldspath laminaire prédominant, d'amphibole et de quarz. On peut dire que c'est du granite dans lequel l'amphibole a remplacé le mica. Sa couleur dominante varie avec celle du feldspath, et elle est souvent d'un rouge incarnat. On y trouve comme parties accidentelles du mica, du zircon, du fer oxidulé ou titané; des cristaux de sphène, etc. La syénite existe d'abord en couches subordonnées dans le gneiss et le micaschiste; elle est beaucoup plus répandue dans les terrains de transition, où elle existe d'abord en formation parallèle aux porphyres les plus anciens; on la trouve ensuite en couches subordonnées aux schistes argileux; elle constitue enfin, au-dessus de ces terrains, une formation indépendante et parallèle aux porphyres et à la diorite porphyroïde métallifère.

TÉPHRINE. D'après de Lamétherie, la téphrine est une pierre volcanique intermédiaire entre le pétrosilex et l'amphibole. Elle est grisâtre, rude au toucher, remplie de vacuoles et fusible en un émail grisâtre ou verdâtre picoté de noir. C'est elle qui forme la base des anciennes laves de Volvic, d'Andernach, etc., et celle des laves actuelles de l'Etna, du Vésuve et de la Guadeloupe. Elle peut renfermer des cristaux distincts de diverses substances, et on la désigne alors par les noms de *téphrine feldspathique*, *pyroxénique*, *amphigénique*, etc., suivant la nature des cristaux.

THONPORPHYRE = *argilophyre*.

THONSCHIEFER = *schiste argileux* et *phyllade*.

TRACHYTE. Roche à base d'albite grenue empâtant des cristaux de feldspath vitreux. Elle est généralement d'un gris terne, un peu celluleuse et présente une cassure très raboteuse. Elle fond au chalumeau. Elle présente comme parties accessoires ou accidentelles du mica, de l'amphibole, du pyroxène, du fer oligiste, etc. Elle passe par des degrés peu distincts à l'eurite ou à la leucostine; à l'argilophyre, au porphyre, au basalte et à la dolomite. Elle appartient aux terrains d'épanchement qui portent son nom, antérieurs aux volcans de l'époque actuelle; elle forme des plateaux à escarpements presque verticaux et des montagnes coniques très élevées, comme au mont Dore, dans le Cantal, en Italie, à la Martinique, et dans toutes les andes de l'Amérique dont elle occupe les parties les plus élevées, en présentant des couches de 2 à 3000 mètres d'épaisseur (au Chimborazo, au volcan de Guagua-Pichincha).

TRAPP. Variété de cornéenne ou d'aphanite assez dure pour user le fer; mais non scintillante. Elle est compacte, très homogène, à cassure unie et mate, ni grenue ni cristalline. Elle se brise en morceaux parallélipipèdes; elle est ordinairement noire; mais il y en a de bleuâtre, de verdâtre et de rougeâtre. On lui a donné le nom de *trapp*, ce qui veut dire *escalier*, parce que les montagnes qui en sont composées présentent, sur leurs pentes escarpées, des espèces de gradins.

TRAPPITE. Roche formée d'aphanite dure enveloppant des minéraux disséminés, tels que mica, feldspath ou amphibole. La structure en est empâtée et porphyroïde.

VACKE ou WACKE. Roche tendre et facile à casser, à cassure unie, assez douce au toucher. Elle est d'une couleur grisâtre, brunâtre ou verdâtre; elle répand une odeur argileuse par l'injection de l'haleine; mais elle ne happe pas à la langue et ne fait pas pâte avec l'eau. Elle paraît être produite par l'altération des basaltes au milieu desquels on la trouve.

WACKITE. C'est une roche composée de wacke qui empâte du mica et du pyroxène. On y trouve comme parties accessoires du feldspath, de l'amphibole, de l'agate, du calcaire spathique, etc.

VARIOLITE. Roche formée de pétrosilex coloré, renfermant des noyaux sphéroïdaux de la même substance, mais d'une couleur différente. La variété principale est la variolite verdâtre que l'on trouve en morceaux roulés dans la Durance (*variolite de la Durance*). Une autre roche roulée que l'on trouve dans le Drak, et qui porte le nom de *variolite du Drak*, est une *spillite*.

## DE L'EAU.

L'eau, ou l'oxide d'hydrogène, a longtemps été regardée comme un élément. Newton, le premier, a pensé qu'elle pouvait contenir un corps combustible, parce qu'elle réfracte la lumière dans une raison plus forte que ne l'indique sa densité; mais c'est à Lavoisier, surtout, qu'on doit la découverte de ses principes constituants et de leurs proportions. L'eau est formée de 88,89 parties d'oxigène et de 11,11 parties d'hydrogène en poids, ou de 1 partie du premier et de 2 parties du second en volume.

L'eau se trouve, dans la nature, sous trois états physiques : à l'état solide ou de glace, à l'état liquide ou d'eau, à l'état gazeux ou de nuages, de brouillards et de vapeurs. Dans nos climats, nous voyons le plus habituellement l'eau à l'état liquide, mais elle n'est presque jamais pure. On la purifie facilement en la distillant dans un alambic ou dans une cornue ; car, des substances qui altèrent sa pureté, les unes sont fixes comme les sels, et les autres gazeuses comme l'air et l'acide carbonique : les premières restent dans la cornue, les secondes passent dans l'air, et l'eau distille pure dans le récipient.

L'eau pure est un corps liquide à la température moyenne de nos climats, diaphane, insipide, inodore, élastique puisqu'elle transmet le son, et cependant difficilement compressible.

L'eau se solidifie par le froid, en prenant un accroissement de volume dû à la cristallisation de la glace. Cet accroissement commence même un instant avant la congélation ; de sorte que la plus grande densité de l'eau est à 4 degrés environ au-dessus de zéro thermométrique, qui est le degré de la glace fondante.

L'eau soumise à l'action du calorique se dilate, s'échauffe, et finit par bouillir et se volatiliser. Alors sa température se fixe et répond au 100e degré du thermomètre centigrade, sous la pression habituelle de l'air ; mais cette température baisse lorsque la pression diminue, ou augmente avec elle. Les sels dissous dans l'eau retardent aussi son point d'ébullition.

On reconnaît que l'eau est entièrement pure, lorsqu'elle ne précipite, ni par les dissolutions barytiques qui indiquent la présence de l'acide sulfurique ou des sulfates; ni par le nitrate d'argent qui y découvre l'acide chlorhydrique ou les chlorures, en y formant un précipité blanc, ou y montre la présence de l'acide sulfhydrique et des sulfhydrates, en y formant un précipité noir; ni par l'acide sulfhydrique et les sulfhydrates qui indiquent la présence des substances métalliques.

L'eau, considérée sous les rapports d'économie domestique, de propriétés chimiques ou de propriétés médicamenteuses, a été distinguée en plusieurs sortes, dont les principales sont :

1° L'*eau de pluie*. Elle est presque pure, surtout après quelque temps de pluie. Elle est saturée d'air. On doit la recevoir immédiatement de l'atmosphère, dans des vases de grès, de faïence ou de verre; car celle qui a coulé sur les toits, et qu'on reçoit dans des citernes, est déjà plus impure.

2° L'*eau de fontaine* ou *de source*. Elle peut contenir diverses substances, selon la nature des terrains qu'elle a déjà parcourus. Celles qui s'y trouvent le plus communément sont le carbonate et le sulfate de chaux. Elle paraît ordinairement fraîche et vive au goût, en raison de ce qu'ayant un cours assez rapide et un petit volume, elle se refroidit beaucoup par l'évaporation et se sature d'air. En général, plus une eau est saturée d'air, plus, toutes choses égales d'ailleurs, elle paraît agréable et se trouve propre à la digestion des aliments.

3° L'*eau de puits*. Comme l'eau de source, elle contient différentes substances, suivant le terrain à travers lequel elle filtre. Celle des puits de Paris traversant un sol presque tout formé de sulfate de chaux, est saturée de ce sel, qui la rend impropre à la plupart des usages domestiques : ainsi elle a une saveur crue ; elle précipite l'eau de savon et ne peut servir au blanchissage ; elle durcit les légumes en les cuisant, à cause du sel insoluble qu'elle précipite, et qui pénètre dans la substance même de ces sortes d'aliments.

4° L'*eau de rivière*. Elle varie dans sa composition comme les autres. Celle de la Seine, prise au-dessus de Paris, est une des plus pures que l'on connaisse ; cependant elle contient toujours du sulfate de chaux, un chlorure, et des traces de matière organique.

5° L'*eau de mer*. Elle est salée, âcre et désagréable. Elle tient en dissolution des chlorures de sodium, de magnésium et de calcium, et du sulfate de soude. On en retire le premier de ces sels, par l'évaporation spontanée, comme je l'ai dit en parlant du sel marin (p. 456).

6° L'*eau minérale*, dont la définition va suivre, mais dont l'importance pour l'art de guérir, et la variété, m'obligent à en faire un article spécial et détaillé.

### Eaux minérales.

On donne le nom d'*eaux minérales* à des eaux naturelles qui sortent du sein de la terre chargées d'un certain nombre de principes qu'elles y ont puisés, et auxquelles on a reconnu des propriétés médicinales (1). On les divise en quatre classes principales, fondées sur la nature des substances qui leur communiquent leurs qualités les plus sensibles : ce sont les *eaux acides non gazeuses*, les *eaux acidules gazeuses*, les *eaux salines* et les *eaux sulfureuses*. On distingue, en outre, dans chaque classe, les eaux dont la température ne diffère pas sensiblement de celle de l'atmosphère, que l'on nomme *froides*, de celles dont la température est évidemment plus élevée. Ces dernières, qui s'élèvent quelquefois jusqu'au degré de l'eau bouillante, portent la dénomination d'*eaux thermales*.

Comme on peut bien le penser, la division précédente des eaux minérales en quatre classes n'est pas absolue et n'est que relative à la prédominance de tel ou tel principe sur les autres. Ainsi :

I. Les EAUX ACIDES NON GAZEUSES sont celles qui contiennent une quantité marquée d'un acide non effervescent, à l'état de liberté ; telles

(1) Voyez *Instruction sur le puisement et l'envoi des eaux minérales naturelles*, par M. O. Henry (*Bulletin de l'Acad. royale de méd.*, 1845, p. 760).

sont l'eau du cratère-lac du mont Idienne, dans l'île de Java, qui contient de l'acide sulfurique uni à une petite quantité d'acide chlorhydrique, à du sulfate de soude et à du sulfate d'alumine, et celle du *Rio vinagre* de Popayan, dans la Colombie, dont j'ai rapporté l'analyse, page 137. Il faut comprendre dans la même classe les eaux des lagunes de Toscane, qui doivent leur acidité peu marquée à l'acide borique libre qu'on en extrait depuis quelques années pour les besoins du commerce.

II. Les EAUX ACIDULES GAZEUSES sont celles qui contiennent une grande quantité d'acide carbonique libre, indépendamment des sels qui peuvent s'y trouver. Elles moussent et petillent par l'agitation, rougissent passagèrement le papier de tournesol, et forment avec l'eau de chaux un précipité blanc qui se dissout avec effervescence dans les acides. On peut les diviser en trois groupes :

1° Les *eaux alcalines gazeuses*, qui offrent à l'analyse une quantité assez forte de carbonate de soude; telles sont les eaux de *Tœplitz*, de *Bilin* et de *Carlsbad* en Bohême, et celle de *Vichy* en France.

2° Les *eaux calcaires* ou *incrustantes*, dans lesquelles il entre une si grande quantité de carbonate de chaux en dissolution dans l'acide carbonique, qu'elles recouvrent d'une croûte solide, en fort peu de temps, les objets qui s'y trouvent plongés : telles sont l'eau de *Saint-Allyre* près de Clermont, en Auvergne, et celle des bains de *Saint-Philippe* en Toscane.

3° Les *eaux acidules ferrugineuses*, qui ne diffèrent des deux groupes précédents que par la présence du carbonate de fer en quantité fort petite, mais suffisante cependant pour donner au liquide une saveur ferrugineuse sensible, et la propriété de se colorer en bleu noirâtre ou violacé par la noix de galle. Ces eaux, en s'écoulant à l'air, forment un dépôt ocracé dans lequel on a reconnu assez récemment la présence de l'acide arsénieux ; en sorte qu'il faut admettre que l'eau elle-même en contient. Quelle qu'en soit la minime quantité, il est évident qu'un principe aussi actif doit avoir une grande importance sous le rapport thérapeutique; c'est une preuve de plus qu'il ne faut pas juger de la vertu des eaux minérales naturelles par le peu d'énergie ou la petite quantité des matières que l'analyse y avait fait d'abord découvrir. Presque toutes ces eaux contiennent aussi une matière organique azotée, qui avait d'abord été assimilée à celle des eaux sulfureuses et décrite sous le nom de *barégine* ou de *glairine ;* mais qui paraît constituer différentes espèces de plantes confervoïdes. Enfin les eaux acidules ferrugineuses, plus spécialement, renferment un acide organique soluble nommé *acide crénique*, analogue aux acides du terreau, et que l'on peut extraire, par l'intermède d'un alcali, du dépôt ocracé formé par l'eau minérale. M. O. Henry admet même qu'il y a des eaux acidules ferrugineuses dans lesquelles le fer est principalement tenu en dissolution par l'acide crénique, et en forme un groupe particulier sous le nom d'*eaux ferrugineuses crénatées ;* mais il est possible que l'acide crénique existe dans ces eaux sans être nécessairement combiné au fer, et que la combinaison n'ait lieu que lorsque l'oxide de fer se sépare de l'acide carbonique et se précipite après sa suroxidation à l'air.

III. On nomme EAUX SALINES celles qui contiennent beaucoup de sels solubles, abstraction faite de la faible proportion d'acide carbonique et de carbonates qu'elles peuvent également renfermer. On les distingue en :

1° *Eaux ferrugineuses sulfatées* ou *eaux vitrioliques.* Elles ont une saveur atramentaire, noircissent par la teinture de noix de galle et forment un précipité bleu par le cyanure ferroso-potassique. Elles conservent ces caractères après avoir été soumises à l'ébullition, tandis que les eaux ferrugineuses carbonatées les perdent complétement.

On forme ordinairement une classe distincte de toutes les eaux *ferrugineuses*, qu'elles soient *carbonatées* ou *sulfatées;* mais on trouve si peu de rapports, même sous le point de vue médical, entre ces deux sortes d'eaux, et il en existe tant au contraire entre toutes les eaux acidules carbonatées, qu'elles soient ferrugineuses ou non, que je crois pouvoir proposer de les classer ainsi que je le fais ici.

2° *Eaux séléniteuses.* Elles sont saturées de sulfate de chaux; elles ont un goût fade, précipitent abondamment le savon et durcissent les légumes à la cuisson. Telles sont les eaux des puits de Paris.

3° *Eaux magnésiennes.* Elles doivent leur propriété amère et purgative à la présence d'une forte proportion de sulfate et de chlorhydrate de magnésie. Telles sont les eaux de Pullna, de Sedlitz et de Seydschutz en Bohême, et celle d'Epsom en Angleterre.

4° *Eaux salées.* Ce sont celles dans lesquelles domine le sel marin, souvent accompagné de ses acolytes habituels le chlorure de potassium et les iodures ou bromures alcalins. Telles sont l'eau de la mer, celle des salines de tous les pays, les eaux de Bourbonne-les-Bains, de Balaruc, etc.

IV. EAUX SULFUREUSES. Ce sont celles qui contiennent de l'acide sulfhydrique libre ou combiné; elles présentent une odeur et une saveur d'œufs gâtés, et noircissent les dissolutions de plomb et d'argent. On les a distinguées en :

*Eaux sulfhydriquées*, ne contenant que de l'acide sulfhydrique libre.

*Eaux sulfhydratées*, ne contenant que de l'acide sulfhydrique combiné, c'est-à-dire à l'état de sulfhydrate alcalin.

*Eaux sulfhydriquées sulfhydratées*, contenant tout à la fois un sulfure ou un sulfhydrate alcalin et de l'acide sulfhydrique en excès.

*Eaux sulfhydratées sulfurées*, contenant un sulfhydrate sulfuré.

Mais cette classification est plutôt théorique qu'effective; d'abord parce qu'il ne paraît pas exister d'eau qui doive sa qualité sulfureuse à de l'acide sulfhydrique libre de toute combinaison; ensuite parce qu'on peut admettre que toutes les eaux sulfureuses, sans exception, sont primitivement formées de un ou plusieurs sulfhydrates, ou sulfures simples à l'état de dissolution, et que ceux-ci ne passent à l'état de sur-sulfhydrates ou de sulfhydrates sulfurés que par l'action décomposante de l'acide carbonique ou de l'oxigène de l'air. M. Fontan a été mieux inspiré lorsqu'il a divisé les eaux sulfureuses en deux groupes qu'il a désignés par les noms de *naturelles* et d'*accidentelles*, mais que je nommerai *primitives* et *secondaires*, d'après la nature des terrains où elles prennent naissance. Les eaux sulfureuses *primitives* naissent toutes dans le terrain primitif, ou sur les limites de ce terrain et du terrain de transition. Elles sont toutes thermales, et ne contiennent qu'une minime quantité de matière saline qui se compose de sulfhydrate, de sulfate, de silicate, de carbonate de soude, de chlorure de sodium, avec des traces seulement de fer, de magnésie et d'alumine. Elles contiennent toutes une matière organique azotée, qui contribue, avec le sulfhydrate, le silicate, et le carbonate sodiques, à leur donner l'onctuosité qui les distingue, et qui se précipite sous forme de gelée dans les réservoirs où l'eau séjourne. Cette substance, qui a recu les noms de *barégine* et de *glairine*, se compose, d'après Turpin, d'une matière muqueuse sans organisation appréciable, enveloppant des sporules globuleuses ou ovoïdes, d'où naissent des filaments blancs, simples, non cloisonnés, début d'une végétation confervoïde. Cette même matière, lorsqu'elle se trouve soumise à l'action de l'air, à une température de 35 à 15 degrés, donne naissance à de longs filaments blancs, simples, non cloisonnés, et d'une excessive ténuité, que M. Fontan a décrits sous le nom de *sulfuraire*, et qui appartiennent à la tribu des oscillariées. La presque totalité des eaux sulfureuses des Pyrénées appartiennent à ce groupe. On remarque qu'elles sont d'autant plus thermales et plus sulfureuses, qu'elles sont situées à la base de montagnes primitives plus élevées, et qu'elles sont plus rapprochées du centre de la chaîne. Le gaz qui s'en dégage est de l'azote pur ou ne contenant que des traces de sulfide hydrique et d'acide carbonique.

Les eaux sulfureuses *secondaires* prennent naissance dans les terrains de sédiment, secondaires ou tertiaires; elles sont froides ou thermales, et elles sont évidemment dues à l'action réductive exercée sur les sulfates d'une eau minérale quelconque, par des matières organiques provenant de couches de tourbe ou de lignite, que l'eau traverse avant d'arriver à la surface du sol. Il en résulte que la nature de ces sources varie comme celle des eaux primitivement salines qui leur donne naissance; elles sont salées, si l'eau primitive était salée; séleniteuses, magnésiennes, etc., si l'eau était chargée de sulfate de chaux ou de magnésie, etc. La seule règle de composition à laquelle elles paraissent assujetties, est qu'elles sont d'autant plus sulfureuses qu'elles sont plus froides, plus chargées de sulfates, surtout de sulfate de chaux, et qu'elles filtrent à travers des matières organiques plus abondantes; telle est spécialement l'*eau d'Enghien* près de Paris, qui est une des plus sulfureuses connues, et qui est formée d'une eau fortement séléniteuse filtrant à travers un fond tourbeux. Ces eaux dégagent spontanément de l'azote toujours mêlé d'acide carbonique et de sulfide hydrique.

M. Fontan, ainsi que je l'ai dit plus haut, a désigné ces deux groupes d'eaux sulfureuses par les noms de *naturelles* et d'*accidentelles*, parce qu'il suppose que les dernières seules sont dues à l'altération d'une eau premièrement sulfatée; tandis que les premières tireraient directement leurs matériaux des terrains primitifs, ce qui n'est pas dénué de toute vraisemblance. Mais, néanmoins, puisque ces eaux elles-mêmes contiennent constamment une matière organique, la *glairine*, qui a besoin d'oxygène pour s'organiser et végéter, rien n'empêche de croire que ce ne soit aussi à la réduction du sulfate de soude par cette matière que les eaux dites *naturelles* doivent leur nature sulfureuse. D'ailleurs toutes les eaux minérales, les sulfureuses comme les salines, les sulfureuses primitives comme les secondaires, ne peuvent avoir qu'une seule et première origine. Toutes proviennent de l'eau atmosphérique qui se précipite presque continuellement sur les montagnes sous forme de pluie, de brouillards ou de rosée. Une partie de ce fluide coule à leur surface, ou sort de leurs flancs sous forme de sources et de ruisseaux; et cette eau, qui n'a parcouru qu'un faible trajet à travers les couches supérieures du terrain, n'a pu dissoudre ni un grand nombre ni une grande quantité de substances minérales : mais une autre partie de l'eau condensée sur les hauteurs, tombe dans les fissures du sol et s'enfonce à des profondeurs d'autant plus grandes que, continuellement pressée par une colonne très élevée de liquide, elle ne s'arrête que lorsqu'elle ne trouve plus aucun moyen de pénétrer plus avant. Tout nous porte à croire même que cette eau peut parvenir jusqu'aux couches incandescentes du globe (p. 25), et que c'est à son action chimique sur les corps non oxydés qui se trouvent à cette profondeur et à sa vaporisation instantanée, qu'il faut attribuer les tremblements de terre et les éruptions volcaniques. Lorsque, par la nature compacte des couches intermédiaires, ou par suite de bouleversements qui ont obstrué les conduits primitifs, soit encore à cause du refroidissement lent et progressif du globe, l'eau ne parvient plus jusqu'à des couches d'une température assez forte pour la volatiliser et surmonter l'obstacle de la masse superposée, alors cette eau, seulement échauffée, et toujours pressée par la colonne qui pèse sur elle, remonte par d'autres conduits vers des points de la surface moins élevés que ceux d'où elle est partie, et en sort sous forme de sources chaudes, toujours plus ou moins chargée de substances minérales. Il est d'ailleurs facile de concevoir que la nature diverse des couches traversées, et la profondeur plus ou moins grande à laquelle parviennent les eaux avant de retourner vers la surface du globe, déterminent leur température variable et leur composition.

Voici l'énumération des principales eaux minérales de l'Europe, et surtout de France, rangées suivant les cinq classes admises ci-dessus; mais leur description sera rangée seulement suivant l'ordre alphabétique, afin de faciliter la recherche des articles.

### I. EAUX ACIDES.

| Froides. | Thermales. |
|---|---|
| » | Lagonis de Toscane. |

### II. EAUX ACIDULES GAZEUSES.

#### 1. *Alcalines.*

| | |
|---|---|
| Mont Dore. | Carlsbad. |
| Pont-Gibaut. | Chaudesaigues. |
| Pougues. | Ems. |
| Roisdorff. | Saint-Nectaire. |
| Saint-Myon. | Tœplitz. |
| Seltz. | Vichy. |
| Sulzmat. | » |
| Vals (*ferrugineuse*). | » |
| Vic-le-Comte. | » |

#### 2. *Calcaires.*

| | |
|---|---|
| Saint-Galmier. | Aix en Provence. |
| Vic-sur-Cère (*et alcaline*). | Saint-Allyre. |
| » | Ussat. |

#### 3. *Ferrugineuses.*

| | |
|---|---|
| Bourbon-l'Archambault (Jonas). | Bourbon-l'Archambault (*salino-calcaire*). |
| Bussang. | Châtel-Guyon (*salée*). |
| Châteldon. | Rennes (Aude). |
| Forges (Seine-Inférieure). | Saint-Mart. |
| La Maréquerie (Rouen). | |
| Provins. | |
| Pyrmont. | |

| Froides. | Thermales. |
|---|---|
| | » |
| | » |
| | » |

## III. EAUX SALINES.

### 1. *Vitrioliques.*

| Froides. | Thermales. |
|---|---|
| Cransac (*manganésifère*). | » |
| Graville-l'Heure (*iodurée*). | » |
| Passy. | » |

### 2. *Séléniteuses.*

| Froides. | Thermales. |
|---|---|
| Contrexeville. | Capvern. |
| La Roche-Posay. | Encausse. |
| Sainte-Marie (Hautes-Pyrénées). | Louesche. |
| Puits de Paris. | Lucques. |

### 3. *Magnésiennes.*

| Froides. | Thermales. |
|---|---|
| Epsom. | » |
| Pullna. | » |
| Sedlitz. | » |
| Seydschutz. | » |

### 4. *Salées.*

| Froides. | Thermales. |
|---|---|
| Château-Salins, Dieuze, etc. | Baden (Bade). |
| Cheltenham. | Bade en Argovie (*sulfureuse?*). |
| Égra (*acidule alcaline*). | Bagnères de Bigorre. |
| Friedrichshall. | Bains (Vosges). |
| Heilbrunn. | Balaruc. |
| Hombourg. | Bath. |
| Jouhe. | Bourbon-Lancy. |
| Kreutznach. | Bourbonne-les-Bains. |
| Niederbronn. | Dax. |
| Salins (Jura). | Evaux. |
| Eau de mer, | Lamotte. |
| » | Luxeuil. |
| » | Néris. |
| » | Plombières. |
| » | Saint-Amand (*sulfureuse?*). |
| » | Saint-Gervais (Savoie). |
| » | Soultz-les-Bains. |
| » | Wisbaden. |

## IV. EAUX SULFUREUSES.

### 1. *Primitives.*

| Froides. | Thermales. |
|---|---|
| » | Ax. |
| » | Bagnères de Luchon. |
| » | Bains d'Arles (Pyrénées-Orientales). |
| » | Baréges. |
| » | Barzun. |
| » | Bonnes. |
| » | Cauterets. |
| » | Escaldas. |
| » | Saint-Sauveur. |
| » | Vernet. |

### 2. *Secondaires.*

| Froides. | Thermales. |
|---|---|
| Allevard. | Acqui. |
| Challes (*salée* et *iodurée*). | Aix en Savoie. |
| Convalet. | Aix-la-Chapelle. |
| Enghien. | Baden (Autriche). |
| Labassère. | Bagnoles (Orne). |
| Uriage. | Bagnols (Lozère). |
| » | Borcette (Prusse rhénale). |
| » | Gréoulx. |
| » | Saint-Amand (?). |

### Eaux minérales en particulier.

ACQUI, ville du Piémont, sur la rive septentrionale de la Bormida, à dix lieues de Gênes et six d'Alexandrie. Ses eaux thermales étaient connues des Romains (*Aquæ Statiellæ*); elles forment plusieurs sources, dont l'une, située au milieu de la ville, offre une température presque constante de 75 degrés centigrades; elle est faiblement sulfureuse, présente une pesanteur spécifique un peu supérieure à l'eau distillée (1001 : 1000), et contient, d'après l'analyse de M. Mojon, pour chaque kilogramme d'eau :

| | grammes. |
|---|---|
| Chlorure de sodium . . . . | 1,420 |
| Chlorhydrate de chaux . . . | 0,314 |
| Sulfhydrate de chaux. . . . | 0,303 |
| | 2,037 |

Les autres sources sont situées à cinq cents toises environ de la ville, sur le penchant d'une colline nommée *Monte-Stregone*; leur température n'est que de 38 à 50 degrés, et leur pesanteur spécifique est de 1000,9; du reste, elles diffèrent peu de la première. A quelque distance d'Acqui se trouve encore l'eau froide de Ravanasco, située près du petit torrent de ce nom. Elle est beaucoup plus chargée de sulfhydrate et paraît devoir mériter la préférence comme boisson dans la plupart des affections du système dermoïde; tandis que les premières, en raison de leur température naturelle, sont plus utilement employées sous forme de douches et de bains, non seulement contre ces maladies, mais encore dans le traitement des rhumatismes chroniques, des ankyloses, des douleurs articulaires, etc.

AIX; en Savoie; petite ville située au pied du mont Revel, à deux lieues de Chambéry. La construction de ses bains remonte au temps des Romains. On y distingue deux sources principales connues sous les noms d'*eaux de soufre* et d'*eaux d'alun*, quoique cette dernière ne contienne aucune particule de ce sel. M. Joseph Bonjean, pharmacien à Chambéry, en a fait une analyse très soignée dont voici les résultats, pour 1 kilogramme d'eau :

| | Eau de soufre. | Eau d'alun. |
|---|---|---|
| *Température.* | 44° | 45° |
| Gaz dissous. | centimèt. cube. | centimèt. cubes. |
| Azote | 13,02 | 6,32 |
| Acide carbonique | 25,27 | 6,74 |
| Oxigène | » | 1,29 |
| Acide sulfhydrique | 27,00 | » |
| Sels anhydres. | grammes. | grammes. |
| Sulfate d'alumine | 0,0548 | 0,0620 |
| — de magnésie | 0,0353 | 0,0310 |
| — de chaux | 0,0160 | 0,0150 |
| — de soude | 0,0960 | 0,0424 |
| Chlorure de magnésium | 0,0772 | 0,0220 |
| — de sodium | 0,0080 | 0,0140 |
| Carbonate de chaux | 0,1485 | 0,1810 |
| — de magnésie | 0,0259 | 0,0198 |
| — de fer | 0,0089 | 0,0094 |
| Silice | 0,0050 | 0,0043 |
| Phosphate de chaux<br>— d'alumine<br>Fluorure de calcium | 0,0025 | 0,0026 |
| Carbonate de strontiane | traces. | traces. |
| Iode | traces. | » |
| Glairine | quantité indéterminée. | » |
| | 0,4181 | 0,3935 |

Les eaux de soufre présentent un phénomène fort singulier, qui consiste en ce que l'atmosphère des cabinets où l'on prend les douches contient de l'acide sulfurique qui s'y forme par l'oxigénation du sulfide hydrique dégagé de l'eau, et qui corrode les matières organiques soumises à son action, tels que le bois et la toile, ou sulfatise les métaux et les pierres (1).

L'*eau de soufre* d'Aix paraît être une eau sulfureuse secondaire produite par l'action désoxigénante de la glairine sur les sulfates qu'elle contient. Quant à l'eau d'alun, qui ne diffère presque de la première que par l'absence du sulfide hydrique, ou c'est l'eau saline primitive non altérée, ou bien c'est de l'eau de soufre *dégénérée*, ou pour mieux dire de l'eau saline *régénérée*, au moyen de la combustion du sulfide hydrique par l'oxigène de l'air, dans les cavernes que l'eau traverse avant d'arriver à l'établissement thermal.

AIX-LA-CHAPELLE, *Aquæ Grani*, très ancienne et considérable ville de l'ancien département de la Roër, située à huit lieues de Spa et à douze de Cologne. Elle est célèbre pour avoir été la principale résidence de Charlemagne, qui fit restaurer et embellir ses bains. La source principale de ses eaux, située au milieu de l'hôtel dit *Bain de l'Empereur*, marque 57°,3 au thermomètre centigrade. Elles sont à la fois sulfureuses, salées, alcalines, et dégagent une grande quantité de gaz azote, mélangé d'acide carbonique. Elles ont été analysées plusieurs fois, et notamment en 1810, par MM. Reumont et Monheim d'une part, et de l'autre par M. Lansberg. Ces analyses présentant des discordances assez grandes, le travail a été refait avec beaucoup de soin par un chimiste dont j'ignore le nom; mais dont j'ai trouvé une note manuscrite dans les archives de la Société de Pharmacie de Paris. En voici le texte :

*Eau thermale d'Aix-la-Chapelle.*

Source du Bain de l'Empereur, ou *Kayserquelle*, température prise dans le réservoir dans lequel elle sourd, 46° R. (57°, 5 C.).

25 kil. de cette eau fournissent 104 gram. de résidu sec, composé de 1,5 de substance organique azotée, et de 102,5 de matière saline blanche et solide. Ce résidu, pour 1000 parties d'eau, est composé de :

(1) Peut-être l'acide sulfurique n'existe-t-il pas dans l'air des cabinets et ne se forme-t-il qu'apres la condensation de l'eau chargée de sulfide hydrique sur les corps poreux. Ce qui semble indiquer que les choses se passent ainsi, c'est que les métaux, qui ne sont pas poreux, se convertissent en sulfures avant de passer à l'état de sulfates.

| | |
|---|---|
| Sulfure de sodium . . . . . . . . . . | 0,08070 |
| Chlorure de sodium. . . . . . . . . | 2,69736 |
| Carbonate de soude. . . . . . . . . | 0,86062 |
| Sulfate de soude . . . . . . . . . . . | 0,27615 |
| Phosphate de soude. . . . . . . . . | 0,01855 |
| Phosphate de soude et de lithine. . . | 0,00008 |
| Fluorure de calcium . . . . . . . . | 0,06240 |
| Carbonate de chaux. . . . . . . . . | 0,03024 |
| Carbonate d'alumine. . . . . . . . . | 0,01976 |
| Carbonate de strontiane. . . . . . . | 0,00561 |
| Silice. . . . . . . . . . . . . . . . | 0,07026 |
| Substance organique azotée . . . . . | 0,03827 |
| | 4,16000 |

Cent pouces cubes du mélange gazeux qui s'échappe librement de l'eau, à la source, renferment :

| | |
|---|---|
| Azote . . . . . . . . . . . . . . . . . . | 69,5 p. c. |
| Acide carbonique. . . . . . . . . . . . | 30,0 |
| Acide sulfhydrique *saturé de soufre*. . . | 0,5 |
| | 100,0 |

Aix en Provence, *Aquæ Sextiæ*, ancienne capitale de la Provence, fondée 121 ans avant J.-C., par C. Sextius Calvinus, proconsul romain. Il la bâtit dans un lieu rempli de sources chaudes, après avoir battu les Salics, peuples de Ligurie qui habitaient ces contrées. Les eaux surgissent aujourd'hui dans le local de Mayne ou Mayenne, où se trouve la maison des bains; leur température varie de 34 à 37 degrés; elles diffèrent peu de l'eau pure par leur densité, leur limpidité et leur défaut d'odeur et de saveur particulières; elles n'offrent à l'analyse, par kilogramme de liquide, que :

| | gram. |
|---|---|
| Carbonate de chaux. . . . . . . . . . . . | 0,1072 |
| — de magnésie. . . . . . . . . . . . | 0,0418 |
| Sulfate de soude. . . . . . . . . . . . . | 0,0325 |
| — de magnésie. . . . . . . . . . . . | 0,0080 |
| Chlorure de magnésium. . . . . . . . . . | 0,0120 |
| — de sodium. . . . . . . . . . . . . | 0,0073 |
| Silice. . . . . . . . . . . . . . . . . . . } | 0,0170 |
| Matière organique azotée et bitumineuse. . } | |
| Fer . . . . . . . . . . . . . . . . . . . . | traces. |
| | 0,2258 |

L'analyse ayant été faite par M. Robiquet, sur de l'eau transportée à Paris, les gaz n'ont pu être déterminés.

ALFTER, *voyez* ROISDORFF.

ARLES, *voyez* BAINS D'ARLES.

AX, ville située dans le département de l'Ariége, à quatre lieues de Tarascon. On y compte jusqu'à cinquante-trois sources d'eaux thermales sulfureuses, jaillissant des montagnes graniteuses qui environnent la ville. En 1200, on y avait établi une léproserie qui n'existe plus. Il y a aujourd'hui trois établissements de bains connus sous les noms du *Couloubret*, du *Teix* et du *Breil*, dont les eaux ont été analysées par MM. Magnes-Lahens et Dispan (*Journ. pharm.*, t. IX, p. 319).

| EAU, 1 KILOGRAMME (1). | EAU DU BREIL. Température 59°,5. | EAU DU TEIX. Température 70°. |
|---|---|---|
| Acide sulfhydrique | quantité indét. | quantité indét. |
| | gram. | gram. |
| Chlorure de sodium | 0,0354 | 0,0163 |
| Carbonate de soude desséché | 0,0814 | 0,1090 |
| Matière organique azotée | 0,0387 | 0,0052 |
| Silice dissoluble | 0,0387 | 0,1090 |
| Silice non dissoute | » | 0,0509 |
| Carbonate de chaux | » | 0,0066 |
| Oxide de manganèse | 0,0035 | » |
| Alumine | 0,0017 | » |
| Fer et alumine | » | 0,0044 |
| Magnésie | » | une trace. |
| Eau et perte | 0,0372 | 0,0510 |
| Produit de l'évaporation à siccité. | 0,2366 | 0,3524 |

Ces analyses, qui peuvent être exactes, sont cependant à corriger en ce sens que l'acide sulfhydrique se trouve dans l'eau à l'état de sulfure de sodium, dont la quantité paraît être, pour l'eau du Breil, de 0gr.,0152, et pour l'eau du Teix, de 0,0109.

BADE ou BADEN (grand-duché de Bade), *Thermæ inferiores*. Petite

(1) Toutes les analyses que je citerai étant rapportées au *kilogramme*, qui se confond presque toujours avec le litre, lorsque la densité de l'eau minérale ne diffère pas sensiblement de celle de l'eau distillée, il pourra m'arriver souvent de négliger de le dire. Le grand avantage de prendre le kilogramme pour unité de l'eau analysée, et d'exprimer en grammes le poids des substances trouvées, est que chaque gramme de matière fixe repond à un millième du poids de l'eau. Les températures citées sont toutes rapportées au thermomètre centigrade.

ville près du Rhin, à deux lieues de Rastadt et à huit de Strasbourg. Les eaux thermales situées dans son voisinage sont très anciennement connues et sont encore chaque année le rendez-vous de la plupart des gens riches et désœuvrés de l'Europe, qui viennent pour y puiser les émotions du jeu et de l'intrigue plutôt que pour y rétablir leur santé. Il y existe deux espèces d'eau bien distinctes, des eaux salines et des eaux ferrugineuses; mais les premières sont presque les seules usitées. Elles sont claires et limpides, pourvues d'une odeur fade ou faiblement sulfureuse et d'une saveur salée. Leur température varie de 45 à 65 degres et leur densité est d'environ 1,030. Elles ne laissent dégager presque aucun gaz. En voici quatre analyses faites par différents chimistes :

| | WOLF et OTTO. | SELZER. | KASTNER. | KOLREUTER. |
|---|---|---|---|---|
| | gram. | gram. | gram. | gram. |
| Chlorure de sodium . . . | 2,12 | 1,86 | 1,86 | 1,69 |
| — de calcium. . . . . . | 0,20 | 0,20 | 0,19 | 0,20 |
| — de magnésium . . . . | 0,10 | 0,05 | 0,05 | 0,02 |
| Sulfate de chaux. . . . . | 0,13 | 0,30 | 0,30 | 0,53 |
| Carbonate de chaux . . . | 0,23 | 0,17 | » | |
| Fer . . . . . . . . . . . | » | 0,02 | 0,01 | » |
| | 2,78 | 2,60 | 2,41 | 2,44 |

**Bade** ou **Baden** en Argovie (*Thermæ superiores*, *Aquæ helveticæ*). Très ancienne ville de Suisse, sur la Limat, à quatre lieues de Zurich, dont les bains étaient déjà célèbres du temps de Tacite. Les sources thermales sont au nombre de dix-huit et leur température varie de 41° à 52°,50. L'eau est légèrement opaline, vue en masse. Elle a une odeur sulfureuse assez marquée, une saveur fade et nauséeuse, un toucher doux et savonneux. Elle rougit le linge. Elle contient, d'après l'analyse de M. Pfugger :

| | |
|---|---|
| Acide carbonique. . . . . . . | 0$^{lit.}$,094 |
| | gram. |
| Chlorure de sodium. . . . . . | 1,053 |
| — de manganèse. . . . . . . | 0,288 |
| Sulfate de chaux . . . . . . . | 1,019 |
| — de soude . . . . . . . . . | 0,612 |
| — de magnésie. . . . . . . . | 0,462 |
| Carbonate de chaux. . . . . . | 0,176 |
| — de magnésie. . . . . . . . | 0,027 |
| — de fer. . . . . . . . . . . | 0,003 |
| | 3,640 |

Cette eau est donc une eau *salée-séléniteuse* qui ne devient sulfureuse que par la réaction de la matière organique, dont l'analyse ne parle pas, sur le sulfate de chaux.

BADEN en Autriche, *Thermæ austriacæ*, *Aquæ pannonicæ*. Petite ville à 4 lieues de Vienne, dans un vallon fertile, entre plusieurs montagnes escarpées. Les eaux sont un peu laiteuses et d'une odeur légèrement sulfureuse. La saveur en est salée et désagréable; leur température varie de 31 à 35 degrés. Elles dégagent de l'acide carbonique et de l'acide sulfhydrique et contiennent des chlorures de sodium et de magnésium, des sulfates de soude et de magnésie et des carbonates de magnésie et de chaux. D'après ces données, on doit la considérer comme une eau sulfureuse secondaire.

BAGNÈRES SUR L'ADOUR OU BAGNÈRES DE BIGORRE (Hautes-Pyrénées). Ville de 8000 âmes, dans la vallée de Campan, sur l'Adour, au pied du mont Olivet. Elle est à 5 lieues de Baréges, 5 lieues 1/2 de Tarbes, 23 lieues de Toulouse, 220 lieues de Paris. On n'y trouve pas moins de trente sources d'eaux thermales, dont quelques unes sont ferrugineuses et une sulfureuse. Toutes les autres sont *salino-séléniteuses* et alimentent un grand nombre d'établissements de bains, tant communaux que particuliers. Le plus considérable est celui que la ville a fait élever sous le nom de *Thermes de Marie-Thérèse*, en le décorant, avec profusion, des plus beaux marbres des Pyrénées. On y a réuni les sources dites de la *Reine*, du *Dauphin*, de la *Fontaine nouvelle*, de *Roc-de-Lannes*, de *Foulon*, de *Saint-Roch*, et des *Yeux*, qui diffèrent un peu par leur température et leur composition. Mais la principale est la source de la Reine, qui fournit par heure 19740 mètres cubes d'eau à 47°,5 centigrades, et dont voici la composition déterminée par M. Rosière, pharmacien à Tarbes :

| | gram. |
|---|---|
| Acide carbonique. . . . . . . . | quantité indéterminée. |
| Sulfate de chaux. . . . . . . . . | 1,680 |
| — de magnésie . . . . . . . . . <br> — de soude. . . . . . . . . . | 0,396 |
| Chlorure de magnésium . . . . | 0,130 |
| — de sodium . . . . . . . . . | 0,062 |
| Carbonate de chaux. . . . . . . | 0,266 |
| — de magnésie. . . . . . . . . | 0,044 |
| — de fer. . . . . . . . . . . . | 0,080 |
| Silice . . . . . . . . . . . . . | 0,036 |
| Matière extractive végétale . . . | 0,006 |
| — oléo-résineuse. . . . . . . . | 0,006 |
| Perte . . . . . . . . . . . . . | 0,054 |
| | 2,760 |

**Bagnères de Luchon.** Petite ville située dans le département de la Haute-Garonne, à 2 lieues des frontières d'Espagne. A peu de distance de la ville et au pied d'une montagne, se trouve le bâtiment dit de l'*Hôpital*, dans le fond duquel est une petite grotte voûtée, d'où sort la source principale, dite *source de la Grotte.* Elle est très abondante, fortement sulfureuse et chaude à 65 degrés. Dans une cour, dépendant du même établissement, se trouve une autre source également abondante et sulfureuse dont la température est de 49 degrés ; on la nomme *source de la Reine ;* et immédiatement à côté est une autre fontaine très abondante qui se divise en deux parties : la première, contiguë à celle de la Reine, est encore sulfureuse et marque de 30 à 39 degrés centigrades, on la nomme *source Blanche ;* la seconde, nommée *source Froide,* varie de 21 à 26 degrés, et n'est qu'à peine sulfureuse.

Le célèbre Bayen, qui a fait en 1766 une analyse remarquable de ces eaux, les a considérées comme participant plus ou moins les unes des autres. La Froide lui a paru n'avoir originairement aucune odeur, et lui a présenté d'ailleurs des principes différents, de sorte qu'elle ne doit probablement sa température un peu élevée et sa légère qualité sulfureuse qu'à son mélange avec la Blanche, qui, à son tour, reçoit son odeur de la source de la Reine ; et celle-ci n'est peut-être elle-même qu'une branche un peu altérée de la source de la Grotte. Il en est de même encore d'une source dite *de la Salle*, que Bayen a démontré, au moyen de fouilles intermédiaires, être une dépendance de celle de la Reine. C'est en faisant ces fouilles qu'il a découvert d'anciens autels consacrés par la reconnaissance aux nymphes et au dieu de la fontaine de Luchon, ce qui en montre à la fois l'antiquité et l'efficacité constante.

Voici les résultats de deux analyses réunies des eaux de la Grotte, que l'on doit regarder, d'après ce qui précède, comme le type des eaux de Luchon.

| EAU, 387 LIVRES 1/2. | | EAU, UNE LIVRE. | EAU, UN KILOG. |
|---|---|---|---|
| | grains. | grains. | grammes. |
| Chlorure de sodium. . . . . . . . . | 280 | 0.723 | 0,0784 |
| Sulfate de soude cristallisé . . . . . | 402 | 1,0375 | 0,1126 |
| Carbonate de soude sec . . . . . . | 115 | 0,297 | 0,0322 |
| Silice dissoute. . . . . . . . . . . . | 272 | 0,702 | 0,0762 |
| Soufre dissous . . . . . . . . . . . | quant. indét. | » | » |
| Matière organique grasse. . . . . . | *id.* | » | » |
| | 1069 | 2,7595 | 0,2994 |

Du grand nombre d'expériences que renferme le mémoire de Bayen, je ne citerai que celles qui achèveront de déterminer la nature de l'eau de la grotte de Luchon : 1° cette eau, distillée dans un alambic de verre, ne dégage qu'une quantité imperceptible de sulfide hydrique ; 2° une partie de l'alcali minéral s'y trouve non carbonaté, et combiné, d'une part au soufre, de l'autre à la matière grasse ; 3° l'eau ne contient pas de sels terreux, et leur présence est impossible en raison de la quantité d'alcali libre et carbonaté qui s'y trouve. Ces résultats sont opposés à ceux plus récents de M. Save, qui a cru reconnaître que les eaux de Bagnères de Luchon devaient exclusivement leur qualité sulfureuse à l'*acide sulfhydrique*, et à ceux de M. Poumier qui en a retiré de l'acide sulfhydrique et de l'acide carbonique, du chlorhydrate et du sulfate de magnésie, du sulfate et du carbonate de chaux, etc. Ces derniers résultats ont été condamnés d'avance par Bayen, comme on vient de le voir : et quant à l'assertion de M. Save, je ferai remarquer que c'est un peu disputer sur les mots que de prétendre que le soufre se trouve dans les eaux de Luchon à l'état d'acide sulfhydrique et non sous celui de sulfure ; car dès que ces eaux sont manifestement alcalines, comme M. Save l'a reconnu lui-même, il est difficile d'imaginer que l'acide sulfhydrique n'y soit pas saturé par l'alcali et à l'état de sulfhydrate ; or il n'y a aucune différence entre le sulfhydrate de soude et le sulfure de sodium dissous, et les expériences de M. Save conviennent tout autant au second qu'au premier.

Plus récemment M. Fontan a supposé que l'eau de Bagnères contenait du *sulfhydrate de sulfure de sodium*, au lieu d'un sulfure simple ; mais cette opinion est également contraire à l'expérience de Bayen, dans laquelle l'eau de Bagnères, distillée dans une cornue, n'a dégagé qu'une *quantité imperceptible* de sulfhyde hydrique. Les conclusions nécessaires de l'analyse faite par Bayen sont que l'eau de la Grotte de Luchon ne tient en dissolution, pour 1 littre, que 3 décigrammes de matière solide, composée de chlorure de sodium, sulfure de sodium, sulfate de soude, silicate de soude, carbonate de soude et matière organique. Tout ce qu'on a ajouté à ce résultat consiste à avoir fixé de nouveau la température des différentes sources de Bagnères de Luchon, et déterminé la quantité de soufre ou de sulfure qu'elles contiennent; encore ces résultats paraissent-ils variables.

| | Température. | Sulfure sodique pour 1000. | |
|---|---|---|---|
| | | Fontan. | Longchamp. |
| 1. Grotte supérieure. . . . . . . | 60°,5 | 0,0601 | 0,0717 |
| 2. — inférieure (Bayen). . . . . | 55°,0. | 0,0501 | 0,0868 |
| 3. Reine ancienne. . . . . . . . . | 41 à 45° | 0,0243 | 0,0631 |

| | Température. | Sulfure sodique pour 1000. | |
|---|---|---|---|
| | | Fontan. | Longchamp. |
| 4. Source aux Yeux . . . . . . . | 42°,2 | semblable. | » |
| 5. Blanche. . . . . . . . . . . . . | 20°,2 | traces. | 0,0023 |
| 6. Froide . . . . . . . . . . . . . | 19°,0 | 0 | » |
| 7. Lasalle ou Richard ancienne . . | 43 à 47° | 0,0500 | 0,0720 |
| 8. Ferras . . . . . . . . . . . . . | 35° | 0 | » |
| 9. Soulerat faible . . . . . . . . | 32°,5 | 0,0012 | » |
| 10. — forte . . . . . . . . . . . . | 34 à 36° | 0,0364 | » |

BAGNOLES. Village du département de l'Orne, à 3 lieues de Domfront et à 50 lieues de Paris. On y trouve une eau faiblement sulfureuse, d'une température de 26 à 28 degrés centigrades, qui dégage continuellement une grande quantité d'azote mêlé d'acide carbonique, et dans laquelle Vauquelin et Thierry ont trouvé du sel marin et des quantités presque insensibles de sulfate de chaux et de chlorhydrates de chaux et de magnésie. On trouve également à Bagnoles des sources froides d'eau gazeuse ferrugineuse.

BAGNOLS. Village du département de la Losère, à 2 lieues de Mende. Les eaux sont sulfureuses et chaudes à 43 degrés. M. O. Henry en a retiré, pour 1 litre (sels anhydres) :

| | |
|---|---|
| Azote. . . . . . . . . . . . . . . | quantité indéterminée. |
| Acide carbonique. . . . . . . . . | |
| — sulfhydrique . . . . . . . . . | |
| | gram. |
| Bicarbonate de soude. . . . . . . | 0,2265 |
| — de chaux. . . . . . . . . . . | 0,0684 |
| — de magnésie . . . . . . . . . | traces. |
| Chlorure de sodium . . . . . . . . | 0,1428 |
| — de potassium. . . . . . . . . | 0,0030 |
| Sulfate de soude. . . . . . . . . | 0,0890 |
| — de chaux. . . . . . . . . . . | 0,0148 |
| Silice, alumine et oxide de fer. . | 0,0320 |
| Matière organique azotée. . . . . | 0,0358 |
| | 0,6132 |

BAINS. Petite ville de 2000 âmes, dans le département des Vosges, à 3 lieues de Plombières et 7 lieues d'Épinal. On y trouve huit sources d'eaux très faiblement salines, dont la température varie de 33 à 51° centigrades. L'une d'elles, dite le *Robinet de fer* (température 46°,5), a donné à Vauquelin, pour 1 litre :

| | gram. |
|---|---|
| Sulfate de soude cristallisé. . | 0,28 |
| — de chaux . . . . . . . . . | 0,08 |
| Chlorure de sodium . . . . . | 0,08 |
| Magnésie et silice . . . . . . | traces. |
| | 0,44 |

**Bains près d'Arles ou Bains d'Arles.** Petit village des Pyrénées orientales, sur le Tech, et à 3/4 de lieues d'Arles, au pied d'une montagne sur laquelle Louis XIV a fait construire un fort nommé *fort des Bains.* On y trouve quatorze sources d'eaux sulfureuses, dont la principale, dite le *gros Escaldadou*, ne fournit pas moins de 1.029.888 litres en 24 heures, à la température de 61°,25. Cette source alimente un établissement thermal dont les constructions colossales remontent à une grande antiquité. Une autre source, dite *Manjolet*, ne fournit que 6422 litres par jour, à la température de 43°,25. Ces deux sources ont fourni à M. Anglada, par litre :

| | GROS ESCALDADOU. | MANJOLET. |
|---|---|---|
| | gram. | gram. |
| Glairine. . . . . . . . . | 0,0109 | 0,0158 |
| Silice . . . . . . . . . | 0,0902 | 0,0378 |
| Sulfhydrate de soude. . | 0,0396 | 0,0318 |
| Carbonate de soude . . | 0,0750 | 0,0623 |
| Chlorure de sodium . . | 0,0418 | 0,0164 |
| Sulfate de soude . . . . | 0,0421 | 0,0504 |
| Carbonate de potasse. . | 0,0026 | traces. |
| — de chaux. . . . . . | 0,0008 | 0,0012 |
| Sulfate de chaux. . . . | 0,0007 | 0,0010 |
| Carbonate de magnésie. | 0,0002 | 0,0005 |
| | 0,3039 | 0,2172 |

Ces eaux présentent donc, en aussi faible quantité, les mêmes principes que les eaux d'Aix, de Bagnères de Luchon, de Baréges, et doivent jouir des mêmes propriétés.

On trouve en France quelques autres villages du nom de *Bains*, qui doivent devoir leur nom à des sources minérales aujourd'hui négligées. Remarquons d'ailleurs que les noms de *Bad*, *Baden*, *Bath*, *Bagnols*, ou *Bagnoles* et *Bagnères*, ont la même signification que *Bain*; de même que *Acqui*, *Aix*, *Ax* et *Dax*, sont des dérivés d'*Aqua*.

**Baréges.** Village du département des Hautes-Pyrénées, dans la vallée du Bastan, au milieu des montagnes, et dans un pays triste qui n'est habitable que pendant quelques mois de l'année. C'est cependant un de nos principaux établissements thermaux. L'État y possède un hôpital militaire élevé sous Louis XV, et renommé par le grand nombre de soldats et d'officiers qui y sont guéris chaque année. On y compte huit sources d'eau sulfureuse dont la température varie de 30 à 45 degrés; mais elles sont peu abondantes. Elles ont été analysées par un grand nombre de chimistes, mais c'est Borgella, M. Anglada et M. Longchamp qui en ont fait connaître la véritable nature. Ce dernier a retiré de l'eau de *la Buvette*, par litre :

| | |
|---|---|
| Azote . . . . . . . . . . | 0lit.,004 |
| | gram. |
| Sulfure de sodium. . . | 0,04210 |
| Sulfate de soude . . . . | 0,05004 |
| Chlorure de sodium . . | 0,04005 |
| Soude caustique. . . . | 0,00510 |
| Potasse caustique . . . | traces. |
| Silice. . . . . . . . . . | 0,06783 |
| Chaux. . . . . . . . . . | 0,00290 |
| Magnésie . . . . . . . | 0,00034 |
| Ammoniaque . . . . . | traces. |
| Barégine. . . . . . . . | traces. |
| | 0,20836 |

M. Longchamp suppose que la soude est complétement à l'état caustique dans l'eau de Baréges et qu'aucune portion ne s'y trouve carbonatée (*Ann. de chim. et de phys.*, t. XIX, p. 188, et t. XXII, p. 156). Mais il me semble, au contraire, que M. Anglada a prouvé sans réplique l'existence du carbonate de soude dans l'eau de Baréges (*ibid.*, t. XX, p. 252). Ce qui me semble raisonnable de conclure de la controverse qui a eu lieu à cet égard, c'est que le sodium existe dans l'eau de Baréges, de même que dans toutes les eaux sulfureuses primitives des Pyrénées, tout à la fois à l'état de *sulfure* et de *chlorure de sodium*, et à l'état de *sulfate*, de *silicate* et de *carbonate de soude*.

BATH. Ville d'Angleterre dans le Sommersetshire, à 44 lieues ouest de Londres. Ses eaux thermales sont très anciennement connues et très fréquentées. Leur température est d'environ 46 degrés. Voici le résultat de leur analyse, faite par M. Philips, avec la correction indiquée par M. J. Murray (*Ann. de chim.*, t. XCVI, p. 268). Afin de rendre cette analyse comparable aux autres, nous l'avons réduite au kilogramme et au gramme.

| EAU DE BATH, 1 KILOGRAMME. | D'APRÈS M. PHILIPS. | D'APRÈS M. MURRAY. |
|---|---|---|
| | litres. | litres. |
| Acide carbonique. . . . . . . . . . . | 0,042 | 0,042 |
| | grammes. | grammes. |
| Sulfate de chaux. . . . . . . . . . . . | 1,2317 | 0,7117 |
| Chlorure de calcium . . . . . . . . | » | 0,4243 |
| — de sodium. . . . . . . . . | 0,4516 | |
| Sulfate de soude. . . . . . . . . . . | 0,2053 | 0,7527 |
| Carbonate de chaux . . . . . . . . . | 0,1095 | 0,1095 |
| Silice. . . . . . . . . . . . . . . . | 0,0274 | 0,0274 |
| Oxide de fer . . . . . . . . . . . . . | 0,0020 | 0,0020 |
| | 2,0275 | 2,0276 |

La première colonne de chiffres donne les résultats de l'analyse tels que M. Philips les a obtenus ; mais M. Murray ayant observé : 1° que la plupart du temps les sels ainsi obtenus sont produits par l'analyse et en quantité variable, suivant les procédés mis en usage ; 2° que ce sont en général les sels les plus insolubles qui puissent se former entre les diverses combinaisons des acides et des bases contenues dans l'eau minérale ; 3° enfin, que ces sels sont peu propres à expliquer les propriétés, souvent très actives, des eaux minérales ; il a pensé qu'on représenterait bien mieux la véritable composition de ces eaux en combinant les acides et les bases de manière à remplacer les sels insolubles par des sels solubles. Par exemple, M. Philips a trouvé, dans l'eau de Bath, 1,2317 grammes de sulfate de chaux, dont 0,5200 ont pu être produits, ainsi que les 0,4616 de chlorure de sodium, pendant l'évaporation à siccité, par la réaction de 0,4243 de chlorure de calcium, sel existant primitivement dans l'eau minérale, sur 0,5474 de sulfate de soude. Or, il est certain que cette quantité de sulfate de soude, jointe à celle trouvée par l'analyse et le chlorure de calcium, est plus propre à justifier les qualités purgatives et fondantes de l'eau de Bath que le sulfate de chaux et le sel marin. Tout nous porte donc à croire que telle est en effet la composition naturelle de l'eau de Bath.

BONNES OU EAUX-BONNES. Petit village à 7 lieues de Pau, près de la vallée d'Ossau, dans les Basses-Pyrénées. Ses eaux sulfureuses marquent de 26 à 37 degrés. Elles sont limpides et légèrement pétillantes. Elles ont été analysées par M. Pommiers, sur les lieux mêmes, et par M. Henry, sur de l'eau envoyée à Paris. En raison de cette dernière circonstance, cette dernière analyse, qui est cependant préférable à l'autre, laisse encore beaucoup à désirer. En voici néanmoins les résultats, pour 1 litre d'eau :

| | lit. |
|---|---|
| Azote. . . . . . . . . . . . . | 0,016 |
| Acide carbonique. . . . . . | 0,005 |
| — sulfhydrique. . . . . . . | 0,007 |
| . . . . . | gram. |
| Chlorure de sodium. . . . . | 0,3423 |
| — de magnésium. . . . . . | 0,0045 |
| — de potassium. . . . . . . | traces. |
| Sulfate de chaux. . . . . . . | 0,1181 |
| — de magnésie. . . . . . . | 0,0125 |
| Carbonate de chaux. . . . . | 0,0048 |
| Silice. . . . . . . . . . . . . | 0,0096 |
| Oxide de fer. . . . . . . . . | 0,0064 |
| Matière organique. . . . . . | 0,1065 |
| Soufre. . . . . . . . . . . . . | traces. |
| Perte. . . . . . . . . . . . . | 0,0209 |
| | 0,6256 |

D'après M. Longchamp, les eaux de Bonnes (sources de la Buvette et de la Douche) contiennent par litre :

0gram.,0251 de sulfure de sodium.

BOURBON-LANCY. Petite ville du département de Saône-et-Loire, possédant des sources thermales qui surgissent à demi-lieue de la Loire. au pied de la colline sur laquelle la ville est bâtie. On y observe sept sources, dont la principale, nommée *source du Lymbe*, marque 56 degrés centigrades. La température des autres n est un peu moindre qu'en raison de leur volume moins considérable, qui est cause qu'elles se refroidissent davantage en traversant la couche supérieure du globe; la constance de leur température et de leur volume est d'ailleurs un indice certain qu'elles partent toutes d'une profondeur considérable. Elles dégagent à leur sortie une grande quantité d'acide carbonique; mais elles en retiennent peu. Elles contiennent, d'après l'analyse de M. Berthier, pour 1 kilogramme d'eau (*Annales de chim. et de phys.*, t. XXXVI, p. 289):

| | gram. |
|---|---|
| Chlorure de sodium | 1,170 |
| — de potassium | 0,150 |
| Sulfate de soude | 0,130 |
| — de chaux | 0,075 |
| Carbonate de chaux | 0,210 |
| Silice | 0,020 |
| Carbonate de magnésie et oxide de fer. | trace. |
| | 1,755 |
| Acide carbonique | 0,270 |
| | 2,025 |

BOURBON - L'ARCHAMBAULT. Petite ville de 3000 âmes, ancienne capitale du Bourbonnais, distante de 6 lieues à l'ouest de Moulins et à 78 lieues de Paris. Elle contient deux sources minérales, de températures et de natures différentes. La source thermale surgit au midi de la ville, sur la place des Capucins. Elle fournit, en vingt-quatre heures, 2400 mètres cubes d'eau, à la température de 60 degrés. Cette source est dans un état de bouillonnement permanent dû a un dégagement d'acide carbonique et d'azote. Chaude, elle est inodore et limpide ; mais en se refroidissant, elle devient un peu louche, se couvre d'une pellicule de carbonate de chaux, et prend aussi une odeur sulfureuse due à la décomposition des sulfates par la matière organique qu'elle contient en abondance. Cette eau a été analysée par plusieurs chimistes et, en dernier lieu, par M O. Henry (*Bulletin de l'Académie royale de médecine*, t. VII, p. 748). Mais comme son analyse faite à Paris, tout en nous faisant connaître des principes nouveaux, ne me paraît pas représenter exactement la composition de l'eau à sa source, je mettrai en regard de ses résultats ceux obtenus antérieurement par M. Saladin, qui me paraissent devoir être conservés jusqu'à ce qu'un nouveau travail vienne nous fixer définitivement sur la composition de l'eau thermale.

| EAU, 1 LITRE. | O. HENRY. | SALADIN. |
|---|---|---|
| Acide carbonique | lit. 0,167 (1) | gram. 0,423 |
| Sels desséchés | gram. 3,98 | 3,665 |
| Carbonate de chaux | 0,309 | 1,120 |
| — de magnésie | 0,300 | 0,470 |
| — de soude | 0,260 | 0,365 |
| Sulfate de soude } | 0,220 | 0,250 |
| — de chaux } | | » |
| — de potasse | 0,011 | » |
| Chlorure de sodium | 2,240 | 1,075 |
| — de calcium } | 0,070 | » |
| — de magnésium } | | » |
| — de potassium | traces | » |
| Bromure alcalin | 0,025 | » |
| Silicate de chaux } | 0,370 | » |
| — d'alumine } | | » |
| — de soude | 0,060 | » |
| Silice | » | 0,265 |
| Oxide de fer | 0,017 | 0,095 |
| Matière organique | traces | 0,025 |

La seconde source de Bourbon-l'Archambault porte le nom de *Source de Jonas*. Elle sourd à 200 mètres environ de la première, du fond d'un réservoir granitique naturel. Elle marque 10 degrés centigrades, est abondante, limpide, gazeuse, d'une saveur acidule et fortement atramentaire. Elle forme, en coulant à l'air, un dépôt de couleur nankin, formé de carbonates et de silicates terreux, de crénate de fer, etc. Voici les résultats des analyses faites par M. O. Henry et par M. Saladin, pour un litre de liquide.

| | O. HENRY. | SALADIN. |
|---|---|---|
| Sels desséchés | gram. 1,25 | gram. 3,105 |
| Carbonate de chaux | gram. 0,503 | gram. 1,225 |
| — de magnésie | 0,050 | » |
| — de soude | » | 0,189 |

(1) Non compris celui qui convertit dans l'eau les trois carbonates en bicarbonates.

| | O. HENRY. | SALADIN. |
|---|---|---|
| | gram. | gram. |
| Sulfate de soude. . . . . . . . . . . . | 0,028 | 0,274 |
| — de chaux. . . . . . . . . . . . . . . | 0,042 | » |
| Chlorure de calcium. . . . . . . . . | » | 1,185 |
| — de magnésium. . . . . . . . . . .<br>— de sodium. . . . . . . . . . . . . | 0,100 | » |
| Silicates de chaux et d'alumine. . . | 0,500 | » |
| — de soude. . . . . . . . . . . . . . | 0,020 | » |
| Oxide de fer à l'état de crénate et de carbonate. . . . . . . . . . . . . | 0,040 | 0,232 |

Il existe à 3 lieues 1/2 de Bourbon-l'Archambault deux autres sources minérales, connues sous les noms d'*Eaux de Saint-Pardoux* et *de la Trollière*. Voyez SAINT-PARDOUX.

BOURBONNE-LES-BAINS. Petite ville de 4000 habitants, dans le département de la Haute-Marne, à 10 lieues de Chaumont, 10 lieues de Langres et 72 lieues de Paris, célèbre depuis longtemps par ses eaux thermales, qui sont des plus salées que l'on connaisse. Un hôpital militaire, pouvant contenir 500 malades, y a été fondé sous Louis XV. Il y a trois sources, dont celle de la place marque 58°,75, celle des bains civils 57°,50 et celle de l'hôpital militaire 50°. Les analyses qui en ont été faites à diverses époques ne s'accordent pas complétement, ce qui tient peut-être à la différence des sources (1). En 1827, M. Desfosses, pharmacien à Besançon, y a constaté la présence du brome.

| EAU DE BOURBONNE, 1 LITRE. | MM. Bosc et Bezu, 1808. | M. Athenas, 1822. | M. Desfosses, 1827. | MM. Bastien et Chevallier 1834. |
|---|---|---|---|---|
| Chlorure de sodium. . . . | 5,396 | 4,763 | 5,352 | 6,005 |
| — de calcium. . . . . . . | 0,473 | 0,811 | 0,081 | 0,740 |
| — de magnésium. . . . . | » | 0,139 | » | » |
| Sulfate de chaux. . . . . . | 0,943 | 0,027 | 0,721 | 0,783 |
| — de magnésie. . . . . . | » | 0,358 | » | » |
| Carbonate de chaux. . . . | 0,106 | » | 0,158 | 0,287 |
| — de fer . . . . . . . . . | » | 0,031 | » | » |
| Bromure alcalin. . . . . . | » | » | 0,069 | 0,050 |
| Matière organique. . . . . | 0,053 | » | » | » |
| Perte . . . . . . . . . . . | » | 0,027 | » | 0,135 |
| | 6,971 | 7,156 | 6,381 | 8,000 |

(1) D'après M. Chevallier, cependant, la salure des sources varie non seulement d'une année à l'autre, mais quelquefois même dans la même saison.

BUSSANG. Village situé à l'extrémité du département des Vosges, à 10 lieues de Plombières et près de la source de la Moselle. On y trouve cinq sources ferrugineuses froides, très chargées d'acide carbonique et contenant, d'après l'analyse de Barruel, en principes fixes et par litre :

| | gram. |
|---|---|
| Carbonate de soude . . . . . | 0,770 |
| — de chaux. . . . . . . . . . | 0,361 |
| — de magnésie . . . . . . . . | 0,180 |
| — de fer. . . . . . . . . . . | 0,016 |
| Sulfate de sodium. . . . . . . | 0,110 |
| Chlorure de soude. . . . . . | 0,080 |
| Silice. . . . . . . . . . . . . | 0,056 |
| | 1,573 |

CARLSBAD. Ces bains célèbres de l'empereur Charles sont situés en Bohême, dans une vallée étroite et profonde, et sont peu éloignés de l'endroit où cette vallée s'ouvre dans celle de l'Éger. Un ruisseau, nommé le *Tépel*, coule au milieu, et les sources chaudes sourdent en très grand nombre sur ses deux rives, à de petites distances les unes des autres. Toutes ces sources, dont la principale se nomme le *Spurdel*, ont une origine commune, et sortent à travers les ouvertures d'une croûte de calcaire que l'eau a formée elle-même, en abandonnant le carbonate de chaux qu'elle tient en dissolution.

Cette croûte de calcaire fut brisée au commencement du siècle dernier, et l'on vit au-dessous plusieurs grandes cavités remplies d'eau, dont le fond était également une croûte de calcaire. On perça cette seconde croûte, et l'on découvrit sous elle des cavités semblables d'où l'eau sortit avec une force prodigieuse, et dont le fond consistait en une troisième croûte épaisse, comme les précédentes, de 1 à 2 pieds, et recouvrant enfin un vaste réservoir d'eau bouillante nommé le *Chaudron du Sprudel*, qui s'étend sous la plus grande partie de la ville de Carlsbad. Ce réservoir paraissait avoir, suivant l'inégalité du fond, de 11 à 14 pieds de profondeur, sauf dans une certaine direction, où l'on ne put atteindre la limite, et c'est par cet endroit que l'eau afflue avec force en paraissant venir des lieux les plus profonds du globe.

Ce qu'on nomme le *Sprudel* n'est proprement qu'une certaine ouverture du bassin-chaudron, par laquelle l'eau est poussée, par intervalle, avec de grandes quantités de gaz acide carbonique ; sa température à la sortie est de 73 degrés centigrades; les autres sources varient de 62 à 50 degrés, suivant leur élévation sur le terrain et le refroidissement plus considérable qu'elles éprouvent avant d'arriver à l'air. La quantité d'eau qui en sort est prodigieuse, et on a calculé, d'après son analyse, qu'il s'écoulait avec elle annuellement, sans aucun profit pour les arts, 200000 quintaux de carbonate de soude et 300000 de sulfate de soude cristallisé.

L'analyse des eaux de Carlsbad a été faite par Beccher, Klaproth, Reuss, et offrait assez de concordance pour qu'on pût juger inutile de l'expérimenter une quatrième fois. Il était réservé cependant à M. Berzélius d'y découvrir des principes jusqu'alors inapercus dans les eaux minérales; voici les résultats de son analyse, que l'on trouve insérée dans le XXVIII<sup>e</sup> volume des *Annales de chimie et de physique*, p. 254. Il convient cependant de remarquer que les quantités des dernières substances ont été déterminées plutôt d'après l'analyse de la pierre ou de la croûte calcaire du Sprudel que d'après celle de l'eau, et qu'il serait possible que leurs quantités respectives ne fussent pas les mêmes dans l'un et l'autre cas. . . . . . . . .

*Eau de Carlsbad*, 1 *kilogramme.*

Acide carbonique, 0,33 à 0,44 de son volume.

| | gram. |
|---|---|
| Sulfate de soude desséché . . . . | 2,58713 |
| Carbonate de soude desséché . . . | 1,26237 |
| Chlorure de sodium . . . . . . . | 1,03852 |
| Carbonate de chaux . . . . . . . | 0,30860 |
| Magnésie . . . . . . . . . . . . . . | 0,17834 |
| Silice . . . . . . . . . . . . . . . . | 0,07515 |
| Peroxide de fer . . . . . . . . . . | 0,00362 |
| Oxide de manganèse . . . . . . . | 0,00084 |
| Carbonate de strontiane . . . . . | 0,00096 |
| Fluate de chaux . . . . . . . . . . | 0,00320 |
| Phosphate de chaux . . . . . . . | 0,00022 |
| — d'alumine avec excès de base. | 0,00032 |
| Substances sèches. . . | 5,45927 |

CAUTERETS. Village agréablement situé à l'extrémité de la vallée de Lavédan, au pied des Pyrénées, à 10 lieues de Tarbes, à 7 lieues de Baréges et dans le département des Hautes-Pyrénées. On y trouve des sources nombreuses et abondantes d'eaux sulfureuses thermales, dont les principales sont celles *de la Raillere*, *des Espagnols* et *de César*. Celle-ci, dont la température est la plus élevée, et marque 51 degrés centigrades, est en même temps la plus sulfureuse et doit être considérée comme le type de l'eau de Cauterets; les autres sources devant probablement leur température inférieure et leur moindre sulfuration à un mélange d'eau des terrains supérieurs, ou à l'action de l'air dans les conduits qui les amènent à la surface de la terre. Les eaux de Cauterets sont remarquables par la minime quantité de substances salines qu'elles contiennent, et elles ont, du reste, une composition analogue à celle des autres eaux sulfureuses primitives des Pyrénées. M. Longchamp a retiré de l'eau de la source de la Raillère, pour un litre d'eau :

| | |
|---|---|
| | lit. |
| Azote | 0,004 |
| | gram. |
| Sulfure de sodium | 0,0194 |
| Sulfate de soude | 0,0443 |
| Chlorure de sodium | 0,0496 |
| Silice | 0,0611 |
| Soude caustique | 0,0034 |
| Chaux | 0,0045 |
| Magnésie | 0,0004 |
| Potasse caustique, Ammoniaque, Barégine | traces. |
| | 0,1827 |

M. Longchamp a fixé de la manière suivante la quantité de sulfure de sodium contenue dans les différentes sources.

| | gram. |
|---|---|
| Source des Espagnols | 0,0334 |
| — de Bruzaud | 0,0385 |
| — de César | 0,0303 |
| — de Pause | 0,0303 |
| — du Pré | 0,0159 |
| — du Bois | 0,0140 |
| — Maouhourat | 0,0124 |

CHALLES. Hameau dépendant de la commune de Triviers, à 3/4 de lieue de Chambéry (Savoie). En 1841, M. le docteur Domenget y a découvert, sur sa propre propriété, trois sources d'une eau minérale froide fortement sulfurée et iodurée, qui contient sur 1000 parties, d'après l'analyse faite par M. O. Henry (en sels anhydres) (*Bulletin de l'Académie royale de médecine*, t. VIII, p. 94) :

| | gram. |
|---|---|
| Sulfure de sodium . . . . . . . . . | 0,2950 |
| Sulfate de soude. . . . . . . . . .<br>— de chaux, peu. . . . . . . . . | 0,0730 |
| Carbonate de soude. . . . . . . . . | 0,1377 |
| Chlorure de sodium. . . . . . . . . | 0,0814 |
| — de magnésium. . . . . . . . . | 0,0100 |
| Bromure de sodium . . . . . . . . . | 0,0100 |
| Iodure de potassium. . . . . . . . | 0,0099 |
| Silicate de soude. . . . . . . . . . . | 0,0410 |
| — d'alumine. . . . . . . . . . . . | 0,0380 |
| Carbonate de chaux. . . . . . . . . | 0,0430 |
| — de magnésie. . . . . . . . . . . | 0,0300 |
| — de strontiane. . . . . . . . . . | 0,0010 |
| Phosphate de chaux . . . . . . . .<br>— d'alumine. . . . . . . . . . . | 0,0200 |
| Sulfure de fer, avec un peu de manganèse . . . . . . . . . . . . . . | 0,0015 |
| Matière organique azotée . . . . . | 0,0220 |
| Perte. . . . . . . . . . . . . . . . | 0,0325 |
| | 0,8460 |

CHATELDON. Petite ville du département du Puy-de-Dôme, à 3 lieues de Vichy et à 9 de Clermont. On y trouve cinq sources, dont deux, dites *des Vignes*, sont peu éloignées de la ville et sont les seules exploitées. Les trois autres, dites *de la Montagne*, sont à 1600 mètres de la ville, et à mi-côte d'une montagne; elles sont presque abandonnées aujourd'hui.

Les eaux de Chateldon sont froides, limpides, très gazeuses et dégagent à la source une grande quantité d'acide carbonique presque pur. Elles verdissent le sirop de violettes, prennent une teinte vineuse par la noix de galle, et se colorent en bleu par le cyanure ferroso-potassique. M. O. Henry en a retiré, pour 1 litre :

| | gram. |
|---|---|
| Acide carbonique libre. . . . . . | 1,1638 |

*Sels anhydres.*

| | |
|---|---|
| Carbonate de chaux. . . . . . . . . | 0,663 |
| — de magnésie. . . . . . . . . . . | 0,082 |

| | |
|---|---|
| Carbonate de soude . . . . . . . . . | 0,393 |
| — de potasse. . . . . . . . . . . . | traces. |
| Sulfate de chaux. . . . . . . . . .<br>— de soude . . . . . . . . . . . | 0,070 |
| Phosphate de chaux. . . . . . . . . | traces. |
| Chlorure de sodium . . . . . . . .<br>— de magnésium. . . . . . . . . | 0,045 |
| Silice mêlée d'un peu d'alumine. . | 0,0362 |
| Peroxide de fer. . . . . . . . . . | 0,011 |
| Matière organique. . . . . . . . . | 0,030 |

CHATEL-GUYON. Village du département du Puy-de-Dôme qui possède quatre sources d'une eau acidule, saline, calcaire et ferrugineuse, dont la température varie de 30 à 35 degrés centigrades. Une analyse de M. Barse a donné, pour 1 litre :

| | |
|---|---|
| | lit. |
| Acide carbonique libre. . . . . . . | 0,755 |
| | gram. |
| Sulfate de soude. . . . . . . . . . | 1,700 |
| Chlorure de sodium. . . . . . . . | 1,330 |
| — de magnésium. . . . . . . . . | 0,500 |
| Carbonate de chaux . . . . . . . . | 0,880 |
| — de fer. . . . . . . . . . . . . | 0,340 |
| — de magnésie. . . . . . . . . . | 0,170 |
| Sulfate de chaux. . . . . . . . . . | 0,074 |
| — d'alumine . . . . . . . . . . . | 0,090 |
| Silice . . . . . . . . . . . . . . . | 0,067 |
| Alumine. . . . . . . . . . . . . . | 0,004 |
| Matière organique. . . . . . . . . | 0,007 |
| | 5,162 |

CHAUDES-AIGUES. Petite ville du département du Cantal, à 5 lieues sud de Saint-Flour, qui doit son nom aux nombreuses sources d'eaux thermales dont elle est environnée. La principale, nommée *fontaine du Par*, se trouve au milieu de la ville. Sa température est de 88 degrés centigrades. Cette eau dépose dans la première partie du conduit qui la recoit, à la sortie de la source, du sulfure de fer cristallisé, sans que l'on puisse dire s'il était tenu en dissolution par l'eau bouillante dans l'intérieur de la terre, ou s'il a été seulement détaché, en particules très ténues, des roches traversées par l'eau. Quoi qu'il en soit, l'analyse des eaux de Chaudes-Aigues a été faite par différents chimistes, et suivant l'ordinaire leurs résultats sont assez différents. Voici ceux qui ont été obtenus par M. Berthier et par M. Chevalier :

| EAU, 1 KILOGRAMME. | BERTHIER. | CHEVALLIER. |
|---|---|---|
| | gram. | gram. |
| Acide carbonique libre . . . . . . . | 0,4030 | » |
| Carbonate de soude. . . . . . . . . | 0,7193 | 0,5920 |
| Chlorure de sodium. . . . . . . . . | 0,1247 | 0,1315 |
| Sulfate de soude. . . . . . . . . . | 0,0335 | 0,0325 |
| Carbonate de chaux. . . . . . . . . | 0,0600 | 0,0460 |
| — de magnésie. . . . . . . . . . | 0,0100 | 0,0080 |
| Silice . . . . . . . . . . . . . . | 0,0420 | 0,0800 |
| Oxide de fer. . . . . . . . . . . . | traces. | 0,0060 |
| Silicate de chaux . . . . . . . . . | » | 0,0020 |
| Chlorhydrate de magnésie. . . . . . | » | 0,0065 |
| Matière bitumineuse. . . . . . . . . | » | 0,0060 |
| — organique azotée. . . . . . . . . | » | » |
| Sulfhydrate d'ammoniaque . . . . . | » | » |
| Perte . . . . . . . . . . . . . . . | » | 0,0035 |
| | 1,3925 | 0,9140 |

Cheltenham. Ville d'Angleterre, dans le Gloucestershire, renommée par ses eaux minérales. D'après MM. Parkes et Brande, qui en ont fait l'analyse, il y en a trois sources qui diffèrent par leur nature sulfureuse, ferrugineuse ou purement saline. En voici les résultats, calculés d'après ceux donnés dans le *Journal de Pharmacie*, t. VI, p. 499 :

| EAU, 1000 GRAMMES. | EAU SALINE. | EAU FERRUGINEUSE. | EAU SULFUREUSE. |
|---|---|---|---|
| | | litres. | litres. |
| Acide carbonique . . . . . . . | » | 0,087 | 0,052 |
| — sulfhydrique. . . . . . . . | » | » | 0,087 |
| | gram. | gram. | gram. |
| Chlorure de sodium. . . . . . | 6,844 | 5,654 | 4,791 |
| Sulfate de soude. . . . . . . . | 2,053 | 3,107 | 3,217 |
| — de magnésie. . . . . . . . | 1,506 | 0,821 | 0,688 |
| — de chaux. . . . . . . . . | 0,616 | 0,342 | 0,165 |
| Carbonate de soude . . . . . . | » | 0,068 | » |
| Oxide de fer. . . . . . . . . . | » | 0,109 | 0,041 |
| | 11,019 | 10,101 | 8,902 |

Consultez également, sur la composition réelle de l'eau minérale de Cheltenham, les observations de M. John Murray, *Ann. de chim.* t. XCVI, p. 276.

CONTREXEVILLE. Village à 6 lieues de Bourbonne, dans le département des Vosges; on y trouve deux sources d'une eau froide et séléniteuse, qui est vantée dans les affections des voies urinaires. On n'en connaît que deux analyses déjà anciennes et totalement différentes, de sorte que l'examen de cette eau demanderait à être refait.

| EAU, 1 KILOGRAMME. | NICOLAS. | COLLARD DE MARTIGNY. |
|---|---|---|
| Acide carbonique . . . . . . . . . . . . | indéterminé. | » |
| Carbonate de chaux. . . . . . . . . . | *id.* | 0,805 |
| — de magnésie. . . . . . . . . . . | » | 0,017 |
| — de fer . . . . . . . . . . . . . . | 0,0271 | » |
| Sulfate de chaux. . . . . . . . . . . | 0,2713 | 1,079 |
| — de magnésie. . . . . . . . . . . | 0,0271 | 0,022 |
| Chlorure de sodium. . . . . . . . . | 0,0814 | » |
| — de calcium. . . . . . . . . . . . | » | 0,038 |
| — de magnésium. . . . . . . . . . | • | 0,012 |
| Nitrate de chaux. . . . . . . . . . . | » | traces. |
| Silice . . . . . . . . . . . . . . . . . . | » | 0,178 |
| Matière organique. . . . . . . . . . | » | 0,034 |
| Perte . . . . . . . . . . . . . . . . . . | » | 0,002 |
| | 0,4079 | 2,187 |

CONVALLET. Village situé auprès du Vigan, dans le département du Gard; on y trouve une eau sulfureuse secondaire, froide et d'une composition presque semblable à l'eau d'Enghien. Elle a été analysée par M. Henry (*Bull. de l'Acad. royale de méd.*, t. VII, p. 743).

CRANSAC. Village du département de l'Aveyron, à une demi-lieue d'Aubin, dans une étroite vallée formée par deux collines élevées, dont l'une présente dans son intérieur une chaleur considérable et laisse souvent échapper des flammes accompagnées de vapeurs sulfureuses. Ces phénomènes, qu'on pourrait supposer de nature volcanique, ne paraissent dus qu'à une houillère embrasée. Ils doivent être d'ailleurs circonscrits dans un assez petit espace, puisque les eaux de Cransac, produites par des sources très rapprochées de la montagne, sont froides et offrent une température à peu près constante de 10 à 12 degrés centigrades. Plusieurs de ces sources sont très remarquables par leur nature fortement *vitriolique*, qui les rend plutôt *toxiques* que médicinales, et par la présence d'une certaine quantité de *sulfate de manganèse*, dont la présence y a été signalée par Vauquelin. Mais les proportions relatives des différentes sulfates qui les constituent sont très variables, ainsi qu'il résulte des analyses qui ont été faites par MM. Henry et Poumarède. Les sels sont anhydres et fournis par 1000 grammes d'eau,

| | I. | II. | III. | IV. | V. | VI. |
|---|---|---|---|---|---|---|
| Sulfate de fer . . . . | » | 0,15 | 1,25 | 1,35 | 4,0 | 9,0 |
| — de manganèse . . | 0,40 | 0,14 | 1,55 | 0,42 | | 0,2 |
| — de magnésie . . . | 1,12 | 2,20 | 0,99 | 0,12 (magnésie et chaux) | 2,2 (manganèse, magnésie et chaux) | |
| — de chaux . . . . | 1,21 | 2,43 | 0,75 | | | 0,4 (magnésie, chaux et alumine) |
| — d'alumine . . . . | 0,95 | 1,15 | 0,47 | 0,21 | » | |
| Silice . . . . . . . . | » | 0,02 | 0,07 | » | » | » |
| Matière organique bitumineuse . . . . | » | 0,02 | » | » | » | » |
| | 3,68 | 6,11 | 5,08 | 2,10 | 6,2 | 9,6 |

I. Source douce, ou basse Beselgues. Elle est usitée en boisson.

II. Source douce, ou basse Richard. C'est la plus utilisée comme eau médicinale. Elle a l'inconvénient d'être fortement séléniteuse.

III. Source haute, ou forte Richard. Elle est fortement styptique et le sulfate de fer y est en partie au *maximum* d'oxidation. Elle est trop active pour ne pas être employée avec précaution.

IV. Source d'Omergue.

V. Source du fossé Galtier. Elle paraît sortir d'une houillère abandonnée. Le fer est en partie au *maximum* d'oxidation. Elle est trop active pour être employée en boisson.

VI. Source haute, ou forte Beselgues. Cette eau peut donner lieu à des symptômes d'empoisonnement, en raison de la forte quantité de sulfate de fer qu'elle contient.

A un mille environ d'Aubin, en remontant le ruisseau de Cransac, on aperçoit sur la gauche une source très abondante, connue sous le nom de *source du pré Galtier*, dont la composition diffère complétement de toutes celles que nous venons d'énumérer. Cette eau est acidule, gazeuse et ferrugineuse. Elle ne fournit que 6 décigrammes de résidu sec par kilogramme, et ce résidu est composé principalement de carbonate de fer et de manganèse, d'une petite quantité de carbonates de chaux et de magnésie, et de quelques traces de sulfate de chaux. Cette eau mériterait peut-être de remplacer, pour l'usage médical, toutes les eaux de Cransac, dont la composition est si variable et dont l'usage peut ne pas être à l'abri d'inconvénients.

DAX. Ville du département des Landes, sur la rive gauche de l'Adour, à 10 lieues de Bayonne. On y trouve un grand nombre de sources dont la température varie de 66 degrés à 30 degrés, et dont la composition est peut-être aussi variable que la température. L'eau de *la fontaine Chaude* a fourni à MM. Thore et Meyra :

| | gram. |
|---|---|
| Sulfate de chaux . . . . . | 0,170 |
| — de soude . . . . . . . | 0,151 |
| Chlorure de sodium. . . . | 0,032 |
| — de magnésium. . . . . | 0,095 |
| Carbonate de magnésie . . | 0,027 |
| | 0,475 |

EGER ou EGRA. Ville de Bohême, près de laquelle se trouvent des sources d'eaux minérales, qui ont été très vantées par Frédéric Hoffmann. Elles naissent d'un terrain volcanique ; elles sont froides, petillantes, et sont à la fois acidules-alcalines et salines. Elles contiennent en sels anhydres, suivant l'analyse de M. Berzélius :

| | gram. |
|---|---|
| Sulfate de soude . . . . . . | 2,610 |
| Chlorure de sodium . . . . | 1,000 |
| Carbonate de soude. . . . . | 0,560 |
| — de chaux. . . . . . . . | 0,221 |
| — de magnésie . . . . . . | 0,070 |
| — de lithine. . . . . . . . | 0,004 |
| — de strontiane. . . . . . | 0,001 |
| — de protoxide de fer. . . | 0,017 |
| — de manganèse . . . . . | 0,003 |
| Phosphate de chaux . . . . | 0,021 |
| — d'alumine. . . . . . . . | 0,012 |
| Silice . . . . . . . . . . . | 0,048 |
| | 4,567 |

EMS (duché de Nassau). Village à 2 lieues de Coblentz, célèbre par ses eaux minérales qui y attirent tous les ans un grand concours d'étrangers. On y trouve une source d'eau froide et plusieurs sources d'eaux thermales, dont la température varie de 23° à 55°, mais dont la nature paraît être semblable. Elles sont acidules-alcalines, ainsi qu'il résulte de l'analyse suivante, due à Trommsdorff.

| | |
|---|---|
| | lit. |
| Acide carbonique. . . . . . | 0,578 |
| | gram. |
| Bicarbonate de soude. . . . | 2,06 |
| Chlorure de sodium . . . . | 0,15 |
| Sulfate de soude. . . . . . | 0,05 |
| Carbonate de chaux . . . . | 0,07 |
| — de magnésie . . . . . . | 0,07 |
| Silice . . . . . . . . . . . . | 0,02 |
| Chlorure de calcium. . . | traces. |
| Matière extractive . . . . | |
| | 2,42 |

Encausse. Village à une lieue de Saint-Gaudens, département de la Haute-Garonne. On y trouve deux sources d'une eau séléniteuse, dont la température est de 23°,7. Elle contient, d'après l'analyse de M. Save:

| | |
|---|---|
| | lit. |
| Acide carbonique. . . . . | 0,108 |
| | gram. |
| Sulfate de chaux . . . . . | 1,5934 |
| — de soude. . . . . . | 0,5684 |
| — de magnésie. . . . . | |
| Chlorure de magnésium. . | 0,3506 |
| Carbonate de chaux. . . . | 0,2125 |
| — de magnésie . . . . . | 0,0425 |
| | 2,7674 |

Enghien-Montmorency (Seine-et-Oise). Hameau situé dans la vallée de Montmorency, sur le bord de l'étang de Saint-Gratien, à 1/4 de lieue de Montmorency et à 4 lieues de Paris. On y trouve des eaux sulfureuses froides, dont la plus anciennement connue, produite par la *source Cotte* ou *source du Roi*, a été le sujet d'une fort belle analyse faite par Fourcroy et Vauquelin. Mais depuis une dixaine d'années on a découvert deux autres sources dans une partie du village nommé *la Pêcherie*, et auprès de l'étang de Saint-Gratien. Toutes ces eaux ont été analysées de nouveau par M. Frémy, pharmacien à Versailles; par M. Longchamp et surtout par M. Henry fils, qui a mis à la détermination exacte de leurs principes une rare sagacité et une grande persévérance. Ceux qui voudront apprécier toutes les difficultés d'un semblable travail, pourront consulter le *Journal de Pharmacie*, t. IX, p. 482; t. XI, p. 61, 83 et 124; et t. XII, p. 341 et 564; mais ici, nous ne pouvons guère que présenter les résultats comparés de Fourcroy et de M. Henry fils:

| EAU D'ENGHIEN, 1 LITRE OU 1000 GRAMMES. | FOURCROY. | M. HENRY FILS. | |
|---|---|---|---|
| | SOURCE DU ROI. | SOURCE DU ROI. | SOURCE DE LA PÊCHERIE. |
| | gram. | gram. | gram. |
| Azote | » | 0,017 | 0,010 |
| Acide carbonique | 0,2007 | 0,248 | 0,254 |
| — sulfhydrique | 0,0967 | 0,018 | 0,016 |
| Sulfhydrate de magnésie | » | 0,101 | 0,119 |
| — de chaux | » | 0,016 | » |
| Sulfate de chaux | 0,3613 | 0,450 | 0,061 |
| — de magnésie | 0,1714 | 0,105 | 0 073 |
| Carbonate de chaux | 0,2322 | 0,330 | 0,400 |
| — de magnésie | 0,0145 | 0,038 | 0,030 |
| Chlorhydrate de magnésie | 0,0868 | 0,010 | » |
| Chlorure de sodium | 0,0260 | 0,050 | 0,0205 |
| Silice | traces. | 0,040 | 0,051 |
| Matière organique | traces. | quant. ind. | 0,025 |
| | 1,1896 | 1,423 | 1,0595 |

Les 0,0967 grammes d'acide sulfhydrique, trouvés par Fourcroy, représentent la totalité de cet acide libre ou combiné; tandis que les nombres correspondants de M. Henry fils n'expriment que la quantité d'acide libre. Aussi les résultats de Fourcroy ne présentent-ils pas les sulfhydrates indiqués dans ceux de M. Henry. Je dois faire remarquer, cependant, que la quantité d'acide sulfhydrique trouvée par M. Henry, dans ses deux analyses, ne s'élève qu'à 0,063 et 0,064 grammes; mais de nouveaux essais lui ont donné 0,085, quantité beaucoup plus rapprochée de celle trouvée par Fourcroy. Au surplus, l'acide sulfhydrique est un principe si fugitif et si altérable par le contact de l'air, qu'il est extrêmement difficile d'en déterminer la quantité avec exactitude. M. Longchamp admet dans l'eau d'Enghien du chlorure de potassium en place de sel marin, et M. Frémy en a extrait une petite quantité de fer qui paraît effectivement devoir s'y trouver.

EPSOM. Village dans le comté de Surrey, en Angleterre, à 7 lieues de Londres. On y trouve des eaux amères et salées qui contiennent 0,03 de sulfate de magnésie, et qui fournissent de très grandes quantités de ce sel au commerce. Ces eaux sont donc purgatives, mais à un moindre degré que celles de Sedlitz et de Seidschutz en Bohême.

FORGES-LES-EAUX. Bourg du département de la Seine-Inférieure, arrondissement de Neufchatel, à 9 lieues de Rouen et à 25 lieues de Paris. On y trouve des eaux ferrugineuses qui ont acquis quelque célébrité par l'usage qu'en firent, en 1633, la reine Anne, stérile encore après dix-huit années de mariage, Louis XIII et le cardinal de Richelieu. Ce fut alors qu'on isola les trois sources qui les fournissent, et que le nom de *Cardinale* fut donné à la source la plus active, celui de *Royale* à la source moyenne, et celui de *Reinette* à la plus faible. Elles ont conservé jusqu'aujourd'hui leurs noms et leur force relative, ainsi qu'il résulte de l'analyse qui en a été faite par Robert en 1814 et par M. O. Henry en 1845 (*Bulletin de l'Académie royale de médecine*, t. X, p. 985). Voici ces analyses, calculées pour 1 litre :

| ROBERT. | REINETTE. | ROYALE. | CARDINALE. |
|---|---|---|---|
| | litres. | litres. | litres. |
| Acide carbonique | 0,250 | 1,250 | 2 |
| | gram. | gram. | gram. |
| Carbonate de chaux | 0,0133 | 0,0398 | 0,0398 |
| — de fer | 0 0066 | 0,0266 | 0,0443 |
| Chlorure de sodium | 0,0398 | 0,0465 | 0,0478 |
| Chlorhydrate de magnésie | 0,0106 | 0,0066 | 0,0106 |
| Sulfate de magnésie | » | 0,0465 | 0,0478 |
| — de chaux | 0,0177 | 0,0266 | 0,0266 |
| Silice | 0,0053 | 0,0044 | 0,0088 |
| | 0,0933 | 0,1970 | 0,2257 |

| O. HENRY. | REINETTE. | ROYALE. | CARDINALE. |
|---|---|---|---|
| | litres. | litres. | litres. |
| Acide carbonique libre | 1,166 | 0,250 | 0,225 |
| | gram. | gram. | gram. |
| Bicarbonate de chaux<br>— de magnésie | 0,100 | 0,093 | 0,076 |
| Chlorure de sodium | 0,054 | 0,017 | 0,012 |
| — de magnésium | 0,030 | 0,008 | 0,003 |
| Sulfate de chaux | 0,010 | 0,024 | 0,040 |
| *A reporter* | 0,194 | 0,142 | 0,131 |

| O. HENRY. | REINETTE. | ROYALE. | CARDINALE. |
|---|---|---|---|
| | gram. | gram. | gram. |
| *Report.* . . . . . . . . . . | 0,194 | 0,142 | 0,131 |
| Sulfate de soude. . . . . . . . . . .<br>— de magnésie . . . . . . . . . . . | 0,006 | 0,010 | 0,006 |
| Crénate de potasse ?. . . . . . . . | traces. | 0,002 | 0,002 |
| — de protoxide de fer. . . . . . | 0,022 | 0,067 | 0,098 |
| — de manganèse . . . . . . . . . | traces. | traces. | traces. |
| Silice et alumine. . . . . . . . . . | 0,038 | 0,034 | 0,033 |
| Sel ammoniacal . . . . . . . . . . | traces. | traces. | sensible. |
| | 0,260 | 0,255 | 0,270 |

On trouve dans le département de la Loire-Inférieure, dans la commune de la Chapelle-sur-Erdre, à 2 lieues de Nantes, une eau très ferrugineuse, qui porte le nom d'*eau de Forges.* Elle a été analysée par MM. Prevel et Lesant, pharmaciens à Nantes (*Journ. pharm.*, t. VII, p. 306). Il existe également dans le département de Seine-et-Oise, à 38 kilomètres au sud de Paris, et à 2 kilomètres de Limours, un village nommé *Forges* ou *Forges-sur-Briis*, dans lequel on trouve plusieurs sources d'une eau presque pure, à laquelle on a attribué, dans ces dernières années, la propriété de guérir les scrofules (*Bulletin de l'Académie royale de médecine*, t. VIII, p. 263). Il est certain qu'un assez grand nombre d'enfants scrofuleux, qui ont été traités dans ce village, ont été guéris ou ont éprouvé une grande amélioration dans leur état; mais cet heureux résultat doit être attribué plutôt à la nature du sol et à l'heureuse exposition du pays qu'à la composition des eaux. Il ne mérite pas moins d'être pris en grande considération.

GRAVILLE-L'HEURE. Joli village, à 1 lieue à l'Est du Havre, dans lequel, en creusant un puits, on a découvert, à la profondeur de 2 ou 3 mètres, une source d'une eau très remarquable, en ce qu'elle réunit la présence du fer à celle de l'iode. D'après MM. Leudet et Duchemin, pharmaciens du Havre, qui ont d'abord reconnu ces principes dans l'eau de Graville, cet iode serait à l'état d'iodure de potassium ou de sodium; suivant M. Henry, dont voici l'analyse, il y serait à l'état d'iodhydrate d'ammoniaque. Produits secs pour un litre d'eau :

| | gram. |
|---|---|
| Chlorure de sodium. . . . . . . . . | 0,700 |
| — de potassium. . . . . . . . . . . | 0,060 |
| — de calcium. . . . . . . . . . . | 0,211 |
| — de magnésium. . . . . . . . . | 0,086 |
| Iodhydrate d'ammoniaque. . . . . | 0,012 |
| Sulfates de soude et de chaux . . . | 0,014 |
| Silicates de chaux et d'alumine. . . | 0,088 |
| Bicarbonates de chaux et de magnésie . . . . . . . . . . . . . | 1,699 |
| Peroxide de fer. . . . . . . . . . | 0,042 |
| Matière organique. . . . . . . . . . | indét. |
| | 2,903 |

GRÉOULX. Village dépendant de l'arrondissement de Digne, dans le département des Basses-Alpes. On y trouve une eau sulfureuse secondaire, ayant une température de 35 degrés, et qui paraît avoir été connue des Romains. En 1835, on a découvert une nouvelle source, dont la température n'est que de 16 à 22 degrés, dont la qualité sulfureuse est nulle ou douteuse, et qu'on doit regarder comme un mélange de l'eau ancienne avec des infiltrations superficielles. L'analyse de l'eau ancienne a été faite en 1812 par M. Laurent, de Marseille, et a donné pour un litre :

| | litres. |
|---|---|
| Acide carbonique. . . . . . . . . . | 0,257 |
| — sulfhydrique. . . . . . . . . . . | traces. |
| | gram. |
| Chlorure de sodium. . . . . . . . . | 1,6412 |
| — de magnésium. . . . . . . . . | 0,0950 |
| Carbonate de chaux. . . . . . . . | 0,1628 |
| Sulfate de chaux . . . . . . . . . | 0,0904 |
| Matière organique. . . . . . . . . | 0,0362 |
| Perte. . . . . . . . . . . . . . . | 0,0316 |
| | 2,0512 |

HAMMAN-MESCOUTINE. On nomme ainsi un lieu dans la province de Constantine, en Afrique, où l'on trouve des sources thermales incrustantes, connues sous le nom de *Bains maudits*, et qui paraissent avoir formé un plateau très considérable de travertin calcaire, surmonté de plusieurs centaines de pyramides ou de monticules coniques, dus pareillement au carbonate de chaux déposé par les eaux. Ces eaux d'ailleurs ne sont pas de même nature : les unes, chaudes à 95 degrés, sont sulfureuses, principalement formées de sels sodiques, et présentent une composition analogue à celle des eaux sulfureuses des Pyrénées; les autres, chaudes seulement à 62°,5, sont plutôt de nature calcaire et incrustante, et ce sont elles principalement qui ont dû former le dépôt de travertin dont il vient d'être parlé. M. Tripier, pharmacien militaire, qui, le premier, a examiné ce travertin, a trouvé qu'il contenait de l'arsenic, très probablement à l'état d'arséniate de chaux. Ce résultat, qui n'avait pas été confirmé d'abord par les expériences de M. O. Henry, a été reconnu exact depuis, et M. Henry a constaté pareillement la présence de l'arséniate de chaux dans le produit de l'évaporation de l'eau sulfureuse (voyez *Bulletin de l'Académie royale de médecine*, t. III, p. 886; t. X, p. 1001, et *Journal de pharmacie*, t. XXV, p. 247 et 525, III^e^ série ; t. VII, p. 457). Cet exemple a conduit d'autres chimistes à chercher l'arsenic dans les eaux minérales, et déjà il paraît à peu près certain que toutes les eaux ferrugineuses carbonatées en contiennent.

HEILBRUNN. Village près de Tolz, dans l'Oberland bavarois; on y voit une source minérale, dans laquelle, en 1825, M. Vogel a découvert de l'iodure de sodium. Cette eau, dont l'efficacité contre les affections scrofuleuses a été constatée, contient, d'après Barruel :

| | litres. |
|---|---|
| Hydrogène carboné | 0,025 |
| Acide carbonique | 0,005 |
| | gram. |
| Chlorure de sodium | 3,928 |
| Iodure de sodium | 0,098 |
| Bromure de sodium | 0,032 |
| Sulfate de soude | 0,048 |
| Carbonate de soude | 0,506 |
| — de chaux | 0,054 |
| — de magnésie | 0,025 |
| Peroxide de fer | 0,006 |
| Silice | 0,013 |
| Matière organique | traces. |
| | 4,710 |

HOMBOURG. Ville de 3,000 habitants, capitale du duché de Hesse-Hombourg. Elle est située sur la Lahn, à 4 lieues de Francfort-sur-le-

Mein et à 4 lieues de Darmstadt. On trouve aux environs un grand nombre de sources salées froides, qui servaient depuis longtemps à l'extraction du sel, lorsque, il y a une dixaine d'années, on y a fondé des établissements de bains et des lieux de plaisir et de réu ion pour y attirer les étrangers. L'analyse des principales sources, faite par M. Liebig, a d'ailleurs montré que ces eaux devaient être très actives.

| EAU, 1 KILOGRAMME. | SOURCE DES BAINS. | SOURCE D'ÉLISABETH. | SOURCE dite NEUBRUNNEN. |
|---|---|---|---|
| Acide carbonique | gram. 1,338 | gram. 0,810 | gram. 2,769 |
| Chlorure de sodium | 14,1135 | 10,3066 | 10,399 |
| — de calcium | 1,9902 | 1,0103 | 1,389 |
| — de magnésium | 0,7687 | 1,0146 | 0,694 |
| — de potassium | 0,0500 | » | 0,023 |
| Bromure de magnésium | 0,00025 | » | » |
| Sulfate de soude | » | 0,0497 | » |
| — de chaux | 0,0276 | » | 0,019 |
| Carbonate de chaux | 1,2628 | 1,4311 | 0,981 |
| — de magnésie | 0,3236 | 0,2622 | » |
| — de protoxide de fer | 0,0625 | 0,0602 | 0,122 |
| Silice | 0,02135 | 0,0411 | 0,041 |
| Alumine | 0,0070 | » | » |
| | 18,6275 | 14,1757 | 13,668 |

Bien que les analyses ne fassent pas mention d'iodure, et qu'une seule indique une minime quantite de bromure, cependant toutes ces eaux contiennent ces deux genres d'éléments, que l'on retrouve en quantité très notable dans les eaux-mères des salines, qui sont souvent ajoutées aux bains pour en augmenter l'efficacité.

KREUTZNACH OU CREUTZNACH. Petite ville de la Prusse rhénane, sur le territoire de laquelle se trouvent des eaux salées en exploitation. Les eaux-mères qui en proviennent sont employées, sur les lieux, au traitement des maladies scrofuleuses, et sont aussi envoyées à l'extérieur pour le même usage. Elles marquent 36 degrés au pèse-sel de Baumé; elles ont une saveur âcre et salée, et contiennent une si grande quantité de sels calcaires solubles, qu'elles se solidifient par l'addition d'une quantité convenable d'acide sulfurique concentré. M. Spielmann, pharmacien à Strasbourg, les a trouvées composées de :

| | |
|---|---|
| Bromure de calcium . . . . . . . . | 241,2 |
| Chlorure de calcium . . . . . . . | 92,9 |
| Bromure de magnésium . . . . . | 4,8 |
| Iodure. . . . . . . . . . . . . . . | 1,8 |
| Chlorure de potassium . . . . . . | 8,0 |
| — de sodium . . . . . . . . . . . | 12,8 |
| Eau et perte. . . . . . . . . . . . | 638,5 |
| | 1000,0 |

L'eau-mère, complétement évaporée sous forme de *sel*, se trouve aussi dans le commerce. L'un et l'autre sont très propres à l'extraction du brome, dont on voit qu'ils contiennent une grande quantité.

La Maréquerie. Nom donné à deux fontaines ferrugineuses froides, situées dans la partie est de la ville de Rouen Ces eaux paraissent contenir de l'acide carbonique, des carbonates de chaux et de fer, du sulfate de chaux, du sulfate et du chlorhydrate de magnésie; mais l'analyse exacte en est encore à faire.

La Motte-les-Bains ou La Motte-l'Aveillant (département de l'Isère). Village à 34 kilomètres au sud de Grenoble, situé sur un monticule, à 475 mètres au-dessus du niveau de la mer, dans un vallon ouvert à l'est et à l'ouest, mais borné au nord et au sud par de hautes montagnes. Le monticule est entouré par deux ruisseaux qui se réunissent pour former une magnifique cascade qui se précipite perpendiculairement dans le Drak, à 130 mètres de profondeur. Tout à côté, à une profondeur de 263 mètres au-dessous du village, se trouvent deux sources thermales, vers lesquelles on descend par un sentier rapide, bordé d'arbres de haute futaie. Les eaux de ces sources sont salées, et ont une température de 60 degrés. La plus abondante est celle *du Puits*, qui sort d'une voûte creusée dans la montagne; l'autre, dite *de la Dame*, est peu importante. L'analyse de ces eaux a été faite anciennement par Nicolas, et plus récemment par M. O. Henry (*Bulletin de l'Académie royale de médecine*, t. VI, p. 454). En voici la composition :

| EAU, 1 KILOGRAMME. | NICOLAS. | O. HENRY. SOURCE DU PUITS. |
|---|---|---|
| Acide carbonique | » | quantité indét. |
| | gram. | gram. |
| Chlorure de sodium | 2,728 | 3,80 |
| — de magnésium | » | 0,14 |
| — de potassium | » | 0,06 |
| Bromure alcalin | » | 0,02 |
| Sulfate de chaux | 1,386 | 1,65 |
| — de magnésie | 1,016 | 0,12 |
| — de soude | » | 0,77 |
| Carbonate de chaux | 0,203 | 0,80 |
| — de magnésie | » | |
| Silicate d'alumine | » | 0,06 |
| Carbonate et crénate de fer | » | 0,02 |
| — de manganèse | » | traces. |
| Matière organique | 0,028 | » |
| | 5,361 | 7,44 |

La Roche-Posay. Petite ville à 4 lieues de Châtellerault, département de la Vienne. C'est du pied d'une colline calcaire, à 500 pas de la ville, que s'échappent plusieurs sources d'une eau séléniteuse, passant à l'état d'eau légèrement sulfureuse par la réaction de la matière organique sur le sulfate de chaux. Une analyse, faite en 1811 par le docteur Joslé, donne pour sa composition, pour un kilogramme :

| | |
|---|---|
| Acide carbonique | quantité indéterminée. |
| | gram. |
| Sulfate de chaux | 1,1936 |
| Carbonate de chaux | 0,8138 |
| — de magnésie | 0,1085 |
| Chlorure de sodium | 0,1628 |
| Soufre | 0,1085 |
| | 2,3872 |

La Preste. Village du département des Pyrénées-Orientales, situé à la partie la plus élevée de la vallée du Tech, tout près du sommet des Pyrénées et de la frontière d'Espagne. A une demi-lieue du village, se trouvent quatre sources d'eau sulfureuse, dont une seule, dite la *Grande source*, ou source d'Apollon, sert à l'établissement de bains.

Elle a une température de 44 degrés, et présente la même composition que les autres eaux sulfureuses des Pyrénées. M. Anglada en a retiré :

| | gram. |
|---|---|
| Silice . . . . . . . . . . . | 0,0421 |
| Carbonate de soude . . . | 0,0397 |
| — de potasse . . . . . . . | traces. |
| Sulfate de soude. . . . . | 0,0206 |
| Sulfhydrate de soude. . . | 0,0127 |
| Chlorure de sodium . . . | 0,0014 |
| Sulfate de chaux . . . . . | 0,0007 |
| Carbonate de chaux . . . | 0,0009 |
| — de magnésie . . . . . | 0,0002 |
| Glairine . . . . . . . . . . | 0,0103 |
| Perte . . . . . . . . . . . | 0,0051 |
| | 0,1337 |

LOUESCHE ou LEUK. Bourg du Valais, sur la rive droite du Rhône : à 2 lieues 1/2, vers le nord, à une hauteur de 1494 mètres au-dessus du niveau de la mer, et dans une vallée où coule la Dala, se trouvent *les bains de Louesche*, qui jouissent d'une grande célébrité en Europe. Il y a plusieurs sources dont la température varie : la source principale, dite *Source Saint-Laurent*, est à 51°,75. L'eau en est limpide, mais de temps en temps, sans cause appréciable, elle devient trouble pendant quelques jours. Elle est inodore, et ne contient naturellement aucune trace de sulfure ; mais trop de personnes lui ont trouvé une légère qualité sulfureuse pour ne pas croire que, dans certaines circonstances, par l'influence de la matière organique sur le sulfate de chaux, qui est son principal élément minéralisateur, il ne s'y forme un peu de sulfure de calcium et d'acide sulfhydrique. Les dernières analyses qui en ont été faites y ont montré la présence de la strontiane.

| EAU, 1 KILOGRAMME. | MM. BRUNNER ET PAGENSTECHER, 1827. | M. PYRAME MORIN, 1846. |
|---|---|---|
| | litres. | litres. |
| Acide carbonique | 0,009 | 0,0024 |
| Azote | 0,012 | 0,0115 |
| Oxigène | 0,007 | 0,00105 |
| | gram. | gram. |
| Sulfate de chaux | 1,2106 | 1,5200 |
| — de magnésie | 0,1842 | 0,3084 |
| — de soude | 0,0480 | 0,0502 |
| — de potasse | » | 0,0386 |
| — de strontiane | 0,0031 | 0,0048 |
| Chlorure de sodium | 0,0051 | » |
| — de potassium | 0,0021 | 0,0065 |
| — de magnésium | 0,0025 | » |
| — de calcium | traces. | » |
| Iodure de potassium | » | traces. |
| Carbonate de chaux | 0,0330 | 0,0053 |
| Carbonate de magnésie | 0,0002 | 0,0096 |
| — de protoxide de fer | 0,0022 | 0,0103 |
| Silice | 0,0099 | 0,0360 |
| Alumine | » | traces. |
| Phosphate | » | traces. |
| Nitrate | traces. | traces. |
| Sel ammoniacal | » | traces. |
| Glairine | » | quant. non dét. |
| | 1,5009 | 2,0104 |

Les eaux de Louesche possèdent une propriété singulière, et qui n'est probablement pas étrangère à la réputation dont elles jouissent. Elles paraissent changer l'argent en or, à tel point qu'une pièce d'argent neuve qu'on y laisse plongée pendant quelques jours prend, à s'y méprendre, la couleur et l'apparence d'une pièce d'or. Ayant vu ce même effet se produire aux eaux d'Aix en Savoie (source d'alun), j'ai cru pouvoir regarder ce phénomène comme le résultat d'une couche infiniment légère de sulfure, produite dans une eau dont la qualité sulfureuse est à peine sensible. M. Morin l'attribue au dépôt d'une couche mince de peroxide de fer.

LUCHON, voyez BAGNÈRES-DE-LUCHON.

LUCQUES, grande et belle ville d'Italie, qui possède un grand nombre de sources thermales dont la célébrité est fort ancienne; telles sont entres autre la source *de la Ville*, celle *de Bernabo*, *la Désespérée*, qui a reçu ce nom à cause des cures merveilleuses qu'on lui attribue, *la Mariée*, qu'on a regardée comme plus propre à rétablir la vigueur de l'appareil génital, etc. De chacune de ces sources dépendent un certain nombre d'établissements de bains, construits en marbre, et réunissant l'élégance à la commodité. Leur température varie de 40° à 53°7. Elles ont toutes été analysées par le docteur Moscheni; mais je ne rapporterai que les deux analyses qui se rapportent aux deux extrêmes de température et de sels dissous.

| EAU, 1 KILOGRAMME. | SOURCE de la DOCCIONE, temp. 53°,7. | SOURCE TRASTULLINA, temp. 40°. |
|---|---|---|
| | litres. | litres. |
| Acide carbonique. . . . . . . . . . . | 0,151 | 0,146 |
| | gram. | gram. |
| Sulfate de chaux . . . . . . . . . . . | 1,46 | 0,85 |
| — de magnésie. . . . . . . . . . . | 0,38 | 0,38 |
| — d'alumine et de potasse. . . . . | 0,03 | 0,09 |
| Chlorure de sodium. . . . . . . . . . | 0,36 | 0,23 |
| — de magnésium . . . . . . . . . . | 0,13 | 0,03 |
| Carbonate de chaux. . . . . . . . . . | 0,07 | 0 05 |
| — de magnésie. . . . . . . . . . . | 0,05 | 0,04 |
| Silice et matière extractive . . . . . | 0,02 | 0,14 |
| Oxide de fer. . . . . . . . . . . . . | 0,09 | 0,07 |
| Alumine. . . . . . . . . . . . . . . | 0,04 | 0,02 |
| | 2,63 | 1,79 |

LUXEUIL, petite ville du département de la Haute-Saône, à 4 lieues au sud de Plombières, pareille distance de Bains, et à 12 lieues sud-est de Bourbonne. On y trouve un grand nombre de sources d'eaux thermales, dont une seule avait été analysée par Vauquelin; mais toutes l'ont été depuis par M. Braconnot qui les a toutes trouvées composées des mêmes principes, mais en quantité différente; ce qui lui fait penser que les moins salées proviennent du mélange d'une même eau minérale primitive avec des filets d'eau pure qu'elle rencontre dans son trajet. Le mémoire de M. Braconnot se trouve inséré dans le *Journal de pharmacie*, t. XXIV, p. 229. J'en extrairai seulement les résultats suivants :

| | Température. | Résidu fixe pour 1000 part. d'eau. |
|---|---|---|
| Grand bain. . . . . . . . . . . . . . . | 55° | 1,1130 |
| Bain des dames . . . . . . . . . . . | 47° | 1,1649 |
| Bain des Bénédictins . . . . . . . . . | 45° | 1,1349 |
| Source chaude du bain gradué . . . | 37°,5 | 1,0845 |
| Eau n° 7 du bain gradué. . . . . . . | 36° | 0,9771 |
| Source moins chaude du bain gradué. | 31° | 0,9616 |
| Eau des cuvettes. . . . . . . . . . . | 46° | 0,8612 |
| Bain des Capucins. . . . . . . . . . . | 39° | 0,5681 |
| Eau savonneuse . . . . . . . . . . . | 29° | 0,2751 |

*Analyse de l'eau du grand bain.*

| | |
|---|---|
| Chlorure de sodium. . . . . . | 0,7471 |
| — de potassium . . . . . . . | 0,0239 |
| Sulfate de soude. . . . . . . . | 0,1468 |
| Carbonate de soude. . . . . . | 0,0355 |
| — de chaux . . . . . . . . . . | 0,0850 |
| Magnésie . . . . . . . . . . . . | 0,0030 |
| Silice. . . . . . . . . . . . . . | 0,0659 |
| Alumine . . . . . . . . . . . | } 0,0033 |
| Oxide de fer . . . . . . . . . | |
| — de manganèse . . . . . . | |
| Matière organique azotée . . . | 0,0025 |
| | 1,1130 |

Plusieurs des sources de Luxeuil, et surtout celle du bain des dames, dégagent une assez grande quantité d'azote parfaitement pur.

On trouve à Luxeuil, en dehors de l'établissement des bains, deux sources d'eau ferrugineuse, dont l'une est à 22°,25, et l'autre à 10°,50. La première a été décrite et analysée par M. Longchamp. Elle est parfaitement limpide lorsqu'elle sort de terre; mais en deux jours d'exposition à l'air, elle se prend en une masse gélatineuse rougeâtre, phénomène dû à la suroxidation du fer et à l'organisation qui se développe dans la matière azotée, dont elle ne contient cependant qu'une très minime quantité. Voici les resultats comparés des analyses faites par M. Longchamp et par M. Braconnot.

| | Longchamp. | Braconnot. |
|---|---|---|
| Chlorure de sodium . . . . . | 0,0591 | 0,0514 |
| — de potassium. . . . . . . | » | 0,0074 |
| Sulfate de soude. . . . . . . | 0,0125 | 0,0338 |
| — de chaux. . . . . . . . . | traces. | » |
| Carbonate de chaux . . . . . | 0,1078 | 0,0056 |
| Silice. . . . . . . . . . . . | 0,0301 | 0,0294 |
| Oxide ferroso-ferrique. . . . | 0,0129 | » |
| Crénate de fer. . . . . . . . } Alumine. . . . . . . . . . . } Oxide de manganèse. . . . . } | » | 0,0285 |
| Magnésie. . . . . . . . . . . | » | 0,0075 |
| Carbonate de potasse. . . . . | » | quantité indéterminée. |
| Matière organique . . . . . . | 0,0067 | 0,0070 |
| Perte . . . . . . . . . . . . | 0,0069 | » |
| | 0,2360 | 0,2706 |

MER, *eau de mer.* L'eau de mer peut être comptée au nombre des eaux minérales salines, quoiqu'elle appartienne à un ordre de faits fort éloignés de ceux qui donnent naissance à ces dernières. Elle est le résultat de l'équilibre qui s'est établi naturellement entre l'évaporation produite par son immense surface et l'afflux continuel des fleuves qui viennent lui rendre ce qu'elle a perdu. On conçoit pourquoi elle est plus chargée de sels que la plupart des eaux terrestres; c'est qu'elle ne perd que de l'eau par l'évaporation, et que celle qui lui revient de la terre apporte toujours avec elle quelques substances en dissolution. Il semblerait, d'un autre côté, en raison de cette cause permanente d'augmentation des principes fixes, que la proportion des sels contenus dans l'eau de la mer aurait dû s'accroître jusqu'au point où elle en eût été saturée; puisqu'il n'est pas ainsi, il faut bien admettre qu'il existe des causes encore inconnues qui limitent la salure de la mer et la restituent au sol bien avant qu'elle ait atteint le point de saturation.

Des chimistes d'un grand mérite ont aussi pensé que l'eau de mer devait tenir en dissolution toutes les substances trouvées dans les eaux terrestres; mais jusqu'ici l'expérience n'a pas confirmé cette vue, qui semblait une conséquence nécessaire de l'origine des eaux marines, soit que leur degré de salure en exclue déjà un grand nombre de composés peu solubles, ou que nos méthodes d'analyse n'aient pas encore acquis un assez grand degré de précision.

La salure de la mer est à peu près uniforme partout, ou, pour parler plus exactement, elle tend sans cesse, par le mélange des eaux des différentes régions, à toucher ce point d'uniformité sans l'atteindre en réalité. La raison en est facile à dire : les grands fleuves diminuant sensiblement la salure de la mer environnante, surtout s'ils se déchargent dans un golfe ou dans une mer intérieure qui n'ait qu'une communication médiocre avec l'Océan : telle est en Europe la Baltique. On peut dire aussi que la salure, vers les pôles, ne doit pas être la même qu'à l'équateur, soit qu'elle augmente lorsque, par un hiver rigoureux, l'eau se congèle sur une grande étendue, soit qu'elle diminue quand, dans une autre saison, la fonte des glaces mêle de l'eau douce à l'eau salée ; dans tous les cas, d'immenses courants d'eau, de température et de salure différentes, observés au sein de l'Atlantique, démontrent suffisamment que si l'eau de l'Océan ne s'éloigne pas sensiblement d'une salure moyenne, il est difficile qu'elle se maintienne exactement la même partout.

L'eau de l'Océan est généralement inodore, transparente, légèrement colorée, ayant une saveur salée, âcre et saumâtre. Sa pesanteur spécifique moyenne, déterminée par M. Gay-Lussac, est de 1,0286, et le résidu salin qu'elle produit par une dessiccation parfaite au rouge obscur, est de 36,5 grammes par litre. (*Ann. chim. et phys.*, t. VI, p. 428.)

Dans cette évaluation, le chlorhydrate de magnésie est compté comme *chlorure de magnésium*. Si on le supposait à l'état de chlorhydrate, comme on l'obtient par la seule dessiccation à 100 degrés, la quantité de résidu serait nécessairement plus considérable.

Quant à sa composition, elle a été l'objet des recherches d'un grand nombre d'habiles chimistes, et cependant on peut dire qu'elle n'est pas encore exactement connue. L'analyse de Lavoisier, faite en 1772, sur de l'eau puisée à Dieppe, doit être rejetée toute la première, la totalité des sels déterminés par lui ne s'élevant qu'à 19,67 grammes par litre, tandis que leur quantité moyenne est de 36,5 grammes, comme nous venons de le dire. Celle de Bergmann, faite sur une eau puisée à la hauteur des Canaries, et à la profondeur de 60 brasses, pèche, au contraire, par un excès de sel marin (*Opuscules chimiques*, t. I) ; enfin celle de MM. Bouillon-Lagrange et Vogel (*Ann.. chim*, t. LXXXVII, p. 190) est fautive surtout par suite d'évaluations calculées sur la composition inexacte des sels. En y faisant les corrections nécessaires, on est amené aux résultats suivants :

| EAU DE MER, 1 KILOGRAMME. | BERGMANN. | B. LAGRANGE et VOGEL. | |
|---|---|---|---|
| | Atlantique. | Manche et Atlantique. | Mediterranée |
| | gram. | gram. | gram. |
| Acide carbonique . . . . . . . . | » | 0.23 | 0,11 |
| Chlorure de sodium . . . . . . . | 32,155 | 26,646 | 26,646 |
| Chlorhydrate de magnésie. . . . | 8,771 | 5,853 | 7,203 |
| Sulfate de magnésie . . . . . . . | » | 6,465 | 6,991 |
| — de chaux. . . . . . . . . . . | 1,039 | 0,150 | 0,150 |
| Carbon. de chaux et de magnésie. | » | 0,200 | 0,150 |
| | 41,965 | 39,314 | 41,140 |

Depuis le travail de MM. Bouillon-Lagrange et Vogel, deux chimistes anglais, d'un éminent mérite, ont fait l'analyse de l'eau de la mer. En voici les résultats :

*Eau du golfe de Forth, près de Leith, en Écosse.* (JOHN MURRAY, Ann. de chim. et de phys., t. VI, p. 63.)

| EAU, 1 KILOGRAMME. | ANALYSE par ÉVAPORATION. | ANALYSE par PRÉCIPITATION. |
|---|---|---|
| | gram. | gram. |
| Chlorure de sodium. . . . . . . . . . | 24,185 | 24,70 |
| — de magnésium. . . . . . . . . . | 3,300 | 3,15 |
| Sulfate de magnésie. . . . . . . . . | 0,780 | 2,12 |
| — de soude. . . . . . . . . . . . . | 1,667 | » |
| — de chaux. . . . . . . . . . . . . | 0,825 | 0,97 |
| Carbonate de chaux. . . . . . . . . | 0,082 | » |
| — de magnésie. . . . . . . . . . . | 0,149 | » |
| Sels anhydres. . . . . . | 30,988 (1) | 30,94 |

(1) Ces résultats ont été calculés en faisant la pinte anglaise égale à 0 lit.,478, et la pesanteur spécifique de l'eau de mer = 1,0286. En partant de ces données, les quatre pintes d'eau analysée pesaient 1950 grammes. L'auteur ou le traducteur a oublié (p. 71 des *Annales* citées) de tenir compte de la pesanteur spécifique de l'eau de mer, pour déterminer la quantité qui en a été analysée.

M. Gay-Lussac a remarqué que ce résultat était trop faible ; ce qu'il fallait probablement attribuer à ce que la salure du golfe d'Édimbourg est diminuée par les rivières qui s'y jettent.

*Eau recueillie au milieu de l'océan Atlantique nord.* (Dr Marcet, Ann. de chim. et de phys., t. XII, p. 309.)

| EAU, 1 KILOGRAMME ; | | | SELS DESSÉCHÉS. | |
|---|---|---|---|---|
| | gram. | | | gram. |
| Chlorure de sodium. . . | 26,600 | ou | Chlorure de sodium. . . . . | 26,60 |
| — de magnésium. . . . | 5,134 | | Chlorhydrate de magnésium. | 9,91 |
| — de calcium. . . . . . | 1,232 | | — de chaux . . . . . . . . . | 1,95 |
| Sulfate de soude . . . . | 4,660 | | Sulfate de soude . . . . . . | 4,66 |
| | 37,646 | | | 43,12 |

Cette analyse paraît être la plus exacte de toutes celles qui ont été faites jusqu'ici, et l'on peut remarquer qu'elle se rapproche beaucoup de celle de Bergmann, le sulfate de soude et le chlorhydrate de chaux disparaissant par l'évaporation, et donnant lieu à du sulfate de chaux et à une augmentation de chlorure de sodium. Il faut remarquer cependant qu'elle ne fait pas mention du chlorhydrate d'ammoniaque trouvé par M. Marcet lui-même dans l'eau de la mer, non plus que du chlorure de potassium dont Wollaston a démontré la présence, ni des iodures et bromures alcalins qui doivent également s'y trouver; de sorte qu'une analyse complète de l'eau de la mer est encore à faire.

Mont-Dore, village situé au pied de la montagne de l'Angle, à 8 lieues de Clermont, dans le département du Puy-de-Dôme. Ses eaux thermales étaient connues des Romains, qui les avaient recueillies dans un vaste et somptueux édifice, dont il ne restait depuis longtemps que des ruines éparses. Le gouvernement y a fait construire un nouvel établissement de bains, destiné à devenir un des plus beaux de la France.

Les sources d'eau minérale sourdent, à différentes hauteurs, du bas de la montagne. On désigne les principales sous les noms de *fontaine de Sainte-Marguerite*, *bain de César*, *Grand-Bain* et *fontaine de la Madeleine;* nous ne parlerons que de la seconde, qui a été examinée par M. Berthier.

La source du bain de César marque 45 degrés au thermomètre centigrade. Elle est limpide; mais elle forme dans le bassin même qui la reçoit un dépôt visqueux, composé de peroxide de fer, d'eau, de silice gélatineuse et de carbonate de chaux. L'eau se fait jour à travers les fissures d'un porphyre volcanique, et s'écoule avec un bouillonnement continuel et considérable d'acide carbonique, dont une portion, qui y reste dissoute, lui communique une saveur acidule. Voici d'ailleurs quels sont les principes fixes qu'elle contient; les quantités sont évaluées pour un litre.

| | SELS ANHYDRES. | SELS CRISTALLISÉS. |
|---|---|---|
| | gram. | gram. |
| Bicarbonate de soude. . . . . . . . . | 0,6330 | 0,6930 |
| Chlorure de sodium. . . . . . . . . | 0,3804 | 0,3804 |
| Sulfate de soude. . . . . . . . . . . | 0,0655 | 0,1489 |
| Carbonate de chaux. . . . . . . . . | 0,1600 | 0,1600 |
| — de magnésie. . . . . . . . . . . | 0,0600 | 0,0600 |
| Silice . . . . . . . . . . . . . . . . | 0,2100 | 0,2100 |
| Oxide de fer. . . . . . . . . . . . . | 0,0100 | 0,0100 |
| | 1,5189 | 1,6623 |

Néris, bourg situé sur les bords du Cher, département de l'Allier, à 1 lieue de Montluçon. On y remarque les restes d'un cirque romain et d'un monument thermal, qui attestent que les eaux de Néris sont très anciennement connues. Leur température est supérieure à 50 degrés; quant à leur composition, elle a été déterminée par une analyse directe faite par M. Berthier, et par l'analyse faite par Vauquelin d'une certaine quantité de résidu de l'eau, évaporée sur les lieux.

| ANALYSE DU SEL DES EAUX DE NÉRIS, par Vauquelin. | | PAR LITRE. | D'APRÈS M. BERTHIER, PAR LITRE. |
|---|---|---|---|
| | | gram. | gram. |
| Carbonate de soude . . . . | 36,641 | 0,3664 | 0,26 |
| Sulfate de soude. . . . . . | 31,298 | 0,3130 | 0,37 |
| Chlorure de sodium . . . . | 17,558 | 0,1756 | 0,20 |
| Carbonate de chaux . . . . | 3,053 | 0,0305 | 0,17 |
| Silice. . . . . . . . . . . . | 9,095 | 0,0909 | |
| Matière organique azotée<br>Perte. . . . . . . . . . . | 2,355 | 0,0236 | » |
| | 100,000 | 1,0000 | 1,00 |

Les eaux de Néris dégagent, à la source, du gaz azote mélangé de 2 ou 3 centièmes d'acide carbonique, sans traces d'oxigène; mais le gas qui reste dissous dans l'eau, et qu'on peut obtenir en le faisant bouillir dans un appareil convenable, est formé de 38 d'oxigène et de 62 pour 100 d'azote. D'après M. Robiquet, auquel les deux observations précédente sont également dues, la matière organique est à l'état de parfaite dissolution dans l'eau et non organisée, tant que l'eau est contenue dans ses conduits souterrains; mais au contact de l'air et de la lumière cette matière s'organise en une plante confervoïde de la tribu des oscillariées (*anabaina monticulosa*), et cette plante renferme alors, au milieu de ses masses gélatiniformes, des bulles de gaz qui contiennent 40 pour 100 d'oxigène.

PASSY, bourg situé sur la rive droite de la Seine, à l'ouest et à la porte de Paris. Ses eaux ferrugineuses froides sont connues depuis un grand nombre d'années, et sont fournies par cinq sources, dont trois, situées à mi-côte, sont désignées sous le nom d'*eaux nouvelles*, et deux, placées au-dessous de la chaussée, portent celui d'*eaux anciennes*. Ces eaux ont été l'objet des recherches d'un grand nombre de chimistes, et leur importance, en raison de leur proximité de Paris, nous engage à donner un extrait de la belle analyse faite en 1808 par MM. Deyeux et Barruel.

C'est au milieu d'un vaste jardin que se trouvent les nouvelles eaux minérales de Passy. Les trois sources qui les fournissent sourdent à 20 pieds de profondeur, à partir du sol, dans un souterrain construit exprès. Celle n° 1, située à l'entrée du caveau, au bas de l'escalier, fournit 36 à 40 pintes d'eau dans l'espace d'une heure; celle n° 2, placée un peu plus avant, coule goutte à goutte, et est abandonnée aujourd'hui; celle n° 3, située au fond du caveau, fournit 45 pintes dans une heure, est la plus ferrugineuse, et est celle qui a été soumise à l'analyse.

Cette eau jouit d'une transparence parfaite, d'une faible teinte verdâtre et d'une saveur ferrugineuse acide. Elle rougit le tournesol, et les réactifs indiquent de fortes proportions de sulfates de fer et de chaux.

Deux livres d'eau, soumises à la distillation, ont dégagé une quantité d'acide carbonique représentée par 4 grains de carbonate de chaux, et ont déposé 4 grains d'un précipité ocracé, que les auteurs ont pensé être du carbonate de fer.

L'eau concentrée acquiert une saveur plus atramentaire et plus acide, et lorsqu'on l'évapore à siccité, elle exhale une odeur très sensible d'acide hydrochlorique.

Le résidu, traité par l'alcool à 40, lui cède des indices d'acide sulfurique et des chlorures de sodium et de fer, sans aucun indice de chaux.

La portion du résidu insoluble dans l'alcool a été traitée par l'eau, qui en a dissous des sulfates de soude et de magnésie; la portion insoluble dans les deux menstrues était un mélange de sulfate de chaux et de sous-sulfate de tritoxide de fer.

Pour déterminer la quantité totale de fer, les auteurs ont acidifié 10 livres de nouvelle eau par un peu d'acide nitrique, afin de retenir la magnésie en dissolution, et ont versé dans la liqueur un excès d'ammoniaque, qui a formé un précipité d'alumine et d'oxide de fer, pesant 50 grains. Ce mélange, redissous dans l'acide chlorhydrique, et précipité de nouveau par la potasse mise en excès, a laissé 29 grains d'*oxide de fer* très pur; la liqueur surnageante a été précipitée par le chlorhydrate d'ammoniaque, et a fourni ainsi de l'*alumine* pure, qui, redissoute dans l'acide sulfurique, et mêlée à 6 grains de *sulfate de potasse*, obtenu de la même eau, dans une expérience subséquente, a donné 37 grains d'*alun* bien cristallisé.

L'eau, acidifiée par l'acide nitrique et précipitée par l'ammoniaque, a été évaporée à siccité, et le résidu lavé à l'eau distillée. Il est resté 216 grains de *sulfate de chaux*.

L'eau de lavage a été mêlée avec de l'eau de chaux, jusqu'à ce qu'il ne s'y formât plus de précipité de magnésie. Ce précipité, combiné de nouveau à l'acide sulfurique, a procuré 113 grains de *sulfate de magnésie* cristallisé.

La liqueur d'où la magnésie avait été précipitée par la chaux a été débarrassée de cette dernière par l'oxalate d'ammoniaque, puis évaporée, et le résidu calciné. Ce résidu, dissous dans l'eau et mis à cristalliser, a produit deux sels différents, dont 33 grains de *chlorure de sodium* et 6 grains de *sulfate de potasse*.

Les eaux de Passy sont tellement ferrugineuses que, depuis longues années, les propriétaires ont imaginé d'en diminuer la force en les laissant exposées à l'air pendant plusieurs mois dans des jarres de terre. L'eau, décantée de dessus le précipité qui se forme par la suroxidation du fer, porte le nom d'*eau épurée*. Cette eau a été analysée comparativement à l'*eau non épurée*. Voici les produits des deux analyses.

| EAU, 1 KILOGRAMME. | EAU NON ÉPURÉE. Pes. spécifiq. 1,0046. | EAU ÉPURÉE. Pes. spécifiq. 1,0033. |
|---|---|---|
| | grains. | grains. |
| Sulfate de chaux . . . . . . . . . . . | 43,20 | 44,40 |
| Protosulfate de fer cristallisé . . . . | 17,24 | 1,21 (1). |
| Sulfate de magnésie cristallisé. . . . | 22,60 | 22,70 |
| Chlorure de sodium. . . . . . . . . | 6,60 | 6,70 |
| Sulfate d'alumine et de potasse . . . | 7,50 | 7,60 |
| Carbonate de fer. . . . . . . . . . | 0,80 | » |
| Acide carbonique libre . . . . . . . | 0,36 | » |
| Matière bitumineuse. . . . . . . . | quantité inappr. | » |

On voit par ce tableau qu'indépendamment d'une très faible concen-

(1) Sulfate de fer au *maximum* d'oxida ion.

tration de l'eau, qui augmente un peu la proportion des sels dissous, l'eau *épurée* a éprouvé un changement important, qui consiste dans la disparition presque complète du fer; et comme d'ailleurs cet effet doit varier suivant la température et le temps d'exposition à l'air, beaucoup de praticiens sont d'avis qu'il vaut mieux employer l'eau de Passy non altérée et telle qu'elle sort de la source, et la couper avec une proportion déterminée d'une boisson appropriée.

Cette précipitation presque complète du fer à l'état de sous-sulfate insoluble, est un fait d'autant plus curieux que le dégagement d'acide chlorhydrique, observé pendant l'évaporation de l'eau de Passy, y indique un léger excès d'acide sulfurique, qui devient nécessairement plus sensible dans l'eau épurée.

Je pense que ce fait, auquel on n'a pas encore cherché d'explication, est dû à l'affinité du sulfate de chaux pour l'acide sulfurique, et à la formation d'un sursulfate calcaire.

L'analyse indique dans l'eau non épurée une quantité réelle, mais si faible d'acide carbonique, qu'on peut la négliger. Je ne pense pas non plus, en raison de son excès d'acide sulfurique, qu'aucune portion de fer y soit à l'état de carbonate; enfin la quantité de protosulfate de fer, qui répond aux 29 grains de peroxide trouvés par l'analyse, est de 54gr.,44 de sulfate anhydre, ou de 102gr.,395 de sulfate cristallisé, ce qui fait par pinte 20gr.,476. En calculant d'après ces données la composition de l'eau de Passy, on trouve pour 1 litre d'eau ou 1 kilogramme :

| | gram. |
|---|---|
| Sulfate de chaux. . . . . . . . . . . | 2,3437 |
| Protosulfate de fer cristallisé. . . . | 1,1111 |
| Sulfate de magnésie cristallisé . . . | 1,2261 |
| Chlorure de sodium . . . . . . . . . | 0,3582 |
| Sulfate d'alumine et de potasse. . . | 0,4069 |
| Acide carbonique . . . . . . . . . | une très petite |
| Matière bitumineuse. . . . . . . . | quantité. |
| | 5,4460 |

En 1827, M. Henry fils a eu occasion de faire une observation intéressante sur l'eau de Passy conservée pendant un certain temps dans de grands vases. Cette eau était devenue louche et noirâtre, dégageait une odeur d'acide sulfhydrique, et présentait une foule de petites paillettes noires et brillantes de sulfure de fer. On y observait des flocons volumineux et fort abondants d'une substance glaireuse, colorée en noir par le même sulfure (*Journal de pharmacie*, t. XIII, p. 208). Tous ces résultats étaient dus à la décomposion des sulfates par la matière organique contenue dans l'eau de Passy, de même que cela a lieu pour toutes les eaux séléniteuses et pour un grand nombre d'eaux minérales (Seltz, Vichy, etc.), qui, envoyées loin de leur source, même dans des vases de verre bien bouchés, n'offrent le plus souvent, au bout d'un certain temps, qu'une eau croupie et tout à fait nuisible.

M. Henry fils a fait également l'analyse des eaux de Passy : l'eau nouvelle n° 3 lui a présenté à peu près la même composition qu'à M. Deyeux, et les autres eaux lui ont offert, ainsi qu'on le savait déjà, beaucoup moins de fer en dissolution; voici les résultats obtenus pour 1 kilogramme d'eau :

| | TRITOXIDE DE FER. | PROTOSULFATE CRISTALLISÉ. |
|---|---|---|
| | gram. | gram. |
| Source nouvelle n° 3. . | 0,4120 | 1,4547 |
| Source ancienne n° 2. . | 0,0770 | 0,2719 |
| Source nouvelle n° 1. . | 0,0456 | 0,1610 |
| Source ancienne n° 1. . | 0,0390 | 0,1377 |

**Plombières**, bourg situé dans les Vosges, à 421 mètres au-dessus du niveau de la mer. Il est à 4 lieues de Luxeuil, 3 de Bains et 105 de Paris. On y trouve de nombreuses sources d'eaux minérales de température et de nature variables, dont les principales sont : le *grand Bain*, 63°,75 ; les *Étuves*, 54°,40 ; les *Capucins*, 52°,50 ; le *Bain des Dames*, 52°,50 ; le *Crucifix*, 49°,50 ; la *Ferrugineuse*, dite *Bourdeille*, 15° L'eau du grand Bain a été examinée par Vauquelin, qui l'a trouvée sans couleur, d'une saveur très faible, produisant à la longue une légère sensation salée et lixivielle, d'une odeur un peu fétide, sans qu'on puisse y constater la présence du soufre. Il en a retiré, par litre :

| | gram. |
|---|---|
| Carbonate de soude cristallisé. . . . . . | 0,1175 |
| Sulfate de soude cristallisé . . . . . . . | 0,1266 |
| Chlorure de sodium. . . . . . . . . . . | 0,0678 |
| Carbonate de chaux. . . . . . . . . . . | 0,0317 |
| Silice. . . . . . . . . . . . . . . . . | 0,0723 |
| Matière organique gélatineuse . . . . . . | 0,0588 |
| | 0,4747 |

**Pougues**, bourg du département de la Nièvre, près de la rive droite de la Loire, à 3 lieues de Nevers. On y trouve deux sources d'eau acidule froide, dont la plus abondante est employée en boisson. L'eau bouillonne à sa sortie par l'effet d'un dégagement d'acide carbonique ; exposée à l'air, elle se trouble et laisse déposer des cristaux rhomboédriques de carbonate de chaux, et des flocons rougeâtres d'hydrate ou de crénate de fer. L'analyse faite par M. O. Henry (*Bulletin de l'Académie royale de médecine*, t. II, p. 492) a donné, en acide carbonique et en sels anhydres :

| | gram. |
|---|---|
| Acide carbonique libre | 1,583 |
| Carbonate de chaux | 0,924 |
| — de magnésie | 0,576 |
| — de soude | 0,450 |
| — de potasse | traces. |
| Sulfate de soude | 0,270 |
| — de chaux | 0,1904 |
| Chlorure de magnésium (1) | 0,350 |
| Silice et alumine | 0,035 |
| Phosphate de chaux | traces. |
| Peroxide de fer | 0,0204 |
| Matière organique | 0,030 |
| | 2,8458 |

**Provins**, petite ville très ancienne du département de Seine-et-Marne, à 12 lieues de Meaux et à 19 de Paris. De deux sources d'eaux ferrugineuses qu'on y voyait, il n'en reste plus qu'une, connue sous le nom de *fontaine Sainte-Croix*. Vauquelin en a fait l'analyse avec un soin tout particulier, et en a retiré par litre :

| | litre. | | | litre. |
|---|---|---|---|---|
| Acide carbonique | 0,55 | | | 0,55 |
| | gram. | | | gram. |
| Carbonate de chaux | 0,554 | | | 0,554 |
| Oxide de fer | 0,076 | ou | Carbonate de fer | 0.111 |
| Magnésie | 0,035 | ou | — de magnésie | 0,083 |
| Oxide de manganèse | 0,017 | ou | — de manganèse | 0,042 |
| Silice | 0,025 | | | 0,025 |
| Chlorure de sodium | 0,042 | | | 0,042 |
| — de calcium | quantités inappréciables. | | | |
| Matière grasse | quantités inappréciables. | | | |
| | 0,749 | | | 0,837 |

**Pullna**, petit village situé à quelques lieues de Sedlitz et de Seidschutz, en Bohême, dont l'eau est plus chargée de sels magnésiens, plus

(1) On a peine à concevoir la présence simultanée du carbonate de soude et du chlorure de magnésium.

amère par conséquent, et plus purgative que celle de ces deux localités. Elle a une température de 8°,25 à son point d'émergence. L'analyse faite par Barruel a donné, par litre :

| | gram. |
|---|---|
| Sulfate de magnésie cristallisé. . . . . . | 33,556 |
| — de soude cristallisé . . . . . . . . . . | 21,889 |
| Chlorure de sodium. . . . . . . . . . . . | 3,000 |
| Chlorhydrate de magnésie. . . . . . . . | 1,860 |
| Sulfate de chaux cristallisé . . . . . . . | 1,184 |
| Carbonate de magnésie . . . . . . . . . . | 0,540 |
| — de chaux . . . . . . . . . . . . . . . | 0,010 |
| — de fer . . . . . . . . . . . . . . . . . | 0,001 |
| Matière organique . . . . . . . . . . . | 0,400 |
| | 62,440 |

PYRMONT, château situé dans la Westphalie, à 4 lieues de Hamelen, et dans un vallon charmant entouré de montagnes boisées. On y voit une *caverne vaporeuse* qui contient assez d'acide carbonique pour frapper de stupeur et de suffocation l'homme et les animaux ; les bougies et les torches s'y éteignent également ; mais Pyrmont doit encore plus sa célébrité à ses eaux minérales, dont il y a plusieurs sources qui sont de nature différente, ce qui peut expliquer la différence des analyses faites par divers chimistes. Les principales sources sont : 1° le *Trinkbrunnen*, dont l'eau est destinée à la boisson et sert à l'exportation ; 2° le *Brodelbrunnen*, qui jaillit avec bruit, et se fait entendre à une grande distance pendant la nuit ; 3° le *Sauerling*, qui fournit une eau agréable et légère ; 4° le *Puits salé minéral ;* 5° la source saline ; 6° le Neubrunnen ; 7° le puits des Yeux ; 8° le petit *Badebrunnen.* Toutes ces eaux sont gazeuses, petillantes, et ont une température de 12 à 14 degrés. Voici les résultats des analyses faites par Bergmann et par MM. Brandes et Krueger :

| | BRANDES et KRUEGER. | BERGMANN. |
|---|---|---|
| | litres. | litres. |
| Acide carbonique . . . . . . | 1,68 | 0,95 |
| — sulfhydrique. . . . . . . | 0,03 | » |
| | gram. | gram. |
| Sulfate de magnésie . . . . . | 0,958 | 0,598 |
| Chlorhydrate de magnésie. . . | 0,187 | » |
| Carbonate de magnésie. . . . | 0,042 | 1,062 |
| Sulfate de chaux . . . . . . . | 1,186 | 0,909 |
| *A reporter*. . . . . | 2,373 | 2,569 |

| | BRANDES et KRUEGER. | BERGMANN. |
|---|---|---|
| | gram. | gram. |
| *Report*. . . . . . . | 2,373 | 2,569 |
| Carbonate de chaux. . . . . . | 0,942 | 0,480 |
| — de soude. . . . . . . . . | 0,862 | » |
| Chlorure de sodium . . . . . | 0,060 | 0,165 |
| Sulfhydrate de soude. . . . . | 0,012 | » |
| Phosphate de potasse. . . . . | 0,0175 | » |
| Carbonate de fer. . . . . . . | 0,143 | 0,077 |
| — de manganèse . . . . . . | 0,0035 | » |
| Silice . . . . . . . . . . . . | 0,018 | » |
| Matière résineuse. . . . . . . | 0,0208 | » |
| | 4,8758 | 3,291 |

RENNES-LES-BAINS, village du département de l'Aude, à 6 lieues au sud de Carcassonne, et dans une gorge étroite parcourue par la Salz.

On y observe trois sources thermales ferrugineuses, et deux sources froides qui paraissent provenir du mélange d'une source principale, nommée le *Bain fort*, avec des quantités variables d'eaux superficielles. C'est ce qui ressort clairement de la température variable des sources et de leur analyse, faite par MM. Julia et Reboulh (*Ann. de chim.*, t. LVI, p. 119). Voici les résultats de ces analyses pour 1 kilogramme d'eau.

| | BAIN FORT. | BAIN de la REINE. | BAIN des LADRES. | BAIN du PONT. |
|---|---|---|---|---|
| Température. . . . . . . . | 51° c. | 40° | 40° | temp. m. |
| | litres. | | | |
| Acide carbonique . . . . . | 0,05 | » | » | » |
| — sulfhydrique. . . . . . | » | q. inapp. | » | » |
| SUBSTANCES FIXES. | | | | |
| | gram. | gram. | gram. | gram. |
| Chlorhydrate de magnésie. | 0,6650 | 0,290 | 0,250 | » |
| — de chaux. . . . . . . . | 0,1250 | 0,115 | 0,575 | 0,1325 |
| Chlorure de sodium. . . . | 0,0625 | 0,300 | 0,200 | 0,065 |
| Sulfate de chaux. . . . . . | 0,2750 | 0,3625 | 0,2125 | 0,050 |
| — de magnésie . . . . . . | » | » | » | 1,100 |
| Carbonate de magnésie . . | 0,2375 | 0,225 | 0,020 | 0,100 |
| — de chaux. . . . . . . . | 0,2050 | 0,100 | 0,055 | 0,0375 |
| — de fer . . . . . . . . . | 0,1125 | 0,0875 | 0,075 | 0,0625 |
| Silice . . . . . . . . . . . | 0,0075 | » | 0,005 | » |
| Perte . . . . . . . . . . . | 0,0125 | 0,0125 | 0,0075 | 0,0025 |
| | 1,7025 | 1,5025 | 1,4000 | 0,5500 |

M. O. Henry a publié dans le *Bulletin de l'Académie de médecine*, t. III, p. 907, une nouvelle analyse des eaux de Rennes, dont les résultats diffèrent peu des précédents.

ROISDORFF, village du ci-devant département de la Roër et dans l'ancienne seigneurie d'Alfter, à 1 lieue du Rhin, 1 1/2 de Bonn, et 4 de Cologne. La source se trouve à l'entrée du village et dans une situation des plus agréables. L'eau, qui porte indifféremment le nom d'*Alfter* ou de *Roisdorff*, est très froide et d'une densité de 1,0089. Il paraît que, suivant une analyse de Vauquelin, cette eau contient un volume d'acide carbonique égal au sien, des carbonates de soude, de chaux et de magnésie; très peu de carbonate de fer, du sulfate de soude et du chlorure de sodium. Depuis, on a publié les résultats de deux analyses de l'eau de Roisdorff, l'une par M. Fr. Petazzi, dans les *Ann. de chim.*, t. LXXXVII, p. 109; et l'autre par M. Bischof, dans le *Journ. de chim. méd.*, t. III, p. 395; mais comme la première analyse présente 3 grammes 176 pour le poids total des substances fixes contenues dans 1 kilogramme d'eau, et la seconde 4 grammes 962 (dans la supposition que l'auteur de l'analyse s'est servi de la livre de 12 onces et du dragme de 60 grains), dans l'impossibilité où nous sommes de donner la préférence à l'un ou à l'autre résultat, nous nous bornons à indiquer les recueils où ils se trouvent consignés. Nous remarquerons d'ailleurs que, suivant M. Petazzi, la source de Roisdorff se trouve entre deux autres distantes seulement, l'une de 25 mètres, qui n'offre qu'une eau commune, et l'autre de 66 mètres, qui est tellement ferrugineuse qu'elle ne sert à aucun usage.

ROUEN. Voyez LA MARÉQUERIE.

SAINT-ALLYRE, nom d'un faubourg de la ville de Clermont, en Auvergne, où se trouve une fontaine tellement chargée de carbonate terreux, dissous dans l'acide carbonique, qu'elle a formé, en coulant à l'air libre, une muraille de 80 mètres de longueur et de 6 à 7 mètres de hauteur. Cette muraille forme pont sur un ruisseau qu'elle traverse, et n'a cessé de s'accroître, pour se reformer ailleurs, que lorsque le cours de l'eau eut été dérangé. Depuis longtemps aussi, on profite de la propriété incrustante de l'eau de Saint-Allyre pour recouvrir d'une couche calcaire ou pour *pétrifier*, comme on le dit improprement, une foule d'objets naturels, tels que des fruits, des fleurs, des plantes entières, et de petits animaux empaillés. Cette eau sort de terre avec une température constante de 24 degrés; la quantité qui s'en écoule est, d'après M. Girardin, de 24 litres par minute, 1440 litres par heure, 34560 litres par jour.

L'analyse de l'eau de Saint-Allyre a été faite par Vauquelin en 1799, et, en 1835, par M. Girardin, qui lui a trouvé une composition un peu différente. M. Berzélius s'est le premier occupé de la composition du travertin, et M. Girardin, ayant comparé celui qui forme l'ancien pont de Saint-Allyre avec le dépôt actuel des eaux, a reconnu que ces dépôts avaient changé de nature ; que l'ancien était beaucoup plus calcaire que magnésien et peu ferrugineux, tandis que le dépôt moderne est plus magnésien que calcaire et fortement ferrugineux. Cet examen indique encore que l'eau de Saint-Allyre a dû changer de composition.

*Analyse de l'eau de Saint-Allyre* (pour 1 kilogramme).

| | VAUQUELIN. | GIRARDIN. |
|---|---|---|
| | gram. | gram. |
| Acide carbonique libre. . . . . . | 0,412 | 0,4070 |
| Carbonate de chaux . . . . . . . . | 1,112 | 1,6342 |
| — de soude. . . . . . . . . . . . | 0,724 | 0,4886 |
| — de magnésie . . . . . . . . . . | 0,361 | 0,3856 |
| — de fer . . . . . . . . . . . . | » | 0,1410 |
| Oxide de fer. . . . . . . . . . . . | 0,028 | » |
| Sulfate de soude. . . . . . . . . . | traces. | 0,2895 |
| Chlorure de sodium . . . . . . . . | 0,773 | 1,2519 |
| Silice . . . . . . . . . . . . . . . | » | 0,3900 |
| Phosphate de manganèse. . . . . | » | } 0,0462 |
| Carbonate de potasse. . . . . . . | » | |
| Crénate de fer. . . . . . . . . . | » | |
| Matière organique bitumineuse . . | traces. | 0,0130 |
| | 2,998 | 4,6400 |

*Composition du travertin de Saint-Allyre.*

| | ancien. | moderne. |
|---|---|---|
| Carbonate de chaux . . . . . . . . | 40,224 | 24,40 |
| — de magnésie . . . . . . . . . . | 26,860 | 28,80 |
| — de strontiane. . . . . . . . . . | 0,043 | 0,20 |
| Peroxide de fer . . . . . . . . . . | 6,200 | 18,40 |
| Crénate de fer. . . . . . . . . . . | 5,000 | 5,00 |
| Sulfate de chaux. . . . . . . . . . | 5,382 | 8,20 |
| Sous-phosphate d'alumine . . . . . | 4,096 | 6,12 |
| Phosphate manganeux . . . . . . . | 0,400 | 0,80 |
| Silice . . . . . . . . . . . . . . . | 9,780 | 5,20 |
| Matière organique non azotée. . . | 1,200 | 0,40 |
| Eau. . . . . . . . . . . . . . . . . | 0,800 | 1,40 |
| Perte . . . . . . . . . . . . . . . | 0,015 | 1,08 |
| | 100,000 | 100,00 |

SAINT-AMAND, ville du département du Nord, à 3 lieues de Valenciennes. Ses eaux, sulfureuses accidentelles, et d'une température de 18 à 28°, ont joui d'une assez grande célébrité. Il y en a quatre sources, dont deux surtout, dites la *fontaine du Bouillon* et la *fontaine moyenne*, ont été examinées par le docteur Pallas. L'eau de la première est limpide et sans odeur; celle de la seconde est légèrement opaque et laisse surnager des flocons blancs d'une odeur et d'une saveur très prononcées d'œufs couvés. Cette odeur disparaît promptement à l'air; voici du reste les résultats de l'analyse (*Journ. de pharm.*, t. IX, p. 101).

| EAU, 1 KILOGRAMME. | FONTAINE du BOUILLON. | FONTAINE MOYENNE. |
|---|---|---|
| | grammes. | grammes. |
| Acide carbonique | 0,555 | 0,332 |
| Sulfate de chaux | 0,616 | 0,538 |
| — de magnésie | 0,437 | 0,2175 |
| — de soude | » | 0,122 |
| Chlorhydrate de magnésie | 0,050 | 0,041 |
| Chlorure de sodium | 0,038 | 0,2015 |
| Carbonate de chaux | 0,194 | 0,1085 |
| — de magnésie | 0,059 | 0,2265 |
| Silice | 0.010 | 0,020 |
| Fer | 0,025 | 0,020 |
| Matière résineuse | » | » |
| Perte | 0,021 | 0,180 |
| | 1,450 | 1,675 |

M. Pallas a aussi déterminé la nature du dépôt boueux des eaux de Saint-Amand, dont l'usage en bains est recommandé contre diverses maladies chroniques. Il en a retiré de la silice, de l'oxide de fer, des carbonates de chaux et de magnésie, une matière extractive d'une odeur alliacée, et une assez forte proportion d'une matière végéto-animale. Quant au soufre, qu'il pense devoir y exister à l'état de corps simple, il est possible qu'il s'y trouve en effet, sous cet état, en petite quantité; mais l'expérience sur laquelle M. Pallas se fonde pour l'admettre n'est pas concluante, par la raison que l'eau de Saint-Amand contient une forte proportion de sulfates, que ces sels doivent exister aussi dans les boues, et que le résultat de leur calcination avec la matière organique a dû produire des sulfures décomposables par les acides.

Saint-Galmier, petite ville du département de la Loire, à 3 lieues de Montbrison. On trouve au bas d'un des faubourgs une fontaine minérale nommée *Fanforte*, dont l'eau est froide, acidule et calcaire. L'analyse en a été faite par M. O. Henry (*Bulletin de l'Académie royale de médecine*, t. III, p. 882), qui en a retiré :

| | | gram. |
|---|---|---|
| Acide carbonique libre (plus d'un litre) | | 2,082 |
| Bicarbonate de chaux. | celui de chaux domine. | 1,037 |
| — de magnésie. | | |
| — de soude anhydre. | | 0,238 |
| — de strontiane. | | 0,007 |
| — de fer | | 0,009 |
| — de manganèse. | | |
| Sulfate de chaux anhydre. | | 0,180 |
| — de soude anhydre. | | 0,079 |
| Chlorure de sodium | | 0,216 |
| Nitrate de magnésie | | 0,060 |
| Phosphate soluble | | traces. |
| Silice et alumine | | 0,036 |
| Matière organique non azotée. | | 0,024 |
| | | 1,886 |

SAINT-MART, nom d'une chapelle située à un quart de lieue de Clermont, département du Puy-de-Dôme. On y voit deux sources d'une eau légèrement thermale et faiblement ferrugineuse.

SAINT-NECTAIRE, grand village situé au pied du Mont-Dore, à 4 lieues du village du même nom, et à peu près à égale distance de Clermont et d'Issoire. Ses eaux minérales, situées à une demi-lieue du village, ont été connues des Romains; mais elles étaient tout à fait tombées dans l'oubli, lorsque, en 1812, on découvrit de nouveau la source principale, qui s'était obstruée d'elle-même en empâtant d'une croûte calcaire des débris qui la recouvraient. Dès lors ces eaux ont fixé l'attention du gouvernement, et il n'est pas douteux qu'elles ne forment plus tard un établissement susceptible d'être visité par un grand nombre de malades.

Indépendamment de cette source, nommée la *Grande-Source* ou le *Gros-Bouillon*, dont la température est de 40 degrés centigrades, on en trouve d'autres qui ne s'élèvent qu'à 36, 34 et 24 degrés, mais qui, d'après M. Berthier, contiennent les mêmes principes, au nombre desquels dominent l'acide carbonique et le carbonate de soude : ces eaux, supérieures à celles du Mont-Dore, et tout à fait analogues à celles de Vichy, peuvent donc être employées aux mêmes usages que ces dernières. Voici, au reste, les résultats de l'analyse qu'en a faite M. Berthier (*Ann. de chim. et de phys.*, t. XIX, p. 132).

| EAU, 1 KILOGRAMME. | SELS ANHYDRES. | SELS CRISTALLISÉS. |
|---|---|---|
| | gram. | gram. |
| Acide carbonique libre | 0,736 | 0,736 |
| Bicarbonate de soude | 2,833 | 3,150 |
| Chlorure de sodium | 2,420 | 2,420 |
| Sulfate de soude | 0,156 | 0,350 |
| Carbonate de chaux | 0,440 | 0,440 |
| — de magnésie | 0,240 | 0,240 |
| Silice | 0,100 | 0,100 |
| Oxide de fer | 0,014 | 0,014 |
| | 6,203 | 6,714 |

On trouve dans le *Journal de pharmacie* deux autres analyses de l'eau de Saint-Nectaire : l'une par M. Boullay (t. VII, p. 269), peu différente de celle de M. Berthier ; l'autre par M. O. Henry (t. XIII, p. 87), dont les résultats sont très éloignés des précédents ; l'accord des deux premières doit leur faire accorder plus de confiance. M. Berthier a également analysé le tuf calcaire déposé par les eaux de Saint-Nectaire, et les efflorescences alcalines qu'elles laissent sur le sol en été. Le premier est composé de sable mêlé de silice gélatineuse, de carbonate de chaux, de carbonate de magnésie et d'oxide de fer, auxquels il faudrait joindre, d'après M. Berzélius, le carbonate de strontiane et quelques phosphates. Ces corps existent dans l'eau de Saint-Nectaire, mais en proportions respectives bien différentes ; ce qui confirme l'opinion émise précédemment au sujet des eaux de Carlsbad, que, si l'analyse des tufs produits par les eaux minérales peut indiquer les principes peu solubles qui s'y trouvent en quantité minime, elle peut difficilement servir à en indiquer les proportions.

SAINT-PARDOUX, hameau de la commune de Theneuille, à 3 lieues sud-est de Bourbon-l'Archambault. On y trouve une source d'eau froide petillante, et d'un goût aigrelet fort agréable, qui sert de boisson principale aux malades de Bourbon-l'Archambault. Les analyses qui en ont été faites par M. Saladin et par M. Henry offrent, quant aux carbonates dissous, une différence assez considérable, qui peut s'expliquer par cette circonstance qui se représente très souvent, que M. Saladin a opéré sur de l'eau prise à la source, et M. Henry sur de l'eau transportée à Paris. Voici les deux analyses :

| | SALADIN. | O. HENRY. |
|---|---|---|
| | gram. | |
| Acide carbonique libre. . . . . . . | 2,534 | plus d'un litre. |
| Carbonate de chaux . . . . . . . . . | 0,065 | 0,020 |
| — de magnésie. . . . . . . . . . . . | » | |
| — de soude. . . . . . . . . . . . . | 0,075 | 0,018 |
| Sulfate de soude. . . . . . . . . . . | » | 0,010 |
| — de chaux. . . . . . . . . . . . . | » | |
| Chlorure de sodium. . . . . . . . | 0,085 | 0,030 |
| — de magnésium . . . . . . . . . . | » | |
| Silicate de chaux . . . . . . . . . | » | 0,070 |
| — d'alumine . . . . . . . . . . . . | » | |
| Silice . . . . . . . . . . . . . . . . . | 0,028 | » |
| Oxide de fer. . . . . . . . . . . . . | 0,145 | 0,020 |
| Matière organique. . . . . . . . . | » | |
| | 0,398 | 0,168 |

On trouve dans la même commune de Theneuille, à 1 kilomètre de Saint-Pardoux, une autre source, dite *source de la Trollière*, qui surgit au milieu d'un pré dont le sol est tourbeux. Cette eau est encore plus chargée d'acide carbonique que la précédente; mais, indépendamment des bulles de cet acide, qui s'élèvent incessamment du fond du réservoir, on en voit d'autres, du volume d'un œuf, qui viennent crever à la surface, en répandant une odeur de sulfide hydrique. Cette qualité sulfureuse de l'eau est suffisamment expliquée par l'action du sol tourbeux sur les sulfates de l'eau minérale; et le dégagement du sulfide hydrique, par l'action dé l'acide carbonique sur les sulfures formés. Cette eau sert également au traitement des malades de Bourbon-l'Archambault. Elle contient, d'après l'analyse de M. Henry :

| | |
|---|---|
| Acide carbonique libre. . | 1 lit.,5 |
| | gram. |
| Carbonate de chaux. . . | 0,025 |
| — de magnésie. . . . . | |
| — de soude . . . . . . | 0,017 |
| Sulfate de chaux. . . . . | 0,018 |
| — de soude. . . . . . . | |
| Chlorure de sodium. . . | 0,040 |
| — de magnésium. . . . | |
| Silicate de chaux . . . . | 0,060 |
| — d'alumine. . . . . . | |
| Oxide de fer crénaté . . | 0,020 |
| | 1,180 |

SAINT-SAUVEUR, village des Hautes-Pyrénées, dans la vallée de Lavédan, élevé de 770 mètres au-dessus du niveau de la mer, à 1 lieue de Baréges et à 1/4 de lieue de Luz. Le Gave de Gavarnie coule au bas de la terrasse des bains, mais, à 80 mètres au-dessous. Il n'y a qu'une source produisant, en vingt-quatre heures, 144 mètres cubes d'eau, à la température de 34°50. Elle offre la même composition que l'eau de Baréges, dont on peut la considérer comme une annexe; cependant elle est un peu moins sulfureuse, et ne donne, par litre, que $0^{gr},1956$ de sels desséchés.

SEDLITZ, village de Bohême, près duquel Hoffmann découvrit, en 1724, une source d'eau purgative qui est encore exportée dans toute l'Europe, bien que l'eau de Pullna, qui est tirée de la même contrée, lui ait enlevé une partie de sa renommée. Elle a servi pendant longtemps à l'extraction du sulfate de magnésie, qui en avait pris le nom de *sel de Sedlitz*. L'analyse de l'eau de Sedlitz faite par M. Steinmann, a donné pour 1000 parties :

| | Sels anhydres. | Sels cristallisés. |
|---|---|---|
| Acide carbonique . . . . . | 0,45 | |
| Sulfate de magnésie . . . . | 10,36 | 20,81 |
| Chlorhydrate de magnésie . | 0,138 | |
| Sulfate de soude. . . . . . | 2,27 | 5,13 |
| — de potasse. . . . . . . . | 0,57 | |
| — de chaux. . . . . . . . . | 0,53 | |
| Carbonate de chaux . . . . | 0,70 | |
| — de magnésie . . . . . . | 0,026 | |
| — de strontiane. . . . . . | 0,008 | |
| Carbonate de fer. . . . . .<br>— de manganèse . . . . .<br>Alumine et silice. . . . . . | 0,007 | |
| | 15,059 | |

On cite une analyse de Bouillon-Lagrange, qui présente, pour 1000 grammes d'eau, 32 grammes de sulfate de magnésie. En supposant qu'il s'agisse de sulfate cristallisé, la dose est encore plus forte que celle indiquée par M. Steinmann. Celle-ci paraît mériter plus de confiance.

SEIDSCHUTZ ou SAIDSCHITZ, bourg de Bohême voisin de Sedlitz, et dont les eaux sont tellement analogues à celles de ce dernier endroit que Frédéric Hoffmann leur accordait une seule et même origine. Bergmann en a fait une analyse qui s'est trouvée confirmée, quant aux sels principaux, par celle de M. Steinmann; car celui-ci en a extrait un grand nombre d'autres principes que le célèbre chimiste suédois ne pouvait pas y soupçonner. Il paraît qu'il n'existe pas moins de vingt-quatre sources ou vingt-quatre puits d'eau saline à Seidschutz ; mais il n'y en a que deux qui servent à l'exportation. Le produit des autres est employé pour l'extraction du sulfate de magnésie.

| EAU, 1000 PARTIES PONDÉRALES. | PUITS PRINCIPAL. | PUITS DE KOSE. |
|---|---|---|
| Acide carbonique . . . . . . . . . . | 0,430 | 0,386 |
| Air atmosphérique . . . . . . . . . . | 0,0137 | 0,037 |
| | sels desséchés. | sels desséchés. |
| Sulfate de magnésie. . . . . . . . . . | 10,251 | 10,55 |
| Nitrate de magnésie. . . . . . . . . | 2,535 | 1,03 |
| Chlorhydrate de magnésie. . . . . . | 0.308 | 0,173 |
| Carbonate de magnésie . . . . . . . | 0.143 | 0,161 |
| Sulfate de potasse. . . . . . . . . . | 2.986 | 1,82 |
| — de soude. . . . . . . . . . . . . | 3,530 | 2,88 |
| — de chaux . . . . . . . . . . . . | 0,257 | 0,102 |
| Carbonate de chaux. . . . . . . . . | 0,630 | 0,53 |
| — de strontiane . . . . . . . . . . | 0,0035 | 0,003 |
| — de fer. . . . . . . . . . . . . . | 0,015 | 0,021 (total de fer, manganèse, sous-phosphate d'alumine et silice) |
| — de manganèse. . . . . . . . . . | 0,004 | |
| Sous-phosphate d'alumine. . . . . . | 0,002 | |
| Silice. . . . . . . . . . . . . . . . | 0,008 | |
| Alumine. . . . . . . . . . . . . . . | 0,051 | 0,055 |
| | 20,7235 | 17,325 |

SELTZ, SELTEN ou SELSTERS, village situé sur la Lahn, dans le duché de Nassau, à 5 lieues de Francfort. Il est célèbre par ses eaux gazeuses, dont il se fait un grand débit dans toute l'Europe. L'analyse en a été faite par Bergmann, qui en a retiré par litre :

| | |
|---|---|
| | lit. |
| Acide carbonique . . . . . . | 0,50 à 0,60 |
| | gram. |
| Carbonate de chaux . . . . . | 0,4013 |
| — de magnésie. . . . . . . | 0,6970 |
| — de soude cristallisé. . . . | 0,5665 |
| Chlorure de sodium . . . . . | 2,5850 |
| | 4,2498 |

Suivant les observations de M. J. Murray, dont nous avons déjà plusieurs fois fait mention, il est permis de douter que l'eau de Seltz contienne réellement une aussi grande quantité de carbonate de chaux et de magnésie, puisque ces sels insolubles peuvent être le résultat d'une double décomposition opérée pendant la concentration de l'eau, entre des quantités correspondantes de bicarbonate de soude et de chlorhydrates de chaux et de magnésie. (*Nota.* Le carbonate de soude est nécessairement à l'état de bicarbonate dans l'eau de Seltz, et n'a été obtenu à l'état de simple carbonate, de même que ceux insolubles qui se sont précipités, que par l'action du calorique.) Ainsi les 0gr,4013 de carbonate de chaux peuvent être produits par la décomposition de 0gr,6699 de bicarbonate de soude, et de 0gr,8729 de chlorhydrate de chaux, tous deux cristallisés; et les 0gr,697 d'hydro-carbonate de magnésie le sont par la décomposition de 1gr,4043 de chlorhydrate de magnésie et de 1gr,2724 de bicarbonate de soude. Ajoutant à ces deux quantités de bicarbonate de soude, celle qui répond au carbonate cristallisé obtenu par l'analyse (9gr,3334), et retranchant, au contraire, du chlorure de sodium, celui qui est résulté de la décomposition des deux chlorhydrates terreux (1gr,3529), on arrive à un ordre de combinaisons qui représente probablement mieux la véritable composition de l'eau de Seltz, et que voici :

| | |
|---|---|
| Eau de Seltz . . . . . . . . . . . . . . . | 1 litre. |
| Acide carbonique, toujours . . . . . . | 0,50 à 0,60 |
| | gram. |
| Bicarbonate de soude cristallisé. . . . . | 2,2758 |
| Chlorure de sodium. . . . . . . . . . . | 1,2321 |
| Chlorhydrate de magnésie cristallisé . . | 1,4043 |
| — de chaux cristallisé. . . . . . . . . | 0,8729 |
| | 5,7851 |

L'exactitude de l'analyse de Bergmann n'a pu que se trouver confirmée par celles qui ont été faites depuis. Cependant, comme celles-ci font mention de quelques principes nouvellement découverts, je rapporterai celles faites par MM. Bischoff et O. Henry.

| EAU, 1000 GRAMMES. | BISCHOFF. | O. HENRY. |
|---|---|---|
| Acide carbonique libre . . . . . . . | gram. indéterminé. | gram. 2,749 |
| Bicarbonate de soude anhydre. . . . | 1,029 | 0,999 |
| — de chaux . . . . . . . . . . . . | 0,464 | 0,551 |
| — de magnésie. . . . . . . . . . . | 0,418 | 0,209 |
| — de strontiane . . . . . . . . . . | » | traces. |
| *A reporter.* . . . . | 1,911 | 1,759 |

| EAU, 1000 GRAMMES. | BISCHOFF. | O. HENRY. |
|---|---|---|
| *Report*. . . . . . . | 1,911 | 1,759 |
| Bicarbonate de protoxide de fer . . | 0,027 | 0,030 |
| Chlorure de sodium. . . . . . . . . | 2,796 | 2,040 |
| — de potassium . . . . . . . . . . | » | 0,001 |
| Bromure alcalin. . . . . . . . . . . | » | traces |
| Sulfate de soude anhydre . . . . . . | 0,043 | 1,150 |
| Phosphate de soude. . . . . . . . . | 0,046 | 0,040 |
| Silice et alumine. . . . . . . . . . | 0,048 | 0,050 |
| Matière organique. . . . . . . . . . | » | traces |
| | 4,871 | 4,070 |

Il y a en Moravie une ville, nommée *Selters*, qui produit une eau salée. Il y a également en France dans le département du Bas-Rhin, arrondissement de Wissembourg, un bourg nommé *Seltz*, qui produit une eau minérale, et qui a été indiqué à tort, par quelques auteurs, comme étant celui qui fournit l'eau de Seltz du commerce. Enfin on trouve en Alsace les bourgs suivants, qu'il faut également distinguer des précédents :

*Soultz-sous-Forêts*, Bas-Rhin, arrondissement de Wissembourg, donne une source salée exploitée.

*Soultz-les-Bains*, Bas-Rhin, à 5 lieues de Strasbourg, arrondissement de Strasbourg ; établissement de bains.

*Soultz*, près Guebwiller, à 5 lieues 1/2 de Colmar, Haut-Rhin.

*Soultzmach* ou *Sulzmatt*, à 4 lieues 1/2 de Colmar, même département; eaux minérales exploitées.

*Soultzbach*, petite ville du même département, à 3 lieues sud-ouest de Colmar, qui possède plusieurs sources d'eaux minérales froides et acidules, dont deux surtout sont usitées en boisson et pour les bains.

SPA, bourg de l'ancien département de l'Ourthe (Belgique), à 6 lieues de Liége. On y observe six fontaines d'eaux ferrugineuses froides très renommées : la première est le *Pouhon*, située dans le village même; la seconde est la *Géronstère*, placée dans une forêt au midi de Spa; les autres, plus nouvellement connues, en sont plus ou moins éloignées. C'est encore à Bergmann qu'on doit l'analyse des eaux de Spa. Ce célèbre chimiste y a trouvé, par litre :

| | lit. |
|---|---|
| Acide carbonique. . . . . . . | 0,45 |

| | gram. |
|---|---|
| Carbonate de fer. . . . . . . . | 0,077 |
| — de chaux . . . . . . . . . . | 0,201 |
| — de magnésie. . . . . . . . | 0,480 |
| — de soude . . . . . . . . . . | 0,201 |
| Chlorure de sodium. . . . . . | 0,027 |
| | 0,986 |

Plusieurs chimistes ont analysé plus récemment les eaux de Spa, et particulièrement celle produite par la source du Pouhon. Je ne citerai que les deux suivants :

| EAU, 1 KILOGRAMME. | E.-G. JONES. | MONHEIM. |
|---|---|---|
| Acide carbonique. . . . . . . . . . | litres. 1,134 | litres. 0,86 |
| Carbonate de fer. . . . . . . . . . | gram. 0,0888 | gram. 0,095 |
| — de chaux. . . . . . . . . . . . | 0,1143 | 0,081 |
| — de magnésie. . . . . . . . . . | 0,0207 | 0,034 |
| — de soude. . . . . . . . . . . . | 0,0259 | 0,098 |
| Sulfate de soude. . . . . . . . . . | 0,0115 | » |
| Chlorure de sodium. . . . . . . . | 0,0130 | 0,022 |
| Alumine. . . . . . . . . . . . . . | 0,0034 | 0,003 |
| Silice. . . . . . . . . . . . . . . | 0,0259 | 0,030 |
| | 0,3035 | 0,363 |

TARASCON, petite ville du département de l'Ariége, à 4 lieues au sud de Foix. On y trouve, à une petite distance, au nord-ouest, la fontaine de Sainte-Quêterie, nommée aussi *Fontaine rouge*, à cause de l'abondant dépôt ocracé qui la tapisse. L'eau en a été analysée par M. Magnes, de Toulouse, qui en a retiré de l'acide carbonique libre, du sulfate de chaux, du carbonate de fer, du sulfate et du chlorhydrate de magnésie, du chlorure de sodium, de la silice et une matière grasse résineuse (*Journ. de pharm.*, t. IV, p. 385).

TOEPLITZ, petite ville de Bohême, renommée par les nombreuses sources thermales qui l'entourent, et qui depuis plus de mille ans servent à alimenter des établissements de bains.

L'analyse de la source du Steinbad a été faite, en 1823, par M. Berzélius, qui en a retiré en sels anhydres, pour 1 kilogramme d'eau :

| | gram. |
|---|---|
| Carbonate de soude. . . . . . | 0,346 |
| Chlorure de sodium. . . . . . | 0,055 |
| Sulfate de soude . . . . . . . | 0,067 |
| Phosphate de soude. . . . . . | 0,002 |
| Sulfate de potasse. . . . . . . | 0,001 |
| Carbonate de chaux. . . . . . | 0,067 |
| — de magnésie. . . . . . . . | 0,037 |
| Oxide de fer . . . . . . . . . / Sous-phosphate d'alumine. . | 0,003 |
| Silice. . . . . . . . . . . . . . | 0,042 |
| Oxide de manganèse . . . . . | traces. |
| | 0,620 |

TONGRES, ville de Belgique, à 5 lieues de Maëstricht. A un quart de lieue de la ville, on trouve deux sources d'eaux ferrugineuses, dans lesquelles M. Payssé a constaté la présence des carbonates de fer et de magnésie (*Ann. chim.*, t. XXXVI, p. 161).

URIAGE, village du département de l'Isère, à 2 lieues de Grenoble. On y trouve une source ferrugineuse et une source sulfureuse secondaire tout à fait analogue, pour sa composition, à l'eau d'Enghien, près Paris. Cette eau n'étant qu'à une température de 22 à 25 degrés centigrades, on la fait chauffer pour l'employer en bains; elle a été analysée par M. Berthier, qui en a retiré :

| | SELS ANHYDRES. | SELS CRISTALLISÉS. |
|---|---|---|
| | gram. | gram. |
| Carbonate de chaux. . . . . . . . . | 0,0120 | 1,0120 |
| — de magnésie. . . . . . . . . . | 0,0012 | 0,0012 |
| Sulfate de chaux . . . . . . . . . | 0,0710 | 0,0900 |
| — de magnésie. . . . . . . . . . . | 0,0395 | 0,0698 |
| — de soude . . . . . . . . . . . . | 0,0840 | 0,2210 |
| Chlorure de sodium . . . . . . . . | 0,3560 | 0,3560 |
| Sulfhydrate de chaux . . . . . . . . / — de magnésie. . . . . . . . . . | 0,0110 | 0,0110 |
| Acide sulfhydrique . . . . . . . . | 0,0018 | 0,0018 |
| | 0,5760 | 0,7622 |

USSAT, petite ville du département de l'Ariége, à une demi-lieue de Tarascon et à 3 lieues d'Aix ; elle est renommée pour ses bains, creusés dans le sol même d'une des montagnes qui forment la gorge étroite où coule l'Ariége; l'eau s'élève continuellement du sol qui constitue le fond des cuves et les remplit. Cette eau est limpide, inodore, peu sapide, onctueuse au toucher, et d'une température qui varie, suivant les cuves, de 34 à 37 degrés centigrades. Elle dégage aussi de temps en temps quelques bulles de gaz acide carbonique. Suivant l'analyse de Figuier, cette eau contient par litre :

| | pouces cubes. |
|---|---|
| Acide carbonique libre. . . . | 0,33 |
| | gram. |
| Sulfate de chaux. . . . . . . . | 0,3066 |
| Carbonate de chaux . . . . . | 0,2682 |
| — de magnésie . . . . . . . . | 0,0098 |
| Chlorhydrate de magnésie . . | 0,2764 |
| Sulfate de magnésie . . . . . | 0,0343 |
| | 0,8953 |

Les eaux d'Ussat portent aussi le nom d'*eaux d'Arnolat*, commune sur le territoire de laquelle elles sont en partie situées. On les appelle encore *eaux de Tarascon*, à cause de leur proximité de cette ville ; mais il vaut mieux appliquer ce dernier nom aux eaux ferrugineuses de Sainte-Quêterie, qui en sont encore plus rapprochées.

VALS, bourg situé dans le département de l'Ardèche, à 8 lieues ouest-sud-ouest de Privas et à 3/4 de lieue de la petite ville d'Aubenas. On y trouve quatre sources d'une eau gazeuse, alcaline et ferrugineuse, la plus riche de toutes les eaux de France en carbonate de soude, à tel point que l'extraction de ce sel serait une exploitation très profitable, si l'eau était plus abondante. L'eau de la source principale, nommée *la Marquise*, a été analysée par M. Berthier, qui en a retiré, par litre :

| | SELS ANHYDRES. | SELS CRISTALLISÉS. |
|---|---|---|
| | gram. | gram. |
| Bicarbonate de soude . . . . . . . . . | 7,154 | 9,701 |
| Sulfate de soude. . . . . . . . . . . | 0,053 | 0,120 |
| Chlorure de sodium. . . . . . . . . . | 0,160 | 0,160 |
| Carbonate de chaux. . . . . . . . . . | 0,180 | 0,180 |
| — de magnésie. . . . . . . . . . . | 0,125 | 0,125 |
| Silice . . . . . . . . . . . . . . . | 0,116 | 0,116 |
| Oxide de fer. . . . . . . . . . . . . | 0,015 | 0,015 |
| | 7,806 | 10,417 |

En 1845, on a découvert à Vals une nouvelle source, dite *la Chloé*, de même nature que les précédentes, mais plus complétement saturée d'acide carbonique, et ne contenant que 5gr.,289 de bicarbonate de soude sec par litre d'eau. Elle est beaucoup plus abondante que les anciennes sources, et produit 88160 litres en vingt-quatre heures. Elle se rapproche beaucoup, par sa composition, des eaux de Bussang et de Vichy.

VERNET, village situé au pied du mont Canigou, dans les Pyrénées orientales. On y observe sept sources d'une eau sulfureuse thermale, semblable aux autres eaux sulfureuses des Pyrénées, et d'une température de 45°,5. Elle contient, d'après M. Anglada, pour 1 litre :

| | gram. |
|---|---|
| Sulfhydrate de soude. . . | 0,0593 |
| Carbonate de soude . . . | 0,0571 |
| Sulfate de soude. . . . . | 0,0291 |
| Chlorure de sodium . . . | 0,0121 |
| Silice . . . . . . . . . . | 0,0496 |
| Sulfate de chaux . . . . . | 0,0037 |
| Carbonate de chaux . . . | 0,0008 |
| — de magnésie . . . . . | traces. |
| Glairine. . . . . . . . . | 0,0090 |
| Perte . . . . . . . . . . | 0,0051 |
| | 0,2258 |

VIC-SUR-CÈRE, VIC-EN-CARLADEZ, gros bourg sur la Cère, au pied du Cantal, à 16 lieues au sud de Clermont. On y trouve quatre sources d'une eau acidule, alcaline et salée, qui présente la plus grande analogie de composition avec l'eau de Seltz, sauf qu'elle contient à peu près deux fois autant de carbonate alcalin. Voici les résultats de l'analyse qui en a été faite par M. O. Henry (*Bulletin de l'Académie royale de médecine*, t. III, p. 896).

| | gram. |
|---|---|
| Acide carbonique libre. . . . . | 0,874 |
| Bicarbonate de soude anhydre. | 2,135 |
| — de chaux . . . . . . . . . | 0,723 |
| — de magnésie. . . . . . . . | 0,375 |
| — de strontiane . . . . . . . | sensible. |
| — de protoxide de fer . . . . | 0,001 |
| Chlorure de sodium. . . . . . | 1,550 |
| — de potassium . . . . . . . | 0,002 |
| Bromure alcalin. . . . . . . . | 0,003 |
| Sulfate de soude anhydre . . . | 0,720 |
| — de chaux . . . . . . . . . | 0,028 |
| *A reporter*. . . . . . | 5,537 |

| | |
|---|---|
| *Report.* . . . . . | 5,537 |
| Phosphate de soude . . . . . . | 0,020 |
| Silice et alumine . . . . . . . | 0,036 |
| Crénate de fer . . . . . . . . | 0,030 |
| — alcalin . . . . . . . . . . . | traces. |
| | 5,623 |

VIC-LE-COMTE, petite ville à 5 lieues de Clermont, département du Puy-de-Dôme. On trouve auprès deux sources d'une eau gazeuse et saline, froide; on n'en connaît que d'anciennes analyses, qui demanderaient à être répétées.

On connaît en France un grand nombre d'autres lieux du nom de Vic (*vicus*, village), et, entre autres, Vic-en-Lorraine, auprès duquel on a découvert, il y a plusieurs années, une mine de sel gemme.

VICHY, *Vicus calidus*, petite ville sur la rive droite de l'Allier, à 15 lieues de Moulins et à 6 de Gannat, département de l'Allier. Ses eaux thermales, qui comptent parmi les plus renommées de l'Europe, sont fournies par sept sources distinctes, et diffèrent beaucoup entre elles en volume et en température; mais chacune d'elles conserve toujours une température et un volume constants. La température des quatre sources principales, observées le 30 juin 1820 par MM. Berthier et Puvis, s'est trouvée :

| | |
|---|---|
| Grande-Grille. . . . . . . | 38°,5 |
| Puits Chomel. . . . . . . . | 40°,0 |
| Puits Carré. . . . . . . . . | 45°,0 |
| Source de l'Hôpital. . . . | 33°,0 |

Les eaux de ces diverses sources jaillissent en bouillonnant dans les puits qui les renferment, et en entraînant avec elles un volume plus ou moins considérable d'acide carbonique. Celle qui, en proportion de sa masse, en fournit le plus, est la source de la Grande-Grille, qui en dégage de 28 à 30 mètres cubes en vingt-quatre heures, c'est-à-dire un volume presque double de celui de l'eau, sans compter celui qui reste en dissolution. *Dans les temps d'orage le dégagement est plus considérable*, et cet effet, qu'un physicien célèbre a révoqué en doute, paraît cependant facile à expliquer par la diminution de pression atmosphérique qui accompagne ordinairement les temps orageux. Du reste, les eaux n'ont pas d'odeur bien marquée, et leur saveur, sensiblement alcaline, n'a pourtant rien de désagréable.

L'eau de chacune des sept sources a donné, à l'analyse, des résultats si peu différents les uns des autres qu'il est permis de croire que leur composition est identique. MM. Berthier et Puvis en ont retiré, par litre (*Ann. chim. et phys.*, t. XVI, p. 441) :

| | gram. | | litre. |
|---|---|---|---|
| Acide carbonique. . . . . . . | 2,268 | ou | 1,149 |

| | SELS ANHYDRES. | SELS CRISTALLISÉS. |
|---|---|---|
| | gram. | gram. |
| Carbonate de soude . . . . . . . . . . | 3,813 | 10,294 |
| Chlorure de sodium. . . . . . . . . . | 0,558 | 0,558 |
| Sulfate de soude. . . . . . . . . . . . | 0,279 | 0,631 |
| Carbonate de chaux. . . . . . . . . . | 0,285 | 0,285 |
| — de magnésie. . . . . . . . . . . . | 0,045 | 0,045 |
| Silice . . . . . . . . . . . . . . . . . | 0,045 | 0,045 |
| Peroxide de fer . . . . . . . . . . . . | 0,006 | 0,006 |
| | 5,031 | 11,864 |

Dans les eaux, la soude est à l'état de bicarbonate, ce qui en porte la quantité à 5gr.,161, et la totalité des sels anhydres à 6gr.,379; et il reste encore assez d'acide carbonique en excès pour tenir en dissolution les carbonates de chaux, de magnésie et de fer. L'analyse ne fait pas mention d'une matière organique azotée que d'Arcet a trouvée dans l'eau de Vichy, et sur laquelle Vauquelin a publié des observations très intéressantes (*Ann. chim. et phys.*, t. XXVIII, p. 98). Cette analyse diffère d'ailleurs en quelques points de celles qui ont été faites par M. Lonchamp, dont nous présentons ici le résultat moyen (*Journ. pharm.*, t. VII, p. 569) :

| | gram. |
|---|---|
| Acide carbonique. . . . . . | 1,0547 |

| | gram. |
|---|---|
| Bicarbonate de soude sec. . | 5,1639 |
| Chlorure de sodium . . . . | 0,5530 |
| Sulfate de soude sec . . . . | 0,4181 |
| Carbonate de chaux . . . . | 0,4632 |
| — de magnésie . . . . . . | 0,0869 |
| — de fer . . . . . . . . . . | 0,0136 |
| Silice . . . . . . . . . . . | 0,0818 |
| | 6,7805 |

Il existe des eaux plus chargées de carbonate de soude (celles de

Vals, par exemple); mais l'abondante production de celles de Vichy, qui ne s'élève pas à moins de 259 mètres cubes par vingt-quatre heures, ou de 94535000 kilogrammes par année, fait sortir de terre, dans le même espace de temps, 440000 kilogrammes de ce sel, dont une faible partie seulement se trouve utilisée pour le service sanitaire. Aussi plusieurs personnes ont-elles pensé qu'il serait avantageux de procéder à son extraction.

WISBADEN. Ville à 2 lieues de Mayence, dans le duché de Nassau, dont les eaux sont très fréquentées, comme la plupart de celles qui avoisinent le Rhin. Près de l'édifice thermal jaillissent seize sources, dont deux sont froides. Les eaux thermales sont à 68° centigrades; elles sont très abondantes, dégagent une grande quantité d'acide carbonique et déposent à l'air un limon ocracé. Elles contiennent en principes fixes, suivant l'analyse faite par M. Kastner :

| | gram. |
|---|---|
| Carbonate de chaux | 0,170 |
| — de fer | 0,010 |
| Sulfate de soude | 0,080 |
| — de chaux | 0,041 |
| Chlorure de calcium | 0,540 |
| — de magnésium | 0,075 |
| — de potassium | 0,012 |
| — de sodium | 4,690 |
| Silicate de magnésie | 0,060 |
| | 5,678 |

FIN DU TOME PREMIER.